第一排：Seaman 1st Class Harold F. Magee (b.1927), US Navy; Private Mack E. Mooney (b.1928), US Army; Seaman 1st Class Joseph Tyrone Jalio (1926–2014), US Navy; (to the left) 2nd Lieutenant John W. Stewart, US Army; Frances "Rinder" Baldwin (1924–2012), Canadian Air Force; Machinist Mate 2nd Class Russell Redman (b.1919), US Navy; 2nd Lieutenant Albert R Reinke (1926–2005), US Army. 第二排：Private Alexander Spence McIntosh (1921–2005), Canadian Army; Sergeant Arthur Vincent Christopher "Chris" [...]son (1918–2009), British Army; Sergeant James Roback (1915–1993), US Army; Fusilier Francis Latimer Belton (1914–1971), British Army; Private 1st Class Edward DeSimone (1922–1944), US Army; (l-r) Elvet Lewis (1911–2010), US Navy, William O Hall, US Navy, [...] Corporal Redvers Lewis (1909–1986), Warrant Officer Jones Blalock (1922–1982), US. 第三排：Captain William R. McKenzie (1918–1974), US Army; 2nd Lieutenant John Cordon, USAAF; (2nd from left) Typist Clerk William Henry Palmer (1923–2006), Australia [...]ny; Private 1st Class Jack Harding (1926–2010), US Army; Yeoman 2nd Class Betty Miller (1920–1996), US Navy; Sergeant George Joseph Murphy (1923–2014), US Army; Sergeant Jeremiah Leo Maher, Jr. (1921–2003), USAAF. 第四排：Private Ross Jackson Brown [...]7–2007), US Army; Eileen Olive Brown (1921–2008), US Army; 2nd Lieutenant David Francis Hudson (1919–1941), British Army; Medic Charles W. Urbach (1922–2001), US Army; Staff Sergeant Anthony Merlino (1921–2006), US Army; Private 1st Class Julius [...]non Bosse (b.1920), US Army; Aviation Electrician Angelo Chiusano (b.1926), US Navy. 第五排：Commander W. Thomas Bennett (1900–1981), US Merchant Navy; Leading Aircraft Woman Martha Anne Grass (1918–2010), Canadian Air Force; Boatswains Mate [...] Class Philip John DiRusso (1921–2013), US Navy; Electrician's Mate 3rd Class Salvatore J D'Aleo (1927–1985), US Navy; Captain Wilfred Charles Cripps (1901–1943), British Merchant Navy; Corporal Arthur Steel, British Army; Technical Sergeant James Randolph [...]ub (1919–1997), USAAF. 第六排：Staff Sergeant LaVergne Rose Novak (b.1923), US Marine Corps; Pilot Officer Cec Baldwin (1923–2008), Canadian Air Force; Platoon Sergeant Frank Petrizzo (1914–1975), US; Private Frank Draper (1919–2006), British Army; [...] Sergeant Dale Ingram Holman (1917–2013), US; Claude Donovan Caroll, US; Medic John Winn Tucker (1926–2001), US Navy; Staff Sergeant Elvie R. Adcock (1917–2000), USAAF.

第二次世界大戰

WORLD WAR II : THE DEFINITIVE VISUAL HISTORY

戰史大圖鑑

作者／**DK出版社編輯群**

翻譯／**于倉和**

Boulder Media 大石文化

第二次世界大戰

WORLD WAR II : THE DEFINITIVE VISUAL HISTORY

戰史大圖鑑

作者／**DK出版社編輯群**　翻譯／**于倉和**

Boulder Media 大石文化

第二次世界大戰　戰史大圖鑑

作　　者：DK出版社編輯群
翻　　譯：于倉和
主　　編：黃正綱
資深編輯：魏靖儀
美術編輯：吳立新
圖書版權：吳怡慧

發 行 人：熊曉鴿
總 編 輯：李永適
印務經理：蔡佩欣
發行經理：吳坤霖
圖書企畫：陳俞初

出 版 者：大石國際文化有限公司
地　　址：新北市汐止區新台五路一段97號14樓之10
電　　話：（02）2697-1600
傳　　真：（02）8797-1736
印　　刷：群鋒企業有限公司

2022年（民111）12月初版
定價：新臺幣 1600元

本書正體中文版由Dorling Kindersley Limited授權
大石國際文化有限公司出版
版權所有，翻印必究

ISBN：978-626-96369-5-2（精裝）
＊ 本書如有破損、缺頁、裝訂錯誤，
請寄回本公司更換

總代理：大和書報圖書股份有限公司
地址：新北市新莊區五工五路2 號
電話：（02）8990-2588
傳真：（02）2299-7900

國家圖書館出版品預行編目（CIP）資料

第二次世界大戰 戰史大圖鑑
DK出版社 作；于倉和 翻譯. -- 初版. -- 新北市：大石國際
文化，民111.12　372頁；23.5 x 28.1公分
譯自：World War II: The Definitive Visual History from
Blitzkrieg to the Atom Bomb

ISBN 978-626-96369-5-2（精裝）

1.CST: 第二次世界大戰 2.CST: 戰史
592.9154　　　　　　　　111018664

目錄

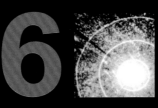

USN-702

序

第二次世界大戰是有史以來規模最龐大、最具毀滅性的戰爭。它形塑了我等這一世代成長的世界，而且它長久的陰影一直到現在才逐漸消退。就像任何規模空前且錯縱複雜的歷史事件一樣，第二次世界大戰難以用書面描述。有些傑出的學者曾經努力運用讓人留下深刻印象的生花妙筆，以相對較少的版面空間來描繪出幾個重大事件及特點，但也許無法避免的是，他們有目的性的字裡行間反而遮掩了更微妙的細節。有些人則專注在特定面向上，例如諾曼第或北非的戰鬥，這類書籍多到可以把書架壓得吱吱作響。

許多西方作者在冷戰正酣的時代寫作，未能正面看待東線做出的決定性貢獻，就如同俄羅斯歷史學者也把所有的精神心力都灌注在他們自己的「偉大愛國戰爭」，沒有公平看待西方同盟國的努力一樣。簡單地說，雖然這場戰爭現在幾乎已經沒有尚未探索的領域，但依然很難找到有關這場衝突的包羅萬象歷史讀物，不受到國家視野的約束，也不受到死板的規模和空間侷限，目標是一般大眾的讀者，並輔以適當的地圖和插圖，因為這是歷史書籍必備的。

我個人由衷推薦這本書，因為它恰恰提供了長久以來一直缺乏的平易近人的全面性論述。它承認這場戰爭確實是因為上一場戰爭的死灰復燃，但並不單單把注意力放在第一次世界大戰在歐洲播下的危險種子，也注意到日本雖然加入戰爭但對取得的收穫不滿意而產生的效應。舉例來說，發生在中國的事件太容易受到忽略，但在這本書裡獲得了適當的重視。一邊是戰爭的起因，另一邊是戰爭的結果，本書裡都有全面的觀察，把這場衝突放在更宏觀的歷史脈絡中討論。

這些戰爭中的事件因為長久綿密且錯綜複雜的線索而環環相扣，不論任何單一插曲有多麼重要，以孤立的方式單獨考慮就是誤導。本書的諸多優點之一就是它一方面告訴讀者特定會戰和戰役的故事，另一方面又以版面的編排方式讓讀者可以清楚看見這些事件如何和之前以及之後的事件相互關聯。它承認戰爭機器所扮演的角色，但也允許眾多身在其中的人描述他們的親身經歷。這本書的內容涵蓋全球，圍繞著陸地、海上和空中的大小事件，不但提及偉大人物的行動，也提及了這場史無前例、波瀾壯闊的鬥爭之中，以各式各樣方式參與其中的千千萬萬男女的成就與堅忍。

理察．霍姆斯（Richard Holmes），2009 年

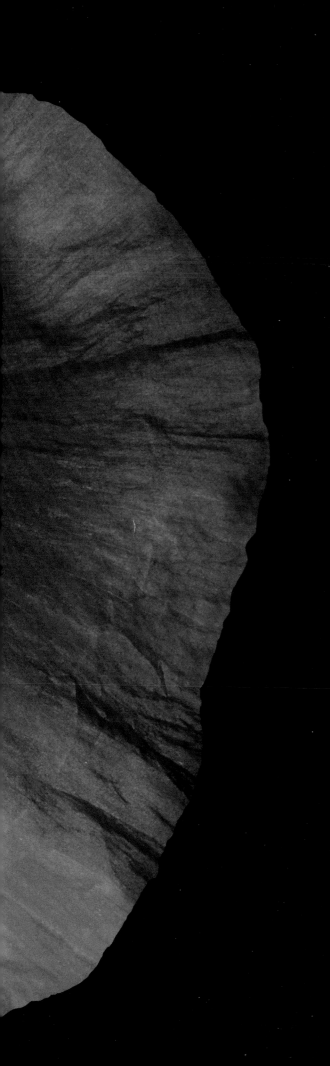

1
戰爭的種子
1914–1938年

結束第一次世界大戰的條約讓許多國家感到
痛苦、充滿怨恨,無法建立長久的和平。在
當時難以捉摸的政治與經濟氣氛下,右翼民
族主義政黨提出強而有力的訴求,其中最具
威脅性的就是德國希特勒的納粹黨。

戰爭的種子

阿道夫·希特勒（Adolf Hitler）之所以能夠崛起掌權，是因為獲益於納粹黨在 1930 年代初期贏得大眾支持。如圖，1933 年擔任德國總理的時候，希特勒在大型集會上對著穿著褐色襯衫的非正規部隊支持者演說。

德國 在 1938 年兼併奧地利就是希特勒暴露領土野心的跡象，但這個過程卻兵不血刃，還受到大多數奧地利人的歡迎。

1917 年的革命讓舊俄羅斯帝國陷入混亂，但在列寧的領導下，布爾什維克成功地在原本的土地上建立起蘇聯這個新帝國，是世界上第一個共產主義國家。

歐洲

西班牙內戰（1936-39 年）是左翼和右翼分子之間的艱苦鬥爭。德國和義大利對佛朗哥將軍（Franco）國民軍的援助比蘇聯對共和軍的援助多。

義大利法西斯運動的創始人貝尼托·墨索里尼（Benito Mussolini）在 1922 年奪權上台。他的獨裁統治風格是以強而有力的個人崇拜為中心，並有恢復古羅馬帝國榮光的夢想。

義大利 在 1935-36 年征服阿比西尼亞，但在征伐這個傳統非洲國家的過程中暴露了一些現代化歐洲軍備的弱點。右圖中，海爾·塞拉西皇帝（Haile Selassie）正在檢視一枚義軍的未爆彈。

讓　第一次世界大戰正式告一段落的和平條約埋下了許多種子，造成了 1939-45 年間更大規模的衝突。德意志帝國土崩瓦解，東普魯士被波蘭走廊切斷，並被迫支付給協約國鉅額賠償金。古老的奧匈帝國和鄂圖曼帝國也分裂成較小的國家，而在協約國中，義大利因為沒能取得較多的領土報酬感到失望。日本則認為他們取得了世界強權的地位，但未獲得應有的承認。最後還有俄羅斯。1917 年的布爾什維克革命導致他們退出戰爭，但接著卻受到內戰摧殘。蘇聯曾短暫試圖把共產主義傳播到歐洲，接著就不太與其他國家往來了。

在某些國家，政府力量弱小加上讓經濟不穩定，使得公眾政治意見開始朝向左右派兩極化發展。右派在義大利、德國和日本勝出。到了 1930 年代初，墨

1914–1938年

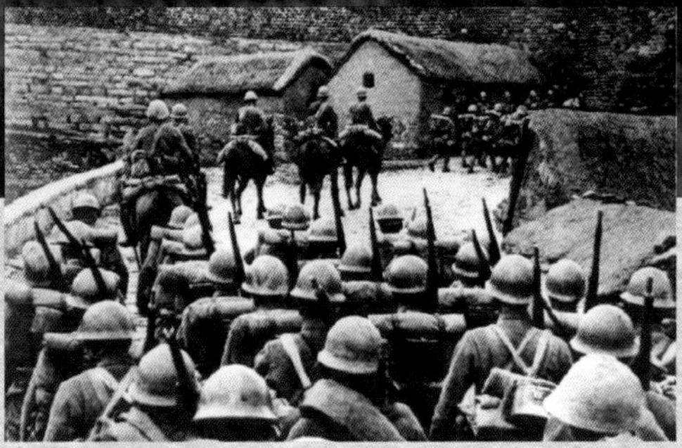

日本在 1931 年踏上征途。日軍部隊利用國共內戰的混亂局面，占領位於北方的滿洲，並在當地建立傀儡政權滿洲國。

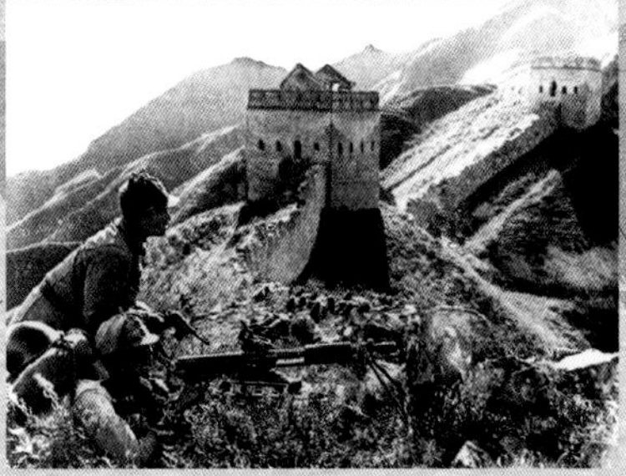

中國在 1937 年再度遭日本侵略。圖中，國軍沿著長城部署，企圖阻擋侵略者，但徒勞無功。

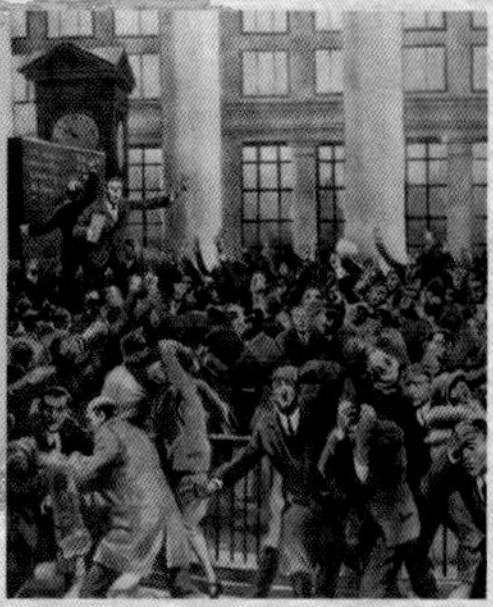

1929 年 10 月爆發華爾街股災，紐約證券市場在一個星期內就蒸發了 300 億美元，導致世界金融市場史無前例的嚴重恐慌。

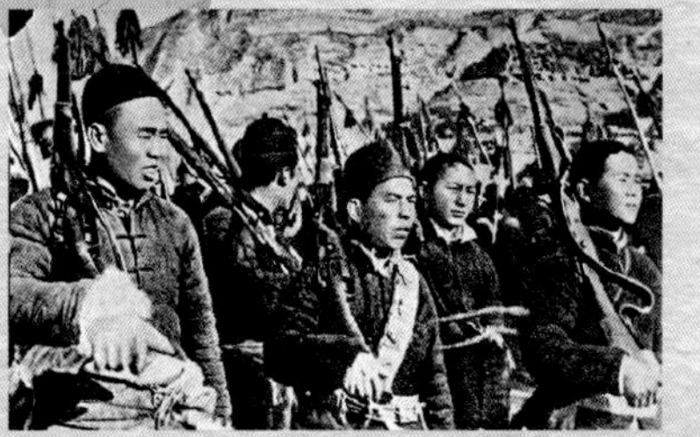

國共內戰從 1920 年代一直打到 1949 年。1935-36 年，最後的勝利者共產黨進行了「長征」，逃過被敵軍國民黨包圍的危險。

FREE
SOUP COFFEE & DOUGHNUTS
FOR THE UNEMPLOYED

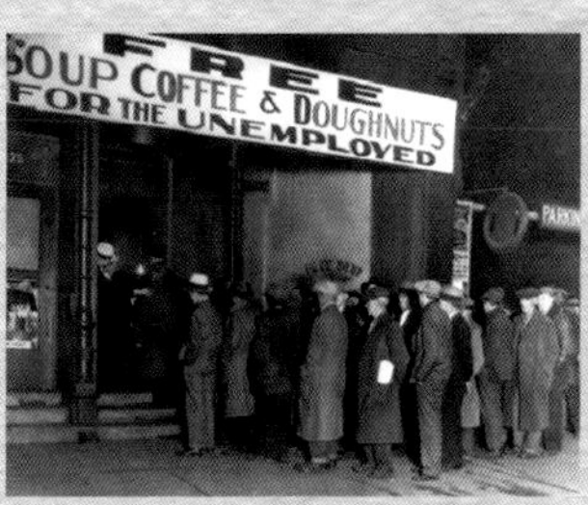

大蕭條是從美國繼華爾街股災之後開始的。由於銀行倒閉、生意失敗，超過 1300 萬勞工失業。經濟衰退隨即影響到全世界的資本主義經濟體系，並且一直持續到第二次世界大戰。

古
國
日本帝國
加拿大
紐芬蘭
大湖區
美利堅合眾國
太平洋
大西洋
英屬宏都拉斯
多明尼加共和國
墨西哥
古巴
海地
維京群島
背風群島
瓜地馬拉
宏都拉斯
尼加拉瓜
薩爾瓦多
哥斯大黎加
巴拿馬
運河區
向風群島
巴貝多
千里達及托巴哥
委內瑞拉
英屬圭亞那
荷屬圭亞那
法屬圭亞那
哥倫比亞
厄瓜多
祕魯
巴西
玻利維亞
巴拉圭
智利
烏拉圭
阿根廷
福克蘭群島
馬里亞納群島
(日本託管地)
夏威夷群島
法屬印度支那
菲律賓群島
關島
馬紹爾群島
(日本託管地)
加羅林群島
(日本託管地)
英屬北婆羅洲
汶萊
砂拉越
馬來亞
吉爾伯特群島
聖誕島
諾魯
荷屬東印度
新幾內亞領地
巴布亞
索羅門群島
埃利斯群島
庫克群島
葡屬帝汶
西薩摩亞
美屬薩摩亞
新赫布里底群島
斐濟
東加
法屬玻里尼西亞
澳洲
新喀里多尼亞

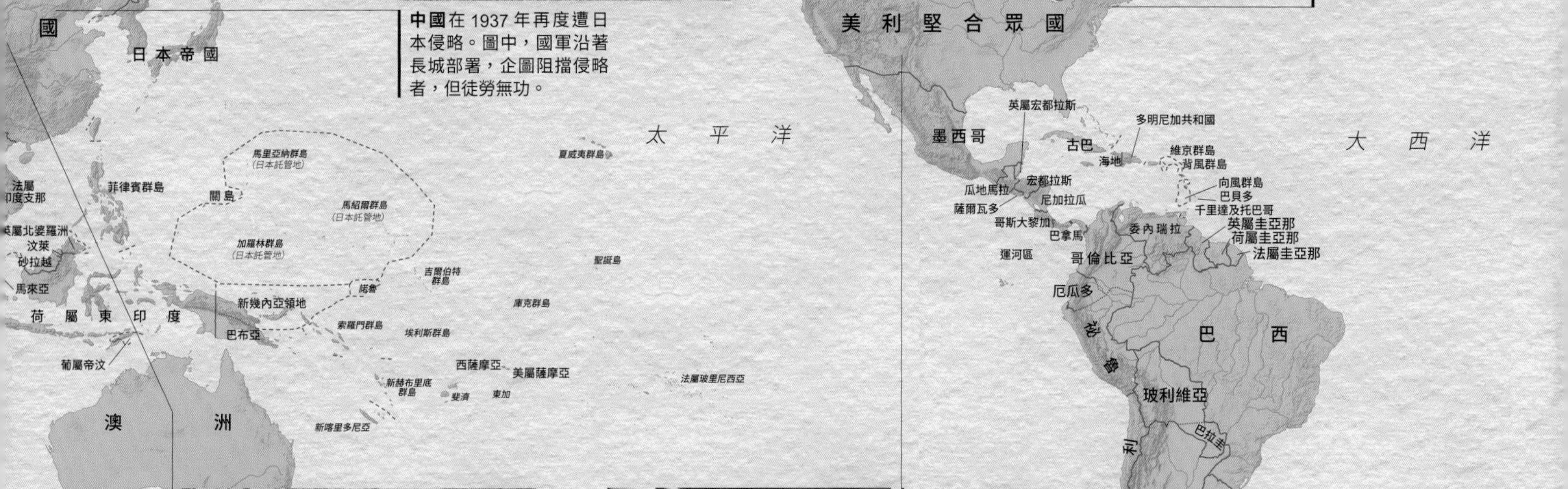

1918–1938年的世界地圖
—— 1925年時的國界

索里尼、希特勒和日本軍方都下定決心擴張領土。日本奪占滿洲，接著入侵中國；義大利強占阿比西尼亞（Abyssinia）；至於希特勒的德國在兼併奧地利後，也開始分割捷克斯洛伐克。

西方民主國家則把和平的希望寄託在國際聯盟（League of Nations）及裁軍上。結果國際聯盟證實有很大缺陷，不但美國並未加入，還缺乏執行和平的必要手段，因此無法阻止日本和義大利的侵略行動。1929 年突如其來的華爾街股災所帶來的經濟大蕭條也在這場失敗中扮演一定角色。相互猜疑最終成了裁軍的絆腳石，英國和法國被迫重新武裝，但自從西班牙內戰活生生地顯示現代化武力衝突將會帶來的恐怖以後，它們依然寄望姑息獨裁者可以避免大規模戰爭。

1914–1938年時間軸

《凡爾賽條約》 ▪ 國際聯盟 ▪ 墨索里尼掌權 ▪ 華爾街股災 ▪ 大蕭條
▪ 日本入侵滿洲 ▪ 希特勒崛起 ▪ 西班牙內戰 ▪ 兼併 ▪ 中日戰爭 ▪ 義
大利入侵阿比西尼亞 ▪ 慕尼黑危機

1914 – 1916	1917 – 1918	1919 – 1920	1921 – 1922	1923 – 1924	1925 – 1926

1925 年 10 月
《羅加諾公約》（Treaties of Locarno）。法國、德國和比利時同意讓《凡爾賽條約》中議定的邊界永久化。德國承諾不派遣軍隊進入萊茵蘭（Rhineland）。

1919 年 1 月
斯巴達克斯黨人領導共產黨分子在柏林發起叛亂行動。

1919 年 2 月
波蘇戰爭（Polish-Soviet War）開打。波蘭成功維持獨立。

1914 年 8 月
第一次世界大戰爆發；德國入侵法國。

1915 年
西線上出現壕溝戰的僵局。

≪ 壕溝戰

1917 年 4 月
美國對德國宣戰。

≪ 德軍馬克沁（Maxim）08/15 機槍

1919 年 6 月 28 日
簽署《凡爾賽條約》。德國接受戰爭罪刑，喪失所有殖民地和一些位於歐洲的領土，並同意支付極高額的賠償金。

1922 年 10 月
墨索里尼和大約 3 萬名支持者參加向羅馬進軍（March on Rome）活動。墨索里尼組成法西斯政府。

1916 年 2 月
德軍在凡爾登（Verdun）發動攻擊，演變成長達六個月的浴血戰鬥。

1916 年 7 月
索母河戰役（Battle of the Somme）。英軍企圖突破德軍防線，但卻是代價高昂的失敗，1 萬 9240 名英軍在首日陣亡。

1917 年 7 月
第三次伊珀戰役（Third Battle of Ypres）開打。

1917 年 11 月
第二次俄國革命。布爾什維克掌權。

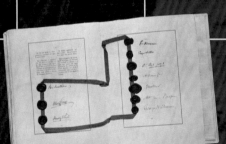
≪ 《凡爾賽條約》

≪ 向羅馬進軍

1923 年
惡性通膨在德國達到顛峰。

1923 年 1 月
法國和比利時部隊占領魯爾（Ruhr），強迫德國繼續支付賠款。

1926 年 3 月
國父孫中山逝世。國民黨領導人地位由蔣介石繼任。

1926 年 5 月
英國聲援煤礦礦工的大罷工在九天後結束。

1922 年 10 月
紅軍拿下海參崴（Vladivostok），是俄國內戰最後一場主要作戰行動。

1922 年 12 月
蘇聯正式成立。

1918 年 3 月
俄國和德國簽署《布里斯特－李托佛斯克條約》（Treaty of Brest-Litovsk）

1918 年 11 月 11 日
雙方在法國貢比涅（Compiègne）的一節火車車廂內簽署休戰協議，戰爭結束。

≪ 簽署休戰協議

1920 年
德國開始陷入惡性通貨膨脹的狀態。

≪ 500 萬馬克鈔票

1923 年 11 月 8 日
慕尼黑政變。以希特勒為首、企圖推翻巴伐利亞政府的行動失敗。

1924 年
希特勒坐牢八個月，並撰寫《我的奮鬥》。

≪ 慕尼黑政變

1926 年 7 月
國民黨展開北伐，旨在統一全國。

「我們希望恢復德國的自由和權力嗎？……人一定要覺醒，他們應當知曉，一場暴風雨即將來臨。」

1933 年 4 月 20 日，希特勒在慕尼黑的一場演說

1927 – 1928	1929 – 1930	1931 – 1932	1933 – 1934	1935 – 1936	1937 – 1938

1927 年 1 月
盟間軍備控制委員會（Inter-Allied Disarmament Commission）撤離德國。德國軍備生產量提升。

1933 年 1 月
希特勒被任命為德國總理。

1933 年 2 月
德國國會發生大火，共產黨遭譴責。

1933 年 3 月
羅斯福擔任美國總統的第一個任期展開。

1935–1936 年
義大利征服阿比西尼亞；墨索里尼在 1936 年 5 月宣布兼併這個國家。

1935 年 10 月
中國共產黨抵達位於陝西省的安全地帶，結束長征。

« 納粹臂章

1928 年 5 月
就在禁止希特勒參與政治活動的禁令解除一年之後，納粹黨首度投入德國選舉，結果只在德國國會中贏得 12 席。

1929 年
華爾街股災。美國股市暴跌，全國經濟陷入嚴重衰退，並導致全世界經濟跟著崩盤。

1931 年 4 月
西班牙君主政體解體，共和國成立，國王阿方索十三世（Alfonso XIII）離開西班牙。

1936 年 3 月
德軍重新占領非武裝區萊茵蘭。

1936 年 5 月
由共產主義者和社會主義者組成的聯盟人民陣線（Popular Front）贏得法國大選。

« 納粹選舉海報

☒ 德國人民在經濟大蕭條期間搜刮煤礦

1931 年 9 月
九一八事變，一條位於滿洲的日本鐵路被爆破。日本開始征服滿洲。

1934 年 6 月
長刀之夜（Night of the Long Knives）：許多希特勒的政敵和對手遭逮捕並處決。

1934 年 9 月
希特勒宣稱要開始建立「千年帝國」。

1936 年 7 月
西班牙內戰展開，共和政府對抗佛朗哥將軍率領的「國民軍」。

1936 年 8 月
希特勒透過柏林奧運展現納粹理念。

☒ 納粹黨在德國布克貝爾格（Buckeberg）舉行的大遊行

⋀ 日本入侵中國

1937 年 4 月
巴斯克地區格爾尼卡（Guernica）的平民遭到蓄意轟炸。

1937 年 7 月
日軍以盧溝橋事變為藉口入侵中國。

1928 年 8 月
超過 60 個國家簽署《凱洛格—白里安公約》（Kellogg-Briand Pact），宣示戰爭為非法行為。

1930 年 4 月
《倫敦海軍條約》（London Naval Treaty）。主要強權國家同意限縮海軍規模。日本勉強簽署——這是他們還願意簽署的最後一份裁軍條約。

1932 年 2 月
日本在滿洲建立傀儡政權滿洲國。

1932 年 7 月
納粹黨在德國大選中贏得德國國會多數席位。

⋀ 慕尼黑協定（Munich Agreement）

1938 年 3 月
兼併（Anschluss）：希特勒併吞奧地利。

1938 年 9 月
慕尼黑危機。英國和法國讓步，同意讓希特勒併吞捷克斯洛伐克的德語區蘇台德區（Sudetenland）。

⋀ 日本海軍軍旗

在 19 世紀末和 20 世紀初期，歐洲被兩個聯盟主宰，一個是德國、奧匈帝國和義大利組成的三國同盟（Triple Alliance），另一個則是法國、俄羅斯和英國組成的三國協約（Triple Entente）。

處理宿怨

法國想要收回以前的東部省分阿爾薩斯（Alsace）和洛林（Lorraine），也就是 1870-71 年的普法戰爭後被占領的領土。德國相當羨慕英國掌控海外殖民帝國，因此也著手建立一支和皇家海軍同樣強大的海軍，作為他們擴張海外屬地的關鍵，而義大利則因為阿爾卑斯山區的領土和奧匈帝國發生糾紛。在巴爾幹半島，塞爾維亞反對奧匈帝國兼併波士尼亞和赫塞哥維納，因為這個地區有許多屬於少數民族的塞爾維亞人。俄羅斯則為了鼓舞同為斯拉夫人的同胞而支持塞爾維亞。

戰爭的催化劑

引爆戰爭的火花就是在巴爾幹半島點燃的。塞爾維亞民族主義分子加夫里洛·普林西普（Gavrilo Princip）在 1914 年 6 月下旬暗殺了正在波士尼亞訪問的奧匈帝國王位繼承人法蘭茲·斐迪南大公（Franz Ferdinand）和他的夫人。奧軍部隊開始動員，準備對塞爾維亞開戰，而俄國則表態支持塞爾維亞。德國則站在奧匈帝國盟友這一邊，接著法國也開始動員，準備應付德國。

第一次世界大戰的新武器

新科技——尤其是可迅速發射的機槍加上威力提升的重型火砲——導致雙方都蒙受史無前例的慘重傷亡。

德軍MG08/15機槍

維拉迪米爾·伊里奇·列寧

列寧激發了 1917 年的十月革命，因此在當年 11 月時被推選為國家領導人。這張海報描繪列寧鼓舞工人控制工廠，奪取並重新分配財富。

結束戰爭的戰爭

歐洲緊張情勢的頂點就是 1914-18 年的戰爭，但戰火卻蔓延到世界許多地方。這場戰爭的特點就是空前的殺戮，以及主要戰線上日益密集的科技運用。到了衝突結束時，帝國輸掉了戰爭，歐洲的地圖即將重畫。

雙方原本都普遍認為戰爭到聖誕節就會結束，但他們的作戰計畫並沒有產生預期的效果。

到了當年年底，西線上的戰爭其實已經陷入膠著，能快速發揚火力的武器讓防禦的力量變得比攻擊更強大。另一方面，歐洲以外的地方也出現了其他戰區。在非洲作戰的目的是要奪取德國的殖民地；受到德國影響的土耳其在 1914 年 10 月參戰，加入德國陣營；印度部隊登陸巴斯拉（Basra），在美索不達亞（Mesopotamia，今日伊拉克）對抗土耳其軍隊。俄國南部的高加索（Caucasus）也是類似的狀況，成為俄軍和土軍對抗的戰場。到了 1915 年，義大利加入法國和英國這一方，並在和奧地利的邊界上與奧軍進行曠日廢時的持久戰。

到了 1915-17 年，西線戰場的特色就是血腥僵局。協約國在 1915 年的攻勢無法擊退德軍；1916 年間，德軍企圖在凡爾登消耗法國陸軍的資源和士氣，不過雙方都在當年夏天英軍在索母河一帶的重大攻勢中傷亡慘重。英法聯軍在 1917 年春季又再度進攻，但戰果不如預期，再加上法國陸軍嘩變，因此被迫改採守勢。在這種狀況下，只有英軍能夠在伊珀地段執行夏季的主要攻勢，最後結果真的是陷入泥濘之中。

海上戰火

在海上，皇家海軍（Royal Navy）封鎖德國，並在戰爭初期和德國公海艦隊（High Seas Fleet）在北海進行小規模海戰。1916 年 5 月時，雙方在丹麥海岸外的日德蘭（Jutland）爆發

> **戰爭的重大發展之一在於空軍戰力。飛機一開始只用來偵察，但很快就有了戰鬥機和轟炸機。**

激戰，不過之後德國公海艦隊就退回港內，沒有再冒險行動過，但是他們把力量集中在潛艇，企圖切斷英國的海上補給線。此舉激怒了美國，儘管美國總統伍德羅·威爾遜（Woodrow

> 「**祈求上帝**讓這場戰爭**很快結束**，並且**保佑親愛的柏帝**全身而退。」

喬治五世（George V）對德國宣戰。柏帝（Bertie）是他的兒子，也就是後來的喬治六世。

根據停戰條款，西線上的德軍要撤退到萊茵河後方，協約國部隊則會跟在後面，占領萊茵河東岸。

帝國的終結
這場戰爭導致鄂圖曼帝國和奧匈帝國解體。歐洲三個主要君主政體垮台，而退位的俄國沙皇還遭到殺害。俄國陷入內戰，所謂的白軍在戰時協約國的支援下企圖推翻布爾什維克政權。奧匈帝國和德國則在戰爭平息後面臨革命的威脅（參見第 18 頁）。

戰爭的疲憊
許多協約國也筋疲力竭。法國蒙受慘重損失，北部大部分領土都遭到戰火蹂躪，義大利也損耗嚴重。英國則經濟衰退，還得一面維持中東地區屬於前土耳其領土的治安。

世界新秩序
戰勝的協約國集合起來，準備擬定和平方案，目的是要確保歐洲不會再重蹈 1914-18 年的覆轍。同時他們也建立了國際聯盟（參見第 18 頁），這是一個國際組織，目的是要防止未來再爆發戰爭。

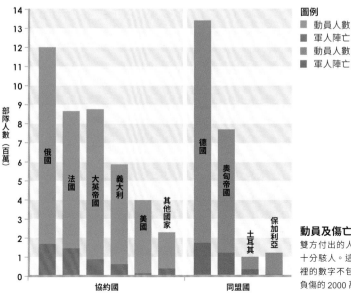

1916 年法軍在凡爾登進攻
這場戰役從 2 月一路打到 12 月，法軍傷亡 54 萬人，德軍則傷亡 43 萬 5000 人，是這場戰爭中歷時最久的戰役。

Wilson）決心置身衝突之外，但情報指出德國人試圖煽動墨西哥人對抗美國，迫使他在 1917 年 4 月宣戰。

東線的戰爭
在俄國戰場上，勝利則屬於同盟國（德國和奧匈帝國）這一方。儘管俄軍在 1916 年的攻勢初期大有斬獲，但之後不只是軍隊，連整個國家都開始瓦解。1917 年 3 月，沙皇被迫退位，但國家依然處在戰爭狀態，而且仍有邪惡的力量在運作。左派分子在軍隊中激發不滿情緒，有愈來愈多單位拒絕戰鬥。之後德國人允許流亡海外的布爾什維克領袖維拉迪米爾・伊里奇・列寧（Vladimir Ilyich Lenin）

2400萬人
這是 1918 和 1919 年流感大流行期間在歐洲和其他許多地方不幸染疫喪生的人數。

從瑞士乘火車前往瑞典，他再前往俄國，接著在 10 月又發動革命，推翻政府，讓俄國退出戰爭。

隨著愈來愈多美軍抵達法國，德軍意識到在不久的將來，他們在西線上就會面臨敵軍的壓倒性優勢，因此在 1918 年春天跟初夏發動一連串攻勢，鎖定英軍和法軍，企圖在美軍的

戰力成形之前贏得勝利。但他們無法突破協約國戰線，被迫改採守勢。到了 8 月，協約國發動一連串成功的攻擊，開始穩步逐退德軍。

到了秋天，海上封鎖愈來愈嚴密，西線上壓力愈來愈升高，以及國內的政治情勢愈來愈不安，迫使德國在 11 月初尋求休戰。

簽署停戰協議
德國代表團在 1918 年 11 月 11 日清晨抵達，以便簽署停戰協定，西線戰場上的戰事總算告一段落。

動員及傷亡數字
雙方付出的人命代價十分駭人。這張表格裡的數字不包括估計負傷的 2000 萬人。

（圖表）
部隊人數（百萬）

圖例
- 動員人數
- 軍人陣亡
- 動員人數
- 軍人陣亡

協約國：俄國、法國、大英帝國、義大利、美國、其他國家
同盟國：德國、奧匈帝國、土耳其、保加利亞

不完美的和平

第一次世界大戰在 1918 年 11 月結束，許多戰敗國陷入騷亂，各路人馬為了奪權而互相廝殺。戰勝國則集合起來起草和平方案，以確保歐洲再也不會經歷才剛熬過的恐怖。

在 1918 年 1 月，美國總統威爾遜提出他所謂的十四點和平原則（Fourteen Points），以作為歐洲未來的和平基礎。他呼籲同盟國（德國、奧匈帝國、鄂圖曼帝國和保加利亞）歸還所有在戰爭中奪取的領土，並允許奧匈帝國境內的所有種族和波蘭進行民族自決。威爾遜還主張建立一個「屬於國家的協會組織」，以確保未來和平。此外他們也大致同意，戰敗國的武裝部隊規模應該受限，以防止他們再度成為威脅。此外，法國和英國希望德國和其盟友支付賠款，以補償他們造成的實際損失。

和平談判

他們花了幾個月才整理出細項，在此期間德國國內則有了幾個重大發展。就在巴黎和會（Paris Peace Conference）舉辦前，一名共產黨員企圖在柏林奪權，但遭到由反共產主義分子組織起來的志願軍（Freikorps）強力鎮壓。大選的結果是建立社會主義政府，但基於安全考量，當局決定選擇柏林西南方 240 公里的威瑪（Weimar）為中央政府所在地，也就是所謂的威瑪政府。1919 年 5 月，無情的協約國向德國提出和平條款，德國人認為內容太過嚴苛，因此試圖修改某些內容。協約國承諾修改，所以德國在 6 月 28 日勉為其難地簽署了《凡爾賽條約》（Treaty of Versailles）。德國喪失了所有殖民地，再加上波蘭獨立，東普魯士和其餘的德國領土在地理上就被所謂的波蘭走廊（Polish Corridor）隔開，使波蘭人可以經由但澤（Danzig，今日的格但斯克〔Gdansk〕）

> 「**六百萬人**躺在墳墓裡，
> 卻有四個老頭在巴黎
> 坐著**瓜分土地**。」
> 紐約《國家》雜誌（The Nation），1919 年 6 月

《 前因

在簽署休戰協議後，德軍部隊井然有序地渡過萊茵河撤退，但他們卻是回到騷動不安的德國。

君主政體的終結

德皇威廉接受勸說，在 11 月 8 日退位，新的社會民主主義政府建立。他們面對共產黨煽動叛亂的威脅，巴伐利亞則宣布獨立，成為社會主義國家。奧匈帝國的君主政體也完結，曾經是帝國一部分的各個地方開始分道揚鑣。在這個過程中大力煽動各種不安的俄國布爾什維克政府則被捲入反共產主義分子試圖推翻它的內戰中。在俄國的最北邊、南邊和最東邊，協約國的部隊支援所謂的白軍。但白軍缺乏一個中央指揮系統，以及像紅軍那樣的意識形態熱忱。

新希望

就是在這樣的氣氛下，各國和談代表在 1919 年 1 月於巴黎集會，商討針對戰敗國的條約，就是要讓第一次世界大戰正式告一段落（參見第 16 頁），並確保未來不會再發生大規模戰爭。

戰勝國領導人
法國總理喬治·克里孟梭（Georges Clemenceau，左）和英國首相大衛·勞合·喬治（David Lloyd George）抵達巴黎和會現場。

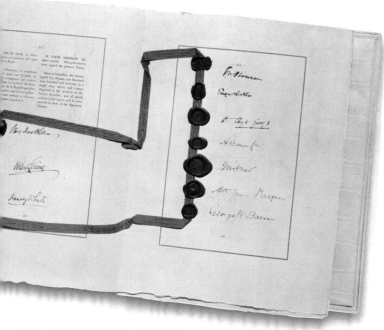

《凡爾賽條約》
條約的這一頁是參與和會的各主要代表團的簽名和印章，當中包括威爾遜和勞合‧喬治。

伍德羅‧威爾遜

伍德羅‧威爾遜原本是學者和律師，之前並不熱中政治，直到於 1910 年代表民主黨當選新澤西州州長。他在兩年後成為美國總統，並在第一個任期內成功讓美國免於捲入歐洲的戰火，1916 年獲得連任主要也是這個原因。美國參戰之後，比起指導戰爭，他更關切如何形塑戰後的世界。他的十四點和平原則就是和平的藍圖，而他在 1919 年出席巴黎和會，也因此成為第一位在任內出國的總統。由於健康不佳，他在努力建立國際聯盟的時候中了風，而國會拒絕批准《凡爾賽條約》更是對他的健康造成打擊。

的港口從波羅的海出海。萊茵蘭成為非武裝區，持續由協約國部隊占領，法國則企圖控制煤藏豐富的薩爾蘭（Saarland）。德國的軍火工業禁止發展諸如戰車和飛機這類攻擊性武器，部隊也不能擁有這些東西。德國陸軍的規模縮減到 10 萬人，海軍也被嚴重限縮，此外德國還必須在兩年內支付給協約國高達 330 億（相當於

44 1920 年 11 月，派代表前往瑞士日內瓦參加國際聯盟第一屆大會的國家數目。

今日的 4000 億）賠款，這對當時的德國來說根本不可能。

其他國家也受到影響。匈牙利獨立，新國家捷克斯洛伐克和南斯拉夫建國，奧地利領土面積大幅縮水，且不得與德國進行任何形式的結盟。土耳其也失去所在中東的領土，這些地方後來成為英國和法國的託管地。希臘人則獲准占領博斯普魯斯海峽（Bosphorus）兩側的陸地。

除了和平條約之外，國際聯盟也在巴黎和會中誕生。這是一個國家間的自由結社，而不是軍事聯盟，目的是要透過裁軍以及提供非暴力的爭端

革命戰火在柏林
1919 年 1 月在柏林街頭，效忠社會主義威瑪政府的官兵和共產主義叛亂分子（斯巴達克斯黨人）交戰。

解決機制在全世界維持和平，總部設於瑞士日內瓦（Geneva）。

無力的執法者

國際聯盟從一開始就遭遇不少困難，當中最嚴重的就屬美國，因為美國總統雖是這個組織的創造者，自己卻謝絕加入。美國國會拒絕批准加入，反映出大多數美國人不想再被捲入歐洲

德國的祕密軍團
挺身而出為政府對抗共產主義分子的艾爾哈特水兵旅（Marine Brigade Ehrhardt）臂章。

的紛爭，並想重返孤立主義。此外，沒有一個戰敗國被邀請加入，俄國也沒有，而國際聯盟也沒有任何權力來執行和平任務。

國際聯盟大會連第一個會期都還沒召開，歐洲就又爆發戰爭。新獨立的波蘭不滿意他們和俄國的國界，因此在 1919 年併吞烏克蘭西部大部分土地。1920 年 4 月，波蘭人再度進逼，但這次就被在內戰中差不多獲勝的布爾什維克擊退。接下來的和平條約使波蘭得以保有絕大部分在 1919 年間獲得的領土。而這一切的發生，國際聯盟都完全沒有介入。

根據《凡爾賽條約》，德國被迫支付巨額賠款，結果很快就導致了惡性通貨膨

500萬馬克鈔票

脹。中央政府力量單薄，無法改善經濟狀況，因此德國的政治輿論演變成向極左和極右靠攏。

逆轉《凡爾賽條約》
土耳其也對其簽署的《塞夫爾條約》（Treaty of Sèvres）感到不滿。1922 年，土耳其部隊把希臘部隊逐出土耳其本土，並迫使英軍撤出恰納克（Chanak）的駐軍，之後協約國隨即放棄了對博斯普魯斯海峽亞洲那一側的所有領土要求。

未來的問題
有兩個戰勝國也不滿意。義大利從奧地利取得領土，包括的里雅斯特（Trieste）的港口，但因為沒有取得任何德國在非洲的殖民地感到失望。一連幾屆軟弱的政府導致義大利國內的不滿情緒升高，政治愈來愈不穩定，最後導致墨索里尼奪權（參見第 20 頁）。日本取得德國在中國的租界，以及一些太平洋上的小島，但認為並未獲得等同世界強權的待遇。人口迅速增長加上缺乏天然資源，導致日本入侵滿洲（參見第 32 頁）。

法西斯主義與納粹主義

義大利的騷亂

義大利的經濟在戰前就已經很弱，因此1914-18年的第一次世界大戰只是進一步削弱義大利。俄國革命的激勵帶來一波工業領域的罷工行動，農民也紛紛響應，占領土地，無能的義大利政府卻無法事先預防。此外義大利國內也對和平條約的結果感到失望（參見第18頁）。這種狀況首先在1919年9月表現出來，當時有一群民族主義分子攻占之前屬於奧地利的港口阜姆（Fiume）。此時這裡已經是新成立的南斯拉夫的一部分，他們在當地堅守了15個月才被驅逐，但此時另一場更大規模的民族主義運動已經開始在義大利北部風起雲湧。

德國的挫折

右翼極端主義在德國擴散，背後有兩大因素助長。先是有一部分人痛恨威瑪政府沒有再多加抵抗就接受協約國嚴苛的和平條件，此外也有一部份輿論認為德國陸軍根本沒有在戰場上被擊敗，但政客卻透過簽署1918年11月的停戰協定（參見第16頁），在背後捅了他們一刀。新的政治團體即將出現，以便反映出這些觀點和其他更多意見。

受到1917年10月俄國革命的激勵，共產主義在歐洲興起，進而觸發極右翼政治運動出現，也就是義大利的法西斯主義和德國的納粹主義。中央政府力量薄弱，加上國內普遍不滿的心態，也促使政治趨向極端。

貝尼托·墨索里尼曾擔任過教師和記者，並在第一次世界大戰期間上過戰場。1919年3月，他對義大利社會黨（Italian Socialist Party）的幻想破滅後，和一小群各種不同政治理念的人在米蘭（Milan）共同創立法西斯戰鬥團（Fascio di Combattimento）。儘管這個組織基本上是民族主義組織，但政策沒有連貫性，因此在1919年10月的選舉中得票並不多。不久之後墨索里尼就因為試圖以武力推翻政府遭到逮捕，但最後無罪釋放，因為當時並不認為法西斯運動構成威脅。

連續幾屆無能的政府都試圖安撫義大利境內的左右派，但不順利，到了1920年政治大環境愈來愈不安定。墨索里尼因此抓住這個不穩定的時機，把他基本上屬於社會主義的平台改造成全力反對共產主義的角色。

法西斯徽章
「法西斯」（Fasces）是古羅馬時代的權力象徵：綑在一起的蘆葦桿象徵團結的力量，斧頭則代表權力。

法西斯主義的法律與秩序

墨索里尼的支持者穿黑色襯衫，因此外號「黑衫軍」，經常和共產主義分子爆發衝突。他們也努力解散義大利北部由共黨分子主導的市鎮議會，不久就有愈來愈多義大利人開始把法西斯分子視為在這個被撕裂社會中維護秩序的中流砥柱者。1921年5月，墨索里尼和他的34名追隨者當選義大利國會議員，他倡議和社會主義者組成聯盟，以便擴大他的政治基礎，但他的追隨者反對。

最後，1922年8月發生了大罷工。墨索里尼宣布如果政府無法阻止罷工，法西斯分子會挺身而出。為了強化這個觀點，他們在北部幾個城市中縱火焚燒社會黨的建築。兩個月之後，墨索里尼認為時機已到，可以向羅馬遊行示威，取得政府職位並奪權（參見左邊說明）。

大獨裁者

墨索里尼在被任命為首相後，獲得國會為期一年的完全授權，以進行基本改革。他本人還親自接掌關鍵部會，但他的法西斯組織在聯合政府中依然屬於少數。在接下來的三年裡，墨索里尼逐步成為獨裁者，權力在1925年聖誕夜通過的一項法案中達到頂點。根據這項法案，他不必對國會負責。此時他已被尊稱為「領袖」（Il Duce），而又過了三年之後，除了法西斯黨以外的所有政黨都被查禁。

至於在德國，納粹黨的權力之路就漫長得多。阿道夫·希特勒原本只是一名士兵，但他並非國家社會主義德意志工人黨（National Socialist German Workers'Party，也就是納粹

對抗共黨分子
向羅馬進軍之前，黑衫隊駐守在米蘭的法西斯黨總部附近的一處大型路障。他們的目標是要把共黨分子逐出市鎮議會。

啤酒館政變
1940年，希特勒在「啤酒館政變」周年紀念大會上發表演說。那場政變當年就是在同一個集會地點發動的。

> 「把政府給我們，否則我們就向羅馬進軍，把政府拿下。」
>
> 墨索里尼對支持者演說，1922年10月

黨）的創黨人。這個組織原本是一小群民族主義分子在 1919 年巴伐利亞內戰結束後於慕尼黑成立的德意志工人黨。當時希特勒仍在軍中服役，他奉命前往巴伐利亞調查民族主義團

「沒有所謂**背叛1918 年**的叛徒這種事。」
希特勒在啤酒館政變失敗後受審時說，1924 年 4 月

體，結果突然加入這個政黨。他在兩年內就成為主席，並且更改黨名。

納粹理念
希特勒決心打破《凡爾賽條約》的束縛，讓德國再次偉大，而種族問題也成為他政治主張的核心論點。希特勒認為亞利安人（Aryan）比其他所有種族更加優越，而猶太人就跟共產主義一樣，是世界的嚴重威脅。如同墨索里尼，他也深信必須用強硬的暴力來維持秩序，因此成立衝鋒隊（Sturmabteilungen，SA）來作為他的打擊力量，而黨衛軍（Schutzstaffel，

SS）則擔任他的個人衛隊。

到了 1923 年，德國的經濟已經凋敝至極，無法支付任何賠款，因此法軍占領魯爾工業區。希特勒深信威瑪政府瀕臨垮台，因此在慕尼黑發動政變，但政變失敗，他因此入獄九個月，坐牢期間撰寫了一本算是政

治聲明的著作《我的奮鬥》（Mein Kampf）。之後當局就禁止希特勒公開演說。1924 年，協約國不再緊咬賠款支付事宜，德國的經濟狀況於是開始改善。

納粹臂章
卍字是源自南亞的古老符號，常被視為幸運符。納粹黨則認為它代表古老的亞利安種族。這塊紅色棉質臂章擁有橡樹葉圖案滾邊，曾由高階納粹官員配戴。

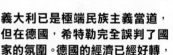
後果

希特勒進攻慕尼黑
在 1923 年希特勒的流產政變期間，納粹民兵搭乘卡車前往慕尼黑。這場發生在 11 月的暴動也獲得戰時德國陸軍參謀長埃里希‧馮‧魯登道夫（Erich von Ludendorff）的支持。

義大利已是極端民族主義當道，但在德國，希特勒完全誤判了國家的氛圍。德國的經濟已經好轉，人民對未來感到樂觀。

領袖
墨索里尼掌權後的義大利無疑比之前更有效率、更穩定。歐洲其他國家和美國都對他的成就刮目相看，認為墨索里尼「讓火車準點行駛」。不過在這一切的背後，墨索里尼的大棋盤上還有兩個主要目標：地中海要成為義大利的內海，且他決心拓展義大利在非洲的殖民帝國（參見第 34 頁）。

暢所欲言
希特勒的政治活動禁令在 1927 年解除。到了此時，因為賠款支付條件放鬆的緣故，一般德國人民的生活狀況已經顯著改善，柏林甚至取代巴黎成為歐洲最有活力的首都。德國也獲准加入國際聯盟，重新贏得自尊。由於納粹黨的支持度衰退，希特勒認為，獲得權力的唯一管道就是透過國會來控制整個國家（參見第 24 頁）。

義大利獨裁者，1883年生，1945年卒

貝尼托·墨索里尼

「我要讓義大利變得**偉大**、**受尊敬**，且令人**畏懼**。」

貝尼托·墨索里尼，1925 年

早在阿道夫·希特勒上台成為德國領導人的 11 年之前，墨索里尼就已經讓義大利變成了歐洲第一個中央集權的法西斯國家。身為歐洲第一位法西斯獨裁者，他創造了「法西斯主義」一詞，並發展出相關的意識形態。接著他又以獨裁者的姿態統治了義大利 20 年，後來才因為二次大戰期間多災多難的作為而垮台。

崛起之路

墨索里尼最初是以社會主義者的身分踏入政壇，但由於一天到晚改變思想路線，他放棄了對社會主義的信仰，開始趨向某種極端的民族主義，他稱之為「法西斯主義」。1919年，他在各地成立

穀物之戰

1925 年，墨索里尼展開「穀物之戰」（Battle for Grain），也就是把位於義大利中部的朋廷沼澤（Pontine Marshes）的水排乾後，在新開墾的土地上建造幾千座新農場。結果穀物的產出量提高了，但也連帶犧牲了其他作物。

「法西斯戰鬥團」，主要是吸納年輕的愛國退伍軍人加入。到了 1921 年，這些團體在一場大會上會師，創立了法西斯黨。這個政黨擁有強烈的右翼民族主義信仰，反對自由主義，也反對社會主義綱領。

戰後的義大利無論經濟、社會和政治都陷入混亂，而自負的墨索里尼打造出他才是唯一有能力讓這個國家恢復秩序的人的形象。他強調民族主義，並主張義大利要擺脫社會主義的路線，結果贏得愈來愈多的支持，尤其來自低階中產階級、實業家和富裕的農民。

1921 年，墨索里尼當選國會議員，他的法西斯黨總共取得 35

「領袖」

墨索里尼身材矮小，因此他要求，他所有的照片和畫像都必須投射出一種儀表堂堂、威武不凡的感覺。

個席位。1922 年，當義大利政治危機惡化時，義大利國王維克多·伊曼紐三世被迫邀請墨索里尼出面組成政府。次年法西斯黨獲得超過 60% 的選票，墨索里尼掌權就此塵埃落定。

在接下來的幾年裡，墨索里尼有技巧地交替運用宣傳和暴力手段，成功地掌握大權。他打壓政治上的反對力量，管制媒體，並廢除議會的程序。到了 1928 年，他就已經把義大利轉變成極權主義國家。

大權在握

墨索里尼身為獨裁者，親自領導法西斯黨和民兵，並控制多個政府部門。他曾一度親自掌管八個關鍵部會，從公共工程到外交政策都有。他花費許多時間宣傳他身為超級領袖的形象，並向人民灌輸法西斯主義意識形態，把法西斯主義形容成 20 世紀的基本教條。

他也把愈來愈多工業和農業部門納入國家控制之下，自由的工會被查禁，取而代之的是發展出「法人國家」，將經濟劃分成不同的區塊，並將雇主和工人組織成由黨控制的團體。不過在實務上，墨索里尼的新國家組織龐大、貪汙腐敗且效率低落，只有黨的官僚和較富裕的階級可以從他的政策中獲得更多好處。

帝國美夢與失敗

墨索里尼夢想把義大利建設成歐洲強權國家，把自己視為偉大的政治家。他想在地中海和非洲擴大義大利的影響力，尋求透過外交手段來達成這個目標。他簽署《羅加諾公約》，保證比利時、法國和德國的邊界，而到了 1929 年，邱吉爾已經把他視為「羅馬的天才」。不過自 1930 年代中期開始，他就展現出更有攻擊性的態度。他反對德國對奧地利的政策安排，1935 年時更和英國與法國組成反希特勒的陣營。但義大利在同年入侵阿

向支持者演說
墨索里尼是情感豐富的演說家也是高明的宣傳家，他向大眾發表演說，以促成大家對他的個人崇拜。義大利民眾不斷被灌輸一種觀念，認為墨索里尼永遠是對的。

羅馬皇帝
墨索里尼充分利用他的「羅馬」特色。這張宣傳海報甚至把他的形象和羅馬的圖像疊在一起。

比西尼亞（今日衣索比亞），招致國際聯盟譴責，接著從 1936 年起，他又在西班牙內戰中提供佛朗哥將軍大量軍事援助。這兩項行動都使法國和英國疏遠，義大利反而和納粹德國走得更近。1938 年，墨索里尼以調停人角色參加慕尼黑會議，但卻和德國簽署《鋼鐵條約》（Pact of Steel），承諾萬一爆發戰爭，兩國會互相支援。

戰爭爆發後，墨索里尼一開始讓義大利維持中立，等待並觀察相關事態發展。德國成功入侵法國後，墨索里尼終於出手，站到德國那一邊，並向法國和英國宣戰。儘管墨索里尼經常高談闊論義大利的戰爭目標和

勝利，但義大利卻還沒做好打仗的準備。他派遣部隊進攻希臘，但因為準備不足，德國只好派兵協助。1941 年，墨索里尼聽從希特勒的領導，一同入侵蘇聯，並對美國宣戰。他很明顯依附希特勒，把反猶法律條文引進義大利，再加上戰況不利的消息紛然沓來，他的支持度大跌。到了 1943 年，義大利已經喪失了所有位於非洲的領土，在每條戰線上都節節敗退。

墨索里尼的法西斯黨內同志開始反對他，他因此下台並被囚禁。被德國傘兵救出後，他被帶往義大利北部，在當地遵照希特勒的指令建立法西斯傀儡政府。1945 年，盟軍在義大利境內推進，此時已疾病纏身的墨索里尼在企圖潛逃到瑞士的途中被游擊隊捕獲，最後被處決。

> 「義大利和德國**結盟**，不只是**兩個國家**或兩支軍隊結盟⋯⋯而是**兩個民族結盟**。」
> 墨索里尼在羅馬的演說，1941 年 2 月 23 日

屈辱之死
墨索里尼和他的情婦克拉拉·貝塔奇（Clara Petacci）的屍體被倒吊在米蘭的一間加油站示眾。這位「領袖」的屍體受到路人破壞，是個屈辱的結局。

« 前因

1920 年代中期，德國經濟開始復甦，對極端政治主張的支持度下降。

1928 年大選

希特勒的啤酒館政變失敗（參閱第 20-21 頁），因此他改變策略，透過投票箱來追求權力。他的第一個機會是 1928 年 5 月的德國國會選舉，但他本人無法參選，因為他從技術上來說依然是奧地利籍。選舉結果令人失望，納粹黨在 491 席當中僅取得 12 席。次年，德國經濟又打了一針強心劑，也就是戰時的協約國把賠款支付期限又往後延到了 1988 年。

華爾街股災

1929 年 10 月，美國股票市場崩盤，全世界的經濟都受到影響，尤其是德國，因為它依然比絕大多數國家脆弱。德國因此變得更加動盪，但也給了希特勒新的機會。

過去的苦日子

在納粹統治下，像 1920 年代這樣男女老幼一起採煤的苦日子即將成為過去。

希特勒掌權

和墨索里尼不同的是，希特勒是透過民主程序獲得權力的。他擔任德國總理後才露出真面目，在短短幾個星期內就建立獨裁政體，不容許任何反對意見。

在 1930 年 3 月，由於無法同意一致的政策以對應逐漸惡化的經濟狀況，社會民主黨主導的德國聯合政府總辭，當時的德國總統——也就是備受尊敬的戰時英雄保羅·馮·興登堡元帥（Paul von Hindenburg）——安排保守派財經專家海因里希·布呂寧（Heinrich Brüning）出任德國總理，這是回應軍方政治遊說的結果。布呂寧的政府在國會沒有多數席次，無法通過改革國家財政的法案，因此他根據憲法規定，把法案視為緊急命令頒布，但依然遭到國會封殺，布呂寧被迫辭職。

政治氛圍已變

此時德國的情勢和 1928 年相比已經大有轉變。不論是共產黨還是納粹黨都全力號召支持者團結起來，雙方爆發街頭混戰的頻率也愈來愈高。結果這兩個極端政黨的得票率也跟著提升，共產

> 「我們再次成為真正的日耳曼人……」
>
> 阿道夫·希特勒，1933 年 3 月

納粹選舉海報

在 1928 年 5 月的大選中，納粹黨的口號很明顯對準了失業人士，承諾「工作、自由和麵包」。

黨獲得 77 席，納粹黨則獲得 107 席。這也意味著較溫和的政黨無法取得國會多數席次，因此布呂寧愈來愈依賴命令來施政。他採取多項嚴厲的財政措施，包括大幅削減公共支出，他也因此愈來愈不受歡迎。1932 年在洛桑會議（Lausanne Conference）上，他確實透過談判爭取到止付賠款，也試圖和奧地利建立經濟聯盟（只是海牙國際法庭宣判此舉違反《凡爾賽條約》），但這一切都來得太晚，無法挽救他的支持度。

1932 年春季，興登堡的總統任期結束。布呂寧把這位老元帥視為他對抗納粹黨和其他極端

組織的最有效護身符，因此希望他留任。納粹黨和其他民族主義人士反對此舉，因此興登堡便支持重新選舉。此時總算取得德國國籍的希特勒和共產黨領導人恩斯特·泰爾曼（Ernst Thälmann）也一同參選。一番激烈競爭後，興登堡贏得 53% 的選票順利連任，希特勒得到超過三分之一的選票緊追其後。希特勒如旭日東升，踏上崛起之路。

> **1931 年到 1933 年的納粹黨總部位 於 褐 宮（Brown House），這座建築位於慕尼黑布林納街（Briennerstrasse）上，之前是一座富麗堂皇的私人宅邸。**

不擇手段追求權力

興登堡希望布呂寧可以組成一個更傾向右翼的內閣，以反映德國變遷中的政治氣氛，但布呂寧拒絕並且辭職。接替他的是法蘭茲·馮·巴本（Franz von Papen），但各方政治勢力一致反對這個人選，所以 1932 年 7 月德國再度舉行大選。和 1930 年相比，街頭鬥毆混戰愈演愈烈，結果納粹黨取得

209 席，成為德國國會最大黨。但希特勒拒絕加入任何政治聯盟，因此 11 月又舉行另一次大選。這次納粹黨贏得的席次稍微少了一點，一部分是因為巴本在國際裁軍會議（International Disarmament Conference）上採取強硬立場，也因為經濟狀況已經有所改善，但這些並不足以拯救巴本。軍方拒絕支持他，因此興登堡安排他的發言人庫特·馮·施萊赫爾（Kurt von Schleicher）出任德國總理。

希特勒不願意看到這種狀況。他選擇和巴本結盟，以孤立施萊赫爾，防止這位將領組成政府。興登堡決定接受這個無可避免的演變，因此在 1933 年 1 月 30 日安排希特勒出任德國總理，巴本擔任副手。由於內閣中只有兩位納粹黨員，因此巴本相信這可以控制希特勒，不過事態的發展證明他錯了。

希特勒的第一步就是宣布在 3 月 5 日舉行另一場大選。接著在 2 月 27 日，德國國會大廈失火（參閱左欄）。在接下來舉行的大選裡，納粹黨只獲得 44% 的選票，但這樣已經足夠。根據他在國會大廈失火之後說服興登堡實施的限制措施為基礎，希特勒成功地在 3 月 23 日讓他的授權法（Enabling

17,277,180

在 1933 年 3 月的德國民主選舉中投給納粹黨的人數，這是直到 1945 年以後德國所舉行的最後一次選舉。

Act）通過，使他有權透過命令統治國家，並有效禁止除了納粹黨以外的所有政黨活動。短短幾個星期內，公開反對希特勒的力量都被消滅，德國此

新總理與老總統

1933 年，也就是希特勒擔任總理的第一年，他和興登堡在紀念德軍 1914 年 8 月於坦能堡（Tannenberg）擊敗俄軍的週年紀念儀式上並肩而坐。最右邊是赫曼·戈林。

時已經是不折不扣的獨裁國家。

隨著興登堡在 1934 年 8 月 2 日去世，民主德國也走到了終點。希特勒成為這個國家的最高領導人，可以隨心所欲地實現他的嶄新大德國美夢。

後 果 ›››

新的德國很快就發現它處於史無前例的高壓國家控制之下。納粹對德國人民徐徐灌輸紀律感，這對他們二次大戰初期的成功有所幫助。

納粹主義看似成功

德國經濟迅速復甦（參閱第 26-27 頁）大部分要歸功於威瑪共和政府採取的措施，以及加速再武裝。科技領域有許多驚人發展，其中有些是早已存在的概念，但在納粹執政期間實現，從飛機到高速公路都有。納粹政權的組織能力在 1936 年柏林奧運會（參閱第 28-29 頁）和每年的紐倫堡（Nuremberg）集會上獲得印證。許多外界的觀察家都印象深刻，並認同這份新秩序。

黑暗面

除了禁止政治異議以外，希特勒此時還可以集中力量打造種族純淨的國家（參閱第 26-27 頁）。同時他還致力於打破《凡爾賽條約》的束縛，甚至還想重畫歐洲的地圖（參閱第 34-35 頁）。西方民主國家本身也問題重重，因此很慢才察覺希特勒的政策是對和平的威脅（參閱第 36-37 頁），必須加以對抗。

> 「德意志的運勢**即將上升**，而你們的**即將殞落**……我不需要你們的選票。德國即將解放，但**不會是透過你們**！」
>
> 授權法的辯論中，希特勒對社會民主黨所說。1933 年 3 月 23 日

關鍵時刻

德國國會大廈失火

1933 年 2 月 27 日晚間，位於柏林的德國國會大廈突然失火，希特勒的內政部長赫曼·戈林（Hermann Goering）立即趕赴現場坐鎮。一名弱智的荷蘭人馬里努斯·范德盧貝（Marinus van der Lubbe）被當場逮捕，戈林則公開指控他是共產黨特務。次日，希特勒通知興登堡，說發現了共產黨企圖顛覆國家的陰謀，勸他簽署緊急命令，保衛國家和人民。此舉不只是提供政府緊急權力，也暫停基本的公民自由，像是出版自由和集會自由。

大約有 4000 人因為被這場火災牽連而遭逮捕，但只有五人（包括德國共產黨在國會的領導人）在 9 月於

萊比錫（Leipzig）的法庭內現身，而只有范德盧貝被判有罪並遭處決。但不論是他要對這場大火負責，還是納粹黨自己放了這把火，從來都沒有充分的證據可以證明。

前因

1933 年 3 月希特勒掌權以前，他擁有納粹黨在早期年代成立的民兵組織的強力支持。

衝鋒隊、黨衛軍與希特勒青年團

衝鋒隊的名稱源自於第一次世界大戰末期德軍攻勢中運用的小單位突擊部隊（參閱第 16-17 頁）。衝鋒隊成立於 1920 年，目的是保護納粹黨集會不被左翼對手攻擊，也被稱為褐衫隊，藉此和穿著黑衫的黨衛軍（參閱第 21 頁）區隔開來。黨衛軍是一個更邪惡的組織，他們個人都宣誓效忠希特勒，並沉浸在他的反猶意識形態裡。希特勒青年團在 1926 年成立，目標是訓練出這些武裝力量的未來成員。1923 年的啤酒館政變失敗後（參閱第 20-21 頁），衝鋒隊和黨衛軍都解散，但也都在 1926 年重建。

希特勒青年團的短刀

長刀之夜

希特勒上台時，衝鋒隊規模約有 50 萬人。衝鋒隊的指揮官恩斯特·羅姆（Ernst Röhm）自認他們才是真正的國家防衛武力，應該接手原本陸軍部隊的角色。希特勒把羅姆視為潛在敵人，1934 年 6 月下令衝鋒隊全體人員休假一個月。6 月 30 日晚間，希特勒派出他麾下的黨衛軍，暗殺包括羅姆在內的多位衝鋒隊領導階層，而另外一些被希特勒認為有威脅性的人也跟著在「長刀之夜」遇害。

納粹國家

希特勒的德國旨在證明國家社會主義可以把德國從戰後的悲慘中拯救出來。與此同時，納粹主義也展露出殘暴的意識形態，對和平造成威脅。

希特勒為了鞏固自己德國領導人的地位，採用「元首」（Führer）這個稱號。他的目標是要透過消滅階級、宗教和意識形態的區隔以及使種族純淨來重塑德國人民，所以設立集中營來去除「不良分子」。

1933 年 3 月，納粹才拿到政權沒多久，就開始建立特殊集中營。首先被關進去的是共黨分子，他們在國會大廈失火（參閱第 25 頁）後被抓捕。這些集中營由黨衛軍負責管理，馬上就收進了各式各樣的囚犯，包括自由

納粹大遊行

在激動人心的樂曲和完美無瑕的操演幫助下，納粹大型集會的編排呈現出大眾熱情無比且遵守紀律的畫面，就如同這張 1937 年在布克貝爾格舉行的豐收感恩節活動照片一樣。

帝國勞動役徽章

帝國勞動役在 1934 年 7 月開始實施，是降低失業率的手段，成員參與了多個不同的建設計畫。

派政治人物、工會幹部和共濟會員、同性戀和吉普賽人等。不過當中占最大多數的，則是希特勒最痛恨的猶太人。

反猶立法

希特勒迫害猶太人的第一個行動就是在 1933 年 4 月宣布杯葛猶太人經營的商店。到了當年年底，猶太人被禁止擔任公職，也不能從事教職和農業，也無法從事藝術創作。之後紐倫堡法案（Nuremberg Laws）在 1935 年 9 月通過，猶太人因為這個法案喪失德國公民權，並不得與亞利安人通婚，接著又被剝奪從事法律和醫療職

業的權利。

不令人意外，大批猶太人出走德國。1933 年的德國境內有 60 萬猶太人，但接下來的六年裡有超過一半都移民國外，在這些逃離納粹政權的人包括物理學家阿爾貝特·愛因斯坦（Albert Einstein）和小說家托瑪斯·曼（Thomas Mann）——他本人不是猶太人，但他的妻子是。他們和其他許多藝術和科學領域的傑出人士一樣，前往美國。

宣傳與發達

整體而言，德國人民幾乎沒有公開反對這樣的迫害，而這有幾個原

因。首先是約瑟夫・戈培爾（Joseph Goebbels）主掌的納粹宣傳機器非常有效率，它的主要目標是恢復德國人的驕傲。從每一座城鎮用來裝飾建築物的納粹宣傳標語布條，到每年紐倫堡集會上的大規模遊行，再到希特勒及其副手激動人心的演說，都是出自他的巧妙安排。1936 年柏林奧運（參閱第 28 頁）的成功也大幅提振了民族士氣，還讓世界其他國家刮目相看。

教育是納粹手裡的另一項利器。當局根據國家社會主義教條來教育學生，教科書也迅速改寫，所有教師都必須宣誓效忠希特勒。此外當局也著重體能鍛鍊，希望所有男孩都能加入希特勒青年團（Hitler Youth）。

希特勒也透過復興產業和鼓勵研發新科技（尤其是軍火工業）創造了充分的就業機會。此外還有帝國勞動役（Reichsarbeitsdienst, RAD）的大型公共工程計畫，19 到 25 歲的德國男性都要接受徵召服役六個月，從事農業或公共工程，例如修築德國令人耳目一新的高速公路網。希特勒還鼓勵研發國民車（Volkswagen），以作為提升生活水平的手段，目的是為人

民提供物美價廉的汽車，就像亨利・福特（Henry Ford）在美國的 T 型車（Model T）一樣。

身為統治者的希特勒

談到國家運轉時，希特勒對政府機關的日常工作沒有太大興趣。他只負責擘畫全盤政策，細節則全部指派給部屬執行。如果有任何副手野心過度膨脹，長刀之夜（參閱「前因」）的記憶就足以使得他們不敢造次。他要求武裝部隊的每一個人都對他宣誓效忠，並確保他們身為國家保衛者的地位，從而牢牢控制武裝部隊。

國會大廈在 1933 年 2 月失火後，德國國會就遷移到柏林的克洛爾歌劇院（Kroll Opera House）。希特勒在這裡發表過多場著名演說，但國會本身卻變成只是替希特勒的政策背書的橡皮章。

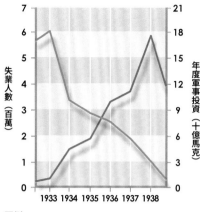

圖例
- ■ 德國失業人數
- ■ 德國軍事投資

縱軸：失業人數（百萬）、年度軍事投資（十億馬克）
橫軸：1933 1934 1935 1936 1937 1938

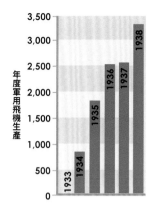

縱軸：年度軍用飛機生產
橫軸：1933 1934 1935 1936 1937 1938

德國經濟復甦
這份表格顯示出希特勒降低失業率和提高軍事開支的速度有多快。德國空軍（Luftwaffe）迅速成為歐洲規模最大的空軍。

後果

為了要給人民更多生存空間（Lebensraum），希特勒計畫恢復德國的戰前邊界，這與國內改革同時進行。

武裝部隊
由於德國軍方被禁止生產戰車和飛機，因此德軍軍官祕密前往俄國，試驗被禁止研發的武器，交換條件就是訓練俄國的武裝部隊。這代表德國武裝部隊的擴充與現代化的基本工作在希特勒上台時已經到位。他最早的行動之一就是強化軍隊，當中包括從無到有建立一支空軍。他非常明白，沒有強而有力的武裝部隊，就無法實現領土野心。

大德國
希特勒的短期目標是要重新占領非軍事化的萊茵蘭，然後收回薩爾蘭（參閱第 34-35 頁）。他打算之後和奧地利組成聯盟，取消他厭惡的波蘭走廊，然後分割他視為人造國家的捷克斯洛伐克。所有這些計畫都和《凡爾賽條約》抵觸，而希特勒能否逆轉 1919 年就已經決定的事，很大一部分都要看英國和法國的反應（參閱第 34-37 頁）。

德國政治人物（1897-1945年）

約瑟夫・戈培爾

戈培爾出身萊茵蘭的天主教勞動階級家庭，受過大學教育。由於一次大戰期間他的體格不符兵役標準，他逐漸培養出自己的民族主義和種族主義觀點，並在 1922 年加入納粹黨。他的聰明機智和機會主義天賦很快就讓人印象深刻，但一直要到 1926 年他才和希特勒結盟，三年後希特勒指派他擔任宣傳事務負責人。戈培爾在這個職位上得心應手，且一直到最後都是希特勒的心腹，和他一起死在柏林的碉堡裡。

柏林奧運

對阿道夫‧希特勒而言，1936 年的柏林奧運是納粹成就的成果發表會。各項運動競賽在 1936 年 8 月 1 日展開，是當時的超級盛事，而德國共贏得 33 面金牌，比其他任何國家都要多。但希特勒想要證明亞利安人體能稱霸的美夢卻被美國黑人運動員傑西‧歐文斯（Jesse Owens）的優異表現粉碎，他共贏得四面金牌。

「今天下午，第 11 屆奧林匹克運動會開幕式就在這個帝國運動場舉行……這可能是這類體育競賽的開幕典禮中時間最久的一次……在馬拉松大門兩側的高塔頂端，戴著鋼盔的軍樂隊已經就位，映襯的西邊的天空，指揮的動作細膩而清楚，突然間他們開始高聲奏樂，代表希特勒先生已經抵達會場。在連續不斷地如雷歡呼聲之中，他穿過馬拉松大門，身後跟著國際奧林匹克委員會（International Olympic Committee）的成員，他們穿著大衣，掛著官職佩鏈。所有人緩緩走下階梯，然後沿著跑道走到看台上的位置，之後現場全體一起高唱〈德意志高於一切〉（Deutschland über Alles）和霍斯特‧威塞之歌（Horst Wessel），展現出無與倫比的熱情……然後播音員喊『注意』，接著下達『升旗』指令……參賽國的國旗冉冉升起……奧林匹克鐘鳴響……奧運會正式開始。」

《曼徹斯特衛報》（Manchester Guardian）特派員蒙塔古（E.A. Montague）報導奧運開幕典禮。

「在柏林，我們希臘隊因為來自奧林匹克運動會的發源地而備受尊榮，但這並沒有讓我們對法西斯政權以及許多想要對全世界展現德意志力量的浮誇盛大慶典視而不見。我絕對不會忘記柏林奧運會的運動員進場，希臘隊一如往常率先入場，受到非常熱烈的歡迎，還有最後一位負責傳遞奧運聖火的選手進入體育場中的場景。我也絕對不會忘記那一刻我的情感與驕傲，但我真恨不得這個傳遞奧運聖火的靈感不是希特勒和他的政權想出來的！」

希臘運動員多姆尼察‧蘭妮提斯（Domnitsa Lanitis）描述開幕式

最後一棒
傳遞奧運聖火的作法最早是在 1936 年的奧運會開幕式上登場的，點燃的火炬總共穿越七個國家——希臘、保加利亞、南斯拉夫、匈牙利、捷克斯洛伐克、奧地利和德國。負責傳遞聖火的最後一位火炬手是德國的符利茨‧席爾根（Fritz Schilgen）。

改變的代價
內戰對中國平民百姓的衝擊往往十分悲慘，流離失所和挨餓受凍是家常便飯。

國共內戰

前因

進入 20 世紀時，中國仍由皇帝進行封建統治，經濟則遭到西方國家剝削。

孫中山
在那些想要撥亂反正、讓中國現代化的人當中，有一位正是孫中山。他曾在夏威夷受教育，且是合格的醫生。由於被歸類為革命派，他在歐洲和美國流亡多年，並對美國的政府制度留下深刻印象。1911 年，孫中山仍流亡在海外時，革命黨人在上海西邊 644 公里處的武昌成功發動軍事起義。領導階層立即要求孫中山返國，出任國家元首。

新共和
孫中山召開各省代表大會，新的中華民國在 1912 年元旦正式成立，但只有南方地區承認他是領導人。

中國在 1912 年成為共和國，結束長達 2000 年的帝國統治，但中國卻有許多人不承認這個新政權。結果就是內戰頻發，政府先是討伐軍閥，接著又和共產黨爭奪國內控制權，整個局面一直要到 1949 年才塵埃落定。

孫中山成為國家領導人後，優先要務就是爭取北方的軍方領導人袁世凱支持。他承諾只要袁世凱支持革命，就把總統大位讓給他。袁世凱應允這個要求，但等到皇帝真的退位以後，他卻醉心於權力，公然宣布稱帝。孫中山發動行動

50,000
蔣介石在中國南方的第五次、也是最後一次剿共集結的部隊人數

討伐袁世凱但失敗，因此再度流亡海外。袁世凱在 1916 年去世後，中國北方開始由軍閥統治。

1917 年，孫中山返回中國，並在廣州建立政府。他還成立黃埔軍校，準備討伐北方軍閥，並任命他的門生蔣介石負責統籌管理。為了支應軍費

宣揚統一
這張國民黨的海報宣稱北伐作戰會統一國家，並取消外國租界。

開支，他開徵高額稅賦，因此不受民間歡迎。他也讓國民黨和俄國共產黨結盟，從莫斯科獲得大量資金和軍事援助。

進攻上海
孫中山在 1925 年去世，因此由蔣介石發動北伐。這次行動的目標是要粉碎軍閥勢力，並取消外國租界。他在 1926 年揮兵當時最主要的對外港口、

擁有各國主要租界的上海。他一路擊敗軍閥部隊，進兵神速，西方國家連忙派遣部隊支援自己駐紮在上海的部隊。但蔣介石卻在上海外圍地區停止前進。

100 萬名男女踏上毛澤東的長征之路。

5000 人在這場長達 6000 公里的征途中存活下來。

最後在 1933 年 11 月，在一名擔任首席軍事顧問的德國將領協助下，蔣介石發動第五次剿共。他運用飛機和大量火砲，成功地孤立了共黨部隊，把他們和支持他們的當地社區阻隔開來。他們被國民黨部隊修建的層層碉堡防禦圈包圍，無法脫逃，因此瀕臨被殲滅的命運。

長征開始

共軍根本不考慮投降，因此只剩突圍這個選項。1934 年 6 月，第一批部隊開始行動，這是分散敵方注意力的手段，因此大部分遭到殲滅。四個月後，主力部隊開始突圍。他們蒙受大量傷亡，但生還的人向西邊挺進，毛澤東就是在這個時候取得軍事領導權。

共軍受到國民黨部隊和敵對地方勢力持續不斷的騷擾。他們抵達西藏邊界後轉向北方，在翻山越嶺、蒙受

中國將領與政治人物（1887-1975年）
蔣介石

蔣介石出生於 1887 年，父母是中產階級。他先在中國就讀軍校，接著再前往日本繼續接受軍事教育，並且在日本開始受到共和思想的薰陶。在日本陸軍服役之後，他於 1911 年武昌起義爆發時返回中國。蔣介石在 1925 年成為國民黨領導人，一心一意為中國現代化而努力，試圖以儒家道德價值觀和自我紀律來鼓舞人民，但經常因為戰亂頻發而轉移注意力。他和共產黨間的衝突在 1945 年之後愈演愈烈，最後在 1949 年全面敗北。他和追隨者退守臺灣，並繼續擔任國家領導人直到去世。

> 「長征……向大約兩萬萬人民宣布，只有紅軍的道路，才是解放他們的道路。」
> 毛澤東，1935 年

了慘重的人員傷亡後，毛澤東的部隊終於抵達西北方相對安全的陝西省，和另外兩支共產黨部隊的殘部會師。

長征是史詩般的耐力壯舉。儘管共產黨的軍事力量被大幅削弱，但這次經驗讓毛澤東有了寶貴的基礎，可以發展出一套完整的戰略，把國民黨徹底打敗。

國民黨和共產黨之間的嫌隙日益擴大。共產黨不但想趕走外國人，也想除掉中國的地主階級。不過蔣介石明白，要統一全中國，他需要足夠的資金，只有地主階級和對外貿易才能支應。他因此在 1927 年 4 月下令對付共產黨，逮捕了幾位領導人，並且趕走了他的蘇聯顧問。

新一輪內戰在中國展開。城市裡的共黨分子很快就被驅除，包括在蔣介石於 1928 年占領的北京，其餘的人則往內陸疏散，主力隊伍則退往南方的井岡山。自 1930 年起，蔣介石

> 「攘外必先安內。」
> 蔣介石提出的口號

發動一連串攻勢，稱為「剿共」。第三次剿共期間，他把共黨部隊逼到了更南邊，但共軍並沒有被打敗。

為得救而前進
1934 年 10 月長征路上的毛澤東部隊。驅策他們前進的是毛澤東的領導以及他們的紀律和自我信念。這場行動對中共的最後勝利做出貢獻。

後果

到了長征結束時，蔣介石似乎已經控制了全中國。但他的統治始終困難重重。

共產黨
陝西省對共產黨來說是相對安全的避風港。他們能吸引當地居民入黨，很大一部分是因為毛澤東堅持和他們培養良好關係。因此毛澤東得以重建部隊，並發展出革命作戰的策略。這套策略主要是共黨幹部深入鄉間建立基地，接著招兵買馬並加以訓練，然後再向當地人民灌輸思想。最後共產黨變得足夠強大，且有人民的充分支持，才迫使國民黨政府垮台，控制全國。

長征的紀念郵票

日本的威脅
亟度需要更多生存空間的日本早已對中國虎視眈眈。他們在 1931 年就已經踏出第一步：入侵滿洲（參閱第 32-33 頁）。

進擊的日本

儘管日本擁有現代化國家的一切特徵，但 1919 年時的日本仍然依靠封建制度運作。
由於缺乏天然資源，不得不進口原物料，且人口暴增，導致嚴重失業，因此日本成了
一個火藥桶。

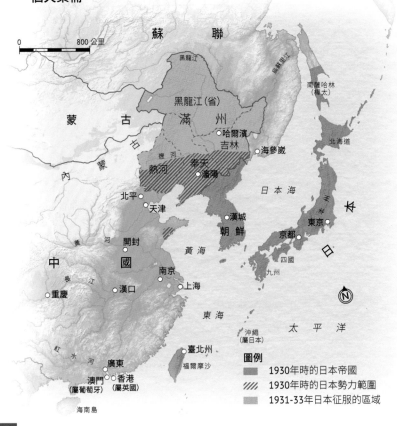

日本帝國
上方地圖顯示 1933 年時的日本帝國領土範圍。
對日本而言，滿洲是重要的原物料來源，也是
他們和俄國激烈爭奪之地。

圖例
- 1930年時的日本帝國
- 1930年時的日本勢力範圍
- 1931-33年日本征服的區域

在華盛頓的海軍裁軍會談中達成的協議（參閱前因）對日本來說是個激勵，可以讓世界其他國家更加尊重這種型態的政府。1924 年普選實施，讓這個願景實現，但轉變來得太快。貪汙腐敗和青年軍官長期以來不服上級命令的歷史太根深柢固，難以在一夜之間翻轉，結果造成一連串政治醜聞，許多日本年輕人因此趨向極端的民族主義。

天然資源

日本艱困的戰略地位也因為 1923 年 9 月 1 日的關東大地震而嶄露無疑。位於橫須賀的主要海軍基地受災嚴重，原本可以撐兩年的大量石油儲備也跟著喪失。倘若地震是發生在日本打仗的時候，海軍根本就無法動彈。這起災害凸顯出日本有多麼缺乏自產的天然資源。

民族主義在日本的武裝部隊中十分盛行，不論是海軍還是陸軍。許多軍官愈來愈相信，確保可靠的原物料供應並在世界舞台上獲得敬重的唯一辦法就是領土擴張。滿洲是頭號目標。在 1904-05 年的日俄戰爭中，日本已經取得滿洲南部的相關權利，有些日本人已經移居當地，受到日本關東軍保護。不過滿洲在名義上依然是中國的一部份，但日本人還是投入大筆資金探勘當地的天然資源。只是他們也遲疑是否要拿下整個滿洲，因為如此一來就會和歐洲與美國失和。當時的情況是，滿洲由中國軍閥張作霖掌控，日本人不止一次企圖暗殺他。1928 年 6 月他們總算成功了：兩名關東軍參謀軍官策畫炸毀了他的私人列車。

控制滿洲
1931-32 年，日軍開始占領滿洲，是對日抗戰的序幕。這個地區的國軍並不團結，無力驅逐入侵的敵軍。

制空權
1931 年入侵滿洲時，日軍幾乎沒有遭遇任何抵抗。圖為行動中的戰鬥機組人員。日本並沒有創立單一的空軍單位，而是沿用舊制，分成海軍航空隊與陸軍飛行戰隊。

前因

1905 年，日本對俄國贏得輝煌勝利後，就下定決心要成為世界強權，在世界國家排行榜上占據一席之地。

第一次世界大戰
根據和英國簽訂的條約，日本在 1914 年加入協約國，攻占德國在中國的殖民地，並占領太平洋上的德屬島嶼。除此之外日本並沒有太大貢獻，只有派遣小型海軍艦隊前往地中海協助執行反潛任務。日本得到的獎賞是太平洋上的島嶼以及德國在中國的租界與特權。

海軍裁軍
美國為了降低對其利益的威脅，在 1921-22 年舉行了海軍裁軍會議。日本同意對船艦的大小做出限制，並維持一支規模只有美國和英國 60% 的海軍。此外日本也同意維護中國領土完整。這一切都讓較年輕、偏偏向民族主義的日本人感到憤怒。

「我們每天屈服在**虛偽**和**謊言**之下，而**民族榮譽**則緩緩消失。」
日本民族主義軍官歌曲

後果 ⟫

日本把滿洲重新命名為滿洲國，以鞏固對滿洲的控制，更糟的是他們還把清朝的末代皇帝溥儀（右）立為這個傀儡政權的君主。

中國的戰爭

因國共內戰（參閱第30-31頁）而飽受摧殘的中國根本無力收回失去的滿洲領土。由於察覺到這點，再加上國際聯盟根本無力插手，因此日本準備占領全中國（參閱第40-41頁）。

溥儀

歐洲友人

日本也開始尋找盟友，因此不可避免地轉向歐洲的法西斯國家，因為義大利和德國也表示他們不怎麼把國際聯盟放在眼裡（參閱第34-35頁）。此外，德國可以在牽制蘇聯這方面發揮寶貴作用，因為日本將蘇聯視為潛在敵人，威脅到他們對滿洲國的掌控。

更大的野心

日本政府的某些部門開始夢想在盛產石油的東南亞建立日本帝國。

日本海軍軍旗
日本海軍軍旗的設計靈感源自 1905 年 5 月日本海軍在對馬海峽海戰擊敗俄軍艦隊。

日本入侵滿洲

東京的民選政府並沒有批准暗殺張作霖的行動，也試圖要求關東軍遵守紀律，但關東軍愈來愈不理會他們的命令。最後，在 1931 年 9 月，國軍北大營附近的南滿鐵路發生爆炸，日軍以此為藉口占領奉天（今日瀋陽），並逐步占領滿洲其他地方。

1萬2000 1906 年時的關東軍兵力
10萬 1941 年時的關東軍兵力

中國立即向國際聯盟抗議這場赤裸裸的攻擊。國際聯盟要求日本停止敵對行為，但這個要求沒有獲得任何回應，特別是因為東京方面實質上已經無法控制關東軍的行動。國際聯盟則缺乏必要的資源來採取軍事行動，而成員國也不願制裁日本，因為他們不希望在經濟大衰退的同時，和日本

的貿易還受到影響。最後國際聯盟派出一支代表團來調查整起事件。這個代表團雖然建議日軍撤出滿洲，但也做出結論，認為這塊地區應該成為半獨立國家，國軍部隊不應再回來。

在此同時，一群軍官展開一連串暗殺行動，目標是腐敗的政治人物和金融家。這個亂局在 1932 年 5 月達到最高峰，當時的首相犬養毅在自宅遭到暗殺身亡。自此之後，日本軍方就掌握了國家大

權，可以隨心所欲地操控政府。

國際聯盟對滿洲未來前途的建議顯然不符日本軍人領導階層的胃口，因此在 1933 年 3 月，身為五個永久會員國之一的日本退出國際聯盟。

戰爭科技
航空母艦

英國是最早發展航空母艦的國家。在 1914-18 年間，他們很快就認可了飛機能夠為艦隊偵察任務帶來的價值。皇家海軍把船艦改裝成水上飛機母艦，並在較大型的艦艇上加裝設備，以便彈射飛機。第一艘真正的航空母艦是狂怒號（HMS Furious），擁有全通式飛行甲板，從巡洋艦改

裝而來。它在英格蘭的泰恩河畔紐卡索（Newcastle-upon-Tyne）建造，並於 1918 年 3 月投入服役。雖然讓飛機起飛可說是相當簡單，但要安全降落就困難許多，但引進攔截鋼索後，飛機就可以順利降落在船上了。在 1920 年代初期，包括日本在內的世界強國海軍都開始把

超出《華盛頓海軍條約》（Washington Naval Treaty，參閱前因）規定的船艦改裝成航空母艦。到了 1939 年，美國、英國和日本的海軍艦隊都有了好幾艘航空母艦，並且很快就證明了它們是比戰鬥艦更優越的海戰武器。

日本航空母艦「赤城號」

軸心國的崛起

在 1930 年代，納粹德國和法西斯義大利在外交政策領域愈來愈有並肩作戰的態勢——德國在歐洲，義大利則是在非洲。和處理日本和滿洲的方式一樣，國際聯盟根本無力防範這類侵略行為。

軸心宣言
這張 1938 年的德國郵票頌揚自 1936 年以來希特勒和墨索里尼之間愈來愈緊密的關係。郵票最上方的標語寫著：「兩個民族，一場奮鬥」。

1932-34 年日內瓦裁軍會議的目標，是要說服所有歐洲國家都把武裝部隊裁減到跟德國一樣的規模。不過法國認為此舉是在削弱國家安全。另一方面，德國則想強化他們的軍事力量，希望能和鄰國平起平坐。但遭到拒絕後，希特勒在 1933 年 10 月下令同時退出裁軍會議和國際聯盟。

次年，希特勒把目標轉向奧地利。當時的奧地利總理恩格爾伯特·多爾夫斯（Engelbert Dollfuss）同時受到左派和右派的威脅，在沒有國會的情況下執政了兩年之久。希特勒鼓勵納粹黨人發動政變，多爾夫斯在 1934 年 7 月被暗殺。不過軍方重新取得控制權，墨索里尼也在奧地利邊境集結部隊，明白反對納粹

取而代之的動作，希特勒因此被迫收手。

但希特勒在 1935 年時來運轉。薩爾蘭的全民公投結果顯示，當地民眾壓倒性支持回歸德國，並準時在 3 月實現。同一個月，希特勒就向全世界宣布建立德國空軍，因此大幅擴充了軍隊規模。這是明目張膽地違反《凡爾賽條約》，但英法兩國的抗議微不足道。

征服阿比西尼亞

在此期間，墨索里尼也蠢蠢欲動。

他原本想透過和平手段進占阿比西尼亞，擴張義大利的非洲帝國版圖。他在 1928 年和海爾·塞拉西皇帝簽訂友好條約，但皇帝把自己的國家對所有國家開放，而不是只對義大利，因此墨索里尼愈來愈惱怒。1934 年 12 月，義軍和阿比西尼亞部隊在阿比西尼亞境內爆發衝突，阿比西尼亞向國際聯盟求助，但國際聯盟當時更在意的是德國再武裝的事。1935 年 4 月，英國和法國的主要目標是要確保墨索里尼不會和希特勒結盟，因此曾和義大利人會面商討此一問題，但並沒有提到任何關於阿比西尼亞的事。

察覺了西歐民主國家的弱點後，墨索里尼的部隊在 1935 年 10 月入侵

> **700,000**
> 裝備齊全的義大利部隊人數，外加 150 架飛機，對抗 55 萬裝備不良的阿比西尼亞部隊。

阿比西尼亞。到了 1936 年 5 月，阿比西尼亞全面潰敗，墨索里尼宣布阿比西尼亞成為義大利領土，皇帝則流亡英國。國際聯盟的回應是執行有限的經濟制裁，但不包括煤炭與石油。但德國和美國都不是國際聯盟成員國，因此不受制裁決議的約束。

萊茵蘭

1936 年 3 月，希特勒趁著全世界的注意力都轉向阿比西尼亞的機會，派遣部隊進入萊茵蘭。這是經過仔細算計的豪賭，因為希特勒的軍隊尚未做好戰爭準備，若是英法兩國以強硬姿態回應，很可能會迫使希特勒認輸。只

離開故國

在義大利入侵的最後階段，海爾·塞拉西皇帝騎馬離開阿比西尼亞。他逃往歐洲，並在 1936 年 6 月採取行動，向日內瓦的國際聯盟求助，但徒勞無功。

是英法都沒本錢再打一場歐洲戰爭。

新夥伴關係

阿比西尼亞危機的另一個後果，就是墨索里尼因為英國和法國對義大利實施經濟制裁而和他們分道揚鑣。1936 年 10 月，德國和義大利簽訂友好條約，同意相互承認彼此的利益：阿爾卑斯山以北屬於德國，阿爾卑斯山以南屬於義大利。就是在簽署這份條約的時候，墨索里尼首度提起了羅馬－柏林軸心。

> 「所有想要追求和平的歐洲國家，都可以繞著**羅馬－柏林軸心**旋轉。」
>
> 1936 年 10 月墨索里尼與德國簽訂條約時說

前因

希特勒的主要目標不只是要恢復德國在 1914 年時的邊界，還要加以擴張，而墨索里尼則下決心要擴張義大利的非洲帝國。

德國的領土野心
當希特勒在 1933 年上台時，德國依然受到《凡爾賽條約》的嚴密限制（參閱第 18-19 頁）。協約國已經在 1930 年從萊茵蘭占領區撤出最後一批部隊，但根據條約，這個地區必須維持在非武裝狀態。工業發達的薩爾蘭則在國際聯盟的監管下委託法國統治。在東邊，波蘭走廊分隔了東普魯士和其餘的德國領土，其中包括資源豐富的西利西亞（Silesia）的一部分。

義大利的非洲
義大利的殖民地包括位於非洲之角（Horn of Africa）、分別在 1890 和 1905 年建立的厄利垂亞和義屬索馬利蘭（Somaliland），以及 1912 年從鄂圖曼帝國手中奪下的利比亞。在 1890 年代，義大利未能征服阿比西尼亞（今日衣索比亞），因此墨索里尼的帝國主義野心就轉向了這個國家。

後果

對國際聯盟而言，阿比西尼亞幾乎是壓垮駱駝的最後一根稻草。它的軟弱回應和英法兩國的無聲抗議只是鼓勵希特勒和墨索里尼。

軸心國齊心協力
英法兩國努力想讓這兩位獨裁者保持距離，但是失敗了。義大利和德國攜手干涉西班牙內戰（參閱第 38-39 頁），而希特勒和墨索里尼的關係也因為 1939 年簽訂《鋼鐵條約》（參閱第 50-51 頁）而更加牢固。日本和德國在 1936 年 11 月簽署反共產國際協定（Anti-Comintern Pact，參閱第 40-41 頁），也因此成為軸心國的一員，而義大利也在次年加入這個對抗共產主義的聯盟。

雖然墨索里尼依然反對德國兼併奧地利，但他再也不能反對親密盟友的領土野心。1938 年希特勒兵不血刃地兼併了奧地利（參閱第 42-43 頁），法西斯義大利再也沒有提出任何抗議。

重新占領萊茵蘭

德軍在 1936 年 3 月 1 日重新進入萊茵蘭。這場行動很大一部分是象徵性的，只有三個步兵營渡過萊茵河。假若法軍有發動攻擊，德軍也只能撤退。

« 前因

民主國家想透過由國際聯盟發起的會議和防止戰爭的條約來達成全球裁軍的目標。

在 1925 年的《羅加諾公約》裡，義大利和英國同意保證現有的歐洲各國邊界維持不變。在 1928 年的《凱洛格－白里安公約》中，更有超過 60 個國家一同宣誓要把戰爭視為非法行為。只是對於裁軍和和平的一切希望，都因為希特勒在日內瓦裁軍會議上宣布退出國際聯盟（參閱第 34-35 頁）而煙消雲散。

對民主的威脅

歐洲的民主政體面臨來自左派和右派的威脅。這兩股政治極端勢力的火爆對抗已經協助讓法西斯黨在義大利（參閱第 20 頁）以及納粹希特勒在德國掌權（參閱第 24-25 頁）。1920 及 30 年代，法國一直害怕共產主義革命，至於英國的工會力量雖然較弱，但依然受

英國法西斯分子

到 1926 年大罷工的負面影響。此外，英國還要面對由奧斯瓦爾德·莫斯利（Oswald Mosley）領導的本土法西斯勢力的威脅。

民主國家的弱點

除了美國以外，西方民主國家都在第一次世界大戰中元氣大傷。他們深信歐洲絕對無法再承受一場類似的衝突，並且把希望寄託在國際聯盟和裁軍上。此外他們還要面對嚴重的經濟蕭條。

1919 年《凡爾賽條約》簽訂後，西方民主國家的主要目標就是從戰時經濟轉換成平時經濟，這意味著讓當下數目龐大的現役武裝部隊解編復員，並把軍火工業轉變成生產非軍用產品。

和英國與法國相比，這對美國而言更簡單，因為他們比較晚才參戰，所以幾乎沒有建立在戰時基礎上的軍火工業。尤其他們又在同一時間貸款給歐洲的盟國，所以經濟因為戰爭而更加強大。美國的海外屬地也不多，因此可以把武裝部隊裁減到最低限度。儘管鼓勵國際裁軍，但他們卻採取孤立主義的外交政策，拒絕加入國際聯盟，不與其他國家有更多互動。

另一方面，美國也陷入「快速致富」的心態，相較於爵士時代的狂熱，有愈來愈多人投入股票市場的豪賭，股市快速增長反映出經濟不斷擴大。

政治不穩定

對英法兩國而言，從戰爭過渡到和平顯然困難重重。這兩國的經濟都因為超過四年的戰爭而耗竭，尤其法國的人力資源已經逐漸減少，領土有很大一部分遭戰火

全國飢餓遊行徽章

在這場於 1932 年 10 月朝華盛頓特區行進的遊行中，各失業者協會推派出的代表團與官方代表會面，陳述美國失業者面臨的迫切困境。

摧殘，特別是工業發達的北方。但就和歐洲其他國家一樣，法國也經歷一連幾屆通常是左翼或右翼聯合政府帶來的痛苦，有些工會是激進的共黨組織，和莫斯科站在同一陣線，罷工是家常便飯，經濟因此脆弱不堪。當社會黨人萊昂·布魯姆（Léon Blum）領導的左翼聯合勢力人民陣線在 1936 年贏得選舉後，比較好鬥的工人第一時間的反應就是占領自己工作的工

廠，於是聯合政府給予他們的獎賞就是全面調升薪資，以勸誘他們回到工作崗位。

外交政策與馬其諾防線

至於在外交和國防政策方面，法國每一屆政府都下定決心，絕對不允許德國像過去 100 年內那樣兩度入侵得逞。一個戰略是和盟友一起包圍德國，因此法國從一開始就支援波蘭，但左翼政府也和俄國重新建立密切關係，並和東南歐的國家結盟。至於對德國本身，歷屆法國政府的態度不一，從嚴格遵守《凡爾賽條約》條款到對賠償事宜持安撫態度都有。至於實質上嚇阻德國人在未來的任何入侵

復興美國經濟

民間保留團（Civilian Conservation Corps）是一項由美國總統羅斯福推動的公共勞動計畫，是新政的一部分，旨在讓美國經濟不再衰退。

「十年規則」（Ten Year Rule）在整個 1920 年代裡年年調整，之後降為五年。它的頭號任務是要保衛整個帝國，尤其是印度，並要維持前鄂圖曼帝國領土的治安，像是伊拉克、外約旦酋長國（Transjordan）和巴勒斯坦等地。因此，保衛英國本土的武裝部隊的預算就所剩無幾了。

大蕭條

1929 年 10 月，華爾街股災爆發，美國股市的泡沫終於破裂。成千上萬美國人在一夜之間破產，銀行倒閉，整個國家嚴重衰退。這起事件的惡果隨即傳遍世界各地，舉步維艱的歐洲各國經濟也受到嚴重衝擊。所以西方民主國家對於德國、義大利和日本的侵略根本無能為力，一點也不奇怪。

美國總統羅斯福在 1932 年展開第一個任期，他於次年推行新政（New Deal），以公共建設計畫和貧民救濟為基礎。但就像其他西歐國家

幻想破滅的英國

英國不像法國受到實際的破壞，但在戰爭結束時也同樣元氣大傷。政府夢想打造「適合英雄的國度」，而經濟在短期內確實一度好轉，只是沒有持續。英國的傳統產業開始衰退，因為海外客戶在戰爭期間都已自行發展。煤炭曾經是大宗出口貨品，但隨著石油愈來愈重要，煤炭不再擁有和 1914 年之前一樣的市場。高利率讓新創企業裹足不前，結果就是失業人口暴增。戰後重建開支也腰斬，此外勞資關係也如同法國般惡化。工人為了保住工作和薪資而奮鬥，罷工示威屢見不鮮。

英國的國防預算也和其他公共領域開支一樣被迫削減。政府要求，防衛計畫必須以假定歐洲至少在未來的十年裡不會爆發戰爭為前提。這條所謂的

300億
1929 年 10 月，美國股市在一星期之內就蒸發掉 300 億美元，比美國在整場第一次世界大戰中的開支還要多。

到了 1930 年代中期，西方經濟體已經開始緩緩復甦，英國與法國在猶豫不決中踏出再武裝的第一步。

希特勒揭露德國空軍已經存在（參閱第 34-35 頁）之後，英國在 1935 年開始強化空軍。法國也在一年後跟進，但能做的更有限，因為錢已經花在馬其諾防線上，而且經濟復甦速度較慢。

和平與姑息

強而有力的和平主義運動浪潮在 1930 年代出現，尤其是在英國。它的訴求相當直白，就是 1914-18 年的恐怖絕對不能再發生。1933 年，牛津大學辯論社（Oxford University Union）就一項動議展開辯論：「本院無論如何都不會為國王和國家而戰。」當這個動議以 275 對 173 的票數通過時，獲得了新聞媒體的廣泛報導。右派的主流報紙對此又驚又駭，認為反戰主義在英格蘭最古老大學的學生之間竟然會如此普及。儘管如此，確實有些位高權重的人歷過一次大戰，同意學生的看法。有些英國（和法國）政治人物甚至開始相信，如果給予希特勒多一點他想要的（參閱第 42-43 頁），可以避免新一輪的歐洲衝突。

的經濟一樣，美國的經濟還沒完全復甦，就再度處於戰爭狀態。

法國的工會力量

透過罷工爭取到更多薪資後，工人離開位於巴黎的雷諾（Renault）工廠。通貨膨脹性質的獎賞減緩了法國自大蕭條中恢復的速度。

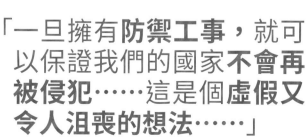

為工作遊行
在英國，即使整體經濟狀況在 1936 年已經緩慢改善，但雅羅運動（Jarrow Crusade）的目的是要喚起大眾注意英格蘭北部嚴峻的經濟情勢。

行動，法國人想出一套計畫，就是沿著東部國境修築由現代化碉堡組成的防線，並根據國防部長安德烈·馬其諾（André Maginot）的姓氏命名，稱為馬其諾防線。他曾在第一次世界大戰期間身負重傷。這條防線在 1930 年動工，消耗掉大筆法國國防預算，且不只成為現實世界中的實體防線，也成為心理上的屏障，讓法國人可以在這條防線後方安居樂業。

> 「一旦擁有**防禦工事**，就可以保證我們的國家**不會再被侵犯**……這是個**虛假又令人沮喪的想法**……」
> 授權法的辯論中，希特勒對社會民主黨所說。1933 年 3 月 23 日

« 前因

和其他歐洲國家一樣，西班牙也在一次大戰後經歷政治動盪，但他們依然長期維持中立。

獨裁政治

西班牙原本是以阿方索十三世為首的君主立憲政體，但當普里莫·德里維拉將軍（Primo de Rivera）在1925年奪權時，西班牙迅速變成獨裁體制。西班牙有一段時間相當穩定，但德里維拉無力處理大蕭條帶來的衝擊（參閱第36-37頁），因此在1930年初被迫下野。

西班牙國王阿方索十三世

更加不穩定

西班牙重新擁抱民主政體，以左翼政黨占優勢。他們在1931年廢除君主制，宣布建立共和國，迫使阿方索十三世流亡海外。在愈發不安的政治氛圍中，右翼和左翼政府輪流執政，情勢在1936年達到最緊繃。當時稱為人民陣線的左翼聯盟擊敗了保守天主教會和更激進的右翼組織長槍黨（Falange Party）的聯盟，而新政府上台之後，立即取締長槍黨，引發新一波暴力活動。

關鍵時刻

格爾尼卡

格爾尼卡是位於西班牙北海岸巴斯克地區的一座城鎮。1937年春，當地人口約有5000人，但還要加上湧入的共和派難民。4月26日，為了支援國民軍攻占畢爾包（Bilbao）的作戰，德軍兀鷹兵團（Condor Legion）的飛機搭配義軍飛機襲擊了格爾尼卡。由於當天是市集日，轟炸行動除了摧毀大部分市區以外，還造成超過2500人傷亡，當中大多數是平民。這場轟炸讓外界深刻認識到現代化作戰的本質和恐怖，並激發西班牙藝術家巴布羅·畢卡索（Pablo Picasso）創作出他的一幅曠世名作——〈格爾尼卡〉。

格爾尼卡的毀滅

西班牙內戰

從1936年到1939年，左派和右派分子在西班牙的激烈衝突先後招來了軸心國和蘇聯。西方民主國家束手無策，表面上是無能為力，但實際上是不願意介入與阻止外力干預這場戰爭。

家鄉的戰火
在西班牙內戰初期，共和軍部隊進攻叛軍陣地。他們對戰俘通常不會手下留情，但國民軍也一樣。佛朗哥的成功關鍵就是控制西班牙的城市。

取締長槍黨的結果，就是在1936年全面爆發的街頭巷戰，還伴隨著左派煽動的「土地改革」和罷工行動。所謂的國民軍（也就是右派被貼上的標籤）害怕共產黨掌權，因此決定採取行動。

1936年7月，指揮西班牙在摩洛哥駐軍的法蘭西斯科·佛朗哥將軍（Francisco Franco）起兵造反。西班牙本土的城市也發生類似軍事叛變，不過發生在馬德里和巴塞隆納（Barcelona）的行動立即被鎮壓。俄國同意支援志願人員和裝備協助政府軍，而德國則提供飛機，把佛朗哥的部隊空運回本土。

國際支援

英國和法國在此時介入，或者應該說沒有介入。他們都宣布不會介入，但卻有大批志願人員卻前往西班牙，絕大部分都加入了與共和軍站在同一陣線的國際縱隊（International Brigades），少數人則加入國民軍。雖然德國和義大利至少在原則上同意英法關於不干涉的提議，但他們也開始派遣部隊和補給給佛朗哥，俄國則是支援共和軍。

1936年11月，佛朗哥迫使共和政府離開馬德里並開始圍攻首都後，德國和義大利承認他才是西班牙國家

375,000
西班牙內戰期間喪生的軍民人數。之後還有13萬5000人在集中營內死去或被處決。

元首，而共和軍也因為內部派系眾多而爆發不和。此外俄國特工也從中挑撥，目的是要建立一個完全聽命於莫斯科的政府。

西方民主國家繼續設法緩和局勢。1937年4月，參與戰爭的各方勢力都同意新的不干涉措施。為了防止更多部隊和武器流入西班牙，英國和法國政府在西班牙的大西洋海岸方面建立了聯合海軍封鎖區，

國際縱隊
這張海報頌揚國際縱隊挺身而出，支持人民陣線對抗國民軍。

國民軍初期的勝利
1936年8月國民軍攻克布哥斯（Burgos）後，佛朗哥將軍（左起第五位）和麾下高階將領進行視察。

義大利和德國則負責在地中海執行相同任務，但強調除非佛朗哥確定勝利，否則不會撤出部隊。這項協議的另一個缺陷是沒有包括航空器，所以到了當月月底，這個弱點在格爾尼卡（參閱第38頁）嶄露無遺。

控制大局
佛朗哥的部隊裝備較佳。他們持續無

兀鷹兵團盾章
兀鷹兵團是派駐在西班牙的德國空軍掩護代號。有些二次大戰期間的德軍精銳飛行員就是在西班牙為國民軍作戰時磨練作戰技巧。

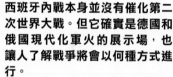

情地逐退共和軍，到了1937年底就已經控制西班牙的西半部和大部分北部地區。1938年剛開始，他著手組織第一屆政府，六個月之後最後一批外籍志願軍已經離開西班牙。佛朗哥全面控制西班牙現在只是時間問題，

愈來愈多難民開始翻過庇里牛斯山（Pyrenees），住進法國人為他們準備的難民營。共和政府在1939年2月逃走，英國和法國被迫承認佛朗哥政權。馬德里在同年3月底被國民軍攻陷，西班牙內戰就此告一段落。

後果

西班牙內戰本身並沒有催化第二次世界大戰。但它確實是德國和俄國現代化軍火的展示場，也讓人了解戰爭將會以何種方式進行。

武器試驗場
軸心國和俄國都在西班牙內戰中測試新武器和戰術，此外還可以讓部隊和空勤人員增加戰鬥經驗。其中德國收穫最多。德國空軍在西班牙內戰期間完善了俯衝轟炸技術，尤其是運用容克斯Ju87斯圖卡（Junkers Ju87 Stuka）俯衝轟炸機，它後來成為二次大戰初期盟軍地面部隊最害怕遭遇的兵器之一。此外，他們也得以改善戰車設計。

錯誤教訓
但俄國人在裝甲部隊戰事方面卻帶著錯誤的教訓離開。他們已經發展出以戰車大編隊為決定性武器的概念，但人在西班牙的俄國軍官做出結論，認為戰車最好要配合步兵共同行動，而非獨立作戰。正忙著肅清麾下高階軍官的史達林接受了這個錯誤的觀點，之後他會後悔不已。許多西方觀察家也認定，反戰車砲的威力已經大於戰車，但他們忘了一個事實，就是西班牙大部分是山區地形，比較有利於防守戰術。

LA UNIDAD del EJERCITO del PUEBLO SERA EL ARMA DE LA VICTORIA

日本入侵中國

當日本在 1937 年編造藉口入侵中國時，展開的卻是一場曠日廢時的戰爭，一直打到 1945 年日本投降為止。這場入侵行動可說是第二次世界大戰在東方的開端。

1934 年，日本政府頒布非常挑釁的政策聲明，宣告從那個時起，他們會成為東亞的和平守護者，絕對不會容忍其他國家干預中國事務。到了當年年底，日本又宣布會在兩年以後退出限縮海軍規模的 1922 年《華盛頓海軍條約》。西方國家大吃一驚，但又感覺無力出手干涉，尤其日本已經不是國際聯盟的一員。

停戰岌岌可危

日本也開始蠶食更多中國領土，宣稱中國當局沒有壓制反日情緒，已經違反了《塘沽協定》，甚至開始要求把北方省分中一些對日本人有敵意的中

前因

日本因為奪得滿洲而受到鼓舞，並在武裝部隊中狂熱民族主義的驅使下把注意力轉向中國北部。

日本征服行動的限制
在滿洲的衝突（參閱第 32-33 頁）結束之前，日軍已經橫行於中國最北邊的熱河省，並把國軍驅趕到長城以南。日本天皇曾下達特別指令，要求武裝部隊不可穿透到長城以南區域，因此他們停止行動。

塘沽協定
1933 年 5 月，雙方的敵對行動因為塘沽協定而畫下休止符。日方要求在長城以南設立非軍事區，範圍達 100 公里，北平（今日北京）到天津之間也有，此外還要允許日軍巡邏，以確保非軍事區持續存在。蔣介石當時正專注於剿滅共產黨（參閱第 30-31 頁），只能默認這個事實，並正式承認日本在滿洲建立的傀儡政權滿洲國。

雖然塘沽協定確實為中國北方帶來一陣子的和平，但人民認為協定的內容十分屈辱。此外，日本想控制中國北部更多地方的軍事野心也並未跟著消退。

1939 年之前日本在中國的征服
日本迅速征服了華中和華北的大片區域，並於 1938 到 1939 年間把目標轉向沿海地帶與港口，成功切斷了中國與世界其他地方的大部分貿易連結。

國官員調差。國民黨基本上同意，因為他們選擇維持這些省分表面上的主權，而不是冒險開戰、喪失更多領土。日本人的下一步動作是讓最北邊的五個省分脫離中國，此舉引發民眾強烈抗議，中國許多城市都爆發反日示威活動。

值得注意的是，毛澤東和共產黨也宣稱要抵抗日本入侵。這不只是因為莫斯科已經宣布成立統一戰線來對抗法西斯主義——這就包括了日本，也因為如果中國全力抗日，就可以解除國民黨對共產黨施加的壓力。雖然說要進行武力抵抗，但蔣介石還是害怕日本，繼續對付共產黨。

開戰的藉口
局勢在 1937 年 7 月達到最緊張的狀態。日本就像其他國家一樣在北平派駐公使，因此有一小批衛成部隊駐防。這批部隊離開市區進行演習，7 月 7 日卻和國軍在北平東南方 19 公里處的盧溝橋發生交戰。日軍開始越過長城進入非軍事區，並要求國軍撤出中國北部。蔣介石再也無法忍耐，嚴詞拒絕日方要求，結果雙方爆發全面戰爭。

日軍迅速控制北平和天津，接著快速向南方挺進，圍攻上海。蔣介石下令守軍防衛上海，成功堅守了長達三個月才被日軍突破。此時中國已經博得西方世界的同情，但也僅此而已。在此期間，蘇聯關切日本的擴張政策，和中國簽署互不侵犯條約，而毛澤東和共黨部隊也

西方視角下的日本
這幅 1935 年在德國刊出的漫畫把日本描繪成掠奪成性的章魚，把觸手伸到全世界的每個角落。

開始和日本人作戰。

日軍繼續向南進軍，下一個目標鎖定南京，也就是國民黨政府的首都。但在 1937 年 12 月 12 日，日軍岸砲和飛機攻擊了南京長江上游方向上的英國和美國軍艦與商船，美國總統羅斯福提議，英美兩國應該對日本實施海上封鎖，使日本無法進口原物料。英國害怕此舉會導致戰爭，因

> ## 「中國軍人個個驍勇善戰，只可惜都被愚蠢無能的領導階層背叛，白白送命。」
> 美國駐中國武官約瑟夫·史迪威上校（Joseph Stilwell），1938 年

此拒絕，日本隨後也道了歉。

1937 年 12 月 14 日，日軍攻陷南京。在接下來的六個星期裡，日軍士兵做出了最駭人聽聞的暴行，包括放火、搶劫、虐殺平民、強姦年輕女性。世界各國深感震驚，但依然袖手旁觀，中國估計大約有 30 萬人喪命。蔣介石和他的政府在這個時候已經撤

42,000 南京安全區國際委員會統計死於南京大屠殺的中國平民人數，但實際數字比這個高得多。

往位於長江上游、離南京 650 公里遠的漢口，他堅信儘管喪失了大量人口和領土，中國一定可以撐得比日本更久，他因此開始以空間換取時間。國軍部隊——不論是中央軍還是之後稱

圖例
- 1930 年時的日本帝國
- 1931-33 年日本征服的區域
- 1937-39 年日本征服的區域

為八路軍的共產黨部隊——都獲得一些勝利。但這些勝利決定性不足，無法長久抵禦日本侵略者。

1938 年夏初，日軍開始朝漢口推進。蔣介石的部隊無法抵擋，因此他和政府機關在 8 月被迫退往重慶，這裡將會是他們在接下來七年裡的根據地。從 10 月到 12 月，日軍橫掃位於南方的廣東省，並在實質上孤立了英國殖民地香港。

> 蔣介石有個非常得力的助手，就是他的妻子宋美齡，也就是孫中山的小姨子。她聰慧亮麗，在美國受過教育。

外國對中國的援助

蘇聯提供毛澤東武器和其他各種支援，但一直要到 1938 年底，蔣介石才從西方國家獲得物質援助。由於美

日軍運兵列車
一大批關東軍正搭乘列車穿過滿洲國南下，準備支援在中國北部作戰的友軍。

國媒體高聲疾呼，要求援助中國，羅斯福總統同意貸款 2500 萬美元給國民黨，讓他們能夠採購軍火。雖然和日軍相比，國軍力量分裂、組織不佳且武裝貧乏，但他們依然享有在自己的國土上作戰的優勢，只是他們是否能比日本人撐得更久還有待觀察。

後 果

日本的領土野心不侷限於中國，他們也覬覦蘇聯領土和外蒙古。

日俄衝突
莫斯科支持中國，導致和滿洲國的邊界上情勢日益緊張。1937 年，雙方沿著黑龍江爆發衝突，次年蘇軍又在東邊靠近哈桑湖（Lake Khasan）的地方擊退一場更嚴重的入侵。

到了 1939 年，駐紮在滿洲國的日軍又把注意力轉向西邊的外蒙古，俄國和外蒙簽署過互不侵犯條約。日方企圖兼併外蒙古，但蘇軍在 8 月展開大規模進攻，在諾門罕（Nomonhan，哈拉哈河一帶）決定性地擊敗日軍，把他們逐回滿洲國。

9 月 15 日，雙方簽署停火協議。此後日本就把注意力轉向東南亞（參閱第 146-47 頁、158-59 頁），蘇聯和日本之間便沒再發生任何衝突，直到二次大戰的最末期（參閱第 320-21 頁）。

無情推進
一支日本砲兵縱隊在中國南部挺進。這場戰爭證明日軍士兵刻苦耐勞，將會是 1941-42 年日軍征服歐洲在東南亞的殖民地的一項決定性因素。

前因

希特勒的目標是要把所有生活在中歐和東歐各國的日耳曼人統一在一起，當中人數最多的是奧地利人。

奧德恢復友好

希特勒想要統一德國和奧地利的企圖（參見第34頁）遭遇波折後，計畫採取和平手段兼併奧地利。

第一項突破出現在1936年7月，雙方簽署奧德協議（Austro-German

自1933年6月起，任何前往奧地利的德國人都必須支付1000馬克的規費，這項規定持續實施到1936年，結果重創奧地利旅遊業，反而鼓勵德國人前往巴伐利亞（Bavaria）旅遊。

Agreement），表面上承認奧地利的主權，但當中的祕密條款對德國十分有利。奧地利人同意釋放包括納粹黨人在內的政治犯，並允許反對派在政府中有發言權。雖然奧地利總理庫特·休士尼希（Kurt Schuschnigg）認為這紙協議可以讓奧德關係擁有穩固基礎，但希特勒卻把它視為破壞奧地利獨立的手段。他和墨索里尼在1936年稍晚所簽訂的條約（參見第34頁）也從旁孤立了奧地利。

準備作戰

1936年，希特勒展開四年計畫，目標是使德國經濟處於戰時狀態。他安排戈林實施這項計畫，授予他針對私人企業和政府機關的額外權力。如今希特勒已經認為，要繼續索求領土，歐洲的戰爭必不可免。

關鍵時刻

水晶之夜

1938年11月7日，一名年輕的德國猶太難民在巴黎射殺一名德國外交官。兩天後一波暴力抗議浪潮橫掃全德國，這些活動都是由戈培爾和安全業務主管萊因哈德·海德里希（Reinhard Heydrich）精密策畫的，目標是猶太人的各種財產，例如商店、私人住宅和猶太會堂等。這場行動造成的破壞範圍非常大，而水晶之夜的名稱來自街道上隨處可見的大量碎玻璃，此外還有將近100名猶太人遭到謀殺。更惡劣的是，德國當局還頒布命令，讓猶太人因為這些破壞遭到罰款。許多國家提出抗議，美國更召回大使，但希特勒宣布這件事不容外人置喙，並指控英國庇護世界級的猶太陰謀。

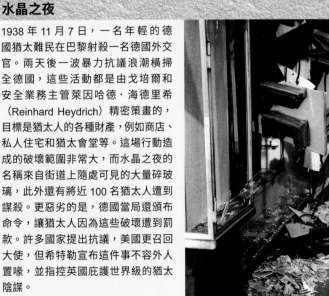

在水晶之夜中被砸毀的商店櫥窗

安撫希特勒

隨著1930年代過去，納粹德國愈來愈強大。英法兩國繼續再武裝，但仍不願對希特勒使出武力威脅。這反而鼓勵希特勒在對德國的鄰國提出領土要求時愈來愈強硬。

在1937的一整年裡，德國人都透過潛伏在奧地利的納粹黨徒煽動作亂，整體局勢在1938年1月達到最緊張。奧地利總理休士尼希在聽聞有暗殺他的陰謀正在進行後，下令警方突擊一幢納粹黨徒使用的房屋。他們搜出納粹叛亂的計畫，可以作為德軍部隊開入奧地利、防止日耳曼人互相殘殺的藉口。

獅子大開口

休士尼希對此感到相當恐懼，親自前往德國向希特勒抱怨此事，結果反而被迫聽希特勒抱怨納粹黨在奧地利受到的待遇。希特勒要求釋放所有被關押的奧地利納粹黨人，還要求奧地利的納粹黨領導人出任內政部長，國防部長則另一名納粹黨支持者擔任。休士尼希拒絕了這些要求，並展開公民投票，要奧地利人選擇繼續維持獨立、或是接受和德國合併。

希特勒害怕投票結果不如預期，因此下令部隊在3月12日、也就是公投前夕進軍奧地利。奧地利納粹黨人把工作做得相當漂亮，德軍官兵

為侵略者歡呼

德軍在1938年3月占領奧地利，受到薩爾茲堡（Salzburg）民眾行納粹舉手禮和揮舞卍字旗熱烈歡迎。

受到群眾夾道歡迎，完全沒有反抗企圖。休士尼希在次日辭職，旋即被逮捕、關進集中營，直到二次大戰結束。兼併成功之後，奧地利就只是大德意志的一個省了。

英國和法國對德國兼併奧地利提出外交抗議，但也僅此而已。他們都沒有做好作戰準備，且不管怎麼說，奧地利人民自己似乎也沒有什麼異議。

蘇台德區的日耳曼人

英法兩國隨即又面對了另一場希特勒挑起的危機。1937年，希特勒也開始把目光轉向捷克斯洛伐克，這是根據《凡爾賽條約》成立的新國家，而且他已經擬定奇襲的計畫。德國兼併奧地利代表捷克有三面都被德國包圍。

幾乎一確定他掌握了奧地利，希特勒就立刻採取第一步行動。位於捷克斯洛伐克最西邊的蘇台德區有數量可觀的日耳曼人口，希特勒指示他們的領導人康拉德·亨萊因（Konrad Henlein）想辦法奪取更大的自治權。他也開始威脅捷克斯洛伐克。捷克斯洛伐克則動員武裝部隊，並要求盟友法國支援。

法國轉向英國求助。英國首相尼維爾·張伯倫（Neville Chamberlain）前往布拉格，試圖勸說捷克斯洛伐克總統愛德華·貝奈斯（Eduard Benes）同意亨萊因的要求。此時德軍已在捷克邊境集結部隊，希特勒告訴麾下將領，如果事情到1938年10月還沒有辦法解決，就會採取軍事行動。

戰爭邊緣

希特勒繼續擺出軍事威脅的姿態，導致蘇台德區的日耳曼人於9月中

「……**遙遠國家**的紛爭，在各方之間我們**一無所知**！」

尼維爾·張伯倫在廣播中發言，1938年9月27日

張伯倫凱旋而歸

尼維爾·張伯倫和希特勒簽署《慕尼黑協定》後，返抵赫斯頓機場（Heston Aerodrome），宣稱他帶回了「榮耀的和平」，並認為那是屬於「我們這一代的和平」。

開始起義，但被捷克陸軍迅速鎮壓。由於害怕希特勒真的會起兵入侵，英國首相在法國的幫助下，決定親自和希特勒會談，以解除緊張局勢。在此期間，英國和法國都實施局部動員。

張伯倫強烈認為，歐洲不值得為蘇台德區經歷另一場戰爭的恐怖。在9月29日的《慕尼黑協定》（Munich Agreement）裡，希特勒宣布不會有進一步領土野心，但代價就是拿蘇台德區的日耳曼人聚集地作為交換。英

蘇台德地區在移交給德國人時有 200 萬日耳曼人口與 80 萬捷克人。

國、法國、德國和義大利簽署了這項協議，捷克卻毫無發言權。10月1日，德軍進入蘇台德區，張伯倫則以凱旋

之姿回到英國，宣稱他保住了和平。英國和法國同感如釋重負，深信避免了戰爭，但希特勒卻感到挫折，認為他錯失了解決捷克斯洛伐克問題的機會。

當希特勒在歐洲的舞台上謀畫下一步行動時，德國國內外的注意力卻轉了方向，因為對猶太人的迫害進入了戲劇性的新階段。1938年11月9-10日那天晚上是所謂的「水晶之夜」

臭名昭著的文件

希特勒和張伯倫祕密會談，並敲定簡化版的《慕尼黑協議》，雙方都簽了字。這份文件就是張伯倫返回英國時拿在手上向群眾揮舞的那張紙。

（Kristallnacht，參見左欄），德國猶太人在這個夜裡遭遇了到目前為止最廣大也最有組織的暴力襲擊。

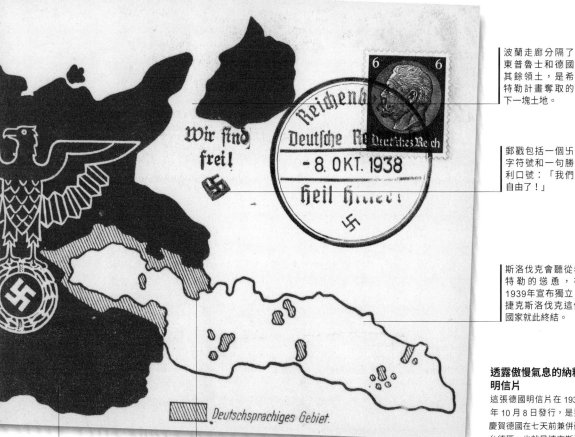

波蘭走廊分隔了東普魯士和德國其餘領土，是希特勒計畫奪取的下一塊土地。

郵戳包括一個卐字符號和一句勝利口號：「我們自由了！」

斯洛伐克會聽從希特勒的慫恿，在1939年宣布獨立，捷克斯洛伐克這個國家就此終結。

透露傲慢氣息的納粹明信片

這張德國明信片在1938年10月8日發行，是要慶賀德國在七天前兼併蘇台德區，也就是捷克斯洛伐克最主要的德語區。

雖然「兼併」不過是八個月前的事，但這張明信片上的奧地利就已經被併入大德國。

捷克斯洛伐克所有的德語區都用紅色斜線標示。蘇台德地區位在德國邊界上，1938年10月1日被德軍占領。

後果

希特勒的行動隨即表明，他雖然在《慕尼黑協定》中承諾不再提出任何領土要求，但他根本不打算遵守。

對捷克斯洛伐克的下一步行動

希特勒把他用來巧取豪奪蘇台德區的策略如法炮製，開始在捷克斯洛伐克其他地區煽動內亂。他把注意力轉向斯洛伐克和魯西尼亞（Ruthenia）各省。這些地方已經享有某種程度的自治，但希特勒鼓勵他們爭取更大程度的獨立。此舉最終決定了捷克斯洛伐克的命運，也就是德軍在1939年3月進入布拉格（參見第50頁）。

德軍占領布拉格

波蘭提出要求

1938年10月28日，也就是《慕尼黑協定》簽訂四週以後，希特勒呼籲波蘭移交但澤（Danzig），並允許德國人修建鐵公路穿越波蘭走廊連接東普魯士。波蘭當局拒絕這些要求，但這回希特勒卻打退了堂鼓。只是不到一年之後，他就對波蘭發動大規模入侵（參見第58-59頁），揭開第二次世界大戰的序幕。

2
歐洲邁向戰爭
1939年

蘇聯和德國聯手入侵波蘭，接著蘇聯又入侵芬蘭，表明了歐洲已無法避免走上大戰一途。英國和法國對德國宣戰，但卻無力拯救波蘭。

歐洲邁向戰爭

德軍進攻波蘭，展現閃電戰術的威力。波蘭政府拒絕交出德國索求的港口城市但澤，入侵行動因此展開。波蘭在四週內戰敗，德軍占領波蘭大約三分之二的領土。

超過 170 萬德軍進軍波蘭。英國和法國雖然信誓旦旦要捍衛波蘭，卻沒有任何戰爭爆發時以軍事行動支援波蘭的計畫。他們動員了部隊，卻沒有進攻德國。

紅軍在 11 月從三條戰線進攻芬蘭，但被芬軍「幽靈」部隊擊退。芬軍出乎意料地迫使紅軍撤退。

歐洲

德國拒絕從波蘭撤軍後，英國和法國對德國宣戰。英國遠征軍（British Expeditionary Force）開拔前往法國，士氣高昂。

根據 1939 年的德蘇互不侵犯條約，蘇軍裝甲車進入波蘭，並占領大約三分之一的波蘭領土。這起二度入侵行動導致波蘭抵抗崩潰。

在 1939 年初，歐洲各國仍有避免大規模戰爭的一絲希望。但希特勒不斷得寸進尺，終於刺激英法兩國採取行動。德軍在 3 月進占捷克斯洛伐克首都布拉格以後，西方民主國家決定支援波蘭，也就是下一個要面對壓力的國家。希特勒明白，若是同時和波軍、英軍和法軍作戰，將會是一場孤注一擲的豪賭。但他找到了一個脆弱的盟友，就是約瑟夫·史達林

（Joseph Stalin）。史達林認為，雖然納粹在意識形態上是他的敵人，但和他們進行一場諷刺的交易，對蘇聯的安全是最有利的。

納粹和蘇聯在 8 月簽訂的條約，讓德軍在 9 月 1 日入侵波蘭的道路暢通無阻。英國和法國勉為其難地履行對波蘭的諾言，在兩天後對德國宣戰，但他們卻什麼也沒做，袖手旁觀德軍部隊橫掃波蘭，還有從東

1939年

日軍飛機轟炸重慶,造成5000人喪命。這兩個國家自1937年起就進入戰爭狀態,之後還會有更多中國人在第二次世界大戰期間喪命。

愛因斯坦寫了一封信給美國總統羅斯福,信中主張應該在德國人和其他軸心國家製造出原子彈之前搶先開發出來。

普拉塔河口海戰(Battle of the River Plate)是二次大戰的第一場大規模海戰,結果袖珍艦史佩海軍上將號(Graf Spee)自沉。它被追蹤到蒙特維多(Montevideo),不可能逃跑,但也絕不能被俘虜。

隨著英國在9月3日對德國宣戰,許多大英國協會員的政府,包括澳洲在內,都開始提供人員和其他協助,以利作戰。

阿拉斯加
(屬美國)

加 拿 大

紐芬蘭

大湖區

美 利 堅 合 眾 國

太 平 洋

滿 洲 國

古

朝鮮

日本帝國

福爾摩沙

法屬
印度支那

菲律賓群島
(屬美國)

關島

馬里亞納群島
(日本托管地)

馬紹爾群島
(日本托管地)

威屬北婆羅洲
汶萊
砂拉越

加羅林群島
(日本托管地)

荷 屬 東 印 度

吉里巴特群島
(屬英國)

諾魯
(英屬托管地)

巴布亞

埃利斯群島
(屬英國)

新幾內亞領地

索羅門群島
(屬英國)

葡屬帝汶

西薩摩亞
(紐西蘭托管地)

美屬薩摩亞

澳 洲

新布里底群島
(屬英國和法國)

斐濟
(屬英國)

新喀里多尼亞
(屬法國)

墨 西 哥

古巴

多明尼加共和國

維京群島

海地

背風群島

大 西 洋

瓜地馬拉

宏都拉斯

薩爾瓦多

尼加拉瓜

哥斯大黎加

巴拿馬

巴貝多
千里達及托巴哥

向風群島

英屬圭亞那
荷屬圭亞那
法屬圭亞那

委內瑞拉

哥 倫 比 亞

厄瓜多

巴 西

秘魯

玻利維亞

巴拉圭

智利

烏拉圭

紐西蘭

阿 根 廷

1939年12月時的世界地圖

- 德國
- 1939年12月德國征服區域
- 日本帝國
- 1939年12月日本征服區域
- 同盟國
- 中立國
- 蘇聯占領領土
- —— 1939年9月時的邊界

邊分一杯羹的蘇軍。納粹和蘇聯在被征服的波蘭犯下的暴行,只是預示了第二次世界大戰期間即將發生的更大規模的恐怖事件。

當波蘭遭受蹂躪時,英國和法國人民則經歷了「假戰」(Phoney War)帶來的些微不便。雖然民間日常生活會被燈火管制和疏散都市居民的措施干擾,但西線上一槍未發,倫敦和巴黎也沒有遭到空襲。最引人注目的行動發生在海上,德軍U艇和水面掠襲艦威脅到盟國航運。當蘇聯在11月入侵芬蘭時,英國和法國差點就派出無所事事的部隊前往介入,保衛芬蘭。在此期間,美國依然是旁觀者。儘管支持英法兩國,但他們希望避開任何戰鬥。

1939年時間軸

西班牙國民軍攻占巴塞隆納 ▪ 德軍占領布拉格 ▪ 德國入侵波蘭 ▪ 俄國
入侵波蘭東部 ▪ 英法對德國宣戰 ▪ 英國遠征軍進駐法國 ▪ 冬季戰爭
▪ 普拉塔河口海戰

1月	2月	3月	4月	5月	6月
	2月14日 德國戰鬥艦俾斯麥號（Bismarck）下水，是當時世界最大的戰鬥艦，成為大西洋的嚴重威脅。		**4月7日** 義軍入侵阿爾巴尼亞。阿爾巴尼亞立即被占領，國王索古（Zog）逃亡。		
1月－8月 來自德國、奧地利和捷克斯洛伐克的猶太難民兒童由後送兒童（Kindertransport）組織送往英國。	**2月27日** 英國和法國承認國民軍領導人佛朗哥將軍成為西班牙統治者。	▽ 德軍在布拉格		**5月3日** 伏亞切司拉夫·莫洛托夫（Vyacheslav Molotov）取代馬克辛·李特維諾夫（Maxim Litvinov）出任蘇聯外交部長。	△ 被徵召的英國年輕男子接受身體檢查 **6月** 英國20歲男子開始登記服役。
1月1日 德國當局對猶太人加諸新的限制措施，不可從事零售業或擔任工匠。		**3月15日** 斯洛伐克在納粹煽動下，宣布脫離捷克斯洛伐克獨立，接著德軍進占布拉格。捷克的波希米亞（Bohemia）和摩拉維亞（Moravia）成為德國的保護國。		**5月11日** 日軍和蘇軍及蒙古軍在滿洲和蒙古之間的邊界爆發衝突。 **5月22日** 希特勒和墨索里尼簽署鋼鐵條約，締結為期十年的政治聯盟。	
1月25日 在西班牙內戰中，佛朗哥將軍的國民軍攻占巴塞隆納。 **1月27日** 希特勒批准Z計畫，大規模擴充德國海軍艦隊。		**3月22日** 德國兼併位於立陶宛的波羅的海港口美梅爾（Memel）。 **3月28日** 馬德里向佛朗哥將軍的國民軍投降，西班牙內戰結束。	**4月27日** 英國政府實施徵兵，但僅限於20-21歲的年輕人。	▽ 墨索里尼與希特勒頭像的郵票 **5月25日** 英國和法國同意與蘇聯展開試探性會談。	
1月30日 希特勒對德國國會演說，警告第二場世界大戰將會導致「歐洲的猶太民族被殲滅」。		**3月31日** 英國和法國聲明，若納粹德國威脅波蘭獨立，將會採取支援行動。		▽ 法國對德國的防禦：馬其諾防線	**6月** 載有937名猶太難民的聖路易斯號（St Louis）被美國和古巴拒絕。這艘船最後被迫返回歐洲。

ZWEI VÖLKER UND EIN KAMPF
12 Deutsches Reich 38

「我們應該對抗的是那些邪惡的事物，**暴力、惡意、不公不義、壓榨和迫害。而我確信邪不勝正。**」

英國首相尼維爾・張伯倫對德國宣戰時的演說，1939 年 9 月 3 日

7月	8月	9月	10月	11月	12月
7月 英國政府出版一份公共資訊文宣《你的防毒面具與使用指南》（Your Gas Mask And How To Use It）。英國絕大多數人（包括兒童）此時都已拿到防毒面具。		**9月1日** 德國入侵波蘭。	**10月6日** 波蘭結束軍事抵抗；希特勒向英法兩國提出和平條件，但立即遭到拒絕。 **10月7日** 英國遠征軍在法國完成部署。	**11月1日** 波蘭西部正式併入德國。 **11月4日** 華沙建立猶太區：全市的猶太人都被迫遷入這裡。	
			10月14日 德軍 U 艇在斯卡帕夫羅（Scapa Flow）的海軍基地擊沉英軍戰鬥艦皇家橡樹號（Royal Oak）。	**11月4日** 美國中立法案（Neutrality Act）通過修正，允許英法兩國用現金購買軍需品。	
	8月20-31日 朱可夫將軍指揮蘇軍在哈拉哈河戰役擊敗日軍。 ≪ 宣戰當日法國的賣報小販				≫ 袖珍戰艦史佩海軍上將號被船員鑿沉。 **12月11日** 芬軍在蘇奧穆薩爾米（Suomussalmi）擋住蘇軍攻勢。
≪ 英國的兒童用防毒面具。	**8月23日** 納粹德國和蘇聯簽署互不侵犯條約，祕密同意瓜分波蘭。	**9月3日** 英國和法國對德國宣戰；德軍 U 艇擊沉雅典娜號（Athenia）客輪。			**12月13日** 普拉塔河口海戰。德軍袖珍戰艦史佩海軍上將號受損，前往烏拉圭蒙特維多避難。
	8月25日 英國和法國簽署防衛波蘭的正式協定，墨索里尼告知希特勒義大利打算保持中立。	**9月5日** 美國總統羅斯福重申美國保持中立。 **9月17日** 蘇聯入侵波蘭東部。 **9月27日** 華沙陷落。		≪ **11月24日** 日軍攻占南寧。	**12月17日** 史佩海軍上將號在蒙特維多港外自沉。 **12月18日** 皇家空軍發動日間空襲，轟炸德國港口威廉港（Wilhelmshaven），結果有 15 架轟炸機被擊落。
7月17日 莫洛托夫建議英國和蘇聯直接舉行軍事會談。 **7月27日** 英國和法國軍事代表團搭船前往蘇聯。	≫ 德軍和蘇聯軍官在入侵波蘭後會面			**11月30日** 蘇軍入侵芬蘭，冬季戰爭開打。	
					≪ 芬軍反戰車步槍

49

前因

1938 年 9 月的《慕尼黑協定》（參見第 42-43 頁）把捷克斯洛伐克的蘇台德區交給德國。

「我們時代的和平」
由於希特勒保證蘇台德區是德國提出的「在歐洲的最後領土要求」，英國首相張伯倫宣稱這份協定意味著「我們時代的和平」。

暴行之夜
1938 年 11 月 9-10 日，德國和奧地利各地的猶太商店、住家和猶太會堂都遭納粹黨人攻擊。這起事件因為各事發地點滿地碎玻璃而被稱為「水晶之夜」（參見第 42-43 頁）。共有將近 100 名猶太人遇害，2～3 萬人被送往集中營。這些暴行嚴重損害了德國的國際聲譽，特別是使美國的輿論轉向。

希特勒對波蘭的要求
波蘭在 18 世紀後期被俄羅斯、普魯士和奧地利瓜分，在第一次世界大戰結束後才恢復成獨立國家。根據《凡爾賽條約》（參見第 18-19 頁），波蘭獲得一塊可以讓它連接到波羅的海的長條狀領土，而這條「波蘭走廊」把東普魯士和德國其他地方隔開了。本區的海港但澤（格但斯克）居民大部分是德國人，因此此成為自治的「自由市」。1939 年，希特勒要求取得可以從陸上穿過波蘭走廊前往東普魯士的途徑。

通往戰爭之路

希特勒的貪婪與攻擊性並沒有因為他在《慕尼黑協定》中的收穫而緩解。他的下一個目標是波蘭，並再度以糾正「不公不義」的《凡爾賽條約》為藉口。英法兩國希望波蘭和希特勒達成協議，但事情卻往不同的方向發展。

1939 年 3 月 15 日，歐洲的局勢決定性地往戰爭的方向發展。這一天，德軍在一槍未發的情況下進入布拉格，從前一年慕尼黑會議就展開的捷克斯洛伐克亡國大戲就此圓滿落幕。捷克的波希米亞和摩拉維亞被納粹占領，成為「保護國」，而斯洛伐克則成為德國的傀儡政權。

希特勒精準地算計到英國和法國不會作出任何軍事回應，但他低估了捷克斯洛伐克亡國對國際輿論帶來的衝擊。在此之前，德國所謂改不公不義《凡爾賽條約》的說詞還尚且能夠掩飾希特勒的擴張野心，但德軍進占布拉格卻赤裸裸地透露了他的

捷克斯洛伐克陷落
德軍在 1939 年 3 月 15 日進入布拉格。捷克斯洛伐克不過在 20 年前一次大戰結束後才首次獨立，就要面對長達六年的納粹殘暴占領，之後才會重新建國。

救援任務
就在宣戰前不久，有大約 1 萬名兒童從納粹占領區搭乘火車和船隻逃往英國，當中絕大多數是猶太人，稱為兒童後送行動。

侵略性。

　　歐洲已經陷入新一輪更快的軍備競賽。例如英國政府已在 2 月批准，不計一切成本盡可能把飛機產量提高到最大，而希特勒也以飛快的速度實施再武裝計畫，把德國經濟逼到極

1,500 1939 年 9 月 24 日轟炸華沙的德軍飛機估計數量。當時波軍總共只有 600 架現代化飛機。

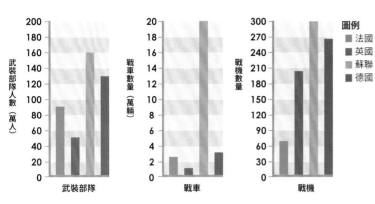

	圖例
	法國
	英國
	蘇聯
	德國

武裝部隊人數（萬人）
200 180 160 140 120 100 80 60 40 20 0
武裝部隊

戰車數量（萬輛）
20 18 16 14 12 10 8 6 4 2 0
戰車

戰機數量
300 270 240 210 180 150 120 90 60 30 0
戰機

參戰國軍力
1939 年時，德國和俄國的聯合軍力超越了法國和英國。不過當中準備最充分的還是擁有驚人現代化機隊的德國空軍（Luftwaffe）。

限。但西方民主國家依然希望避免戰爭，而希特勒則沒有料到大規模衝突會在 1939 年發生。

但德軍進入布拉格後，英國首相張伯倫總算決定，他和他領導的政府必須以更強硬的態度對付希特勒。他們尤其對波蘭保證德國入侵時會加以支援，法國的愛德華‧達拉第（Edouard Daladier）政府也緊跟著盟友做出同樣的保證。

入侵波蘭
正如希特勒並不明白占領布拉格對西方民主國家帶來的衝擊，英國政府也沒料到他們對波蘭做出保證會對希特勒造成什麼效應。暴怒的元首立即要求部隊指揮官擬定入侵波蘭的計畫，暫定在 1939 年 9 月 1 日進攻。

儘管著手準備作戰，但英法兩國政府仍然決心盡一切可能避免戰爭。他們希望波蘭可以和納粹德國談判以避免衝突，但以尤澤夫‧貝克將軍

「我們波蘭人沒有**不惜一切代價換取和平**的概念。」
尤澤夫‧貝克將軍演說，1939 年 5 月 5 日

（Józef Beck）主導的波蘭政府民族主義立場堅定，不願對德國的任何壓力低頭。

希特勒反正也不是真的有興趣和波蘭進行任何協議。他覺得自己一年前在捷克斯洛伐克的議題上被騙得少打了一場仗，而且既然已經決定要入侵波蘭，就不打算再次被剝奪獲得軍事榮耀的機會。然而，他還是希望避免同時跟波軍以及英法聯軍作戰。

歐洲的局勢發展顯然對德國有利。1939 年 3 月，佛朗哥將軍的部隊在西班牙內戰中獲勝。希特勒還有一個小進展，也就是把位於波羅的海的城市美梅爾（今日克來佩達〔Klaipeda〕）併入德國，而在亞得里亞海方面的墨索里尼則占領了阿爾巴尼亞。至於希特勒和墨索里尼之間的聯盟關係，則在義大利和德國於 5 月宣布締結鋼鐵條約時確認。

美國政府關切歐洲的發展，但由於孤立主義的力量相當強大，因此此不可能介入。美國根本不是外交和軍事方程式中的變數。

相對地，蘇聯的態度就十分重要。莫斯科將會成為 1939 年夏天承平時期中的最後外交攻防焦點。

「但澤是德國的」

1939 年 8 月 23 日，納粹德國和蘇聯簽訂條約，暗地裡同意瓜分他們之間的波蘭。

波蘭崩潰
隨著德軍在 1939 年 9 月 1 日入侵波蘭，英國和法國於兩天後對德國宣戰（參見第 54-55 頁）。由於無法抵擋勢如破竹的德軍，波軍在僅僅四週後便被迫投降（參見第 58-59 頁）。

但澤
1939 年 9 月 2 日，德國兼併但澤。大戰結束後，這座城市又成為波蘭的一部分。絕大多數德國居民都被驅逐，被波蘭人取代。這座城市的波蘭名字是格但斯克，它在 1980 年代初期團結工聯（Solidarity）對抗波蘭共黨政府的罷工行動中成為焦點。

擴張德國邊界
對生存空間的假需求透露了希特勒的戰爭計畫。至 1939 年為止，德國的擴張集中在有日耳曼人居住的周邊領土上。

圖例
1933 年時的德國
1935 年 3 月到 1939 年 3 月德國擴張區域
1939 年時的德軍防線

步槍

第二次世界大戰期間，步槍是基本的步兵武器。和一次大戰時一樣，栓動式可連發步槍廣泛使用，但和 Gewehr 43 和 M1 葛蘭德（Garand）等能夠自動裝填的半自動步槍相比，這種武器顯得愈來愈落伍。

① **Karabiner 98k 步槍**，是 1898 年毛瑟（Mauser）步槍的改良版，於 1935 年獲得採用，是德軍的標準步槍。② **7.92mm x 57 彈藥**是德軍在兩次大戰時使用的標準步槍彈藥，供 Karabiner 98k 和 Gewehr 43 步槍使用。③ **Gewehr 43 步槍**是由德國華爾特（Walther）設計的半自動步槍，在 1943 年獲得採用。它運用氣動操作自動裝填機制，擁有十發裝的可卸下式彈匣。④ **李－恩菲爾德（Lee-Enfield）四號步槍附榴彈發射器**。自一次大戰時起，士兵可以使用標準步兵步槍來發射榴彈，榴彈由空包彈推進。⑤ **.303 英吋口徑彈藥**，從 19 世紀末到二次大戰結束後一直是英軍的標準彈藥。⑥ **英軍李－恩菲爾德步槍使用的油壺和通槍繩**。⑦ **李－恩菲爾德四號步槍**，是英國陸軍在 1885 年採用的步槍的直系衍生版本。四號版在 1939 年首度獲得採用，並在 1941 年成為標準公發步槍。⑧ **87.62mm x 54R 彈藥**，與摩辛－納根（Mosin-Nagant）栓動步槍在 1891 年同時獲得採用，是二次大戰期間的標準蘇軍彈藥。⑨ **摩辛－納根 1891/30 步槍**是二次大戰期間的蘇軍標準公發步兵步槍，若是安裝望遠瞄準鏡便成為優異的狙擊步槍。⑩ **7.7mm x 58 彈藥**是日本有坂（Arisaka）99 式步槍使用的彈藥，其體積比老式的有坂 38 式步槍使用的 6.5mm x 50 彈藥大。⑪ **有坂 99 式步槍**是類似毛瑟的栓動步槍，在 1939 年獲得採用，是老舊過時的有坂 38 式步槍改良版本，但 38 式步槍在大戰中依然有使用。⑫ **托卡瑞夫（Tokarev）SVT-40 步槍**是蘇軍的半自動步槍，在戰爭初期生產超過 100 萬支，但被認為保養太過複雜，無法做為標準公發步槍。⑬ **摩辛－納根卡賓槍**是蘇聯軍用步槍，長度比一般的摩辛－納根步槍短，但其他地方類似。⑭ **M1 葛蘭德步槍**是美國陸軍在 1936 年採用的半自動步槍，是第二次世界大戰期間的美軍基本步兵武器。⑮ **M1 卡賓槍**也是由美國生產，設計目的是用來取代步槍和手槍，自 1942 年起成為支援部隊使用副武器。⑯ **.30 英吋口徑彈藥**是為美軍 M1 卡賓槍發展的彈藥，但有時被批評威力不足。

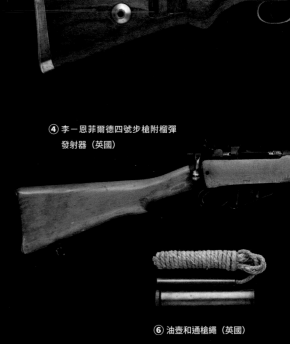

① Karabiner 98k 步槍（德國）

④ 李－恩菲爾德四號步槍附榴彈發射器（英國）

⑥ 油壺和通槍繩（英國）

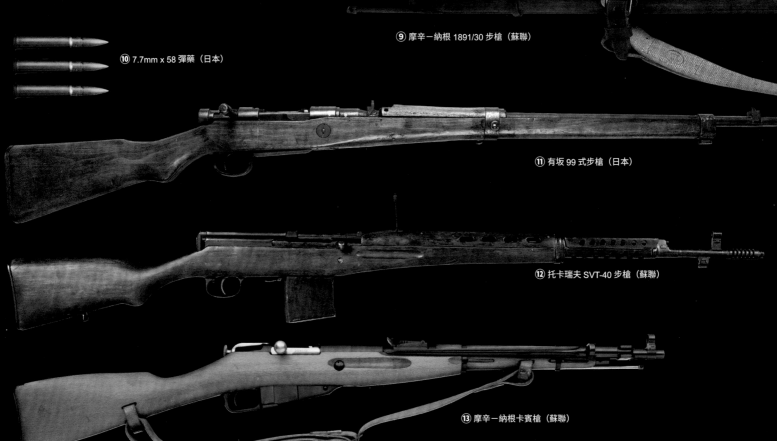

⑩ 7.7mm x 58 彈藥（日本）

⑨ 摩辛－納根 1891/30 步槍（蘇聯）

⑪ 有坂 99 式步槍（日本）

⑫ 托卡瑞夫 SVT-40 步槍（蘇聯）

⑬ 摩辛－納根卡賓槍（蘇聯）

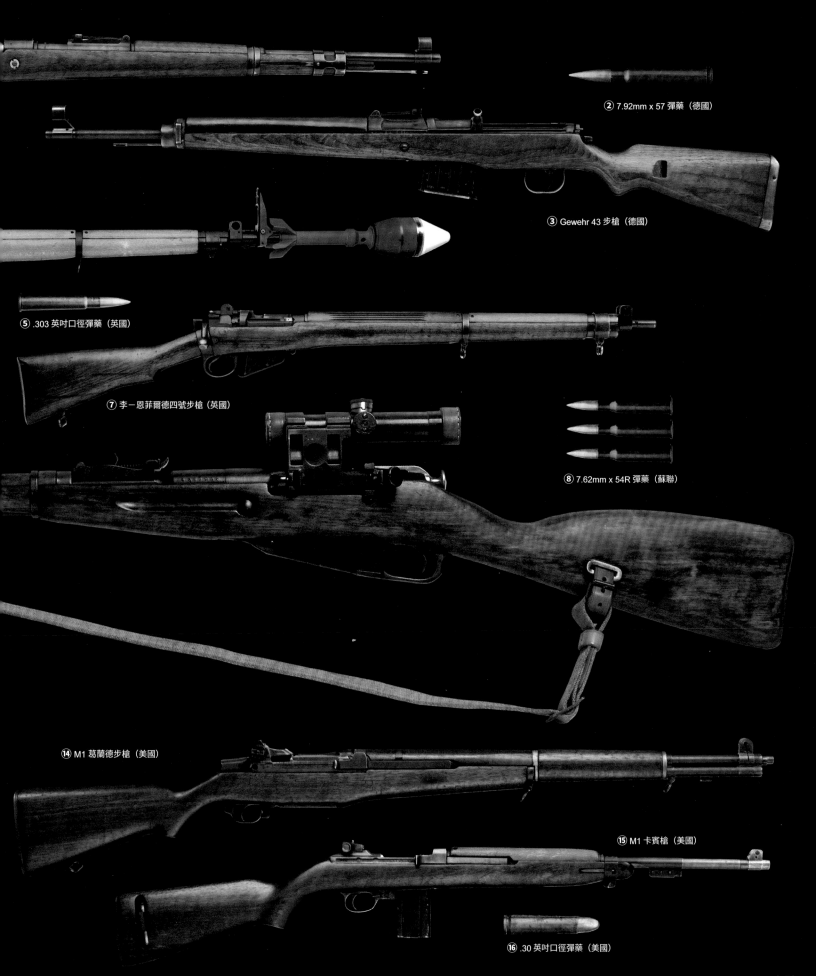

② 7.92mm x 57 彈藥（德國）

③ Gewehr 43 步槍（德國）

⑤ .303 英吋口徑彈藥（英國）

⑦ 李－恩菲爾德四號步槍（英國）

⑧ 7.62mm x 54R 彈藥（蘇聯）

⑭ M1 葛蘭德步槍（美國）

⑮ M1 卡賓槍（美國）

⑯ .30 英吋口徑彈藥（美國）

宣戰

有了新盟友蘇聯撐腰，希特勒下令在 1939 年 9 月 1 日進攻波蘭，使歐洲再度陷入戰火。9 月 3 日，英法兩國終於不再遲疑不決，向德國宣戰。新一輪的全球衝突爆發。

1939 年 8 月 31 日晚上，納粹黨衛軍在波蘭邊界上格來維茲（Gleiwitz）的一座德國無線電台自導自演了一齣波軍突襲的戲碼。他們殺害了一些集中營的囚犯，給屍體穿上波軍制服，然後在媒體刊出照片。德國當局宣稱為了回應這起「波軍攻擊行動」，在次日凌晨 4 時 35 分派兵進入波蘭，就此揭開了二次大戰歐洲戰場的序幕。

這場入侵行動緊接在整個夏天和蘇聯的外交活動之後。英國和法國雖在 1939 年 4 月保證協助波蘭對抗德國，卻沒有給予波蘭實質軍事援助的計畫。他們沒有任何加強波蘭防務的作為，也不打算從西邊進攻德國。但他們倒是試圖讓蘇聯也做出防衛波蘭的承諾。

英法兩國和蘇聯史達林政權之間的談判進度相當緩慢。英國政府不太願意與共產獨裁政權打交道，而波蘭

方面則堅定拒絕在任何情況下允許蘇軍進駐波蘭的想法。至於史達林對西方民主國家的動機也相當懷疑，認為他們打算把納粹的侵略導向蘇聯。

共產蘇聯和納粹德國之間的敵意早已是歐洲政壇眾所周知、根深柢固的想法，因此這兩國似乎不可能聯手。但他們在短期內卻擁有極為誘人的共同利益。希特勒決心要在秋天雨

> 第一艘被德軍 U 艇擊中的民用船是雅典娜號。它載運超過 1000 名乘客，當中 300 人是美國人，在英國宣戰後的九個小時內被擊沉，引起同盟國公憤。

季來臨前對波蘭開戰，因此他需要減少可能得要同時對付的敵人數目。至於史達林則十分心動，因為這樣他就可以犧牲波蘭和波羅的海國家，把他的領土往西擴張。

國際新聞
9 月 3 日傍晚，法國報紙的頭條報導英國在當天上午宣戰。法國也在同一天跟進。

海軍岸轟
9 月 1 日一早，德軍的資深岸防艦什列斯威－霍斯坦號（Schleswig-Holstein）對但澤附近威斯特普拉特（Westerplatte）的波蘭海軍基地展開岸轟，打響了二次大戰在歐洲的第一砲。

納粹和蘇聯政權在 7 月下旬祕密展開商議。8 月 21 日，德國宣布外交部長約阿辛·馮·李賓特洛普（Joachim von Ribbentrop）受邀前往莫斯科，兩天後全世界就震驚地得知納粹和蘇聯簽訂條約的消息，而其中一項祕密條款就是德國和蘇聯同意瓜分它們之間的波蘭。

和史達林達成協議後，希特勒就下令在 8 月 26 日展開他

前因

1939 年 4 月，英法兩國政府向波蘭承諾，萬一德國進攻就會加以援助。當時的希特勒正祕密擬定入侵計畫。

法西斯主義和共產主義
在整個 1930 年代，納粹德國和蘇聯都是意識形態上的敵人。蘇聯獨裁者史達林將納粹貶稱為「法西斯」，而希特勒則滔滔不絕地咒罵蘇聯惡棍是「布爾什維克」。

傳統敵人
波蘭相當敵視蘇聯。波蘭人傳統上認為俄國人是潛在的壓迫者，一次大戰前波蘭絕大部分都是俄國的一省。大戰結束後，波蘭在一場戰爭中擊敗俄蘇，確保了獨立。蘇聯在 1921 年的《里加和約》（Peace of Riga）中正式承認波蘭的新國界。

計畫已久的波蘭入侵行動，但他卻在最後一刻猶豫了。英國和法國向德國保證，若德國進攻波蘭，他們就會對德國宣戰，因為英國和波蘭在 8 月 25 日簽署了正式的軍事聯盟協議。

最後動作

在此同時，墨索里尼告知希特勒，儘管已經和德國簽訂鋼鐵條約，但義大利不會介入。冒著獨立挑戰法國、英國和波蘭的可能風險，希特勒決定取消入侵波蘭的命令。

8 月的最後一週，各方紛紛採取外交行動，想避免戰爭。希特勒向英國提出一份華而不實的和平計畫——其中甚至有個屈尊俯就的提議，說願意協助出兵防衛大英帝國。納粹要人赫曼·戈林的一位瑞典友人比里葉·達勒魯斯（Birger Dahlerus）以私人特使的身分穿梭在柏林和倫敦之間，想為德國和波蘭之間的人為分歧找出解決方案。但任何在最後一分鐘達成和平的希望都只是幻覺。波蘭人不願做出任何讓步，希特勒也不希望他們接受他對但澤和波蘭走廊的要求，畢竟這可是他把攻擊波蘭正當化的藉口。他的拖延僅只是要妨礙英國和法國的馳援而已。他重新把入侵行動訂在 9 月 1 日，不會再有任何延遲，希特勒希望同盟國退下。

儘管已經對波蘭做出承諾，但英國和法國並沒有以立即宣戰的方式來回應德軍入侵。法國軍事指揮高層向政府爭取更多時間，以便在宣戰前完成動員。英國則呼籲德軍從波蘭撤出，但又說這「不是最後通牒」。英國和法國仍不願放棄最後一絲希望，認為或許可以像 1938 年的捷克危機一樣，靠一場國際會議來拯救和平，由墨索里尼去幹旋。

最後英國下議院終於迫使政府採取行動。在 9 月 2 日晚間的辯論中，國會議員對政府躊躇不定的態度表達了極為強烈的不滿。對英國首相張伯倫來說，情況已經很清楚：要不就是履行他和波蘭的協議，要不就是辭職。9 月 3 日上午 9 時，英國對德國發出最後通牒，要求立即結束在波蘭境內的敵對行動。最後通牒的期限是上午 11 點。被迫行動的張伯倫向全國發表廣播演說，以莊重但憂鬱的語調宣布：「這個國家已經和德國進入戰爭狀態」。法國也對希特勒發出最後通牒，並在當天下午 5 時對德國宣戰。

新的世界戰爭

英國和法國的殖民地也自動和德國進入戰爭狀態，但英國的自治領必須自行決定是否加入。澳洲和紐西蘭毫不遲疑立即宣戰，至於在加拿大，這個議題較有爭議性，因此在 9 月 10 日才宣戰。在南非，這場戰爭造成政府危機——揚·史末資（Jan Smuts）接任總理，並在 9 月 6 日宣戰。在美國，羅斯福總統在他的勞動節廣播演說中承諾美國不會參戰。

聯手分贓

9 月 22 日，蘇聯和德國軍官在布里斯特－李托佛斯克會面。一個月前雙方在德蘇互不侵犯條約中祕密同意瓜分波蘭，此地就在他們各自的占領區交界處。

「我沒辦法跟大家**預測**俄國的行動，因為這是**謎團中的謎團中的謎團**。」
溫斯頓·邱吉爾的廣播演說，1939 年 10 月。

但澤回歸德國統治

1939 年 9 月 1 日，德軍和但澤的德國警察破壞這座前自由市的邊界哨站。

跟 1914 年宣戰時大街小巷擠滿慶祝人潮的景象不同的是，歐洲這次是帶著嚴峻的心情進入戰爭，預料將會帶來史無前例的破壞與傷亡。

後果

波蘭短短一個月就被擊敗，而西方盟國沒有採取任何幫助波蘭的行動。

蘇聯擴張
1939-40 年，蘇聯在它的西部邊界上採行擴張政策，陸續占領波蘭東部、立陶宛、愛沙尼亞和拉脫維亞，還有羅馬尼亞與芬蘭的部分領土。這項政策導致蘇聯和芬蘭的冬季戰爭（參見第 64-65 頁）。

假戰
在西歐，大規模戰鬥一直要到 1940 年春季才爆發。從宣戰到德軍入侵丹麥和挪威（參見第 74-75 頁）、開始和同盟國交戰的這段期間，就被稱為假戰（參見第 60-61 頁）。

黨衛軍在被占領挪威的招募海報

德國獨裁者　**1889年生，1945年卒**

阿道夫·希特勒

「德國的問題只能透過武力解決。」

阿道夫·希特勒，1937 年 11 月

在引發並形塑第二次世界大戰樣貌的這件事情上，沒有任何一個人的角色比德國獨裁者阿道夫·希特勒更重要。這位奧地利小公務員之子在他的人生前 30 年裡，看似注定要庸庸碌碌地過完一生。在 1914 年之前，希特勒就只是一個居無定所的人，想當藝術家卻沒當成，也無法在社會上找到一席之地。第一次世界大戰時，他在德國陸軍服役，但卻一直到 1932 年才取得德國國籍。據說他作戰時英勇無比，曾兩度獲頒鐵十字勳章（Iron Cross），但卻沒給人留下什麼具備特殊領導素質的印象，因此只晉升到下士。長達四年壕溝戰的沉重經驗，加上隨之而來德國戰敗的衝擊，為他往後的人生帶來劇變。

戰後的怨念

就像許多迷失在戰後德國混亂中的憤怒退伍軍人一樣，希特勒也開始接觸極端政治思想。他發掘出一項此前未被察覺的天賦，就是用滔滔不絕的演說來喚起希望破滅的大眾的情緒，並在小而激進的納粹黨中展現領導能力。希特勒提出的政治理念並非由他原創，而是從標準右翼德國民族主義延伸而來，但他在這些理念中添加了

天選之人

納粹德國的希特勒官方宣傳照，表達出強烈且有力的人物形象，能夠領導國家邁向勝利。

政治回憶錄

《我的奮鬥》第一卷內容是神化過的希特勒早年生活，搭配納粹思想，包括反猶主義和透過征服來解決德國的問題。

獨一無二的情感力量。他急於找出一個理由來解釋德國為何戰敗、他的人生為何如此不順遂，最後一腔熱血地產生了這個信念：德國人民「被社會主義者和猶太人在背後捅了一刀」，他們是「國際級猶太陰謀」的被害者。

1923 年，希特勒在慕尼黑發動政變卻失敗，政治生涯很可能就此終結，但他卻反過來利用這場審判推廣

「我將成為史上最偉大的德國人……」

希特勒，1939 年 3 月 15 日

他的政治觀點，並在接下來服刑的時間裡口述他的政治回憶錄《我的奮鬥》（Mein Kampf）。由於天生性格就既自負又自戀，希特勒逐漸培養出一種堅定的信念，認為自己將會成為名留青史的偉大領袖，總有一天會解救德意志人民。這個信念支撐他度過了納粹在德國政治上處於邊緣位置的

長期伴侶
伊娃・布勞恩（Eva Braun）和希特勒在1929年相遇並成為伴侶，但這段關係並沒有對大眾公開。當紅軍逼近柏林時，他們才在1945年4月29日結婚，並在隔天雙雙自殺。

他深信弱肉強食有道德上的正當性，並期盼成功扮演戰爭領袖的角色。

早期的軍事成功
德國在第二次世界大戰早期的軍事成功多半要歸功於希特勒。他相信機動力和震撼力的戰術原則，因此支持提倡閃擊戰的激進分子，而不是德國陸軍中較保守的指揮高層。他對敵人鬥志上的弱點也做出了正確的評估。但德軍在戰爭初期贏得的輝煌勝利卻使他愈來愈堅信自己不會犯錯。而隨著戰局發展，他不再相信麾下將領，堅持親自掌控所有的作戰細節，結果慘不忍睹。

當戰爭的局勢開始不利於德國時，希特勒也開始和現實脫節。他的身心狀態不斷惡化，退縮到指揮碉堡裡面，德國大眾再也沒人看見過他，甚至連他的聲音都幾乎聽不到。1944年7月在拉斯騰堡（Rastenburg），一枚刺客放置的炸彈在希特勒身旁爆炸，但他卻奇蹟似地生還，因此他更加確信，這就是他身為天選之人的確鑿證據。對於他給德國人民帶來的災難，他認為自己一點責任都沒有，並把失敗歸咎於不忠與背叛。

「任何聯盟關係只要不是**以發動戰爭為目標**，就是**愚蠢而無用**的。」
希特勒《我的奮鬥》，1925年

時期，但到了1920年代末卻真的開始在德國大眾之間產生回響，因為當時高通貨膨脹和大量失業潮嚴重打擊經濟，為極端政黨創造了機會。希特勒的政治策略走的是徹頭徹尾的憤世嫉俗路線，他身為在民主選舉政治中可以贏得選票的政治人物，但同時又一心一意要建立獨裁政權。

沒有挑起戰爭的狀況下順利撕毀《凡爾賽條約》，更證明他是一位操縱人心的專家。他玩弄對手的希望與恐懼，並憑藉著他的神經質，以突然的暴怒為恫嚇手段，也運用純熟的賭徒本能來實施邊緣策略與突如其來的決定性行動。但平和的勝利無法滿足希特勒。

擊敗反對派
不論是在希特勒崛起前還是崛起後，反對者都一直低估他，因為他們覺得他那矯揉造作的個性讓人很難認真看待。在1933年同意希特勒出任德國總理的保守派政治人物認為他們可以控制他，接著卻很震驚地發現，在任命他不過短短幾個月後，他們的國家就變成納粹黨一黨專政的地方。德國的軍官團向希特勒宣誓效忠，因為他提供他們在軍事領域的復興機會，但他們也發現自己無法約束他的侵略野心。當各種事件的發展導致希特勒最瘋狂的野心也得以實現的時候，他自詡為救世主的使命感就更加強烈了。他成功地重建德國的軍事力量，並在

希特勒一票
1932年，希特勒和納粹黨承諾給德國一個「自由和平的政府」。儘管希特勒沒有贏得這場選舉，他最後卻把德國變成一黨專政國家，並讓歐洲陷入戰火。

元首演說
希特勒之所以能夠掌權，宣傳扮演了重要角色。納粹黨的大遊行讓希特勒可以親自鼓舞選擇追隨他的大眾，就像1933年在多特蒙（Dortmund）舉行的這場。

希特勒年表

- **1889年4月20日** 希特勒在奧地利布勞瑙（Braunau）出生，是一位海關公務員之子。
- **1914年8月5日** 一次大戰爆發時，自願加入德國陸軍的一個巴伐利亞團。
- **1918年8月4日** 希特勒在壕溝中擔任傳令兵四年後，獲頒一級鐵十字勳章。
- **1918年11月11日** 此時的希特勒因為毒氣中毒而住院，結果停戰的消息傳來，令他感到震驚。
- **1921年7月** 成為國家社會主義德意志工人黨（即納粹黨）領導人。
- **1923年11月9日** 在慕尼黑發動政變，企圖推翻德國政府，但失敗被捕。
- **1924年12月20日** 因犯下叛國罪被判處九個月監禁。希特勒在這段期間口述他的著作《我的奮鬥》。
- **1933年1月30日** 被任命為德國總理。接下來六個月裡，除了納粹黨以外的所有政黨都被禁止。
- **1934年8月2日** 德國陸軍宣誓無條件效忠希特勒，他成為德國的元首（Führer）。
- **1935年3月17日** 宣布實施大規模擴軍計畫，公然撕毀《凡爾賽條約》。
- **1936年3月7日** 派遣德軍進入《凡爾賽條約》中規定的非軍事區萊茵蘭。
- **1938年3月13日** 德國兼併奧地利，希特勒以凱旋之姿返鄉。
- **1938年9月30日** 簽署《慕尼黑協定》，使德國人可以接管捷克斯洛伐克的蘇台德區。
- **1939年8月30日** 下令在9月1日入侵波蘭，第二次世界大戰開打。
- **1940年6月21日** 在1918年簽署停戰協定的同一節火車廂內逼迫戰敗的法國人簽署停戰協定。
- **1941年3月30日** 希特勒對麾下將領發表演說，呼籲對蘇聯進行「殲滅戰爭」。德軍在6月22日進攻蘇聯。
- **1941年12月11日** 在日軍偷襲珍珠港後對美國宣戰。
- **1941年12月19日** 希特勒對麾下將領愈來愈不信任，於是親自接掌德國陸軍。
- **1942年11月21日** 下令德軍第6軍團不可從史達林格勒撤退。第6軍團被包圍殲滅。
- **1944年7月20日** 在拉斯騰堡的總部遇刺，一枚炸彈爆炸，但卻奇蹟生還。
- **1945年4月30日** 為了不向蘇軍投降，在位於柏林的碉堡內舉槍自盡。

一次大戰時的希特勒

前因

1939 年 4 月，德國陸軍開始詳細規畫「白色案」（Fall Weiss），也就是入侵波蘭的行動。

迅雷不及掩耳的勝利

德軍參謀總長法蘭茨·哈爾德上將（Franz Halder）告訴麾下指揮官，他們會以「空前的速度」獲勝，波蘭一定會「不但戰敗，而且徹底消失」。他預計在三個星期內取得勝利，並且認為波蘭「根本不是對手」。

勇敢的態度

由於英國和法國保證萬一德國進攻時會提供支援，波蘭政府拒絕對德國的要求讓步（參見第 50-51 頁），也就是兼併但澤自由市，以及允許波美拉尼亞（Pomerania）穿越「波蘭走廊」前往東普魯士的通道。

希特勒的新盟友

1939 年 8 月 23 日，史達林在莫斯科簽署德蘇互不侵犯條約（參見第 54-55 頁），當中的祕密條款成了德蘇瓜分波蘭的依據。

波蘭毀滅

納粹德國的第一場戰役是希特勒領導的勝利。由於德蘇互不侵犯條約已經簽下，似乎消除了來自東方的蘇聯威脅，因此德國武裝部隊憑藉著空權和裝甲部隊的聯合威力，在短短幾天內就粉碎了波軍的抵抗。

德軍對波蘭的軍事行動在 1939 年 9 月 1 日凌晨 4 時 40 分展開，由德國空軍軍機飛越邊界空襲打頭陣，而地面部隊則在 6 時開始挺進。

希特勒身為大膽的投機分子，只留下 44 個師的部隊防守西邊的德法邊界，而法軍理論上可以布署大約 100 個師。更重要的是，德軍所有的戰車和飛機都被派往波蘭前線。希特勒猜對了：法軍不會為了援助波蘭而真正發動攻勢，他就透過這場豪賭，以壓倒性的軍力對付波軍。

德軍優勢

波蘭的武裝部隊儘管數量龐大，卻缺乏現代化的飛機、戰車與運輸車輛。德軍投入六個裝甲師和十個摩托化步兵師，再加上大約 40 個徒步行軍的步兵師。德國空軍擁有大批現代化飛機，因此輕輕鬆鬆就贏得制空權。波軍飛行員儘管技巧高超、英勇奮戰，但他們的飛機太少，且落後了整整一個世代。

波蘭騎兵

1939 年時，除了 30 個步兵師以外，波蘭陸軍還有 11 個騎兵旅，但只有兩個機械化旅。面對德軍更加現代化的武器裝備，他們無能為力。

德國空軍的作戰帶來毀滅性效應，造成平民嚴重恐慌，並擾亂波蘭陸軍的交通線。

波軍將領也許是高估了自己抵抗德軍的能力，而且還寄望英軍和法軍從西邊進攻德國來援助他們。波蘭有超過 2300 公里長的國界都暴露在德軍攻擊的風險之下。

兵力懸殊

波蘭最富裕的礦業和工業地帶都緊鄰德國，因此波蘭人決心不能犧牲任何國土。他們選擇防衛綿長的邊界，而不是把部隊主力沿著維斯杜拉河（Vistula）和珊河（San）等更容易防守的防線駐守。波軍布署分散且向前推進太多，因此非常容易被能夠迅速移動的敵軍部隊突破並包圍。

廢墟中的絕望

德軍無情轟炸華沙，包括醫院在內的許多建築都化為瓦礫。到了戰爭結束時，85% 的華沙市區都已被摧毀。

關鍵時刻

卡廷大屠殺（Katyn Massacre）

1940 年，蘇聯祕密警察處決了 2 萬 2000 名被關押在戰俘營中的波蘭人，其中包括在 1939 年 9 月被俘的陸軍軍官，以及蘇聯在兼併波蘭東部後逮捕的人士。他們被槍斃，然後埋在亂葬崗內。1943 年時，納粹在德國占領的斯摩稜斯克（Smolensk）附近的卡廷森林裡發現了一些亂葬崗。俄國一直要到 1990 年才承認犯下這個罪行。

反蘇維埃的德國海報，宣傳卡廷的大屠殺

① 1939 年 9 月 1 日凌晨 4 時 45 分
德國戰鬥艦什列斯威－霍斯坦號對威斯特普拉特的波軍基地開火

⑦ 9 月 27 日
華沙投降

① 1939 年 9 月 1 日
德軍從波蘭走廊兩側進攻，占領但澤

④ 9 月 17 日
布里斯特－李托佛斯克向德軍投降

⑤ 9 月 22 日
德軍開始向西撤退到德蘇分界線

① 1939 年 9 月 1 日
邊界警備部隊進入波茲南（Poznan）突出部

③ 9 月 17 日
蘇軍入侵波蘭東部

① 1939 年 9 月 1 日
德國入侵開始

② 9 月 10 日
波軍沿著布拉河（Bzura River）的反攻被擊退，被迫退到庫特諾（Kutno）附近的口袋陣地

⑧ 10 月 6 日
波軍最後一場有組織的抵抗在科克（Kock）結束

⑥ 9 月 22 日
蘇軍占領利沃夫（Lwow），但大批波蘭軍越過羅馬尼亞邊界逃亡

0 150 公里

圖例
- 德軍進攻／行動
- 蘇軍進攻
- 德軍和蘇軍在波蘭境內的分界線
- 1939 年時的邊界

「發動戰爭的時候，重要的不是權利而是**勝利**。」

希特勒，1939 年。引述自夏伊勒（W. L. Shirer）的《第三帝國興亡史》

德軍分成由菲多·馮·波克上將（Fedor von Bock）指揮的北方集團軍和蓋爾德·馮·倫德斯特上將（Gerd von Rundstedt）指揮的南方集團軍。波克的部隊從西邊和東普魯士進攻，迅速切斷駐守在有爭議的「波蘭走廊」的大批波軍部隊。倫德斯特的部隊則從德國的西利西亞（Silesia）連續向前突穿，9 月 8 日時前鋒部隊就已進抵華沙市郊。波軍對德軍發動幾次英勇但協調不佳的局部反擊，無法逆轉戰局。

部分波軍成功撤退到維斯杜拉河後方，加入預備隊以防守華沙，但在更東邊的地方，德軍沿著布格河（Bug）南北夾擊，使華沙守軍陷入包圍圈。德國依照上個月史達林和希特勒祕密

400萬
在納粹統治下死亡的波蘭平民人數，其中有四分之三是在猶太區和集中營中被殺害的猶太人。

同意的條約，反覆要求蘇聯加入進攻波蘭的行列。蘇軍在 9 月 17 日越過波蘭東部邊界，波軍沒有兵力可以抵擋。絕望中，波蘭政府和總司令部試圖逃往中立的羅馬尼亞。華沙周圍的戰鬥持續到 9 月 28 日，這座城市便因為德軍持續轟炸和砲擊造成的大量損害而投降，最後的有組織軍事抵抗則在 10 月 5 日結束。

轟動一時的勝利

對希特勒而言，這場驚人的速戰速勝讓他更加相信自己的軍事才華，也確認了他徹底蔑視敵人的態度是對的。西方盟國幾乎沒有採取任何行動來幫助這個他們曾經保證要協助保衛的國

德國和蘇聯入侵

波蘭邊界過長，因此幾乎不可能守住。1939 年 9 月 17 日，蘇軍從東邊挺進，波蘭真的是背腹受敵，遭到全面包圍。這個被圍攻的國家無法逃過屈服的命運。

家。波蘭在一個月內戰敗，就此亡國，西部有一些地區被併入德國，布格河以東的領土則被蘇聯兼併（史達林一直到戰爭結束都占據著這些土地，波蘭再也沒有收回）。其餘的國土，也就是絕大多數波蘭人生活之處，成為總督府根據納粹種族理論進行殘酷統治的地方。在 1939 年年底前，已有大約 500 萬波蘭猶太人被迫和其餘波蘭人分開，集中在猶太區。

德國和蘇聯都同意鎮壓任何形式的波蘭「煽動行為」。這兩個侵略者都把這個解釋成屠殺或監禁任何有可能領導抵抗運動的波蘭人士。到了戰爭結束時，波蘭已經因為軍事行動、嚴酷的處境和滅絕行為而喪失了五分之一的人口——是第二次世界大戰中人口損失比例最高的國家。

猶太人的遭遇

納粹把猶太人集中到被稱為猶太區的狹小地方，並逼迫他們配戴稱為大衛之星的黃色星形徽章作為識別。沒多久就有數以千計的人死於飢餓與殘酷的待遇。

後果 ▶▶

儘管德軍相對輕鬆地獲得勝利，但依然有 1 萬 3000 人陣亡、2 萬 7300 人受傷。蘇軍在占領波蘭東部的過程中損失不到 1000 人。

餘波

波軍的損失則高得多，共有 7 萬人陣亡、13 萬 3000 人受傷。超過 90 萬波軍淪為戰俘，當中蘇軍俘獲 21 萬 7000 人，德軍俘獲 69 萬 4000 人。

繼續戰鬥

大約 8 萬名波軍逃出波蘭，前往中立國，加入先是在巴黎、接著遷往倫敦的波蘭流亡政府（參見第 110-11 頁），重新投入這場戰爭。1941 年德軍入侵蘇聯後，蘇聯釋放大約 7 萬 5000 名波軍戰俘。他們加入波軍，和西方盟國並肩作戰。波軍飛行員在不列顛之役（參見第 84-85 頁）中扮演重要角色。

華沙起義

波蘭反抗運動的主力是本土軍（Home Army），整場戰爭期間他們都在被占領的波蘭從事諜報任務和破壞行動。1944 年，本土軍在華沙領導起義（參見第 272-73 頁），但遭到納粹血腥殘酷鎮壓。

假戰

波蘭戰敗後，英國和法國面對了很長一段時間的沉寂，主要是因為希特勒想在西方迅速發動攻勢的願望受挫。法軍採取防禦性策略，躲在看似安全的馬其諾防線後方，但兩國都在計畫如何因應德國的空襲。

◀◀ 前因

為了準備應戰，英國和法國政府大量吸取 1914-18 年衝突中的經驗與教訓。

資源最大化
第一次世界大戰顯示稀缺商品的配給是必要的。政府應該介入經濟運作，讓生產量最大化以支持國家作戰。

來自天空的威脅
第一次世界大戰期間，許多城市遭遇空襲，例如倫敦和巴黎。西班牙內戰（參見第 38-39 頁）和日本入侵中國（參見第 40-41 頁）裡空襲的景象更是助長了對空中轟炸的恐懼，當局因此備妥「燈火管制」計畫，作為預防夜間空襲的手段，並擬定各種措施，在空襲期間提供防空避難場所，並疏散較容易受到傷害的居民。

毒氣攻擊
因為第一次世界大戰期間各方廣泛使用毒氣，因此當局也預料毒氣會再度派上用場。交戰國的百姓和戰鬥人員都拿到政府發放的防毒面具，並且依規定要隨身攜帶。

當英法兩國在 1939 年 9 月對德國宣戰時，大多數人都預期國家馬上就會面臨人員傷亡和大規模的破壞。但雖然波蘭徹底經歷了現代化戰爭的恐怖，在其他地方，比較大規模的軍事行動卻只發生在海上。西方盟國發現自己處於一段沒有戰鬥的怪異過渡期，這很快就被稱為「假戰」（Phoney War），且會一直持續到 1940 年 4 月。

各國政府有很多機會可以做好作戰準備，其中應付空襲的準備工作特別徹底。由於預期城市很可能會被炸毀，英國甚至在宣戰之前就展開大規模疏散作業，對象是居住在被認為最有可能受空襲地區的兒童。法國則是把位於德國邊界上的斯特拉斯堡（Strasbourg）所有居民疏散到法國西南部。英國城市中的醫院則把病床都清空，以便收容轟炸傷患，娛樂場所也關閉。倫敦動物園飼養的蛇甚至被宰殺，以防萬一轟炸造成的破壞使牠們脫逃，進而在被毀的市區中出沒。

結果轟炸沒有發生，西線上也沒有大規模會戰，因此百姓生活再度安定下來。公眾娛樂和職業運動競賽繼續進行，許多被疏散的人也回到原本的家。雖然當局發放配給手冊，但配給措施並未立即實施——事實上英國一直要到 1940 年 1 月才首度實施糧食配給，不過在此期間，應付空襲的準備工作依然持續進行。英國當局免費發放超過 100 萬座安德森式（Anderson）防空避難掩體，讓百姓埋藏在後花園裡。燈火管制一直是戰爭正在進行的最有力證明。空襲管制員嚴格執法，每天晚上都要掛起燈火管制簾，以免燈光從屋內外洩。在 1939 年最後幾個月裡，燈火管制期間的交通事故造成的死傷人數遠比任何軍事行動都要多。

雖然戰火沒有真正點燃，給人一種虎頭蛇尾的感覺，但民眾即使不那麼熱情，還是普遍支持戰爭。英國首相張伯倫為了擴大他的政府，安排強烈反對姑息政策的溫斯頓・邱吉爾進入戰時內閣，讓他負責海軍政務。在法國，達拉第政府面臨的是更分歧的政治局勢，以及大鳴大放的失敗主義。但希特勒戰勝波蘭後，達拉第和邱吉爾都嚴拒他提出的和平

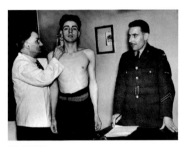

徵兵體檢
為了應召入伍，一名年輕人正接受體格檢查。英國當局在 1939 年 5 月實施有限的義務役制度，但全面實施的速度緩慢。

紅色橡膠面罩會緊貼兒童頭部，並用繫帶固定住。

兒童用防毒面具
這款色彩繽紛的英國版「米老鼠」防毒面具是在美國設計的，供二到五歲的幼童使用。之所以稱為米老鼠，不是因為它看起來像米老鼠，而是為了讓幼童不那麼害怕。

藍色錫製濾毒罐內有開孔，裡面裝著一塊石棉，可用來吸收有毒化學物質。

大英帝國部隊抵達
和一次大戰時一樣，大英帝國的各個自治領全都對母國的敵人宣戰。到了 1940 年，澳洲部隊已經抵達，這張照片顯示他們行軍越過倫敦的西敏橋（Westminster Bridge）。

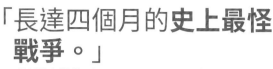

「長達四個月的**史上最怪戰爭**。」

《新政治家雜誌》（New Statesman Magazine），1939 年 12 月 30 日

德軍在 1940 年春季展開攻勢，先是在 4 月進攻丹麥和挪威（參見第 74-75 頁），然後在 5 月進攻法國、比利時和荷蘭（參見第 76-77 頁），決定性地終結了假戰。

政治變局
法國和英國政府在 1940 年春天下台。3 月時法國總理達拉第辭職，由更有力的保羅·雷諾（Paul Reynaud）接任；5 月時英國首相張伯倫下台，由邱吉爾繼任。

轟炸
德軍對倫敦和英國其他城市的空中轟炸，也就是大家一開始就預期會發生的事，真的在 1940 年 9 月的不列顛之役（參見第 84-85 頁）中發生。當中最激烈的閃電空襲（Blitz，參見第 88-89 頁）階段則一直持續到 1941 年 5 月初。剛開始的主要目標是倫敦，從 9 月 7 日起的兩個月內，德軍總共對倫敦投下了將近 100 萬枚燃燒彈。

民間防空掩體
一個英國家庭躲進安德森式防空避難掩體中。大家似乎都帶了自己的防毒面具——這是當時的法律規定。由於可能會在掩體裡待上好幾個小時，因此很多人也會順便帶上食物和書本。

方案。假戰並不是西方盟國不投入作戰造成的，但它確實反映了他們的防衛性心態。此外，英國和法國都說服自己時間站在他們這一邊，期望海軍封鎖會讓德國屈服。在此期間，他們也準備面對德軍可能對法國發動的攻勢。

希特勒確實企圖發動這樣的攻勢。假如一切如他所願，那麼假戰就會非常短暫。一擊敗波蘭，甚至在他公開提出和平方案的同時，希特勒就指示麾下將領準備入侵法國和比利時。

這個入侵行動原本計畫在 1939 年 11 月展開，但因為天氣惡劣而延後。希特勒接著下令在隔年 1 月行動，但卻因為作戰計畫落入盟軍手中，因此只能再度延後。

部隊集結
這幾次的延遲意味著盟軍能有更多時間組織，但也因為這段時間沒有作為，導致士氣下降。法國有徵兵制的傳統，因此可以在幾個星期內集結大批部隊，但英國陸軍的集結速度就慢了許多。儘管 10 月已經有一批英國遠征軍駐守在法國北部，但只是分階段逐步集結。在英國，因為缺乏裝備和訓練設施，徵兵很難立即見效，依法所有 18 到 41 歲的男性都應服兵役，但到了 1940 年 5 月，實際上只有年齡在 27 歲以下的人被徵召。到了 1939 年年底，英國失業人口仍然超過 100 萬。

100萬
英國政府在戰爭開始時訂購的棺木數目，準備提供給空襲死難者。

60
在空襲中喪生的英國人總數。

暴風雨前的寧靜
由於前線沒有動靜，德國的空襲也沒有成真，因此西方盟國產生了某種程度的自滿。他們因為美國國會通過中立法案的修正案而感到鼓舞，內容是允許他們向美國採購軍需補給。到了 1940 年 4 月初，張伯倫相當有信心地斷言希特勒「來不及上車了」，但卻證明是最嚴重的錯覺。

軍事科技

馬其諾防線

1930 年，法國開始沿著東部和德國接壤的邊界興建一條要塞防線，以當時的戰爭部長安德烈·馬其諾命名，目的是要把德軍擋在法國領土外，以避免重蹈 1914-18 年血肉消耗戰的覆轍。聯絡隧道串連各地下混凝土掩體、堡壘和觀測所，並有機槍陣地和安裝在穹頂砲塔內的火砲防衛。另外在更南邊的地方，還有一條較不複雜的高山防線（Alpine Line）用來對抗義大利。法國和中立的比利時之間的碉堡數量較少——比利時人有他們自己對付德國的要塞化防線。

馬其諾防線的修建計畫消耗了

馬其諾防線

戰前法國的大部分軍事預算。但到了 1940 年，這條防線卻無關緊要，因為德軍繞過了它，從亞耳丁內斯（Ardennes）推進。

前因

儘管英國和法國宣戰，希特勒和史達林還是在一個月內毀滅了波蘭。但英法兩國卻沒有反擊的打算。

希特勒的海軍

1919 年的《凡爾賽條約》嚴格限制德國海軍的規模，但在 1935 年，英德之間簽署了一份海軍協議，允許德國可以把海軍擴張到英國海軍軍力的 35%，當中包括先前被禁止的潛艇和戰鬥艦。1939 年 1 月，希特勒批准了海軍總司令埃里希·芮德爾上將（Erich Raeder）提出的 Z 計畫，大幅擴充德國海軍，但根據這項計畫，必須等到 1944 年，海軍力量才會真正大幅提升。

保護平民

當戰爭在 1939 年 9 月爆發時，美國總統羅斯福呼籲歐洲衝突中的各方要避免轟炸平民或不設防的城市。為了不冒犯美國，英國、法國、甚至德國在一開始都遵守這個要求。但德國人聲稱他們轟炸華沙（參見第 58-59 頁）是合法的，因為這座城市正由波蘭陸軍防守。

軍事科技

U 艇

英文中的 U 艇一詞來自德文的潛水艇。在水面航行時，U 艇是靠柴油引擎推進。潛航時則靠特製電池，因為如果此時發動柴油引擎，會吸光潛艇內的氧氣，讓艇內人員窒息。到了 1943 年，U 艇開始配備呼吸管（Schnorchel），這是荷蘭人發明的一種進氣系統，可以讓潛艇在潛航時使用柴油引擎。U 艇可以在水面下待一整天甚至更久，等待敵人結束攻擊。

初期的小型衝突

如同西線的陸地上沒有動靜，海空行動在戰爭的前幾個月裡也還沒達到之後的那種慘烈程度。雙方都獲得規模相對不起眼但戲劇性的成功，尤其是在海上，但不論是盟軍還是德軍，都沒有決定性的斬獲。

在西歐，第二次世界大戰開戰後的頭幾個月被稱為「假戰」，因為沒有發生任何大規模戰鬥。當希特勒在 1939 年 9 月忙著襲擊波蘭時，法國陸軍曾短暫進軍深入德國薩爾蘭達 25 公里遠，但卻馬上撤退，沒有採取進一步攻勢。被派往法國的英國遠征軍一直要到 12 月才傳出第一起人員傷亡事件。然而，這段時期陸地上雖然沒有動靜，卻有一些值得注意的小規模空戰，還有不少海戰。

由於雙方都想避免戰爭升級，因此都不願率先轟炸對方的城市——空襲顯然會引發敵方用相同的手段報復，此外他們也都想避免疏遠中立的美國。大家尚未採取總體戰的無情態度——英國空軍大臣金斯利·伍德爵士（Kingsley Wood）就反對轟炸德國森林的計畫，因為那是私人財產。

為了避免破壞私人財產或殺傷平民，皇家空軍派遣轟炸機攻擊德軍船艦，且奉命不可轟炸任何陸地上的目標或任何商船。這些早期的空襲行動透露出英國在空戰方面的準備有著重大缺陷：轟炸機在標定目標時相當困難、炸彈時常是啞彈、轟炸機在進行日間任務時非常容易受到德軍反擊火力的傷害。在戰爭的第二天，有十架轟炸機轟炸威廉港（Wilhelmshaven）內的德軍艦艇，結果有七架被擊落。在 12 月中旬兩趟類似的空襲行動裡，投入的 36 架轟炸機有 18 架被擊落。這樣的損失顯然是無法承受的。皇家空軍白天的行動絕大部分就僅限於海上布雷，夜間則是在德國上空投擲宣傳單。根據後來的皇家空軍轟炸機司令部（Bomber Command）的司令亞瑟·哈里斯（Arthur Harris）的說法，皇家空軍投擲宣傳單的作法「在長達五年的戰爭裡為歐洲大陸供應了充足的衛生紙。」

德國空軍也用飛機攻擊航運，但德國最凌厲的攻勢卻是由 U 艇執行。1939 年 9 月 3 日夜晚，就在英國宣戰的幾個小時以後，U-30 就發射魚雷擊

18萬9000 1939 年 12 月盟國商船被擊沉的噸位。在損失的 73 艘船當中，有 25 艘是被 U 艇擊沉，其餘的幾乎都是觸雷沉沒。U 艇則有一艘沉沒。

布倫亨式轟炸機

1935 年時，布倫亨（Blenheim）轟炸機的原型機飛行速度比皇家空軍的任何戰鬥機都要快，但到了 1939-40 年就已經落伍，防禦武裝薄弱且載彈量不高。

沉英國客輪雅典娜號。喪生的 112 名乘客當中有 28 位美國人，德國因此深感尷尬，否認此事是 U 艇所為。兩週後，U-29 擊沉航空母艦勇敢號（HMS Courageous），首度對皇家海軍造成嚴重打擊，此時德方的反應就大不相同了。

襲擊斯卡帕夫羅

德國海軍 U 艇部隊司令卡爾·多尼茨海軍上將（Karl Dönitz）接著又嘗試了更精采的行動，派出由君特·普利恩少校（Günther Prien）指揮的 U-47 進攻皇家海軍位於蘇格蘭北方奧克尼群島（Orkney Islands）斯卡帕夫羅（Scapa Flow）的主要基地。普利恩在 10 月 13-14 日夜間悄悄穿越港口的防禦措施，擊沉了停泊中的戰鬥艦皇

布放水雷

蘇聯水兵正在卸除水雷的引信。在戰爭期間，所有交戰國大約布放了 50 萬枚水雷，當中最常見的類型就是由目標船隻觸碰引爆（如本圖所示）。

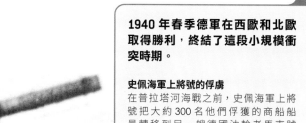

> 「在遭遇如此的**損失**後，相信敵人再也不會給我們更多**練習射擊威靈頓式**（Wellington）的機會。」
>
> 德軍某戰鬥機中隊報告，1939 年 12 月 18 日

家橡樹號（Royal Oak）。

這些挫敗令英國新任第一海軍大臣溫斯頓·邱吉爾感到相當困窘。但就跟一次大戰時一樣，問題的關鍵在於英國能否維持海上交通線暢通，以便來自北美和大英帝國其他地方的糧食和其他重要貨品運送進來。

50 1939 年 12 月 18 日皇家空軍轟炸機對威廉港附近德軍船艦進行日間空襲時被擊落的比率，這種耗損率是無法承受的。

德軍的 U 艇（此時的數量依然很少，且基地離大西洋海運路線相當遙遠）只是盟國商船要面對的危險之一。商船也因為磁性水雷而蒙受慘重損失，但自 1939 年末開始，英國就開始廣泛採用為船身消磁的措施，逐步排除了這項威脅。此外它們還會受到德軍飛機和執行掠襲任務的遠洋水面艦艇攻擊。

普拉塔河口海戰

在戰爭初期，戰功最彪炳的德軍掠襲艦是袖珍戰艦史佩海軍上將號。它在印度洋和南大西洋擊沉九艘船隻，但每次都把船上人員俘虜，因此無人喪命。1939 年 12 月 13 日，巡洋艦埃克塞特號（Exeter）、阿賈克斯號（Ajax）和阿奇利斯號（Achilles）在普拉塔河河口處發現了史佩海軍上將號的行蹤。儘管盟軍艦隊火力不及史佩海軍上將號，但還是使它受創，不得不駛入中立國烏拉圭的蒙特維多港（Montevideo）進行搶修。史佩海軍上將號的艦長漢斯·朗斯多夫（Hans Langsdorff）認為自己已經被優勢兵力包圍，因此下令在普拉塔河河讓史

佩海軍上將號自沉。

普拉塔河口海戰的勝利提振了英國的士氣，也讓邱吉爾臉上有光，他被認為是戰時內閣中最好戰的成員。但不論是在海上還是在空中，英國在戰爭初期和德國的小規模交鋒中通常都吃盡苦頭。

燃燒的殘骸

史佩海軍上將號在蒙特維多港外被船員鑿沉，擱淺並燃起熊熊大火。它的雷達天線（在主桅頂上可見）的照片讓英國專家可以了解德國人在這個領域的進展。

後果

1940 年春季德軍在西歐和北歐取得勝利，終結了這段小規模衝突時期。

史佩海軍上將號的俘虜
在普拉塔河海戰之前，史佩海軍上將號把大約 300 名他們俘獲的商船船員轉移到另一艘德國油輪老馬克號（Altmark），讓它把俘虜運回德國。1940 年 2 月 16 日，英國驅逐艦哥薩克號（Cossack）在中立的挪威水域發動突擊，強登老馬克號，解救被俘的船員，並把他們帶回英國。

戰略轟炸
1940 年 5 月 15 日，皇家空軍首度攻擊內陸目標，空襲魯爾（Ruhr）的煉油廠和鐵路。雙方在 1940 年秋初都開始轟炸城市（參見第 88-89 頁）。法國淪陷（參見第 82-83 頁）後，德軍加強 U 艇攻勢，改由法國大西洋岸上的基地出擊。

史佩海軍上將號艦長漢斯·朗斯多夫

冬季戰爭

《德蘇互不侵犯條》約讓史達林得以自由地在蘇聯的西部邊界上擴大蘇聯的影響力。史達林不信任任何人，領土擴張對他而言不只是替蘇維埃政權贏得好處，也是未來萬一受希特勒攻擊時的緩衝。但他在芬蘭就沒有這麼順心了。

<< 前因

1917-18 年的俄國革命期間，芬蘭和波羅的海國家愛沙尼亞、拉脫維亞與立陶宛宣布獨立，脫離俄國統治。

蘇聯之外
在接下來幾年裡，革命的布爾什維克政權成功把統治權威恢復到幾乎涵蓋舊俄羅斯帝國的範圍，但芬蘭和波羅的海國家仍保持獨立。

軍事清洗
1937 年 5 月，蘇聯紅軍中的八位高階將領，包括米海爾·圖哈切夫斯基元帥（Mikhail Tukhachevsky）在內，被蘇聯祕密警察逮捕。他們被控密謀配合德國入侵蘇聯，藉此推翻史達林，結果全都遭到處決。緊接而來的是一波針對蘇聯軍官團的大規模肅清行動，當中有 45% 的資深陸海軍指揮官被殺害或免職。

不可能的聯盟
基於 1939 年 8 月的《德蘇互不侵犯條約》（參見第 54 頁）和德國和蘇聯在瓜分波蘭後簽署的一份協定，蘇聯可以自由地把影響力擴張到芬蘭和波羅的海國家。

1939 年 11 月底，當西歐依然處於假戰的詭譎局勢時，更東邊的芬蘭和蘇聯之間卻真槍實彈地大打出手。蘇芬的衝突直接源自蘇聯和納粹德國的協議，以及把波蘭東部併入蘇聯的結果。愛沙尼亞、拉脫維亞和立陶宛由於無望獲得任何外界支援，因此被迫和蘇聯簽定所謂的「互助協定」，讓蘇聯有權在他們的領土上建立基地。

芬蘭受到威脅
同一時間，蘇聯要求芬蘭割讓列寧格勒（Leningrad，今日聖彼得堡）附近的一些領土以及幾座海空軍基地，並提供大片位於卡瑞利亞（Karelia）但顯然較沒價值的土地作為補償。芬蘭拒絕蘇聯的提議，談判在 11 月中旬破裂。史達林於是決定征服芬蘭，把它併入蘇聯。

1939 年 11 月 30 日，蘇軍越過芬蘭邊界發動突擊。將近 50 萬蘇軍

430,000 冬季戰爭結束時，因為領土割讓給蘇聯而失去家園和土地的芬蘭人口數。

對抗大約 13 萬名芬軍，且芬蘭空軍的數量只有對方的十分之一。蘇軍指揮官柯里門特·佛洛希羅夫元帥（Kliment Voroshilov）承諾會迅速取

古斯塔夫·曼納漢陸軍元帥（Gustav Mannerheim）
一次大戰結束時，他確保了芬蘭獨立，成為芬蘭民族英雄。之後又從退役生涯復出，在 1939-40 年指揮芬蘭陸軍。

芬軍機槍陣地
偽裝嚴密的芬軍部隊操作 M32 機槍作戰。這款機槍是根據俄國的原始設計研發的，但經過改良以供芬軍在冬季使用。

得勝利，但芬蘭人可不想屈服。蘇軍在戰爭一開始就轟炸赫爾辛基，目的是要動搖芬蘭人的抵抗意志，但此舉只是加強了他們的決心而已。

芬蘭沿著南部邊界修築了一條精心安排的要塞化防禦陣地，稱為曼納漢防線（Mannerheim Line）。面對蘇軍單調的砲兵支援步兵正面進攻，芬軍牢牢守住這條防線，並對入侵敵人造成慘重傷亡。蘇軍並未配備適合在冰雪中作戰的裝備，反觀芬軍則十分適應這樣的條件，派出穿著白色冬季迷彩、能迅速移動的滑雪部隊。蘇軍在科技上的優勢因為軍官被芬軍狙擊手擊斃而抵銷，而芬軍還用「莫洛托夫雞尾酒」（Molotov cocktail）——

有很多窒礙難行之處。把部隊派往芬蘭最切實可行的路線是越過中立的挪威和瑞典，但挪威和瑞典政府拒絕合

被轟炸的赫爾辛基
1939 年，蘇軍對赫爾辛基和其他芬蘭城市的轟炸引發國際怒火，但和之後二次大戰中的轟炸相比卻微不足道，據報只有不到 100 名芬蘭人喪生。

後 果

盟軍行動對挪威和瑞典造成的威脅在蘇芬戰爭期間格外明顯，在某種程度上促使希特勒做出占領挪威的決定。

蘇聯的更多收穫
1940 年 6 月 17 日，蘇軍占領愛沙尼亞、拉脫維亞與立陶宛，並把這三國併入蘇聯。數十萬人被處決，或是被送往西伯利亞的勞改營。

芬蘭的反擊
1941 年 6 月，德軍入侵蘇聯（參見第 134-135 頁）。芬蘭加入攻擊，以便奪回在 1940 年喪失的領土。芬蘭人稱這場戰爭為「繼續戰爭」（Continuation War），以強調它和冬季戰爭的連結。

莫洛托夫雞尾酒

> 「敵軍的攻擊就像**指揮差勁的交響樂團**，每一種樂器都**不照節拍。**」
>
> 陸軍元帥曼納漢描述蘇軍剛開始的攻勢

也就是裝有燃燒汽油的瓶子——攻擊蘇軍戰車。到了 1940 年初，蘇軍的攻勢就已停頓下來。

國際輿論
一個小國英勇自衛、抗擊強大的外來侵略者，必然會吸引廣泛的同情和尊敬。垂死的國際聯盟終於動起來，把蘇聯逐出聯盟。英國和法國都有人嚷著應該介入，協助保衛芬蘭。由於蘇聯此時依然扮演德國忠實盟友的角色，因此出兵對抗蘇聯的主意並非毫無道理。它至少有可能結束假戰的無所事事狀態。

英法兩國同意編成一支遠征軍派往波羅的海，但要執行這樣的任務會

作。英國各大臣中最好戰的邱吉爾倡言，遠征軍應該用來入侵挪威和瑞典，以便切斷從瑞典的礦場經由挪威港口那維克（Narvik）對德國的鐵礦供應路線。1940 年 3 月，英法兩國政府同意派出部隊出擊，破壞挪威和瑞典的中立，但部隊上船之前，芬蘭就已經求和了。

芬軍戰敗
由於蘇軍又派出 27 個師前往芬蘭前線，佛洛希羅夫也被更出色的西米昂‧提摩盛科元帥（Semyon Timoshenko）取代，戰況因此逆轉。蘇軍經過苦戰後突破曼納漢防線，如此一來芬蘭無疑會

戰敗。蘇軍的損失非常慘重——大約有 12 萬 7000 人陣亡，而史達林也準備好放棄征服芬蘭，以便盡快結束戰鬥。芬蘭被迫割讓蘇聯要求的領土和基地，但仍可維持獨立。

西方民主國家雖然已經集結部隊準備防衛芬蘭，但卻無法及時抵達，再度喪失信譽。在法國，這個失敗直接導致達拉第政府下台，由更加主戰的保羅‧雷諾接任法國總理。

在蘇聯，這場戰爭暴露出蘇聯陸軍的缺陷，導致軍事改革，在之後的戰爭中展現其價值。但在德國和西方國家，大家對蘇軍的印象依舊是軟弱無能的，萬一德軍入侵，不太可能進行有效的抵抗。

狂暴的抵抗
儘管孤立無援，英勇無畏的芬軍還是擋住蘇軍攻勢長達兩個月，才因為蘇軍龐大的數量優勢且被迫在更長的前線上作戰而被擊潰。

⑤ **1940 年 2 月 25 日**
蘇軍在極北地方的進展緩慢，最後在瑞奇停頓。

巴倫支海

佩察摩

瑞奇　莫曼斯克
　　　第 14 軍團

③ **1939 年 12 月 11 日**
芬軍在蘇奧穆薩爾米擋住蘇軍推進

坎達拉克夏

凱米耶爾維　馬爾卡耶爾維
　　　　　第 9 軍團

① **1939 年 11 月 30 日**
蘇軍在邊界上幾個地點同步入侵

奧盧　蘇奧穆薩爾米
　　庫摩

瑞典

挪威

克母

蘇聯

芬蘭

約恩蘇

奧涅加湖

② **1939 年 12 月 6 日**
蘇軍開始首度嘗試突破曼納漢防線

第 8 軍團

卡瑞利亞

波斯尼亞灣

土庫　維普里
　　拉多加湖
漢科　赫爾辛基　第 13 軍團
塔林　　　　　列寧格勒
　　　　　　　第 7 軍團

④ **1940 年 2 月 1 日**
蘇軍對曼納漢防線展開大規模攻勢

愛沙尼亞

波羅的海

拉脫維亞

⑥ **1940 年 3 月 13 日**
蘇軍進攻維普里，迫使芬蘭人同意《莫斯科條約》的和平條件

立陶宛

N

東普魯士

0　　　300 公里

圖例
➡ 蘇軍推進
➡ 芬軍推進
---- 曼納漢防線
—— 1939 年時的邊界

拉赫蒂（Lahti）L-39 反戰車步槍
這款芬軍使用的反戰車步槍外號「大象槍」，在冬季戰爭中偶爾亮相。大部分的反戰車步槍在戰爭期間很快就被更大、威力更強的反戰車砲取代。

130 公分長的槍管

十發裝彈匣

槍托貼腮可讓射手提高長距離射擊時的精準度

雪橇式腳架可供雪地使用

蘇聯獨裁者　1878年生，1953年卒

約瑟夫·史達林

> 「這場戰爭不同於以往。不論是誰**占據領土**，就可以對這塊土地強加他**特有的社會制度**。」

約瑟夫·史達林，1945 年 4 月

史達林本名約瑟夫·維薩里奧諾維奇·朱加什維利（Iosif Vissarionovich Dzhugashvili），出生在喬治亞的一座小鎮，在當時仍受俄羅斯帝國統治。他在貧窮的環境中成長，在神學院受教育，但卻沒有走上神職人員這條路，反而往激進的政治領域發展。他加入俄國社會民主工黨（Russian Social Democratic Labour Party）中的布爾什維克派，並為了革命開始使用史達林（意思是「鋼鐵」）這個假名。史達林從事破壞活動。獲得黨領導階層的賞識，因此在 1912 年成為中央委員會的委員。

從布爾什維克在 1917 年 10 月成功奪權開始，到 1922 年 12 月建立世界上第一個共產黨統治的國家蘇聯為止，史達林一直是個苦幹實幹而無情的革命領導者，但卻時常被他表現更亮眼也更聰穎的同志搶去了鋒芒。然而，當各方人馬為了蘇聯接下來的領導權而展開鬥爭時，史達林證實了他的奸詐狡猾、穩健的政治策略和把握政治現實的能力全都在他們之上。他運用共產黨總書記這個職位來建立對黨和國家的鐵腕統治，到了 1929 年，他身為蘇聯的主人和全世界共產主義

鋼鐵男子
史達林在權力巔峰的時候，幾乎總是穿著戎裝亮相，蘇聯在戰爭中的每一場勝利都可歸功於他的軍事天才。

年輕的活動家
1902 年，年輕的史達林因為組織他的家鄉喬治亞的油田工人罷工而遭逮捕。這位 23 歲的政治活動家的這張照片是由沙俄警察拍攝建檔的。

親切的領導人

這張 1930 年代的文宣海報把史達林描繪成蘇聯農民、勞工和武裝部隊親切的領導人。當史達林以進步之名奴役並殺害數百萬人民的時候,他也發行了不少這樣的圖片。

運動領導者這件事就再也沒有爭議了。

與其相信世界可能即將發生大革命,史達林更加專注於確保蘇聯在敵人環伺的世界中生存。他視自己為一個衰弱且落後的國家的統治者,這個國家必須以飛快的速度從過時的農業社會脫胎換骨成現代化工業國家,才能保衛自己、抵擋敵人。史達林十分願意不擇一切恐怖手段來達成蘇聯社會的轉型,並確保自己的大權不被潛在政敵奪走。

改造蘇聯

在整個 1930 年代,史達林鞭策蘇聯追求高速經濟成長,但卻造成大量人命慘烈犧牲。數百萬平民淪為奴工,在人為的饑荒中餓死,或是被國家恐怖機關殺害。成千上萬的蘇聯菁英,包括黨的領導人和武裝部隊指揮官,都被祕密警察逮捕,並在作秀式的審判後被處決。

同一時間,隨著歐洲的局勢愈來愈危險,史達林也小心翼翼地處理國際事務。剛開始時他傾向於把納粹德國視為無異於其他任何資本主義國家,但到了 1938 年,德國的野心已經讓史達林足夠擔憂,因此他思考和西方民主國家合作的可能性。但他總是懷疑

БУДЕМ ДОСТОЙНЫМИ СЫНАМИ И ДОЧЕРЬМИ НАШЕЙ ВЕЛИКОЙ ПАРТИИ ЛЕНИНА-СТАЛИНА

「歷史告訴我們,**沒有所向無敵的軍隊**,從來就沒有。」

史達林的無線電廣播,1941 年 7 月 3 日

元帥肩章

史達林在 1943 年取得蘇聯元帥 (Marshal of the Soviet Union) 軍銜,因此配戴此肩章。1945 年時他宣布就任大元帥,這個軍階是為他專門量身訂做的。

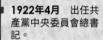

英法兩國會試圖讓希特勒轉過頭來對付蘇聯,因此在 1939 年 8 月決定,和納粹達成交易最有可能保障蘇聯的安全。所以當德軍在 1941 年入侵蘇聯時,史達林被打了個措手不及。蘇聯遭遇的災難性慘敗有機會讓他下台,但他反覆強調他對「偉大愛國戰爭」(Great Patriotic War) 的領導權,軟硬兼施地鼓舞蘇聯人民英勇抗敵。他「不退不降」的戰爭方針付出極其高昂的代價,但和希特勒不一樣的是,隨著戰局演變,他更加信

任麾下將領,顯然接受並服從他們的軍事長才。史達林以精湛的手腕處理和美國及英國間的戰時聯盟,他從不相信任何盟友,但在暫時性的互利基礎上成功和羅斯福與邱吉爾維持工作上的關係,同時也一心一意擴大蘇聯的力量,絕不動搖。

戰後的焦慮

戰勝德國並沒有緩解史達林的被害妄想。他把蘇聯的體制擴張到東歐,加上他猜忌西方國家,因而導致歐洲被「鐵幕」(Iron Curtain) 分隔,美蘇之間也進入冷戰。但由於天性謹慎,加上始終覺得蘇聯很脆弱,因此他避免和西方國家直接發生武裝衝突。儘管史達林確實造成了數百萬蘇聯人民喪命負,但他在 1953 年去世時,大部分蘇聯人民還是真心哀悼。

「現在是**停止撤退**的時候了,不准再退一步!」

史達林的命令,1942 年 7 月 28 日
1933 年 3 月 23 日

溘然長逝

史達林在 1953 年去世,出現了大眾悼念的盛大場面。在莫斯科,蘇聯人民排隊好幾個小時,就為了瞻仰他的遺容。

3

德國的勝利
1940年

德軍在丹麥、挪威、荷蘭、比利時和法國展開「閃電戰」，看似勢如破竹、銳不可擋。正當英國發現自己成為希特勒的戰爭機器的下一個目標時，德國的盟友義大利卻抓住機會，在非洲和地中海開闢新的戰場。

德國的勝利

德國空軍從 9 月 7 日開始轟炸英國城市。這些攻擊集中在倫敦和工業地帶，例如科芬特里（Coventry）。

在敦克爾克（Dunkirk），皇家海軍得到許多民間小船的幫助，從法國北部撤出超過 33 萬名英軍和法軍。

德軍在 4 月入侵丹麥和挪威。丹麥沒有戰鬥就投降，但挪威游擊隊一直戰鬥直到 6 月 10 日。

歐洲

法羅群島（屬丹麥）
挪威
瑞典
芬蘭
北海
丹麥
波羅的海
愛沙尼亞
拉脫維亞
立陶宛
英國
愛爾蘭自由邦
荷蘭
比利時
盧森堡
德國
波蘭
蘇聯
法國
瑞士
捷克斯拉夫
匈牙利
羅馬尼亞
黑海
南斯拉夫
保加利亞
西班牙
義大利
阿爾巴尼亞（屬義大利）
希臘
土耳其
地中海
多德坎尼斯（屬義大利）
敘利亞（法國託管地）
賽普勒斯
巴勒斯坦（英國託管地）
伊拉克（英國託管地）
突尼西亞（屬法國）
摩洛哥（屬法國）
阿爾及利亞（屬法國）
利比亞（屬義大利）
埃及

冰島
英國
德國
法國
波蘭
蘇聯
大西洋
黑海
西班牙
土耳其
敘利亞
伊拉克
波斯
阿富汗
尼泊爾
印度
摩洛哥
阿爾及利亞
利比亞
埃及
內志（沙烏地）
阿曼
葉門
里約奧羅
法屬西非
甘比亞
葡屬幾內亞
獅子山
賴比瑞亞
黃金海岸
奈及利亞
喀麥隆（英國託管地）
法屬赤道非洲
英屬埃及蘇丹
阿希爾
坦干伊加（英國託管地）
尼亞薩蘭
北羅德西亞
義屬東非
法屬索馬利蘭
英屬索馬利蘭
舟亞
比屬剛果
安哥拉（屬葡萄牙）
馬達加斯加
西南非洲
貝專納蘭
葡屬東非
南非聯邦
史瓦濟蘭
巴蘇托蘭
錫蘭

義軍從阿比西尼亞入侵英屬索馬利蘭，也對肯亞和蘇丹進行小規模入侵。

德軍在 5 月 10 日對低地國家和法國發動攻勢，到了 6 月 14 日就已經占領巴黎，迫使法國政府撤往土赫（Tours），接著再撤往波爾多（Bordeaux）。

義大利在 6 月 10 日參戰，加入德國陣營，並對英法宣戰。德軍在北方以勝利者之姿朝巴黎挺進時，義軍也朝法國南部進攻。

在 1940 年 7 月 19 日，阿道夫・希特勒在柏林的克洛爾歌劇院（Kroll Opera House）晉升了 14 名新科元帥。在斯堪地那維亞和法國之役裡大獲全勝後，他便成為西歐大陸上的主宰，並急著擬定結束戰爭的條件。英國的遠征軍 5 月底才灰頭土臉地被趕出法國，此時希特勒又邀請英國和談，但邀約遭到拒絕。在希特勒的野心中，渡過英吉利海峽入侵英國並不是最重要的事，因此「海獅行動」（Operation Sealion）的準備工作也沒有全力進行。德國海軍也和希特勒一樣缺乏信心，因為他們在挪威戰役期間損失慘重。

海獅行動前的必要步驟就是要消滅英國的皇家空軍戰鬥機司令部（Fighter Command），但不列顛之役（Battle of Britain）證明這個任務遠超出德國空軍的能力範圍。從 1940 年秋天開始，原本的日間作戰變

1940年

對日抗戰期間，日軍並沒有發動任何新的大規模攻勢，但持續轟炸首都重慶四周國民政府統治的城鎮和基地。

阿拉斯加
(屬美國)

加 拿 大

紐芬蘭

古

滿洲國

朝鮮　日本帝國

國

太 平 洋

美 利 堅 合 眾 國

福爾摩沙

法屬印度支那

菲律賓群島
(屬美國)

馬里亞納群島
(日本託管地)

關島

馬紹爾群島
(日本託管地)

加羅林群島
(日本託管地)

諾魯
(屬英國)

吉爾伯特群島
(屬英國)

英屬北婆羅洲

汶萊

沙勞越

新幾內亞領地

埃利斯群島
(屬英國)

荷 屬 東 印 度

索羅門群島
(屬英國)

葡屬帝汶

巴布亞

新赫布里底群島
(屬英國和法國）

斐濟
(屬英國)

澳　洲

新喀里多尼亞
(屬法國)

夏威夷群島
(屬美國)

墨西哥

英屬宏都拉斯

古巴

海地

瓜地馬拉

宏都拉斯
尼加拉瓜

薩爾瓦多

哥斯大黎加

巴拿馬

多明尼加共和國

維京群島

背風群島

向風群島

巴貝多

千里達及托巴哥

英屬圭亞那

荷屬圭亞那

法屬圭亞那

大 西 洋

哥倫比亞

委內瑞拉

厄瓜多

巴 西

玻利維亞

秘魯

巴拉圭

智利

烏拉圭

阿根廷

美國總統羅斯福贏得史無前例的第三任期。雖然他和英國關係親密，但他還是不願意參與歐洲的戰爭。

美國同意撥交給英國50艘舊式驅逐艦，主要用來護航運輸船團。美國則會取得英國屬地上的一些土地，用來興建軍事基地。

魏菲爾將軍的西部沙漠軍大勝義軍，俘虜了成千上萬人。隆美爾領導的德軍只好前來協助義軍，使北非的戰鬥日趨激烈。

1940年12月時的世界地圖

- 軸心國（德國和義大利）及其盟國
- 1940年12月時軸心國征服區域
- ◆ 維琪法國與殖民地
- 日本帝國
- 1940年12月時日本征服區域
- 同盟國
- 1940年12月時同盟國征服區域
- 中立國
- 蘇聯占領領土
- 1939年9月時的邊界

成了長達九個月的夜間作戰，轟炸英國的城市和兵工廠。當閃電空襲在 1941 年 5 月告一段落時，希特勒

這樣的支援不是沒有代價。1940 年秋季在北非，英國和大英國協部隊組成的西部沙漠軍（Western Desert

1940年時間軸

德國入侵斯堪地那維亞 ▪ 閃電戰：入侵盧森堡、比利時、荷蘭和法國
▪ 逃出敦克爾克 ▪ 不列顛之役 ▪ 閃電空襲 ▪ 英軍基地交換美國支援
▪ 義大利參戰

1月	2月	3月	4月	5月	6月

1月8日
英國開始糧食配給，第一批配給的食物有火腿、奶油和糖。

❦ 一盒英國戰時雞蛋

4月9日
德軍入侵丹麥和挪威。德軍在主要港口登陸，並有傘兵空降。

4月10日
英軍驅逐艦在通往那維克的峽灣內攻擊德軍船隻。

6月6日
德軍裝甲部隊突破法軍在索姆河的防線。

6月10日
挪威向德國投降。

4月13日
德軍在第二次那維克戰役中損失八艘驅逐艦。

4月16-19日
英軍、法軍和波軍在哈斯塔（Harstad）登陸，準備進攻那維克。

5月10日
德軍展開閃電戰，入侵荷蘭、比利時、盧森堡與法國。

5月10日
溫斯頓·邱吉爾出任英國首相。

1月8日
芬蘭在蘇奧穆薩爾米大勝蘇軍。

2月11日
紅軍終於突破芬軍的曼納漢防線。

❦ 德軍傘兵在挪威空降

3月12日
《莫斯科條約》讓蘇聯和芬蘭間的冬季戰爭告一段落，蘇聯獲得一些領土。

4月30日
德軍奪取關鍵鐵路節點杜姆奧斯（Dumbas），挪威部隊抵抗崩潰。

5月13日
三個德軍裝甲師在色當附近渡過馬士河。

5月14日
德軍轟炸荷蘭城市鹿特丹。

5月15日
荷蘭投降。

3月16日
德軍轟炸位於蘇格蘭奧克尼群島斯卡帕夫羅的英國皇家海軍基地。

5月27日-6月3日
敦克爾克大撤退。儘管德軍不斷轟炸，還是有超過33萬名英軍和法軍從敦克爾特安全撤往英國。

❦ 義軍閱兵

6月10日
義大利向英法兩國宣戰。

6月14日
德軍進入巴黎。

❦ 芬軍機槍小隊

2月16日
皇家海軍部隊強登德國輪船老馬克號，解救299名戰俘，但因為此事件是發生在中立的挪威水域，挪威因此提出抗議。

3月21日
愛德華·達拉第辭職，保羅·雷諾成為法國總理並組成新內閣。

5月28日
比利時投降。

6月22日
由貝當元帥領導的法國政府和德國簽署停戰協定。

「...... 法蘭西之役已經結束，我敢說**不列顛之役即將展開** ...... 敵人的一切作戰力量一定會馬上轉過來對付我們。」

溫斯頓·邱吉爾對國會演說，1940 年 6 月 18 日

7月	8月	9月	10月	11月	12月
		9月2日 美國援贈英國 50 艘老舊驅逐艦，交換條件是取得加勒比海和紐芬蘭區域的基地。 **9月7日** 閃電空襲展開，354 架德軍轟炸機空襲倫敦港。	Beat 'FIREBOMB FRITZ' **BRITAIN SHALL NOT BURN** BRITAIN'S FIRE GUARD IS BRITAIN'S DEFENCE	**11月5日** 羅斯福當選美國總統的第三個任期。 **11月11日** 英軍航空母艦卓越號派遣魚雷轟炸機，成功襲擊義大利港口塔蘭托。	**12月** 希軍將入侵的義軍逼退回阿爾巴尼亞邊界。德軍被迫派遣 5 萬部隊支援義軍。
⌃ 噴火式戰鬥機 **7月10日** 不列顛之役第一階段開打。德國空軍和皇家空軍在英吉利海峽上空爆發激戰。	**8月3日** 義軍進入東非的英屬索馬利蘭，數量居劣勢的英軍衛成部隊撤退。 **8月14日** 英國和美國同意租借法案。		⌃ **10月5日** 對英國的日間空襲結束。 ⌄ 查看轟炸對倫敦造成的損害	⌃ 義軍部隊橫越埃及的沙漠撤退	**12月9日** 英軍在西部沙漠發動攻勢，展開羅盤行動。義軍被趕出埃及，數萬人遭俘虜。
⌃ 防空管制員的工作手冊	**8月15日** 德國空軍對英軍戰鬥機司令部的各機場發動五波大規模攻擊。 **8月23-24日** 德軍首度對倫敦市中心展開空襲。			**11月14-15日** 德軍對英格蘭城市科芬特里進行大規模轟炸。	**12月29日** 羅斯福發表「民主國家的兵工廠」演說，要求美國人協助武裝英國。 **12月29-30日** 德軍展開毀滅性十足的燃燒彈空襲，大片倫敦市區陷入火海。
7月16日 希特勒下令展開入侵英國的準備工作。	**8月25-26日** 英軍對柏林發動報復性空襲。	**9月17日** 希特勒下令暫停入侵英國的海獅行動。 **9月27日** 德國、義大利和日本簽署三國同盟條約。	**10月18日** 英國重新開啟 7 月時封閉的緬甸公路，這條公路是對抗日軍的國軍部隊至關重要的補給路線。	**11月20日** 匈牙利加入三國同盟條約。 **11月23日** 受到俄國威脅的羅馬尼亞加入三國同盟條約。	
7月23日 蘇聯占領拉脫維亞、立陶宛和愛沙尼亞。		**9月** 由於閃電空襲展開，英國恢復把兒童從倫敦疏散的作業。	**10月28日** 義大利入侵希臘。 **10月29日** 美國舉行徵兵抽籤，選擇第一批入伍的男性。	⟫ 美國工廠為英國生產的飛機零件。	

入侵丹麥與挪威

1940 年 4 月，這兩個中立國突然遭到德國攻擊，並且立即戰敗。在這場短暫的戰役裡，英法聯軍缺乏準備、裝備不足、領導無方，預告了即將在法國發生的災難。

1940 年 2 月 21 日，希特勒指派在波蘭戰役期間指揮第 21 軍的尼可勞斯·馮·法肯霍斯特將軍（Nikolaus von Falkenhorst）指揮入侵挪威的任務。法肯霍斯特憑著手邊的一本簡易旅遊指南，想出了一套作戰計畫，並列出相關需求清單。不到一個星期，希特勒又在法肯霍斯特的任務清單中加上占領丹麥這一條，以作為登陸挪威時的陸橋。

希特勒相信，英國和法國正計畫派遣部隊越過挪威北部進入瑞典，表面上是要協助冬季戰爭中的芬軍，但實際上是要切斷德國從瑞典北部進口鐵礦的路線，這點相當正確。雖然芬軍被迫在

合格章
德軍傘兵一旦完成訓練，就會得到這枚合格章。

3 月投降，英法聯軍依然繼續進行封鎖鐵礦運輸路線的計畫。英方打算在 4 月初在挪威領海內布雷，以迫使礦石運輸船駛近國際水域，這樣盟軍艦隻就可以發動攻擊。

錯失目標

4 月 7 日，德軍搭載八個師的部隊啟航，而皇家海軍也在同一天展開在挪威水域布雷的行動。雖然德軍被英軍偵察機發現，但海軍部卻解讀錯誤，認為德軍艦隊正準備突破進入大西洋。英軍本土艦隊（Home Fleet）因此啟航，準備攔截不存在的敵人，德軍艦隊則不受干擾。

挪威的反應

挪威政府收到警告，但他們的反應能力相當有限。挪威部隊只有 1 萬 5000 人，只能執行地方自衛任務，而且挪威政府也相當不明智，過度相信自己的中立身分——他們認為英國的海權優勢可以使德國無法發動攻擊。

儘管如此，挪威首都奧斯陸依然爆發激烈抵抗。港口要塞的舊式要塞砲擊沉了重巡洋艦布呂歇號（Blücher），

那維克的激戰
英軍發動第二次海上攻擊後，德軍的戰艦和運輸艦在那維克港內起火燃燒。通往那維克的奧福特峽灣十分狹窄，因此發生在那裡的海戰必定是致命的近距離搏鬥。

而這一擊使得挪威皇室能夠往北逃到特隆赫姆（Trondheim）。法肯霍斯特不得不臨時調兵，空降 3000 名部隊在奧斯陸的機場佛內布（Fornebu），奪取控制權。

德軍在挪威海岸的幾個地點登陸得相對輕鬆，像是克里斯提安桑（Kristiansand）、斯塔凡格（Stavanger）、卑爾根（Bergen）、特隆赫姆和北邊更遠處的那維克。

« **前因**

挪威對希特勒來說相當重要，因為它可作為對英國發動空中攻擊的戰略跳板。

重要資源
英國海軍的封鎖威脅到透過那維克港載運瑞典鐵礦的德國運輸船航線。也有人建議希特勒，若要支援入侵挪威的行動，將會需要丹麥的機場，他因此決定必須同時占領丹麥。

德國的準備
為了占領丹麥，德軍最高統帥部分配了兩個摩托化旅，負責沿著日德蘭半島（Jutland）推進，奪取傘兵空降時已經控制的機場，以及連接各島嶼的重要橋梁。舊式戰鬥艦什列斯威－好斯敦號會強行開進哥本哈根港口，並放下部隊登陸以拿下丹麥首都。在挪威，德軍會在挪威海岸上五個相距很遠的地點登陸，並由傘兵空降支援。

> 「說到我們在挪威的行動，總共有**六位參謀長**和**三位大臣**有發言權。但沒有人可以為制定這項軍事政策負責。」
>
> 第一海軍大臣溫斯頓·邱吉爾，1940 年

空降作戰展開
德軍傘兵在挪威空降，以便在集結的部隊抵達前奪取關鍵戰略要點。這樣的攻擊方式可謂首開先例，結果證明相當有效。

但如今他們不但遭遇挪威部隊的抵抗，也得面對英軍和法軍，因為他們準備好要干預芬蘭的部隊已經出發了。到了4月18日，英軍第146步兵旅已經在特隆赫母以北上岸，而第148步兵旅則在南邊登陸。他們旋即和從奧斯陸往北沿著古德布蘭茲谷（Gudbrandsdalen）和厄斯特河谷（Osterdalen）推進的德軍交火。英軍表現不佳，他們欠缺裝備，領導無方，且持續遭受空襲，因此沒有任何進展。到了5月3日，這兩個旅只得從他們登陸的港口疏散。

那維克之役

北方的情勢依然變幻莫測。在那維克的第一場海戰裡，由瓦博頓－李上校（B.A.W. Warburton-Lee）指揮的第2驅逐艦分遣艦隊駛進奧福特峽灣

10 德軍在那維克損失的驅逐艦數量。其他主力艦艇也在挪威海域被擊沉或受創，等於是在入侵英國的計畫實施前削弱德國海軍戰力。

（Ofotfjord），擊沉七艘德軍運兵船和兩艘驅逐艦，並重創另外三艘。但瓦伯頓－李本人也受到致命重傷，並在身後獲得追贈維多利亞十字勳章（Victoria Cross）。

4月13日凌晨，一支由海軍中將懷特沃斯（W.J. Whitworth）指揮的皇家海軍戰隊（由戰鬥艦戰恨號〔Warspite〕和九艘驅逐艦組成）抵達戰場並完成殲滅德國海軍艦隊的任務，結果使德國海軍驅逐艦兵力減少到只剩一半。在那維克的兩場海戰裡，皇家海軍消滅了艾杜阿德·迪特爾將軍（Eduard Dietl）麾下第3山地師的主力，其師長最後和2000名官兵與另外2600名水兵得對抗2萬5000名盟軍部隊。從4月14日起，身為希特勒愛將的迪特爾將軍發現自己在那維克被圍攻，且這個時候還在德國空軍的掩護範圍以外。他最後被迫往瑞典邊界撤退，並且在5月底抵達當地。但此時法國的盟

被拯救的水兵
第一海軍大臣邱吉爾校閱在那維克被擊沉的驅逐艦哈迪號（Hardy）上生還的水兵。

軍戰線已崩潰，因此盟軍在挪威的作戰再也沒有任何意義，挪威的盟軍部隊在6月初撤離。挪威國王哈康七世（Haakon VII）和內閣部長逃往英國，建立流亡政府。

新首相

在法國戰役開打前，盟軍在挪威的行動表現出猶豫不決、混亂和半途而廢等亂象，使得張伯倫領導的英國政府垮臺。但諷刺的是，儘管英國海軍大臣邱吉爾應該要為挪威戰役的種種問題負起大部分責任，但等到政治折衝結束時，他卻被選為新任英國首相。邱吉爾在5月10日走馬上任，也就是希特勒在西線展開攻擊的那一天。他很快就會改變英國面對戰爭的做法，但此時此刻，前方還有更多困難在等著。

措手不及

除了順暢的指揮架構之外，德軍也享有制空權，可壓倒盟軍和挪軍的抵抗。

② 4月9日
德軍登陸部隊在克里斯提安桑、卑爾根、特隆赫母和那維克登陸

⑦ 4月16日
英軍、法軍和波軍部隊開始在哈斯塔登陸

⑪ 6月8日
盟軍從那維克撤退

④ 4月10和13日
皇家海軍在那維克對德軍驅逐艦和運輸船造成慘痛損失

⑨ 4月24日
挪軍在那維克以南進攻德軍，但被迫撤退

⑥ 4月16日
英法聯軍在南索斯登陸，準備進攻特隆赫母

⑩ 5月2日
德軍追使盟軍從南索斯撤出

⑤ 4月16日
英法聯軍在翁達爾司內斯登陸

⑧ 4月20日
德軍和英軍在利勒哈麥一帶交戰

③ 4月9日
德軍在登陸奧斯陸時，重巡洋艦布呂歇號被擊沉，但德軍很快就占領奧斯陸

① 1940年4月9日
德軍入侵丹麥

哈斯塔
那維克
波德
南索斯
斯太恩榭爾
特隆赫母
斯特倫
翁達爾司內斯
杜姆奧斯
利勒哈麥
奧斯陸
斯卡帕夫羅
卑爾根
斯塔凡格
克里斯提安桑
奧爾堡
哥本哈根
羅西斯
威廉港

瑞典
芬蘭
波斯尼亞灣
波的尼亞海灣
愛沙尼亞
拉脫維亞
立陶宛
東普魯士
挪威
丹麥
北海
德國
斯德哥爾摩

0　　300公里

圖例
➡ 德軍登陸／推進
➡ 盟軍登陸／推進
☂ 德軍傘兵空降
── 1939年時的邊界

流亡英國的挪威領導人物（參閱第110-111頁）依然和挪威保持祕密聯繫

後果

德國人在挪威成立傀儡政權，由挪威納粹黨人威德昆·奎斯林（Vidkun Quisling）領導，他的名字後來成為賣國賊的同義詞。

挪威女性與德國軍人

聯絡
流亡英國的挪威領導人物（參閱第110-111頁）依然和挪威保持祕密聯繫，且仍有小船橫渡北海往來兩地。許多挪威人逃往英國，為盟軍作戰。挪威的商船隊也是盟國的重要力量。

抵抗
挪威境內的抵抗運動一直相當活躍，因此希特勒一直到戰爭結束都在當地維持龐大駐軍。在丹麥，國王克利斯提安（Christian）依然留在國內，成為丹麥國內反對德國反猶主義政策的焦點。

招募
納粹試圖招募丹麥人和挪威人加入武裝部隊，但只有大約5000人響應，和依然忠於祖國的人相比只是少數。

呼嘯的斯圖卡
Ju 87 俯衝轟炸機在閃電戰中扮演關鍵角色，支援在地面上推進的部隊。當它對目標俯衝時，會發出呼嘯的警鳴器聲音。

閃電戰

傳統上，法國的軍隊是世界上數一數二強大的，但從 1940 年 5 月 10 日開始的不到一個月裡，德軍就用嶄新的進攻方式徹底擊垮了法軍，以及他們的英國、荷蘭和比利時盟友。面對德軍結合快速推進的戰車和空中力量的戰法，沒有人能提出任何真正的對策。

在德軍對低地國家和法國發動攻勢的前夕，盟軍總司令毛里斯·甘末林將軍（Maurice Gamelin）堅持認為，德軍若是進攻，將會是 1914 年施利芬計畫（Schlieffen Plan）的機械化版本，穿過荷蘭和比利時進攻，從側翼迂迴馬其諾防線。

另起爐灶的計畫

甘莫林計畫下令英國遠征軍和法國陸軍最精銳的 27 個師向北移防，以支援沿著代拉河（Dyle）布防的荷軍和比軍。

然而，德軍入侵比利時和荷蘭的任務是指派給波克（Bock）的 B 集團軍，目的正是要吸引北邊英國遠征軍和法軍主力部隊的注意力，從而使倫德斯特的 A 集團軍可以從南邊防守薄弱的亞耳丁內斯突破，渡過馬士河往英吉利海峽迅速前進，進而把盟軍包圍在北方巨大的口袋裡。馮·雷布（Von Leeb）的 C 集團軍則要在南邊發動牽制攻擊。

前因

消滅波蘭以後，希特勒就開始計畫對西方的攻擊，但卻在假戰期間數度延遲（參閱第 60-61 頁）。

剛開始的計畫
德軍的原始計畫是想長驅直入穿越低地國家，然後往南包圍巴黎，類似 1914 年的施利芬計畫。不過在 1940 年 1 月 10 日，兩名攜帶部分計畫文件的德國空軍軍官在比利時境內迫降，且未能及時銷毀機密，因此必須立即重新擬定計畫。

「鐮割」
在 A 集團軍總司令蓋爾德·馮·倫德斯特上將（Gerd von Rundstedt）的參謀長埃里希·馮·曼斯坦中將（Erich von Manstein）的運作下，替代計畫是把主攻方向放在比利時東部森林密布的丘陵地帶亞耳丁內斯，但英國和法國卻認為這塊地方完全不適合裝甲部隊作戰。這套更加激進的作戰方案目標是充分運用德軍裝甲部隊的機動力，讓盟軍徹底失去平衡，進而迅速贏得勝利。

英國遠征軍擁有 200 輛輕型戰車和 100 輛步兵戰車，但沒有專門的裝甲部隊編制，因為英國唯一一個裝甲師——也就是第 1 裝甲師——尚未做好戰鬥整備。法軍的裝甲部隊和摩托化部隊比步兵素質更佳，而他們的戰車也比德軍十個裝甲師的戰車更好、數量也更多（3000 輛對 2439 輛），但有超過一半卻配發給移動速度緩慢的步兵單位。

荷蘭寡不敵眾

德軍在 5 月 10 日展開攻勢，德軍傘兵和機降部隊隨即奪取荷蘭境內各戰略要點。5 月 14 日，德國空軍轟炸鹿特丹（Rotterdam）市中心，造成 1000 名居民喪命，另有 7 萬 8000 人無家可歸。荷蘭隨後在次日投降。5 月 10 日，比利時防務的中樞——也就是位於阿爾貝爾特運河（Albert Canal）和馬士河匯流處、被認為牢不可破的埃本艾美爾要塞（Fort Eben Emael）——在一場大膽的奇襲行動裡失去作戰能力。依據甘莫林的計畫，英國遠征軍和法國陸軍往東北方開拔，抵達代拉河防線，而在英國遠征軍的右翼，也就是戎布魯缺口（Gembloux Gap），5 月 12-13 日時

攻克埃本艾美爾要塞
這座比利時要塞共有 1200 人防守，卻被僅僅 78 名德軍空降部隊攻陷（作戰狀況如圖）。他們搭乘滑翔機在要塞的屋頂上降落，並用炸藥炸毀其防禦工事。

德軍和法軍裝甲部隊之間發生了這場戰爭的第一場大規模戰車會戰。

戰車突穿

然而，盟軍真正的危險正在南方隱約逼近中。A 集團軍由克萊斯特裝甲兵團（Panzer Group Kleist）擔任先鋒，穿過亞耳丁內斯地區推進，加上來自德國空軍強而有力的支援，在馬士河上確保了三處渡河橋頭堡。此後，從 5 月 16 日到 21 日，德軍裝甲部隊在 80 公里寬的正面上一路穿越法國北部疾馳。對盟軍米說，法國之役此時已經輸掉了。

後果

橫掃法國的閃電戰過後，緊接著登場的是敦克爾克大撤退（參閱第 78-79 頁）和法國的徹底戰敗（參閱第 82-83 頁）。

英國的反抗
儘管英國陸軍中人數最多、裝備最佳的部隊實際上等於被消滅，但英國在剛上任的首相邱吉爾激勵下，決定繼續戰鬥。德國空軍在不列顛之役（參閱第 84-85 頁）失敗後，希特勒準備入侵英國的行動便無疾而終。

閃電戰再度發威
德國 1941 年又有斬獲。在春天，德軍在短短幾週裡就橫掃南斯拉夫與希臘（參閱第 132-133 頁），而在北非，1940 年法國戰役期間德軍戰績最顯赫的將領之一艾爾文·隆美爾又帶領裝甲部隊再次戰勝英軍（參閱第 124-125 頁）。但希特勒在 1941 年的主要目標是靠巴巴羅莎行動（Operation Barbarossa）擊敗蘇聯（參閱第 134-135 頁）。德軍的戰車和飛機再度取得令人炫目的初期大捷，進展神速，但最後卻未能把這些成果轉變成決定性的勝利。

撤退中精疲力竭的法軍士兵

軍事科技
裝甲師

「閃電戰」這個詞據說是一個美國記者在 1939 年創造的，用來形容希特勒的部隊獲得初期勝利時使用的技術。戰車部隊（右）和德國空軍密接空中支援結合，是地面作戰獲得成功的關鍵。1940 年在法國，德軍的戰車沒比敵人的多也沒有比敵人的好，但集中編組成機械化部隊——裝甲師，可迅速移動並造成震撼效果。從德軍部隊整體來看，所有兵種——戰車、步兵、砲兵和空中支援——全都透過無線電溝通聯絡，協同作戰的效果比敵人好。

前因

德軍推進到英吉利海峽岸邊（參閱第 76-77 頁）並擊敗比利時和荷蘭境內的盟軍部隊，在實質上宣告了法國的崩潰。

艱難的決定

1940 年 5 月的第三週一開始，英國戰時內閣就在考慮把一部分英國遠征軍從法國北部撤回。然而，他們的行動自由卻被事態左右。之後德方決定暫停裝甲部隊行動，因為他們在過去兩週的戰鬥裡損失太多人員與物資，讓大批英國遠征軍有時間撤入敦克爾克四周的防禦陣地。

戈林的吹噓

在赫曼·戈林的堅持下，德國空軍擔下了殲滅英國遠征軍並使港口陷落的重責大任。希特勒依然害怕盟軍發動強大反攻，所以立即同意在這場當時為止仍由地面部隊扮演主導角色的戰役裡投入空軍部隊，執行最後一擊。他也考慮到，德軍裝甲部隊任何進一步收緊敦克爾克口袋的行動，都會使德國空軍此一任務更難完成。德軍最高統帥部的這些指令陸續下達後，率領德軍裝甲部隊的海因茨·古德林將軍（Heinz Guderian）十分驚嚇，「一整個無言」。

敦克爾克

敦克爾克大撤退時，邱吉爾擔憂這會是英國所受過最慘痛的軍事災難。結果因為德國犯了錯，加上盟軍海軍組織優秀，才讓英國得以在法國戰敗的情形下有機會繼續把仗打下去。

5 月 20 日晚間 7 點，德軍裝甲部隊開抵位於索姆河出海口的亞布維勒（Abbeville），實際上就是把盟軍部隊一分為二。一個小時後，第 19 裝甲軍的戰車也出現在英吉利海峽岸邊的努瓦耶爾（Noyelles）。馬克希姆·魏剛將軍（Maxime Weygand）在同一天取代甘莫林，擔任盟軍總司令。希特勒在 20 日這一天也相當忙碌，忙著檢視長驅直入法國心臟地帶、徹底消滅法國陸軍的計畫。

準備撤退

英國戰時內閣也做出重大決策。他們決定，必須把一部分英國遠征軍從英吉利海峽的港口疏散，因此指示海軍部開始在南部海岸集結小型船隻，以便把部隊運出來。這場行動的代號是「發電機」（Dynamo），在此時還不打算變成大規模撤退行動──戰時內閣希望英國遠征軍主力可以突破位於法國北部的德軍戰車走廊，接著和索姆河上和以南尚未被殲滅的法國陸

盟軍傷兵撤離敦克爾克

在敦克爾克大撤退期間的 5 月 27 日，英軍和法軍部隊登船撤離。如圖，從港口撤離的部隊人數比從灘頭撤離的更多。

軍部隊會合。5 月 21 日盟軍在阿哈（Arras）發動一次攻擊，曾短暫讓這個幾乎不可能的希望燃起一絲火花。

英國遠征軍司令戈特爵士（Lord Gort）當時正在比利時境內指揮戰鬥撤退，他的想法比較實際。5 月 23 日，他把曾經痛擊隆美爾麾下第 7 裝甲師的英軍部隊從阿哈撤出，英軍

340,000 以皇家海軍為首執行的敦克爾克大撤退在 6 月 4 日結束時，據估計有這麼多官兵獲救，當中有三分之一是法軍。

第 2 軍軍長艾倫·布魯克將軍（Alan Brooke）在絕望中寫道：「現在只有奇蹟可以拯救英國遠征軍了」。

結果 5 月 24 日真的出現某種奇蹟。希特勒憂心他的裝甲部隊在堤道及運河縱橫的海岸低窪地帶容易遭到打擊，因此下令停止行動長達兩天。這道命令讓英國遠征軍和不少法軍部隊得以退到敦克爾克的「運河防線」（Canal Line）後方。德國空軍必須負責消滅他們。

5 月 27 日午夜，比利時投降。在敦克爾克防禦陣地的後方，疏散行動悄悄展開。根據海軍中將柏特倫·瑞姆齊（Bertram Ramsay）的計畫，行動在 5 月 26 日晚間 7 時展開。瑞姆齊集結超過 1000 艘船隻，當中包括驅逐艦和其他軍艦、海峽聯絡渡輪、

「鐮割」行動

德軍從亞耳丁內斯朝英吉利海峽岸邊迅速推進，把西線的盟軍部隊一分為二，並把英國遠征軍和大批法軍部隊困在敦克爾克地區。

遊船，甚至有一般平民船員操作的機動小艇。

敦克爾克的奇蹟

在 5 月 26 到 27 日的夜間，共有 8000 名官兵撤出。5 月 28 日，這個數字上升到 1 萬 9000 名。到了 5 月 31 日，也就是戈特前往英國的那一天，總共已有 6 萬 8000 人逃出生天。到頭來皇家海軍扮演了最重要的角色，但「小船們」也居功厥偉。在整場撤退行動期間，市區、灘頭和岸邊水域持續遭到德國空軍猛烈轟炸，防禦陣地也不斷受到壓力而逐漸收縮。船艦方面有六艘英軍驅逐艦和三艘法軍驅逐艦被擊沉，另有 19 艘受到重創。此外還有大約 217 艘船隻被擊沉，當中有 161 艘是那些「小船」。

不公的批評

皇家空軍戰鬥機司令部因為幾乎沒有掩護灘頭而招致批評，但事實上它在更內陸的地方曾多次阻擋德國空軍進襲，在激烈的空戰中擊落超過 100 架各式飛機，本身損失的數量也差不多。

英國遠征軍丟光了所有的重裝備，許多英軍士兵也沒有離開。第 4 步兵師的砲兵下士包曼（J.E. Bowman）回憶：「被拋棄的裝備散落在海灘上，到處都可以看到步槍倒插進沙裡，鋼盔蓋在上面。這代表它們的主人倉促之間被埋葬在那裡。」

地圖標註

③ 5 月 14 日 德軍轟炸鹿特丹造成大範圍破壞，荷蘭在次日投降。

① 5 月 10 日 德軍以地面和空降攻擊入侵低地國。

⑨ 5 月 27 日－6 月 4 日 34 萬盟軍從敦克爾克撤出。

② 5 月 12 日 法軍第 7 軍團無法抵擋德軍在荷蘭的攻勢，撤往安特衛普。

⑧ 5 月 27 日 德軍攻占加來

④ 5 月 17 日 德軍攻占布魯塞爾

⑦ 5 月 25 日 德軍攻占布洛涅

⑥ 5 月 21 日 英軍在阿哈的反攻失敗

⑩ 6 月 5 日 德軍橫渡索姆河和艾內河進攻

⑤ 5 月 17-19 日 戴高樂指揮法軍發動反攻

荷蘭 鹿特丹 多德雷赫 穆爾代克 布雷達 奧斯坦德 安特衛普 敦克爾克 加來 布魯塞爾 美南 魯汶 馬斯垂克 埃本艾美爾 列日 貝蒂訥 漢努 阿哈 杜厄 坎布來 納木爾 比利時 巴朋 迪南特 亞布維勒 佩羅訥 亞眠 蒙科內 色當 盧森堡 拉昂 東舍里 斯托訥 盧森堡 法國 漢斯 凡爾登 梅茲 蒂耶里堡 馬恩河 巴黎

B集團軍 第 1 集團軍 A集團軍 C集團軍

0　　　80 公里

圖例

— 5月16日的盟軍戰線
--- 5月21日的盟軍戰線
┬┬┬ 5月28日的盟軍防線
-- 6月4日的盟軍戰線
⋯⋯ 6月12日的盟軍戰線
⟹ 德軍推進
⟹ 盟軍移動
⊕ 空降突擊
— 1939年時的邊界

邱吉爾把敦克爾克大撤退稱為逃跑而不是勝利，但這場行動還是大大提升了英國的士氣。

英國繼續戰鬥

這場疏散行動的規模無疑使德軍指揮高層感到意外。德國空軍受到惡劣天候干擾，沒有達成殲滅英國遠征軍的戰略目標。雖然英國陸軍被大幅削弱，但核心健在，可以繼續作戰。希特勒不得不臨時擬定入侵英國的計畫，但他將會在不列顛之役中受挫（參見第 84-85 頁）。

在敦克爾克的德軍攝影小組

敦克爾克的灘頭

儘管一直面臨敵軍空襲的危險，數以千計的盟軍官兵在等待疏散時，還是整齊地坐或站在沙灘上。雖然沙地可以緩和德國空軍炸彈的衝擊波，但由於缺乏掩蔽，他們始終暴露在敵機的掃射下。

敦克爾克大撤退

由大約 1000 艘海軍艦艇和民間船隻組成的艦隊橫渡英吉利海峽，把超過 33 萬名英軍和法軍從敦克爾克拯救出來。面對敵軍持續不斷的攻擊，官兵涉水爬上小船，這些小船再把他們接駁到大船上，而且他們通常得試好幾次才能順利上船。許多人不是從開闊的沙灘上撤出，而是搭上停泊在敦克爾克港入口東防波堤旁驅逐艦之類的較大船艦離開。海面出人意料地平靜……

「當時的景象永遠深深刻畫在我的回憶中——一排排意志消沉、疲勞困倦的官兵爬上沙丘、跨過淺坑，搖搖晃晃地越過海灘，再爬到小船上，一大群人就這樣衝進海裡，四周砲火橫飛。即使最前面一排已經水深及肩，在中尉的命令下依然繼續向前……當前面幾排的人被拉上船後，後面的人就向前靠，海水從腳踝淹到膝蓋，從膝蓋淹到手腕，直到也被淹到肩膀，然後就換他們被拉上船。負責把人從海灘接駁到停泊在深水區大船的小船滿載官兵，因為重量而搖搖晃晃，好像醉漢一樣。而大船上也擠了愈來愈多人，因此也慢慢傾斜了。」

亞瑟·蒂文（Arthur D. Divine），曾駕駛小船把官兵從敦克爾克救出的船員

「我們沒有費太多力氣就來到船的甲板上，但卻看見幾個疲累的人又掉進下面的海裡。我們才剛在下面安頓好，就馬上聽到震耳欲聾的聲音——斯圖卡和多尼爾（Dornier）掛著炸彈又來了。後來我們才知道這會是最後一波日間疏散，也是伍斯特號（HMS Worcester）的第六趟、也是最後一趟航程。它已經載運 5000 名官兵前往安全地帶，這最後一趟也載了 350 名死者和 400 名傷患……從我在伍斯特號的甲板下安頓好的那一刻起，沉重的責任似乎從我的肩膀上卸了下來。」

在發電機行動中從敦克爾克撤出的英國遠征軍湯姆·阿維瑞爾少校（Tom Averill）

航向家園
從敦克爾克渡過英吉利海峽前往英國時，絕大部分獲救的官兵都筋疲力竭，當中有些人在海灘上等了好幾天才撤離。皇家海軍的驅逐艦載運了大部分部隊。

前因

希特勒的大軍已經迫使荷蘭和比利時退出戰爭,消滅了英國遠征軍,也徹底粉碎法國陸軍中最強大、裝備最佳的部隊。

太少又太遲

5 月 21 日,法軍總司令部提議,德軍戰線以北被包圍的盟軍部隊應該協調仍在南方作戰的法軍部隊,對德軍的裝甲部隊走廊發動夾擊。這會是對付閃電戰戰術(參閱第 76-77 頁)的正確辦法,但能夠實施這類打擊的指揮單位和手段早已不復存在。魏剛將軍剩餘的 49 個師沿著從英吉利海峽延伸到馬其諾防線的戰線上防守,距離約有 370 公里。

戰場反應能力

德軍也精疲力竭,但和法軍不同的是,他們情緒高昂,且展現出巨大的衝勁和彈性。他們從北邊的進擊路線轉一圈,再朝南方和東南方往索姆河和艾內河挺進。要達成這樣的調動,需要十分複雜的後勤補給,但他們以值得效法的效率完成。

法國淪陷

經過 5 月的驚人勝利後,希特勒的武裝部隊只花了不到幾週就了結他們的作戰。從來沒有人想過,像法國這樣的歐洲一等強國會在打了僅僅六個星期後就徹底崩潰。

> 「在三個星期內,**英國**的脖子就會像**待宰的雞**一樣被擰斷。」
>
> 魏剛將軍預測英國也會像法國一樣戰敗,1940 年 6 月

敦克爾克大撤退以後,魏剛將軍把希望都押在所謂的「魏剛防線」(Weygand Line)上。這個充滿想像力的計畫是為了實施保衛法國的最後決戰。這道防線從英吉利海峽的海岸出發,沿著索姆河和艾內河延伸,最後抵達蒙梅迪(Montmédy)的馬其諾防線,主要由

155,000 1940 年德軍在法國的陣亡、負傷和失蹤人數,這個數字只有第一次世界大戰時凡爾登戰役的三分之一。

如棋盤般交互連結、防禦堅強的「刺蝟」陣地(1970 年代的北約組織會仿照這樣的防禦設計來應付紅軍的攻擊)組成,即使敵軍繞過也能繼續抵抗。

但實際上,許多這樣的「刺蝟」陣地一跟敵人猛烈交戰後就崩潰了。這些陣地的守軍既沒有反戰車武器,也缺少空中掩護,德國空軍完全掌握制空權。有些法軍單位即使因為脫離撤退中的法軍主力而被孤立,但仍憑藉高昂的勇氣堅守陣地。6 月 9 日,A 集團軍在古德林裝甲兵團的帶領下開始進攻艾內河,遭遇由德·拉

非比尋常的觀光客

1940 年 6 月 23 日,希特勒在巴黎艾菲爾鐵塔前留影。左邊是他的御用建築師、也就是之後的軍備部長阿爾貝爾特·史佩爾,右邊的是他最愛的雕刻家阿諾·貝克(Arno Breker)。

投降的法軍士兵
在這張照片中逃離德軍猛攻的步兵就是法國戰役中的 200 萬法軍戰俘之一，他們之後會被德國無限期扣押。

特爾‧德‧塔西尼將軍（de Lattre de Tassigny）率領的法軍第 14 師英勇抵抗。但德軍依然繼續深入，古德林事後回憶，第 1 裝甲師前進「就如同演習一樣」。

年邁的貝當元帥，也就是 1916 年凡爾登戰役時的英雄，此時已經從退休狀態復出，擔任副總理。他的前任參謀長肯求他，希望能在義大利參戰之前讓美國總統羅斯福加入即將進行的停戰談判。但羅斯福已經告知法國總理雷諾，他無力影響這個局勢，也沒辦法提供更多物資協助。

放棄巴黎

6 月 10 日，也就是義大利對法國宣戰的那一天，雷諾把法國政府從巴黎遷往羅亞爾河畔的土赫，並在次日和邱吉爾會面，召開最後一次會議。會中邱吉爾強烈要求雷諾防守巴黎，但雷諾卻已經決定，要宣布法國首都為不設防城市。

此時許多巴黎市民都急著逃離德軍，德軍在 6 月 14 日抵達。兩天後，邱吉爾又表示願意與法兩國建立牢不可破的聯盟

德軍手榴彈
德軍的 24 型「馬鈴薯搗碎器」手榴彈自一次大戰起就被採用。它的投擲距離可達 40 公尺，對付步兵陣地相當有效，但對裝甲車輛效果就比較差。

關係，而在 6 月 17 日流亡到倫敦的年輕法國國防部長夏爾‧戴高樂准將（Charles de Gaulle）也提出這項建議。法國內閣拒絕邱吉爾的提議，認為這是讓法國以屈辱的姿態附屬在英國底下。因此他們只好屈服於德國人。

在土赫的一場會議上，鬱悶的魏剛將軍告訴邱吉爾「一切都完了」，但儘管如此，馬其諾防線的守軍——大約 4 萬人——卻對要求投降的指令相應不理，防線本身只有一小段被攻擊而下。

只是現在抵抗已經沒有意義，彷彿要證明這一點似的，英軍第 52 低地師和加拿大師在 6 月 12 日登陸榭堡（Cherbourg），目的是要協助法軍在西部打開一條新的戰線。結果這兩個師幾乎才剛下船就得立即撤離。

6 月 17 日清晨，新任法國總統貝當透過西班牙大使和德國人接觸，準備進行停戰談判

> **魏剛將軍是 1940 年的法軍司令，1918 年曾以當時協約國最高統帥福煦元帥參謀長的身分出席停戰協定談判。**

（貝當此前不久一直都擔任駐馬德里大使）。只是等待著貝當特使的是新的屈辱，因為他們必須在貢比涅（Compiègne）森林附近的一輛火車車廂內簽署停戰協議，而 1918 年時福煦元帥（Foch）就是在同一輛車廂內對德方代表口述和平條款。

嚴苛的條款

欣喜若狂的希特勒看到法國代表團抵達，興奮得直跺腳，還被拍下來。停戰條款由希特勒的武裝部隊參謀總長威廉‧凱特爾將軍（Wilhelm Keitel）提出，內容非常嚴苛，即使貝當政府——沒多久就遷移以溫泉聞名的城鎮維琪（Vichy）——維持名義上的主權，但巴黎、整個法國北部和大西洋沿岸卻都成為德軍占領區，占領軍的經費由法國政府支付，亞爾薩斯與洛林併入德國，法國的殖民地和解除武裝的法國海軍仍由維琪政府掌控。德方將會無限期扣留在長達六個星期的作戰中擄獲的所有法軍戰俘，包括馬其諾防線的守軍在內。

後 果

在希特勒大吹大擂的「輝煌勝利」之後，在被占領的法國生活異常艱苦，尤其是猶太人，而維琪政府則和納粹政權合作。

德方收穫
法國戰敗並被占領，讓希特勒有了幾個重要的戰略收穫。除了挪威以外，德國還在法國的大西洋岸上獲得 U 艇基地，德國海軍如今也能擴展作戰範圍，並加強在大西洋戰役（參見第 118-19 頁）中的攻擊力道。

維琪政府與占領
貝當元帥的維琪政權強調保守價值——「工作、家庭、國家」取代「自由、平等、博愛」成為國家口號。儘管抱持合作立場，但 1942 年末德軍還是進入維琪政府統治區，占領全法國。自此之後法國就受到德國控制，直到 D 日登陸後（參閱第 258-59 頁）。

協助德國人
在此期間，維琪政權協助德國驅逐猶太人前往死亡集中營，並逼迫數十萬法國人在德國工作，為德國的戰力貢獻力量。到了 1944 年，維琪的輔助部隊加入德軍，協助清剿法國反抗軍（參閱第 222-23 頁）。

維琪法國獎章

停戰協定在 6 月 22 日簽署，並法國另外和義大利簽署的停戰協定一起在 6 月 25 日上午生效。

德國的輝煌勝利構思得巧妙、執行得冷酷，付出的代價是 2 萬 7000 人陣亡，11 萬人負傷和 1 萬 8000 人失蹤。相對之下，法國共有 9 萬人陣亡、20 萬人負傷，另有 190 萬官兵被

80 法國國會議員投票反對建立維琪政府的人數。許多人遭到貝當下令以「叛國罪」逮捕，並有五人死於集中營。

俘或失蹤，相當於法國四分之一的年輕男性人口。

法國已經衰竭，但英國的君主喬治六世（George VI）卻用一句務實的話來安慰自己：「我個人覺得，沒有盟友需要我們去禮尚往來、處處照顧，反而比較開心。」但邱吉爾就沒有這麼樂觀。6 月 18 日，他以嚴峻的語氣告訴下議院：「法蘭西之役已經結束，我敢說不列顛之役即將展開」。

關鍵時刻

法軍在貢比涅投降

希特勒決心推翻一次大戰結束後簽訂的《凡爾賽條約》。因此他選擇在 1918 年 11 月 11 日簽訂停戰協定的地方舉行 1940 年的法國投降儀式。貢比涅的場地和當時用來簽訂停戰協定的火車車廂在一次大戰後被保留下來作紀念。法國之役後，希特勒把這節火車車廂帶回德國（之後再摧毀），並且清理了這個場地，徹底消滅了德國先前曾經戰敗的一切痕跡。

前因

德國在波蘭、挪威和法國的輝煌勝利全都奠基於空權和地面部隊結合的威力。

彌補損失

在法國之役（參閱第82-83頁）裡，德國空軍和皇家空軍都損失慘重。從5月10日到6月20日這段期間，皇家空軍損失了940架飛機，當中包括386架颶風式（Hurricane）和67架噴火式（Spitfire）戰鬥機，飛行員的嚴重損失則使戰鬥機司令部的官兵比編制少了25%。同一段時間裡，德國空軍損失了1100架飛機，當中包括200架Me 109戰鬥機和500架He 111中型轟炸機。在不列顛之役開打前，雙方都需要重新整備編組。

生產競賽

1940年7月，也就是不列顛之役全面展開前，英國生產的戰鬥機數目比德國多，拉近了德國在戰前取得的領先距離。

不明智的戰略家
圖為正在和空勤機組員演說的帝國大元帥戈林。他是德國空軍首腦，一次大戰期間曾是王牌飛行員。但不列顛之役期間，他卻逼迫麾下戰鬥機飛行員遵循不恰當的策略，被護航轟炸機的任務束縛得太死。

不列顛之役

那年初夏，希特勒看似贏定了戰爭，但到了秋天，皇家空軍卻粉碎了這個可能性。儘管德國的軍事能力沒有被嚴重削弱，但這場戰役對德國空軍而言是第一次決定性的戰敗，重要性不可言喻。

帝國大元帥赫曼・戈林自信滿滿，相信可以在不到一週之內殲滅皇家空軍戰鬥機司令部的大部分戰力。他認為德國空軍經歷波蘭和法國的勝利後，光憑著空權就能讓英國屈服。他手上共有大約2000架戰機可用，分別隸屬於三支航空軍團（Luftflotte）。當中兩支最強的是第2和第3航空軍團，以比利時和法國為基地，航程可輕鬆涵蓋英格蘭南部。第5航空軍團以挪威和丹麥為基地，任務是攻擊英格蘭北部和蘇格蘭的目標。

皇家空軍戰鬥機司令部由空軍中將休・道丁爵士（Hugh Dowding）指揮，擁有大約700架戰鬥機，共分成四個大隊：第11大隊負責重要的東南部戰區，第12大隊掩護米德蘭（Midlands）和東安格里亞（East Anglia），第10大隊自7月中旬起防衛英格蘭西部，第13大隊則防衛英格蘭北部、蘇格蘭和北愛爾蘭。

皇家空軍布署的戰鬥機數量和德國空軍差不多，但擁有一個明顯的優勢，就是完善的雷達和管制系統，可以引導他們接戰。反之，德國空軍則受制於幾個重大缺陷。他們大幅高估了轟炸機承受傷害的能力，且主力戰鬥機梅塞希密特（Messerschmitt）109E的航程相當有限。

在戰役的第一階段，也就是到7月底前，德國空軍對英國南岸的港口和英吉利海峽的船運發動攻擊。飛機和船舶受到嚴重損害後，英方停止所有海峽內的航運。8月12日，德軍空襲懷特島（Isle of Wight）上文特諾（Ventnor）的英軍雷達站，使它停擺了11天，但因為其他地方還是有雷達覆蓋，德國空軍無法得知這項損失。8月15日，戈林做出錯誤的結論，認定對雷達站發動更多攻擊無助戰局發展。

全力一擊

同一天，德國空軍開啟了這場戰役中最激烈的階段。三支航空軍團就這麼一次聯手，發動五波連續空

> **60** 1940年時成功的戰鬥機司令部飛行員活過戰爭的百分比。飛行員的擊落數愈高，統計上他的生還機會也愈高。

皇家空軍霍克（Hawker）颶風式戰鬥機
1939-40年時的第111中隊颶風式戰鬥機。颶風式戰鬥機是1940年皇家空軍兩種主力戰鬥機當中數量較多的，擊落的敵機數比知名的噴火式戰鬥機更多。

軍事科技

雷達

雷達的英文「radar」是「無線電偵察與測距」的縮寫——這個術語是 1940 年在美國被創造出來的。原本的英國用語是「無線電定向搜尋」（Radio Direction Finding, RDF）。雷達裝置會發射無線電能量脈衝，再從遠處的物體上反射回來，因此可以測量出這些目標的確切位置。在 1930 年代，所有主要國家都在這個領域有所進展，但英國卻在把這套技術用於規畫

完善的防空體系這件事上做得最多。到了 1940 年，英國由 30 座海岸雷達站組成的本島預警雷達系統（Chain Home）就可以迅速把報告發送給戰鬥機司令部總部。這些情報會和地面觀測員的資訊和其他情報來源交叉比對，「過濾」後的結果就會繼續傳遞給實際管制戰鬥機中隊的基地。而雷達在追蹤和指揮海軍作戰的領域也同樣至關重要（右）。

襲，目標廣泛散布在從西南方的波特蘭（Portland）到東北方泰恩賽德（Tyneside）之間。在空勤組員口中的黑色星期四這天，德國空軍損失了 69 架飛機和 190 名空勤組員，而戰鬥機司令部則只損失 34 架飛機和 13 名飛行員。

由於戰勝遙遙無期，德國空軍在 8 月下旬把

目標範圍縮小，集中在消滅第 11 大隊的七座防區機場上。當中有幾座受到嚴重破壞，看來似乎是德軍占了上風，但雙方都倍感壓力，而英軍有經驗

的後備空勤人員人數還低到出現危險。戰鬥機司令部接收了 476 架新飛機，但要是沒有熟練的飛行員，一切都是空談。9 月 7 日，德國空軍再度改變戰術，對倫敦發動首次日間大空襲。德國空軍情報單位有個錯誤的想法，以為戰鬥機司令部只剩 100 架飛機，即

將瓦解。但德軍卻在 9 月 15 日被擊潰，兩波嚴密護航的轟炸機隊在倫敦上空遭遇了將近 300 架英軍戰鬥機。當天結束時，德軍損失了 55 架飛機，戰鬥機司令部則只損失 28 架。德國空軍實在無法取得制空權，而最後一場大規模日間空襲則是在 9 月 30 日。到了 10 月底，德國空軍已經無計可施。法國戰役的勝利是德國空軍和陸軍協同作戰的輝煌成果，他們當時是準備充分、裝備完善的。但在不列顛之役中，德國空軍負責的卻是一場急就章的戰略攻勢，既沒有合適的飛機，對敵手的情報也非常不足。在 1940 年 7 月到 11 月的這段期間，德國空軍損失了 1537 架飛機，皇家空軍只損失 925 架。英國得以存活，繼續戰鬥。

德國空軍戰敗，希特勒只能無限期延後入侵英國的海獅行動。入侵蘇聯的巴巴羅莎行動則蓄勢待發。

進一步空中攻勢

不列顛之役的挫敗並沒有妨礙德國空軍在巴爾幹半島（參閱第 132-33 頁）和在巴巴羅莎行動（參閱第 134-35 頁）期間迅速贏得全面制空權。

新戰機

早在不列顛之役結束前，雙方空軍都瘋狂提升手頭上最佳戰鬥機的性能。1940 年時，噴火 1 型和 Me 109E 可說是勢均力敵。不久之後的 Me 109F 型比噴火式的下一個主力型號噴火 5 型

35,000 戰爭期間 Me 109 系列戰機的總生產數量。和它們在不列顛之役中的對手噴火式一樣，Me 109 系列戰鬥機在整場大戰期間都在第一線作戰。

優異，但更晚推出的噴火 9 型和 14 型又超越了 Me 109G。不列顛之役後，閃電空襲（參閱第 88-89 頁）使皇家空軍得以蓄積戰力。

1941-42年間在北非作戰的ME 109F戰鬥機

緊急升空！

1940 年 7 月，皇家空軍噴火式戰鬥機飛行員和地勤人員連忙奔向飛機，準備緊急升空。雖然英國的雷達和管制系統相當先進，但 1940 年時皇家空軍的其他設施依然相對原始。許多機場，例如圖中這座，都是草地跑道，而非全天候的硬質鋪面。

「我們當然和其他人一樣害怕。但我們知道整個國家都要靠我們。」

第 87 和第 213 中隊空軍中尉丹尼斯・大衛（Dennis David）

英國首相 1874年生，1965年卒

溫斯頓·邱吉爾

「我能奉獻的別無他物，只有**熱血**、**辛勞**、**眼淚**和**汗水**。」

新任英國首相邱吉爾，1940 年 5 月 13 日

溫斯頓·邱吉爾在 1940 年成為英國首相，也就是德國入侵比利時的同一天。當時他已經 65 歲，政治圈的人大都不信任他，但他在任期內讓批評的人閉嘴，成為格外鼓舞人心且成功的戰時領導人。

邱吉爾在 1900 年時投身政壇，擔任保守黨的下議院議員。四年後他改變黨籍，加入自由黨，但又在 1923 年回到保守黨。沒有哪個政黨信任他，甚至包括工黨在內，因為 1910 年時他採取強硬手段對付罷工工人。邱吉爾在 1911 到 1929 年之間擔任過多個內閣官職，雖然他被認為是聰明絕頂的人，但也被認為相當魯莽，尤其是在他支持 1915 年多災多難的加利波利（Gallipoli）戰役之後。

戰爭使者

到了 1931 年，邱吉爾已沒有任何官職。許多人認為他的政治生涯已經結束，但他也不甘於當一個安靜的後座議員。自 1933 年起，他示警德國正在「祕密、非法且迅速地」重新武裝，並呼籲英國加強空軍力量，並和國際聯盟合作，以防止他相信即將到來的戰爭。他在黨內黨外都獲得強力支持，但沒有人重視他的警告，且他也因為直言不諱地批評政府的綏靖政策而變得愈來愈孤立。隨著希特勒進軍捷克斯洛伐克，邱吉爾受歡迎的程度開始提升，呼籲他入閣的聲音也開始出現。

一次大戰
邱吉爾在 1918 年擔任軍備大臣時參觀海軍造船廠。他在英國民間一直很受歡迎。

勝利手勢
邱吉爾比出 V 字勝利手勢，這是他戰時的經典形象。前往戰時內閣會議時，他會穿著細條紋西裝，但在其他場合，他都穿閃電空襲「警報裝」。

戰爭爆發後，邱吉爾被任命為第一海軍大臣。他立即起身行動，堅持海軍船艦要安裝雷達、商船需配備武器，並擬定派遣海軍部隊前往波羅的海的計畫。不過事態快速發展，希特勒入侵比利時，首相張伯倫辭職，邱吉爾取代他成為聯合政府領導人。政治人物對此持保留態度，但英國大眾歡欣鼓舞。

在他對下議院的第一場演說裡，邱吉爾宣誓「不惜一切代價取得勝利」，且始終不曾偏離這個目標。除了擔任首相之外，他也擔任防衛大臣，和他精挑細選的各參謀首長負責整體軍事戰略規畫。他最先做出的一個決定，就是從 1940 年 5 月 26 日起把被圍困在海灘上的部隊從敦克爾克撤離。他也飛到法國，試圖鼓勵法國繼續戰鬥，但徒勞無功。

法國在 1940 年 6 月 25 日淪陷後，英國孤立無援，可能會被入侵。邱吉爾在幾場激勵人心且充滿愛國情操的

HOLDING THE LINE!

鬥牛犬般的決心
邱吉爾經常被形容具備鬥牛犬般的特質，是個堅定的愛國主義者，因此頻被描繪成英國鬥牛犬。這幅 1940 年的漫畫顯示他對納粹寸步不讓。

激勵人心的演說
邱吉爾的戰時演說鼓舞了全國人民，協助破除危險流言。不論是部隊還是家庭，都一定會收聽「維尼」的演說。

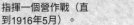
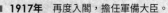

「三巨頭」——邱吉爾、羅斯福和史達林——於 1943 年在德黑蘭舉行會談，商討盟軍入侵被占領的歐洲相關計畫。但從這件事情上來看，邱吉爾發揮的影響力明顯不如另外兩人，他偏好從地中海方向入侵，但羅斯福主張跨越英吉利海峽進攻，這個方案最後獲得採用。

最後的歲月
盟軍入侵諾曼第後，邱吉爾對大戰略的影響力也持續下降。1945 年 5 月，英國舉行大選，儘管邱吉爾支持度仍相當高，但工黨贏得選舉組閣。1951 年，保守黨重新執政，邱吉爾再度擔任首相，但此時他已經 70 多歲，健康狀況不佳，因此在四年後辭職，並在 1965 年去世。

「我們會在海灘上作戰……我們會在原野和街道上作戰……我們絕不投降。」
溫斯頓‧邱吉爾，1940 年 6 月 4 日

演說中不斷鼓舞英國大眾，號召所有人民保家衛國，民意調查指出他的支持度超過八成。他全身上下幹勁十足，視察海岸的城鎮，走過滿目瘡痍的街道，並巡視部隊，成為能見度高且形象鮮明的領導人。

介入軍事決策的領導方式，尤其是在希臘戰敗以後。不過 1942 年 11 月時，北非阿來曼（El Alamein）的勝利幫他扭轉了局面，對他領導能力的批評也隨之而去。

美國盟友
打從戰爭爆發開始，邱吉爾就相信美國必須介入，並努力遊說美國總統羅斯福加入同盟國陣營，只是美國大眾反對。但 1941 年 12 月 7 日珍珠港（Pearl Harbor）遇襲後，美國就被迫一戰。

邱吉爾上任的前

歐洲勝利日
1945 年 5 月 8 日是歐洲勝利日，邱吉爾口中叼著招牌哈瓦那雪茄，在白廳（Whitehall）對歡呼的群眾揮手致意。

邱吉爾年表

- **1874年11月30日** 邱吉爾誕生於牛津（Oxfordshire）的布倫安宮（Blenheim Palace）。他的父親是保守黨的藍道夫‧邱吉爾（Randolph Churchill），母親是美國富豪千金珍妮‧傑洛姆（Jennie Jerome）。
- **1895年** 在桑赫斯特皇家軍事學院（Royal Military Academy Sandhurst）就讀，之後加入第4女王皇家輕騎兵團（Queen's Royal Hussars）。
- **1896-98年** 在印度和埃及服役，同時擔任記者。
- **1899年** 為《倫敦晨報》（London Morning Post）報導波耳戰爭（Boer War），曾被波耳人俘虜但逃脫，成為民族英雄。
- **1900年** 進入國會，擔任奧丹（Oldham）的下議院議員。
- **1904年** 邱吉爾離開保守黨，加入自由黨。
- **1908年** 當選丹地（Dundee）的下議院議員，並和克萊門蒂娜‧霍齊爾（Clementine Hozier）結婚。
- **1910年** 擔任內政大臣，派遣部隊前往威爾斯的湯尼潘帝（Tonypandy）鎮壓罷工運動。
- **1911年** 擔任第一海軍大臣，推動皇家海軍現代化。

邱吉爾的雷明頓打字機

- **1915年** 由於一次大戰達達尼爾戰役失利，辭去海軍大臣職務，並前往西線指揮一個營作戰（直到1916年5月）。
- **1917年** 再度入閣，擔任軍備大臣。
- **1921年** 擔任殖民地大臣，但在1922年落選，喪失國會議員資格。
- **1924年** 重新加入保守黨，並當選艾平（Epping）的下議院議員，並連選連任直到1964年。
- **1931年** 為了抗議印度自治提案，辭去影子內閣職務。
- **1939年9月** 在戰時內閣中擔任第一海軍大臣。
- **1940年5月** 張伯倫辭職，邱吉爾接任首相，擔任聯合政府領導人。他下令撤出敦克爾克，並拘捕敵國僑民。
- **1941年8月** 邱吉爾和羅斯福簽署《大西洋憲章》（Atlantic Charter），也就是對戰後世界立定目標。
- **1943年1月** 卡薩布蘭加會議（Casablanca Conference），會中邱吉爾和羅斯福同意只接受軸心國無條件投降。
- **1945年2月** 雅爾達會議，會中邱吉爾、羅斯福和史達林決定了戰後德國和波蘭的疆界。
- **1945年7月** 在大選中敗給工黨，成為反對黨領袖。
- **1951年** 保守黨重新執政，邱吉爾出任首相。
- **1955年** 邱吉爾辭任黨魁，但擔任國會議員直到1964年。
- **1965年1月24日** 邱吉爾在嚴重中風九天後去世，靈柩在西敏寺停靈三天。

閃電空襲

二次大戰期間，平民首當其衝暴露在最前線的機會比以往任何衝突都要多。1940-41年，德軍對英國城市進行的閃電空襲是史上第一波持久行動，目的是透過空中轟炸來摧毀一個國家的各種工業並恫嚇人民。但這不會是最後一波。

1940年9月7日星期六，德國空軍對倫敦進行首次大空襲，英國人稱為「閃電轟炸」的德軍轟炸作戰即將揭開序幕。在那一天，300架飛機對倫敦的碼頭區和東英格蘭密集的街道投下超過300公噸炸彈。這些炸彈引發的火勢又為另外250架飛機指引了方向，它們在晚上8點和凌晨之間臨空轟炸。

倫敦的考驗

在9月7日到11月12日的兩個月裡，倫敦只有十天沒有遭到轟炸。德軍對這座城市大約投下1萬3000公噸高爆彈和100萬枚燃燒彈，炸死1萬3000人，並造成超過25萬人無家可歸。德國空軍的損失微不足道，皇家空軍只有一小部分夜間戰鬥機裝有原始的機載雷達，而德國空軍也不必過於害怕倫敦的防空措施。

此外，德軍還有祕密武器。它被稱為「彎腿」（Knickebein），由從歐洲大陸上的雷達站發射的兩道無線電波束組成。轟炸機會沿著其中一道無線電波束飛行，並在第一道無線電波束和第二道的交會處投下炸彈。德國空軍曾於1940年3月在英格蘭上空倉促測試過彎腿系統，當時他們還不打算在夜間轟炸英國。英國科學家檢驗一架墜毀的He 111轟炸機，因此得以破解彎腿的祕密，並研發反制手段。到了1940年秋，德國空軍把注意力轉向米德蘭的工業中心時，他們已經又發展出更完美、更複雜的彎腿X系統（Knickebein, X-Verfahren），運用四道無線電波束和機上的一組發條計時器，這個裝置會與無線電波束和炸彈釋放裝置連結。德國空軍成立精銳單位第100轟炸聯隊，負責扮演轟炸機主力部隊的探路者角色，用燒夷彈標定目標。

11月14日傍晚，英方偵察到米德蘭出現X無線電波束。不到兩個小時後，第一批第100轟炸聯隊的He 111轟炸機就飛臨科芬特里標定目標，跟在後面的是449架轟炸機，徹底炸毀了市中心，並對工廠造成嚴重破壞。不過這座城市從廢墟中迅速復原，不到幾天絕大多數工廠就都已恢復生產。

壓力下的英國

1941年1月到2月，德國空軍奮力維持對倫敦、米德蘭工業地帶和英國的西部港口（也就是大西洋補給線）的最後一環施壓，但此時英國的空防已

德軍轟炸前檢查
軍械士檢查德國空軍轟炸機裝載的炸彈。1940年時，德軍薄殼炸彈破壞力是英軍同級裝備的兩倍，但攜彈量和英軍後來的轟炸機相比就少了。

空襲警報器
英國防空管制員會攜帶木製空襲警報器，提醒可能的毒氣攻擊。空襲警報器跟哨子不同，防空管制員即使戴上防毒面具，也還是可以操作。

40 遇上夜間空襲時習慣去防空洞避難的倫敦人口百分比。這個1940年11月的調查統計數據低得令人意外，大多數人都選擇留在床上或躲到樓梯底下。

前因

在戰爭剛開始的幾個月裡，英國和德國都沒有在夜間轟炸敵方城市，雖然他們在一次大戰期間都曾這麼做。

難以取得的勝利
1940年8月底時，德國空軍看似即將打贏不列顛之役（參閱第84-85頁），但還是不夠快。秋季的強風會威脅到橫渡英吉利海峽的入侵部隊駁船的航行安全。德國空軍決定把重點從戰鬥機司令部的機場轉移到倫敦。希特勒依然希望能逼邱吉爾上談判桌，所以此前都不允許轟炸英國首都。如今他則命令麾下部隊「不分日夜對包括倫敦在內的英國主要城市，針對人口和防空措施進行擾亂攻擊。」

尋找目標
英國和德國都在戰爭初期的小規模作戰裡發現，他們現有的轟炸機在白天沒辦法在沒有戰鬥機護航的狀況下一路殺到目標位置，而機組員的導航技能和裝備是否能夠在夜間精準轟炸，也有待觀察。

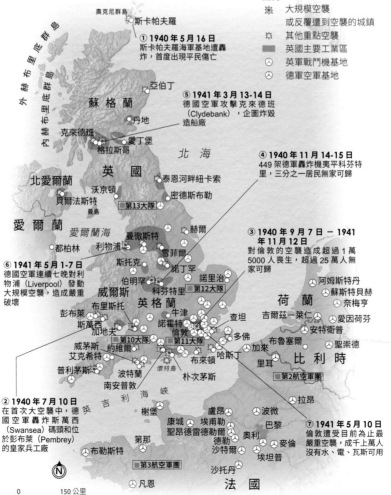

圖例

- 🔥 大規模空襲或反覆遭到空襲的城鎮
- ✿ 其他重點空襲
- ▬ 英國主要工業區
- ✈ 英軍戰鬥機基地
- ✈ 德軍空軍基地

① **1940年5月16日**
斯卡帕夫羅海軍基地遭轟炸，首度出現平民傷亡

⑤ **1941年3月13-14日**
德國空軍攻擊克來德班（Clydebank），企圖炸毀造船廠

④ **1940年11月14-15日**
449架德軍轟炸機夷平科芬特里，三分之一居民無家可歸

③ **1940年9月7日－1941年11月12日**
對倫敦的空襲造成超過1萬5000人喪生，超過25萬人無家可歸

⑥ **1941年5月1-7日**
德國空軍連續七晚對利物浦（Liverpool）發動大規模空襲，造成嚴重破壞

⑦ **1941年5月10日**
倫敦遭受目前為止最嚴重空襲，成千上萬人沒有水、電、瓦斯可用

② **1940年7月10日**
在首次大空襲中，德國空軍轟炸斯萬西（Swansea）碼頭和位於彭布萊（Pembrey）的皇家兵工廠

奧克尼群島 斯卡帕夫羅
外赫布里底群島
內赫布里底群島
亞伯丁
蘇格蘭
丹地
克來德班
愛丁堡
格拉斯哥
北愛爾蘭
沃京頓
貝爾法斯特
蘭姆
愛爾蘭海
愛爾蘭
都柏林
利物浦
曼徹斯特
雪菲爾
斯托克
諾丁罕
伯明罕
科芬特里
諾里治
威爾斯
布里斯托
牛津
彭布萊
斯萬西
加地夫
諾森特
倫敦
威茅斯
約維爾
艾克希特
普利茅斯
波特蘭
南安普敦
英 吉 利 海 峽
懷特島
布來頓
多佛
哈斯丁
紐卡索
泰恩河畔紐卡索
密德斯布勒
赫爾
北海
英國
英格蘭
第13大隊
第12大隊
第11大隊
第10大隊
阿姆斯特丹
蘇斯特貝赫
奈梅亨
荷蘭
吉爾茲－萊仁
安特衛普
愛因荷芬
加來
布魯塞爾
聖崇德
比利時
里耳
第2航空軍團
拉昂
盧昂
波微
康城
埃甫勒
巴黎
聖昂雷雷德勒爾
德勒
奧利
沙特爾
埃坦普
麥倫
凡恩
法國
第3航空軍團
布勒斯特
第那
榭堡

德軍轟炸英國
剛開始時是由駐紮在法國的第3航空軍團執行絕大部分夜間轟炸行動，但不久之後，德軍轟炸機部隊全體兵力就都投入作戰，英國所有的大城市、工業地帶和港口都成為目標。

0 150公里

N

火災警告

燃燒彈很可能比高爆彈更有破壞力、也更危險。在 1940 年 11 月 14 日的科芬特里空襲中，大約 450 架飛機投下了超過 4 萬枚燃燒彈。

經有所改善。3 月時，英軍夜間戰鬥機擊落 22 架轟炸機，高射砲則擊落 17 架。到了 5 月，戰鬥機宣稱擊落 96 架轟炸機，高射砲則擊落 32 架。

閃電空襲的最後階段在 1941 年 4 月 16 日展開，並在 5 月 10 日空襲倫敦時達到高峰。這場空襲使倫敦三分之一的街道無法通行，1400 名平民喪生。但此時希特勒的戰略優先事項已經改變，正集結兵力準備入侵蘇聯，因此把三分之二的空軍部隊調往東歐。

希特勒對英國的轟炸作戰已經失敗。德國空軍的主力機種 He 111 攜彈量不足，沒辦法把英國炸到屈服。科芬特里只淪為目標一次，倫敦最後也因為面積廣大而逃過一劫，平民士氣沒有崩潰。以當時的說法，英國可以「接受」。

後果

到了戰爭後期階段，德軍轟炸機部隊再也沒有以同樣的強度回頭打擊英國，但英軍和美軍會以相同的方式報復。

教訓

閃電空襲造成大量人命損失和物質破壞，但卻從未扼殺民間士氣，也從未對英國的作戰能力造成重大打擊。轟炸也許是英國能夠用來反擊德國的唯一有效手段，因此當局計畫大幅擴充皇家空軍轟炸機部隊。到了 1943

被摧毀的科芬特里大教堂

年，轟炸機司令部的飛機就會開始飛到德國城市上空（參閱第 214-17 頁）。

火箭攻擊

和英美聯軍的大規模轟炸作戰相比，等級最接近的德軍作戰是 1944-45 年無人復仇武器對倫敦的襲擊（參閱第 278-79 頁）。

烈焰中的倫敦

1940 年 12 月，倫敦的輔助消防隊隊員奮勇撲滅火勢。撲滅由空襲引發的火災格外困難，因為炸彈時常炸斷水管。

躲避閃電空襲

閃電空襲開始後，數以萬計的倫敦居民為了避難而躲到地鐵站裡睡覺。條件相當惡劣，不但過度擁擠，也沒有衛生設備，但當局慢慢改善，例如在月台上設置雙層床。不過「管子」（倫敦地鐵的暱稱）也不見得是安全的避難所——1941 年 1 月，有 111 人因為銀行站（Bank Station）遭炸彈命中而喪生。

「左右兩側的長板凳上坐著數以百計的人，就好像坐或躺在一列長長的電車裡一樣。我們繼續往前走，就發現人數提高到幾千個。」

「此外，地鐵站的木地板上還有一排床鋪，向左右延伸。由於這些床占滿了所有空間，因此當我們要在睡覺的人之間把腳放下來時，得仔細看清楚。」

「這些人當中有很多都上了年紀——他們憔悴不堪，很多人都還不曾享受過什麼好日子，就得在地球上這個惡劣得難以忍受的環境裡度過餘生……」

「當然也有小孩子，有些睡著了，有些在玩耍。年輕人三三兩兩聚在一起，開懷笑著、聊天甚至唱起歌來。他們有的很自以為聰明，但也有比較安靜的。此外還有努力工作的中年人，他們清晨 5 點就會起床去上班。」

「有些人坐著編織、打牌或聊天，但大部分人就只是坐著。而且雖然才晚上 8 點，許多老人都已經入睡。」

「老人家看起來格外悲哀。想像自己七、八十歲的時候，帶著一身的病痛和悲慘人生的模糊記憶。然後再想想現在的自己，每天晚上都要來到地鐵站，用破爛的大衣裹住老邁的雙肩，坐在長板凳上，背靠著有弧度的鐵牆，整晚就這樣坐在那裡，斷斷續續地打瞌睡。」

「想想那就是你的命運——從現在起的每一個晚上、每一夜。」

美國戰地特派員恩尼·派爾（Ernie Pyle）描述倫敦人在利物浦街地鐵站躲避閃電空襲的狀況。

在軌道上睡覺
地鐵的某些路段，例如本圖中的奧德維奇（Aldwych）站，整個都變成防空洞。但在大部分地方，地鐵站依然有乘客和列車通行，避難的人只能等到晚間 10 點 30 分地鐵收班之後才能好好休息。

英國預備進入總體戰

前因

英國政府在 1939 年以前就已經對戰爭進行過沙盤推演，但動員大眾的行動一開始相當緩慢。

緊急權力

1939 年 8 月，英國國會通過緊急權力（防衛）法案（Emergency powers (Defence) Act），讓政府在必要時可對英國人民行使各種權力，以確保公眾安全。1939 年 5 月實施徵兵制，對象是 20-21 歲的男性，之後再擴大到 18-41 歲的男性。假戰（參閱第 60-61 頁）期間，當局實施多項安全措施，但一直要到敦克爾克（參閱第 78-79 頁）和閃電轟炸（參閱第 88-89 頁）才激發本土的危機感。

經濟緩慢改變

1939 年時，英國的經濟尚未完全轉變成戰時體制，軍備生產速度成長緩慢，且糧食有 70% 依賴進口。到了 1940 年 5 月，勞動力增長 11%，但仍有 100 萬人不在工作崗位上。

糧食配給、空襲、民間動員、徵兵和政府管制讓戰爭直接進入了一般人的生活和家庭裡。自 1940 年起，英國平民就開始進入總體戰狀態，男男女女甚至是兒童因應戰爭而動員的狀況比其他任何國家都徹底。

遠離家園

從 1939 到 1944 年，將近有 100 萬名兒童至少經歷過一次疏散，離開大城市躲避轟炸。他們通常跟著陌生人在遠離家園的地方住宿，不知道最後會到哪裡去。

讓英國進入總體戰狀態可不是件簡單的事。1940 年 5 月，邱吉爾取代張伯倫出任英國首相，改變的步伐因此加快。政府文宣要求民眾堅守崗位，而新內閣成立後，政府也運用緊急權力來控制日常生活中的各個面向，從糧食供應到工業生產及民防全都涵蓋在內。所得稅提高，招募志願人員加入本土防衛隊（Home Guard），軍隊徵兵的規模也擴大，非必要工業生產一律停止，以便轉移資源生產武器、飛機和其他必需品。有一項格外嚴酷的措施是針對所謂的「敵國僑民」——在英國生活的義大利人和德國人全都被扣押，監禁在指定區域。

2200萬 1943 年時在武裝部隊、軍火工業和民防崗位上服務的英國男女人數。

配給與緊縮

英國在戰時實施各種法規，每個人都必須攜帶身分證，糧食、汽油和飲水的供應也受到限制。1940 年 1 月，當局開始進行糧食配給，剛開始只有奶油、糖、培根和火腿，但自 1941 年起 U 艇的攻擊擾亂進口秩序後，絕大部分食物都納入配給管制。迫於不讓人民挨餓的壓力，當局成立糧食部（Ministry for Food），由伍爾頓勳爵（Lord Woolton）管轄，他的名字也被拿來戲稱一種戰時的蔬菜和燕麥派。每一家都會拿到一張配給卡，且根據法律在當地商店登記在案。農業部運用職權指導糧食生產，指定價格，並強迫農民開墾荒地種植作物。

當局還發起一場「為勝利掘土」（Dig for Victory）宣傳活動，要求人民種植蔬菜，小塊田地如雨後春筍般出現。儘管麵包從未被管制，但稱為國家麵包（National Loaf）的戰時麵包卻呈現出一種特殊的灰色。此外當局還開設「不

島上的戰俘

大約 30 萬名義大利人和德國人被拘禁在鐵刺網內，包括逃避納粹德國的難民。曼島上的這些前寄宿公寓成為拘禁營，直到 1941 年。

列顛食堂」（British Restaurant），為勞工供應廉價但營養的餐點，每一位兒童每日都有牛奶配給。整體來看，大眾認為配給相當公平，有些人甚至吃得比大蕭條時還要好。

隨著短缺狀況日益嚴重，衣物也列入配給。每人每年只能添一套新衣，且在「湊合將就」運動的鼓勵下，婦女把舊衣物拿來改了再穿，或是把毛衣拆了重新編織。褲襪、化妝品和其他消費性商品則暫時下架。政府訂

在田裡勞動

1943 年時，有超過 8 萬名婦女是婦女農耕團（Women's Land Army）的成員，生產了英國 70% 的糧食。她們當中有許多人居住在城市裡，且之前從未從事過農業。

WOMEN OF BRITAIN
COME INTO THE FACTORIES

ASK AT ANY EMPLOYMENT EXCHANGE FOR ADVICE AND FULL DETAILS

立服裝和家具的生產規則,並建立「實惠」認證。肥皂有限供應,清洗用水也受到管制。此外還要求人民蒐集廢五金以供應飛機生產。

女性勞動力

在勞動部長厄尼斯特·貝文(Ernest Bevin)的規畫下,當局把勞動力引導到最需要的地方。大約有 20 萬男性留在種田之類的保留職業中,但政府了解女性也是舉足輕重,許多人就此投入職場,當中有不少還是生平第一次。

剛開始政府只依賴自願投入的女性,但自 1941 年起也開始實施徵召制度。一年後,所有 18-60 歲之間的女性不論單身或已婚,都必須登記從事戰時勞動,可能會被指派到工廠、農場或輔助單位去。儘管工會反對,女性依然進入所有需要勞動力的領域,而當局也設立托兒所協助。雖然女性做出非常寶貴的貢獻,但她們卻沒有得到等同男性的報酬。

號召全體女性

招募海報鼓勵女性進入工廠上班。製造軍火需要技巧,且相當危險,但薪資相較於戰前要高。戰爭結束時,許多婦女都覺得不想離開。

後果

戰時歲月對英國大眾帶來強烈且深遠的衝擊。

毀滅

閃電空襲在 1941 年結束,但在接下來的整場戰爭裡,空襲持續不斷。1944 年,飛行炸彈(參閱第 278-279 頁)襲擊英格蘭南部的城市,英國人民再度傷亡慘重。

配給與改革

糧食和燃料在戰後持續短缺,配給一直要到 1954 年才結束,到了那個時候連麵包都要配給。然而,福利國家制度也是在戰後年代開始實施,帶來許多好處,例如免費的健康照護和家庭補貼等。

女性

到了戰爭結束時,女性勞工人數已經成長到 200 萬人,占整體勞動力超過 43%(參閱第 170-71 頁)。結果女性難以回歸家庭生活,離婚率也飆升。

② 玩具兵（德國）

③ 戰時兒童卡牌遊戲（英國）

① 倫敦消防隊泰迪熊（英國）

④ 被疏散者的行李箱（英國）

歐洲的本土戰線

全歐洲的平民百姓對戰爭的體驗都非常相似：配給、黑市、「湊合將就」的精神、民防職責、嚴格的身分管控、空襲的危險以及兒童疏散。

⑤ 降落傘布製成的伴娘禮服（英國）

① 這隻泰迪熊身上有志願火災警報員的標誌，他們的主要職責是留意火災狀況。　② 玩具兵，例如這套趾高氣昂的納粹士兵，可以協助培養下一代的愛國精神。　③ 這款兒童紙牌遊戲是英國老牌遊戲「快樂家庭」（Happy Families）的戰時版本。　④ 被疏散兒童的行李箱通常用比較便宜的材料製作。　⑤ 許多女裝是用降落傘布做的，備受好評。圖中這套是 1945 年一名士兵結婚時的伴娘禮服。　⑥ 這款德造防毒面具號稱可以過濾所有已知的化學武器成分，但從未經過實戰考驗，因為沒有發生毒氣攻擊。　⑦ 菸草和香菸沒有配給，但也有短缺的時候，軍方的供應狀況會比民間的好。　⑧ 防空管制員的哨子，用來在空襲中警告人們躲進防空洞。　⑨ 密封膠帶用來黏在窗玻璃上，這樣炸彈爆炸時碎玻璃就不會在空中飛噴四射。　⑩ 英國火災警報員在危險環境中協助消防隊時，會戴上頭盔。　⑪ 德國的肉品配給卡上有可撕下的 50 公克肉品兌換券。到了 1944 年 7 月，配給下降到每週只有 250 公克。　⑫ 在英國，茶葉從 1940 年就開始配給，每個年紀超過五歲的人都有資格獲得每週 56 公克的配給茶葉。　⑬ 由於巧克力也要配給，因此可可粉在英國相當受歡迎。　⑭ 持這張法國的服裝券，可以購買或兌換一雙女鞋。　⑮ 英國在 1941 年開始發行服裝券，每一件衣服都要用一定的點數換取。　⑯ 希特勒青年團（Hitler Youth）的男團員都持有健康證明。由於是義務性的，因此到了 1940 年已有 800 萬人加入。　⑰ 這個餅乾模讓兒童可以品嘗到德軍勳章造型的甜餅乾。　⑱ 持有納粹黨黨證通常可以獲得更多特殊權益。　⑲ 憑著這張卡片，有三個 14 歲以下或兩個 4 歲以下孩子的法國母親可以在商店和政府機關獲得免排隊的優先服務。

防毒面具（德國）

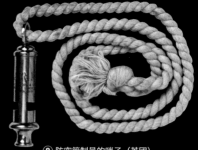

⑦ 菸斗用菸草（德國）

⑧ 防空管制員的哨子（英國）

⑨ 空襲用密封膠帶（英國）

⑩ 火災警報員頭盔（英國）

⑪ 肉品配給卡（德國）

⑫ 錫製茶罐（英國）

⑬ 錫製可可粉罐（英國）

⑭ 女鞋券（法國）

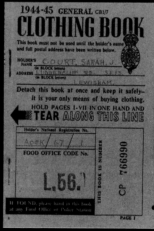

⑮ 服裝券（英國）

⑯ 希特勒青年團健康證明（德國）

⑰ 鐵十字造型餅乾模（德國）

⑱ 納粹黨員手冊（德國）

⑲ 媽媽識別證（維琪法國）

美國支持英國

1930 年代中期，美國總統羅斯福已經迅速了解到德國、義大利和日本造成的威脅，但美國本土根深柢固的孤立主義和和平主義主張使他在國際舞台上沒有太多發揮空間。租借法案即將改變一切。

英國的大西洋生命線
1941 到 1945 年，美國供應了英國將近三分之一的糧食需求，提供每日必需的主食，像是麵粉（如圖卸貨中）和稻米。英國每週都進口超過 100 萬公噸的糧食和物資。

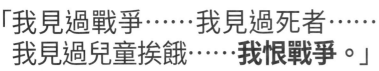

「我見過戰爭⋯⋯我見過死者⋯⋯我見過兒童挨餓⋯⋯**我恨戰爭。**」
美國總統羅斯福在沙托克瓦（Chautauqua）的演說，1936 年

1935 年，美國國會通過一系列中立法案中的第一個，當中規定禁止以物資支援或金融手段來協助交戰中的其他國家。

1939 年 9 月，波蘭迅速崩潰造成震撼。美國總統羅斯福立即反應，要求國會修改中立法案，以便能夠提供軍火給英國和法國。經過長達六個星期的辯論後，終於有了結論，也就是允許交戰方購買軍火物資，但須「一手交錢一手交貨」。

到了 1940 年 6 月下旬，歐洲局勢進一步惡化，英國把部隊撤出法國，同時面臨德軍入侵。1940 年 6 月 22 日，美國國會通過國防稅法案（National Defense Tax Bill），立即撥款 370 億美金打造「兩洋海軍」，並擴充陸軍和航空部隊。

租借法案

1940 年 7 月，不列顛之役正式開打時，新任英國首相邱吉爾請求羅斯福援助 50 艘舊型驅逐艦。儘管這在技術上是非法的，但羅斯福同意租借一些位於英屬西印度群島和百慕達的海空軍基地，租期 99 年。

羅斯福在 1940 年 11 月破天荒地當選了第三任期。當國會在 1941 年 1 月召開會議時，他要求支持那些拼死捍衛「四大自由」的國家：言論自由、信仰自由、免於匱乏的自由、免於恐懼的自由。

但英國需要的不是好聽的話，而是比「一手交錢一手交貨」更親切的軍火取得方式。羅斯福的答案就是租借法案，由美國國會在 1941 年 3 月通過。這項法案讓英國可以向美國借用軍用物資，只要承諾日後付款就好。到了當月底，美國國會就已經投票

> **1940 年，美國只生產了 346 輛戰車，但 1944 年大約有 1 萬 7500 輛戰車從生產線開出來。**

通過總額高達 70 億美金的租借清單。

危機談判

羅斯福已經採取了「除了參戰以外的所有步驟」。1941 年 3 月底，美國港口中的軸心國船隻被扣押。到了 4 月，美國軍艦開始護航航向英國的運輸船團。5 月，美國撥交 50 艘油輪給英國。而到了 5 月底，也就是美國貨輪羅賓摩爾號（Robin Moor）被擊沉以後，羅斯福宣布進入緊急狀態。軸心國在美國的信貸被凍結，領事館也關閉。7 月時，美國海軍陸戰隊取代丹麥陷落後被派往占領冰島的英軍衛戍部隊。8 月 9 日，羅斯福和邱吉爾在紐芬蘭舉行會談，他們同意擊敗德國是當務之急，並簽署大西洋憲章，具體描述了四種自由。但這種聯合行動的承諾沒有太多意義，直到美國跟德國開戰。

採取行動的動力

希特勒看似不會出手——他的注意力都集中在東線。羅斯福告訴財政部長亨利·摩根索（Henry Morgenthau）：「我正在等人推我一把。」不過等到真正有人出手時，卻是從另一個截然不同的方向：遠東地區。

協助盟國
美國總統羅斯福簽署租借法案，在戰爭期間提供價值數百億美金的援助給同盟國，從蘇聯鐵路用的鐵軌到英軍裝甲師配備的戰車，應有盡有。

≪ 前因

儘管有迫切的經濟問題和強烈的反戰情緒，羅斯福還是相當明白英國若是被德國擊敗會有什麼後果。

羅斯福走鋼索
從 1930 年代開始，羅斯福雖然警惕德國、義大利和日本的威脅，但卻致力於復甦大蕭條（參閱第 24-25 頁）後衰弱的美國經濟。

反戰
羅斯福必須應付國內強烈的孤立主義情緒。美國第一委員會（America First Committee）主張實施中立法案，首要發言人之一就是飛行員查爾斯·林白（Charles Lindbergh），他因為反戰立場而成為這個委員會的領導成員之一。只是羅斯福明白，英國戰敗並不符合美國的利益。

查爾斯·林白

後果 ≫

海軍大將山本五十六親身體驗過美國的經濟力量，他認為日本獲得全面勝利的想法是白日夢。

民主國家的兵工廠
美國在戰爭初期給予盟國援助，大大幫助了美國經濟從第二次大蕭條中復甦，並讓美國有相當穩固的立足點可以加入對抗軸心國的戰鬥（參閱第 148-49 頁）。美國參戰後，它的經濟力量是同盟國勝利的主要支柱之一。

工業力量
對日本帝國海軍聯合艦隊總司令山本五十六海軍大將來說，這種勝利的可能性太顯而易見了。他戰前曾經擔任駐美國的海軍武官，非常敬佩美國土生土長的工業天才。基於這個理由，在戰爭爆發後，他對天皇只敢保證在遠東及太平洋地區取得前六個月的勝利。他認為想要打敗美國，日軍恐怕得「一路殺到華盛頓，在白宮簽署條約。」

運送軍火
供盟軍戰機使用的機槍正等待運送。美國巨大的
工業力量支撐了同盟國的各種戰爭投入，而美國
的生產力和蘇聯的人力都是同盟國的勝利關鍵。

義大利參戰

1939 年 4 月，墨索里尼併吞亞得里亞海的小國阿爾巴尼亞時，他是在模仿希特勒兼併捷克斯洛伐克。1940 年 6 月 10 日，確定了德軍在法國戰役中必勝之後，墨索里尼就對法國宣戰，此舉將成為未來兩年的模式。

不牢靠的聯盟
1940 年 6 月，墨索里尼和希特勒在慕尼黑以勝利者之姿並肩而行，但他們聯盟關係裡的裂痕很快就暴露了。義大利人不滿羅馬受到希特勒左右——甚至連梵蒂岡也提出抗議。

1940 年 6 月，義軍 28 個師翻越濱海阿爾卑斯山（Alpes-Maritimes）進攻法國。結果四個法國師猛烈反擊，造成義軍 5000 人傷亡，本身則只有八人陣亡。

墨索里尼在這場灰頭土臉的軍事行動中的收穫就是從義大利邊界算起朝法國境內深入 80 公里的占領區。希特勒經常想要約束他的獨裁者伙伴，但失敗之後，忠誠心迫使他出手救援「領袖」。在地緣政治的博弈裡，希特勒已經證明是簡中高手，但墨索里尼卻是薄弱的一環。

不可忽視的力量

1940 年 10 月，羅馬尼亞獨裁者安東內斯庫將軍（Antonescu）同意德國陸軍進占羅馬尼亞。沒人告訴墨索里尼這件事，於是他一氣之下宣布要「占領」希臘，並在 10 月 28 日從阿爾巴尼亞發動攻勢。義軍共出動 16 萬 2000 人，卻遭到希軍迎頭痛擊，年底就已經被迫退回阿爾巴尼亞，當中有半數被希軍俘虜。到了 3 月，希特勒就已經在檢視經由南斯拉夫和保加利亞入侵希臘的計畫。

法國在 1940 年 6 月淪陷，代表義大利海軍成為地中海的第一大作戰力量。由於位在中央，他們擁有六艘戰鬥艦，打擊能力超越了布署在當地的兩支英軍艦隊，它們肩負著保護運輸船團航線的戰術任務：H 部隊以直布羅陀（Gibraltar）為基地，擁有兩艘戰鬥艦和一艘航空母艦，而以亞歷山卓（Alexandria）為基地的英軍地中海艦隊（Mediterranean Fleet）則擁有四艘戰鬥艦和一艘航空母艦。

航空母艦是決定性武器。1940 年 11 月 11 日，英軍艦隊護送航空母艦卓越號（Illustrious）航行到距離義大利半島塔蘭托（Taranto）海軍基地 320 公里的範圍內，義軍的六艘戰鬥艦都停泊在那裡。卓越號的艦載機投下的魚雷重創三艘戰鬥艦和兩艘巡洋艦，本身只損失兩架飛機。

沙漠戰爭

墨索里尼接著又在北非的西部沙漠和東非開闢新的戰場，讓軸心國的戰略問題變得更加複雜。這些地方也是法國淪陷後，盟軍地面部隊可以和軸心軍部隊交手的地方。在埃及和利比亞的各級指揮官都受到地理和氣候的重重限制，就像在蘇聯一樣。西部沙漠是一片乾旱的不毛之地，一片荒蕪，而海岸平原則把部隊的運動限制

> 利比亞巴第亞（Bardia）的義軍司令是安尼巴萊·貝爾貢佐利將軍（Annibale Bergonzoli）。這位留了鬍子的將軍被英軍部隊稱為「電鬍鬚」（Electric Whiskers）。

前因

義大利逐漸衰弱的軍力無力支撐墨索里尼對榮耀的無限渴望。

發展經濟
義大利獨裁者墨索里尼（參閱第 22-23 頁）對軍事榮耀有著無法克制的慾望，因此他把義大利的經濟和工業能力擴充到了一個無法承受的地步。義大利的經濟只能勉強支撐德國軍事開支的十分之一。

衰弱的軍隊
墨索里尼的擴張慾望也代表義大利太早更新軍備，無法和英國對手匹敵。此一狀況發生時，義大利的軍事實力確實已經節節下滑，因為義大利人大量移民美國，且墨索里尼沉迷於他的黑衫軍組織。領袖一直想和納粹德國並駕齊驅，但卻始終眼高手低。最後，德軍於 1940 年在西線迅速克敵制勝（參閱第 76-83 頁），刺激了墨索里尼趁著法國抵抗崩潰時宣戰。

「我在 **200** 個——不對，**500** 個——高舉雙手投降的人中央動彈不得⋯⋯快派天殺的**步兵團**過來！」
英軍戰車指揮官在義軍投降時說，1940 年 12 月

在僅僅 65 公里寬的狹長海岸地帶。北非戰事的特徵，就是雙方在的黎波里到亞歷山卓之間 1930 公里長的條狀地帶上交互前進或撤退。這一路上只有一連串的小港口具備軍事價值，作戰的形式則是從一個海運補給點衝往下一個，目標是讓敵方喪失飲水、

但英軍的西部沙漠兵團（Western Desert Force）在 12 月 9 日發動反攻，逼迫義軍撤退到 800 公里外的歐蓋來（El Agheila），還俘虜了 13 萬人和大量裝備。

墨索里尼的東非帝國包括義屬索馬利蘭、厄立垂亞和阿比西尼亞，這些領土威脅到通往紅海的入口和毗鄰的英國非洲殖民地，而應付這一帶義軍的任務就落到了英軍中東總司令魏菲爾將軍的頭上。儘管義軍在數量上占優勢，但戰略態勢孤立，英軍則可以從印度洋海岸的港口運來支援部隊。

惡魔炸彈

沒爆炸的義軍 Mod.35 手榴彈非常危險。英軍和大英國協部隊給它取了個綽號叫「紅惡魔」（Red Devil）。

進攻義屬索馬利蘭，在 2 月 25 日攻占摩加迪休，迫使義軍退出。當地英軍司令官艾倫·康寧漢將軍（Alan Cunningham）深入衣索比亞，行軍 1600 公里，在 4 月 6 日攻陷首都阿迪斯阿貝巴。

塔蘭托大捷

1940 年英軍發動攻擊後，油料從義軍軍艦滲漏出來。從卓越號航空母艦起飛的兩波劍魚式（Swordfish）魚雷機橫掃了塔蘭托軍港，改變了地中海的軍力平衡。

燃料、彈藥、援軍和糧食，這些都是沙漠作戰的基本要素。

1940 年時，一切狀況都依照他們預想的進行。在 9 月，義軍從他們位於北非的殖民地利比亞發動攻勢，進入埃及。儘管數量遠遠不及對方，

最後一擊

這場戰役宛如上一場古代帝國的衝突，充斥騎著駱駝的軍隊、強徵的當地土著還有崎嶇複雜的地形，完全看不到法國戰役中的裝甲縱隊。義軍迅速攻陷英屬索馬利蘭，但依然採取守勢。1941 年 1 月，英軍從肯亞反攻，

北方的行動

在一場會戰裡，義軍被趕往厄立垂亞，而在衣索比亞的西北方，有一小批蘇丹和衣索比亞游擊隊對抗義軍七個旅的部隊。義軍部隊撤回克倫（Keren），他們在當地掘壕固守長達八週才又被趕走。英軍在 4 月攻占厄立垂亞首都阿斯瑪拉（Asmara），接著馬上又拿下港口馬薩瓦（Massawa），而掃蕩殘餘敵人的作戰則持續到 11 月。

良莠不齊

閱兵時的義軍看似雄壯威武，但他們使用的武器落後了一代。許多部隊缺乏作戰動機，但有些還是展現了優異的作戰技巧與足智多謀的策略。

後果

雖然墨索里尼想要和希特勒結盟，但他的人民卻有不同想法，而這位德國獨裁者也對這樣的聯盟充滿疑慮。

是敵是友？

義大利非但不是軸心國的資產，還成了一個累贅，只能在接二連三的災難中仰賴德國支援，例如沙漠戰爭（參閱第 124-25 頁）。墨索里尼選擇以希特勒的敵人為敵人，但他們不是義大利人民憎恨的對象。

拖後腿的伙伴

義大利的上層階級絕大部分都是親英派，農民和勞工階級則相當嚮往美國。但基於錯誤的忠誠，希特勒只能和他的法西斯獨裁者伙伴站在同一陣線，偏偏他作為盟友的價值說好聽些是值得懷疑，說難聽些根本就是招災招難。隨著盟軍登陸義大利本土（參閱第 210-13 頁），戰爭的局勢開始逆轉。

武運長久

稲垣春男

橋本房雄

富山
後藤
長坂
丸山
山本
川上
梅林
奥田
中川
打田
土家

4

戰火燎原
1941年

南斯拉夫、希臘和克里特島都遭德國占領，
但德國大部分的資源都保存了下來，準備對
不疑有他的蘇聯發動巨大的攻勢。日本奇襲
珍珠港後，美國加入戰爭，同時對德國和日
本宣戰。

戰火燎原

德軍從 1941 年 9 月到 1944 年都在圍攻列寧格勒（Leningrad）。儘管冬天時可以經由結冰的拉多加湖運送補給，但還是有超過 100 萬人餓死。

俾斯麥號對英國海上航運造成嚴重威脅，因此英軍幾乎出動了每一艘可用的船去獵殺它。這艘戰鬥艦最後在 5 月 27 日時被擊沉。

巴巴羅莎行動就是希特勒入侵蘇聯的行動，在夏天戰果輝煌，但隨著德軍逼近莫斯科且冬季降臨，他們遭遇了蘇軍更頑強的抵抗。

親德國的拉希德・阿里（Rashid Ali）在□月發動政變後，英國從印度派出一支部隊入侵伊拉克，恢復原本的親英政府。

軸心軍在 4 月入侵南斯拉夫，表現出毫不留情的高效率。南斯拉夫空軍飛機還沒來得及起飛，就在地面上被摧毀，而裝甲部隊不到兩個星期就徹底征服了這個國家。

艾爾文・隆美爾（Erwin Rommel）與非洲軍（Afrika Korps）在 2 月被派往北非支援瀕臨戰敗的義軍。在接下來的一連串沙漠會戰裡，隆美爾同時贏得雙方的尊敬。

在 1941 年，歐洲和北非的戰火擴散到了巴爾幹半島和中東還有最重要的蘇聯。為了替希特勒計畫已久的入侵蘇聯行動做準備，軸心國部隊首先控制南斯拉夫、希臘和克里特島，此外也援助利比亞的義軍。雖然義軍在阿比西尼亞戰敗，還失去了所有東非的殖民地，但新的德義聯軍在隆美爾指揮下證實優於埃及的英軍，隨時可能越過西部沙漠攻占蘇伊士運河（Suez Canal），造成嚴重威脅。英國還必須應付敘利亞和黎巴嫩境內敵對的維琪法軍部隊，還有伊拉克的親德軍事政變。

到了 6 月下旬，戰爭的焦點轉移到東歐，因為希特勒揮兵入侵蘇聯。軸心軍沿著波羅的海和黑海之間長達 1600 公里的戰線大舉進軍，史達林和蘇軍猝不及防。德軍橫掃整條戰線，俘虜數十萬戰俘，到了 12 月

1941年

日軍偷襲珍珠港的目的是要讓美軍的太平洋艦隊無法作戰。共有五艘戰鬥艦被擊沉，但最重要的航空母艦當時卻在海上。

羅斯福和邱吉爾8月在紐芬蘭外海的一艘船上首度會面。他們擬定《大西洋憲章》，這是戰後世界的藍圖。

阿拉斯加（屬美國）

加拿大

紐芬蘭

蒙古

滿洲國

朝鮮

日本帝國

太平洋

美利堅合眾國

大西洋

中國

墨西哥

多明尼加共和國

維京群島

背風群島

福爾摩沙

夏威夷群島（屬美國）

古巴

海地

馬里亞納群島（日本託管地）

英屬宏都拉斯

宏都拉斯

向風群島

法屬印度支那

菲律賓群島

關島

瓜地馬拉

尼加拉瓜

巴貝多

千里達及托巴哥

屬北婆羅洲

馬紹爾群島（日本託管地）

薩爾瓦多

哥斯大黎加

委內瑞拉

英屬圭亞那

汶萊

加羅林群島（日本託管地）

巴拿馬

荷屬圭亞那

沙勞越

諾魯

哥倫比亞

法屬圭亞那

荷屬東印度

新幾內亞領地

吉爾伯特群島

厄瓜多

葡屬帝汶

巴布亞

索羅門群島

埃利斯群島

祕魯

巴西

新赫布里底群島

西薩摩亞

美屬薩摩亞

玻利維亞

澳洲

斐濟

東加

巴拉圭

新喀里多尼亞

智利

烏拉圭

阿根廷

美國總統羅斯福對日軍偷襲珍珠港事件反應迅速，在12月8日對日本宣戰，三天後又跟德國和義大利宣戰。圖中，他正在瀏覽對德國和義大利宣戰的國會聯合決議案。

日軍入侵馬來亞時，英軍戰鬥艦威爾斯親王號（Prince of Wales）和反擊號（Repulse）出擊，準備攔截，但在12月10日雙雙被魚雷轟炸機擊沉。

1941年12月時的世界地圖
- 軸心國（德國、義大利和日本）及其盟國
- 1941年12月時軸心國征服區域
- 1941年12月時日本控制區
- 維琪法國與殖民地
- 同盟國
- 1941年12月時同盟國征服區域
- 中立國
- 1939年9月時的邊界

時就已經進抵可以直接打擊莫斯科的地方。

由於歐洲的注意力都集中在德國身上，日本認為此時正是執行計畫的好時機，取得英國、荷蘭、法國和美國在亞洲的殖民地。他們的攻勢以偷襲珍珠港揭開序幕，目的是癱瘓美國海軍。

到了1941年年底，德國已經征服了歐洲大片土地，而日本也在亞洲和太平洋做著相同的事。但軸心國卻喚醒了兩個沉睡的巨人。蘇聯的後備人力似乎永遠也耗不盡，因此成為遠比希特勒想像中更可怕的敵手。而美國則會把龐大的經濟和工業潛力全部投入戰鬥，不只針對東方的日本，也針對歐洲的納粹德國。

1941年時間軸

北非的戰火 ■ 租借法案 ■ U艇戰爭 ■ 祕密行動 ■ 德軍入侵南斯拉夫與希臘 ■ 獵殺俾斯麥號 ■ 巴巴羅莎行動 ■ 中東的戰事 ■ 圍攻列寧格勒 ■ 珍珠港

1月	2月	3月	4月	5月	6月
		3月1日 保加利亞簽署三國同盟條約,成為軸心國一員。 **3月4日** 英軍攻擊挪威那維克的輸油設施。	**4月2日** 反英將領拉希德‧阿里在伊拉克奪權,切斷通往地中海的石油補給。 **4月6日** 德軍、義軍和保加利亞軍入侵南斯拉夫和希臘。		**6月4日** 英軍入侵伊拉克,建立親盟國政府。 **6月8日** 英軍和自由法軍進入敘利亞和黎巴嫩。
1月5日 澳軍占領埃及邊界附近的利比亞城鎮巴第亞(Bardia)。	**2月6日** 隆美爾將軍奉命前往利比亞協助慘遭痛擊的義軍。 **2月7日** 義軍第10軍團在貝達佛姆(Beda Fomm)投降;英軍占領班加西(Benghazi)。	**3月7日** 英軍部隊抵達希臘。 **3月9日** 義軍對希臘發動攻勢,但之後失敗。	**4月10日** 美軍占領格陵蘭,朝在大西洋上支持英國又邁進了一部。 **4月10日** 隆美爾進攻托布魯克,2萬4000名盟軍部隊被圍困。		**6月22日** 巴巴羅莎行動:德軍入侵蘇聯,義大利和羅馬尼亞也對蘇聯宣戰。黨衛軍特別行動部隊(Einsatzgruppen)展開屠殺行動。
1月22日 羅盤行動(Operation Compass):利比亞港口托布魯克(Tobruk)向盟軍投降。	**2月12日** 隆美爾抵達的黎波里,接掌非洲軍指揮權。		**5月8日** 英軍在冰島外海俘虜U艇U-110,取得奇謎(Enigma)密碼機。 **5月20日** 德軍發動水星行動(Operation Mercury),傘兵空降克里特島。		
	2月25日 英軍占領義屬索馬利蘭首都摩加迪休。	**3月11日** 美國總統羅斯福簽署租借法案,允許美國向英國和其他盟國供應軍火,同時又在理論上保持中立。	**4月17日** 南斯拉夫向納粹投降,並在英國成立流亡政府。 **4月18日** 英軍挑戰伊拉克親軸心政府,英伊戰爭(Anglo-Iraqi War)展開。		**6月26日** 芬蘭對蘇聯宣戰。 **6月27日** 匈牙利對蘇聯宣戰。
		3月24日 隆美爾發動奇襲,攻占利比亞的歐蓋來。 **3月27日** 南斯拉夫爆發政變,推翻親軸心國政府。	**4月23日** 希臘政府和國王喬治二世(George II)撤往克里特島。 **4月27日** 德軍占領雅典。	**5月24日** 德軍戰鬥艦俾斯麥號擊沉英軍戰鬥巡洋艦胡德號(Hood)。 **5月27日** 皇家海軍鍥而不捨地追擊,終於擊沉俾斯麥號。	**6月28日** 德國攻占明斯克。數以萬計的蘇聯士兵被殺或被俘。

「不論我們要花多久時間來戰勝這場有預謀的入侵，美國人民憑藉**公理正義的力量**，一定會戰鬥到底，**贏得絕對的勝利。**」

美國總統羅斯福在珍珠港後對國會發表演說，1941 年 12 月 8 日

7月	8月	9月	10月	11月	12月
7月3日 史達林宣布實施「焦土政策」。 **7月7日** 美軍進駐冰島。 **7月14日** 盟軍推翻敘利亞的維琪法國政府。	**8月5日** 德軍攻占斯摩稜斯克（Smolensk）。 **8月7日** 史達林親自擔任大元帥，領導紅軍。	**9月3日** 奧許維茨（Auschwitz）集中營首次使用毒氣室。 **9月8日** 長達 900 天的列寧格勒圍城戰展開。	**10月2日** 德軍發動颱風行動（Operation Typhoon），目標莫斯科。 **10月15日** 俄國降下這年冬天有記錄的第一場大雪。		**12月7日** 日軍轟炸美國海軍基地珍珠港，美國和英國在次日宣戰。
	8月9日 羅斯福和邱吉爾在紐芬蘭外海的船上會面，並簽署《大西洋憲章》，闡明他們對戰後世界的願景。		**10月16日** 蘇聯政府遷離莫斯科，轉往庫伊比雪夫（Kuibyshev）。	**11月15日** 德軍展開朝莫斯科的最後進擊。	
7月24日 日軍占領法屬印度支那。 **7月31日** 戈林要求萊因哈德・海德里希（Reinhard Heydrich）提出猶太問題的「最後解決方案」。	**8月12日** 希特勒下令部隊轉向，離開莫斯科向南進攻，穿越烏克蘭前往克里米亞。		**10月18日** 陸軍大臣東條英機擔任日本首相。	**11月18日** 英軍展開十字軍行動（Operation Crusader），解救被包圍在托布魯克的部隊。隆美爾被迫退回歐蓋來。	**12月11日** 德國和義大利對美國宣戰。 **12月13日** 德軍從莫斯科撤退，組成「冬季防線」。
	8月25日 德軍和基輔附近的俄軍交戰，阻止他們撤退。這場作戰在基輔以東包圍了將近 50 萬名俄軍。	**9月29日** 納粹德國黨衛軍部隊在基輔外圍的娘子谷（Babi Yar）屠殺數萬猶太人。		**11月26日** 當日軍艦隊航向夏威夷群島時，美國對日本發出最後通牒，要求日本退出軸心國。	
	8月25日 英國和蘇聯入侵伊朗，以保護油田不受軸心國攻擊。		**10月19日** 莫斯科正式宣布進入戒嚴狀態。 **10月21日** 南斯拉夫的烏斯塔沙（Ustaša）法西斯分子對塞爾維亞人進行大屠殺。	**11月27日** 德軍戰車進抵莫斯科外圍。 **11月28日** 希特勒會見耶路撒冷的大穆夫提（Grand Mufti），同意阿拉伯人對英國採取行動。	**12月19日** 希特勒擔任德國陸軍總司令。 **12月25日** 香港向日軍投降。

陸軍大將東條英機

AVENGE PEARL HARBOR
OUR BULLETS WILL DO IT

105

納粹符號下的生活

到了 1941 年，歐洲絕大部分地方都已經被納粹德國掌控，只有愛爾蘭、葡萄牙、西班牙、瑞典和瑞士這五個國家保持中立。有上億人生活在德國統治下。大部分人都默默接受了被占領的命運，有一些人合作，也有一些人反抗。

肉眼可見的納粹占領徵象包括德軍駐守、公共建築升起納粹符號旗、宵禁、配給、身分證，以及撲天蓋地的納粹文宣。占領區的政府各有不同，但都要遵循來自帝國中央的指令。在某些地區，德國人允許原本的政府繼續存在，因為他們發現透過願意合作的人來治理更加有效，例如挪威的威德昆·奎斯林這樣的親納粹分子，或是比利時和匈牙利的極右翼團體。波蘭、波羅的海諸國和蘇聯西部則完全由德國統治，建立由納粹官員領導的軍事政府，例如波蘭總督漢斯·法蘭克（Hans Frank）。德方在比利時和法國北部也建立軍事政府。唯有丹麥國王克利斯提安十世（Christian X）得以留下來繼續治理他的國家，主要是因為希特勒認為丹麥人也屬於亞利安人種，

猶太區的生活
1942 年時，納粹士兵在華沙猶太區逮捕猶太人。從 1939 年起，波蘭猶太人就被成群趕入猶太區內，當局打算讓他們在裡面活活餓死。猶太區裡疾病盛行，食物配給有限，失業率相剛高。

希望這個國家可以支持他對抗共產主義。但這位國王磊落地拒絕合作，因此德國在 1943 年接管丹麥。在被占領的歐洲各地，柏林都依賴武力或武力威脅來確保大家合作，也仰賴各級行政首長、警方和其他地方官員的順從。

短缺與貧困
占領對民間生活的衝擊則視狀況而定。從表面上看來，納粹在西歐的占領行為似乎沒有惡意。根據希特勒的世界觀，西歐人跟德國人類似，因此能夠以合理的文明方式對待，但從事抵抗活動會受到懲罰。雖然平民試著讓生活一如往常，但卻有相當大的改變。占領者廣泛實施宵禁和審查，活動受到限制，且時時會有被攔下和搜身的風險。除了糧食、衣物和汽油配給以外，德國也壓榨占領區的資源，以便滿足占領軍的需要，或是德國國內的戰時需求。隨著一般食品供應減少，排隊購買食物的狀況開始出現，而當地人民就必須想辦法

湊合找到替代品。在法國，大家開始食用一種稱為酪蛋白的蛋白質，還有用橡子製成的替代咖啡。木鞋取代了皮鞋，腳踏車和燒煤炭的車取代汽油車。黑市也興旺起來，有錢就可以買到東西。但煤炭和木柴消失了，肥皂也一樣。物資短缺的狀況在城市裡最嚴重，但隨著戰爭繼續進行，情況也愈來愈艱困。1941-42 年間，希臘有數萬人挨餓，而在 1944-45 年的冬天，荷蘭有大約 6000 人死於饑饉。在東歐，占領造成的衝擊最嚴重。希特勒和納粹政權認為斯拉夫人——波蘭人、俄國人和波羅的海國家的居民

13,152 1942 年 7 月 16-17 日，法國當局在巴黎拘捕的猶太男女及兒童人數。之後他們被驅逐到奧許維茨。

——還有猶太人都是次等人，沒有必要存在於世界上。在納粹觀點裡，他們應該要被消滅，以便為德意志「優等民族」騰出所謂的生存空間。東歐的占領軍以殘酷手段對待當地人民，忽視人權，逼迫他們離開家園，以便讓德國移民遷入，並搜捕「不受歡迎」分子，像是共產黨員、羅姆人（Roma）和猶太人等。在整個占領區，當局都鼓勵或是逼迫當地居民前往德國工作。

抵抗與通敵
有許多人直接和納粹合作，不論是基於支持還是畏懼，擔任線民或是利用德軍的占領行動為自己牟利。在 1941 和 1942 年，希特勒看似所向無敵，反抗者的下場都十分慘烈，因此大多數人只能從絕望地放棄，變成心不甘情不願地合作。

即使如此，在所有的占領區都還是有人找到反抗的辦法與手段。當局禁止收聽英國國家廣播電台的廣播，但還是有成千上萬的人偷偷收聽，因此到了 1942 年，英國國家廣播公司已經開始用 24 種語言廣播，並時常傳送祕密訊息給法國的抵抗運動人士。荷蘭人民會在觀看納粹宣傳影片的時候直接離場，公共建築牆上隨處可見愛國塗鴉，而丹麥人民則穿著著英國皇家空軍顏色的服飾。一些英勇的人經常冒著被嚴懲甚至被殺的風險協助法國抵抗運動成員，或是援助滲透進入敵軍戰線後方的盟軍官兵。

黃色星星
在絕大部分占領區，猶太人都必須配戴這種六角星形徽章——通常上面還會有「猶太人」字樣。上圖的字樣是荷蘭文，在德國是「Jude」，在法國是「Juif」。

« 前因

德國在戰爭爆發前就已經併吞奧地利和捷克斯洛伐克。戰爭爆發後，德軍部隊又深入歐洲各地。

占領土地
在 1939 和 1940 年之間，德軍占領了波蘭西部（參閱第 58-59 頁），入侵丹麥和挪威（參閱第 74-75 頁），接著又占領比利時、荷蘭和法國（參閱第 76-77 頁）。到了 1940 年 6 月，法國北部淪陷，沒有被占領的法國則成立維琪政府。德軍也在 1940 年占領海峽群島（Channel islands）。

迫害猶太人
1939 年時，歐洲有超過 900 萬名猶太人，當中有許多住在波蘭，超過 50 萬人住在德國。納粹迫害猶太人的起點，是 1933 年通過的《紐倫堡法案》（Nuremberg Laws）。它剝奪了猶太人的公民權，並展開一連串孤立措施。1938 年 11 月，在統稱為「水晶之夜」（參閱第 42-43 頁）的集體迫害事件裡，猶太人的產業、墓地和會堂都遭到攻擊。

掙脫納粹統治的行動一直要到 1944 年才會展開。在被占領的歐洲，生活條件愈來愈差，抵抗的力量則愈來愈強。

抵抗與解放

1942 年夏季，德國的占領區從海峽群島一路延伸到莫斯科近郊，但自 1943 年起，戰爭的潮流已開始逆轉。盟軍祕密單位協助抵抗運動，因此法國的抵抗組織（參閱第 222-23 頁）從 1942 年開始加強活動，而阿爾巴尼亞和南斯拉夫的游擊隊則不斷騷擾占領軍。1944 年，盟軍登陸法國，展開解放行動（參閱第 268-69 頁）。

大屠殺

自 1942 年起，納粹對猶太人的迫害就升級到了「最終解決方案」（Final solution，參閱第 176-77 頁）。各地的猶太人都遭到搜捕，並被押送到類似奧許維茨的滅絕營。到了 1945 年，歐洲的猶太人口只剩下大約 300 萬左右，也就是說至少有 600 萬人遭殺害。統計數字略有不同，但很可能還有另外大約 500 萬人死於集中營內外，當中包括羅姆人、共產黨員、同性戀、殘障人士和所謂的「不受歡迎人士」。

大屠殺受難者（1929-1945年）

安妮·法蘭克
Anne Frank

安妮·法蘭克可說是最知名的大屠殺受難者。她是在德國出生的猶太女孩，全家在 1933 年離開德國前往荷蘭。1940 年，安妮即將 11 歲時，德軍開進荷蘭。納粹在兩年後開始搜捕荷蘭猶太人，安妮一家在朋友的幫助下開始躲藏。他們整整躲了兩年，藏身在一個安妮稱為「祕密附屬建築」的地方，期間她用寫日記的方式記錄她的生活體驗。1944 年時，安妮一家遭到舉發，因此被驅逐。安妮最後不幸死於卑爾根—貝爾森（Bergen-Belsen）集中營，年僅 15 歲，而她的日記躲過戰火，在戰後出版。

猶太人的遭遇

在納粹占領的歐洲各地，猶太人不管到哪裡都遭到迫害。占領軍抵達後，當地官員就奉命提供猶太人名單，接著他們就會被剝奪各種權利，無法上學、去餐廳用餐或出入公共場所。不久猶太人就開始被拘捕，強迫進入猶太區，或是被驅逐到位於東方的集中營。許多地方會成立猶太居民委員會（Jewish Council），他們會和納粹官員合作，扮演的角色在日後一直充滿爭議。在法國，驅逐猶太人的步調比較緩慢，但自 1941 年開始，他們也遭到驅逐。驅逐的模式在每個被占領的國家都大同小異，有些勇敢的人會冒著生命危險協助猶太人藏匿，或是幫助他們逃亡。在東歐，最嚴重的迫害當屬特別行動部隊每天負責執行的

表面假象

巴黎被占領後，日常生活似乎回歸往常。餐廳和酒吧恢復營業，德軍官兵和巴黎市民並肩而坐。卐字標誌的出現和民生日益艱困則拆穿了這個一切如常的謊言。

大規模滅絕行動。猶太區是 1939 年時在波蘭成立的，而從 1942 年起，就有數十萬人被送往集中營處死。

「這場可怕的戰爭總有一天會結束……我們會再次成為人，而不只是猶太人。」

安妮·法蘭克日記內容，1944 年 4 月 11 日

德軍占領下的生活

1940 年 5 月，德軍開始占領歐洲。他們以迅雷不及掩耳的速度先後占領了荷蘭、比利時、盧森堡和法國。1940 年 6 月 14 日，德軍進入巴黎。由於德軍進兵神速，法國陸軍和巴黎市民措手不及，因此沒有太多的抵抗。

「我們星期五早上才發現德軍占領了這座城市。當時有幾輛法國█駕駛的消防車停在我們旅館樓下，然後我們就看著他們把香榭麗舍大道（Champs Elysées）圓環周圍的四面巨幅法國國旗拿下來。接著他們開始把鼓吹法國國民購買戰爭債券的海報撕掉。我們跑出去看即將進入的軍隊，他們沿著拉法葉路（Rue Lafayette）前進，經過馬德萊娜教堂（Madeleine）進入協和廣場（Place de la Concorde）……那些德軍穿越巴黎市中心時那種漫不經心的態度實在令人吃驚。他們還在跟法國作戰，卻甚至連派兵守衛他們通過的林蔭大道都懶得。

　　第一批抵達的德軍相當年輕，精神抖擻、鬍子刮得乾淨……我們在那個豔陽高照的上午站在馬德萊娜教堂前，跟一小群法國人一起看著德軍通過。他們好奇地環顧著這座美麗的城市，絕大多數人都是這輩子第一次來……我們四周的法國█默不作聲地看著這個隊伍，表現出官方建議的那種尊嚴與冷靜。

　　占領巴黎之後的幾天裡，德軍高官根本就不理會巴黎市民……我們的宵禁從 9 點開始，接著是燈火管制……巴黎……現在看起來就是一座軍事城市。林蔭大道上一直有閱兵活動，還有軍樂隊演奏，飛機低空飛過市區的轟鳴噪音也不絕於耳……在占領第二天的下午……卡車載著第一批法軍戰俘穿過協和廣場，人群愈聚愈多，他們朝著敗戰之軍蜂擁而來，女人和女孩跟在他們後面跑，有些人還在哭泣……占領的第三天是 16 號星期日，天氣晴朗而涼爽，但這個時候巴黎已經習慣了一批又一批滿載德軍部隊和火砲的軍車……」

記者戴馬利·貝斯（Demaree Bess）目擊德軍占領巴黎，1940年6月

生活如常
1940 年 7 月 14 日，也就是法國國慶日（Bastille Day），德軍軍官和巴黎市民一起坐在香榭麗舍大道上的露天咖啡座。儘管被德軍占領，咖啡廳和餐廳已經恢復營業，巴黎的生活也幾乎恢復正常。

前因

1940 年夏季，希特勒的部隊橫掃低地國，並進入法國，絕大部分歐洲被納粹掌控。

波蘭

1939 年波蘭遭德蘇兩國蹂躪時（參閱第 58-59 頁），可能有多達 10 萬名波蘭軍人逃往中立國。而淪為蘇聯戰俘的人數約為兩倍，其中有幾萬人最後被蘇聯祕密警察殺害，很多是陸軍軍官。

德軍在 1940 年的戰果

1940 年 4 月，希特勒征服丹麥和挪威（參閱第 74-75 頁）。丹麥政府和國王在整場戰爭期間都留在國內，盡可能不和納粹合作。丹麥的商船隊和格陵蘭（Greenland）及法羅群島（Faroe Islands）兩處屬地也由同盟國掌控。挪威的國王和政府奮勇抵抗納粹攻擊，但不幸失敗，之後流亡英國。

低地國和法國

所有的西北歐國家都在 1940 年 5 月和 6 月被占領（參閱第 76-83 頁）。荷蘭和盧森堡政府流亡英國，比利時的政治領導人物選擇逃亡，先是在維琪法國停留一段時間，之後又有一些人再轉往倫敦，才建立真正的臨時政府。法國則是完全不同的狀況。由貝當元帥領導的維琪政權理論上是法國投降後的合法政府。在 1940 年，並沒有太多人相信戴高樂將軍的自由法國會在日後接下這個角色。

流亡政府

隨著德國增強控制歐洲的力道，成千上萬人逃離家園，流亡海外。在逃往英國的難民之中，有許多被占領國家的王室和政治人物，以及他們的陸、海、空三軍官兵。他們全都願意加入盟軍陣營，和納粹侵略奮戰到底。

1940 年 4 月 9 日一大清早，德軍巡洋艦布呂歇號悄悄駛進挪威的奧斯陸峽灣（Oslofjord）。德軍的計畫是逮捕挪威國王和他的內閣成員，藉此迫使挪威投降。但布呂歇號被挪威岸防砲台發射的魚雷擊沉，國王哈康七世和家人順利逃脫並

20 1940 年時全世界的油輪中挪威籍船隻所占的百分比。英國戰時石油進口有超過三分之一是由挪威船隻運送的。

繼續戰鬥，直到 6 月大勢已去時才流亡海外。

挪威國王哈康七世不是唯一一位以戲劇性方式逃過俘虜命運的國家領導人。到了 1941 年夏天，倫敦已經成為十幾個被占領國家的王室、政府、反對勢力領導人和抵抗運動者的安身立命之處。他們全都希望早點返回家園，恢復合法統治。

1939 年 9 月的災難過後，波蘭部會首長在巴黎建立流亡政府。但 1940 年 5 月德軍入侵法國後，他們又逃往倫敦。荷蘭王室以令人敬畏的威廉敏娜女王（Queen Wilhelmina）為首，也是逃往倫敦避難。

比利時淪陷時，比利時國王雷奧波德三世（Léopold III）投降，但政治領導人後來把政府遷移到倫敦。1940 年 6 月 17 日，眼見法國即將戰敗，曾短暫擔任內閣部長的年輕將領夏爾·戴高樂也逃往倫敦。戴高樂極力反對剛建立的維琪政府，並在英國

為理想奉獻

1942 年在倫敦，戴高樂將軍接見來自法國殖民地聖皮埃赫和密克隆（Saint Pierre and Miquelon）的志願人員。這座島位於紐芬蘭外海，先是效忠維琪政府，之後在 1941 年加入自由法國陣營。

國家廣播公司發表多次廣播演說，要求法國國民繼續挺身戰鬥：「法蘭西

為返鄉受訓

1942 年在英國受訓的捷克斯洛伐克部隊。1944 年時，有一個捷克裝甲旅在法國作戰，協助圍攻德軍在敦克爾克的駐軍。1944-45 年時紅軍也有捷克人組成的單位。

為自由而飛

從 1940 年起到戰爭結束，波軍戰鬥機飛行員一直代表皇家空軍奮勇作戰。由波蘭飛行員組成的第 303 中隊號稱在不列顛之役中擊落最多敵機。

雖然輸掉這場會戰，但還沒輸掉這場戰爭！」

繼續戰鬥

有些流亡政府沒有充沛資源，只能完全依靠盟國支持，首先是英國，之後是透過租借法案取得美國幫助。有些政府則有能力負擔相關開支，例如荷蘭和挪威可以透過商船隊賺取高額收入，比利時則透過非洲殖民地的礦產賺取財富。對同盟國來說，荷蘭和挪威這樣的流亡政府就是各自國家的合法政府，這點毫無異議。但有些國家的狀況就複雜許多。戴高樂的自由法國政府一直要到法國絕大部分國土都已從德國人手中解放出來以後，才在 1944 年 10 月被英國和美國正式承認是法國的臨時政府。之前那段日子裡，盟軍自 1941 年起就陸續解放法國領土，許多人都採取了政治動作，想要合併自由法國和這些地方的政治人物與武裝部隊。但戴高樂逐漸在這些政治折衝中獲勝，同時也成功維護了法國作為獨立國家的權利。

但東方的狀況就不同了。戰爭結束時，蘇聯占領了全部的區域，史達林只打算依照他認為合適的方式統治，不顧任何後果。

> **1939 年時**，波軍潛艇歐澤烏號（Orzel）的艇長生病，艇員無法返國，因此停泊在中立的愛沙尼亞港口內。他們雖然被逮捕，但卻駕駛潛艇脫逃，在挪威外海擊沉一艘納粹運兵船。

強烈的反共偏見。史達林完全不打算讓他們返回本國掌管他們的國家。

波蘭也許是史達林無情手段下最值得注意的受害者。當波蘭在 1939 年覆滅時，成千上萬波蘭人經由羅馬尼亞逃往西方，但有另外數十萬人被蘇軍俘虜，當中有許多人更不幸遇害。之後有大批波蘭人獲准離開蘇聯，加入和西方盟國並肩作戰的同胞，但有些波蘭人則加入由蘇軍編成的作戰單位，等到紅軍進抵波蘭邊界時，史達林也建立第二個（共黨）波蘭流亡政府，並確保這個政府在戰爭結束後仍扮演主要角色。

所有流亡政府都需要肩負的主要職責之一，就是和他們的人民保持接觸，並鼓勵他們反抗德軍占領。許多依然在荷蘭本土生活的國民都十分盼望聽到威廉敏娜女王在橙色電台（Radio Oranje）的廣播，他們只能偷偷收聽（在德國占領區，收聽英國

15,000 1940 年蘇軍在卡廷（Katyn）和其他地方殺害的波蘭軍官人數。納粹在 1943 年宣布發現他們的萬人塚。

廣播是違法行為）。英軍特種作戰團（Special Operations Executive, SOE）和所有流亡政府合作，安排幹員混入被占領國，成立反抗組織。戴高樂的自由法國之所以會被認可為法國的合法領導政權，原因之一就是他們在被占領的法國成立全國抵抗委員會（National Resistance Council），負責協調抵抗活動。

武裝部隊

許多受過訓練的官兵和政府一起逃亡，並編組成作戰單位，和英軍及其他盟軍部隊並肩作戰。有超過 1 萬 9000 名波蘭人在英國皇家空軍服役，波蘭陸軍有一個軍在義大利作戰，還有一個裝甲軍在西北歐作戰。而 1940 年 5 月時，荷蘭也有一支艦隊駐防在荷屬東印度群島，只是絕大部分船艦都在 1941-42 年開始和日軍交戰後不久被擊沉。

最後，規模最大的流亡政府軍隊就是法軍。戴高樂的支持者一開始不多，但他陸續爭取到多個法國非洲殖民地的支持。1942 年 11 月盟軍發動火炬行動入侵西北非之後，當地原本效忠維琪政府的大批法軍部隊就轉而投效戴軍陣營。1944 年 8 月，法軍第 1 軍團負責反攻法國南部，勒克萊爾將軍（Leclerc）指揮的裝甲師則在同一個月領導盟軍部隊解放巴黎。

瓦迪斯瓦夫‧西科爾斯基將軍（Wladyslaw Sikorski）在 1920 年代擔任波蘭總理。他先是在法國出任波蘭流亡政府總理和部隊總司令，接著轉往倫敦。德國進攻蘇聯時，他和史達林談判並達成協議，釋放蘇軍手中的波軍俘虜，以便和希特勒作戰。但史達林並沒有承諾在戰後恢復波蘭領土。西科爾斯基在 1943 年死於空難，且有傳聞指出空難的原因是人為破壞。

後果

有些流亡政府衣錦還鄉，在祖國未來的政治發展中發揮重要作用，但有些就沒這麼幸運了。

西歐

西歐國家的流亡政府返回各自的國家，建立民選民主政府。政治變動在所難免——例如比利時的雷奧波德國王最後就因為他在戰時扮演的角色而被迫退位。所有的國家都面對整合問題，也就是讓留在本國英勇奮鬥的抵抗人士和流亡在外領導人以及其他曾在國外服役的人融為一體。

倫敦的戴高樂將軍紀念銘牌

東歐

捷克斯洛伐克和波蘭的政府在戰後都曾經有一段時間同時有流亡倫敦的人士和蘇聯扶持的共產黨人。1947-48 年，共黨勢力透過暴力和選舉舞弊奪取了這兩國的控制權。至於南斯拉夫的戰時流亡政府則因為內鬥而名聲掃地。由於南斯拉夫大部分領土都是狄托（Tito）領導的共黨游擊隊解放的，因此他們成為新政府。

「法國之戰結束並不代表這場戰爭結束。這是一場**世界性的戰爭**。」

戴高樂將軍從倫敦廣播，1940 年 6 月 18 日

自由法國領袖 1890年生，1970年卒

夏爾·戴高樂

「法國抵抗的火焰絕對不能、也不應熄滅！」

夏爾·戴高樂首次在倫敦廣播，1940年6月18日

戴高樂將軍愛國、個人主義、經常不好相處，是自由法國軍的指揮官，也是法國流亡政府領導人。

戴高樂很年輕的時候就從軍，在第一次世界大戰期間服役於貝當上校麾下。他在凡爾登負傷，並在戰俘營待了32個月。他一直是個知識分子，戰後擔任過的工作包括在法國戰爭學院擔任教官，並曾在波蘭服役，貢獻卓越。戴高樂曾被任命為國防委員會祕書，原本前程似錦，但他在1930年代因為直言不諱的批評而得罪了一些政治人物和高階將領，升官之路因此中斷，就此被打入冷宮。

抵抗運動領袖
自由法國的國旗由戴高樂挑選，是在原本的三色旗上添加洛林十字（Cross of Lorraine）。十字架象徵對抗侵略法國的敵人。

第二次世界大戰爆發時，戴高樂在阿爾薩斯指揮裝甲部隊。他曾預測德軍會穿越荷蘭和比利時推進，並支持組建更多裝甲單位，但他的看法大多都被忽略。他在蒙科內（Montcornet）和科蒙（Caumont）進攻挺進的德軍部隊，成為德軍無情侵略行動中唯一一位迫使德軍撤退的法軍指揮官。他身為准將，被任命為國防次長，且

在作戰期間呼籲英法結盟，但法國內閣拒絕他的提案。此時貝當出任總理，強烈反對停火並與德國合作的戴高樂就在1940年6月17日逃往倫敦。次日他就對法國人民發表廣播演說，呼籲抵抗到底。他和邱吉爾都希望其他人能加入他的行列。貝當說戴高樂是賣國賊，並在缺席審判中判處他死刑。

自由法國

從這個時候開始，戴高樂的角色政治成分就比軍事成分多。他的目標是推動自由法國運動，他從倫敦領導指揮。邱吉爾支持他，但美國總統羅斯福有所保留，因為他認為戴高樂的首要重點是恢復法國的獨立地位，而非更遠大的同盟國戰爭目標。

戴高樂的自由法國軍剛開始只有那些在法國被占領時僥倖逃出的部隊，但位於撒哈拉以南非洲（sub-Saharan）的法國殖民地（例如查德和喀麥隆）都陸續加入戴高樂的陣營，法屬印度支那和其他較小的區域也是。自1941年開始，自由法國就在利比亞、埃及、敘利亞和黎巴嫩等地與盟軍並肩作戰。

當地下反抗運動開始在法國境內生根之後，自由法國運動就開始蓄積力量。戴高樂自然認為自己應該成為這個運動名義上的領導人，並把它命名為戰鬥法軍（Fighting French Forces）。他派遣密使前往法國，嘗試統一各個抵抗團體，由他統籌領導，這個目標在1943年全國抵抗委員會成立時算是達成了一部分。

1943年，戴高樂離開倫敦，在

人高馬大的夏爾
戴高樂身高194公分，穿著將軍戎裝時儀表堂堂、氣勢威武。

阿爾及爾建立基地。他在那裡和北非自由法國部隊總司令亨利·吉羅將軍（Henri Giraud）共同成立法國全國解放委員會（French Committee of National Liberation, FCNL），但之後戴高樂就有技巧地透過政治手段讓吉羅淪為次要角色。

緊張與解放

1944 年 6 月，自由法國軍規模成長到超過 30 萬名正規軍人，而戴高樂在法國也愈來愈受歡迎，但戴高樂和其他同盟國領導人之間的關係依然緊張。許多人認為他只是我行我素的自走砲，他想要恢復法國榮光的決心偏離了這場戰爭的遠大目標理想。戴高樂經常在決策過程裡被邊緣化，並懷疑英國和美國企圖影響法國的未來，這種種狀況都讓他感到惱怒。

當戴高樂在 1944 年宣布，以他為首的法國全國解放委員會要改稱為法國臨時政府時，事件終於爆發。羅斯福和邱吉爾對此感到憤怒，他們拒絕認可戴高樂的行為，並且不讓他參與計畫入侵諾曼第的大君主行動

抵抗的火焰
法國淪陷後，戴高樂在 1940 年 6 月 18 日首度從英國國家廣播公司播音室對法國人民發表演說。

1940 年 6 月 18 日的呼籲
戴高樂的名言「法蘭西雖然輸掉了這場會戰，但還沒輸掉這場戰爭！」不在 6 月 18 日廣播的官方文稿內。

（Operation Overlord）。1944 年 8 月 25 日，戴高樂在第 2 裝甲師和美國陸軍的前導下進入巴黎，法國人民認定他就是法國的新領袖，到了 10 月同盟國便承認了他是法國的領導人。值得注意的是，戴高樂沒有受邀參加 1945 年 2 月的雅爾達會議（Yalta Conference），「三巨頭」——史達林、

羅斯福和邱吉爾——三人形塑了戰後的歐洲。他也沒有受邀參加接下來的波茨坦會議（Potsdam Conference），這場會議決定了德國的未來。但在法國國內，戴高樂卻是英雄。他擔任戰後政府的第一位領導人，接著在 1946 年辭職，但卻在 1958 年再度擔任總統。戴高樂在任內處理了兩次發生在阿爾及利亞的叛亂，並贊同法國擁有獨立自主核武打擊能力的方針，也為歐洲統合做出努力。

> 「既然那些應該揮舞法蘭西之劍的人弄掉了劍……**我已經撿起破碎的劍刃。**」
>
> 戴高樂的演說，1940 年 7 月 13 日

法國報紙祝賀巴黎解放

領導上的對手
戴高樂將軍抵達北非，和自由法國軍總司令吉羅將軍會談（左）。羅斯福比較想讓吉羅擔任戰後法國的領導人。

① 警告大家切莫「禍從口出」（美國）

② 同盟國即將擊敗納粹德國（美國）

⑦ 招募海報（義大利）

③ 海軍招募海報（加拿大）

④ 呼籲勞工為投入戰爭做出貢獻（加拿大）

⑤ 慶祝初期的海戰勝利（日本）

⑥ 展現空權的威力（日本）

宣傳

宣傳是團結人民、推動特定理想或事業的有力手段。它能夠操縱輿論、協助招募、激發愛國熱忱、推廣意識形態和信念，還可以提供大眾安全資訊。

① 美國的「禍從口出」海報強調敵人間諜的危險。珍珠港事件過後，為了預防起見，日裔公民遭到拘禁。② 這幅反納粹海報呼籲大眾支持美國的同盟國和他們的理念。③ 這張加拿大海軍募兵海報要求「做得好……做得快……他們的勝利就會是你的」。皇家加拿大海軍（Royal Canadian Navy）原本只有六艘驅逐艦，到戰爭結束時已經發展成世界規模第三大的海軍。④ 加拿大的戰時生產海報強調「這是我們的戰爭」。加拿大和英國站在同一陣線宣戰的決策一開始就引發爭論。⑤ 這張海報歌頌日軍航空隊的勝利，並強調「飛機會左右戰鬥的結果」。⑥ 戰爭債券海報呼籲日本國民購買債券，以支持1937-45年間日本政府對中國的戰爭。⑦ 義大利的募兵海報鼓勵男性加入高射砲兵，海報中的裝填手神似墨索里尼。⑧ 英法兩國都使用過這張警告眾人保密防諜的海報。當局要求民眾不要討論船隻動向、戰時生產或部隊移防的話題。⑨ 英軍在緬甸投擲的傳單，目標是削弱日軍士氣，警告他們「沒有現代化武器就死定了」。傳單文字以多種語言書寫，勸告緬甸人民不要和日本人站在同一陣線。⑩ 在這張蘇聯和盟國合作擊敗納粹的海報裡，蘇聯被描繪成出力最多的一方。⑪ 蘇聯軍火工業海報描繪工廠勞工為了戰爭做出的直接貢獻。數十萬名蘇聯婦女受雇投入生產工作。⑫ 蘇聯反納粹文宣把敵人描繪得毫無人性，刺激蘇聯人民採取行動。蘇聯民族主義力量強大，令德國大吃一驚。⑬ 自由法國的海報把自由法國比喻成鐵砧，協助同盟國組成的鐵鎚擊垮納粹。⑭ 德國燈火管制海報提醒平民要遵守燈火管制規定：「敵人可以看見你的燈光！」⑮ 這張納粹的反蘇反猶海報呈現出烏克蘭境內挖出亂葬崗的景象，站在屍體上方的人物是一個猶太布爾什維克政委。許多烏克蘭人都為德國對抗蘇聯人。⑯ 反蘇海報把德國描繪成歐洲的救世主，保護歐洲不受邪惡蘇聯侵犯。

⑪ 頌揚軍火工業做出偉大貢獻（蘇聯）

⑧ 提防間諜（英國）

⑨ 瓦解日軍士氣的傳單（英國）

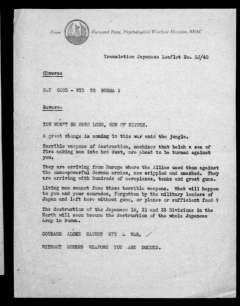

⑩ 同盟國合作絞死希特勒（蘇聯）

⑫ 呼籲消滅希特勒的野獸（蘇聯）

⑬「在鐵鎚⋯⋯和鐵砧之間」（自由法國）

⑭ 警告平民不要讓轟炸機發現燈光（德國）

⑮ 烏克蘭反猶文宣（德國）

⑯ 拯救歐洲不受蘇聯惡龍侵擾（德國）

祕密戰爭

在整場戰爭裡，同盟國和軸心國都運用各種密碼技術，在世界各地傳遞敏感的軍事和外交情資。幕後有一支由密碼破譯員組成的大軍，在絕對機密的環境裡工作，攔截並破譯這些情資。整體來說，同盟國占了優勢。

德國最關鍵的設備就是「奇謎」密碼機。這種機器原本是為商業用途開發的，德國海軍在 1926 年採用其中一個型號，之後德國陸軍又採用另外一個型號。到了 1935 年，奇謎密碼機已經成為德國武裝部隊的標準裝備。奇謎密碼機能以好幾百萬種方式給訊息加密，若要迅速加密和解密軍事指令，奇謎密碼機是相當理想的選擇，這點在德軍的閃電戰術中證明十分實用。1932年時，三個波蘭密碼專家成功複製了一台奇謎密碼機，並在開戰前幾週把他們了解的一切告知英法兩國。

奇謎是極端複雜的機器。它擁有三個主要部件：一組用來輸入普通字母的鍵盤；一組干擾單元（原本由三個字母轉子組成，之後改成四個），

可以把普通字母轉換成密碼；還有一塊會發光的燈板，可以顯示加密的字母。而鍵盤的下方則有插座板，含有六條電纜線。

奇謎的安全性來自於組裝的方式。轉子可以按照不同順序排列，並在任何位置對齊，還可以設定成不同的轉動速度。同樣地，電纜線也能以不同的組合方式插上奇謎。根據每月發放的密碼手冊，所有這些設定每天都會更動。

德國人相信奇謎密碼絕對無法破解。為了破解這套密碼，英國政

發送密碼
德軍士兵用奇謎密碼機加密訊息。一人操作機器，第二人誦讀加密的字母，第三人則寫下訊息。

奇謎密碼機
奇謎密碼機看起來就像一般的打字機，但卻是一種電動機械裝置，可以透過預先設定的轉子，把語句打亂成完全不符邏輯順序的字母。它能以超過 15800 萬兆種不同的方式加密訊息。

前因

破解密碼的技巧——也就是密碼學——在第一次世界大戰期間突飛猛進，英國破解了德國的密碼。

英國情報

德國的軍事和外交訊息由一套複雜的數字密碼發送。1917 年初，在倫敦海軍部 40 室（Room 40）工作的英方密碼破譯員破解了德國外交部長阿圖爾·齊默爾曼（Arthur Zimmermann）以及德國駐美國華盛頓大使之間往來並轉發到墨西哥的主要通訊，內容是承諾墨西哥如果對美國宣戰，就可取得美國領土。這則消息被洩漏給美國媒體，在美國 1917 年 4 月對德宣戰一事中發揮了重大的影響力（參閱第 16-17 頁）。

摩斯電碼

俄國不給訊息加密，而是透過摩斯電碼（Morse code）發送。德軍在 1914年戰爭初期獲得重大勝利，必須歸功於德軍通訊情報局攔截的電碼。

摩斯電碼發送器

府召集傑出的數學家、語言學家和科學家組成的團隊，在白金漢夏（Buckinghamshire）的布萊奇利園（Bletchley Park）成立密碼學校。艾倫·圖靈（Alan Turing，參見下一頁）以早期的波蘭版本為基礎，在這裡設計出一組電動機械，可以用來破解奇謎密碼。它運用一種稱為流量分析的程序，可以辨認出訊息是透過哪一款密碼機加密的，進而降低了奇謎密碼的許多變量。

對盟軍來說幸運的是，奇謎密碼

2 有些歷史學家認為，英國在 1941 年破解德國的奇謎密碼，讓戰爭縮短了兩年。

有一個缺陷：加密後的字母絕對不會是自己。此外，有些訊息非常類似，例如有一段由六個字母組成的加密內容在每天清晨 6 點 5 分發出，結果這六個字母就是「wetter」，德文「天氣」的意思，發布當天的天氣預測。像這樣的線索，還有每天設定密碼機時會出現的程序錯誤，再加上擄獲的密碼本，讓布萊奇利園獲得了所需

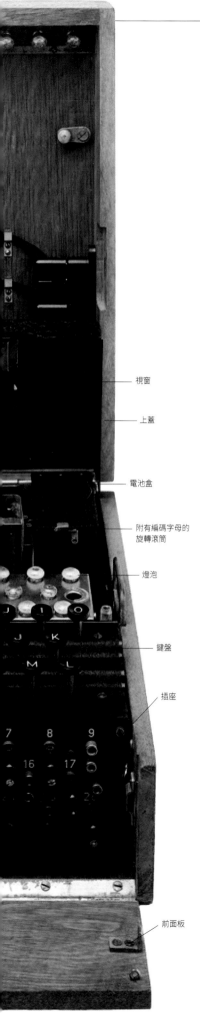

視窗

上蓋

電池盒

附有編碼字母的旋轉滾筒

燈泡

鍵盤

插座

前面板

巨像計算機
巨像（Colossus）是布萊奇利園開發的，可用來破解德國高層通訊時使用的最複雜洛倫茲密碼（Lorenz code）。共有十部機器日夜運轉，每月可破譯 600 則最高機密訊息。

的幫助。從 1941 年開始，他們就已經能破解所有德國海軍的奇謎密碼。透過這種方式取得的重大情報——代號「極端」（Ultra）——證實是揭露北大西洋德軍 U 艇位置的關鍵，能協助盟軍船艦迴避 U 艇攻擊。邱吉爾把

的紅色密碼機傳送。幸運的是，由威廉·佛里德曼（William Friedman）領導的美國陸軍通訊情報局（Signals Intelligence Service）攔截到一則兩款密碼機都有加密的訊息，此外他們也發現了紫色密碼運用的電話科技。掌握這兩點以後，他們在 1940 年 9 月破解了這套密碼，接著就複製出一組紫色密碼機，用來破解日本的外交訊息。在珍珠港事件前，美國政府就是透過紫色密碼察覺日本即將終止和平

數學家（1912-54年）
艾倫·圖靈 Alan Turing

圖靈在劍橋大學攻讀數學後，在 24 歲時撰寫了一篇詳細介紹現代計算原理的論文。在這篇論文中，他想像出一種萬能的計算機器，能透過程式來解決一些數學問題。圖靈是布萊奇利園的首席密碼破解專家之一，他在破解奇謎密碼的過程中促成了一些關鍵的突破。由於圖靈在戰時的成就被保密到家，因此直到最近，大家才能徹底認識到他的天才。

「那些**下金蛋**卻從來不會咯咯叫的鵝。」
邱吉爾描述布萊奇利園的解碼團隊

「極端」的成果視為祕密武器，稱之為「金蛋」。

美國的密碼破解
在大西洋的另一邊，美國則努力破解日本的「九七式字母打字機」（Alphabetic Typewriter 97），它在 1939 年首度用於加密外交訊息。它的代號是「紫色」，因為它是以早期另一款已被美國人破解、代號「紅色」的密碼機為基礎。

紫色密碼由一部機器產出，這部機器由兩組電動打字機鍵盤組成，中間由電纜線和開關連接，以標準電話轉接板技術為基礎。但不是每一座日本使館都有這款新機器，因此許多訊息還是以老舊

談判。但他們始終未曾徹底破解海軍的 JN-25 密碼，因此當日本海軍的轟炸機攻擊太平洋艦隊（Pacific Fleet）時，美軍被殺個措手不及。

日軍使用機器，美軍則使用密碼口譯員，特別是美國原住民納瓦荷人（Navajo）。他們接受召募，在太平洋戰區和美軍合作，用他們獨一無二的母語發送和接收軍事訊息。使用納瓦荷語的好處是他們能夠以說話的速度作業，比先前使用密碼機加密和解密訊息的繁複系統優異許多。

「紫色」密碼機
日本人使用的「紫色」密碼機和奇謎密碼機不同的地方在於，它使用電話交換技術來加密和解密訊息，而不是旋轉式加密器。

後果 ≫

即使二次大戰結束了許多年，布萊奇利園英國解碼專家的成果依然是最高機密。

以保密之名
「極端」的檔案全都被隱藏起來，且儘管巨像是世界第一部可程式化的電子計算機，它還是逃不過被破壞的命運，藍圖也被銷毀。

協助贏得戰爭
破解隆美爾的密碼讓蒙哥馬利在北非戰役（參閱第 182-83 頁）中有了優勢。在大西洋戰役（參閱第 204-05 頁）裡，盟軍因為「極端」的情資得以讓船隻改道、遠離危險，並協助在 D 日（參閱第 254-55 頁）之前確認諾曼第地區德軍兵力的規模與位置。

美國原住民納瓦荷人密碼口譯員

U 艇戰爭

大西洋戰役是決定英國存亡的戰鬥。若沒有了海上補給線，英國人民就會挨餓，英軍的戰車、艦艇和飛機也不會有燃料。每個月都會有數以百計的船隻往來英國各港口，因此德軍的 U 艇有許多目標可以選擇。

<< 前因

1940 年 6 月法國投降前，英國和德國在海戰中都只取得零星勝利。

英國的補給線

1939 年時，英國有一半的糧食、所有的石油和許多其他原物料都要靠進口。第一次世界大戰時，德軍的潛艇部隊試圖切斷英國的補給線，而且差點就成功了。但二次大戰爆發時，德國海軍服役的潛艇數目相對較少，且建造新潛艇並非德國的優先要務。

英軍擴充

和在陸地上一樣，1939-40 年的海戰發生頻率並不高。德軍 U 艇獲得一些勝利，像是在皇家海軍的主要艦隊基地擊沉戰鬥艦皇家橡樹號（參閱第 62-63 頁），但德軍對英國貿易的打擊成果有限。事實上，英軍獲得喘息空間，可建立運輸船團系統並運作，且開始大幅擴充反潛艦隊戰力。挪威原本保持中立，但在遭到德軍進攻之後（參閱第 74-75 頁），其龐大的商船隊就由同盟國控制，足以抵銷德軍 U 艇在早期造成的損失。

U 艇王牌（1912-1998 年）

奧圖・克芮特許莫 Otto Kretschmer

克芮特許莫在 1930 年加入德國海軍，二次大戰期間成為各國海軍當中戰果最豐碩的潛艇指揮官，共擊沉 47 艘船，當中大部分是商船，但也有軍艦。因此他在德國國內聲望極高，且有個受歡迎的稱號「大西洋之狼」。1941 年 3 月，克芮特許莫指揮的 U-99 潛艇在一場運輸船團戰鬥中被擊沉，他淪為戰俘，在盟軍戰俘營裡待了六年。戰爭結束後，他成為西德海軍將領。

戰爭的第一年裡，德軍 U 艇對英國補給線採取的行動雖然有效，但也很有限。這一切都在法國淪陷後改觀。德軍把潛艇基地遷到法國西部港口，潛艇因此能夠經由直接的短程途徑接近主要的大西洋航線。

來自水面下的威脅

從 1940 年 6 月到當年年底，U 艇每個月都擊沉好幾十艘盟國船隻。U 艇部隊指揮官卡爾・多尼茨（Karl Dönitz）採用所謂的「狼群」戰術，讓成群的潛艇在夜間對海面上的運輸船團發動攻擊。

戰爭一開始，皇家海軍極為信賴原有的反潛探測裝備，也就是現在所

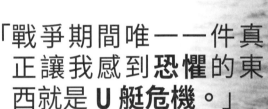

追蹤敵艦
一名 U 艇艇長用潛望鏡對準敵艦，他的軍官則讀出儀表數據，可用來調整魚雷瞄準的方向。

謂的聲納。這種裝備使用聲波來偵測沒入水中的潛艇，但卻無法定位在水面上航行的潛艇。晚上或天氣惡劣時，很難用肉眼發現在水面航行的潛艇。海軍可以使用雷達，但此時雷達才剛剛開始逐步引進而已。1940 年下半年，

「戰爭期間唯一一件真正讓我感到**恐懼**的東西就是 **U 艇危機**。」
溫斯頓・邱吉爾

1940年1月到1941年12月間，每月被擊沉的商船數目

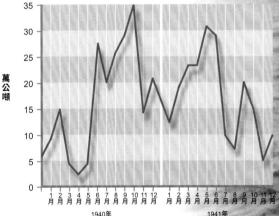

萬公噸

1940年　1941年

1940-41 年的大西洋之役

當德軍在 1940 年取得法國境內的新潛艇基地時，擊沉數目急遽上升。但 1941 年英軍和加軍開始護航時，這個數字就下降了。

海上加油
為了讓在海上巡邏的潛艇保持在最多的數量，一些較大型的潛艇——例如之前用來布雷的 U-116 潛艇（上）——就被用來為較小型的攻擊用潛艇進行補給和加油，例如 VIIc 型潛艇 U-406。

魚雷計算機
各國潛艇艇員都會以估計目標船艦的航向與航速為基礎，使用類似這部機器的複雜裝置來設定魚雷的航向和路徑，作為發射依據。

U艇利用這個弱點，經常潛入運輸船團的編隊，在短短一兩小時內大開殺戒，一次最多可擊沉好幾艘船，接著再藉著暗夜掩護逃離。幾位著名的U艇「王牌」，例如奧圖・克芮特許莫（Otto Kretschmer）、君特・普利恩（Gunther Prien）、埃里希・托普（Erich Topp）、約阿辛・雪普克（Joachim Schepke）和其他一些U艇艇長，都造成嚴重打擊。

改善戰術
對這段期間的英軍來說，這很明白就是生死存亡的問題。為了對抗U艇威脅，商船編組成船團，但船團只能以當中最慢的船的速度前進，且在出航前需要花時間編排隊形。
航向英國的船隻都滿載補給物資，幾乎無一例外。要是有任何一艘被擊中，就會像石頭一樣沉到海裡，且萬一不幸沉沒的話，船員只有不到一半會幸運生還。1940年10月，有一支運輸船團被六艘U艇發現，當中四艘是由「王牌」指揮。結果盟軍共損失17艘船，還有船上運載的寶貴物資。

因為這樣的德軍攻擊，英軍只能在往返北美的航線上為運輸船團提供更長距離的護航，但這種也許可以救命的護航船艦數量卻嚴重不足。不過英軍的戰術也逐漸改善，例如發展出一種稱為護衛艦的艦艇，這種小型軍艦排水量低於1000公噸，雖然航速緩慢，且天氣惡劣時船員會非常不舒適，但卻配備非常有效的反潛武器。

空中掩護的問題
英軍也為運輸船團陸續引進更多空中支援，包括來自陸上基地及可搭載飛機的船艦，但數量一直都不足。雙方都運用無線電截聽到的情報和破解密碼取得的資訊來發動或迴避攻擊。德軍在這方面占上風，但從1941年春天開始，英軍有幾個月時間扳回一城。

在這一整年裡，儘管美國官方態度維持中立，但卻愈來愈投入大西洋上的戰事。雖然大多數美國人沒有發現，但「中立」的美國海軍實際上從1941年中開始就已經和盟軍並肩作戰，當時破解的密碼透露希特勒並不打算和美國開戰。但在1941年秋天，已經有幾艘美國軍艦受創或沉沒。1941年12月7日珍珠港遭到偷襲後，希特勒居然愚蠢地改變想法，對美國宣戰，等於是注定了自己戰敗的命運。不過在1942年的前六個月裡，U艇還是襲擊美國沿岸航運，在美國東岸製造混亂。

由於美國海軍高層指揮嚴重失當，所以他們花了好幾個月才在大西洋西部和加勒比海區域採行合適的護航運輸船團制度。儘管德軍潛艇並不適合在離本國這麼遠的地方作戰，但U艇艇長依然獲得一次又一次的成功。到了當年年中，盟軍已經可以更有效地反擊，但情況也很清楚，大西洋戰役中的U艇威脅離結束還遠遠得很。

60 戰爭期間順利運抵英國的貨物百分比——等於有40%的貨物因為船隻被擊沉而損失。這代表食品和其他基本物資的配給會變得更嚴格。

後 果 ⟫

大西洋戰役一直持續到戰爭最後一天，但在1942年年中，盟軍就篤定勝利了。

造船廠之戰
1942年7月是二次大戰中盟軍商船下水數量首次超過被德軍U艇擊沉的數量的月分。到了1943年中，美國進行大規模造船計畫（參閱第168-69頁），代表同盟國商船總數已經超過1939年時的水準，並且在1944和1945年間繼續成長。

U艇艇員徽章

德軍損失
德軍U艇是注定要失敗的。盟軍逐漸增強的反潛兵力和先進的科技在大西洋戰役裡（參閱第204-05頁）篤定了這點。自1945年起，大部分U艇甚至在第一次巡航前就被擊沉。在U艇部隊中服役的官兵有四分之三陣亡。

U艇上的生活

德軍 U 艇有時被形容成「鐵棺材」，主要用來攻擊盟軍運輸船團。艇員在艇上狹小的空間裡生活和工作，最久可長達連續三個月。艇上伙食不錯，只是食物常常發霉，且空氣很不好。水則相當珍貴，因此要盡量避免梳洗。在戰爭初期，U 艇作戰效果顯而易見，但到了 1943 年 5 月，德軍損失不斷往上升，攻擊成功率卻下降了。

「我們現在正在跟這個冬天裡最嚴重的 2 月暴風雨搏鬥，得想辦法開出去。從大西洋的東邊到西邊，在一陣又一陣的狂風鞭笞下，海面如沸水般不斷翻滾冒泡、巨浪奔騰。U-230 在汩汩的漩渦中掙扎往前航行，在波濤起伏如山巒般的海面上下顛簸。它被高聳的海浪拋入空中，然後又被另一陣波浪托住，傾刻之間又被埋進無數噸的海水中，之後又有無數噸海水淹來。無情狂風以高達每小時 241 公里的速度橫掃翻滾的海面……當我們站哨時，狂風用大雪、凍雨、冰雹和冰凍的浪花來迎接我們，打在我們的橡皮潛水衣上，如刮鬍刀一般劃過我們的臉龐，甚至要扯掉我們的眼罩……在我們腳底下不斷左搖右晃的鐵貝殼裡，潛艇劇烈地上下擺動，先讓我們撞到地板，再把我們直直往上拋，我們像木偶一樣被丟來丟去……

　　艇上的日常已經取代追逐和戰鬥的緊張刺激，而且是會讓人瘋掉的日常。這艘小船不斷翻滾又落下，不停地傾斜和抖動，各種器皿、零件、工具甚至是我們的糖漬食品都如雨點般一直砸在我們身上。瓷杯和瓷盤在甲板上摔個粉碎，泡在汙水中的我們只能直接吃罐頭裡的東西。人被關在這個充滿汗水的搖晃大鐵桶裡，以堅忍的態度看待所有這些千篇一律的動作。也許偶爾會有人脾氣爆發起來，但士氣依然高昂，大家都是有耐心的老兵。船上的每個人看起來都一樣，散發同樣的味道，嘴裡講的話不論好壞也都那幾句。我們已經學到在長度不超過兩輛火車車廂的狹窄鋼管內一起生活，我們容忍所有其他人的缺點，也熟悉所有其他人的各種習性──每個人怎麼笑、怎麼咆哮、怎麼說話、怎麼打鼾、怎麼啜飲咖啡、怎麼愛撫麵包。隨著平淡無奇的每一天過去，壓力就慢慢累積，但只要看到肥美的運輸船團，就可以在一瞬間煙消雲散。」

U艇艇長赫貝爾特·維爾納（Herbert E. Werner）描述U-230潛艇上的生活

擁擠的起居條件
U 艇大約有 40 位艇員，只能在裝滿魚雷和儲備糧食的狹窄空間裡一起生活。他們也要共用舖位，一個人去值四個小時的班時，另一個人就可以睡在他的舖位上。

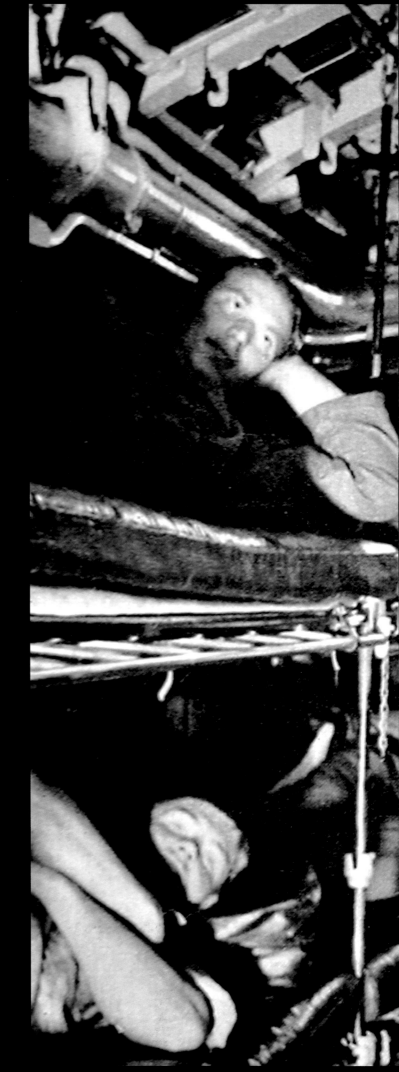

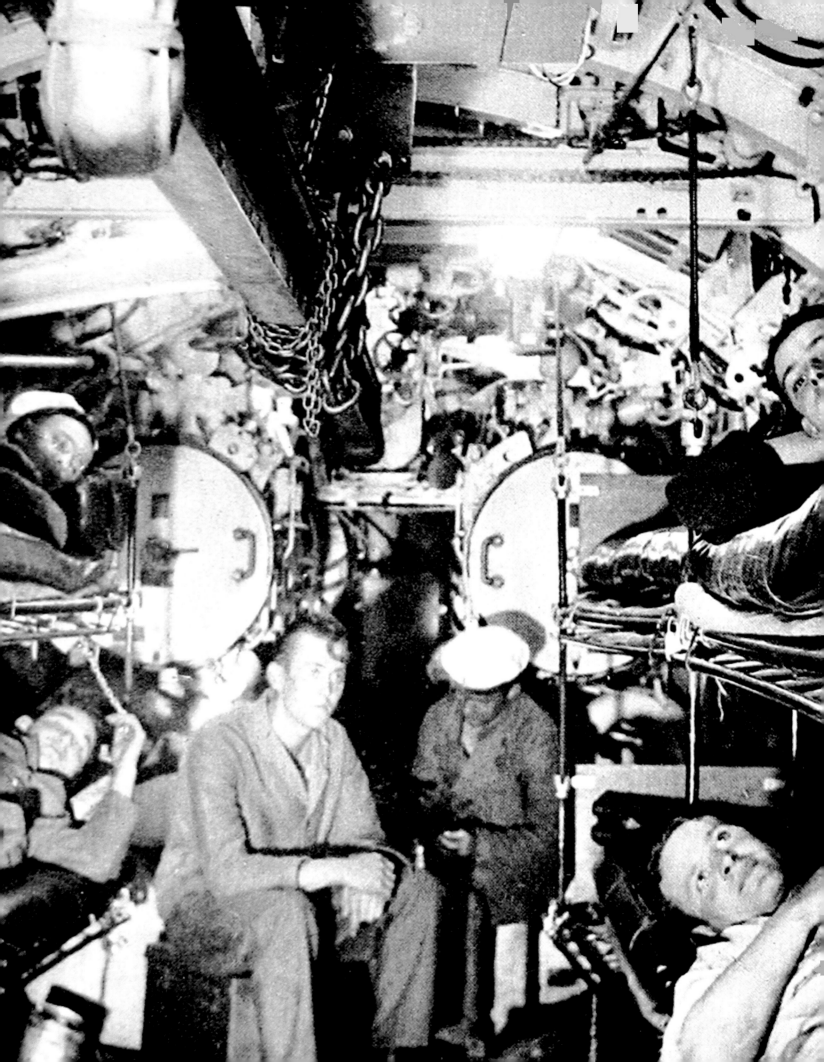

獵殺俾斯麥號

1941 年春天，德軍的主力水面作戰艦艇已經對英國至關重要的補給航線造成廣泛的破壞與干擾。現在，一艘嶄新的戰鬥艦俾斯麥號已經做好準備，比之前的任何船艦都更加危險。皇家海軍的任務之一就是要獵殺俾斯麥號。

儘管德國海軍（Kriegsmarine）在 1930 年代開始重建，但若是要重建戰力到可以在艦隊決戰中挑戰英國皇家海軍的程度，會需要花費相當長的時間。海軍上將芮德爾戰前提出的「Z 計畫」是把這個時間點設定在 1944 年左右。在此期間，除了派出 U 艇攻擊英國的海上航運以外，德國海軍也會布署水面作戰艦艇，對英國商船進行遠洋襲擊。

隨著戰爭腳步進逼，英國察覺到德國的威脅，但仍然受到戰間期時海軍裁軍條約的束縛。因此英國在 1930

監控海平面
在沙福克號（HMS Suffolk）上值瞭望哨的一等水兵阿爾佛列德·紐沃爾（Alfred Newall）。紐沃爾據說是第一位目擊俾斯麥號通過丹麥海峽的人。

年代晚期開始動工建造的新式戰鬥艦喬治五世國王級（King George V）的設計，依然限制在 3 萬 5000 公噸，但德國的大型軍艦全都蓄意打破了這個限制。

1940 年末和 1941 年初，袖珍戰艦謝爾海軍上將號（Admiral Scheer）和戰鬥巡洋艦沙恩霍斯特號（Scharnhorst）與格耐森瑙號（Gneisenau）在大西洋和印度洋成功發動襲擊。到了 1941 年春天，比英國任何軍艦都更令人畏懼的德國海軍最新戰鬥艦、4 萬 2000 公噸的俾斯麥號已經做好戰鬥準備，和它一同出擊的還有重巡洋艦歐根親王號（Prinz Eugen）。希特勒一向不太願意冒險派出德國海軍最被看重的艦艇，但芮德爾說服他，此時正是派出俾斯

麥號和較小的僚艦投入戰鬥的大好時機。沙恩霍斯特號和格耐森瑙號此時正停泊在法國港口布勒斯特，準備執行新的作戰任務，如果它們可以和俾斯麥號會合，就會是戰鬥力極高的組合。海軍中將君特·呂顏斯（Günther Lütjens）是這場作戰的總指揮，他想等到其他船艦都能加入的時候，但他的意見被芮德爾駁回。這支德國海軍特遣艦隊在 1941 年 5 月 18 日啟航，從波羅的海東部朝北海航行。

瑞典海軍提供的情報資訊和挪威

外海的空中偵察結果告訴英方，俾斯麥號已經開始行動。所有盟軍重型艦艇都已經進入警戒狀態，偵搜部隊也加快速度掩護俾斯麥號可以用來接近大西洋主要航道的航線。

丹麥海峽海戰

德軍戰艦在冰島西北方被目擊，之後向西南方逐漸消失，穿越丹麥海峽（Denmark Strait）。英軍大型艦艇不可避免地分散在各處，而戰鬥艦威爾斯親王號（Prince of Wales）和戰鬥巡洋艦胡德號（HMS Hood）是當中距離最近的，因此奉命前往攔截。

5 月 24 日清晨，雙方開始接觸。幾分鐘之內胡德號就遭到攻擊，結果一陣大爆炸把這艘戰鬥巡洋艦炸成兩截，艦上 1418 名船員只有三人生還。威爾斯親王號雖然比俾斯麥號還新，但尚未完全做好戰鬥準備，因此也嚴重受創，被迫退回安全的地方。

儘管胡德號艦齡老舊，且設計已經過時，但卻被視為皇家海軍的驕傲，它的損失是一大打擊。在俾斯麥號在運輸船團的航線上肆虐之前就得把它擊沉，這件事變得比以往任何時候都重要。對盟軍來說幸運的是，這艘船在離開時並非毫髮無傷。兩發由威爾斯親王號發射的砲彈造成俾斯麥號燃料外洩，呂顏斯因此決定返回法國西部的港口維修。由於英軍大型作戰艦艇從四面八方逼近包圍，德軍艦艇決定分頭逃逸，一時之間也擺脫許多追擊的英艦。5 月 26 日，俾斯麥號再度被一架巡邏的飛機發

> ## 「我們會戰到最後一彈。元首萬歲。」
> 呂顏斯將軍從俾斯麥號上發出的最後一則無線電訊息

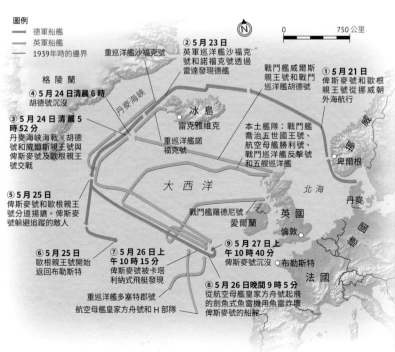

圖例
- 德軍船艦
- 英軍船艦
- 1939年時的邊界

重巡洋艦沙福克號

格陵蘭

② 5 月 23 日
英軍巡洋艦沙福克號和諾福克號透過雷達發現德艦

戰鬥艦威爾斯親王號和戰鬥巡洋艦胡德號

① 5 月 21 日
俾斯麥號和歐根親王號從挪威朝外海航行

④ 5 月 24 日清晨 6 時
胡德號沉沒

丹麥海峽

冰島

雷克雅維克

③ 5 月 24 日清晨 5 時 52 分
丹麥海峽海戰。胡德號和威爾斯親王號與俾斯麥號及歐根親王號交戰

重巡洋艦諾福克號

本土艦隊：戰鬥艦喬治五世國王號、航空母艦勝利號、戰鬥巡洋艦反擊號和五艘巡洋艦

卑爾根

挪威

北海

⑤ 5 月 25 日
俾斯麥號和歐根親王號分道揚鑣。俾斯麥號躲避跟蹤的敵人

大西洋

丹麥

戰鬥艦羅德尼號

愛爾蘭

英國

倫敦

德國

⑥ 5 月 25 日
歐根親王號開始返回布勒斯特

⑦ 5 月 26 日上午 10 時 15 分
俾斯麥號被卡塔利納式飛艇發現

⑨ 5 月 27 日上午 10 時 40 分
俾斯麥號沉沒　布勒斯特

法國

重巡洋艦多塞特郡號
航空母艦皇家方舟號和 H 部隊

⑧ 5 月 26 日晚間 9 時 5 分
從航空母艦皇家方舟號起飛的劍魚式魚雷機用魚雷炸壞俾斯麥號的船舵

0　　　　750公里

戰鬥的俾斯麥號

一發現俾斯麥號，皇家海軍隨即開火，但它們不是俾斯麥號 15 英吋口徑主砲的對手。胡德號在三分鐘內就被擊沉，原因是有一枚砲彈穿透它的彈藥庫。

現，此時它距離安全的法國海岸線只有 30 小時的航程。從航空母艦皇家方舟號（Ark Royal）起飛的劍魚式（Swordfish）魚雷機奉命前往執行攻擊，把握最後的這個機會，結果成功命中兩枚，其中一枚還把俾斯麥號的船舵炸壞卡住。此時這艘船只能無助地繞圈緩慢航行，淪為英軍唾手可得

714 在最後的戰鬥中發射的 14 英吋口徑（喬治五世國王號）和 16 英吋口徑（羅德尼號）砲彈數量。大約有 80 發擊中俾斯麥號，但很可能沒有擊穿它的主裝甲帶。

的目標。英軍戰鬥艦喬治五世國王號和羅德尼號（Rodney）於次日清晨抵達，把俾斯麥號轟成一堆廢鐵。儘管英軍還發射了多枚魚雷並且命中，加大了破壞程度，但其實俾斯麥號一直堅持到被自己的船員鑿沉。俾斯麥號上的 2222 名船員之中，僅有 115 人幸運得救。英軍成功地為胡德號報仇，英國大西洋生命線的一大威脅就此消除。不過俾斯麥號的姊妹艦提爾皮茨號（Tirpitz）此時也接近完成戰鬥準備了。

德軍生還人員獲救

許多俾斯麥號的生還者在它下沉時幸運浮上海面，但只有少數人被英軍船艦救起，包括圖中的多塞特郡號。後來它們就因為害怕 U 艇發動攻擊而被迫離開。

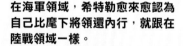

後果

在海軍領域，希特勒愈來愈認為自己比麾下將領還內行，就跟在陸戰領域一樣。

歐根親王號
和俾斯麥號分別後，歐根親王號原本應該要繼續單獨執行通商破壞作戰，但因為輪機問題不得不放棄任務返回法國。

挪威的基地
因為失去俾斯麥號，希特勒開始抗拒用主力艦艇來冒險進行遠洋掠襲任務。但他認為盟軍打算入侵挪威，所以下令海軍把大型作戰艦艇派往當地，這樣它們也可以襲擊航向俄國的盟軍運輸船團。

海峽衝刺
停泊在法國西部的德軍軍艦遭到皇家空軍轟炸，但歐根親王號、沙恩霍斯特號和格耐森瑙號在 1942 年 2 月從位於布勒斯特的基地出發，光天化日之下大膽經由英吉利海峽脫逃。然而皇家空軍攻擊造成的傷害限縮了派往挪威的艦隊規模，而沙恩霍斯特號與提爾皮茨號最後還是都在挪威海域被擊沉。

1940 年訓練中的俾斯麥號

像俾斯麥號這樣的主力艦艇都需要很長時間的試航，以便改善建造時的缺陷並訓練合格的船員。俾斯麥號剛開始之所以能獲勝，原因之一就是威爾斯親王號上還有造船廠工人在校正砲塔的問題。

沙漠戰爭

跟這場戰爭中任何其他戰區相比，命運搖擺這個因素在北非更能左右戰局。首先有一方占上風，然後換另一方占上風，迫使對手展開漫長且有時候陷入恐慌的撤退。沙漠裡絕大部分地方沒有道路，也沒有飲水，是相當惡劣的作戰環境。

當墨索里尼在 1940 年 6 月參戰時，義大利其實尚未做好參與二次大戰的準備。儘管墨索里尼自吹自擂，但義大利經濟疲弱，武裝部隊儘管規模龐大，卻充滿弱點。一般義軍士兵有戰鬥熱忱的並不多，訓練也不足。義軍將領有更多時間在享受奢華生活，而不是準備作戰。此外官兵的武器也是二流水準。空中和海上也是差不多的狀況。由於生產標準不如人意，許多義大利海軍的艦砲精準度都不夠，空軍則還仰賴過時的雙翼機，轟炸機也仍停留在戰前水準。義大利的經濟過度衰弱且管理不良，無法改善這些問題。

義大利的帝國

1940 年時，義大利在北非和東非有重要殖民地。現在的利比亞在當時由義大利統治，而在非洲之角，厄立垂亞和義屬索馬利蘭（現在索馬利亞的南部）曾經是義大利在戰前征服阿比西

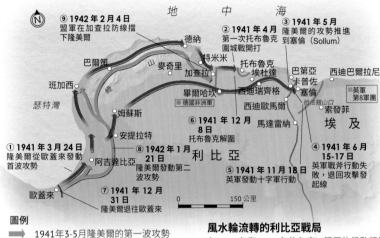

⑨ 1942 年 2 月 4 日
盟軍在加查拉防線擋下隆美爾

② 1941 年 4 月
第一次托布魯克圍城戰開打

③ 1941 年 5 月
隆美爾的攻勢推進到塞倫（Sollum）

德納　特米米　托布魯克
巴爾第　山　麥奇里　加查拉　埃杜達　巴第亞　西迪巴拉尼
　　　　　　　　　　　　　卡普佐　塞倫
班加西　　　畢爾哈坎　西迪瑞齊格　　英軍
　　　　　　　　西迪歐馬爾　哈法雅山口　第8軍團
　　　　　　　　　　馬達雷納　索發菲　埃 及
　　姆蘇斯　　　⑥ 1941 年 12 月 8 日
瑟特灣　　　　托布魯克解圍
　　安提拉特
① 1941 年 3 月 24 日
隆美爾從歐蓋來發動首波攻勢
　　阿吉達比亞　利 比 亞
⑧ 1942 年 1 月 21 日
隆美爾發動第二波攻勢
　　　　⑤ 1941 年 11 月 18 日
　　　　英軍發動十字軍行動
④ 1941 年 6 月 15-17 日
英軍戰斧行動失敗，退回攻擊發起線
歐蓋來
⑦ 1941 年 12 月 31 日
隆美爾退往歐蓋來

0　　　150 公里

圖例

➡ 1941年3-5月隆美爾的第一波攻勢
➡ 1942年1-2月隆美爾的第二波攻勢
── 英軍防線
── 軸心軍防線

風水輪流轉的利比亞戰局

在 1940 年和 1941 年的年底，盟軍的行動都是向西前進數百公里到歐蓋來，但又在之後的幾個星期裡被德軍主導重新發動的軸心軍攻勢擊敗，一路敗退。

尼亞（今日衣索匹亞）的基地。若要進攻英國控制的埃及境內的蘇伊士運河，打擊對英國來說攸關生死的帝國生命線，這兩個地方都占有地利之便。英國駐紮在中東的陸空軍部隊規模較小，且在法國的災難及德軍的入侵迫在眉睫的這個當下，他們在第一時間很難指望有任何援軍。

1940 年 9 月 13 日，義軍第 10 軍團的 25 萬名部隊從利比亞出發，越

> 隆美爾十分懂得臨機應變，許多吃過虧的盟軍指揮官為他取了「沙漠之狐」的外號。

過邊界進入埃及，然後小心翼翼地停下。大英帝國在埃及的部隊（來自印度、澳洲、紐西蘭、英國）雖然人數不到對方四分之一，卻還是準備反攻。

希特勒介入

英軍在 12 月 7 日進攻，立即大獲成功，第一時間就突破幾乎所有的義軍前線陣地，而從 1 月起展開的第二階段進攻更深入利比亞境內。義軍部隊全速撤退，每天都有數千人被俘虜。

希特勒無法容許他的主要盟友義大利如此輕易就戰敗，因此他派一名野心勃勃的年輕將領——也就是艾爾文・隆美爾——率領一小批部隊前往利比亞，準備阻擋英軍。就在隆美爾抵達的同一時間，英軍在北非的兵力正在縮減，因為在 1941 年初，英軍中東司令部（Middle East Command）的兵

前因

義大利加入希特勒的陣營時，也在地中海和非洲開闢了全新但危險的戰線。

義大利參戰

義大利在 1940 年 6 月對英法兩國宣戰（參閱第 98-99 頁）。義大利擁有龐大的地中海艦隊，在東非和北非都有殖民地。英國陸軍在埃及派駐部隊，保護蘇伊士運河，這是連接大英帝國的亞洲版圖以及阿拉伯石油供應的重要管道。

義軍的早期動向

訓練不良、裝備不佳、指揮不當的義軍第 10 軍團在 1940 年 9 月從利比亞出發，儘管數量超出英軍甚多，但進入埃及後只前進了一點點就停下來，並轉攻為守。

義軍刺刀

義軍投降

1941 年 1 月，澳軍在巴第亞俘虜了大約 3 萬 6000 名投降的義軍。隨著盟軍的沙漠攻勢繼續進行，還會有成千上萬義軍投降。

沙漠中的德軍觀測站
一名士兵操作砲隊鏡來觀察盟軍動向。這種開闊且沒有特徵的沙漠地形特別適合戰車部隊運動,以及長程反戰車砲的射擊。

軍事科技

88公釐砲

德軍的 88 公釐砲是沙漠戰爭中威力最強大的反戰車武器。沙漠的寬闊開放地形凸顯出長距離反戰車武器射擊的重要性,而原始設計是做為高射砲的 88 公釐砲擁有相當高的砲口初速和平直的彈道,因此十分適合從事這類任務。德軍的戰術是把盟軍戰車引誘到掩蔽的反戰車砲射程範圍內,這類陣地往往配置德軍其他武器,但因為 88 公釐砲名聲太過響亮、令人畏懼,因此許多戰車擊殺的戰果都算在它頭上。

> **「我們有個非常大膽且高明的對手,而且,請容我這麼說⋯⋯ 他也是個偉大的將領。」**
>
> 英國首相邱吉爾評論隆美爾將軍

力被調派去討伐義大利在非洲之角的殖民地。英軍進展順利,到 4 月時就大勢底定,不過殘餘的義軍一直要到 11 月才投降。更重要的是,其他盟軍單位正從非洲撤出,前往希臘增援,準備抵抗德軍入侵,但結果將是徒勞無功。

隆美爾進攻

在這些因素交互影響下,隆美爾有了一展身手的機會。他明白對手目前非常衰弱,因此在 1941 年 3 月 24 日進攻。不到一個月,隆美爾的部隊就收

> 英軍十字軍式(Crusader)Mk VI 巡航戰車比德軍四號戰車速度快,機動性更好,但它只配備輕量級的兩磅砲,裝甲也薄弱,面對德軍優異的火砲射擊戰技時不堪一擊。

復幾乎所有被英軍占領的地方,只剩仍被盟軍占據的港口托布魯克被孤立在德軍戰線後方,要面對長達八個月的圍城戰。

此時的隆美爾正位於漫長且脆弱的補給線末端,沒無法繼續推進。德軍在 5 月和 6 月輕易擊退英軍的兩次小規模攻擊,之後雙方就穩定下來,集結力量,準備迎接下一場大戰。

11 月時,盟軍率先進攻。在整整三個星期裡,雙方在埃及邊界和托布魯克之間打了一連串戰車混戰。儘管英軍喪失開戰時享有的大部分數量優勢,但德軍和義軍的抵抗也慢慢減

弱。托布魯克最後得救,隆美爾只得退往歐蓋來。但接下來,英軍的前進陣地也相對薄弱,一部分是因為原本預計送往非洲的資源被調撥到東方,準備用來對抗日本。隆美爾的部隊獲得戰車、補給和空中支援,在 1942 年 1 月 25 日發動攻擊。盟軍後退,到了 2 月初德軍就已再度奪回絕大部分他們剛喪失的領土。

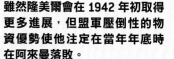

後果

雖然隆美爾會在 1942 年初取得更多進展,但盟軍壓倒性的物資優勢使他注定在當年年底時在阿來曼落敗。

非洲戰役的結果

繼阿來曼(El Alamein)之後,緊接著的是英美聯軍發動火炬行動(參閱第 186-87 頁)。他們在非洲西北部登陸,而蒙哥馬利將軍(Montgomery)的部隊則從埃及穩定地向西推進。來自阿爾及利亞的第 1 軍團在向東推進時遇到困難,但到了 1943 年 5 月,最後一批在突尼西亞作戰的義軍和德軍就已徹底潰敗。

沙漠之狐之死

軸心軍在非洲戰敗後,隆美爾擔任的下一個指揮職是在 1944 年的法國,負責讓德軍做好準備,以面對 D 日入侵行動(參閱第 258-59 頁)。隆美爾在 7 月的一場盟軍攻擊行動裡受傷,而當他在療養時,被人發現他似乎知道一些有關推翻希特勒的陰謀,因此最後被迫自殺。

戰場醫療

第二次世界大戰期間，新武器不但造成駭人的傷，還造成可怕的人命損失。交戰各國急需有生戰力，而改良的醫學技術和藥品則可以幫助士兵在負傷後更快復原，重新披掛上陣。

① 美國紅十字會布章。國際紅十字會是中立的，幫助所有在衝突中被俘虜的人。② 德軍醫療人員使用的臂章。③ 這幅三角旗標示出 D 日一個野戰醫療單位的位置。這個單位派駐過的所有地方都寫在這幅三角旗上。④ 在俄國的炎熱夏天裡，許多士兵因為脫水而就醫，因此水壺是必不可少的配備。⑤ 日軍用的淨水用品組。在熱帶地區，地下水需要先經過殺菌消毒才可飲用。⑥ 這個英軍錫製藥片盒裡裝有醫官使用的止痛藥、鎮靜劑和抗菌劑。⑦ 這些在安恆（Arnhem）找到的德軍牙醫記錄中有一張 X 光照片。巡迴牙醫小組是維護部隊健康的重要一環。⑧ 這頂美軍鋼盔四面都漆有紅十字圖案，這種身分識別方式於 1943 年在北非首度採用。⑨ 內這個由皇家陸軍醫務隊（Royal Army Medical Corps）士官攜帶的背袋裝有藥品、繃帶、夾板和敷料。⑩ 為了處理砲彈破片造成的大面積傷口，英國陸軍在 1915 年引進這種砲彈敷料。⑪ 野戰急救敷料包裡

面有一個防水包，內有兩組敷料和安全別針，通常放在軍褲上的特殊口袋裡。⑫ 日本軍人都會隨身攜帶這種野戰敷料。⑬ 日軍溫度計附保護盒。在熱帶地區，瘧疾、痢疾和黃熱病會引發高燒。⑭ 這個錫盒裝有止血帶，可用來控制四肢的大量出血。⑮ 醫生會攜帶這種方便拿取的錫盒，可用來保護裝在石蠟殼中的藥物安瓿和注射針。⑯ 這個容量 20 毫升的注射針筒是醫生使用的高品質工具。⑰ 這個工具包裝有各式各樣的探針、鑷子，以及其他各種野外手術會使用到的器材。⑱ 這組野戰消毒器含有一個小型酒精燈和托盤，可用來煮沸水，以消毒醫療器材。⑲ 醫務兵使用的醫療用品包。德國陸軍醫務兵會在腰帶上掛兩個這種雜物袋，裡面裝滿敷料和藥品。⑳ 這是醫療人員攜帶的嗎啡安瓿，遇到狀況時一次使用一個，有時士兵也會攜帶。㉑ 這個日軍醫療包內有各種敷料、藥丸和藥品，包括遭遇毒氣攻擊時使用的藥粉。

⑥ 藥品盒（英國）

① 紅十字布章（美國）

② 紅十字臂章（德國）

③ 紅十字旗（英國）

④ 水壺（蘇聯）

⑤ 淨水用品組（日本）

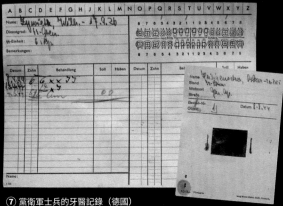

⑦ 黨衛軍士兵的牙醫記錄（德國）

⑧ 醫務兵鋼盔（美國）

⑩ 砲彈敷料（英國）

⑭ 止血帶（英國）

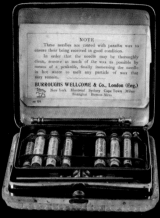

⑮ 裝有藥品和針頭的錫盒（英國）

⑨ 醫療袋（英國）

⑪ 野戰急救敷料（英國）

⑫ 野戰敷料（日本）

⑬ 溫度計與保護盒（日本）

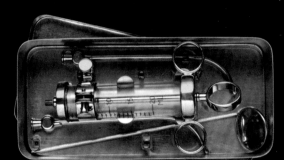

⑯ 注射針筒和保護盒（英國）

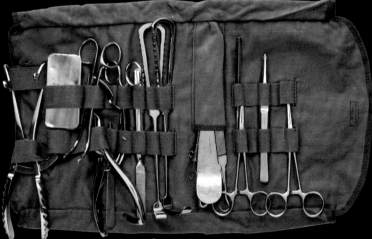

⑰ 手術器材包（英國）

⑱ 野戰酒精消毒器（英國）

㉑ 醫療包（日本）

⑳ 嗎啡安瓿注射器（英國）

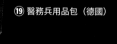

⑲ 醫務兵用品包（德國）

艾爾文・隆美爾
Erwin Rommel

> 「只如果一場仗打贏了也得不到任何東西，就**不要打**。」

艾爾文・隆美爾《步兵攻擊》（Infanterie Greift An，1937 年）

從1940 到 1943 年，德國陸軍元帥艾爾文・隆美爾先後在歐洲和北非因為擅長指揮裝甲部隊機動作戰而聲名大噪。他是戰爭中唯一一位同時受到雙方讚揚的人——1942 年夏天，英國首相邱吉爾形容他是「技藝高超、大膽無畏的對手」和「偉大將領」，而在德國他則是眾所皆知的「國民元帥」。

隆美爾能夠出人頭地，至少有一部分是因為他和納粹黨的緊密連結，納粹黨把他捧為「好德國人」的模範。隆美爾在一次大戰期間就是受動無數的年輕步兵軍官，擁護大膽進攻的戰術教條，正是會吸引希特勒注意的那種戰術家。1930 年代末，希特勒把隆美爾從相對不被注意的軍校教官提拔成為親信人員，讓他指揮元首的護衛營。他們彼此尊重欽佩、惺惺相惜，隆美爾在 1940 年甚至形容希特勒是「軍事天才」。

入侵法國

雖然隆美爾沒有戰車相關經驗，但身為元首的個人親信，他得以在 1940 年 5 月德軍入侵法國時指揮一個裝甲師。結果他的表現證明了這個選擇有多麼正確。他指揮的

聲譽卓著的指揮官

隆美爾穿著德軍將領的全套軍禮服，展示所有獲頒的勳章，包括領口的騎士鐵十字勳章（Knight's Cross of the Iron Cross）。

惺惺相惜

希特勒是隆美爾的超級粉絲，會定期提拔他。雖然隆美爾並未涉入暗殺希特勒的陰謀，但他被參與陰謀的人牽連，因此被迫自殺，以保全家。

第 7 裝甲師從亞耳丁內斯到英吉利海峽地區進軍神速，甚至連德軍指揮高層都無法掌握動向，因此贏得了「鬼師」稱號。隆美爾堅決維持前進的動能，不顧側翼暴露和補給可能不足的風險，在德軍初期的勝利中扮演決定性角色。當戰役結束時，他也算功臣之一，並在 1941 年晉升中將。

沙漠將軍

除了晉升以外，隆美爾因為在大獲全勝的法國戰役裡表現優異而得到的另一個獎勵，就是被派往北非沙漠，首先是指揮德國非洲軍，接著成為北非所有軸心軍部隊的司令官。沙漠戰爭的位置和條件格外適合隆美爾一展長才。由於可以主掌局面（他和高層的關係有時令他不太愉快），他可以隨時把握快速移動和迂迴的機會。隆美爾是靈活的戰術家，總是在最前線指揮，在不斷變動的戰場局勢裡臨機應變，做出充滿想像力的反應。隆美爾在抵達利比亞的那一刻起，就證明即使手上兵力不足，他依然能夠智取移

沙漠之狐

從 1941 年 8 月開始，隆美爾取得北非西部沙漠的德軍和義軍部隊指揮權。他在利比亞展現裝甲作戰的才能，因此贏得了「沙漠之狐」的稱號。

動速度緩慢的英軍部隊。他把手下的裝甲部隊打造成積極主動的勁旅，贏得屬下的忠誠與尊敬，並迅速淘汰他認為沒有達到標準的軍官。軸心軍最後在非洲戰爭裡全軍覆沒，主要是那些隆美爾無法掌控的因素造成的。雖然 1942 年 7 月他的部隊在阿來曼被擋住，9 月在阿蘭哈法嶺（Alam Halfa）止步，最後 11 月時在第二次阿來曼會戰中被擊敗，但他卻已經在一連串注定最終命運的戰鬥撤退和反攻中證明了身為野戰指揮官的傑出技巧。

返回歐洲

1943 年軸心軍在歐洲投降以後，納粹當局不知道要把隆美爾安排到哪裡。戈培爾的宣傳機器已經把他塑造成德國的標誌，但非洲戰敗的陰影已經使他的聲譽蒙上汙點，而他的健康狀況也因為戰爭的壓力而惡化。最後隆美爾被賦予防衛法國海岸的重責大任。

帝國的英雄
納粹宣傳機器充分利用隆美爾身為軍事天才的聲譽。圖為他擔任知名的《信號》雜誌（Signal）封面人物。

「他要是多給我一個師的話我會更高興。」
隆美爾得知被希特勒晉升為元帥後的評論，1942 年

他努力改善諾曼第的防務，但盟軍在 1944 年 6 月的大君主行動成功，卻證明了他的預測是對的：敵人的灘頭堡一旦建立，就無法擊退了。

理想破滅與死亡

隆美爾的個人名譽並沒有被大屠殺或暴行玷汙，他對待盟軍戰俘的方式也堪稱典範，但他也從來都不是納粹意識形態的反對者。然而，因為軍事領導階層連連犯錯，他愈來

愈批評這個體制。到了 1944 年，隆美爾已經預見他的國家會戰敗。他並未參與 1944 年 7 月暗殺希特勒的陰謀政變，但他私底下對戰爭指導方針的批評卻招致懷疑。在諾曼第負傷後的療養期間，當局給了隆美爾兩個選擇：服毒自盡（這樣他的家人就不會受到牽連），或是以叛國者的身分面對審判。他最後選擇自盡，這樣當局就能宣稱他是死於傷勢，維持他身為戰爭英雄的身分。他的悲劇就跟所有那些愛國的德國人一樣，都因為納粹政權帶來的機會而受惠，但卻太遲才發現他們犯下的錯誤。

從前線領導
隆美爾喜歡跟部隊一同行動，從戰車或參謀車上發施號施令，並和總部維持無線電聯繫。

中東的衝突

1941 年時，盟軍的新威脅在中東浮現。伊拉克的民族主義分子打算和德國聯盟，而維琪政權將要迎接納粹部隊進入敘利亞，此外伊朗的中立威脅到至關重要的補給通道。而對英國來說，若是在產油區戰敗，代價將難以想像。

1941 年初，英軍正在非洲和義軍戰鬥（還有此時加入的納粹德軍），並派出更多援軍前往希臘。英國政府認為控制埃及和蘇伊士運河對於連結本國與澳大拉西亞（Australasia）及亞洲至關重要；伊朗和伊拉克也供應英國大量石油。對

1100萬
伊朗和伊拉克每年的原油生產噸數，同盟國若能控制這些國家就能取用。

石油庫存的直接威脅、或透過該區域其他地方造成威脅，都會面臨英國政府強勢回應。

1939 年時，伊拉克政府親英，但許多軍方高層人員親納粹。1941 年 4 月，拉希德・阿里・蓋拉尼（Rashid Ali el-Ghalani）發動政變，掌握政權；

大穆夫提阿明・侯賽尼在柏林
1941 年從伊拉克前往柏林後，這位大穆夫提就協助德方招募伊斯蘭教徒加入德軍，武裝黨衛軍內就有許多來自阿爾巴尼亞和南斯拉夫的穆斯林部隊。

蓋拉尼從伊拉克南邊的重要石油出口港巴斯拉（Basra）阻礙英軍行動，因為中東的英軍部隊所需要的全部油料都是透過經由伊拉克和敘利亞通往海法（Haifa，在今天的以色列境內）的油管輸送。英國當局宣稱英伊條約（Anglo-Iraqi Treaty）已經被撕毀，因此盟軍部隊在 4 月 18 日登陸巴斯拉。

進軍巴格達

英軍的情報顯示，納粹當局透過維琪法國的敘利亞輸送軍事支援給伊拉克。但希特勒其實正忙著入侵蘇聯的計畫，因此提供的資源相當少。即使如此，蓋拉尼仍堅持執行進攻巴格達附近哈巴尼耶（Habbaniya）英軍空軍基地的計畫。哈巴尼耶只有訓練不足的飛行員和教官守衛，但依然堅守不退。英軍在外約旦酋長國（Transjordan）集結一支干預部隊，稱為哈巴兵團（Habforce），共 5800 人，朝巴格達進軍。伊拉克的陸軍不是英軍的對手，且因為缺少軸心國的空中支援而士氣消沉，伊拉克領導人

1940 年敘利亞的法國駱駝騎兵
在戰前，法軍在北非和敘利亞的殖民地部隊中維持駱駝騎兵的編制，部隊的士兵是在當地招募，但軍官和許多士官則來自法國本土。

先逃往伊朗，之後又轉往德國。

維琪當局允許德國飛機使用敘利亞的基地前往伊拉克，因此英國決定入侵敘利亞。「出口商行動」（Operation Exporter）在 1941 年 6 月 8 日上午展開，英軍、澳軍和自由法國部隊奉命壓制效忠維琪政權的當地法軍。經過六個星期的戰鬥後，維琪法軍的指揮官亨利・丹茲（Henri Dentz）在阿克雷（Acre）簽訂停火協議。

德軍在 1941 年 6 月 22 日大舉入侵蘇聯後，盟軍就必須穿越官方中立的伊朗，運送補給前往蘇聯。伊朗（當時稱為波斯）拒絕驅逐當地為數可觀的德國人社群，因此英軍和蘇軍從 1941 年 8 月 25 日開始占領伊朗，只遭遇輕微抵抗。最後，將近有四分之一的盟軍租借法案物資經由伊朗送往蘇聯。

巴勒斯坦的狀況

在戰前，英國對巴勒斯坦的控制因為當地阿拉伯人與猶太人之間的對抗

27號彈藥前車可攜帶32發25磅砲的砲彈。砲班組員坐在牽引車裡，車上也可以載運少量額外的砲彈。

砲口制退器

砲的後膛

砲盾

圓形射擊臺可供火砲快速迴旋

加拿大軍用型卡車（CMP）「四輪傳動」砲兵牽引車是英軍和大英帝國部隊使用的多種車輛之一，主要用來牽引火砲，當中有許多是從英製莫里斯（Morris）C8四輪傳動衍生而來，例如圖中這輛加拿大製造的雪佛蘭（Chevrolet）8440。

25磅砲的砲彈重量就如同它的名稱，重25磅（11.3公斤），和其他國家陸軍的同級火砲相比較輕，但射程不錯，達1萬2250公尺，口徑為87公釐。

服役中的 25 磅砲

在整場大戰裡，25磅砲一直都是英軍主要的師級砲兵武器，每個步兵旅或裝甲旅通常會分配到一個由八門25磅砲組成的砲兵連，但必要時也可以開火支援其他單位。

「中東的阿拉伯**自由運動**自然是我們**對付英國的盟友**。」

阿道夫・希特勒，1941 年 5 月 23 日

以及 1937-39 年所謂的的阿拉伯起義（Arab Revolt）而受到干擾。隨著戰爭進行，英方的基本目標是避免這個區域發生更多麻煩，因此在 1939 年暫時中止猶太人移民，以平息阿拉伯人的

420萬

透過伊朗運往蘇聯的租借法案補給物資重量，幾乎和經由危險的北極航線運送的數量相同。

不滿，偏偏此時正是歐洲猶太人不顧一切想要逃離迫害的時候。猶太領袖因此陷入困境：如果他們挑戰巴勒斯坦的英國當局，等於是間接幫助納粹。

最後，巴勒斯坦猶太人經營的農工產業努力支援英國作戰，數千猶太人加入英軍的巴勒斯坦團，為英軍作戰。他們取得軍火，並接受軍事訓練，這一切在戰後猶太人追求獨立的戰役中都會發揮作用。猶太領袖也盡一切力量援助非法猶太移民前往巴勒斯坦，尤其是在 1942 年初得知有關大屠殺的確切消息之後。這種非法移民在希伯來文中稱為「阿利亞貝特」（Aliyah Bet），嚴重違反英國當局的移民配額。

在絕大部分狀況下，英國都有達到讓巴勒斯坦的阿拉伯人順從的目標。耶路撒冷的大穆夫提阿明・侯賽尼（Amin el-Husseini）是有影響力的領導人，曾協助鼓吹阿拉伯起義，但在 1937 年逃往瑞士。他最後在柏林去世，幫著德國人對穆斯林世界廣播，嚴辭痛批英國人和猶太人在中東的作為。

後果 »

第二次世界大戰後，中東絕大部分國家都變得更接近真正獨立的狀態，還多了一個新國家以色列。

巴勒斯坦與以色列
大屠殺（參閱第 176-77 頁）改變了巴勒斯坦猶太人和猶太復國主義運動的地位。戰爭結束後，許多生還者來到巴勒斯坦，尋求猶太人的家園。經過針對英國占領軍的一連串恐怖行動後，以色列

二次大戰爆發前有47萬猶太人生活在巴勒斯坦。

有25萬納粹受害者在1945到1948年間前往巴勒斯坦。

在 1948 年獨立（參閱第 344-45 頁）。1944 年 11 月，英國副常駐國務公使莫因男爵（Moyne）在開羅遭到猶太復國主義運動恐怖分子暗殺。

阿拉伯聯盟
雖然 1941-45 年中東由同盟國控制，但這個地區所有的國家都在戰後獲得或是再度主張獨立。埃及、黎巴嫩、敘利亞、外約旦酋長國和伊拉克是1945 年阿拉伯國家聯盟（Arab League）的創始會員國。除了其他事務外，他們也呼籲建立獨立的巴勒斯坦國。

英國副常駐國務公使莫因閣下

« 前因

希特勒意圖控制東南歐，而義大利法西斯領袖墨索里尼則認為占領希臘輕而易舉。

義大利在阿爾巴尼亞與希臘

義大利在 1939 年春天兼併阿爾巴尼亞。1944 年 10 月，墨索里尼以阿爾巴尼亞為跳板入侵希臘，但沒有事先通知希特勒。希臘反擊成功，到了 1941 年年初，希軍就已經把墨索里尼的部隊打回了阿爾巴尼亞境內。同一時間，北非的義軍也在撤退。

290萬 1941 年時德國的羅馬尼亞石油消耗量。這是德國的關鍵資源，必須不惜一切代價保護。

巴巴羅莎與巴爾幹半島

希特勒在 1941 年的祕密計畫就是進攻蘇聯，但在東線展開這場戰役之前，不論是透過外交手段或武力征服，他都得先確保巴爾幹半島上南翼的安全。

義軍裝甲車

德軍縱隊深入南斯拉夫

這是南斯拉夫一座城鎮裡的德軍裝甲車和運輸車。許多車輛都掛起德軍旗幟，以免被掌握制空權的德國空軍誤擊。

入侵巴爾幹

1941 年 4 月，希特勒征服了南斯拉夫和希臘，確保德軍入侵蘇聯時的側翼安全。墨索里尼正在撤出阿爾巴尼亞，英軍部隊和轟炸機則開抵希臘，距離羅馬尼亞的油田太近——這是希特勒無法忽視的威脅。

早在德軍在不列顛之役中落敗前，希特勒就已經計畫要實現長久以來的野心——消滅蘇聯，為德國人民在東方占領新的領土。這個攻擊行動預計在 1941 年夏天啟動，但希特勒首先要確保南翼安全無虞。在 1940-41 年的冬季，匈牙利、保加利亞、羅馬尼亞全都迫於壓力，在實質上成了德國的盟國。

在此期間，墨索里尼從阿爾巴尼亞對希臘的進攻可說是荒腔走板。到了 1941 年初，阿爾巴尼亞已有一半的領土都被希臘占領。

希特勒實在無法容忍盟友遭受這樣的屈辱。更嚴重的是，英國的陸空軍部隊正源源不絕抵達希臘，成為德國石油來源羅馬尼亞的潛在威脅，因此希特勒只有選擇進攻希臘。

1941 年 3 月，南斯拉夫統治者保羅親王（Prince Paul）簽署三國同盟條約，勉強同意加入德國集團，但在月底就被政變推翻。希特勒大發雷霆，下令部隊盡快入侵南斯拉夫和希臘。

征服南斯拉夫

德軍在 1941 年 4 月 6 日開始進攻。頭幾波空襲瞄準首都貝爾格勒，總計

大約有 1 萬 7000 名南斯拉夫平民於這些攻擊中喪生。如同南斯拉夫的空軍完全無法與德軍對抗，南斯拉夫的地面部隊不但戰力薄弱，還分散在全國各地，完全不能和進攻的德軍相提並論。

德軍第一波地面攻勢在 4 月 8 日從羅馬尼亞出發，幾天之後才有其他單位從匈牙利和奧地利出發跟著進攻。還有一支義軍部隊從北邊加入，他們遭遇的抵抗十分微弱。南斯拉夫在 4 月 17 日投降，德軍徹底征服這個國家，只有 150 人陣亡。

希臘爭奪戰

盟軍根本沒有為防衛希臘擬定一套協調的計畫。英軍指揮高層希望希臘軍隊從最北邊的領土撤離，並放棄在阿爾巴尼亞攻占的土地，在

德軍 7.62 公釐口徑 MG34 機槍

MG34 機槍是二次大戰期間的德軍標準機槍。它能安裝雙腳架（如圖），由行進中的部隊攜帶使用，也可以安裝三腳架，布署在陣地裡。

照門

進彈口，可使用彈鏈或彈鼓

折疊式雙腳架

扳機經過設計，可選擇全自動或半自動射擊

成功脫身，共撤出 5 萬名官兵，但仍有數千人被俘虜。

空降突擊克里特島

這場戰役的最後階段就是德軍進攻克里特島（Crete）。許多從希臘本土撤出的部隊都被送到這裡，但他們的重兵器不多。當德軍傘兵在 5 月 20 日空降到這座島上時，衛戍部隊頑強反擊，有一度看起來入侵的德軍即將失敗。但他們在緊要關頭奪取了馬勒美（Maleme）的機場，並用運輸機載運大批部隊增援。

結果盟軍再度撤離。有超過 1 萬 1000 名官兵被俘，皇家海軍損失九艘作戰艦艇。德軍在一個多月的時間裡就粉碎了南斯拉夫和希臘，接著他們就掉頭北上，加入對蘇聯的攻擊。巴爾幹半島的戰事根本沒有妨礙到這個行動。

1941 年德軍征服巴爾幹半島

德軍出動六個裝甲師和超過 1000 架飛機率先擊，盟軍根本無法抵抗如此規模的兵力，臨時織的防線很快就被迂迴。

> **南斯拉夫和希臘都因為德軍占領、抵抗活動和內部衝突而深受其害。**
>
> **南斯拉夫的抵抗運動**
> 南斯拉夫有兩個主要的抵抗組織：主要以塞爾維亞人為主的切特尼克（Chetnik）組織，由德拉查·米哈伊洛維奇（Dra a Mihailovic）領導，另外則是共產黨游擊隊，由約瑟普·布羅茲（Josip Broz，但通常稱呼他狄托）指揮。此外在克羅埃西亞，烏斯塔沙運動也建立半自治政府，屠殺許多塞爾維亞人和波士尼亞人。
>
> 這些南斯拉夫團體不論對德軍還是對彼此都打得十分激烈。英國和美國最後決定共黨游擊隊是最有價值的盟友。1944-45 年間，在蘇聯的幫助下，狄托控制了南斯拉夫（參閱第 276-77 頁）。
>
>
>
> **希臘**
> 德軍在 1944 年 10 月離開希臘，英軍進駐。數十萬希臘人死於納粹統治，當中有許多是猶太人。
>
> 烏斯塔沙獨裁者帕維里奇（Pavelic）

稍微南邊一點的山地組成「阿利亞克蒙防線」（Aliakmon Line）。但希臘當局沒有實施這項重要策略，等想到的時候已經太遲。

三個澳洲和紐西蘭師與其他英軍陸空單位已經從北非被派往希臘，不過面對德軍堅決的進攻，他們顯然數量太少。而他們離開北非沙漠，卻又使當地盟軍戰線變得脆弱，讓隆美爾有機可乘，先踏出決定性的一步。

在希臘，德軍進軍神速，4 月 21 日希臘就已經喪失了北半部的領土。英軍指揮高層則決定從希臘疏散，德軍在 4 月 27 日進入雅典。29 日盟軍

德軍奪取克里特島馬勒美機場，5月20-21日

跟其他所有空降部隊一樣，進攻克里特島的德軍傘兵只有輕武器，補給也有限。當他們面臨比預期中還要激烈的抵抗時，一度瀕臨全面潰敗。對傘兵來說，唯一的增援管道就是要攻占位於馬勒美的機場。對德軍來說幸運的是，盟軍方面的通訊中斷，導致紐西蘭部隊從可以俯瞰機場的重要制高點 107 高地撤離。德軍部隊經過激戰後占領馬勒美機場，接著就派遣飛機載運大批補給和援軍抵達。雖然這是這場會戰的轉捩點，但德軍傘兵傷亡過重，因此希特勒禁止在日後進行任何類似的空降作戰。

匈牙利

⑥ 4 月 11-12 日
匈牙利陸軍出兵占領南斯拉夫北部部分地區，之後加以併吞

① 1941 年 4 月 6 日
德軍猛烈轟炸貝爾格勒，南斯拉夫指揮中樞陷瘓

② 4 月 6 日
裝甲部隊從保加利亞入侵，並在 12 日抵達貝爾格勒

③ 4 月 9 日
德軍奪占薩羅尼加，包圍防守梅塔克薩斯防線的希軍

⑦ 4 月 16 日
塞拉耶佛陷落

④ 4 月 9 日
德軍摩托化部隊進抵莫納斯提

④ 4 月 10 日
英軍開始從阿利亞克蒙防線後退

⑧ 4 月 20 日
希臘第 1 軍團投降

⑨ 4 月 24 日
德軍突破英軍在塞摩匹來口的陣地

⑪ 4 月 25 日
德軍傘兵奪占科林斯

⑩ 4 月 24-30 日
英軍從皮雷埃夫斯和伯羅奔尼薩的港口疏散

⑫ 5 月 20 日
德軍空降入侵克里特島

⑬ 5 月 28 日－6 月 1 日
英軍和大英國協部隊從斯法基亞撤往亞歷山卓

匈牙利、義軍第2軍團、的里雅斯特、阜姆、克羅埃西亞、札格雷布、札拉（屬義大利）、南斯拉夫、塞拉耶佛、杜布洛尼、斯庫塔里、義大利、阿爾巴尼亞（屬義大利）、杜拉索、地拉那、波格拉德茨、希馬拉、帕特拉斯、羅馬尼亞、布加勒斯特、貝爾格勒、尼什、烏日策、保加利亞、索菲亞、普洛夫、史高比亞、梅塔克薩斯防線、莫納斯提、埃爾森、弗羅里納、拉立沙、塞摩匹來、科林斯、雅典、納夫普良、卡拉馬塔、莫念瓦西亞、土耳其、薩羅尼加、薩摩色雷斯島、希俄斯島、雷辛諾、哈尼亞、馬勒美、赫拉克良、斯法基亞、克里特島

地 中 海

圖例
➡ 軸心軍推進
⛆ 傘兵／滑翔機控降
🔺 1941年4月6日盟軍防線

德軍第2軍團、匈牙利第3軍團、義軍第9軍團、義軍第11軍團、德軍第12軍團、希軍第2軍團、希軍第1軍團、英軍W部隊、德軍第5山地師、德軍第7傘兵師、英軍克里特兵團

巴巴羅莎行動

希特勒決定入侵蘇聯，引發歷史上最血腥的衝突。東線上的會戰將成為二次大戰中的決定性會戰，
殘忍的程度也是空前。希特勒原本以為這會是一場輕鬆的仗，但結果卻證實是納粹的敗亡。

前因

希特勒 1939-40 年間在西歐火速贏得勝利後，就開始著手他最宏大的計畫，也就是徹底毀滅史達林統治的蘇聯。

蘇聯和德國的擴張

希特勒和史達林的外交部長在 1939 年 8 月同意暫時合作（參閱第 54-55 頁），條件就是在次月一起瓜分波蘭。從 1940-41 年起，兩位獨裁者都把勢力範圍擴及到東歐其他地方。希特勒掌握了匈牙利和羅馬尼亞，又征服了南斯拉夫和希臘。史達林則進攻芬蘭（參閱第 64-65 頁），兼併波羅的海國家，也取得原屬羅馬尼亞的領土。雙方都在為最後可能發生的衝突做準備。

希特勒的計畫

希特勒認為德國人應該是歐洲的優越民族，他們最大的威脅來自猶太人和共產黨員。此外他也垂涎蘇聯的各種經濟資源，1940 年夏季就計畫在東方發動攻擊。

1941 年 6 月 22 日清晨，超過 300 萬德軍、匈牙利和羅馬尼亞部隊已經預備好對付蘇聯。3350 輛戰車和 2270 架飛機首先出擊，是有史以來集結過最龐大的部隊。北方集團軍會穿越前波羅的海國家進攻，目標是列寧格勒。南方集團軍朝烏克蘭挺進，而中央集團軍則進攻明斯克（Minsk）和斯摩稜斯克（Smolensk）。破曉之後，大量德軍部隊沿著從波羅的海到黑海間長達 3000 公里的戰線湧入。德國空軍幾

625,000

德國陸軍入侵蘇聯時動用的馬匹數量。大部分的德軍部隊都依賴馬匹協助運輸。

個小時內就殲滅了前線的蘇聯空軍單位，而在地面上，德軍裝甲部隊一馬當先，步兵緊隨其後，俄軍陣地隨即失陷。雖然他們有充分的情資，此外也收到英國和美國的預先警告，但蘇聯部隊還是被打個措手不及。史達林認為盟軍的情報只是宣傳，因此禁止將領採取有效的防禦準備措施。

德軍迅速推進

中央集團軍是德軍部隊中戰力最強的，轄有四個裝甲兵團中的兩個。幾天之內，他們就以鉗形攻勢推進到明斯克，切斷了大約 30 萬名紅軍的退路，隨後趕到的步兵再把他們俘虜。北方集團軍持續朝列寧格勒挺進，南方集團軍剛開始時面對比較激烈的抵抗，所以進度較慢。

進攻開始時，史達林陷入恐慌，但他最後振作起來，在 7 月 3 日對人民發表廣播演說，宣布實施「焦土政策」，訴諸俄國的民族主義。7 月 13 日，英國和俄國簽署互助協定，而英國和美國也開始運送補給物資給蘇聯。

後撤的蘇軍士兵

德軍的推進讓蘇軍指管系統陷入混亂。成千上萬名官兵和隸屬的單位失散，還有許多人就像本圖中這樣，在絕望的撤退過程中弄丟武器。

德軍戰車和步兵

德軍步兵和一輛三號戰車協同前進。德軍成功的祕密不在於這些戰車的威力，而是戰車和陸軍所有其他兵種的密切配合。

在巴巴羅莎行動的計畫階段，希特勒和麾下將領沒辦法確定他們的主要目標是什麼。敵人的首都莫斯科顯然是目標，另一個選擇是列寧格勒，也就是共產主義體制的發源地，第三個則是烏克蘭，因為當地有豐富的農業和礦產資源，除此之外還有高加索的油田。

在 7 月和 8 月，北方集團軍向列寧格勒一路衝刺，到了 8 月底就只剩下 50 公里而已。在此期間，中央集團軍已經湧向斯摩稜斯克，看似正準備繼續攻向莫斯科。但希特勒在此時介入，命令中央集團軍大部分裝甲部隊改變方向朝南邊進

> 採用「焦土政策」後，蘇軍就會四處縱火以阻撓德軍推進。1941 年 7 月，一處位於盧加河（River Luga）附近的軸心軍指揮所就因為松林中的大火而幾乎全毀

攻，協助以緩慢速度朝基輔（Kiev）前進的南方集團軍部隊。

蘇軍的損失

一開始，希特勒看似做了正確的決定，南方集團軍和蘇軍經過一番激烈血戰後攻下基輔。紅軍大約有 60 萬人被俘，幾乎是西南方戰線上的所有部隊。由於損失過於巨大，蘇軍僅有的預備隊只能用來保衛首都莫斯科。

正當基輔周邊的戰鬥打得如火如荼時，蘇軍則奮不顧身地防衛通往列寧格勒的道路。但因為資源分散到其他地方，德軍的推進速度慢了下來。最後希特勒決定不要把戰車和步兵投入血腥無比的巷戰當中，而要圍困列寧格勒到投降為止。只是這場圍城戰將會持續 900 天。

「巴巴羅莎行動發動後，全世界都會屏息。」

希特勒在發動前夜對部隊發表的文告，1941 年 6 月 21 日

圖例
━━━ 6月21日時的德軍戰線
━·━· 9月1日時的德軍戰線
━ ━ ━ 11月15日時的德軍戰線
······ 12月5日時的德軍戰線
━ ━ 被包圍蘇軍的口袋陣地
➤ 德軍推進方向

芬蘭

拉多加湖

芬蘭灣

塔林

納瓦

列寧格勒

⑤ 7月10日
為了支援德軍，芬軍開始進攻蘇聯

⑧ 9月8日
列寧格勒圍城戰展開

愛沙尼亞

盧加

諾夫哥羅

■西北方面軍

波羅的海

③ 7月1日
德軍攻占里加

里加

拉脫維亞

美梅爾

1941年6月
2日
裝甲兵團渡過
河，深入蘇聯
達80公里
提爾希特

■北方集團軍

立陶宛

德文斯克

考納斯

⑪ 10月2日
突擊莫斯科的颱風行動北路由此出發

卡里寧

⑱ 12月5日
德軍在距離莫斯科25公里的地方構築防禦陣地

東普魯士

⑥ 7月16日
德軍攻取斯摩稜斯克，但口袋陣地內的抵抗持續到8月5日

莫斯科

莫札伊斯克

中央集團軍

① 1941年6月22日
第2和第3裝甲兵團迅速朝明斯克方向突破

■西部方面軍

維雅茲馬

比亞維斯托克

明斯克

斯摩稜斯克

卡路加

⑬ 10月23日
被圍困在維雅茲馬口袋陣地的蘇軍投降

伏爾科維斯克

白俄羅斯

土拉

⑫ 10月14日
被圍困在布揚斯克口袋陣地的蘇軍投降

布格河

華沙

布里斯特—
李托伏斯克

⑨ 9月16日
蘇軍被包圍在基輔東邊的口袋陣地，德軍在三天後攻占基輔

普里佩特
沼澤

Bryansk

奧瑞爾

⑮ 11月15日
德軍從土拉地區再度朝莫斯科推進

德國
波蘭

② 6月26日
大批蘇軍在比亞維斯托克被包圍

④ 7月3日
德軍宣稱在包圍明斯克以西的蘇軍後俘虜32萬4000人

庫斯克

高維爾

盧斯科

Pripet

蘇聯

⑨ 9月30日
突擊莫斯科的颱風行動南路由此出發

■南方集團軍

① 1941年6月22日
南方集團軍在朝基輔推進時遭遇蘇軍抵抗

貝哥羅

⑭ 10月24日
德軍攻占哈爾可夫

普瑟密士

基輔

哈爾可夫

塔爾諾波

德斯特河

■西南方面軍

⑩ 7月19日
蘇軍在烏曼附近被包圍

烏曼

匈牙利

布格河

① 1941年6月22日
兩個羅馬尼亞軍團參與德軍進攻烏克蘭的行動

烏克蘭

⑰ 11月27日
德軍被迫放棄在11月21日攻克的羅斯托夫

敖德薩

黑爾孫

羅斯托夫

羅馬尼亞

黑海

亞速海

克里米亞

克赤

塞瓦斯托波爾

⑯ 11月16日
塞瓦斯托波爾圍城戰開打

1941年巴巴羅莎行動
德軍一再衝破俄軍防線，靈活的裝甲部隊屢屢包圍大批蘇軍。但這中間距離太過遙遠，加上俄國的人力源源不絕，德軍始終無法取得那最後的成功。

通往莫斯科之路

希特勒在颱風行動（Operation Typhoon）中下令中央集團軍繼續朝莫斯科推進。雖然基輔的行動造成延遲，但通往莫斯科的道路似乎暢通無阻。史達林從列寧格勒召回麾下最幹練的將領朱可夫元帥來指揮莫斯科的防務。即使如此，10月13日時德軍還是來到了距離首都僅僅150公里的地方，但他們的前進速度已經大幅減緩，因為道路泥濘季節（rasputitsa）來臨，秋天的傾盆大雨把原本的道路變成大片泥潭。

希特勒曾一度認為蘇聯已經輸掉戰爭，但他低估了蘇聯的抵抗力量。事實上，當德軍朝莫斯科的推進因為嚴寒而不得不停止時，蘇聯的遠東駐軍組成的預備隊已經準備好大舉反攻。東線的戰爭距離結束還遠得很。

後果

德國似乎一直獲勝，但其實他們的部隊因為俄國地廣人稀、蘇軍的抵抗愈來愈強而舉步維艱。

殘酷凜冬
德軍最後沒有抵達莫斯科。史達林的部隊奮勇抵抗，終於逼退德軍（參閱第140-41頁）。德軍對嚴酷的冬季作戰毫無準備，許多士兵都在140年來最寒冷的冬天裡凍傷。希特勒因為德軍撤退而大發雷霆，且再也不信任麾下將領，但德軍會在1942年再度進攻（參閱第190-91頁）。

列寧格勒圍城戰
列寧格勒圍城戰一直僵持到1944年1月。飲水、糧食、能源和各種用品的供應全都被擾亂，導致城內民間發生嚴重饑荒。等到列寧格勒真的解圍之後，已有大約100萬平民死亡，另有140萬平民幸運逃出。

СМЕРТЬ ФАШИСТСКОЙ ГАДИНЕ!

蘇聯海報「宰掉納粹毒蛇」

圍攻列寧格勒

列寧格勒圍城戰從 1941 年 9 月起持續到 1944 年 1 月，但酷寒的嚴冬是這一切當中最惡劣的。儘管有配給，但還是有成千上萬人餓死。到了 1942 年 1 月，每天都有 5000 人喪命。大家吃狗、吃貓、吃鳥，甚至有吃人的消息傳出。轟炸和結凍破壞了供水與排水系統。這些情況從 1942 年 3 月起才慢慢改善。

「1941 年 11 月 9 日和 10 日。我們還是沒辦法買到這十天的配給：我們應該要有 400 公克麥片、615 公克奶油和 100 公克麵粉，但這些東西不管到哪裡都沒有。若有哪個地方到貨開賣，就會有數以百計的人在冷到極點的大街上排起長長的隊伍，但可供銷售的數量通常只有 80 到 100 人份，因此忍受刺骨嚴寒站在那裡的人只能兩手空空地離開。人清晨 4 點就起床，在商店外一直排隊到晚上 9 點，但還是什麼都買不到……此時防空警報大作，已經響了大約兩個小時左右。由於需求匱乏、飢餓難耐，人只能往商店擠，在天寒地凍裡和擁擠的人群排起長長的人龍。」

16歲的尤拉·瑞亞賓金（Yura Riabinkin）的日記內容。他的最後一篇日記停留在1942年1月4日，很可能後來就在列寧格勒圍城中喪生

「我的體重減輕非常多，腿上一點肉都沒有了，胸部就跟男人一樣，只剩奶頭……小孩子瘦骨如柴，當我看到他們只剩下骨頭的小手臂、快要透明的小臉和大眼睛，我的心都要碎了……根本沒有東西可以拿來燒水或煮食。羅莎告訴我，她們在地下室還有一點煤炭，但那個地方很恐怖，因為已經成了停屍間……我們拿著籃子走下去，那裡真的有好幾具屍體，我們努力不轉頭去看……有一次我趁還在砲擊的時候去買麵包，因為這個時候排隊的人比較少……然後又冒著猛烈砲擊火力回家……我通常穿著我丈夫的毛氈靴子出門，還穿兩件大衣，裡面是我自己的，外面再加一件我丈夫的。其他人也差不多都是這樣穿。」

莉狄雅·格奧爾基芙娜·奧哈普金娜（Lidiya Georgievna Okhapkina）的日記內容。她是兩個小孩的母親，在圍城中倖存

轟炸過後，無家可歸
列寧格勒的市民在逼人寒氣中全身上下裹得緊緊，帶著所有能帶走的財物，離開被轟炸破壞的建築。從 1941 年 9 月起，德軍每天都會轟炸並砲擊這座城市。

前因

入侵波蘭和蘇聯讓納粹有機會實現他們心目中的種族烏托邦。

《我的奮鬥》
希特勒在他 1920 年代坐牢期間寫的《我的奮鬥》（參閱第 20-21 頁）中說明了他為何認為德國的種種問題都是共黨分子和猶太人害的，以及要如何消滅他們。

波蘭的行刑隊
和 1941 年在俄國時一樣，德軍 1939 年入侵波蘭（參閱第 58-59 頁）時，黨衛軍的行刑隊就緊隨其後，拘捕並殺害那些有可能會反抗德軍征服的人，像是政治領袖、知識分子、牧師等等。許多波蘭猶太人也在這段時間遇害，但大部分都是被趕進大城市裡的猶太區，等待當局處理。

黨衛軍領章

納粹屠殺受害者
俄國生還者找尋失散的親人，並向死者致哀。納粹行刑隊（特別行動部隊）四處出沒，屠殺平民，這種事件在其他戰區很罕見，但在東線卻司空見慣。

納粹大屠殺

希特勒在東方的戰爭與以往的任何戰爭都不一樣。當德軍深入蘇聯境內時，他們對共產黨員和猶太人發動史無前例的殘酷屠殺。雙方的戰俘都遭遇殘酷待遇，時常被槍殺。

雖然德國的猶太人在戰前就遭受惡毒的迫害，更有數以百計的人遭暗算身亡，但當時大規模屠殺還沒成為納粹的官方政策。1939 年德國征服波蘭後，有數百萬猶太人落入納粹掌控。接下來的幾個月裡，成千上萬波蘭人（猶太人和非猶太人都有）不幸遇害，但絕大部分波蘭猶太人都被強制遷移到猶太區，被迫為德國賣命勞動。許多人因為種種暴行而喪命，但這個時候還沒有正式的系統性殺戮方案。不過入侵蘇聯後，將會有更多猶太人落入德國人手中。而德國當局也將會在這裡引進一套更堅決、更縝密的政策。

入侵與暴行

希特勒告訴麾下將領，進攻俄國將會是一場殲滅戰，目標是「猶太布爾什維克」。他在 1941 年 3 月發布的政治委員令（Commissar Order）裡勾勒出計畫內容，並附帶提到國際法並不適用，因為蘇聯從未批准《海牙公約》（Hague Convention）。

就如同 1939 年時的波蘭，特別行動部隊會緊跟在德軍武裝部隊後面。他們隸屬黨衛軍，負責執行殺戮任務。雖然有些德國陸軍將領對此有疑慮，但他們大體上還是會遵照希特勒的指令，和黨衛軍的殺戮單位合作。

特別行動部隊共有四支，總計約有 3000 人，在整個東線上活動。有些屠殺行動會得到當地人幫助，尤其是在烏克蘭部分地區與立陶宛，因為當地的反猶主義早已根深柢固。

殺戮升級

希特勒和高層官員在夏天開會討論，納粹政策愈來愈清晰。為了清洗蘇聯的猶太人和布爾什維克分子，他們會採取一切手段。這些受難者會被拘捕，然後送往規畫好的地點，就地槍決後掩埋在溝渠或露天礦場，例如基輔附近的娘子谷——在 1941 年 9 月底，兩天之內就有數萬平民被屠殺。把猶太人反鎖在猶太教堂裡然後放火焚燒的事件也變得司空見慣。黨衛軍單位會針對這些行動提出鉅細靡遺的報告。他們自己的記錄就寫著在 1941 年殺害了大約 60 萬猶太人。

蘇軍戰俘也吃盡苦頭。他們無法接受醫療照顧、被毆打、挨餓，若是身體狀況太差無法行軍就會被槍決。納粹在 1941 年擄獲約 380 萬名蘇軍戰俘，當中大約有 300 萬人沒能熬過俘虜營或後來幾年裡在德國當奴工的日子。戰爭初期的虐俘事件應該很多都是因為德軍根本無法處理數目如此龐大的戰俘。

但身為斯拉夫人，蘇聯人民在納粹意識形態中是次等人（Untermenschen），性命毫無價值可言。起初有些烏克蘭人還歡迎納粹，並期待獲得獨立，但納粹當局只是把烏克蘭視為糧食、煤鐵和奴工的來源而已。在戰爭期間，烏克蘭有多達 700 萬人死亡，相當於六分之一的人口。在諸多慘絕人寰的暴行中，德軍為了對蘇聯游擊隊展開凶殘的報復行動，摧毀了無數村莊。在全蘇聯境內，野蠻暴行以難以想像的規模不斷發生。但在 1941 年，希特勒最關切的就是儘管每天都有那麼多人死去，殺戮的手段還是太落伍。必須有全新的殺人技術。

33,771 1941 年 9 月在烏克蘭基輔附近娘子谷遇害的猶太人數目。他們被集中起來，被迫脫下衣服，接著被帶到深溝旁邊，強迫躺下後槍決。

屠殺群眾

和死亡集中營的大規模屠殺不同的是，納粹當局在 1941 年並沒有掩蓋他們的活動，許多德軍、甚至是一些平民都看到以他們的名義正在進行的勾當。

後果

雖然到了 1941 年底，東方已有大約 100 萬人遭納粹殺害，但這還只是開始而已。

大屠殺
到了 1941 年底，特別行動部隊已經殺害了無數猶太人，但對納粹來說這個過程太緩慢。死亡集中營將會接手實施「最終解決方案」（參閱第 164-65 頁）。

娘子谷紀念碑

武裝黨衛軍
除了處理「猶太人問題」以外，黨衛軍也擁有自己的軍隊武裝黨衛軍（Waffen-SS），由海因里希·希姆萊（Heinrich Himmler）指揮。1941 年，武裝黨衛軍只是德軍武裝部隊中一小部分，但他們之後會大幅擴充，從六個師暴增到將近 40 個師。武裝黨衛軍單位在東線幾乎不留俘，且因為進攻時堅決殘忍的氣勢而聞名。所有戰線上的諸多暴行都是出自他們之手。

> 「這場鬥爭是**意識形態**和**種族分歧**的鬥爭，必須進行……毫不留情、毫不鬆懈的嚴厲態度……一定要依照我的命令，不能有怨言。」
>
> 希特勒「政治委員令」，1941 年 3 月

莫斯科得救

颱風行動——德軍對蘇聯首都莫斯科的攻勢——原本應該是希特勒另一場輝煌的勝利，結果卻變成德國陸軍首次大規模撤退，證明了希特勒絕非所向無敵。

當德軍在 1941 年 6 月發動進攻蘇聯的巴巴羅莎行動時，希特勒期待這場戰役能在十週內結束。到了 9 月底，由於部隊已經深入蘇聯內陸，德軍指揮高層發動最後的決定性攻勢，寄望能夠奪取莫斯科並瓦解紅軍。許多德軍將領曾打算在一個多月前就發動這場攻擊，當時的天氣應該會更好，但被希特勒否決。反之，德軍從整條東線上集中起來。德國陸軍的後勤系統無法克服蘇聯戰線漫長的補給距離和複雜路況，且此時儲備的補給品已經所剩無幾了。

德軍占領重要城市布揚斯克和維雅茲馬，擄獲數十萬名蘇軍戰俘，但顯然天氣變得愈來愈惡劣，蘇軍的抵抗卻持續加強。俄國每年春天和秋天會有幾週降下大雨，把大地變得一片泥濘，所有軍事作戰都無法進行。這所謂的「道路泥濘季」幾乎

前因

德軍計畫以又快又狠的攻勢殲滅蘇軍。而德軍一開始也確實依照計畫作戰。

巴巴羅莎行動
德軍在 1941 年 6 月 22 日開始入侵蘇聯。短短幾週內，德軍就擄獲數十萬名蘇軍，並奪占大片領土。

日蘇中立條約
1930 年代，日本和蘇聯在遠東的邊界地區爆發多次衝突，但雙方在 1941 年 4 月簽訂中立條約。當希特勒進攻蘇聯時，日本曾打算冒險撕毀條約，但最後決定繼續遵循新的南進政策（參閱第 146-47 頁）。

德軍將領（1888-1954年）

海因茨‧古德林（Heinz Guderian）

古德林是頂尖的戰車作戰專家，協助編組德軍的裝甲師，讓德軍贏得初期的勝利。他先是在 1939 的波蘭戰役中指揮裝甲部隊，戰果豐碩，接著 1940 年在法國、然後是 1941 年在俄國，他的部隊都創下德軍某些最驚人的戰績。但古德林在同一年冬天因為未能挺進到莫斯科而被免職。他之後擔任裝甲部隊總監以及陸軍參謀長，但這時候希特勒已經聽不進他的建言了。

7.62 公釐口徑托卡列夫 TT-33
托卡列夫（Tokarev）自動手槍相當堅固耐用，就跟所有其他蘇聯武器一樣。它有八發裝彈匣，且能夠使用德軍 7.63 公釐口徑彈藥。

讓德軍停止前進，但也讓紅軍的處境更加艱困。蘇軍的防禦力量因為臨時編組的民兵部隊和從遠東地區調來的部隊而增強，因為日軍目前顯然不會進攻。

到了 10 月底，德軍進攻行動已經叫停，部隊身心俱疲。但到了 11 月中旬，即使前線指揮官有諸多質疑，他們又再發動攻擊。此時冬季已經降臨，地面結凍，車輛終於又可以順利行駛。

德軍喪失優勢

希特勒對於迅速克敵制勝過於自信，因此他的部隊面對俄國嚴酷的冬季根本毫無準備。他們沒有多少禦寒衣物，但 1941 年的冬天卻是 140 年以來最惡劣的。許多官兵因此凍傷，有超過 1 萬 4000 人截肢以求保命。他們幾乎沒有熱食，更不可能梳洗。許多哨兵就這樣活活被凍死，戰車乘員組員早上常常必須在在戰車車底生火，提高引擎溫度後才可以發動。

德軍在 11 月 15 日展開攻勢。僅僅六個星期以前，他們在莫斯科戰線上還有明顯的數量優勢，但此時雙方幾乎勢均力敵，且蘇軍已經有了全新且性能優異的裝備，包括 T-34 和 KV-1 戰車，還有卡秋莎（Katyusha）砲兵火箭發射器。

雖然有這些損失，困難也愈來愈多，但德軍的行動一開始還是相當順利。到了 11 月底，他們就已經殺到莫斯科東北方郊區，距離市中心只有 30 公里。但他們也沒辦法再推進了。

此時已經很清楚：德軍的攻擊能量已經消耗殆盡，——而且不只是在莫斯科前線。裂痕開始出現。在前線的最南端，南方集團軍從羅斯托夫撤退，希特勒就以此為理由，把指揮官馮‧倫德斯特元帥免職。而在這個冬天結束之

「一起來保衛莫斯科！」
蘇聯戰時宣傳非常擅長激勵民眾在所謂的偉大愛國戰爭中奮勇作戰。

「莫斯科必須堅守到最後一刻。」
史達林的每日命令，1941 年 10 月 19 日

前，德國陸軍總司令、三位集團軍司令中的兩個、三位裝甲兵指揮官中的兩位，也全都會被免職。

蘇軍反攻

德軍對莫斯科的攻擊已經失敗。他們如今希望可以就地堅守來度過冬天，

918,000 1941 年軸心軍在俄羅斯蒙受的傷亡人數——將近原始兵力規模的三分之一。

但蘇軍卻有不同想法。12 月 5 日凌晨 3 點，蘇軍發動大規模反攻，大約 88 個師沿著 800 公里長的戰線進攻德軍陣地。西伯利亞部隊穿著白色迷彩軍服，在猛烈的暴風雪中現身。德軍立即陷入恐慌，被迫後撤，結果連續

德軍想盡辦法取暖
除了缺乏禦寒衣物外，德軍也發現很多裝備根本無法在俄國的寒冬中發揮作用。武器和車輛引擎中的潤滑油時常結凍。

迅速後退了一週左右。希特勒暴跳如雷，下令部隊守住陣地。史達林命令部隊發動新攻勢，但他們已經缺乏進攻力量，因此德軍才得以重建戰線。

莫斯科已經得救，希特勒也不再打算進攻這座城市。他是有資源可以重建部隊來發動新的戰役，但因為目前為止已經蒙受了將近 100 萬人傷亡，德國再也不可能像 1941 年時那麼強大，能夠沿著整條東線進攻。由於德軍完全不可能在冬天來臨前退出俄國，因此只能等到 1942 年的夏天再嘗試發動新的攻勢。

後果

儘管蒙受重大損失，德軍還是能夠重建部隊，並在 1942 年的東線上發動新攻勢。

德軍後撤
蘇軍的反攻迫使德軍撤退，最遠離莫斯科達 280 公里。但蘇軍預備隊也精疲力竭，因此德軍又恢復信心。

希特勒的誓言
在 1941 年的作戰期間，希特勒一再和麾下將領發生爭論，而進攻莫斯科失敗之後，他甚至把陸軍總司令和若干陸軍高級將領免職。此後所

蘇聯陸軍毛帽

在莫斯科保衛戰期間——從 1941 年 10 月到 1942 年 1 月，據估計紅軍有 65 萬官兵陣亡。這個數字相當於當時在東線上戰鬥人數的大約 50%。

有的重大軍事決策都由他一個人決定，當中有許多事後證明是嚴重失策。

德軍的下一場攻勢
德軍 1942 年的目標是史達林格勒（Stalingrad）和高加索（Caucasus）地區（參見第 190-91 頁），但希特勒卻從未清楚認定哪一邊的攻擊比較重要。結果兩頭都遭遇嚴重挫敗。

德軍士兵向俄軍投降
俄軍手中的德軍戰俘吃盡苦頭，就跟德軍手中的俄軍戰俘一樣。有數十萬人因為俄方的惡劣對待而喪命，最後一批倖存者一直要到 1950 年代才獲釋。

戰爭邊緣的美國

美國總統羅斯福打算盡一切可能避免美國全面加入戰爭，但日本和德國對美國的利益造成威脅，且這兩國都由野蠻且道德上令人反感的政權統治。要防止他們獲勝並同時置身戰爭之外是一個困難的挑戰。

中國國民黨部隊接受美國援助軍火
美國在戰爭後期運送大批軍火支援中國的國民黨部隊，但在 1941 年 12 月之前，外界的援助並沒有像日軍認為的那樣，多到讓他們無法在中國獲勝。

珍珠港事件爆發前夕，美國官方依然保持中立，但實際上的動向和 1939 年 9 月時維持的中立相比早已大相逕庭。1930 年代末期中立法案施加的法律限制已經大幅放鬆，不但交戰中的國家可以從美國獲得軍火和其他補給，而且美國政府根據 1941 年春天的租借法案，還先墊付了其中多數款項。到了 1941 年夏天，美國海軍實際上已經加入英國和加拿大海軍在西大西洋對抗德軍 U 艇的戰鬥。在太平洋區域，美國已經對日本施加嚴厲制裁，切斷原油供應和大部分國際貿易。

根據羅斯福總統盡一切可能給予英國及其盟友協助的政策，所有這些措施都是據此實施，以便能夠擊敗德國。同一時間，羅斯福也希望可以嚇阻日本的任何動作，直到美國的再武裝計畫把軍力擴充到日軍不敢發動攻擊的水準。英國和法國在 1939-40 年的軍火訂單協助

> **1** 1941 年 8 月 12 日美國眾議院表決是否要把美軍義務役時間從一年延長到 30 個月時，贊成票的領先票數。

美國提升了軍工製造能量，但真正的動力是因為法國失陷後美國軍事預算暴增，尤其是當中的「兩洋海軍」相關計畫，它們讓美國有能力同時在大西洋和太平洋戰區打一場大規模戰爭。這項辦法其實是要因應德軍的威脅，但日本人卻認為這是在直接挑戰他們的擴張目標。下一步是徵召年輕人服義務兵役——這是美國有史以來第一次在承平時期

« **前因**

美國人強烈反戰，但日本表現出的侵略性代表衝突愈來愈無法避免。

美國和歐洲的戰爭
從歐戰爆發起到 1941 年秋天，美國給予同盟的英國援助愈來愈多，但依然堅決盡一切可能避免和德國開戰。

1937 年 7 月，日本用站不住腳的藉口對中國開戰（參閱第 40-41 頁），激怒許多美國人。不過華盛頓當局雖然還沒有準備好與日本開戰，卻開始對日本施加經濟與外交壓力。歐洲戰爭的事態發展也導致美國從 1940 年夏季開始

1941年8月《大西洋憲章》會議中的羅斯福與邱吉爾

大幅擴軍，此舉令日本認為是對其擴張計畫的威脅。從此之後日本採取新的手段，而美國的回應則是禁運和其他經濟制裁，雙方緊張就此升高。

實施這種措施。美國國會在 1940 年 9 月通過徵兵法案。

美國的弱點

美國軍方也開始加速擬定各項計畫。1941 年初，美國軍方在華盛頓特區和英國進行祕密會談，建立軍事合作的基礎架構。羅斯福和邱吉爾同意，一旦美國對德國和日本宣戰，擊敗德國將會是同盟國的優先要務。

儘管有這些作為，但還是有一些缺陷存在。美國必須花很多時間訓練第一批義務役士兵，並生產他們需要的武器。美國陸空武力的發展在戰間期被忽視，美國海軍儘管準備比較

充分，但還是要等好幾個月，1940 年訂購的船艦才會加入海軍艦隊。美國陸海軍間的協同合作相當差勁。雖然美國優異的情報能力可以預先得知日方計畫，但還是嚴重缺乏可以有效運用這項成果的組織。

對日本的石油禁運

1941 年 8 月美國開始對日本實施石油禁運後，原本要送往日本的油桶就被扣留在美國。由於害怕石油供應愈來愈少，日本政府決定開戰。

美國大眾對於很可能會被迫參戰的接受度愈來愈高，但 1941 年夏季的民調依然顯示大部分美國人都想避免戰爭，而美國政治人物也同樣猶豫。當羅斯福在 1941 年 8 月要求國會延長徵兵時間時，他的提案卻經過一番激辯，才以些微的票數差距通過。

大西洋上的戰鬥

到了 1941 年夏天，美國劃設的泛美安全區（Pan-American Security Zone）差不多延伸到大西洋的中部。非美國的軍艦在這個區域內有可能會被攻擊，但因為屬於大英國協成員的加拿大和美國都在同一個大陸上，因此英國軍艦是例外，而美國海軍也會護航前往冰島上美國海軍陸戰隊衛戍部隊基地的運輸船團，因此很

難避免和德軍 U 艇衝突。9 月 4 日，美軍一艘驅逐艦遭德軍 U 艇攻擊，美艦開火還擊，但雙方都沒有打中。到了 10 月中旬，美國海軍有 11 名水兵在卡尼號（Kearny）被魚雷擊中陣亡，當月月底魯本詹姆斯號（Reuben James）被擊沉，又有 100 人陣亡。

美國人民不是很清楚他們的政府到目前為止到底參與戰爭到什麼程度。美國總統羅斯福把這些事件描述成德軍的侵略，但卻不是事實：希特勒其實下令要 U 艇避免與美軍發生

2 年 日本的石油庫存可支持日軍的估計時間，除非獲得新油田或跟美國達成協議。

衝突，而羅斯福從英國提供的解密訊息中知道了這件事。

雖然美國總統羅斯福很清楚，他指示在大西洋對抗德軍 U 艇，並對日本實施帶有攻擊意味的制裁，正把美國帶到戰爭邊緣。但他也明白這兩個潛在的敵人過去都有挑選合適時機發動戰爭的記錄。

羅斯福的政策是為了保證，如果美國決定參戰，那就盡可能要在對美國來說有利的環境裡開戰。到最後，當美國真的參戰時，都是因為日本和德國的選擇。

日本襲擊珍珠港後，希特勒幾乎在第一時間對美國宣戰。

珍珠港

到了 1941 年 12 月，所有在美日兩國間達成和平解決方案的辦法都失敗了。12 月 7 日，日軍部隊發動攻擊，奇襲美國海軍在夏威夷歐胡島（Oahu）的基地珍珠港。次日，美國總統羅斯福要求國會對日本宣戰（參閱第 148-49 頁）。12 月 11 日，希特勒愚蠢地對美國宣戰，使這場戰爭成為名副其實的全球衝突。

美國的資源

美國重新武裝實際上是在 1940 年法國淪陷後才展開的，所以需要花費不少時間讓各種生產計畫加速。不過到了 1945 年，美國不僅供應物資給自家的武裝部隊，還滿足了英國四分之一的需求，以及蘇聯約 10% 的需求。許多政府單位，像是戰時生產委員會（War Production Board）和戰時動員辦公室（Office of War Mobilization），都負責監督經濟活動的每一個環節。不管是哪一種軍事裝備，美國都生產出相當龐大的數量，像是各種飛機就生產了 30 萬架，而這種等級的產量不論日本還是德國都絕對無法匹敵。

> 「世界和平的結構……必須依靠**全世界**通力合作。」
>
> 美國總統羅斯福對國會演說，1945 年 3 月 1 日

美國供應盟國的軍火

1941 年「在英格蘭某地」，英國陸軍裝配人員忙著裝配一輛美製 M3 斯圖亞特（Stuart）輕型戰車，以便撥交部隊服役。斯圖亞特戰車的改良型將會在美軍及盟軍部隊一直服役到戰爭結束。

美國總統　1882年生，1945年卒

富蘭克林·羅斯福

「我們一定要成為民主國家的偉大兵工廠。」

美國總統羅斯福，1940 年 12 月 29 日

當日軍在 1941 年 12 月 7 日轟炸珍珠港時，富蘭克林·德拉諾·羅斯福（Franklin Delano Roosevelt）已經展開了他的第三個總統任期——他是唯一一位連任超過兩屆的總統。他相當受歡迎，因為是他帶領美國走出大蕭條。他繼續領導美國度過第二次世界大戰，在擊敗軸心國並形塑戰後世界的過程中扮演主要角色。

羅斯福始終屬於民主黨，他在 1910 年贏得紐約州參議員席位，就此進入政壇。他支持當時的美國總統伍德羅·威爾遜，而之後威爾遜就任命羅斯福出任海軍助理部長。這個職位讓羅斯福獲得寶貴的海軍和行政經驗，並在第一次世界大戰期間獲得更多軍事行動中的海軍軍事計畫作為經驗。

1921 年，羅斯福被診斷出小兒麻痺症，並且完全癱瘓。他雖然緩緩康復，但卻從此無法正常走路。羅斯福受到妻子愛蓮娜（Eleanor）的鼓勵，繼續在政治這條路上奮鬥，並在 1928 年當選紐約州州長。次年華爾街股災爆發，是美國和全世界長期經濟衰退的開始。羅斯福作為民主黨總統候選人，承諾帶來「救濟、復甦和改革」的干預計畫。他在 1932 年當選，推動一系列革新的社會法案，統稱為新政（New Deal），帶來人民急需的社會福利。他也進行有名的「爐邊談話」，也就是透過無線電廣播直接對全國人民講話。此時他已經深受愛戴，因此在 1936 年當選第二任期。

戰爭逼近

到了 1930 年代末，大蕭條幾乎結束，外交政策成為美國主要議題。羅斯福提倡做好軍事準備的政策，因為

長期在任的總統

富蘭克林·德拉諾·羅斯福經常被稱為 F.D.R.，是美國的第 32 任總統。他從 1933 年開始為國服務到 1945 年，備受推崇。

宣戰

1941 年 12 月 8 日，羅斯福簽署對日宣戰文件。羅斯福本就已經在支援英國和其他盟國，但日軍偷襲珍珠港，更使美國再無回頭之路。

魁北克會議
在 1943 年 8 月於魁北克舉行的會議上，羅斯福、邱吉爾和加拿大總理麥肯齊·金（Mackenzie King，上左）同意加強轟炸德國，並在英國集結美軍部隊。

他清楚地看到納粹德國和日本擺出的威脅態勢。但自 1920 年代開始，美國國內氣氛就偏向孤立主義，美國國會也在 1935 年通過中立法案，擁護美國的中立地位。但英國在 1939 年對德國宣戰時，羅斯福表示儘管美國應該維持中立，但不會維持被動。他勸說國會以「除了戰爭以外的一切手段」支援同盟國繼續作戰，同時增強美國的防衛能力。透過用軍艦交換基地的方式，羅斯福提高了美國的貢獻，而他在一次爐邊談話裡也強烈呼

「美國除了**勝利**以外，不會接受任何結果。」

羅斯福對日本宣戰，1941 年 12 月 9 日

籲社會大眾考慮更進一步的參與。

羅斯福在史無前例的第三個總統任期最先採取的行動之一，就是通過租借法案，使美國可以對英國、中國和蘇聯提供軍事援助。1941 年 8 月，羅斯福和英國首相邱吉爾會面，這是他們在戰時多次會面的第一次。他們頒布《大西洋憲章》，確立有關戰後世界的八條目標章程。他們也宣誓要讓英美兩國「看到納粹暴政的最後敗亡」。

美國參戰

許多美國人認為第二次世界大戰是歐洲的事，但美國的中立還有另外一個威脅——日本。日本在 1940 年加入軸心國，和美國的關係因此惡化。羅斯福察覺到日本的敵意，因此在 1941 年切斷日本的石油供應，但持續外交談判。但日軍在 1941 年 12 月 7 日偷襲珍珠港，美國民意徹底翻轉，羅斯福因此明白此時民氣可用。次日，羅斯福在對國會的著名演說中，稱 12 月 7 日是「恥辱的一天」，並對日本宣戰。德國和義大利也在幾天後對美國宣戰。美國既已參戰，羅斯福就成了非常活躍的總司令，忙著指派軍事指揮官並擬定各項戰略。儘管珍珠港遭到攻擊，羅斯福還是決定優先擊敗德國，因此任命麥克阿瑟將軍（MacArthur）在太平洋指揮作戰，

「我們還要羅斯福」
由於實在太受歡迎，羅斯福獲得民主黨總統候選人提名，史無前例地競選第三任期。

集中力量在歐洲取勝。為了達成此一目標，他和邱吉爾及其他同盟國領袖在開羅、德黑蘭和卡薩布蘭卡等地進行了一系列會談，討論戰爭的進程。隨著戰爭局勢改變，邱吉爾和羅斯福討論入侵法國的計畫。這兩個人並不總是意見一致：羅斯福支持直接入侵法國，邱吉爾則偏向經由地中海的間接路線。最後羅斯福的計畫獲得採用，他任命德懷特·艾森豪（Dwight D. Eisenhower）擔任盟軍總司令。羅斯福努力跟所有同盟國建立緊密聯盟，和蘇聯領導人史達林及中國領導人蔣介石合作。早在 1941 年 12 月，羅斯福就已經著手規畫戰後的世界，並在《聯合國宣言》中為 1946 年成立的現代聯合國（United Nations）奠定基礎。愛蓮娜更是在羅斯福死後繼承他的遺志，起草聯合國《人權宣言》。

健康惡化

羅斯福為戰爭付出了代價。到了 1944 年，他的健康已經迅速惡化，但尚且可以繼續美國總統的第四個任期，並出席 1945 年的雅爾達會議。「三巨頭」就在這場會議裡決定戰後歐洲的模樣。此時他已明顯身體虛弱，且為動脈硬化晚期所苦。羅斯福在 1945 年 4 月 12 日去世，不到一個月之後德國投降、歐戰勝利，而日本也即將戰敗。

四連任總統
1945 年 1 月，羅斯福在就職典禮上演說。儘管健康日益惡化，他還是輕鬆擊敗湯瑪斯·杜威（Thomas E. Dewey），卻在三個月之後於任內去世。

羅斯福年表

- **1882 年 1 月 30 日** 羅斯福出生於美國紐約州海德帕克（Hyde Park）一個富裕家庭中，是美國前總統提奧多·羅斯福（Theodore Roosevelt）的遠房表親。

- **1903 年** 他在哈佛大學研讀歷史，接著在哥倫比亞大學研習法律。

- **1905 年** 羅斯福和提奧多·羅斯福的姪女愛蓮娜結婚，並生下六個孩子。

- **1908 年** 羅斯福通過律師資格考試，加入華爾街知名的律師事務所。

- **1910 年** 代表民主從政，當選紐約州參議員，並在 1912 年連任。

- **1913 年** 威爾遜總統任命他擔任海軍助理部長，這個職務他一直擔任到 1920 年。

- **1918 年** 前往歐洲戰場考察。

- **1920 年** 成為全職政治人物，擔任總統候選人詹姆士·考克斯（James M. Cox）的副手。他們打出支持國際聯盟的政見，但最後敗選。

- **1921 年 8 月** 罹患小兒麻痺症，腰部以下癱瘓。

- **1932 年** 民主黨推羅斯福為總統候選人。

- **1933 年 3 月** 出任第 32 任總統。他實施新政，推動經濟和社會改革，並進行第一次「爐邊談話」。

- **1936 年** 連任總統。

- **1941 年 2 月** 羅斯福當選史無前例的第三個總統任期，並發表知名的「四大自由」（Four Freedoms，言論自由、信仰自由、免於匱乏的自由、免於恐懼的自由）演說。

- **1941 年 3 月** 羅斯福簽署租借法案，向英國和其他同盟國提供軍火和財政支援。

- **1941 年 8 月** 《大西洋憲章》：羅斯福和邱吉爾承諾擊潰納粹德國。

第一夫人

- **1941 年 12 月** 對國會發表知名的「國恥演說」，要求對日本帝國宣戰。

- **1943 年** 斯福和邱吉爾在卡薩布蘭加會談，決定只接受德國無條件投降。

- **1943 年 8 月** 魁北克會議：羅斯福和邱吉爾計畫入侵諾曼第。

- **1943 年 11-12 月** 開羅會議：羅斯福、蔣介石和邱吉爾商討遠東戰略。

- **1945 年 4 月 12 日** 因大量腦溢血，在喬治亞州沃母斯普陵溫泉鎮（Warm Springs）的別墅「小白宮」中去世。

前因

日本企圖在中國擴張帝國版圖，卻遭到西方列強貿易制裁，日本因此在別的地方找尋盟友和新的征服目標。

中國的戰爭

日本在 1930 年代初期就已經兼併中國的滿洲，並著手開採當地資源。1937 年，日本開始全面進攻中國（參閱第 40-41 頁）。到了 1939 年，日軍已控制華北和華中大部分地區，投入的兵力超過 100 萬。日軍侵略的過程相當殘暴，當中最慘絕人寰的事件就是 1937-38 年

25萬 南京大屠殺時被日軍殺害的中國人的最低可能數字。

的「南京大屠殺」。日軍的入侵和暴虐行徑招致美國和擁有亞洲殖民地及在中國有相關利益的歐洲國家廣泛譴責。

帝國擴張

大部分日本領導人都認為，他們能透過擴張帝國版圖並取得工業需要的原物料來解決國家當前的困境。他們希望打造一個反帝國主義的「大東亞共榮圈」（Greater East Asia Co-Prosperity Sphere），當中所有亞洲民族都能雨露均霑。但事實卻是日本帝國的所作所為比他們攻擊的帝國主義還要殘暴。

這張日本海報頌揚所謂的日本、中國和滿洲國和平合作

向北還是向南？

日本的兩難是該朝哪個方向進攻。在 1930 年代，日軍和蘇軍在蘇聯遠東邊界處爆發多次衝突，日軍 1939 年在蒙古的一場重要衝突中慘敗。從那時起，日本就開始把注意力轉向南方。

日本的戰爭豪賭

日本各級領導人深信，日本的民族宿命就是要統治亞洲。但他們還在為打敗中國而陷入苦戰，而缺乏天然資源依舊是日本的一個威脅。他們因此決定，前進的唯一一條路就是發動新的攻擊，冀求一切都會迎刃而解。

日本從 1937 年開始侵略中國，但沒有獲得決定性戰果。歐戰在 1939 年爆發後，日軍雖然獲得了一些勝利，卻陷入困境。戰事不斷拖延，消耗了愈來愈多寶貴的人力與資源。美國對日本侵華的反制就是對日本實施廢五金和鋼鐵禁運。日本想繼續作戰、建立帝國就需要這些資源，但日本有三分之一的進口物資來自美國。當德國在 1940 年征服低地國和法國時，日本看到了解決問題的新機會。

日本先後和俄羅斯帝國與蘇聯的漫長衝突一直持續到 1930 年代，但日本在 1939 年遭到痛擊。日本帝國因此徹底放棄在亞洲大陸上向北擴張的任何企圖，但往南卻是另外一回事。由於荷蘭和法國戰敗，英國受到希特勒威脅，他們的殖民地就像是成熟的果實，隨時可以摘取──而且還有大量資源。荷屬東印度和英屬馬來亞擁有橡膠、錫和更多有用的東西。對日本來說，這個機會絕不能錯過。

致命的決策

1940 年 7 月，日本政府採行新的政策。他們將藉由封鎖經由英屬緬甸和法屬印度支那運往中國的補給，來贏得對中國的戰爭，並在必要時透過戰爭手段控制馬來亞和荷屬東印度的豐

「如果我們對美國**讓步**，就會**毀掉**支那事變的果實。」

授權法的辯論中，希特勒對社會民主黨所說。1933 年 3 月 23 日

富資源。日本的第一步是在 1940 年 9 月派遣部隊進入印度支那北部，並在同一時間和德國及義大利簽署《三國同盟條約》（Tripartite Pact）。從日本的角度來看，此舉的目標是限制美國干預亞洲事務，但日本失算了：美國根本沒有因為日本和德義結盟而受到威嚇。反之，美國對日本實施金屬材料禁運。

下一個重大發展是在 1941 年 7 月，也就是日軍進入印度支那南部。美國當局立即凍結日方的所有資產，並實施石油禁運。緊接著英國和荷蘭也採取相同措施，日本等同於喪失了 90% 的石油進口量。

美國採取如此強硬的手法，原因之一是美方密碼破譯單位破解了許多日本外交訊息。他們認為日本已經走上了不歸路，因此唯有激烈手段有可

> **1941 年 9 月，在日本活動的德籍蘇聯間諜理察・佐爾格（Richard Sorge）通知俄國當局，日方決定往南方進軍。史達林因此得以及時從遠東地區調動軍隊，在那個冬天防衛莫斯科。**

能阻止戰爭爆發。但如果日本無論如何都要開戰的話，那麼禁運也許可以在這段期間削弱他們的力量。

外交失敗

美國和日本之間的外交談判在 1941 年最後幾個月裡持續進行。美國政府明白他們讓日本人的生活變得多麼困難，但他們並不認為日本是真心追求和平。事實上，日本人還沒真正下定決心。日本舉國上下都在為戰爭做準備，但也繼續嘗試談判，一部分是因為裕仁天皇清楚表態不樂見任何衝突。

到了 10 月，東條英機將軍出任首相，統治日本。他和他的政府認為，要日本順應美國的要求撤出中國，是一件連想都不用想的事。

雖然和美國開戰要冒極大風險，但如果他們不要猶豫，立即發動攻擊，還是有一絲勝算。日本陸海軍已經準備好速戰速決的計畫，政府當局在 11 月 29 日決定開戰。裕仁天皇在 12 月 1 日正式同意，作戰命令立即下達。日本打算透過毀滅性的一擊把美國趕出太平洋，只要在開始襲擊珍珠港前送出最後一份外交照會就好。

但最後這一步出錯了，這是日本優柔寡斷的戰爭手法的典型特徵。外交照會太晚發出去，日軍早就開始在珍珠港投下炸彈，而美國人也已經透過他們高效率的密碼破譯作業得知了照會的內容。

日本將領與首相（1884-1948年）

東條英機

東條英機出生在東京的一個軍人家庭。他屬於強硬派，在 1930 年代成為日本帝國陸軍最重要的將領之一。他主張進攻中國，並在 1940 年時以陸軍大臣的身分協助訂定與德國和義大利的三國同盟條約。1941 年 10 月，東條英機繼近衛文麿之後出任首相，並領導日本參戰。在前幾個月裡，東條英機大權在握，但之後因為連戰皆敗，因此在 1944 年辭職下台。1945 年，他因為身為戰犯而遭盟軍逮捕，經過審判後在 1948 年遭處決。

日本陸軍軍機
地面上的是三菱 Ki-21 轟炸機，飛在上空
的是中島 Ki-27 戰鬥機。這兩種機型在日
本進攻中國的行動中表現優異，但在之後
的作戰中就差強人意了。

日軍腳踏車部隊的訓練
西方列強嚴重低估日軍的訓練和科技。例如在入
侵馬來亞期間，日軍使用這種「低科技」的運輸
工具，表現得比敵人更加靈活。

後果

**1941 年 12 月，日軍進攻英國、
美國和荷蘭在亞洲和太平洋上的
領土，使二次大戰成為真正的全
球衝突。**

日本的攻勢

日軍在當地時間 12 月 7 日上午 7 點
55 分對珍珠港展開攻擊（參閱第 148-
49 頁），做到徹底的奇襲。在不到一
個小時之內，美軍太平洋艦隊就已完全
癱瘓。美國先是感到驚駭，接著就對這
種「偷襲」行為感到憤怒，因為日本並
未正式宣戰。12 月 8 日，也就是對珍
珠港的襲擊開始之前，日軍也在馬來亞
登陸，緊接著又攻擊菲律賓、香港、關
島和威克島（Wake Island）（參閱第
158-59 頁）。

軸心聯盟

希特勒在 1941 年 12 月 11 日對美國宣
戰，但德國和日本始終無法有效合作。
此外，同盟國還破解了破解派駐柏林的
日本外交官傳遞的訊息，了解有關德國
祕密計畫的重要資訊。

1941年3月，德軍和日軍將領討論軍事戰略。

◀◀ **前因**

當日本野心勃勃朝東南亞擴張的計畫受到反對時，他們別無選擇，只能準備開戰。

談判破裂

自從 1937 年陷入中國戰場的泥沼後（參閱第 40-41 頁），日本軍方迫切需要原物料與石油。在東南亞擁有領土利益的西方列強反對日本進攻中國，因此終止和日本的貿易。雙方嘗試談判，想找出和平解決方案，但日本拒絕打退堂鼓（參閱第 146-47 頁）。到了 1941 年 11 月下旬，外交途徑失敗，太平洋上的戰爭似乎無法避免。美國當局認為馬來亞甚至是菲律賓都很有可能隨時遭受攻擊。

日本的疑慮

日本海軍大將山本五十六反對和美國開戰。他表示他麾下的艦隊能贏得大約六個月的勝利，但之後日本就會被擊潰。事後證明他的預言沒有錯。但即使如此，他依然盡責地擬定襲擊珍珠港的計畫，運用從英軍在 1940 年 11 月襲擊義軍艦隊基地塔蘭托港的行動（參閱第 98-99 頁）上學到的教訓。

日本海軍大將（1884-1943年）

山本五十六

山本五十六是 1941-43 年間日本海軍聯合艦隊總司令。在戰爭前，他是日本首屈一指的海軍航空專家，並策畫打擊珍珠港，但他本人認為日本攻擊美國是愚蠢行徑。他的戰略在 1942 年的中途島海戰遭遇挫敗，因為他的複雜作戰計畫被美軍破解密碼而曝光。1943 年 4 月 18 日，山本五十六搭乘飛機飛往布干維爾島附近索羅門群島中的巴拉萊機場（Ballalae Airfield）時，遭到美軍戰鬥機伏擊，結果他就因為座機在布干維爾島叢林上空被擊落而陣亡。山本五十六的死對日方士氣造成嚴重打擊。

珍珠港

日本在和平談判的同時準備作戰。1941 年 11 月，一支航空母艦打擊部隊祕密航向美軍在夏威夷珍珠港的海軍基地。這場毀滅美軍太平洋艦隊的攻擊行動使美國成為這場戰爭中的主要參戰國。

1941 年 11 月 26 日，日本海軍第 1 航空艦隊的六艘航空母艦離開日本北方的千島群島，橫越太平洋。在出發的幾個月前，航空母艦上的飛行員已經接受了進攻珍珠港美軍太平洋艦隊主要基地的訓練，現在他們已準備好要付諸實行。

日本政府和軍方高層在 11 月 29 日舉行會談，充分討論開戰的利弊得失。最後他們決定，若是接受美方最新的要求，將會太過屈辱。裕仁天皇在 12 月 1 日正式接受政府的決定，而日軍艦隊也收到信號，繼續依照計畫對珍珠港內美軍艦隊發動攻擊。

日本的主要戰略是奪取東南亞的領土。這些地方可提供日本沒有的天然資源，讓日本帝國有能力贏得中國之戰，並對抗敵人。歐洲殖民國家布署在這裡的武裝部隊戰力薄弱，可以輕易擊敗。菲律賓是當時美國的自由邦，位於日軍計畫中前進方向的側翼，因此它和其他美國屬地都會遭到攻擊。美國在這裡的陸空部隊都微不足道，但美國海軍對日本的計畫而言是嚴重的威脅，因此根據這迂迴的邏輯，美國海軍就成了日軍的主要目標。雖然某些日本領導人物提出警告，但日本方面普遍認為美國軟弱頹廢，只要戰敗幾次就會放棄。

日本的奇襲

當日軍艦隊向東航行時，他們嚴格遵守無線電靜默規定。西方國家情報單位主要依靠破譯加密訊息得知日軍艦隊已經啟航，但沒人知道它去哪裡。

5 攻擊珍珠港的日軍甲標的袖珍潛艇的數量。這款雙人潛艇也許有一枚魚雷擊中目標，但這五艘潛艇最後都沒有返回。

轟炸歐胡島

除了停泊在錨地中的艦隊以外，日軍飛機也轟炸歐胡島上的機場。在這張照片裡，前方是福特島（Ford Island）水上飛機基地的殘骸，背景則是爆炸中的蕭號（Shaw）驅逐艦。

消息傳到紐約時代廣場

絕大多數美國人都不知道 1941 年下半年美日關係已經惡化到了怎樣的地步。在紐約和其他地方，12 月 7 日就是一個普通的承平時期星期天，直到夏威夷的消息傳來。

1941 年 12 月 7 日清晨 5 點 50 分，日軍航空母艦在歐胡島北方海域就位。魚雷轟炸機負責攻擊美軍艦隊，第二波機隊則負責收尾並轟炸岸上的設施。美國已經預料到某個地方會遭到日軍攻擊，但在珍珠港，美軍指揮高層比較擔心的是夏威夷群島上日裔居民的滲透破壞。

珍珠港無論如何都沒有提升到最高警戒。高射砲沒人操作，所有彈藥庫都上鎖，軍機都整齊停放在空曠的停機坪上，以方便衛兵看守。由於當天是承平時期的週日，許多水兵上岸休假，只有少數人值班。共計有 366

3 在珍珠港受損或沉沒的美軍軍艦中，完全無法浮揚、修理或重新服役而徹底失去的軍艦數量。

架飛機襲擊了珍珠港的海軍基地，美軍戰鬥艦亞利桑那號（Arizona）爆炸沉沒，奧克拉荷馬號（Oklahoma）傾覆，另外六艘戰鬥艦也在空襲中受重創。總計有 188 架美軍軍機被炸毀，另外 150 架受損，美軍共有 2403 人

「**攻擊珍珠港的行動**應該是在出其不意下成功，這一切看起來是上天的保佑。」

授權法的辯論中，希特勒對社會民主黨所說。1933 年 3 月 23 日

陣亡，日軍則只損失 55 個人和 29 架飛機。從表面上看來，海軍大將山本五十六的大膽攻擊和計畫中一模樣，但事實卻非如此。

當天早上，美軍太平洋艦隊的三艘航空母艦都在海上，因此逃過一劫。由於它們倖存下來，美軍高層只好以空權作為對抗日本的主要武器，結果證明是最佳的致勝之道。在珍珠港，關鍵的油料庫存、海軍造船廠和潛艇船塢都毫髮無傷。沒多久，這座海軍基地就已經恢復了以往的效率。

美國參戰

次日，美國總統羅斯福對國會參眾兩院聯席會議發表演說。他對日本延遲遞交中斷和平談判的照會這件事憤怒不已，將 1941 年 12 月 7 日稱為「恥辱的日子」，並形容這次攻擊「無緣無故且卑鄙」。美國國會毫不遲疑投票通過對日本宣戰，英國也在同一天對日本宣戰。

雖然日軍對珍珠港的襲擊是美軍的空前挫敗，但這件事卻達成了過去好幾個月裡邱吉爾不斷疾呼懇求但卻沒有成功的事——孤立主義已經結束。美國人雖然對珍珠港事件感到震驚、氣餒、沮喪，但如今卻團結一致，投入戰爭。當希特勒聽到日軍攻擊珍珠港的消息時，他樂不可支。日本既然已經是盟友，他便覺得這場戰爭不可能會輸。希特勒因此向美國宣戰。但這很可能是他最大的誤判。這個荒唐的決定促使美國把它的強大軍事力量帶到歐洲，最後也使德國踏上戰敗之路。

懦夫的攻擊？

日軍對珍珠港的襲擊格外受到憎恨，因為這場行動是發生在正式宣戰之前。日本沒有什麼行為比這個更能激怒美國人民。

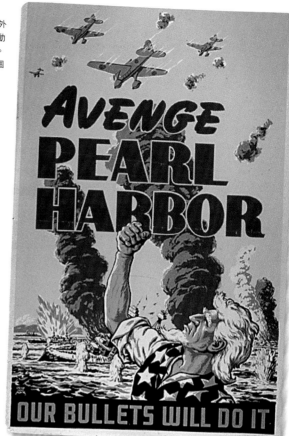

後果

由於日軍偷襲珍珠港，美國一定會堅持戰鬥到同盟國徹底擊敗日本為止。

全球大戰

希特勒對日本並沒有任何白紙黑字的義務需要向美國宣戰，但在 1941 年 12 月 11 日，他帶領德國正面挑戰強大的美國，這場戰爭因此成為名副其實的世界衝突。

美軍艦隊恢復戰力

大部分在珍珠港中受創的美軍戰鬥艦都被修復，並在戰爭後期繼續服役。不過到了那時，美國海軍的攻擊行動都是由航空母艦主導。航空母艦在 1941 年逃過一劫，意外指出了勝利之道（參閱第 162-63 頁）。

希特勒對美國宣戰

襲擊珍珠港

1941 年 12 月 7 日，在歐胡島北方 350 公里的海域，日軍飛機從航空母艦上起飛，轟炸了珍珠港內的美軍太平洋艦隊。這場攻擊行動經過縝密策畫，由戰鬥機和轟炸機執行，打得美軍猝不及防。日軍第一波機隊由淵田美津雄指揮，在上午 8 點前對珍珠港展開打擊。在很短的時間內，港內美軍的八艘戰鬥艦中就有五艘非沉即傷。

「我專注地透過雙筒望遠鏡觀察平靜地停泊在錨地的船艦。我一艘一艘數。太好了，戰鬥艦總共八艘都在那裡……那時是 7 點 49 分，我下令無線電通訊員發送命令『攻擊！』。他立即開始發送預定的代碼訊號：『突、突、突……』」

「在整個機群最前面的是村田少校的魚雷機，他們降低高度以便投擲魚雷，而板谷少校的戰鬥機則衝上前去，從空中掃蕩敵軍的戰鬥機。高橋的俯衝轟炸機群爬升高度，因此我看不見。此時我的轟炸機則朝巴柏斯角機場（Barbers Point）繞一圈，以便跟上攻擊行動時刻表……」

「攻擊行動以第一枚炸彈落在惠勒機場（Wheeler Field）上揭開序幕，緊接著是俯衝轟炸機襲擊希肯機場（Hickam Field）和福特島上的基地……村田少校……投下魚雷，港內接著就噴起一連串水柱。」

「在這個時候，板谷少校的戰鬥機全面掌握珍珠港的制空權，大概有四架起飛的敵軍戰鬥機迅速被擊落。到了上午 8 點，天上已經沒有任何敵軍飛機，我方戰鬥機開始掃射機場……」

「當我們逼近時，敵軍高射砲火開始集中過來。暗灰色的砲彈煙幕在四面八方爆開，它們絕大部分來自於軍艦上的高射砲，但陸地上的砲臺也猛烈射擊……當我們這一群在空中繞圈打算再試一次時，其他人也在做類似的動作，有些人甚至飛了三圈才成功。當我們正要開始飛第二圈的時候，戰鬥艦泊地發生驚天動地的劇烈爆炸，一股巨大的暗紅色濃煙噴發到 1000 公尺高的空中，這一定是某艘船的彈藥庫爆炸（結果是戰鬥艦亞利桑那號）。儘管距離好幾英里，但連我在飛機裡都感覺到那股爆炸震波……」

日軍指揮官淵田美津雄描述攻擊珍珠港的情形

聽取簡報
日軍飛行員在起飛攻擊珍珠港前聽取指示。他們的飛機有戰鬥機、魚雷機、俯衝轟炸機和水平轟炸機。

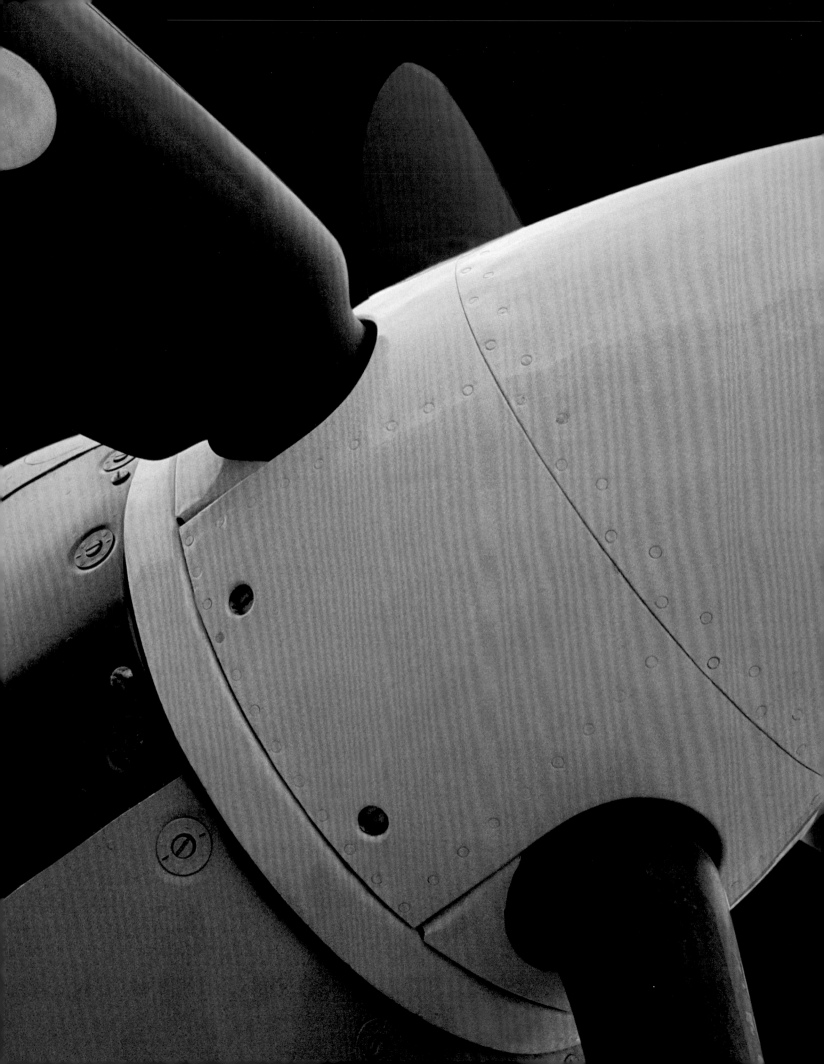

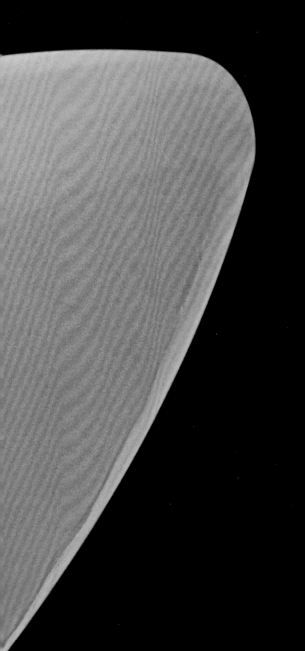

5

變換的局勢
1942年

隨著日軍入侵東南亞，這場衝突成為不折不扣的全球大戰，但美國參戰才是真正的轉捩點。同盟國在北非獲勝，而在蘇聯這一邊，蘇軍英勇堅守史達林格勒，因而開始在這場艱苦卓絕的戰鬥中占得上風。

變換的局勢

奧許維茨 1 營關押人數過多，因此奧許維茨 2 營（比克瑙）在 1942 年完工啟用。它是規模最大的納粹滅絕營，成為全歐洲的猶太人、反納粹人士和吉普賽人最後的目的地。

美軍於 11 月的火炬行動中登陸卡薩布蘭加。這場行動的首要目標就是要從維琪法國手中奪取摩洛哥和阿爾及利亞的控制權。

天王星行動（Operation Uranus）是蘇軍在 11 月發動的大規模攻勢，目標是包圍史達林格勒的德軍。這場行動成功，導致德軍第 6 軍團投降。

歐洲

法羅群島（屬丹麥）

北海

威
挪

瑞
典

芬蘭

愛沙尼亞

拉脫維亞

立陶宛

丹麥

波羅的海

冰島

英國

德國

波蘭

蘇聯

愛爾蘭自由邦

英國

荷蘭

比利時

盧森堡

德國

波蘭

蘇聯

法國

瑞士

捷克斯洛伐克

匈牙利

羅馬尼亞

黑海

保加利亞

義大利

南斯拉夫

阿爾巴尼亞

土耳其

西班牙

葡

地中海

希臘

摩洛哥（屬法國）

阿爾及利亞（屬法國）

突尼西亞（屬法國）

利比亞（屬義大利）

多德坎尼斯（屬義大利）

敘利亞

賽普勒斯

巴勒斯坦

伊拉克

埃及

大 西 洋

英國

德國

波蘭

法國

蘇聯

黑海

土耳其

敘利亞

伊拉克

波斯

阿富汗

尼泊爾

印度

摩洛哥

阿爾及利亞

利比亞

埃及

里約奧羅

法屬西非

甘比亞

葡屬幾內亞

獅子山

賴比瑞亞

黃金海岸

奈及利亞

喀麥隆（英國託管地）

喀麥隆（法國託管地）

法屬赤道非洲

阿比西尼亞

英屬埃及蘇丹

內志（沙烏地）

阿曼

希賈

葉門

哈德拉毛

亞丁保護國

法屬索馬利蘭

英屬索馬利蘭

義屬索馬利蘭

肯亞

烏干達

比屬剛果

坦干伊加（英國託管地）

尼亞薩蘭

北羅德西亞

安哥拉（屬葡萄牙）

馬達加斯加

南羅德西亞

葡屬東非

西南非洲

貝專納蘭

史瓦濟蘭

南非聯邦

巴蘇托蘭

印 度 洋

錫蘭

馬爾他島（Malta）遭德軍無情轟炸。直布羅陀和埃及之間唯一的英國海軍基地就在這裡，但它挺了下來，持續對航向北非的軸心國運輸船團造成重大威脅。

德國城市科隆首度遭到大規模空襲。一些盟國領導人——尤其是「轟炸機」亞瑟·哈里斯——對運用轟炸迫使德國屈服的戰略深信不疑。

11 月時蒙哥馬利在阿來曼擊敗隆美爾，是沙漠戰爭中的決定性會戰。

1942年

美國海軍艦隊在中途島攔截日本艦隊，阻擋他們跨過中太平洋。日本海軍受到重創，損失四艘航空母艦。

日軍襲擊珍珠港後，美國實施一項計畫，強迫遷移並關押日裔美國人和日本國民。

胡蜂號在增援瓜達卡納島的美軍時被魚雷擊中。島上的血戰持續六個月，最後日軍撤退。

5月的珊瑚海海戰（Battle of the Coral Sea）提升了美國的士氣。美軍損失一艘航空母艦列克星頓號（Lexington），但證明日本海軍絕非銳不可當。

有海空軍部隊駐紮在澳洲的基地（Northern Territory）。首府達爾文（Darwin）在2月和3月成為日軍兩度轟炸的目標。

阿拉斯加（屬美國）

加 拿 大

紐芬蘭

美 利 堅 合 眾 國

太 平 洋

大 西 洋

日 本 帝 國

中 國

滿洲國

朝鮮

緬甸

福爾摩沙

屬印度支那

菲律賓群島

屬北婆羅洲

汶萊

砂拉越

荷 屬 東 印 度

葡屬帝汶

巴布亞

新幾內亞領地

馬里亞納群島（日本託管地）

馬紹爾群島（日本託管地）

加羅林群島（日本託管地）

關島

諾魯

吉爾伯特群島

索羅門群島

埃利斯群島

新赫布里底群島

西薩摩亞～美屬薩摩亞

斐濟

新喀里多尼亞

夏威夷群島（屬美國）

澳 洲

墨西哥

英屬宏都拉斯

古巴

海地

多明尼加共和國

維京群島

背風群島

向風群島

千里達及托巴哥

英屬圭亞那

荷屬圭亞那

法屬圭亞那

瓜地馬拉

宏都拉斯

尼加拉瓜

薩爾瓦多

哥斯大黎加

巴拿馬

委內瑞拉

哥倫比亞

厄瓜多

巴西

玻利維亞

巴拉圭

烏拉圭

阿根廷

1942年12月時的世界地圖
軸心國及其盟國
1942年12月時軸心國征服區域
同盟國
1942年12月時同盟國征服區域
1942年12月時日本控制區
中立國
1939年9月時的邊界

1942年8月7日，美國海軍陸戰隊登陸瓜達卡納島（Guadalcanal），是美軍展開奪回太平洋的史詩級偉大奮戰的第一步。

主動權正緩慢但明顯地從軸心國手中轉移到同盟國手中。美軍在1943年2月9日占領瓜達卡納島。而短短六天之前，希特勒才因為第6軍團於史達林格勒全軍覆沒而宣布全國哀悼四天。在北非，盟軍經由「火炬行動」登陸摩洛哥和阿爾及利亞，英軍也在1942年11月於阿來曼戰勝，而接下來就是爭奪突尼西亞的漫長苦戰，一直要到1943年5月才結束。最後盟軍獲勝，擄獲數十萬德軍和義軍戰俘。這回希特勒可說是在地中海岸上遭遇了第二場史達林格勒般的慘敗。

1942年時間軸

日軍征戰亞洲及太平洋 ■ 最終解決方案 ■ 馬爾他與地中海 ■ 新幾內亞
和索羅門群島 ■ 中途島 ■ 大西洋戰役 ■ 阿來曼 ■ 火炬行動登陸北非
■ 瓜達卡納島 ■ 史達林格勒

1月	2月	3月	4月	5月	6月
1月2日 日軍攻占菲律賓首都馬尼拉。 **1月11日** 德軍展開擊鼓行動（Operation Drumbeat），目標是破壞美國東岸的航運。	**2月7日** 挪威總統威德昆·奎斯林廢止挪威憲法，建立獨裁政權。 ❯ 日軍的有坂步槍	**3月8日** 艾夫洛蘭開斯特（Avro Lancaster）轟炸機投入服役。這款轟炸機將會成為對德國進行夜間空襲的主力機種。 **3月8日** 日軍攻克緬甸首都仰光。		**5月5日** 日軍登陸菲律賓的要塞島嶼科雷希多島（Corregidor），它在次日投降。	
1月20日 紅軍沿著東線攻擊軸心軍。	**2月8日** 以暹羅為基地的日軍開始入侵緬甸。	**3月11日** 道格拉斯·麥克阿瑟將軍和參謀軍官離開菲律賓，並宣告「我會回來」。 ❯ 德軍轟炸對馬爾他的法勒他（Valletta）造成的破壞	**4月15日** 英國國王喬治六世頒發喬治十字勳章（George Cross）給馬爾他，獎勵這座島嶼面對德軍和義軍瘋狂轟炸時展現的「英雄氣概與犧牲奉獻」。	**5月7日** 珊瑚海海戰。美日兩軍的航空母艦在新幾內亞以東海域打成平手。日軍放棄計畫中的登陸摩士比港（Port Moresby）。 ❯ 在中途島海戰中起火燃燒的美軍航空母艦約克鎮號（Yorktown）	
1月20日 在萬湖（Wannsee）舉行的祕密會議上，以萊因哈德·海德里希為首的納粹官員討論猶太人問題的「最終解決方案」。 **1月26日** 第一批美軍抵達英國。	**2月15日** 儘管號稱牢不可破，日軍依然攻陷新加坡。7萬盟軍官兵淪為戰俘。 ❯ 新加坡守軍向日軍投降	**3月17日** 美國總統羅斯福任命麥克阿瑟將軍出任西南太平洋戰區盟軍最高統帥。	**4月18日** 杜立特空襲（Doolittle Raid）：美軍軍機從航空母艦大黃蜂號（Hornet）起飛轟炸東京。 **4月21日** 第一艘「乳牛」U艇U-459前往大西洋，負責載運補給品給其他U艇。	**5月12日** 軸心軍粉碎蘇軍沿著哈爾可夫戰線的反攻。 **5月26日** 在北非，隆美爾進攻加查拉防線。 ❯ 日本海軍使用的六分儀	**6月4-7日** 中途島海戰。日軍試圖奪取中途島控制權，但慘遭嚴重打擊，損失四艘航空母艦，美軍只損失一艘。
	2月23日 「轟炸機」亞瑟·哈里斯接掌轟炸機司令部。他堅定主張對德國城市地帶進行區域轟炸的策略。	**3月20-23日** 從亞歷山卓出發的英軍運輸船團在抵達目的地馬爾他之前蒙受慘重損失。	**5月30日** 皇家空軍首度發動千機大轟炸，徹底破壞科隆。 ❯ 杜立特空襲是美軍首度轟炸日本		**6月10日** 德軍在烏克蘭發動大規模攻勢，目標是打通前往高加索區域油田的通道。 **6月25日** 艾森豪將軍被任命為駐歐美軍總司令。

「如果我奉命不計後果全力作戰的話，我可以在前六個月或一年裡**所向披靡**，但第二年或第三年我就完全**沒有這個信心了。**」

日本海軍聯合艦隊總司令山本五十六向日本首相近衛文麿預測戰爭走向，1940 年 9 月

7月	8月	9月	10月	11月	12月	»

7月9日
中國國民黨部隊在江西省擊敗日軍。

7月15日
由克萊爾·陳納德將軍（Claire Chennault）指揮的飛虎隊（Flying Tigers）負責作業的對中國空中運補航線開始運作。

8月7日
美國海軍陸戰隊第1師登陸索羅門群島中的瓜達卡納島。

⌄ 大西洋中部的德軍U艇

9月12日
瓜達卡納島爆發血嶺會戰（Battle of Bloody Ridge），美軍部隊擊敗日軍的協同攻擊。

⌃ 澳軍在叢林戰中使用的衝鋒槍

9月12日
載運義軍戰俘的英國郵輪拉科尼亞號（Laconia）在非洲外海被 U-156 號 U 艇擊沉。U 艇救起許多生還者。

10月13-18日
德軍第 6 軍團占領大部分史達林格勒。

10月23日
盟軍在第二次阿來曼戰役（Second Battle of El Alamein）中獲勝。

11月8日
盟軍開始入侵北非（火炬行動），在摩洛哥和阿爾及利亞登陸。

⌃ 在火炬行動中登陸的盟軍船艦和部隊

12月12日
德軍發動冬季風暴行動（Operation Winter Storm），目的是解救第 6 軍團。

7月27日
澳軍和日軍在新幾內亞的科可達小徑（Kokoda Trail）首度爆發戰鬥。

8月13日
美國總統羅斯福同意研發原子彈的曼哈頓計畫（Manhattan Project）。

8月13日
從直布羅陀海峽出發的基座（Pedestal）運輸船團殘部抵達馬爾他。

9月
德軍在史達林格勒的廢墟中緩慢推進。他們遭遇蘇軍猛烈抵抗，建築物會在一天之內幾度易手。

12月21日
德軍企圖救援第 6 軍團，結果徒勞無功，但希特勒拒絕允許保盧斯將軍（Paulus）從史達林格勒突圍。

« 隆美爾在埃及的新對手蒙哥馬利

8月13日
蒙哥馬利接任英軍第 8 軍團司令。

8月19日
英軍和加軍襲擊法國港口第厄普（Dieppe），結果慘敗。

9月15日
美軍航空母艦胡蜂號（Wasp）在瓜達卡納島外海被日軍潛艇用魚雷擊沉。

10月26日
美日兩國海軍在聖克魯斯群島（Santa Cruz Islands）打成平手，美軍航空母艦大黃蜂號被擊沉。

⌃ 北非盟軍使用的M3格蘭特（Grant）戰車

11月10日
德軍部隊開始占領維琪法國。

11月19-22日
蘇軍發動天王星行動，包圍史達林格勒的德軍第 6 軍團。

12月31日
日軍決定把部隊撤出瓜達卡納島。

⌄ 史達林格勒的慘烈巷戰

8月23日
德軍進入史達林格勒郊區。這座城市的大部分區域已經被夷為平地。

8月30日
隆美爾在阿來曼以南進攻英軍第 8 軍團。

9月22日
史達林格勒的蘇聯守軍被困在沿著伏爾加河（Volga）西岸的狹長地帶，並且被挺進的德軍切成兩半。

10月30日
英軍登船小隊從沉沒的德軍 U-559 號 U 艇上取得密碼本。

日軍勢如破竹

日本帝國在太平洋上的意圖是基於一個簡單的算計：必須讓美國面對一個太難逆轉的既成事實。但他們沒有算到美國人會反攻，且他們的經濟和軍事實力會壓倒日本。

太陽帝國的勝利
儘管中日戰爭提供了充分的證據，但在遠東殖民的列強國家依然低估了遠東與太平洋戰區的日軍實力與專業協調能力。

《 前因

為了和攻擊珍珠港的行動配合，日軍計畫同步在遠東與太平洋區域發動攻勢，同時朝西南方和東南方前進。

日本的帝國夢
早在 1931 年 9 月入侵滿洲（參閱第 32-33 頁）與 1937 年入侵中國（參閱第 40-41 頁）時，日本想要建立帝國的跡象就十分明顯。

攻擊計畫
日本的想法是向西南方朝馬來半島挺進，接著再分成左右兩路，分頭進入緬甸和荷屬東印度。從福爾摩沙出發的第二股突穿打擊力量，目標是朝東南方挺進，穿越菲律賓，並在東印度群島和西南方向的部隊會。次要的作戰行動將會奪取馬里亞納群島（Marianas）中的關島、馬紹爾群島（Marshalls）以北的威克島，並且會把日軍的控制範圍延伸到吉爾伯特群島（Gilbert Islands）。

終極目標
日本的首要目標就是確保在它選擇的勢力範圍內的優越地位，擊敗西方殖民列強，有必要的話包括俄國。中國將會被征服，並融入成為大日本帝國的一部分，其他亞洲國家則會在日本領導的亞洲共榮圈（參閱第 146-47 頁）中繼續生存。日本會把亞洲各國從西方殖民者手中奪回，還會享有日本帶來的巨大工業和經濟進步。

當一支日軍艦隊逼近珍珠港時，還有另一支日軍艦隊朝泰國南部和馬來亞北部前進。1941 年 12 月 8 日拂曉，日軍將領山下奉文指揮的第 25 軍兩個師的部隊登陸泰國南部的宋卡（Singora）和北大年（Patani），還有三分之一兵力登陸馬來亞北部的哥打巴魯（Khota Baru）。

英軍在馬來亞的指揮高層已經預料到日軍可能從宋卡登陸，因此擬定進入泰國先發制人的計畫。但日軍的行動使英軍完全失去對戰況的掌握，且再也無法恢復。

日軍完全掌握制空權。另一方面，12 月 10 日英軍戰鬥艦威爾斯親王號與戰鬥巡洋艦反擊號（Z 部隊）在沒有空中掩護的狀況下，企圖截斷日軍在馬來亞東岸登陸的行動，結果雙雙遭日軍飛機擊沉。至此日軍也徹底掌握制海權。

微弱的抵抗

此時日軍已能在馬來亞的西岸發動更多海上入侵行動，以便騷擾並切斷撤退中的英軍。英軍馬來亞總司令白思華中將（Arthur Percival）指揮無方，而英方士氣更因為日軍的迅速推進和無情壓力而更加低落。日軍只花了 58

關鍵時刻

新加坡淪陷

1942 年 2 月 15 日，白思華將軍和部下扛著國旗前往約定地點，也就是山下奉文將軍設在新加坡福特汽車廠（Ford Motor Factory）的司令部。在擠滿日方攝影人員和記者的工廠食堂中，白思華同意停火，並簽署投降書。他在戰爭中接下來的時間裡被關在滿洲的戰俘營中，但在 1945 年 9 月 2 日受邀登上美軍戰鬥艦密蘇里號（Missouri），見證日本最後的投降。

「脫隊的人愈來愈多，幾百個人就這樣倒在路邊……」

授權法的辯論中，希特勒對社會民主黨所說。1933 年 3 月 23 日

天就抵達新加坡的海軍基地。新加坡守軍在 2 月 15 日投降，大英國協損失 13 萬 8000 名部隊，是英國史上損失最慘重且最屈辱的戰敗。

12 月 25 日，英國殖民地香港向佐野忠義少將的第 38 師團投降。日軍為了慶祝戰勝，四處燒殺擄掠，姦淫婦女。

日軍下一個要攻打的是太平洋上

的荷蘭殖民地。荷蘭的殖民地包括爪哇（Java）、蘇門答臘（Sumatra）、帝汶（Timor）、婆羅洲（Borneo）和西里伯斯（Celebes），以及新幾內亞的西半部，全都由魏菲爾將軍的美英荷澳司令部控制。結果日軍在 1942 年 2 月 27 日的爪哇海海戰（Battle of the Java Sea）中擊潰盟軍海軍艦隊，奪得制海權，又因為掌握制空權，因此登陸行動來去自如。日軍在爪哇海海戰獲勝，加快征服荷屬東印度群島的速度，其民政當局在 3 月 8 日無條件投降。

進軍菲律賓

在荷屬東印度的北邊，日軍在 12 月 8 日入侵大部分自治的美國屬地菲律賓。由麥克阿瑟將軍指揮的美菲聯軍不敵入侵的日軍，只得退往巴丹半島（Bataan peninsula），並一直堅守到 1942 年 4 月。最後有將近 8 萬名美菲聯軍淪為戰俘，當中有許多人之

威爾斯親王號沉沒

1941 年 12 月 10 日，威爾斯親王號遭日軍第 22 航空戰隊陸基轟炸機和魚雷機的攻擊，船員被迫棄船逃生。

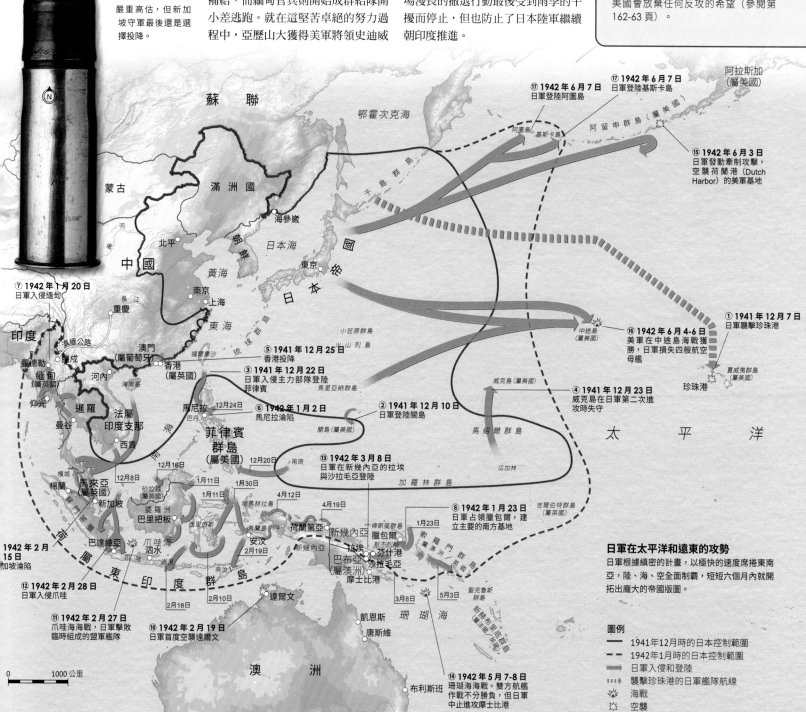

後死在離開巴丹半島的「死亡行軍」（Death March）途中。美國最後的根據地是馬尼拉灣（Manila Bay）中的科雷希多島，也在 1942 年 5 月 6 日投降。

在新加坡投降不到一個月之前，日軍第 15 軍入侵緬甸，想奪取橡膠和石油之類的重要資源。日軍面前的敵軍只有兩個戰力薄弱的師，他們隨即撤往薩爾溫江和西湯河，直到 2 月才被迫放棄。1942 年 3 月初，亞歷山大中將接掌指揮權，他決定放棄緬甸首都仰光，並命令麾下緬軍經由陸路往印度方向撤退，這是英國軍事史上距離最長的撤退行動。

英軍和印度部隊筋疲力竭，缺乏補給，而緬甸官兵則開始成群結隊開小差逃跑。就在這堅苦卓絕的努力過程中，亞歷山大獲得美軍將領史迪威（Stilwell）指揮的國軍第 5 和第 6 軍支援。他們為了確保唯一連接中國的陸上交通要道滇緬公路的安全而進入緬甸，此外還有第 7 裝甲旅的戰車，他們在盟軍當局決定疏散仰光不久之前抵達。在九週內行軍 960 公里之後，殘存的緬軍在 5 月 19 日於欽山（Chin Hills）的德穆（Tamu）越過邊界。這場漫長的撤退行動最後受到雨季的干擾而停止，但也防止了日本陸軍繼續朝印度推進。

日軍在剛開戰時征服遠東的一種關鍵武器，就是機動性相當好但裝甲薄弱的 95 式戰車。它有三名乘組員，最高速度為每小時 45 公里，主要武裝為 37 公釐口徑主砲和 7.7 公釐口徑機槍兩挺。

日軍砲彈
日軍猛烈砲擊新加坡，暗示他們擁有充足的砲彈補給。儘管這是嚴重高估，但新加坡守軍最後還是選擇投降。

後果

由於盟軍抵抗不力，日軍只花了六個月的時間，到 1942 年 4 月時就已經控制太平洋區域的大片領土。

鞏固的力量
在北方，日軍威脅阿留申群島（Aleutians）和通往阿拉斯加的交通線。在西方，日軍兵臨印度邊界。在南方，日軍威脅澳洲（參閱第 166-67 頁）。他們如今必須好好鞏固遼闊的征服領域四周需要防守的地方。他們賭的是，面對日本凌厲的大規模閃電攻勢，美國會放棄任何反攻的希望（參閱第 162-63 頁）。

日軍在太平洋和遠東的攻勢
日軍根據縝密的計劃，以極快的速度席捲東南亞，陸、海、空全面制霸，短短六個月內就開拓出龐大的帝國版圖。

圖例
—— 1941 年 12 月時的日本控制範圍
--- 1942 年 1 月時的日本控制範圍
➡ 日軍入侵和登陸
▪▪▪ 襲擊珍珠港的日軍艦隊航線
海戰
空襲

日軍士兵歡呼
1942 年 5 月 6 日，日軍士兵慶祝攻占科雷希多島，並擄獲美軍要塞砲。科雷希多島是一座島嶼要塞，位於菲律賓群島中的馬尼拉灣內，在日軍入侵時是最後投降的美軍據點。

新日本帝國

表面上看來，大東亞共榮圈內的居民只不過就是換了主人而已——從西方殖民列強換成日本征服者。每個國家對於新的領導階層都有各自的看法，但幾乎都很難對日本當局構成挑戰。

« **前 因**

等到日軍控制太平洋大片領域時，他們已經擁有長達 **10 年的**滿洲占領區行政管理豐富經驗。

帝國的收穫
現在日軍掌控的地方包括關島和威克島、菲律賓、法屬印度支那、緬甸、泰國、馬來亞、荷屬東印度，新幾內亞和巴布亞大部分地區、俾斯麥群島、一部分吉爾伯特群島和索羅門群島（參閱第 158-59 頁）。

日本的帝國理論
追求大東亞共榮圈（參閱第 146-47 頁）的理念，在戰前曾受到日本軍方和民族主義勢力推動。他們當中確實有人深信不疑，認為日本身為亞洲第一個強權國家的使命，就是要領導其他亞洲國家擺脫外國人的統治。

征服帶來的副作用就是行政管理方面的困難。秩序需要維持，政府機制更替，市場需要支撐和刺激，經濟建立在對征服者有利的基礎上。

日本當局做了不少承諾，但實際上卻沒有帶來任何好處。共榮圈只不過是方便日本用來遮掩帝國野心的面具，當地人民從來就沒有因為和日方合作而獲得任何實質利益。事實上，過分吹噓的「繁榮」只流往一個方向——就是日本自己。沒有一個被占領地區人民的代表（全都是日本人選出的）在征服者眼裡具有

任何平等的地位。的確有一些人會比其他人更「平等」，而大家也很快就知道了那些人是誰。這一切在 1943 年 11 月首次也是唯一一次在日本東京舉辦的大東亞會議（Greater East Asia Conference）上真相大白。

在這場為期兩天的會議裡，大家得以明白參與會議的代表到底是站在哪一邊。滿洲國——自 1930 年起就是日本殖民地——國務總理大臣張景惠是日本的傀儡，而中國的日本占領區首腦汪精衛也是。誕生在孟加拉的印度民族主義分子、印度國民軍（Indian National

> 6萬1000名被迫參與緬甸鐵路修築工程的戰俘當中，有 **1萬2000人** 死亡。
> 27萬亞洲奴工當中，有 **9萬人** 死亡——相當於首次徵用總人數的三分之一。

Army）創建者蘇巴斯·錢德拉·鮑斯（Subhas Chandra Bose）則有不同的政治地位，但對日本人也相當依賴。泰國的旺·威泰耶康親王（Wan Waithayakon）名義上是和日本同盟的獨立國家的代表，而泰國也因此獲得鄰國寮國和緬甸的領土以作為獎勵。

宣戰
被占領的緬甸國家元首巴莫（Ba Maw）一開始真的是大東亞共榮圈的熱情支持者，在 1943 年 8 月 1 日對英國和美國宣戰。但此舉並沒有得到多少掌聲，因為在緬甸和泰國部分地區，成千上萬當地人民被徵用擔任奴工，和盟軍戰俘一起修築緬甸鐵路（Burma Railway），而在興建的過程中有許多人不幸喪生。被占領的

菲律賓國家元首荷西‧勞瑞爾（José Laurel）曾經受到流亡的合法總統曼紐‧奎松（Manuel Quezon）強烈要求，假裝和日本人合作，但他卻轉向日本人那一邊，宣布脫離美國獨立。

不過大部分菲律賓人都對美國人沒有太多負面觀感，並對西方化的文化感到驕傲——在日軍的勝利閱兵活動中，一個菲律賓樂團曾演奏《永恆的星條旗》（Stars and Stripes Forever）。菲律賓是日軍占領區中唯一有大規模游擊隊反抗活動的地方。

日本的問題地區

殖民地當中沒有參加東京大東亞會議的有依然由維琪政府統治印度支那、馬來亞和荷屬東印度群島。馬來亞有大批華裔人口，當中包括人數少卻相當有成效的共產黨游擊隊，因此不論如何策畫，日方都不敢貿然允許他們嘗試自治方案。

在此期間，馬來的穆斯林儘管對日本人沒有抱持敵意，卻被用關於未來獨立的模糊承諾搪塞，就跟東印度群島上的穆斯林一樣。

至於在新幾內亞，和美軍與澳軍的戰鬥不曾中斷，因此日方排除做出類似的承諾，但一些民族主義分子，

1939 年時，鮑斯是印度國民大會黨主席，但他在兩年後前往德國，企圖從印度戰俘中替他的印度國民軍招募兵員。鮑斯在 1943 年搭乘德國潛艇抵達日本，並繼續在馬來亞和緬甸作戰中被俘的印度部隊裡招兵買馬。不過能夠控制印度國民軍的是日本人，並非這位印度政治人物。鮑斯在 1945 年死於空難，但確切日期尚有爭議。

當中有一位是未來的印尼總統蘇卡諾（Sukarno），卻在 1943 年的秋天進入政府任職。一些具有戰略重要性的領土，像是香港和新加坡，則是直接被併入帝國版圖，進行軍事統治。

> 「對他們來說，做事情只有一種方式，就是**日本人的方式**。只有一種**目標**和**利益**，就是日本人的利益。」
>
> 緬甸總統巴莫評論大東亞共榮圈的失敗

在入侵緬甸後，下一個顯眼的目標就是印度，但日軍卻在印度大門口停下腳步。在英屬印度（British Raj）的統治下，這片次大陸擁有 3 億 5000 萬人口，卻只需要 25 萬保安部隊就可維持秩序，而當中絕大部分都駐防在西北邊境省（Northwest Frontier）。從戰爭爆發那一刻起，印度的王公貴族和絕大部分平民百姓都壓倒性地支持英國，超過 200 萬印度人加入武裝部隊——組成全世界兵力最龐大的志願役陸軍，並在非洲、中東、義大利和緬甸服役，表現相當優異。但在馬來亞、新加坡和緬甸等地慘敗後，印度國民大會黨（National Congress Party）的領導人聖雄甘地（Mahatma Gandhi）就要求英國退出印度。

英國拒絕同意這項要求，導致甘地開始主張「非暴力」反抗。國民大會黨的多位領導人因此在 1942 年 8 月被捕，當局共動用 57 的營的兵力，花了兩個半月的時間才恢復秩序。如果還需要證明，此事就證明了戰爭結束時，意料之中的印度獨立定會實現。

支持英國

印度部隊在 1941 年 12 月進駐新加坡。新加坡淪陷後，他們當中有些人經過勸說，加入了印度國民軍。

日軍在 1941-42 年間的六個月裡攻城掠所激發的熱情，卻因為日本統治帶來悲觀、殘暴和專制獨斷的現實而迅速煙消雲散。

中國的戰爭歲月

這個模式是 1937 年在中國的日本占領區中建立，也就是在日本軍隊強大到能夠施加控制的領土上有系統地壓榨各種利益。大部分中國人都要承受國民黨的貪腐、共產黨的貧困，或是日本人的「稻米攻勢」。

孟加拉饑荒

1942 年 5 月中旬，英軍已經被趕出緬甸。由於害怕日軍會經由孟加拉入侵印度，英國人自行囤積糧食，並縱火焚毀緬甸邊界地區的農民莊稼。10 月時，孟

1943年挨餓的孟加拉婦女和兒童

加拉遭颶風侵襲，農作收成因此泡湯，結果稻米價格飆漲，大約 250 萬印度人不幸死亡。最後，盟軍成功防止日軍入侵印度（參閱第 248-49 頁），孟加拉的饑荒其實可以不必發生。

印度支那之戰

法國的殖民地印度支那包括現代的越南、柬埔寨和寮國。第二次大戰期間，越盟（Viet Minh）的共產黨游擊隊在胡志明的領導下獲得盟軍支援，進而打擊日軍。1945 年日本投降（參閱第 326-27 頁）後，胡志明建立越南民主共和國。1946 年，法國當局重返過去的殖民地，而在緊接而來的印度支那戰爭（Indochina War）中，越盟堅決地為爭取獨立而戰，

胡志明

迫使法國在 1954 年退出。越南被分割成南越和北越，而不久美國就介入了。

珊瑚海與中途島

杜立特空襲

1942 年 4 月 18 日，詹姆士·杜立特上校（James Doolittle）親自率領 16 架 B-25 米契爾式（Mitchell）轟炸機從在中途島北方航行、距離日本首都東京大約 1000 公里遠的大黃蜂號航空母艦上起飛，任務是轟炸東京和另外三個其他目標。

這些飛機拆卸了大部分裝備，並裝上輔助油箱，但當大黃蜂號被一艘日本巡邏船發現後，美軍決定提早展開空襲。這些飛機投下炸彈後，在抵達預定降落的中國境內機場前就已經把油料用光。

杜立特空襲

中途島鑰匙孔

這場空襲在日軍指揮高層之間引發爭論。大黃蜂號展開空襲的位置，就是日本國防圈（參閱第 158-59 頁）中所謂的中途島「鑰匙孔」：這個缺口必須堵住，所以針對中途島的攻勢必須立即執行。

道格拉斯 SBD 無畏式俯衝轟炸機

美軍航空母艦甲板上的水兵正在服務一架道格拉斯 SBD 無畏式俯衝轟炸機。在太平洋戰爭裡，無畏式俯衝轟炸機擊沉的船隻數目比其他任何武器都要多，且是到 1943 年為止美國海軍的主力俯衝轟炸機。

為了確保廣大太平洋的周邊海域，日軍打算引誘美軍太平洋艦隊進入圈套裡並一舉殲滅。在 1942 年 5 月及 6 月發生的珊瑚海與中途島兩場重要海戰裡，日軍先是首度遭到阻擋，接著被美國海軍航空母艦特遣艦隊徹底擊潰。

珊瑚海是通往新幾內亞摩士比港的門戶，只要加以控制，就可以切斷同盟國的聯繫，把澳洲孤立起來。當日軍攻略部隊在輕型航空母艦祥鳳號的掩護下載運部隊航向摩士比港時，由高木武雄將軍指揮的機動部隊下轄航空母艦翔鶴號（Shokaku）和瑞鶴號（Zuikaku），就進入珊瑚海巡弋，越過索羅門群島，以防止美軍干預入侵行動。由於美方透過代號「魔術」（Magic）的專案計畫攔截並破譯日軍的 JN25 海軍加密通訊，因此美國海軍已經完全察覺日軍作戰計畫的重點。

初步交鋒

美國海軍太平洋艦隊總司令切斯特·尼米茲上將（Chester Nimitz）下令艦隊在珊瑚海集結，當中包括佛萊徹將軍（Fletcher）的第 17 特遣艦隊，下轄航空母艦約克鎮號，還有費區將軍（Fitch）的第 11 特遣艦隊，下轄航空母艦列克星頓號，還有克雷斯將軍（Crace）的第 44 特遣艦隊，當中包括美軍和澳軍的巡洋艦與驅逐艦。

尼米茲打算在 5 月 4 日集結他的兵力，但日軍搶先一步，前一天就占領索羅門群島中的吐拉吉島（Tulagi），目的是用來做為水上飛機的基地，以掩護攻占摩士比港的行動。5 月 4 日，佛萊徹對日軍登陸艦隊展開空襲，接著往南航行，與列克星頓號會合。

在接下來的兩天裡，日美兩軍的航空母艦互相攻擊，卻都沒有成功。但在 5 月 7 日時，日軍發現了任務是干擾摩士比港攻略部隊的第 44 特遣艦隊，並發動攻擊，結果擊沉一艘驅逐艦和一艘油輪。當天上午 11 點，53 架道格拉斯（Douglas）SBD 無畏式（Dauntless）俯衝轟炸機從列克星頓號和約克鎮號上起飛，並發現輕型航空母艦祥鳳號，把它擊沉。次日上午，美日兩軍都發現對方，並立即發動空襲。

列克星頓號和約克鎮號遭遇 33 架愛知 D3A 俯衝轟炸機（盟軍代號瓦爾 Val）攻擊，結果列克星頓號被一枚炸彈命中，穿透四層甲板，到了中午又被魚雷擊中兩次。90 分鐘以後，她發生驚天動地的大爆炸，艦上人員因此棄船，之後由一艘美軍驅逐艦擊沉。日軍航空母艦祥鶴號也被美軍擊中，在接下來的六個月裡無法行動。約克鎮號也受到重創，但在珍珠港只花了 45 小時就修復完畢。這是海軍戰史上第一場雙方艦隊在沒有目擊對方的狀況下就進行戰鬥的海戰，兩軍相隔將近 320 公里。

日軍的下一步

日軍贏得戰術勝利——他們只損失一艘小的航空母艦，表現得比美軍更好——但他們被迫放棄奪取摩士比港的攻擊行動。日軍也認為兩艘美軍航空母艦都已經在珊瑚海被擊沉，更鼓勵日本海軍聯合艦隊總司令山本五十六推動攻占中太平洋的中途島的作戰計畫，若是成功將可做為進攻夏威夷群島的基地。

山本的計畫相當複雜，且沒有把四艘航空母艦和其餘主力水面作戰艦艇整合好。他把麾下艦隊分散布署，目標是引誘美軍艦隊進入圈套，然後發動奇襲。但他對美軍的配置一無所知。另一方面，多虧了「魔術」的攔截，尼米茲將軍對於敵軍的部署方式了然於胸。他下令大黃蜂號、企業號（Enterprise）和緊急修理完畢的約克鎮號在中途島東北方海域集結，為南

日本重巡洋艦三隈號

在經過 6 月 5 日來自美軍企業號和大黃蜂號航空母艦的三波空襲後，日軍決定放棄重巡洋艦三隈號。這是中途島海戰中日軍損失的最後一條船。

雲忠一指揮的日軍四艘航空母艦設下他的陷阱。6 月 4 日凌晨，南雲對於美軍航空母艦特遣艦隊已經逼近依然渾然不覺。他下令派出飛機空襲中途島，以便軟化島上的防務。

　　一直要到上午 8 點 20 分，南雲才收到美軍航空母艦位於東北方的情報，並下令改變航向，所以美軍航空

母艦的第一波打擊沒有找到目標。第二波打擊由 41 架沒有護航的道格拉斯 TBD-1 破壞者式（Devastator）魚雷轟炸機組成，被南雲的戰鬥機攔截，結果損失慘重，只有六架飛機僥倖逃生。

最後攤牌

不過這場近乎自殺攻擊的行動卻把日軍戰鬥機吸引到貼近海面的低空。到了上午 10 點 30

分，南雲麾下航空母艦的甲板上還在進行加油掛彈作業，到處都是油管，但就在此時，來自美軍三艘航空母艦的俯衝轟炸機突然在上空出現。短短五分鐘內，赤城號、加賀號和蒼龍號就遭到重創。到了第二天，日軍放棄赤城號並沉沒，加賀號在下午 4 點 40 分棄船，蒼龍號早了十分鐘沉沒，艦體被幾陣強大的內部爆炸撕裂，718 名水兵跟著葬身海底。只有飛龍號逃過一劫，對約克鎮號發動反擊，使它燃起大火。飛龍號發動的第二波攻擊有兩發命中約克鎮號的左舷，艦上官兵因此被迫棄船。5 月 7 日，日軍潛艇

美國海軍約克鎮號

1942 年 6 月 4 日，日軍飛龍號航空母艦出動俯衝轟炸機反擊，約克鎮號艦橋被直接命中，冒出滾滾濃煙。

I-168 發現了飽受重創的約克鎮號正由其他船艦拖曳，並把它擊沉。

　　不過飛龍號的勝利時光相當短暫。從企業號上起飛的美軍俯衝轟炸機找到飛龍號。它被炸彈多次命中，燃起熊熊大火，官兵在一起猛烈的爆炸之後決定棄船。到了第二天，飛龍號就被日軍驅逐艦自行擊沉。不論是海上還是天上，戰場的主動權現在都已轉移到美國海軍手上了。

日軍用六分儀

六分儀是一種寶貴的導航輔助工具，可用來確認使用者所在的地理位置。它的運作原理是用兩片鏡子來計算正午時太陽的高度，之後在弧形刻度盤的刻度上得到一個讀數。

水平照鏡垂直分成兩片，一片是透明玻璃，可透過它看到地平線。另一面則是鏡子，可以反射陽光。

望遠鏡對準水平照鏡。在指標鏡中看到的太陽與地平線對齊，就能夠得到讀數。

六分儀的弧形刻度盤是一個 60 度角的弧形（也就是一個圓的六分之一）。弧形刻度盤的邊緣有刻度，可用來確認 200 公尺（0.1 海里）內的經度和緯度。

指臂可以沿著六分儀的弧形刻度盤滑動，直到把指標鏡對準太陽，然後太陽就會出現在水平照鏡裡。

後果

在中途島海戰中，美國海軍明顯戰勝日本海軍，而勝利的唯一關鍵就是航空母艦。

日本的慘痛打擊
在短短一天之內，太平洋上的均勢就重新洗牌。日軍誤以為美軍會放棄、太平洋戰爭會在短時間內結束（參閱第 166-67 頁）。從此時起，事實將會證明，美國的專業技術與生產能力會遠遠贏過日本的耐力。

美國在太平洋的霸權
1943 年 1 月，美軍在太平洋上的第一線空中戰力就已經壓倒日軍。到了當年 11 月，日本海軍將領古賀峰一就已經損失 75% 他派往索羅門群島對抗美軍登陸行動（參閱第 165-66 頁）的轟炸機。到了 1944 年，美軍共布署 1 萬 1442 架飛機，反之日軍總共只有 4050 架。在那一年的大大小小戰役（參閱第 230-31 頁）裡，美軍空中力量無情地推殘日軍的空中進攻能力。

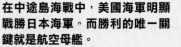

3,500 在中途島海戰中陣亡的日軍水兵和空勤人員數量。

300 在中途島海戰中陣亡的美軍水兵和空勤人員數量。

« **前因**

儘管日軍在珊瑚海海戰和中途島海戰損失比較慘重，美軍在地面上的優勢依然微不足道。

進攻計畫

麥克阿瑟將軍急著接手指揮大部分海軍單位，並進攻日軍在新不列顛島（New Britain）上臘包爾（Rabaul）的主要基地。但海軍卻選擇更審慎的方案。

新計畫

麥克阿瑟將軍的提案會迫使海軍在狹窄的水域承受不必要的風險。反之，海軍偏好在東邊一步一步沿著索羅門群島北上，而麥克阿瑟則負責進攻新幾內亞島的東北邊。這兩條進攻路線會在臘包爾會師，擊潰當地的日軍。

指揮權的劃分

太平洋上相關的指揮權責區域安排在1942年7月開始時生效。第一個任務分配給海軍，當中包括攻占索羅門群島中的瓜達卡納島，日軍正在當地修築新機場。

瓜達卡納島

范德格里夫特中將（Vandegrift）指揮美國海軍陸戰隊第1師在8月7日登陸瓜達卡納島。島上的薄弱日本守軍立即潰逃，美軍因此占領機場，而奪回這座島嶼立即成為日軍大本營的最優先要務。

瓜達卡納島的其中三面被其他島嶼環繞，因此這幾座島嶼在當地海域構成狹窄的航道，美軍水兵戲稱為「投幣口」。一旦部隊登岸，美國海軍就必須在這些危機四伏的狹窄水域內替他們進行補給。

8月8-9日夜間在薩沃島（Savo Island）外海，日軍奇襲掩護登陸的美軍艦隊，擊沉四艘船，並重創另外兩艘。他們在夜戰技巧方面的優勢以及長矛魚雷（Long Lance，當時最先進的魚雷）的毀滅性威力賦予了他們如此的戰果。

美軍報復

十天後，日軍開始把援軍送上瓜達卡納島，並動用海軍艦砲和飛機猛轟島

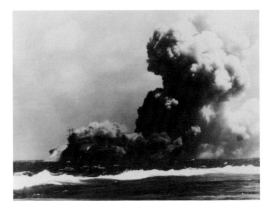

燃燒中的美軍航空母艦

1942年9月15日，美軍航空母艦胡蜂號（Wasp）被日軍潛艇 I-19 發射魚雷擊中，直接命中三發。艦上官兵棄船，最後由蘭斯當號（Landsdowne）擊沉它。

上的機場。這座機場此時已經改稱為韓德森機場（Henderson Field），以紀念一名在中途島陣亡的美國海軍陸戰隊員。8月24日，這場戰役中的第二場大規模海戰——東索羅門海戰（Battle of the Eastern Solomons）——

在瓜達卡納島以東海域爆發，原因是美國海軍艦隊攔截載運援軍的日軍艦隊。他們擊沉一艘航空母艦、一艘巡洋艦和一艘驅逐艦，並擊落60架敵機，自身則只損失20架。在陸地上，雙方也爆發殘酷血戰，尤其是韓德森機場附近一個制高點，被海軍陸戰隊員稱為「血嶺」。與此同時，日本海軍驅逐艦組成的夜間運輸船隊持續載運

瓜達卡納島上的美軍 M3 輕型戰車

M3 輕型戰車在 1941 年進入美軍服役，二次大戰期間也在英軍及其他盟國軍隊中服役。它的主要武裝是 37 公釐口徑主砲和四挺機槍。

任務一：奪取瓜達卡納島

這座島嶼位在群島最南端，剛剛好在日本的控制圈之外。因此這場行動的出發點是紐西蘭，路線相對安全。

援軍前往瓜達卡納島。在 10 月 11-12 日夜間的艾斯帕蘭西角海戰（Battle of Cape Esperance）裡，一支巡洋艦和驅逐艦組成的美軍艦隊奇襲了日軍巡洋艦隊，在極近的 4570 公尺距離開火，雖然這場戰鬥不是一面倒的勝利，但卻大大提升了美軍士氣。

命運交替

10 月 26 日，雙方兵力更強的艦隊在聖克魯斯海戰（Battle of Santa Cruz）中交鋒。其中日本四艘航空母艦共損失 100 架飛機，而參戰的兩艘美軍航空母艦中，企業號重創，大黃蜂號被擊沉。

日軍也對防守韓德森機場的美國海軍陸戰隊發動一連串猛攻，並派遣其他基地的飛機進行空襲，但美軍依然堅守下來，並在獲得援軍後發動反

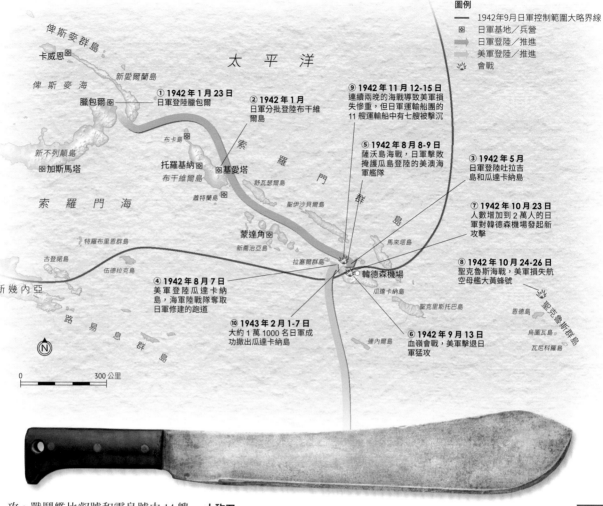

圖例
— 1942年9月日軍控制範圍大略界線
⊡ 日軍基地／兵營
➡ 日軍登陸／推進
➡ 美軍登陸／推進
✺ 會戰

太 平 洋

① 1942 年 1 月 23 日
日軍登陸臘包爾

② 1942 年 1 月
日軍分批登陸布干維爾島

⑨ 1942 年 11 月 12-15 日
連續兩晚的海戰導致美軍損失慘重，但日軍運輸船團的 11 艘運輸船中有七艘被擊沉

⑤ 1942 年 8 月 8-9 日
薩沃島海戰，日軍擊敗掩護瓜島登陸的美澳海軍艦隊

③ 1942 年 5 月
日軍登陸吐拉吉島和瓜達卡納島

⑦ 1942 年 10 月 23 日
人數增加到 2 萬人的日軍對韓德森機場發起新攻擊

④ 1942 年 8 月 7 日
美軍登陸瓜達卡納島，海軍陸戰隊奪取日軍修建的跑道

⑧ 1942 年 10 月 24-26 日
聖克魯斯海戰，美軍損失航空母艦大黃蜂號

⑩ 1943 年 2 月 1-7 日
大約 1 萬 1000 名日軍成功撤出瓜達卡納島

⑥ 1942 年 9 月 13 日
血嶺會戰，美軍擊退日軍猛攻

攻。戰鬥艦比叡號和霧島號由 14 艘巡洋艦與驅逐艦護衛，在 11 月 12 日奉命砲擊機場。美軍密碼破譯人員和雷達發出敵軍接近的警告，他們因此和前來的美軍艦隊交戰，結果日軍損失兩艘驅逐艦與比叡號。第二天夜裡，日艦持續施壓，發射超過 1000 枚砲彈猛轟韓德森機場，但這座機場

> 在日軍占領期間居住在索羅門群島上的海岸觀測員、農場主人、商人和殖民地行政官員都扮演了重要角色，他們會透過無線電報告敵軍海空動態。

依然持續運作，第二天就派出戰鬥機與轟炸機追擊撤退的日軍艦隊，並擊沉 11 艘運兵船中的 7 艘。

11 月 14-15 日的夜裡，一支日軍特遣艦隊和美軍特遣艦隊交火。美軍方面的主力是戰鬥艦華盛頓號（Washington）和南達科他號（South Dakota），於是雙方又爆發一場慘烈的混戰，當中華盛頓號痛擊霧島號，迫使它在次日自沉。

四艘殘存的日軍運兵船擱淺，只有 2000 人成功登陸——日軍蒙受了那麼大的損失，但回報卻如此微不足

大砍刀

駐紮在瓜達卡納島上的美國海軍陸戰隊都配發大砍刀，以方便砍劈島上植被。在島上的一些地方，植被濃密到一群人要花好幾個小時才能清出短短幾公尺的路。

道。瓜達卡納島的這兩場海戰證實相當具有決定性。11 月 30 日，日軍大本營最後一次嘗試把部隊送到島上，之後就決定不再冒險派遣主力艦隻或運輸船隊執行砲擊或增援任務。這點加上美軍當時正在集結部隊和補給的事實，意味著日軍地面部隊戰敗只是遲早的事。

戰利品

瓜達卡納島上的美軍展示日軍旗幟。美方在 1943 年 2 月 7 日宣布島上已無任何敵軍，而這一天正是第一批海軍陸戰隊登陸整整六個月後。

後果 »

> 1943 年 1 月，日軍在瓜達卡納島上的指揮部遷移到鄰近的布干維爾島。到了 2 月，日軍停損殺出，完全撤出瓜達卡納島。

大規模撤退

瓜達卡納島上的日軍既無援軍也沒有補給，早已無心再戰。叢林裡的氣候和生活條件相當惡劣，糧食配給不斷減少，官兵不斷罹患熱帶疾病。所謂的「東京快車」行動（Tokyo Express）——美國海軍替運送援軍前往瓜達卡納島的日軍驅逐艦運輸隊取的綽號——整個反過來，開始把病患和傷患撤離。在這場可以與 1916 年 1 月協約國部隊撤離加利波利半島（Gallipoli peninsula）媲美的行動裡，日軍艦隊從瓜達卡納島撤出大約 1 萬 2000 名挨餓的官兵。

最後推進

事實再次顯示，日軍在一開始時戰鬥力雖然較強，但在一連串零碎的行動中白白消耗了他們最初的優勢。另一方面，在進攻摩士比港（參閱第 166-67 頁）的過程中，他們在新幾內亞對抗麥克阿瑟的部隊時日子也很難過。

9公釐口徑槍管

槍管護罩

側面進彈的彈匣

手槍式握把

« 前因

新幾內亞可作為日本國防圈在南方的支撐點,也可作為基地,能夠威脅對盟軍具有戰略重要性的港口達爾文。

有瑕疵的戰略

日軍最早的計畫——攻占並確保位於新幾內亞東南端的摩士比港——已經被盟軍在珊瑚海和中途島的海戰(參閱第162-63頁)中推翻。日軍大本營在這時面對的潛在戰略困境已經帶來衝擊:為了維持日本國防圈,他們沒有選擇,只能在決定性會戰中消滅美軍太平洋艦隊,這是他們到目前為止都沒能做到的。

新途徑

日軍決心繼續這場戰爭,因此被迫採取另一項戰略。1942年7月,他們在新幾內亞北海岸登陸,並繼續進攻,這次選擇從陸路攻占南邊的摩士比港。

關鍵時刻

轟炸達爾文

雖然日軍沒有入侵澳洲的計畫——他們擔心這項任務遠超出他們的軍事能力——但他們認為這塊大陸是稱霸太平洋的障礙。

他們尤其擔心達爾文可能帶來的威脅,因為這是唯一一座有能力增援盟軍抵抗日軍的港口。日方相信只要達爾文癱瘓,他們就有更多機會可以在這個區域立足。

1942年2月19日,日軍航空母艦艦載機空襲達爾文,擊沉美軍驅逐艦皮里號(Peary)和七艘運輸船。儘管類似這樣的空襲持續到1943年,但達爾文一直到戰爭結束都是太平洋上重要的補給站。

捍衛澳洲

日軍從來沒有打算入侵澳洲,但他們發現攻占新幾內亞的摩士比港可以把澳洲和美國的聯繫切斷並加以孤立,進而確保日本國防圈這塊重要的延伸部分,同時還可以做為印度洋和太平洋之間的主要戰略通道。

日軍在偷襲珍珠港之後的幾個月裡在太平洋上一路肆虐,澳洲因此認為他們的國家是下一個被侵略的目標,因此積極擴軍。到了1942年中,澳洲就已經擁有11個步兵師和三個裝甲師。

美國的援助

英軍在遠東兵敗如山倒,代表澳洲不得不求助於美國,而美國自1942年2月起也開始承擔太平洋上的軍事責任。一個月之後,麥克阿瑟將軍接掌西南太平洋戰區的指揮權,這個戰區裡的所有澳洲作戰單位都歸他管轄。

澳軍將領湯瑪斯·布萊梅(Thomas Blamey)名義上是盟軍地面部隊總司令,但實際上他根本無法左右美軍的戰略,麥克阿瑟的參謀中也幾乎沒有澳洲人。到了1945年,將近100萬美軍人員來到澳洲,而美國軍方也在北領地設立多座軍事基地。當美軍在珊瑚海海戰和一個月之

當地挑夫為盟軍提供舉足輕重的後勤支援。他們協助部隊搬運笨重的補給,並護衛傷兵安全地離開科可達小徑。

後的中途島海戰擊敗日軍時,他們就挫敗了日本海軍奪占摩士比港以確保印度洋和太平洋之間的戰略通道的計畫。

日軍的損失迫使大本營放棄任何在新幾內亞島東南端登陸的計畫。但他們1942年7月22日又再度出擊,日軍第18軍的部隊在新幾內亞島北岸的布納(Buna)和哥納(Gona)登陸。新幾內亞島的面積在全世界是數一數二,分別由澳洲和荷蘭治理,絕大部分地區都屬於未開發狀態。日軍的計畫是從陸地上推進,穿越分布在新幾內亞島南北海岸中間的奧文斯坦利嶺(Owen Stanley)當中的山隘。長達95公里的科可達小徑(Kokoda Trail)穿越這座山脈,路途中的最高點超過2000公尺,就算在今天,穿過這條小徑還是有一定的危險。當地白天悶熱潮溼,晚上則氣溫遽降,寒氣逼人,而各種熱帶疾病更是時時刻刻威脅著官兵的健康。

日軍叢林靴
要穿越植被茂密、沼澤遍布的叢林地形是很艱難的事。士兵配發輕量化叢林靴,由快乾的帆布鞋面和橡膠鞋底製成。

駐防澳洲的美國軍人
在整場太平洋戰役裡,有大量美軍駐紮在澳洲。圖中,駐紮在北領地的美國陸軍航空軍飛行員在起飛巡邏前查看地圖。

科可達小徑上的戰火

麥克阿瑟將軍也同樣關切新幾內亞的戰況。他決定在這座島上集結一支部隊,作為進攻日軍在新不列顛島上的主要基地臘包爾的必要前置作業。然而新幾內亞島上的日軍此時正向內陸深入前進,他們在6月22日遭遇一個營的當地部隊並爆發戰鬥。

雙方都在集結部隊,準備大戰一場。盟軍打算奪回日軍在7月29日攻占的科可達飛機跑道,大約2500名日軍部隊由堀井富太郎少將指揮,則沿著科可達小徑朝摩士比港前進。堀井富太郎的部隊對盟軍部隊有高達五比一的數量優勢,到了8月12日他就已經推進到距離目標50公里以內的地方,但遭遇的抵抗卻愈來愈強。科可達小徑上的戰鬥十分艱辛,

澳斯登衝鋒槍

澳洲生產的澳斯登（Austen）衝鋒槍有槍管、槍身和斯登衝鋒槍的板機構造，並具備德軍 MP 40 衝鋒槍的特色，能夠單發或全自動射擊。

折疊式槍托

肩托

自馬來亞戰役開始，日軍的戰術手冊就沒有太大更動，依然是用正面攻擊來釘住敵人，然後想辦法滲透側翼，目標是從後方攻擊敵人。不過堀井富太郎的時間表相當緊湊，因此他沒有時間進行迂迴包抄美軍和澳軍的行動。持續壓迫寡不敵眾的盟軍部隊是當務之急。不過對雙方而言，最主要的傷亡來自各種熱帶疾病。澳軍主要用來對抗瘧疾的藥品奎寧依然短缺，空投補給物資的方式尚未成熟發達，大量物資因為「自由落下」（沒有降落傘）而掉在不對的地方。在此期間，這麼多部隊通過科可達小徑，使這條路變成充滿惡臭的沼澤地。

日軍撤退

堀井富太郎最後沒有抵達摩士比港。他撤退的原因有一部分是因為盟軍的壓力，另一部分則是他的長官要求他在布納和哥納的叢林裡建立堡壘。到了 8 月底，第二批日軍在新幾內亞東端的密爾恩灣（Milne Bay）登陸，但卻被兩個戰鬥機中隊支援的澳軍兩個旅成功抵擋，這是二次大戰期間日軍首次在地面作戰中被敵軍逆轉。此外日軍大本營也已經決定要集中兵力來進行瓜達卡納島的戰鬥。堀井富太郎死在撤軍的路途上，他和麾下幾名資深軍官在渡過庫姆斯河（River Kumusi）時溺斃。

布納和哥納周邊的日軍整個 11 月都在死命抵抗筋疲力竭的澳軍和美軍。新任的地面部隊指揮官羅伯特·艾邱貝爾格（Robert Eichelberger）恢復進攻，哥納在 12 月初失守，布納也在不到一個月後淪陷。

小心翼翼推進
一名配備布倫（Bren）機槍的澳軍步兵在科可達小徑上前進。太平洋戰爭中一些最野蠻的戰鬥就發生在這裡。

後果

新幾內亞的勝利終結了日軍對澳洲的威脅，並為麥克阿瑟將軍把矛頭指向日軍重要據點臘包爾開闢了道路。

麥克阿瑟的要求受到挑戰

麥克阿瑟想要有更多兵力和物資，以供他進行索羅門群島和俾斯麥群島（Bismarck archipelago）一帶的作戰。不過這項要求卻在首都華盛頓引發跨軍種的激烈辯論，一直持續到 1943 年 3 月側翻行動（Operation Cartwheel，參閱第 230-31 頁）展開為止。

新的作戰區畫分

側翻行動重新規畫了太平洋區域的指揮權責，表定在 1943 年 6 月實施。尼米茲上將是整個太平洋戰區的總司令；麥克阿瑟上將負責西南太平洋戰區；哈爾西上將（Halsey）負責南太平洋區域，

12,000
1942 年日軍在科可達小徑陣亡的人數。

2,850
盟軍在科可達小徑損失的人數，當中大部分是澳洲軍人。

包括在麥克阿瑟側翼的行動。臘包爾依然是側翻行動的終極目標，但等到大部分階段都成功後，盟軍方面認為已經沒有攻占這座基地的必要，只要加以孤立、使它失去作用即可。

美國動員，目標勝利

珍珠港被襲擊後，美國開始採取行動，動員部隊並組織經濟、產業和民間力量投入戰爭以追求勝利。愛國熱潮席捲全國，到了 1942 年美國就已經處在戰爭狀態，經歷巨大的社會和經濟變遷。

« 前因

當戰爭在 1939 年展開時，美國毫無準備。但希特勒的軍隊橫掃歐洲後，美國就開始改變原本中立的立場。

從蕭條中復甦

1939 年，美國開始從經濟蕭條中復甦。但全球衰退帶來的失業潮依然嚴重，製造業依然不景氣。法國淪陷（參閱第82-83 頁）後，美國當局實施平時徵兵，且自 1941 年 3 月起透過租借法案提供軍火和補給物資給同盟（參閱第 142-43 頁），往戰爭更靠近一步。1941 年 12 月 7 日，日軍襲擊珍珠港（參閱第148-49 頁），次日美國就對軸心國日本宣戰。

800萬 1940 年美國國內失業人數。失業降低了消費，接著又反過來推升失業率。

禁止雇用

1939 年時，大家認為已婚婦女不應工作。當時有婚姻禁令，法律禁止已婚婦女從事銀行業、地方公職、保險和教職。非裔美國人遭遇嚴重歧視，他們在勞動力中占不到 10%，並且遭到限制，在南方和北方各州都只能從事低薪、低地位的工作。

戰爭帶給美國最重大的改變也許就是經濟。生產戰爭必需品的需求——戰車、砲彈、飛機、登陸艇和軍艦等等——刺激了工業，並引領整個國家走出經濟蕭條，開始復甦繁榮。美國總統羅斯福運用一系列戰爭權力法案（War Power Act）繞過聯邦和地方行政管理單位，調整工業依照總體戰的步調運作。

每週平均工時從 1939 年的 38 小時成長到 1943 年的 47 小時，工廠依照三班制運轉，數百萬人成為勞動大軍的新兵，首次參與工業生產，人數多到 1943 年時已經沒有人失業了。小作坊和製造企業轉型成高科技廠房，武器和裝甲車輛能夠以千為單位大量生產。工業生產突飛猛進，在 1941 到 1945 年之間成長了將近 30%，到了 1944 年美國就已經生產全世界超過 40% 的軍火，因此可以達成羅斯福總統讓美國成為「民主國家的兵工廠」的目標。

10萬 1940-45 年間生產的裝甲車輛數量
30萬 1944-45 年間生產的飛機數量
410億 1941-45 年間生產的彈藥數量

女性出頭天

戰爭爆發時，美國武裝部隊人數不足，裝備也差勁。跟其他同盟國家不同的是，美國並沒有正式實施徵兵，不過還是有大約 1200 萬名男女被徵召進入武裝部隊，並派往世界各地戰鬥。其中最顯著的社會變化之一就是女性出頭。大約 20 萬名女性加入武裝部隊，在陸軍女子兵團（Women's Army Corps, WAC）工作，或是在新編成的女子航空勤務飛行隊（Women's Airforce Service Pilots）擔任飛行員，負責駕駛軍機從工廠飛往陸軍航空隊基地或海軍航空站。在美國本土，數百萬女性投入職場，有許多人還是第一次，尤其是已婚婦女和母親。她們絕大部分都進入軍火產業，在造船廠、軍機製造廠和彈藥廠工作，擔任需要技術的職位，例如焊接和鉚釘——也就是那些先前人們認為不適合女性從事的工作。在戰爭期間，「鉚釘女工」（Rosie the Riveter）與「焊接女工」（Wanda the Welder）成為用來宣傳招募的經典圖像。但儘管女性為這場戰爭做出重要貢獻，她們的薪酬卻比男性要少。

生產力暴增

美國工業輸出在 1941 和 1945 年之間暴增。汽車工業領域的量產技術應用在軍火工業上，因此可以源源不絕地生產出數以千計的戰車、吉普車和軍艦。

歧視與愛國心

戰爭的需求也首次使美國黑人能夠接觸更需要技術的工作。因此成千上萬的黑人遷移到北方和西部，在新的工廠裡工作，但種族歧視卻無所不在。黑人在各部隊裡表現優異，但因為膚色障礙，只能從事僕役打雜類的工作，也禁止和白人官兵一起使用相同的設施。在美國本土，黑人勞工的薪資比白人勞工低，再加上大約 70 萬名美國黑人進入白人聚居區域，引發種族緊張和衝突。類次事件在 1943 年達到高峰，密西根的底特律還有紐約市爆發種族衝突，預告了戰後會再次出現

1900萬 1944 年擔任勞工的婦女人數。對她們許多人來說，工作十分粗重費力，且薪資不高，但「鉚釘女工」和她的口號「我們能做到！」激勵了美國女性。

的問題。為了處理這個狀況，當局成立公平聘用委員會（Fair Employment Practices Committee）來矯正就業實務上的歧視。

1942 年 4 月，美國總統羅斯福提到，美國國內的每一個人——「每一

圖表說明

	1941	1942	1943	1944	1945
戰車（數字以千為單位）					
軍艦（數字以千噸為單位）					
飛機（數字以千為單位）					

關鍵時刻

拘禁日裔美國人

第二次世界大戰爆發時，美國西岸大約住有 12 萬名日裔人士，絕大多數住在加州。但由於日軍偷襲珍珠港，美國境內掀起嚴重的反日情緒。因此美國總統羅斯福同意把日裔美國人歸類為「敵國僑民」。1942 年 2 月，美國第9066 號行政命令通過，使美國陸軍可以把日裔居民從部分被認為容易受到日軍攻擊的地區遷移到別的地方，因此所有居住在美國西岸的人都被迫出售家產和事業，搬遷到拘留營或安置中心。有些日本人透過法律管道提出抗議，但徒勞無功。不過到了 1944 年，氣氛就改變了。日裔美軍和盟軍部隊並肩奮戰，而最高法院的裁決也指出，拘禁忠誠度沒有問題的人是違憲的。安置中心因此關閉，日裔家庭得以返回家園。戰爭過後，反日情緒依然蔓延了一段時間，但近年來已有許多人獲得補償。

鉚釘工蘿西
二戰期間有數以百萬計的女性加入美國勞動人口。有些人負責較傳統的女性工作，例如組裝無線電機，有些則擔任焊接工和鉚釘工。

位男女和兒童」——都在本土戰線上堅守崗位，這在很大程度上是真的。政府宣傳強烈疾呼每一個美國人盡自己的一份力量，加入軍工產業，或是做好資源回收，或是節約使用海外美國軍人需要的物資。當局實施配給，大家出於愛國心，為這場戰爭做出各自的貢獻。沒有了絲襪時，婦女就把雙腳抹黑，並在小腿後方畫上「接縫」。戰時的女性裙裝也愈來愈短，以節省布料，拉鍊也因為材料轉用給軍用物資生產而消失。

戰爭的開支相當驚人，因此當局也鼓勵美國人購買戰爭債券和勝利郵票，以增加相關收入。好萊塢也扮演協助的角色。當時的明星——例如克拉克·蓋博（Clark Gable）和法蘭克·辛納屈（Frank Sinatra）——都曾協助推廣銷售戰爭債券，並前往海外勞軍。到了 1945 年，美國大眾已經花了1350 億美金購買戰爭債券。

後果

美國在這場戰爭中花了數千億美金，並付出 41 萬 6800 條性命的代價，但結果是蛻變成一個超級強權。

全球防衛
美國較晚參戰，但美軍在每一個戰區都有作戰，包括太平洋（參閱第 230-31 頁）、歐洲和亞洲（參閱第 312-13 頁）。作戰經費一部分由當局疾呼人民踴躍認購的戰爭債券挹注。

新科技
在美國，戰爭刺激了新的武器科技發展，並促成了原子彈的發明（參閱第 322-23 頁）。

美國戰爭債券宣傳海報

產業中的女性

超過 600 萬名美國女性在二次大戰期間前往工廠上班。有許多人在飛機製造廠、造船廠和軍火工廠擔任焊接工人、工程師和機械操作員。在英國，這個數字大約是 200 萬。在軍火工廠裡工作格外危險，在美國大約有 3 萬 7000 名女性因此死亡，21 萬名終生殘廢。

「我喜歡把全身上下弄得髒兮兮、專心投入工作的挑戰。我做的是一種特殊的鉚釘工作，要手工鉚接，不能由機器代勞。這份工作我做了三個月，每週六天、一天十小時，用手敲打八分之三英吋或四分之三英吋的鉚釘，別人都不會做。我們的部門大部分都是女生，許多人從來沒有受過訓練，尤其是年紀較大的婦女。我們部門的女同事包括以前的學校老師、藝術工作者和家庭主婦。我要她們坐下來，並向她們示範怎麼操作鑽床，要使用的鑽頭尺寸、螺絲的尺寸、鉚釘的種類……然後我會回過頭來檢查鉚釘是否合格，如果有不合格的鉚釘，她們就要想辦法拔出來。」

美國鉚釘女工瑞秋・雷（Rachel Wray），團結飛機公司（Consolidated Aircraft，後來的康維爾Convair）首批雇用的女性勞工之一

「有人告訴我，說我要去第一組工作。那一組有個綽號叫自殺組，因為有好幾個同事被炸得死無全屍、身亡、殘廢或失明……我要負責處理的是雷管用的高爆火藥……有 11 個人去藥粉第五組，但我得等人帶我去第一組。接著我才注意到她只有一隻手，而且還有一根手指頭不見了。我問她到底發生了什麼事，她就隨便跟我講了一些故事敷衍我。我之後才發現她就是在第一組工作的時候發生意外。」

「……在外面我們必須脫下外套、鞋子，把包包、現金、髮夾和任何金屬製品放到違禁品存放處……有一天我拿著一個紅色的盒子，沿著走道往前走，前後都有人拿著紅色的旗子，要拿到庫房存放，以供之後使用。我不知道我手裡拿的是什麼。這時候突然發生大爆炸，結果我把盒子掉在地上，很驚悚地看到一個年輕女性被炸飛到窗戶外，肚破腸流。幸運的是那個裝有雷管的盒子沒有爆炸，不然我們的腿都會被炸斷……」

英國工廠女工梅柏・達頓（Mabel Dutton）描述在沃靈頓（Warrington）皇家兵工廠里斯利廠（Risley Royal Ordnance Factory）裡工作的遭遇

戰時勞動力
美國工廠內的女工檢查道格拉斯 A-20 攻擊機機鼻玻璃罩，為了安全起見，她們穿著長褲，並纏上頭巾。戰時生產讓女性可以從事先前只能由男性擔任的工作，她們因此做出巨大貢獻。

1939 年，一件發生在德國和荷蘭邊界上的事件危及到英國在歐洲的情報網。

致命揭發

兩名英國祕密情報局（Secret Intelligence Service）的軍官被華爾特·雪倫貝爾格上校（Walter Schellenberg，之後升任將軍）指揮黨衛軍人員假扮的同盟國同情者引誘越過邊界。這兩名祕密情報人員淪為俘虜，並遭受嚴刑拷打，最後不得不洩露有關英國情報作業的重要資訊。這起事件的結果是德軍閃電戰（參閱第 76-77 頁）之後，英國變得更難在被占領的歐洲內部蒐集情報。

祕密情報局的抗拒

特種作戰團被視為解方，但它的成立卻導致英國情報作業的幾個嚴重問題。祕密情報局的工作原本是暗中蒐集情報，認為新成立的單位相當外行，和抵抗運動合作的破壞活動會不必要地吸引德軍情報單位注意。因此打從一開始，這兩個單位就互相猜疑。

認識你的敵人
這張美方製作的海報（1942 年）標題是「認識你的敵人」，描繪納粹軍官的冷酷面孔，單片眼鏡中倒映出一個被吊死的人。像這樣的反納粹宣傳對象是平民，希望他們能加入對抗軸心國的戰鬥。

可攜帶式無線電機
幹員的無線電機通常採用模組化設計，例如圖中這部德國製品（接收機、電源供應器、發送機），很容易組裝、拆卸和攜帶。

祕密軍團

特種作戰團（Special Operations Executive, SOE）是邱吉爾在 1940 年 7 月要求成立的，他指示隊員「要讓歐洲陷入火海」。特種作戰團的主要目的就是要從事破壞任務和廣播活動，並且在被占領的地方散播「黑色宣傳」。

邱吉爾這個心血結晶的主要任務就是支援歐洲和遠東被德國與其盟國占領的國家的地下抵抗運動。到了 1944 年夏天，特種作戰團大約雇用了 1 萬名人員，當中大約有 50% 是已經前往海外活動、或是正等待任務派遣的幹員。

適合女性的角色

特種作戰團有將近三分之一是女性。謝爾溫·傑普森（Selwyn Jepson）擔任特種作戰團的首席招募官直到 1943 年，他對於這個領域中的男女新兵絕對一律平等，並觀察到「在我看來，女性比男性更能勝任這類工作。你知道的，女性比起男性更有冷靜孤獨的勇氣。」

在敵後，特種作戰團的作業網路（或稱「電路」）主要依靠三個關鍵人物——信差、無線電通訊員，和組織者。在法國的大部分女性外勤幹員都擔任信差，她們四處移動，送信並負責聯絡。由於時時刻刻都在移動，因此信差被攔下並逮捕的風險最高。在這種狀況下，女性常比男性更容易編造聽起來貌似合理的故事，也比較不容易吸引注意。男性自 1942 年初開始就比較容易被德方逮捕，然後送到德國充當奴工。和男性相比，女性也比較不容易被搜身，因此更容易藏匿祕密訊息。

德國滲透

特種作戰團時時都有被德國反情報人員滲透的風險，尤其是規模大到難以管理的時候。降臨在特種作戰團身上的最嚴重災難之一，就是在巴黎周邊地區活動、代號「繁榮」的作戰團被它的法籍外勤空運管制官亨利·德里庫爾（Henri Déricourt）出賣，導致多名幹員被揪出並處決。

另一個軸心勢力滲透的事件發生

> 「關係的問題……相當**棘手**。不同的情報單位想做不同的事，但有時卻要在同一個地方做，**對立**是不可避免的結果。」
> 特種作戰團歷史學家福特教授（M.R.D. Foot）

沒有膛線的槍管

擊發機構

這把單發手槍製作成本很低，重量 450 公克，槍管長 102 公釐。有時候戰略情報局幹員會用這把手槍來從敵人那邊搶得的較好武器。

護弓

中空的手槍握把內可存放備用彈藥

FP-45 解放者式
.45 英吋口徑的解放者式（Liberator）手槍在美國的生產數量十分龐大──總計有 100 萬隻。這款手槍是拿來提供給在軸心國占領區活動的戰略情報局幹員和抵抗運動戰士使用。

《現在才能說》
前特種作戰團幹員賈桂琳·尼爾恩（Jacqueline Nearne）和哈利·雷伊上尉（Harry Rée）在皇家空軍製片組於 1944 年拍攝的電影《現在才能說》（Now It Can Be Told）當中扮演凱特和菲利克斯，重現出他們在戰時和法國抵抗運動合作的活動。

在荷蘭。被逮獲的特種作戰團幹員被迫和倫敦的總部保持聯繫，就好像沒事一樣。在訓練的過程中，幹員受到的教導是，萬一被擒獲，他們應該在相關訊息中添加暗語。他們確實這麼做了，但特種作戰團選擇忽略那些警訊。當新來的特種作戰團幹員空降進入荷蘭時，他們卻發現德軍老早就等著他們了。德國人把這種致命且一面倒的情報戰稱為英格蘭遊戲（Englandspiel）。

特種作戰團的勝利

儘管如此，特種作戰團還是有過幾次輝煌勝利。1943 年，由克努特·霍克里德（Knut Haukelid）率領的特種作戰團幹員空降進入挪威，目的是破壞德國使用挪威海德魯公司（Norsk Hydro）廠房生產的「重水」來發展原子彈的計畫。這些廠房隨後被轟炸機司令部派夷平，而最後的重水庫存在由渡輪載運的過程中，也被霍克里德的手下炸沉到湖底。

在希臘、義大利和法國，許多特種作戰團的行動小隊都成功讓列車出軌、炸垮鐵路橋梁。1944 年 6 月在法國，這類活動對於阻撓德軍派遣援兵增援、壓制諾曼第盟軍灘頭堡的企圖功居功厥偉。

美國的祕密軍團

1942 年，美國仿效特種作戰團，成立戰略情報局（Office of Strategic Service, OSS），並由在一次大戰期間受勳無數、戰後成為律師的將領「狂野比爾」威廉·唐諾文（William "Wild Bill" Donovan）領導。早期戰略情報局的招募對象絕大部分是來自美國東岸的時尚男女。戰略情報局的女

抵抗運動的武器供應

法國抵抗運動分子集合，學習如何操作和保養透過空投獲得的各種武器，當中包括司登 MKII、紅寶石（Ruby）、柯特（Colt）和法國人（Le François）手槍，以及柯特與鬥牛犬（Bulldog）轉輪槍。

性外勤幹員人數比特種作戰團少。有個值得一提的人物是維吉尼亞·霍爾（Virginia Hall），這兩個組織的外勤幹員她都曾擔任過。她有一隻腳是義肢，因為她在 1930 年代發生槍枝走火意外。當她在法國為特種作戰團工作

470 被送往法國進行敵後作業的特種作戰團幹員人數。

39 在法國作業的特種作戰團女性幹員人數。

118 犧牲的特種作戰團幹員人數，當中 13 位是女性。

時，為了逃避蓋世太保追捕，她給特種作戰團位於貝克街（Baker Street）的總部發了電報，表示希望「卡斯伯特」（Cuthbert）不會出問題。倫敦立即回電「如果卡斯伯特是個麻煩，就把他幹掉。」總部顯然忘了，「卡斯伯特」是霍爾的義肢的代號。

後果

特種作戰團在戰後裁撤，但當中許多人員轉往負責海外情報收集的軍情 6 處（MI6）繼續服務。

特種作戰團幹員珀爾·維瑟林頓（Pearl Witherington）

雙面間諜
軍情 6 處在戰後雇用特種作戰團的幹員，導致一連串災難，因為特種作戰團已經被為蘇聯效力的幹員滲透，當中較知名的是金·費爾比（Kim Philby）。派遣幹員到鐵幕（參閱第 340-41 頁）後方的企圖、加上在新的冷戰（參閱第 348-49 頁）中使用特種作戰團的辦法，導致一開始就失敗，因為有些幹員身分早已曝光。和英格蘭遊戲一樣，蘇聯情治單位早就等著他們了，或者蘇聯也時常讓幹員繼續裝作一切正常，等到有進一步斬獲時再收網逮人。類似的問題也發生在美國，也就是前戰略情報局的幹員為戰後後繼單位中央情報局（Central Intelligence Agency, CIA）效力的時候。

反抗運動郵票

諜報活動

英國特種作戰團和美國戰略情報局研發出各式各樣的通訊裝備和許多設計巧妙的武器，其他單位也研發了五花八門充滿想像力的祕密配備。在這些行動中，值得注意的是英國軍情9處和美國的對等單位 MIS-X，它們成立的目的是要協助從戰俘營逃出的人，以及在被占領的歐洲企圖躲避追捕的人。

① 為戰略情報局局長「狂野比爾」威廉·唐諾文製作的假德國身分證，以證明美國相關單位的專業能力。② 手帕地圖，要把手帕泡在尿液裡，上面的地圖才會顯現。③ 英國特種作戰團幹員隨身攜帶的自殺藥丸，可藏在珠寶首飾中。這種所謂的 L 藥丸（L 代表致命的英文 lethal），吞下後只要五秒就會發作。④ 經過特殊設計的戒指，可用來藏微縮膠片。⑤ 印有祕密地圖的撲克牌，泡在液體中撕開就可看到地圖。⑥ 特種作戰團用的無線電收發機，可用來發送和接收訊息，附有接地線、耳機和電池組。⑦ 特種作戰團使用的迷你刀具組，在英國受訓的戰略情報局幹員也有配發。⑧ 德國反情報部（Abwehr）派駐英國的情報幹員使用的電池收音機，因此上面貼有英文標籤。⑨ .25 英吋口徑偉柏利（Webley）腰帶手槍，安裝在腰帶上，可藏在衣服裡面，扳機由拿在使用者手裡的線觸發。⑩ 鉛筆手槍，口徑 6.35 公釐，彈頭會從位於鉛筆頂端的彈藥盒直接射出。⑪ 負責人員逃逸及迴避業務的英國軍情9處開發的鉛筆刀，初步搜身時不容易被搜出。⑫ 特種作戰團的煙斗槍，發射時須先拔掉煙斗嘴，然後在握住煙斗管的同時轉動煙斗鉢。⑬ 特種作戰團使用的特殊鞋底，使用者逃亡時可以把必需品藏匿其中，像是刀子和金幣等。⑭ 戰略情報局「比諾」（Beano）手榴彈，可在扔出後撞擊的瞬間爆炸。⑮ 特種作戰團用的翻領刀，可藏在外套翻領內側的暗袋內。⑯ .38 英吋口徑手套槍，由美國海軍情報處設計供自衛使用。它會在使用者出拳打對方時，藉由下壓活塞的方式貼身射出子彈。

⑥ 特種作戰團收 MK IV 發報機（S 話機）（英國）

① 戰略情報局製作的假德國身分證（美國）

③ 自殺藥丸（英國）

④ 可藏小東西的戒指（英國）

⑤ 祕密地圖撲克牌（英國）

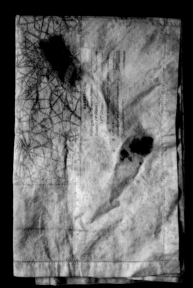

② 手帕地圖（英國）

⑦ 迷你刀具組（英國）

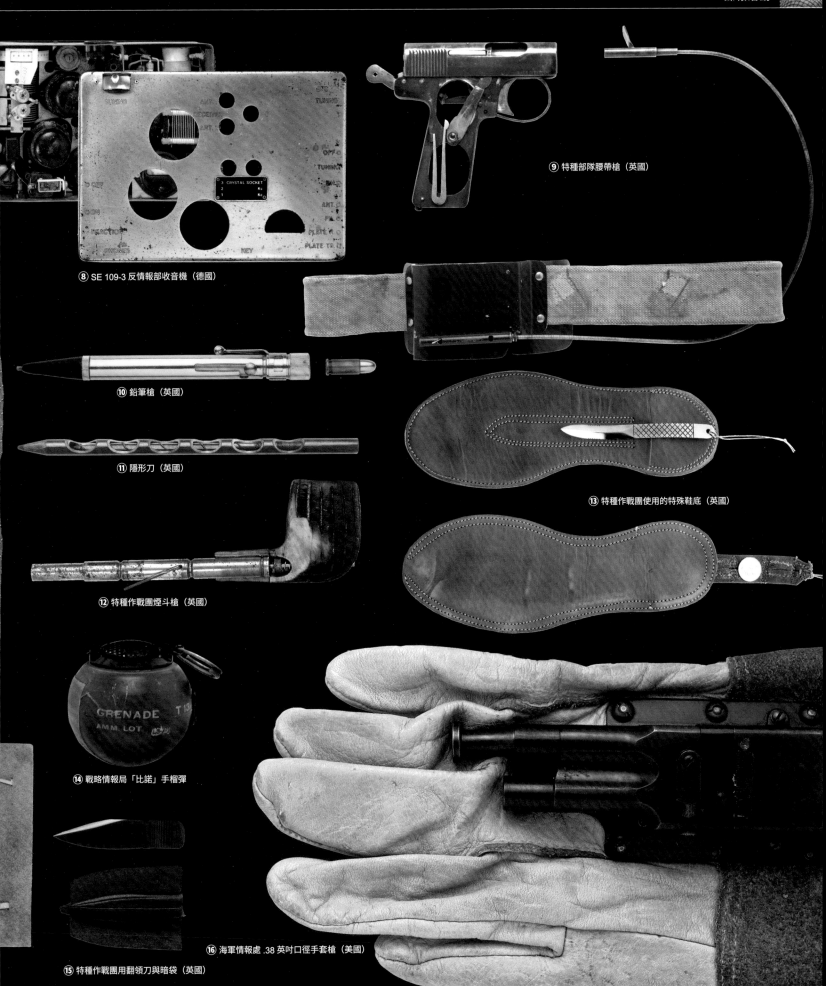

⑧ SE 109-3 反情報部收音機（德國）

⑨ 特種部隊腰帶槍（英國）

⑩ 鉛筆槍（英國）

⑪ 隱形刀（英國）

⑬ 特種作戰團使用的特殊鞋底（英國）

⑫ 特種作戰團煙斗槍（英國）

⑭ 戰略情報局「比諾」手榴彈

⑯ 海軍情報處 .38 英吋口徑手套槍（美國）

⑮ 特種作戰團用翻領刀與暗袋（英國）

« 前因

希特勒著迷的反猶主義可以追溯到 19 世紀末在奧地利和德國普遍流行的種族理論，他在第一次世界大戰前曾經接觸並了解。

民族主義傾向

在一次大戰剛結束的日子（參閱第 20-21 頁），所有德國民族主義右翼政黨都接受這些說法。

東歐的猶太人

第三帝國在 1938-39 年間接連取得外交和軍事上的勝利（參閱第 58-59 頁），使得數百萬東歐猶太人落入納粹掌控。到了巴巴羅莎行動（參閱第 134-35 頁）時，又有另外數百萬人面臨此一命運。

希姆萊的親信

自 1941 年 6 月開始，針對猶太人的有系統殘殺行動在東線上出現。這些行動獲得希姆萊批准，並由黨衛軍特別行動部隊執行。這些隊伍每天拘捕並槍斃數以千計的猶太人，並且造成至少 200 萬名平民死亡。

大屠殺

希特勒在 1920 年代開始踏入政壇時並沒有過度強調他的反猶主義態度，但到了 1930 年代初期，這種思想卻成為國家社會主義哲學的根基。希特勒在 1933 年出任德國總理後，這種意識形態就左右了黨綱的各個面向。

從後見之明來看，也許可以說那個時代沒有任何學生會懷疑希特勒的著作和演說背後的暗示，或是質疑他掌權後納粹種族立法會帶來的衝擊。但在 1939 年，徹底殺光全德國所有猶太人的全面性方案是否已經有任何具體細節，則依然有爭論。

最終解決方案

但有一點絕對毫無爭議，那就是德軍在第二次世界大戰前兩年獲得的軍事勝利，使得歐洲大部分猶太人都落入希特勒的掌控。在這場戰爭的初期，德國人已經在波蘭劃設許多猶太居住區，當中最大的位於首都華沙，在 1941 年時至少有 4 萬人餓死。

德軍在 1941 年夏天入侵希特勒口中的「猶太布爾什維克」蘇聯，蹂躪了歐俄絕大部分區域，攻占遼闊的領土，因此催生了所謂的「最終解決方案」，這是納粹對於處決歐洲猶太人的婉轉說法。這個詞彙引述自 1941 年夏初希姆萊對奧許維茨集中營指揮官魯道夫·荷斯（Rudolf Höss）的指示，表示希特勒已經針對「猶太人問題的最終解決方案」下達指令。

死亡集中營囚犯

1945 年 1 月底，奧許維茨－比克瑙滅絕營的囚犯等待紅軍解放。至少有 200 萬猶太人和另外 200 萬俄軍戰俘死在這個悲慘的地方。

殺人隊和死亡集中營

在東方，屠殺行動首先由特別行動部隊執行，這是能夠四處巡迴的殺人隊伍，時常獲得拉脫維亞人、烏克蘭人、立陶宛人和其他當地盟友的協助。例如 1941 年秋天在已經併入羅馬尼亞的敖德薩，有多達 8 萬猶太人遭到特別行動部隊 D 隊和德國盟友羅馬尼亞的部隊處決。不過當局隨後認為這些單位的效率降低了，因此開始找尋替代方案。

1942 年 1 月，在萬湖的一場由黨衛軍副首腦萊因哈德·海德里希主持的祕密會議裡，最終解決方案終於成形。海德里希用工業化手段來進行殺戮，在現有集中營的系統上建立滅絕營。當局在波蘭建立大批滅絕營，當中包括特瑞布林卡（Treblinka）、貝爾柴克（Belzec）、邁達內克（Majdanek）、索比堡（Sobibor）和奧許維茨－比克瑙（Birkenau）。

另一位黨衛軍技術官僚阿道夫·艾希曼（Adolf Eichmann）和他的屬

勞動帶來自由

鐵軌直直通往波蘭南部奧許維茨－比克瑙滅絕營森嚴的大門。人們在經過大門口的時候，會看到「勞動帶來自由」（Arbeit macht frei）這句標語，和其他集中營一樣。

黨衛軍和蓋世太保頭目（1900-1945年）

海因里希·希姆萊 Heinrich Himmler

希姆萊在納粹黨剛成立不久後就加入，然後在 1928 年時，希特勒要求他接任黨衛軍（Schutzstaffeln, SS）指揮官。希姆萊身為希特勒的密友，隨即成為納粹黨內的第二號人物，統領蓋世太保（Gestapo）和對外情報局（Foreign Intelligence Service）。1943 年，他出任內政部長，又在 1944 年時成為本土軍團（Home Army）總司令。希姆萊是狂熱的反猶太分子，要為執行「最終解決方案」負責。他在 1945 年 5 月 23 日被英國陸軍俘虜，結果服毒自殺。

納粹死亡集中營位置

納粹當局擁有超過 40 座死亡集中營，當中至少有八座用來進行大規模屠殺。在這些城市中，猶太人被迫住在猶太區裡，之後就被火車載往其他地方。

圖例

◎	集中營
●	滅絕營
▣	大規模殺戮地點
✤	猶太區
(8,000)	估計猶太人遇害人數
—	1942 年 11 月時的邊界
	1942 年 11 月時的大德國
	軸心國控制區
	同盟國領土
	中立國領土

下負責安排這些營區和其他關押猶太人、斯拉夫人、紅軍戰俘、吉普賽人、政治犯和同性戀的營區交通運輸。滅絕營關押的人來自被占領的歐洲各地，他們一絲不苟地記錄火車動態，為後世歷史學家提供可怕的蛛絲馬跡。這些營區有時候和黨衛軍負責營運的工業園區連接，那些在抵達時被認為有工作能力的人通常可以暫時免於一死，其餘的——長者、弱者和

兒童——就被送進毒氣室毒死。1943 年 4 月，特瑞布林卡發生一起很罕見的囚犯大規模逃亡事件，當月華沙猶太區也爆發武裝起義，而在戰鬥中僥倖活下來的猶太人就被送往滅絕營。

「……我們問，我們的生活是不是一場**活生生的噩夢**，生活以各種恐怖的面貌出現，一切都太不真實。」

瑪莉－克勞德・瓦蘭特－庫杜里埃（Marie-Claude Vaillant-Couturier），集中營生還者在紐倫堡大審上的陳述，1946 年 1 月 28 日

早在 1942 年初，遷移並運送猶太人前往死亡集中營成為例行公事後，納粹歐洲占領區內的每一位居民就都曉得了這件事。

生活在恐懼中

對於任何打算以暴力或非暴力手段反對第三帝國及其盟友的個人來說，知道這件事本身就是令人毛骨悚然的威嚇。如果被逮捕的話，落在猶太人頭上的命運（參閱第 178-79 頁）就幾乎無疑也會落在他們頭上。

徹底的恐怖

西方盟國透過情報來源和難民，慢慢拼湊出最終解決方案的圖像。不過一直要到 1944 年夏天，挺進的紅軍攻占波蘭境內邁達內克被遺棄的集中營區（當地大約已有 140 萬猶太人遇難），恐怖的程度才完全在同盟國領導人面前呈現出來。

解放奧許維茨

在接下來的幾個月裡，連續被解放的集中營（參閱第 300-01 頁）加上成堆的屍體和憔悴消瘦的倖存者，透露出納粹墮落的程度。1945 年 1 月 27 日下午 3 點，蘇軍部隊進抵奧許維茨－比克瑙，他們在現場發現 648 具屍體和 7000 名生還者，1200 名在奧許維茨主營區，5800 名在比克瑙。還可以走的人早已被迫徒步行軍離開。

大屠殺遇難者的鞋子

戰爭罪

在第二次世界大戰結束後，猶太國家以色列在 1948 年建國。接著以色列情治單位和其他國際機構隨即採取行動，開始找出並逮捕納粹戰犯（參閱第 338-39 頁）。真的被抓到並受審的罪犯寥寥無幾，但已經死亡的倒是不少。

600萬 在第三帝國統治期間喪命的猶太人數目——大約是全世界猶太人口 40%。很可能還有另外 500 萬納粹厭惡的非猶太人死亡。

圍捕猶太人

居住在東歐（尤其是波蘭）的猶太人都受到殘虐無比的對待。剛開始時是成批被趕進猶太區，自1942年起他們就在猶太區內被圍捕，遭到殺害或是被送往貝爾柴克和特瑞布林卡之類的死亡集中營。1942年7月22日到9月12日之間，大約26萬5000名住在華沙猶太區的猶太人被逮捕，並被送往位於特瑞布林卡的毒氣室。

「7月27日星期一，『行動』依然在全力進行中，很多人都被抓，思莫查街（Smozca Street）上有人被打死。人們從電車上被拖下來，然後槍斃。轉運站廣場（Umschlagplatz）那裡死了100個人（老人和病人）〔猶太墓園〕。奧格羅多瓦街（Ogrodowa Street）也死了很多人，剩下來的住戶都被揪出來，證件連看都不看……一整天都有人被槍殺。帕維亞（Pawia）和其他地方街上都有人死掉……最後到底會有多少人被撞出去？」

「7月30日星期四，已經進行九天的『行動』依然繼續進行，充斥各種駭人聽聞的事。從清晨5點開始，我們就透過窗戶聽到猶太警察吹哨還有猶太人逃跑躲避的聲音……從昨天中午開始，我們隔壁棟就一直有槍響傳出，沒有停下來過。有一個士兵站在柴門霍夫（Zamenhof）和諾沃立皮耶（Nowolipie）的街角，不斷辱罵經過的人……到了中午已經有4000人被捕……」

「8月1日星期六……『行動』的第11天，慢慢變得愈來愈殘忍惡毒，德國人正在清空整棟建築和街道兩側，他們在20-2號和諾沃立皮耶街的其他建築裡逮住了大約5000人。現場實在是太恐怖、太嚇人，他們要把諾沃立皮耶街的居民全部趕出去……這天的噩夢比過去幾天都還要慘，沒有人逃得掉，也沒有地方躲，就是一直不停地在抓人……母親失去她們的小孩，一個瘦弱的阿婆被帶到巴士上，那些悲劇真的無法用文字來形容……」

「8月28日星期五，恐怖暴行還在進行……今天我們和從特瑞布林卡回來的多維德・諾沃德沃克希（Dowid Nowodworksi）聊了很久……他說的東西可以再次確認，絕對沒有懷疑空間，所有被驅逐的人……都會被送去殺掉，不會有人活下來 .....昨天就有大約4000人被趕出華沙殺掉……天啊！難道真的要把我們殺到只剩最後一個？」

亞伯拉罕・勒溫（Abraham Lewin）的日記，他很可能在1943年1月遇難。

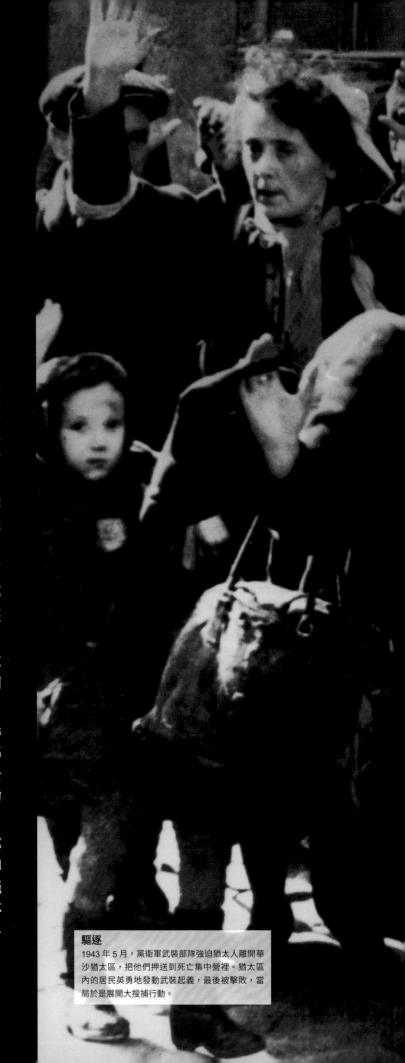

驅逐

1943年5月，黨衛軍武裝部隊強迫猶太人離開華沙猶太區，把他們押送到死亡集中營裡。猶太區內的居民英勇地發動武裝起義，最後被擊敗，當局於是展開大搜捕行動。

馬爾他與地中海

隨著北非戰事日趨激烈，馬爾他的居民發現自己開始不斷受到攻擊。先是義軍，接著是德軍，從位於西西里島的基地出發，連續空襲馬爾他島。但在地面上，不屈服的決心卻愈來愈強烈。

義軍在 1940 年 6 月首度空襲馬爾他以後，德國空軍在 1941 年 1 月進駐西西里島上的基地，對馬爾他的空中威脅就增加了。1941 年 1 月 10 日，從西西里島起飛的 Ju 87 俯衝轟炸機攻擊法勒他的乾塢，並炸傷了當時在港口中的航空母艦卓越號，這場空襲象徵長達超過兩年的圍攻就此展開，皇家空軍、德國空軍和義大利空軍（Regia Aeronautica）總計損失超過 2000 架飛機。

保衛這座島嶼難度相當高，但英軍必須維持守軍和居民的運補。每一支航向馬爾他的船團都需要強大的護航兵力，而直到 1942 年夏季的兩年時間裡，派出的商船之中有超過三分之一沒有辦法抵達目的地，因此馬爾他的糧食儲備極度不足。當炸彈如雨點般落下時，馬爾他人民還得忍受

德國空軍從空中鳥瞰馬爾他
軸心軍對馬爾他的攻勢，最基本的就是頻繁發動空襲，在長達兩年的圍攻期間總計進行了大約 3000 次空襲。盟軍宣稱擊落超過 800 架軸心軍機，本身則損失約 1100 架。

少得可憐的配給。另一個對馬爾他的威脅來自海上。在 1941 年 7 月 25-26 日的夜間，法勒他的港口成為義軍魚雷艇和「載人魚雷」（經過修改可攜帶分離式炸藥包的魚雷）的目標。這波攻擊的目標是潛艇泊地，以及經過判斷應該在港內的運輸船團，但結果卻被岸防守軍擊退，而這也是英軍在大戰期間打過的唯一一場主要海防作戰。

軸心軍再接再厲

空中轟炸在 1941 年 6 月緩和下來，因為德國空軍主力全都投入希特勒進攻俄國的巴巴羅莎行動初期階段，不過六個月以後轟炸又回復到剛開始的強度。

儘管如此，以馬爾他為基地的英軍潛艇和飛機持續擾亂軸心軍的補給線。德軍南線總司令凱賽林元帥（Kesselring）堅決打破馬爾他的強硬抵抗。這位元帥自 1941 年 12 月起進駐羅馬，麾下可動用約 400 架飛機，他運用這些兵力，對地中

海的船運造成嚴重破壞。他也在馬爾他四周密集布雷，差不多切斷了這座島的補給線。

到了 1942 年 8 月，隆美爾將軍已把盟軍部隊打回位於埃及北部的阿來曼。他在北非的戰果達到頂點，而若在戰局這個關鍵階段失去馬爾他，對同盟國將會是嚴重的災難——幾乎可以導致在北非戰敗。而且此時看來，這場失敗迫在眉睫。

基座行動

馬爾他的燃料和糧食儲備都已經見底。如果盟軍想要挽救這座島嶼，並繼續作戰下去的話，就必需奮力一擊。1942 年 8 月 3 日，英軍運輸船團從克來德（Clyde）啟航，目標是解救馬爾他。

這場行動代號「基座」（Operation Pedestal），運輸船團由 14 艘快速商船和油輪俄亥俄號（Ohio）組成，並由 24 艘驅逐艦、三艘航空母艦、兩艘戰鬥艦、七艘巡洋艦和八艘潛艇護航。依照計畫，整支船隊在抵達西西里海峽時，重型船艦就要掉頭返回。此時運輸船團就由四艘巡洋艦和 12 艘驅逐艦護航。

從英國出發七天之後，運輸船團在通過直布羅陀海峽時被發現並盯梢，緊接著而來的就是一番激戰。首先是德軍 U-73 號 U 艇在 8 月 11 日擊沉英軍航空母艦鷹號（Eagle），接著從次日起這支運輸船團就遭受敵方海空軍持續進攻，包括從薩丁尼亞（Sardinia）和西西里的基地起飛的飛機、21 艘 U 艇和布署在突尼西亞海岸外的 S 艇，此外還要應付剛布下的水雷區。

慘遭轟炸的法勒他
馬爾他的首都法勒他是軸心軍的主要目標，特別是因為它的乾塢可以容納盟軍的航空母艦。對馬爾他的轟炸十分猛烈，這座島與因此成為戰爭中受到最多轟炸的地方。

馬爾他獲救

8 月 13 日下午，這個運輸船團中三艘沒被擊沉的船總算抵達目的地。油輪俄亥俄號儘管只能勉強浮在海面上，但載運的重要貨物油料完好無損，也在次日蹣跚地入港。船長梅森（D.W Mason）也因為憑藉精湛

6,000 在 1942 年 3 月 20 日到 4 月 28 日之間，德國空軍在總計 1 萬 1819 架次的空襲中對馬爾他島投擲的炸彈總噸數。

的航海技術立下此一功勳，而獲頒喬治十字勳章。運輸船團中其餘的商船

◀◀ **前因**

馬爾他直轄殖民地（Crown Colony of Malta） 所在位置距離西西里南部海岸只有 80 公里。它原本在戰略上就十分重要，且重要性還隨著衝突擴大而提高。

軸心侵略
軸心國領導人很快就看到這座島嶼的潛力：誰可以控制馬爾他，就能控制地中海。只要奪取馬爾他，軸心軍就可以把英軍趕出地中海中部，並解除軸心軍通往北非補給線的重大威脅。1940 年 6 月 10 日，就在義大利參戰（參閱第 98-99 頁）僅僅幾個小時過後，第一批炸彈就落在馬爾他，象徵這場漫長且無情的圍攻開始。

英軍防禦
空中攻擊的威脅使得英方在 1930 年代把地中海艦隊從馬爾他移防到亞歷山卓，然而這座島嶼仍然是直布羅陀和埃及之間唯一的英軍基地。只要北非戰役（參閱第 124-25 頁）持續，英軍就會決心堅守馬爾他，即使他們明白這麼做的代價會非常高。

喬治十字勳章
由於表現英勇，馬爾他全體人民在 1942 年獲頒喬治十字勳章，這枚勳章是頒發給平民的最高榮譽。

戰恨號（Warspite）
一架水上飛機從英軍戰鬥艦戰恨號的甲板上起飛。這艘船從 1940 到 1941 年布署在地中海，護衛許多運補船團從埃及航向馬爾他，然後再返回。

支運輸船團抵達馬爾他，這座島又得以繼續堅持下去。

後來盟軍在阿來曼的勝利，接著又攻占利比亞的軸心軍機場，更是進一步緩和了局勢。雖然對馬爾他的圍攻尚未完全結束，但這座島嶼已經克服了困難，糧食和其他基本物資供應已能滿足守軍和平民的正常需求。

國王喬治六世在 1942 年 4 月頒授喬治十字勳章給這座島嶼，以表彰所有島民的英雄氣概，是英王唯一一次集體頒授這枚勳章。

後 果

馬爾他島民驚人的決心加上盟軍部隊同心協力英勇作戰，讓馬爾他在軸心軍進攻期間免於淪陷。

北非的戰火
此時，以馬爾他為基地的英國皇家空軍行動是對抗北非軸心軍（參閱第 182-83 頁）的關鍵要素，不僅攻擊他們的地面部隊，也打擊增援隆美爾麾下非洲軍不可或缺的運補船團。

馬爾他的海軍基地恢復運作
軸心軍最後在北非潰敗（參閱第 186-87 頁），加上盟軍入侵西西里島（參閱第 210-11 頁），接著又攻上義大利本土（參閱第 212-13 頁），一勞永逸地解除了軸心軍的空中威脅。這代表從

> 馬爾他的防空洞是開鑿在島上柔軟的砂岩中，在它們的庇護下，島上平民死傷相對輕微。

1943 年夏天開始，法勒他再度成為盟軍使用的大型海軍基地。

「這艘可憐的老船現在可能**剩沒幾分鐘了。我希望上帝保佑它堅持夠更久。**」
油輪俄亥俄號船長梅森抵達法勒他港時所說

和軍艦全都在海戰中受到痛擊：兩艘巡洋艦和一艘驅逐艦沉沒，另外兩艘巡洋艦重創，航空母艦無畏號（Indomitable）也是。儘管蒙受慘重損失，但基座行動還是成功了，馬爾他也恢復了對抗軸心軍部隊瘋狂攻擊的戰力。到了當年年底，還有另外兩

軍事科技

載人魚雷

義大利的「載人魚雷」因為難以控制方向，因此被操縱人員稱為「豬」。載人魚雷經過改裝，在原本彈頭的位置裝上可分離的炸藥包。兩名操縱人員穿著經過特殊設計的潛水裝，跨坐

在載人魚雷的外殼上。抵達目標船艦下方之後，操縱人員會卸下炸藥包，並安裝在船底，就像附著水雷一樣，然後設定計時引信。1941 年 12 月 19 日，義軍出動三組載人魚雷，對亞歷

山卓港發動一波大膽奇襲，嚴重炸傷英軍戰鬥艦伊莉莎白女王號（Queen Elizabeth）和勇敢號（Valiant），使它們友好幾個月都上不了戰場。

阿來曼

西部沙漠的戰事陷入僵局，雙方都暫時停止行動以補充戰損。1942 年 5 月，德軍最後一次發動攻勢。但到了秋天，隆美爾面對的敵人就是一支數量更多、裝備更好、鬥志更高的軍隊。

隆美爾首先動作，在 5 月 26-27 日的夜裡進攻。戰線長 55 公里，從海岸上的加查拉綿延到自由法軍第 1 旅據守的堡壘畢爾哈坎（Bir Hacheim）。隆美爾的第 21 裝甲師在畢爾哈坎南邊擊垮印度軍第 3 摩托化旅的陣地，打得英軍措手不及，另外兩個裝甲師則在沙漠上展開，朝東北方往托布魯克推進。在加查拉防線的中央，隆美爾親

率裝甲部隊出擊，有信心敵方的雷區可以保護他的側翼和後方。但到了 27 日傍晚，他就被迫退回雷區和第 150 旅據守的區域。他原本考慮向英軍戰

20萬 阿來曼戰役時蒙哥馬利麾下可供支配的兵力規模。

10萬 隆美爾麾下兵力規模，當中有一半是不可靠的義軍。

地指揮官尼爾‧瑞奇（Neil Ritchie）尋求談判，但當的里雅斯特師（Trieste Division）開闢一條走廊穿過雷區後，他的處境就緩解了。

隆美爾仍被困在一個稱為汽鍋（Cauldron）的陣地裡。英軍的延遲帶來致命後果，瑞奇一直要到 6 月 5 日才能在西德拉嶺（Sidra Ridge）和阿斯拉格嶺（Aslagh Ridge）進攻汽鍋陣地，但兩波攻勢都被擊退。

在 6 月 6 日恢復攻勢後，隆美爾

多功能砲

德國的 88 公釐高射砲用在瞄準敵機上非常有效。西部沙漠戰爭期間，德軍把它當成反戰車武器使用，結果證實非常致命。

橫掃兩個印度旅，並殲滅印軍第 5 師的砲兵。自由法軍從畢爾哈坎撤出後，隆美爾就可以全力突穿加查拉防線，並繼續往東北方朝托布魯克的方向進擊。瑞奇明白了自己已經打輸這仗之後，就增援托布魯克的守備部隊，並退入埃及。6 月 20-21 日，隆美爾突擊托布魯克，俘獲 3 萬 3000 名戰俘。失去托布魯克是英軍第 8 軍團最慘重的失敗。

新任盟軍司令

托布魯克陷落後，英軍在中東的總司令奧欽列克親自接掌第 8 軍團的指

軍事科技

地雷

地雷是一種關鍵的「區域拒止」武器，當中最簡單的樣式就是一小枚霰彈搭配幾盎司炸藥。它會被埋在土裡，只有感應器暴露在外，如果被踩踏就會爆炸。「彈跳」地雷內含金屬破片，安裝在鋼製迫砲管中並埋在土裡，一旦被觸發，雷體就會射到半空中，並在腰部的高度爆炸。大型的反戰車地雷則會因為戰車從上方駛過時壓下去產生的壓力而引爆。最簡單的排雷辦法就是用手，通常是在夜間進行，這個過程既緩慢又危險——布置良好的雷區通常會有防禦火力掩護。

在阿來曼前進
英軍步兵拿著上了刺刀的步槍，衝破煙幕前進。地上的痕跡是他們前方的戰車履帶留下的。

揮權，並在 7 月的第一場阿來曼會戰（First Battle of El Alamein）擋住隆美爾進軍埃及。到了 7 月 27 日，雙方打成平手之後都開始掘壕固守，準備重整旗鼓。英軍握有一項重要優勢：他們在比較靠近基地的地方作戰，因此能比非洲軍更快取得援軍和補給。非洲軍的補給線此時已經拉得太長，從的黎波里（Tripoli）起算，有 1930 公里左右。隆美爾此時也被壓縮在只

> 「我們要一口氣把**隆美爾**這傢伙解決掉。這件事很簡單，千萬別懷疑。他就是個**麻煩**。」
> 伯納德·蒙哥馬利將軍，1942 年 8 月

有大約 65 公里寬的狹窄正面，從海邊一路延伸到位於一排峭壁底部、低於海平面且充滿鹽沼的蓋塔拉窪地（Qattara Depression）。很明顯，他一旦覺得軍力夠強，就會盡快發起攻擊。

蒙哥馬利的計畫

此時邱吉爾派遣哈洛德·亞歷山大將軍（Harold Alexander）取代奧欽列克，擔任中東英軍總司令，並安排伯納德·蒙哥馬利將軍（Bernard Montgomery）指揮第 8 軍團。蒙哥馬利很快就展現了他的能耐，在阿蘭哈法嶺以南的地方擋住了隆美爾在 8 月 30-31 日發動的攻勢。蒙哥馬利採用戰車、砲兵、反戰車砲、地雷和對地攻擊機協同作戰的防禦戰法。隆美爾在 9 月 2 日停止攻勢。此時他已發現自己在戰略上陷入兩難的處境，既無法推進，也不能撤退，而他的敵人正準備轉守為攻。

蒙哥馬利的作戰計畫和之前明顯不同。他不想在隆美爾最為擅長、但英軍裝甲部隊顯然比較笨拙的閃電戰中跟對方鬥智，而是打算以一場預先規畫好的消耗戰永遠摧毀敵人。這樣的作戰會以步兵和砲兵協同攻擊作為開場，由裝甲厚重的戰車支援，目標是摧毀非洲軍的固定防禦和守備部隊。只有在這個「纏鬥」的階段結束以後，主力裝甲部隊才會開始推進，加入戰局。1942 年 10 月 22 日，第 8 軍團投入將近 20 萬兵力、1000 輛戰車、2300 門火砲和 530 架作戰飛機。非洲軍集結了大約 10 萬人，擁有 520 輛戰車（當中有將近 300 輛是義軍戰車），1200 門火砲與大約 350 架戰機（大部分是義軍飛機）。此外，這個時候的非洲軍司令官也不是隆美爾，因為他已經因為胃病而返回德國接受治療。

第二次阿來曼戰役

這場戰役在 10 月 23 日以 450 門火砲轟擊揭開序幕。接著主力沿著海岸公路推進，並在南邊發動牽制攻擊。非

10,000 非洲軍陣亡人數，還有 1 萬 5000 人受傷。
2,350 第 8 軍團陣亡人數，還有 8950 人受傷。

1942 年 11 月，隆美爾在第二次阿來曼戰役中戰敗，因此被迫往突尼西亞撤退。

隆美爾的「黃金橋」
蒙哥馬利（參閱第 184-85 頁）小心翼翼地追擊，但未能從側翼迂迴包抄撤退中的敵人，而這項任務又進一步被滂沱

25% 蒙哥馬利的步兵在阿來曼的死傷比率。戰車組員、砲兵和工程師也傷亡不輕。

大雨干擾，越野運動變得相當困難。此外，英軍在阿來曼承受的損失相當大，急就章的追擊可能會給隆美爾機會回過頭對付第 8 軍團，進而損失更多。因此隆美爾獲得了「黃金橋」，也就是通往突尼斯的海岸公路。不過到了此時，火炬行動（參閱第 186-87 頁）正順利進行，軸心軍徹底投降只是時間問題。

阿來曼的德軍戰俘

洲軍沒有被牽制攻擊吸引，持續堅守海岸地帶。隆美爾在 10 月 26 日返回北非指揮作戰，而蒙哥馬利也在這一天投入更多戰車來支援主力部隊的突穿行動。經過長達一週的苦戰後，非洲軍的戰車僅剩下 35 輛，而蒙哥馬利則已經在隆美爾戰線的中央部位打出兩條通道。到了 11 月 2 日，他已經準備撤退，但希特勒禁止任何撤退行動，因此隆美爾只能投入最後的裝甲預備隊來封鎖北部通道。

在這整場會戰期間，蒙哥馬利攔截奇謎密碼機的訊息，實際上等於「即時」接收了隆美爾的布署情資。由於知道德軍正在北面反攻，蒙哥馬利得以自信滿滿地集中兵力攻打南邊的通道。到了 11 月 7 日下午，蒙哥馬利的裝甲部隊已經長驅直入到非洲軍的後方，迫使隆美爾下令沿著海岸公路撤退，最後一連撤退了 3200 公里。

英國元帥 1887年生，1976年卒

伯納德·蒙哥馬利

> 「我們奉命……就是要殲滅北非的**軸心國軍隊**……這是可以做到的，而且**一定會做到**！」

蒙哥馬利在北非對麾下部隊發表演說，1942年

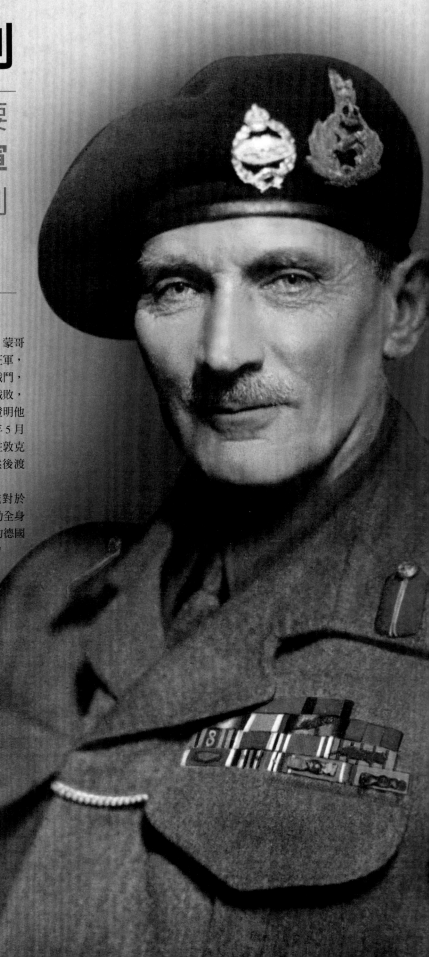

「蒙提」

陸軍元帥伯納德·蒙哥馬利在1945年5月拍攝的照片。他穿著招牌軍裝、戴著貝雷帽，上面有元帥章和皇家戰車團（Royal Tank Regiment）徽章。

伯納德·蒙哥馬利常被稱為「蒙提」（Monty），很可能是第二次世界大戰期間知名度最高的英軍將領。當英國在1939年對德國宣戰時，他已經是從軍超過30年的職業軍人。

蒙哥馬利在倫敦伍爾威治（Woolwich）的皇家軍事學院受訓完畢後，在1908年加入皇家沃里克郡團（Royal Warwickshire Regiment），並在一次大戰期間首度參加作戰。他在法國和比利時戰場看到的一切對他的指揮官之路產生深遠影響。他不但曾在戰爭初期受過重傷，也親眼目睹

> 「將男男女女集結起來實現共同目標的**能力**和**意志**。」

蒙哥馬利對「領導」的定義

過各種駭人慘狀和毫無意義的傷亡，因此使他更加堅定相信，成功的戰役需要仔細的準備和針對官兵的戰術訓練，而非單純力量的較量和反覆演習。第一次世界大戰結束時，蒙哥馬利已經晉升臨時中校，但他不因循守舊且時而傲慢自大的個性時常激怒上司。不過他身為軍官的能力倒是很少受到質疑，因此當二次大戰在1939年爆發時，他已是第3步兵師的師長。

逃離敦克爾克

第二次世界大戰的前幾個月裡，蒙哥馬利和第3步兵師隸屬英國遠征軍，駐防在比利時。當時沒有什麼戰鬥，但蒙哥馬利已經預料到可能會戰敗，並要屬下準備戰術撤退。結果證明他有先見之明。當德軍在1940年5月進軍荷蘭時，英軍和法軍只能往敦克爾克撤退（參閱第78頁），然後渡過海峽前往英國。

1942年時，控制北非區域對於盟軍在地中海的航運有牽一髮動全身的重要性。由隆美爾將軍率領的德國陸軍部隊正朝位於埃及北海岸的亞歷山卓前進，但英軍第8軍團因為戰術失當，沒能阻止他們。蒙哥馬利在1942年被任命為第8軍團司令後，就設法把作戰計畫調整為

經過精心設計的緊密協同安排，以便讓陸空軍單位密切配合。此外他也成功提振士氣，盡一切可能親自走訪各單位，還把軍官用的大盤帽換成非正式的貝雷帽。

阿來曼

蒙哥馬利的部隊就位後，他就在亞歷山卓以西的阿蘭哈法嶺建立一處強化據點，結果他的遠見又再度救了大家。1942 年 8 月底，也就是蒙哥馬利走馬上任幾星期以後，隆美爾就進攻阿蘭哈法嶺，但卻不得不退。「蒙提」抗拒了乘勝追擊的誘惑，結果被批遲疑不決。但他把時間花在規畫一場大規模的攻勢，以前任將領克勞德・奧欽列克（Claude Auchinleck）擬定的計畫為基礎。

機會終於在 10 月來臨。蒙哥馬利研判此時正是在阿來曼好好打上一仗的機會（參閱第 182 頁）。經過 12 天的鏖戰後，事實證明阿來曼確實是一場決定性會戰，讓蒙哥馬利得以繼續前進，攻占托布魯克和的黎波里。最後他迫使軸心軍在突尼西亞投降，他也因此受封爵士，並晉升四星上將。

為 D 日作準備

還在北非時，蒙哥馬利就把注意力轉向入侵西西里和義大利南部，這對盟軍確保地中海區域也相當重要。他和美軍將領巴頓（Patton）和布萊德雷（Bradley）關係有些緊張，因為他氣惱他們缺乏事前計畫，而美國人則對他的霸道與謹慎感到不悅。儘管如此，1943 年秋季，盟軍還是在義大利推進。不過到了年底進速度就慢了下來，原因是天氣惡劣，且英美軍部隊之間缺乏聯繫。

為了替入侵諾曼第（參閱第 254 和 258 頁）做好最後準備，英國當局需要蒙哥馬利返回，以借重他的豐富經驗。他擔任第 21 集團軍司令，完善了盟軍的入侵計畫，也就是 1944 年 6 月的大君主行動（Operation Overlord）。他總說他突破諾曼第的方案很成功，但除了他的為將之道

呂內堡石楠草原

1945 年 5 月 4 日，擔任第 21 集團軍司令的蒙哥馬利在德國北部的呂內堡（Lüneburg）石楠草原對德軍代表團宣讀投降條款。

沙漠戰爭

1942 年時，蒙哥馬利觀察朝北非德軍戰線推進的狀況。他在西部沙漠戰役和入侵義大利期間經常搭乘戰車視察前線。

聯合軍力

美國提供雪曼（Sher-man）和格蘭特（Grant）戰車。圖中這輛戰車是蒙哥馬利的格蘭特 M3A3 中型戰車。

外，勝利也要歸功於盟軍官兵的堅定決心和德軍在戰略上的過度擴張。且由於此時美軍已是歐洲盟軍的主力，因此親自率領地面部隊的人是艾森豪將軍。

不過，依然指揮第 21 集團軍的蒙哥馬利晉升到元帥，並負責指揮 1944 年 9 月的市場花園行動（Operation Market Garden），任務是奪取荷蘭境內的橋樑、攻進德國工業心臟地帶。但與以往不同的是，這場

行動計畫並不周密，執行也有問題，導致盟軍在安恆（Arnhem）被擊潰，並使他和美方的關係更加緊張，失去在當年進軍德國的機會。

最後歲月

1945 年 5 月，蒙哥馬利負責接受德國北部、丹麥和荷蘭的德軍投降。戰後他繼續擔任帝國參謀總長，之後擔任副盟軍最高統帥，直到在 1958 年退役。

「憑藉強大的內心和參與競賽的熱忱，讓我們邁向勝利。」

蒙哥馬利在 D 日前夕對部隊演說，1944 年 6 月 5 日

火炬登陸行動

火炬行動是戰爭到此時為止盟軍規模最大的兩棲登陸作戰。1942 年 7 月，盟軍高層在倫敦策畫這場行動，標誌著北非戰役最後階段展開，並在 1943 年 5 月軸心軍在突尼西亞投降時達到最高潮。

美軍部隊登岸

美軍部隊在奧宏附近的阿西渥（Arzeu）登陸，後方是一艘突擊登陸艇（landing craft assault, LCA）。這種小船的引擎噪音不大，能載運大約 35 名全副武裝的步兵，對敵軍據守的海灘展開突擊。

火炬行動由西、中、東三支特遣部隊進行，分別在卡薩布蘭加、奧宏（Oran）和阿爾及爾登陸。本次行動的規模相當龐大，參與其中的兵力超過 10 萬人和 120 艘船艦。艦隊以高速航行，在強大空中兵力的掩護下抵達預計發動突擊的位置，沒有被 U 艇攔截。德軍情報單位未能察覺到盟軍這支龐大艦隊的重要性。在中和東特遣部隊於 11 月 5-6 日夜間通過直布羅陀海峽之前，德軍都還認為這是類似基座行動的另一場行動，目的是運送物資到馬爾他。但隨著新的情資出爐，推測盟軍會在利比亞的黎波里登陸德國，德方開始起疑。到了 11 月 7 日，情報指出盟軍會在北非登陸，但希特勒卻不同意，他認為這樣的戰略只會把維琪政府進一步往軸心國的陣營推。盟軍登陸行動在 1942 年 11 月 8 日發動。三支登陸部隊遭遇不同程度的抵抗，但 11 月 9 日，維琪政府的高級專員達赫朗海軍上將（Darlan）被盟軍扣押後就下令停火了。儘管維琪政府立即下達反制命令，但大部分法軍都遵循達赫朗的指示。結果現在換成盟軍被突襲。阿爾貝爾特‧凱賽林元帥從西西里派遣部隊前往防守突尼西亞，而被蒙哥馬利追擊的隆美爾也正朝突尼西亞撤退。

英軍空降部隊在英美聯軍第 1 軍團之前先行空降，但他們未能和地面部隊會師，德軍因此能夠建立堅強防線。盟軍原本希望快速挺進突尼西亞，進而和從阿來曼出發的第 8 軍團會師，但德國援軍迅速集結，使得突尼西亞戰役變成一場苦戰。

> 在卡薩布蘭加登陸的西特遣部隊美軍扛著星條旗涉水上岸，幻想法軍殖民地部隊不會對他們開火。結果他們一直激戰到 11 月 11 日。

《前因》

英美兩國同意在北非進行火炬行動是因為沒有替代方案——他們還沒準備好跨越英吉利海峽的反攻作戰。

維持壓力
這次登陸是北非盟軍戰役的第三個重大階段，先前的兩個階段分別是利比亞沙漠中的行動（參閱第 124-25 頁），以及剛打完不久的阿來曼戰役（參閱第 182-83 頁）。

第二戰場
1943 年，盟軍仍在計畫開闢第二戰場。但在此期間，火炬行動這個替代方案可以在德軍渡過海峽發動攻擊的危險逐漸消失的時候，讓正在英國集結的美軍和大多數英軍本土後備部隊有發揮的空間，承擔進攻性的任務。

英軍山砲
盟軍部隊時常在崎嶇的山地中被堅強的德軍陣地擋住，此時就需要追擊砲或榴彈砲來擊退他們。

⑥ 1942 年 11 月 8 日
西特遣部隊在摩洛哥登陸，並在克服當地法軍的抵抗後朝東挺進

⑥ 1942 年 11 月 8 日
中特遣部隊企圖在奧宏登陸，但一直要到 11 日才確保灘頭堡

西班牙

直布羅陀

丹吉爾

西屬摩洛哥

美軍中特遣部隊

美軍西特遣部隊

利奧泰港

美利雅

特列母森

拉巴特

卡薩布蘭加

非茲

摩洛哥

沙菲

馬拉喀什

最後攻勢

隆美爾在 1943 年 1 月成功撤往突尼西亞後，計畫率先出擊以破壞盟軍的進攻計畫，並鞏固德軍在突尼西亞的地位。2 月 14 日，漢斯－約根・馮・阿爾寧將軍（Hans-Jürgen von Arnim）的第 5 裝甲軍團在西迪波齊德（Sidi Bou Zid）對作戰經驗淺薄的美軍第 2 軍發動攻擊，而隆美爾的非洲軍則通過凱塞林隘口（Kasserine Pass）推進，接著再朝泰貝薩省（Tebessa）進攻。面對隆美爾和阿爾寧的包抄夾擊，青澀的美軍部隊首度遭受血腥戰火的洗禮。但對盟軍來說幸運的是，這兩位德軍將領關係不是很好，他們的攻勢也失去衝力。

馬雷斯防線的傷患
在 1943 年 4 月突擊馬雷斯防線的行動裡，隸屬於印度軍醫處（Indian Medical Service）的擔架兵正在協助一名廓爾喀人（Gurkha）傷兵。強悍的廓爾喀人部隊跟隨英軍第 8 軍團奮勇作戰，贏得令人畏懼的不朽名聲。

關鍵時刻

德軍占領維琪法國

殘存的法國政府是 1940 年 6 月 20 日法國向德國投降後由貝當元帥成立的，位於里昂（Lyon）西北方 120 公里處的溫泉小城維琪（巴黎仍是法定首都）。這個政府控制其餘大約五分之二沒有被占領的法國領土和海外殖民地，因此傾向與德國合作的貝當政府稱為「維琪政府」。它一直運作到火炬行動的時候，之後德軍就發動阿提拉行動（Operation Attila），占領整個法國。只要希特勒稱霸歐洲一日，絕大部分維琪法國人就堅守 1940 年夏季與德國簽定的停火條款。但希特勒的權力一出現動搖的跡象，他們就隨時可以改變效忠的對象，以捍衛法國的長期利益。

維琪政府號召法國人前往德國工作的海報

2 月 22 日，隆美爾在造成美軍傷亡 6000 人後巧妙撤退，這是德軍在北非的最後一波攻勢。

接下來就是怎麼消滅軸心軍的問題。這項任務是特別為蒙哥馬利量身打造的，此時他聽命於北非盟軍總司令也就是美軍將領艾森豪。蒙哥馬利在阿來曼的對手隆美爾已經因為生病離開非洲，只剩下阿爾寧把守馬雷斯防線（Mareth Line），也就是德軍一條從加柏斯灣（Gulf of Gabes）的海岸延伸到馬特馬他山（Matmata Hills）山坡上的防線，大約有 50 公里。正面突擊失敗後，蒙哥馬利就從側翼迂迴馬雷斯防線，但軸心軍成功抽出大部分部隊去防禦以瓦迪阿卡里特（Wadi Akarit）為依託的防線，最後在 4 月 5-6 日時被印度軍第 4 師攻破。之後的兩個星期裡，盟軍和軸心軍你來我往，而軸心軍在突尼斯週邊的防禦陣地則不斷收縮。盟軍的最後一擊在 4 月 22 日展開，突尼斯在 5 月 7 日陷落，西北方 72 公里處的比塞特（Bizerta）也在同一天被占領。義軍第 1 軍團在 5 月 13 日放下武器向盟軍投降，軸心軍的最後抵抗崩潰，超過 25 萬人淪為戰俘。希特勒長久以來都認為北非戰場只是餘興節目，等到他真的想支援非洲軍的時候，不只力道太弱，時間也太遲。

3萬9000 盟軍部隊在阿爾及利亞的奧宏上岸的人數。
3萬5000 盟軍部隊在摩洛哥的卡薩布蘭加上岸的人數。
3萬3000 盟軍部隊在阿爾及利亞的阿爾及爾上岸的人數。

北非競技場
盟軍從西邊入侵北非，在摩洛哥的大西洋岸與阿爾及利亞的地中海岸登陸。德軍派遣部隊前往突尼西亞，以防止這些部隊和英軍第 8 軍團會師。

後果

突尼西亞戰役暴露出美軍部隊和高層指揮官在面對身經百戰的德國非洲軍老兵時的弱點。

堅強的領導
美軍將領巴頓在凱塞林的失敗後接掌第 2 軍的指揮權，他展現出優異的領導技巧，因此得以在入侵西西里（參閱 210-11 頁）時擔任美軍第 7 軍團司令。

軸心國的新威脅
對軸心國來說，突尼西亞戰役暴露出希特勒的戰略有多糟糕。軸心軍有八個師的部隊因為元首堅持而留在當地，結果全部被俘，使得義大利本土和外島都沒有可以立即用來防守的兵力，而盟軍卻有大批部隊可渡過地中海發動攻擊。唯一的問題是，會在哪裡登陸？

⑥ **1942 年 11 月 8 日**
東特遣部隊在阿爾及爾登陸，只遭遇輕微抵抗。

⑦ **1942 年 11 月 10 日**
德軍在突尼西亞登陸。

⑯ **1943 年 5 月 10 日**
撤退到朋角（Cape Bon）的軸心軍投降。

⑮ **1943 年 5 月 7 日**
盟軍部隊攻占突尼斯。

⑫ **1943 年 2 月 4 日**
第 8 軍團抵達突尼西亞邊界。

⑬ **1943 年 2 月 22 日**
美軍部隊擋住軸心軍在凱塞林隘口的反攻。

⑨ **1942 年 11 月 23 日－12 月 13 日**
隆美爾固守歐蓋來，但最終遭到紐西蘭軍第 2 師側翼迂迴。

⑧ **1942 年 11 月 13 日**
第 8 軍團收復托布魯克。

② **1942 年 6 月 21 日**
德義聯軍攻占托布魯克。

④ **1942 年 10 月 23 日－11 月 2 日**
盟軍在阿來曼獲勝。

⑪ **1943 年 1 月 23 日**
第 8 軍團進入的黎波里。

⑤ **1942 年 11 月 4 日**
第 8 軍團開始追擊撤退的軸心軍。

③ **1942 年 8 月 30 日**
隆美爾的攻勢在阿來曼停止。

⑭ **1943 年 3 月 22-26 日**
紐西蘭軍和英軍部隊迂迴馬雷斯防線的軸心守軍。

⑩ **1942 年 12 月 26 日－1943 年 1 月 16 日**
隆美爾防守比瑞特，但再度遭側翼迂迴。

① **1942 年 5 月 26 日**
隆美爾展開對加查拉防線的攻勢。

圖例
➤ 盟軍推進／登陸
加查拉防線
➤ 軸心軍推進／登陸
—— 1942 年 10 月 23 日的軸心軍防線
－－ 1943 年 3 月 20 日的軸心軍防線
···· 1943 年 5 月 3 日的軸心軍防線
—— 馬雷斯防線

薩丁尼亞　義大利　西西里　馬爾他（屬英國）　地　中　海

阿爾及利亞　突尼西亞　利比亞　埃及

比塞特　非力普維勒　邦納　朋角　恩菲達維勒　突尼斯　君士坦丁　布吉　布利達　阿爾及爾　凱塞林　斯貝特拉　西迪波齊德　斯法克斯　比斯克拉　馬克納西　加夫沙　加柏斯　馬雷斯　美德寧　的黎波里　荷母斯　比瑞特　歐蓋來　蓋塔拉窪地　德納　加查拉　托布魯克　塞倫　西迪巴爾拉尼　梅爾莎馬特魯　亞歷山卓　阿來曼　開羅　艾爾阿登　斑加西　綠山省　克軍特慶

美軍東特遣部隊　美軍第 1 軍團　德軍第 5 軍團　德國非洲軍　英軍第 8 軍團

0　300 公里

拯救蘇聯

德軍在 1941 年發動巴巴羅莎行動入侵蘇聯，大幅削弱蘇聯的生產力，對他們的鋼鐵和煤炭工業造成重大打擊。但憑著本身幾乎無窮無盡的資源，加上同盟國的大力援助，蘇聯得以存活下來。

從 1941 年 6 月到 1942 年 11 月，前線紅軍的實力大幅提升，從 290 萬人增加到 610 萬人。但若俄國沒能保有一座工業基地來裝備、武裝並持續支撐紅軍，那麼單純的人力並沒有任何意義。

1941 年 8 月，希特勒把他的主要目標從蘇聯中部轉向蘇聯南部，並且在這個過程中對蘇聯的煤礦和鋼鐵生產造成了一個可能致命的打擊，這兩者的生產量在 1941 年冬天分別下降了 63% 和 58%。

這個焦點的改變又使得從莫斯科到上伏爾加地區的中部範圍超出了德國陸軍所能觸及之處。1941 年 12 月德軍從莫斯科撤兵之後，蘇聯的中部地區倖免於難，再加上烏拉爾（Ural）和西伯利亞西部的庫茲涅茨盆地（Kuznets Basin）工業地帶，就足以供應蘇聯所需的生產資源，能夠決定戰爭的結果。但他們只是險勝。當德軍戰車在 1941 年 6 月出發的時候，俄國一個特別行動小組就開始把重工業的各種設備與資產

前因

早在 1940 年 12 月，德軍就已經計畫要入侵蘇聯，最初的目標就是要在戰場上擊敗紅軍。

希特勒的目標
巴巴羅莎行動（參閱第 134-35 頁）若是成功，就可以奪取蘇聯的大片農地，而戰略性工業也大部分會歸第三帝國所有。東方的戰爭展開後，德軍在前幾個星期內取得的勝利恰恰造成了這樣的威脅。

致命決策
俄羅斯酷寒無比的冬季在 1941 年阻礙德軍更進一步，再加上蘇軍在德軍進攻莫斯科期間（參閱第 140-41 頁）展現出保衛領土和人民的決心，激發出更多抵抗。同一時間，蘇聯把重點放在透過戰前的計畫、堅決無情的組織和英雄式的自我犧牲來挽救戰時經濟。

從歐俄西部和中部地區遷移到烏拉爾山脈的後方，德軍不論是飛機還是裝甲部隊都無法抵達。這項龐大行動中的各種問題都根據一份戰前擬定的重工業戰略遷移計畫獲得解決，而這份計畫的目標是要平衡傳統工業中心以及烏拉爾山脈後方原物料和新製造區域的產出。

整合資源
因此，當局有可能把疏散的工廠「許配」給蘇聯東部的工廠。舉例來說，1941 年 7 月初，位於烏克蘭南部馬里烏波爾（Mariupol）的裝甲板製造廠就遷移到位於烏拉爾山以東馬克尼土哥斯克（Magnitogorsk）的新工業園區裡，而哈爾可夫的大型戰車工廠也遷移到車里雅賓斯克（Chelyabinsk）的牽引機工廠。而這裡也收容了從列寧格勒遷移過來的基洛夫（Kirov）工廠一部分設備，因此成為大眾所熟知的「戰車格勒」（Tankograd）。最後一批工程師離開哈爾可夫的工作崗位「沿著鐵軌艱難地跋涉」僅僅十個星期之後，第一批 T-34 戰車就開下車里雅賓斯克的生產線。

1942 年的宣傳海報
這張感性的宣傳海報激勵蘇聯人民以列寧和史達林之名，隨時做出英雄式的犧牲來協助祖國的戰爭大業。

緩慢艱辛的復原之路
和工廠一起遷移的男男女女生活十分艱困，紀律相當嚴苛。1941 年 12 月 26 日的一張公告表示，曠職最高可判處八年監禁。不令人驚訝的是，儘管每一個人都盡了英雄般的力，但工業生產總量還是降了大約 50%。即使到了 1945 年，煤鋼生產依然沒有回復到 1940 年的水準。儘管如此，1942 年時蘇聯的軍火生產運用了戰前累積的巨量庫存，成果超越了德國：蘇聯生產了 2 萬 4400 輛戰車和裝甲車輛，德國只有 4880 輛。蘇聯生產了 2 萬 1700 架飛機，德國只有 1 萬 4700 架。蘇聯生產了 400 萬支步槍，德國只有 140 萬支。但若是沒有美國透過租借法案援助蘇聯的話，這一切都不可能。到 1945 年 5 月時，美國已經運送超過 1600 萬噸物資補給，當中包括機車頭、鐵軌和各種機械工具。美國農業也提供 500 萬噸糧食，足以在戰爭期間的每一天為每一個紅軍士兵提供口糧。

> 根據租借法案，美國在 1941 和 1943 年之間供應蘇聯銅的總需求量的四分之三，當中大部分是透過西伯利亞鐵路運送。

後果

生存的代價十分高昂。德軍已經占領並掠奪歐俄區域，而蘇聯也殘忍地剝削自己的領土以繼續作戰。

平民的困苦
年長男女和兒童不分晝夜地辛勞工作，卻只能依靠最少的糧食糊口。在這種發展複雜尖端科技與最原始生活條件之間的典型蘇聯矛盾中，莫斯科的科學家正孜孜不倦地研發原子彈（參閱第 348-49 頁），但集體農場中，農民的耕作方式和中世紀比起來卻沒有太大變化。

值得付出的代價
儘管如此艱辛，民間排山倒海的努力對 1943 年德軍在史達林格勒戰敗（參閱第 192-93 頁）做出不朽貢獻，象徵了希特衰落的開始。

蘇聯平民獎章

北極運輸船團
在一般護航前往蘇聯的北極運輸船團的英軍巡洋艦上，水兵正在酷寒天氣中值瞭望哨。這條生命線在 1941 年 8 月開通，載運成千上萬戰車、卡車和飛機繞過北角（North Cape）前往阿干折（Archangel）和莫曼斯克（Murmansk）。

軍事科技
T-34戰車

T-34 是蘇軍裝甲部隊的中流砥柱，性能十分優異，經歷過整場戰爭卻沒有重大修改。它的速度快且靈活，寬大的履帶可以把接地壓力降到最低。它一次可行駛約 300 公里，將近是德軍豹式戰車（Panther）的兩倍和虎式戰車（Tiger）的三倍。它的設計產生重大影響，例如豹式戰車就採用它絕佳的傾斜裝甲設計，面對敵火能提供更加的防護力。

德軍進擊東方

1942 年 6 月，希特勒對蘇聯發動夏季攻勢。他忽略莫斯科，下令部隊朝東南方的高加索油田進軍。
他們順利地在烏克蘭的大草原上推進，直到在 8 月抵達伏爾加河畔的城市史達林格勒。

1942 年 5 月，史達林下令紅軍的西南方面軍（Southwest Front）從伊茲顏（Izyum）突出部進攻，奪回哈爾可夫。這個德軍戰線上的突出部是 1942 年 1 月蘇軍反攻時造成的。西南方面軍由提摩盛科元帥指揮，他在 5 月 12 日發動攻擊，但德軍遏止了他的突穿，並且在 5 月 17 日發動反攻，對伊茲顏突出部分進合擊，順利切斷蘇軍的矛頭，結果超過 25 萬人淪為俘虜，口袋中的每一支蘇軍裝甲部隊都被殲滅。

東線的南端是黑海港口塞瓦斯托波爾，在巴巴羅莎行動時被繞過，然後被五個師的封鎖部隊和德國海軍部隊孤立起來。1942 年 5 月，第 11 軍團

出動十個步兵師和 120 個砲兵連圍攻這座城市，當中包括口徑達到 800 公釐的「古斯塔夫」（Gustav）列車砲。

經過長達五天的砲擊和空襲後，步兵在 6 月 7 日對塞瓦斯托波爾展開突擊。德軍一直要到 6 月 30 日才突破守軍進入市區，並在 7 月 3 日占領。蘇軍撤退的時候，許多守軍搭乘小船撤離，堪稱是黑海上的敦克爾克「奇蹟」。

藍色案

希特勒確實有理由受到事態的發展鼓舞。他決心奪下 1941 年時沒能奪得的東西，不會再有任何關於撤退的言論。他深信紅軍正在崩潰的邊緣，但

選擇忽略同一時間德國削減東線軍力以鞏固西線的狀況。所以，東線的德軍只能愈來愈依賴較不可靠的盟友部隊，也就是羅馬尼亞、匈牙利、義大利、西班牙和斯洛伐克的部隊。

德國的夏季攻勢名叫「藍色案」（Operation Blue），在 1942 年 6 月 28 日展開。馮·波克元帥的 B 集團軍會先朝弗羅涅日（Voronezh）推進，然後從頓河（Don）和頓內次河（Donets）之間的草原（頓河－頓內次河走廊）往史達林格勒的方向繼續進攻，而李斯特元帥（List）的 A 集團軍則衝向羅斯托夫以東的頓河渡河點。到了 7 月 6 日，B 集團軍已經抵達面對

渡過頓河
德軍步兵在長驅直入史達林格勒和高加索期間橫渡頓河。基於在史達林格勒的毀滅性慘敗，德軍 A 和 B 集團軍被迫一路向西撤退。

> 「這是⋯⋯最荒蕪孤寂、令人消沉的區域。」
>
> 一名在頓河－頓內次河走廊上的納粹德軍的感想

前因

希特勒對 1942 年的戰略計畫充滿野心，內容包括要攻取中東的油田，如此一來可以打破英國在這個區域的權力基礎。

第一次哈爾可夫會戰
這個引人注目的地緣政治過度擴張範例是從巴巴羅莎行動（參閱第 134-35 頁）開始的，蘇聯喪失了第三大城哈爾可夫，這座城市在 1941 年 10 月 24 日被德軍第 6 軍團攻陷。

英國的密碼破解專家獲悉德國的計畫，通知了史達林，但被史達林斥為錯誤訊息。

藍色案
1942 年的夏季戰役代為藍色案。在希特勒的第 41 號指令裡，他羅列了這場戰役的主要目標：毀滅蘇聯的防禦潛力，「要盡可能切斷他們和最重要的戰爭工業中心的聯繫」。

折疊式擋風玻璃

拖車鉤

水密車身

這款兩棲車輛以福斯 1 型（Volkswagen Type 1）為基礎，適合在各種地形上操作。它有四輪傳動功能——前輪在水中可充當船舵，後方則安裝了一組推進器。

卡秋莎火箭

這種紅軍使用的翼穩火箭外號「小卡蒂」（Little Katie），從安裝在大卡車上的軌道發射。一個卡秋莎師有能力發射由 3840 發火箭組成的彈幕（共有 230 公噸高爆炸藥），射程達 5.5 公里遠。雖然發射器的裝填速度相當緩慢，但它們具有機動性，也就是容易在敵軍有機會反擊之前就轉移到新陣地。

弗羅涅日的頓河，德軍的進軍行動看起來就像是 1941 年夏季行動的重演，紅軍在受到德軍裝甲部隊的第一波衝擊後就分崩離析，但馮·波克相當煩惱，他認為新的紅軍部隊很可能會從弗羅涅日打擊其暴露的左翼。他獲得希特勒的許可，能夠動用佛瑞德里希·保盧斯將軍（Friedrich Paulus）第 6 軍團轄下的裝甲部隊去攻占這座城市。

但紅軍堅決抵抗，使馮·波克陷入苦戰，可能會威脅並打亂藍色案的進度。7 月 13 日，希特勒親自干預，讓馮·魏克斯元帥（von Weichs）取

東方戰線
德軍在 1942 年夏天的挺進力道相當強，迫使俄軍退至伊茲顏突出部後方。東方戰線後退到高加索山區深處，直逼史達林格勒。

圖例
— 1942 年 5 月 8 日的蘇軍戰線
-- 1942 年 7 月 22 日的蘇軍戰線
⋯ 1942 年 8 月 23 日的蘇軍戰線
➡ 德軍推進

代馮·波克。在此期間保盧斯將軍則奉命轉向東方，朝史達林格勒方向挺進，以便為德軍左翼提供更多保護。

在頓河－頓內次河走廊上，紅軍面臨一連串被包圍的威脅，規模和巴巴羅莎行動時遭遇的包圍戰不相上下。在如此巨大的困境中，剛上任不

> **藍色案的預定時程有了一些重大的延誤，反而讓紅軍有機會研擬出一套捍衛史達林格勒的有效策略。**

久的蘇軍總參謀長華西列夫斯基元帥（Vasilevsky）勸說史達林，更多的「堅守」命令而不顧整個戰略局勢只會招來更多災難，而這對在走廊中撤退的蘇軍來說至關重要。

達林格勒的威脅升級
7 月 23 日，紅軍在 1941-42 年的冬季戰鬥期間曾經失去但又奪回的羅斯托夫，在幾乎不發一槍一彈的狀況下被 A 集團軍占領。希特勒下令 A 集團軍和第 1 裝甲軍團朝向高加索的油田加速前進，而 B 集團軍則朝向史達林格勒前進。但雙方都料想不到，等在那裡會是什麼樣的恐怖未來。

後果 »

8 月 9 日，也就是藍色案發動僅僅六個星期之後，第 1 裝甲軍團就已經抵達羅斯托夫東南方距離 320 公里遠的邁科普（Maikop）。

油田不如預期
德軍攻占蘇聯最西邊的油田，卻發現它們已經被撤退中的紅軍破壞。此時德軍已經沒有燃料來維持前進的衝力，而且再也不能抵達高加索山另一側的主要油田。

100萬 在史達林格勒周邊和蘇軍戰鬥的德軍士兵總數，其中有將近十分之一日後淪為戰俘。

企圖受挫
藍色案一開始進行得有聲有色，但因為蘇軍的抵抗愈來愈強，再加上希特勒在延伸得越來越長的戰線上過度反覆地編組部隊，因此進度落後。德軍不斷重新編組、重新布署，導致後勤作業出現大量困難。急需維持衝力挺進高加索的部隊反而投入了史達林格勒的戰鬥（參閱第 192-93 頁）。

每輛車都配備雪鏈，可應付大雪。而萬一游泳車在水中引擎拋錨時，就可用船槳來控制方向。

德軍游泳車
游泳車（Schwimmwagen）由斐迪南·保時捷（Ferdinand Porsche）設計，能克服雪地、泥濘和水域等障礙，因此相當適合在俄國戰役中使用。

560萬 蘇聯在東線上布署的人數。

620萬 德國和軸心國在戰爭期間布署的人數。

蘇軍在史達林格勒的勝利

爭奪史達林格勒的會戰成為第二次世界大戰中最慘烈的衝突之一。不論是希特勒還是史達林，都無法承受輸掉這座城市，因為它有著和蘇聯的榮耀緊密相關的名字。不論是哪一方，戰敗都會對士氣造成重大甚至致命的打擊。

當德軍第 1 裝甲軍團逼近高加索的邁科普時，第 6 軍團（大部分的運輸工具都暫時轉移給 A 集團軍）緩慢地沿著頓河－頓內次河走廊朝史達林格勒推進。這座工業城市沿著伏爾加河的西岸綿延散布約 16 公里長。

「**史達林格勒**不再是一座城市……而是一朵由不斷**燃燒**、讓人睜不開眼的**濃煙**形成的**巨雲**。」

德軍第 24 裝甲師某位軍官，1942 年 10 月

德軍戰俘

有超過 10 萬名德軍官兵在史達林格勒投降。第 6 軍團蒙受的傷亡和損失跟掩護史達林格勒口袋側翼的義軍和羅軍相比，卻微不足道。

第一次突擊

8 月 19 日時，獲得第 4 裝甲軍團支援的保盧斯將軍已經準備好對這座城市發動突擊。四天後，德軍 600 架飛機率先發動空襲，地面部隊接著進入史達林格勒的外圍，也在這座城市北邊沿著伏爾加河西岸形成了一處突出部。在希特勒位於烏克蘭文尼察（Vinnitsa）的前進指揮總部裡，氣氛歡欣鼓舞。士氣在 9 月 5 日又再度提升，因為俄軍發動反擊，原本打算趕走史達林格勒北方的德軍，但卻遭遇慘重損失而退回。

蘇軍的反擊

史達林依然決心不計一切代價堅守史達林格勒。朱可夫在 8 月被任命為蘇聯武裝部隊最高副總司令，他在 9 月 13 日上呈一份作戰計畫，獲史達林批准。此時他已經全權負責整個史達林格勒戰區。他計畫對下伏爾加河地區的德軍進行巨大的包圍，並殲滅史達林格勒的第 6 軍團。

在同一天，強硬無比且幹練的崔可夫將軍（Chuikov）被任命為新組建的史達林格勒第 62 軍團司令。城中的戰鬥日趨激烈，爭奪史達林格勒的會戰已經成為每一位士兵的夢魘。在血腥的逐屋巷戰過程中，紅軍官兵慢慢占了上風。

« 前因

藍色案開始後，B 集團軍不斷深陷無法掙脫的困境，困境的核心就是工業大城史達林格勒。

撤退與防禦

當藍色案（參閱第 190-91 頁）在 9 月初結束時，B 集團軍的前鋒部隊逼近史達林格勒，並在這裡停止前進。紅軍則是盡一切可能向後撤退。到了 11 月 1 日，俄軍共有五個軍團防禦史達林格勒。而德軍兩個軍團——第 6 和第 4 裝甲——則一路打進市區。

硬碰硬

德軍準備打一場蘇聯大城市的爭奪戰，史達林則誓死守到最後一兵一卒——對此他是鐵了心。另一方面，希特勒似乎被這座以他的獨裁者對手命名的城市給迷惑了心智。他背離閃電戰的原則（參閱第 76-77 頁），把部隊投入消耗戰中，結果證實是德軍第 6 軍團的災難。

德軍艱難痛苦地朝陡峭的伏爾加河西岸緩緩逼近。在 1941 年夏季和秋季發揮威力的閃電戰如今已被消耗戰取代。而到了 1942 年年初，德軍已經給了蘇聯準備面對衝突、對敵軍發動有效抵抗的機會。

德軍衰弱

保盧斯把他的司令部設在一間大型百貨公司，距離紅軍用來在夜間往返河流兩岸的渡口只有幾百公尺遠。戰役期間，大約有 3 萬 5000 名傷兵從這裡被送出去，另有 6 萬 5000 名援軍從這裡運進來。到了 11 月，德軍已

1萬3500 蘇軍帶來的槍枝數量。
1,400 用來捍衛史達林格勒的飛機數量。
894 反攻時使用的戰車數量。

經把崔可夫麾下在西岸的防禦陣地切割成四塊，因此這些陣地之間的通訊必需透過東岸進行。11 天之後，德軍在城市南端推進到河畔。但對他們

保盧斯投降

希特勒在 1 月 30 日把保盧斯晉升元帥，目的是透過這件事來鞏固他的決心——從來沒有德國陸軍元帥在戰場上投降。不過保盧斯早已身心俱疲，瀕臨崩潰。1 月 31 日清早，舒米洛夫將軍（Shumilov）第 64 軍團的參謀軍官抵達保盧斯的總部，和他的參謀長施密特將軍（Schmidt）討論投降條件。兩個小時後，蘇軍將領拉錫金（Laskin）抵達，接受保盧斯的正式投降，並把他和其他參謀軍官帶往舒米洛夫的司令部。

來說，這場戰役此時已經變成一場惡鬥，付出的代價遠遠超過戰略或戰術價值，無情地吞噬著各個作戰單位，但若想支撐往高加索方向突破的微弱希望，這些單位卻是不可或缺的。到了 11 月中，第 6 軍團已經竭盡所能了。

同一時間，德軍情報單位察覺到紅軍在史達林格勒突出部的北翼和南翼集結大批軍力。這些地方是由羅馬尼亞、義大利和匈牙利的部隊負責掩護，他們的戰力讓人懷疑。朱可夫的反攻作戰代號「天王星行動」（Operation Uranus），不但計畫嚴謹，而且十分無情。史達林格勒守軍用性命換取時間，而蘇軍指揮高層等待的一方面是天寒地凍讓地面硬化，以便裝甲部隊通行，另一方面則是盟軍在北非登陸，牽制德軍在西歐的預備隊。到了 11 月 18 日，朱可夫集結的反攻兵力已經超過 100 萬人，裝備充足，包括嶄新的槍械、戰車和飛機。次日一聲

450,000 德國的盟國在東線的陣亡人數——這是為了支持希特勒而付出的高昂代價。

令下，這些部隊就朝著史達林格勒突出部德軍的兩翼傾巢而出。

軸心軍的覆滅

到了 11 月 23 日，蘇軍已經收緊口袋，之後就集中兵力阻止頓河集團軍（Army Group Don）突破包圍圈拯救被困的第六軍團。這項任務達成之後，紅軍在 1943 年 1 月開始有系統地消滅被困在史達林格勒的部隊。1 月 31 日，前一天才被希特勒晉升到元帥的保盧斯放棄抵抗，德軍在史達林格勒口袋中的損失達到 20 個師，人數超過 15 萬。在 10 萬 8000 名投降並立即被俘的官兵中，只有 5000 人活著看到戰爭結束。另外還有六個師，當中包括兩支空軍部隊，也在包圍圈以外的地方被殲滅。

德國在東線上的盟友（匈牙利、義大利和羅馬尼亞）整整損失了四個軍團。他們起初就算想過要在俄國扮演什麼主動的角色，此時應該也希望盡滅了。

史達林格勒的巷戰
紅軍士兵小心翼翼地越過史達林格勒的瓦礫堆前進。不過由於戰鬥過於激烈，部隊幾乎不會像這樣把自己暴露在敵火面前。

後果 ≫

史達林格勒之役是第二次世界大戰的轉捩點，也是德軍到當時為止最嚴重的慘敗，是非常沉重的打擊。

德國士氣低迷
德國的電台連續三天不間斷地播放莊嚴肅穆的樂曲。德國當局決定不要發送蘇聯戰俘營倖存者寄出的信件，全都被攔截並銷毀。

蘇聯的未來安全了
這場戰役對蘇聯士氣的提升無法言喻。他們因此有了動力，於 1943 年在庫斯克（參閱第 226-27 頁）再度克服德軍。他們有一部分成果要歸功於朱可夫將軍

200萬 這場長達 199 天的戰役中的蘇軍與軸心軍估計傷亡人數。

（參閱第 228-29 頁），他的軍事天才挽救了蘇聯的命運。朱可夫後來在 1945 年攻陷柏林和德國國會大廈（參閱第 304-05 頁）。

史達林格勒

在 1942 年 8 月和 1943 年 2 月之間，德軍和紅軍在史達林格勒的街道上混戰。戰鬥主要集中在大穀倉、火車站、大型百貨公司和可以俯瞰整座城市的馬馬耶夫山崗（Mamayev Kurgan）這幾個地方。德軍一開始占上風，但史達林下令「一步也不准退」，紅軍因此激烈捍衛這座城市。

「9 月 13 日。這天不是個好日子。我們的營在這一天很倒楣。卡秋莎（蘇軍的火箭發射器）讓我們死傷慘重：27 個人陣亡，50 人受傷。俄國佬就像野獸一樣不顧一切發狂奮戰，他們不會讓自己變成俘虜，所以會想辦法讓你靠近，然後他們就把手榴彈丟出來。克勞斯少尉（Kraus）在昨天陣亡了，因此我們現在沒有連長。」

　　「9 月 16 日。我們的營在戰車掩護下進攻一座穀倉塔。濃煙不斷從裡面冒出來，穀物著火了，看起來像是裡面的俄國佬自己放火燒的，有夠野蠻。整個營損失慘重。穀倉塔裡的根本不是人，是惡魔，不論是烈火還是子彈都傷不了他們。」

參與穀倉塔爭奪戰的德軍第94步兵師士兵威利・霍夫曼（Willi Hoffman）

「攻擊在早上（9 月 19 日）開始，持續了 48 小時。敵軍分成六支縱隊無情地朝山頂移動。有好幾次我們覺得他們看起來所向無敵，不過第六支縱隊面對我們的火力沒有挺住，我們衝進攻擊之中……大多數德軍士兵看起來像喝醉了一樣，在山頂上開始發狂。在每一輪轟炸過後，那裡都會陷入死寂一段時間……但不久之後山頭就會再次活過來，就像火山爆發一樣。我們會從彈坑裡衝出來，架好機槍準備迎敵。機槍的槍管打得通紅火熱，裡面的水早就煮沸了。我們的人沒有等到命令就進攻……這是一群人在一起才會有的英雄氣概。我們損失很多同袍，因為彈坑直接被砲彈命中……山坡上密密麻麻到處都是屍體，在一些地方你得把兩三具屍體移到旁邊才可以躺下來。」

參與馬馬耶夫山崗保衛戰的俄軍第95步槍師士兵尼可萊・馬茨尼察（Nikolai Maznitsa）

被毀滅的城市
1942 年 8 月，德國空軍的空襲把史達林格勒炸成一片廢墟。然後到了 9 月，市區開始爆發戰鬥，雙方的戰鬥人員在建築物和工廠的瓦礫廢墟中浴血苦戰。

А. Кокорекин. 41г.

6

同盟國逆轉戰局
1943年

在蘇聯，雙方持續激戰，德軍開始後撤。同時美國和日本也在太平洋鏖戰，盟軍海空武力確保了大西洋的安全。盟軍發動攻勢，入侵義大利並轟炸德國城市。

同盟國逆轉戰局

盟軍發動空襲擾亂特定的德國目標，當中包括對北歐的空襲，以及萊茵蘭的水壩及工業目標。

雖然不斷遭到轟炸，但阿爾貝爾特·史佩爾（Albert Speer）還是提高了德國的軍火產能。他把生產設施地下化或遷移到更東邊的地方，遠離盟軍的轟炸範圍。

紅軍在庫斯克發動成功的反攻，讓德軍在東線不再有獲勝的可能。

歐洲

法羅群島（屬丹麥）
冰島
挪威
瑞典
芬蘭
北海
丹麥
愛沙尼亞
拉脫維亞
立陶宛
波羅的海
愛爾蘭自由邦
英國
荷蘭
德國
波蘭
蘇聯
比利時
盧森堡
斯洛伐克
匈牙利
法國
瑞士
羅馬尼亞
南斯拉夫
黑海
義大利
阿爾巴尼亞（屬義大利）
保加利亞
葡萄牙
西班牙
地中海
希臘
土耳其
摩洛哥（屬法國）
突尼西亞（屬法國）
阿爾及利亞（屬法國）
利比亞
埃及
多德坎尼斯
賽普勒斯
巴勒斯坦
敘利亞
伊拉

大西洋
英國
德國
法國
西班牙
奧地利
義大利
土耳其
波斯
黑海
裏海
敘利亞
摩洛哥
阿爾及利亞
利比亞
埃及
里約奧羅
甘比亞
葡屬幾內亞
獅子山
賴比瑞亞
黃金海岸
法屬西非
奈及利亞
喀麥隆（英國託管地）
多哥（法國託管地）
法屬赤道非洲
內志（沙烏地）
阿葉門
亞丁保護國
印度
錫蘭
英屬埃及蘇丹
阿希羅
葉門
阿比西尼亞
法屬索馬利蘭
英屬索馬利蘭
義屬索馬利蘭
比屬剛果
坦干伊加（英國託管地）
尼亞薩蘭
北羅德西亞
安哥拉（屬葡萄牙）
南羅德西亞
馬達加斯加
西南非洲
貝專納蘭
葡屬東非
史瓦濟蘭
南非聯邦
巴蘇托蘭
印度洋

自由法國在阿爾及爾成立法國全國解放委員會。這個組織在6月2日成為法國流亡臨時政府，由戴高樂擔任領導人。

在北非獲勝後，盟軍把注意力轉向入侵西西里島。8月攻下西西里後，義大利政府就和同盟國簽署祕密休戰協定。

羅斯福、邱吉爾和史達林在德黑蘭會晤，商討同盟國戰時策略和戰後規畫

就 地理上而言，1943年年初是納粹擴張的頂點。但到了2月，第6軍團殘部就在史達林格勒投降。那年夏天，希特勒做出豪賭，打算在庫斯克（Kursk）發動一場大規模戰車會戰，一口氣殲滅俄軍，但結果失敗。美國海軍陸戰隊持續進行太平洋上的奪島作戰，這是一項危險又艱辛的任務。一開始，日本守軍在叢林和海灘的每一寸土地上拚死奮戰，

但美軍成功把他們從一座又一座的島嶼趕出去：伍德拉克島（Woodlark Island）、新幾內亞、布干維爾島（Bougainville）等等。8月時，美軍登陸基斯卡島（Kiska），卻發現島上的日軍已經離開。

在大西洋上，U艇自1940年起就不斷痛擊英國的運輸船團。但在1943年春天，盟軍海空武力把U艇逐出北大西洋，此後英國和美國間的海上交通線安全無

1943年

蔣介石當選中華民國總統。他在 1943 年與羅斯福和邱吉爾參加開羅會議（Cairo Conference），聲望因此提升。

盟軍成功戰勝 U 艇，迫使德軍終止在大西洋上的行動。

阿拉斯加
（屬美國）

加拿大

紐芬蘭

滿洲國

朝鮮

日本帝國

中國

福爾摩沙

法屬
印度支那

菲律賓群島

關島

馬里亞納群島

3 月 24 日，美國海軍在科曼多斯基群島（Komandorski Islands）外海擊敗日軍，美軍於 5 月收復阿留申群島中的阿圖島（Attu）。

美利堅合眾國

大 西 洋

墨西哥

古巴
海地
多明尼加共和國
維京群島
背風群島

英屬宏都拉斯
瓜地馬拉
薩爾瓦多
宏都拉斯
尼加拉瓜
哥斯大黎加
巴拿馬

向風群島
巴貝多
千里達及托巴哥
英屬圭亞那
荷屬圭亞那
法屬圭亞那

委內瑞拉

哥倫比亞

厄瓜多

福北婆羅洲
汶萊
砂拉越

荷 屬 東 印 度

新幾內亞領地

加羅林群島

馬紹爾群島

諾魯

吉爾伯特群島

太 平 洋

巴布亞

葡屬帝汶

索羅門群島

埃利斯群島

西薩摩亞
美屬薩摩亞

新赫布里底群島

斐濟

新喀里多尼亞

澳 洲

紐西蘭

在南太平洋的攻勢裡，美國海軍陸戰隊登陸布干維爾島，他們的勝利有助日後美軍進攻菲律賓。

巴西

玻利維亞

巴拉圭

烏拉圭

阿 根 廷

1943年12月的世界地圖

- 軸心國及其盟國
- 1943年12月時軸心國征服區域
- 1943年12月時日本控制區
- 同盟國
- 1943年12月時同盟國征服區域
- 中立國
- 1939年9月時的邊界

虞，D 日行動的準備得以展開。此時，一場小規模的入侵行動在歐洲上演。1943 年 7 月，英、美、加聯軍進攻西西里島——邱吉爾所謂的「歐洲的軟弱下腹」，並從當地對義大利本土發動突擊。但這塊下腹並沒有像這位首相希望的那麼軟弱好打。德軍在義軍的支援下堅強抵抗，死守著離阿爾卑斯山和第三帝國邊界都很遠的陣地。

但第三帝國並非遙不可及。在這一年裡，德國城市日夜遭到轟炸機司令部和美軍第 8 航空軍重轟炸機部隊輪番狂炸。德國工業心臟地帶的所在地魯爾河谷夜夜遭炸，漢堡（Hamburg）則被燒到寸草不生。隨著盟軍逐漸取得制空權，柏林更是淪為重轟炸機定期登門拜訪的目標。

1943年時間軸

德軍在史達林格勒投降 ■ 盟軍在突尼西亞獲勝 ■ 德軍 U 艇退出大西洋
■ 對德戰略轟炸 ■ 德國戰時生產 ■ 庫斯克戰役 ■ 太平洋跳島作戰 ■
入侵義大利

1月	2月	3月	4月	5月	6月
1月10日 蘇軍發動圓環行動（Operation Ring），收緊被圍困在史達林格勒的德軍第6軍團的包圍圈。			**4月7-18日** 日軍針對索羅門群島和新幾內亞的東部的航空作戰被擊潰。	**5月11日** 美軍登陸阿留申群島中的阿圖島，並在月底完全占領。	**6月10日** 同盟國決定，美軍在日間轟炸德國，英軍負責在夜間轟炸。
1月27日 美軍首度對德國發動空襲，恩登（Emden）和威廉港在當天被轟炸。	≪ 瓜達卡納島上的美軍和擄獲的日軍旗幟合影 **2月1-7日** 日軍成功撤離瓜達卡納島。	**3月2-4日** 俾斯麥海海戰（Battle of the Bismarck Sea），美軍 B-25 轟炸機擊沉 12 艘航向新幾內亞的日本運輸船。			≫ 英軍艾夫洛蘭開斯特重轟炸機
1月31日 德軍第6軍團司令佛瑞德里希·保盧斯元帥違背希特勒的指示，在史達林格勒投降。	**2月4-7日** 從哈利法克斯（Halifax）出發的 SC-118 船團在中大西洋被 20 艘 U 艇圍攻，結果 13 艘商船被擊沉。 ≫ 美軍將領德懷特·艾森豪		**4月18日** 復仇行動（Operation Vengeance）。根據情報，美軍戰鬥機在布干維爾島上空攔截並擊落日本海軍大將山本五十六的座機，曾策畫日軍偷襲珍珠港的山本因此陣亡。	**5月13日** 義軍第1軍團在突尼西亞投降，盟軍俘獲 24 萬名軸心軍官兵。	**6月22日** 美軍和澳軍在新幾內亞沙拉毛亞（Salamaua）附近的拿索灣（Nassau Bay）的登陸。
	2月7日 美國總統羅斯福宣布由艾森豪將軍領導盟軍在北非作戰。	**3月26-27日** 軸心軍遭受蒙哥馬利的正面強攻和側面迂迴後，從突尼西亞南部的馬雷斯防線撤出，並退往馬雷斯北邊的瓦迪阿卡里特。		**5月16-17日** 水壩剋星（Dambuster）空襲。盟軍用「彈跳炸彈」對付德國工業心臟地帶魯爾區的水壩，三座受到攻擊的水壩中有兩座破裂潰堤。	**6月30日** 美軍開始在索羅門群島發動攻勢，攻克連多瓦島（Rendova Island）。 ≫ 加拿大海軍募兵海報
	2月14-22日 突尼西亞凱塞林隘口會戰，隆美爾和馮·阿爾寧聯手逼退盟軍。	≫ 英軍3.7英吋口徑山砲		**5月24日** 在5月遭遇了破紀錄的慘重損失後，德國海軍總司令卡爾·多尼茨撤回北大西洋上幾乎所有的 U 艇。	

≪ 在史達林格勒投降的保盧斯元帥

FAITES VITE... FAITES BIEN

LEUR *Victoire* SERA LA VOTRE

「我們要求法西斯暴君無條件投降……他們必需徹底屈服於我們的正義與仁慈。」

溫斯頓·邱吉爾，1943 年 6 月 30 日

7月	8月	9月	10月	11月	12月
		9月3日 義大利和英美聯軍在西西里簽署休戰協定。 **9月5-16日** 美軍傘兵在新幾內亞的納扎布（Nadzab）空降，澳軍和美軍收復沙拉毛亞和拉埃（Lae）。	**10月1日** 美軍攻占義大利的那不勒斯（Naples）。		
▲ 庫斯克戰役中的德軍戰車 **7月5-13日** 德軍在庫斯克發動攻勢，代號堡壘行動（Operation Citadel），但卻以失敗告終。蘇軍在大規模戰車會戰中獲勝，開始採取攻勢。	**8月17日** 美軍轟炸機空襲位於巴伐利亞什外恩福特（Schweinfurt）的梅塞希密特工廠和一座軸承工廠，結果損失60架飛機。		**10月9日** 葡萄牙允許英國使用亞速群島（Azores）的基地進行海空巡邏。 ❯ 英軍4.2英吋口徑迫擊砲	**11月1-2日** 美軍在索羅門群島中布干維爾島的奧古斯塔皇后灣（Empress Augusta Bay）登陸。 **11月4日** 德軍在羅馬以南的地方建立橫貫義大利的堅強要塞化古斯塔夫防線（Gustav Line）。	▲ 美軍DUKW兩棲運輸車 **12月20日** 英美兩國政府決定援助狄托元帥和南斯拉夫游擊隊。
7月10日 盟軍登陸西西里島，超過2500艘船艦參與突擊行動。 **7月24日－8月3日** 漢堡遭受四輪大規模轟炸，盟軍共投下8334公噸的炸彈。	**8月17日** 美軍進入美西納（Messina），西西里戰役結束。			**11月6日** 蘇軍解放基輔。 **11月18-19日** 盟軍對柏林展開持久轟炸作戰。	**12月24日** 蘇軍展開作戰，開始收復聶伯河（River Dnieper）以西的烏克蘭領土。 ❯ 美軍對馬金環礁進行兩棲登陸
	8月22日 德軍撤離哈爾可夫。 ❯ 漢堡在轟炸過後成為廢墟	**9月9日** 盟軍登陸義大利南部的沙勒諾（Salerno）。 **9月11日** 德軍控制義大利北部大城，包括羅馬、米蘭、波隆納（Bologna）和維洛納（Verona）。	**10月13日** 義大利對德國宣戰。		
		9月12日 德軍傘兵營救墨索里尼，他接著於9月25日於義大利北部的薩羅（Salò）宣布成立新的共和國。	**10月14日** 美軍第二次空襲什外恩福特，再度損失慘重。盟軍決定選擇護航戰鬥機航程以內的目標。	**11月20日** 美軍發動電流行動（Operation Galvanic），登陸太平洋上吉爾伯特群島的馬金（Makin）和塔拉瓦（Tarawa）環礁。	**12月** 第一批 P-51 野馬式（Mustang）戰鬥機運抵歐洲。由於野馬式可以外掛油箱，盟軍可以更加深入德國進行空襲。

同盟國領袖商議勝利計畫

1943年，情況愈來愈明顯：納粹主義大勢已去，這場戰爭會以德國戰敗畫下句點——且應該不會拖太久。
所以同盟國領袖要開始商議追求勝利的計畫，並各自提出對戰後世界的主張。

國際級的大人物
戰爭期間，史達林、羅斯福與邱吉爾三人共處一室的場合只有兩次：第一次是在1943年的德黑蘭（上），另一次是1945年的雅爾達，那時戰爭已經快要結束了。

前因

國家領導人參與的高峰會議是外交領域的新工具，而航空旅行這項創新則讓他們之間的交流成為可能。

頻繁會晤
在之前的衝突當中，從來沒有國家領導人、將領、外交官如此密集或如此規律地共同商議。

西方盟國
邱吉爾（參閱第86-87頁）熱中於四處旅行，向美國和俄國盟友說明英國的想法。對他來說，這些行程就像是讓他遠離折磨人的戰時每日例行公事的消遣。
羅斯福（參閱第144-45頁）也明白定期面對面溝通的好處，並和邱吉爾一同出席多次高峰會議。他是第一位在戰爭期間離開美國的總統。

史達林
史達林（參閱第66-67頁）是他的國家裡唯一的獨裁者，而且生性多疑，想來不喜歡離開自己的地盤。1942年，他在克里姆林宮接待邱吉爾，但一直要到1943年年底才同意前往德黑蘭和羅斯福及邱吉爾會晤。

盟國會議堪稱是全球大戰的董事會會議。許多有關戰爭指導的重大決策、以及戰爭結束時世界應有的模樣，都在溫斯頓·邱吉爾所謂的「大同盟」——也就是反納粹聯盟中的英國、美國和蘇聯——代表之間面對面的會議中反覆推敲出來。

三巨頭

英國首相邱吉爾、美國總統羅斯福和蘇聯領導人史達林雖然個性南轅北轍，但每個人都認為自己的性格是國家的寶貴資產。不論他們什麼時候會面，都會像老練的撲克牌手般來到會議桌前，並準備好盡可能地運用各種技巧，藉由變幻莫測的戰爭來打出一手好牌。1943年是充滿會議的一年，

46 簽署《聯合國宣言》的國家數目。每個國家都承諾要奮戰到軸心國被擊敗為止，且不會單獨和德國或日本和談。

當年的第一場會議於1月在卡薩布蘭加舉行。這個場地意義重大，因為選擇這裡是要強調法屬非洲剛剛加入同盟國陣營。史達林也受邀參與，但他拒絕出席，因為紅軍當時正在為史達林格勒的歸屬而奮戰不懈，他認為他不能離開崗位。邱吉爾隨後儼然變成卡薩布蘭加會議上的蘇聯戰爭目標代

言人，他堅持援助蘇聯是優先要務，因為「沒有任何投資可以拿到更好的紅利」，因此整體來說，同盟國「不能讓蘇聯垮下來」。

但對俄國來說令人失望的是，英國代表團勸說美方，那一年無法實施任何入侵歐洲的行動。D日、也就是各方長久以來期盼的第二戰場，已經正式延後到1944年春。在此期間，羅斯福與邱吉爾同意，若要把戰火帶到希特勒頭上的最好辦法，就是從空中轟炸德國城市。這項主張獲得更激進主張的支持：在會議結束時，美國總統羅斯福宣布，同盟國的政策就是要納粹德國徹底「無條件投降」，

英美議程

魁北克會議代號「四分儀」（Quadrant），基本上比較屬於英美兩國的事情。雖然史達林沒有受邀，但他卻是討論主題之一。當時注意到的一件事，就是西西里島上的美軍和柏林之間的距離，幾乎就和爭奪奧瑞爾（Orel）的紅軍和柏林之間的距離一樣。羅斯福表示，他希望英軍和美軍「能夠準備好拿下柏林，就跟俄國人動作一樣快」。這是美國和蘇聯之間的合作關係開始轉變成競爭關係的第一個暗示，而且就是因為朝柏林衝

這個說法讓邱吉爾嚇了一跳。接下來在5月於華盛頓舉行的兩位領導人之間的會議上，雙方同意這項政策也適用在法西斯義大利。此時盟軍入侵西西里的行動即將展開，美國人和英國人都太過樂觀地相信，可以迅速地結束義大利半島上的抵抗。但最後，當羅斯福與邱吉爾於8月中旬在魁北克再度碰面的時候，盟軍部隊才剛剛結束攻占西西里的行動。

上戰場之前
1943 年入侵西西里島的作戰由巴頓將軍指揮的美軍和蒙哥馬利將軍指揮的英軍共同執行。圖為作戰展開前蒙哥馬利對部隊發表演說。

刺的這個想法縈繞在心頭，兩位西方領導人暫時為 D 日指定了一個日期——1944 年 5 月 1 日。但至少就目前來看，史達林仍然是關鍵盟友。10 月，三巨頭的外交部長——美國的柯戴爾·赫爾（Cordell Hull）、

英國的安東尼·伊登（Anthony Eden）和蘇聯的伏亞切司拉夫·莫洛托夫——在莫斯科碰面，以便為當年年底的高峰會議預作安排。這三個人也首度討論有關戰後世界安排的話題——可說是充滿爭議的開場，日後會主導 1944 和 1945 年間強權會議的走向。不過在當下，他們所能夠決定

並且很高興聽到開闢第二戰場的確切日期。邱吉爾致贈給史達林一把紀念劍，以對紅軍致上崇高敬意。這把劍由雪菲爾（Sheffield）產的鋼鍛造，並刻上「獻給史達林格勒心如鋼鐵般的市民」的字樣。史達林本人則忍不住在晚宴中戲弄邱吉爾，提議應該要以戰犯罪名處決 5 萬名德軍參謀軍官。邱吉爾對這個主意怒不可遏（他知道史達林絕對有能力辦到），氣得衝出房間。史達林只好去把邱吉爾找回來，堅持澄清他只是在開玩笑。

不過當史達林要求，大致沿著寇松線（Curzon Line）分布的廣大波蘭東部領土應該割讓給蘇聯時，他的態度就極為強硬嚴肅了——而波蘭人則會獲得西部邊界接壤的額外德國領土作為補償。邱吉爾同意這個波蘭邊界往西邊移動的方案——令倫敦的波蘭

> ## 「我們……共同的政策已經成形並獲得確認。」
> 三國宣言，德黑蘭，1943 年 12 月 1 日

邱吉爾的熱線電話
邱吉爾在皇家空軍總部就是使用這具電話跟麾下指揮官談話。邱吉爾明白如何使用他擅長的滔滔雄辯力量來鼓舞戰場上官兵的士氣。

的，就是奧地利應該從大德國分離出來，重新建構成一個完全獨立的國家。

恢復戰前世界秩序這個主張在 11 月時又再度成為討論議程。此時羅斯福與邱吉爾正在開羅召開會議，而這場會談的主題是遠東的戰爭。邱吉爾很清楚，他的主要戰爭目標之一就是恢復英國在遠東的帝國殖民地，即馬來亞、緬甸、香港和新加坡等地。但羅斯福無法同意這件事，更不願意讓美國人冒生命危險去維繫大英帝國。到了月底，兩位西方領導人準備出發前往伊朗德黑蘭開會時，這個議題依然惹得大家不高興。

史達林來到談判桌前
德黑蘭會議（Tehran Conference）是邱吉爾與羅斯福第一次和史達林會面。抵達現場時，這位蘇聯領導人正因為俄軍近期的勝利而感到鼓舞，

流亡政府大驚失色。畢竟英國當初會跳出來參戰，就是為了保護波蘭領土的完整性。

此時，波蘭割讓東邊的領土——事實上是新的戰後波蘭本身——將會成為保護蘇聯西部邊界的廣大緩衝區的一部份。

在義大利的立足點
美軍在西西里打了一場艱難且耗費精力的仗。這些士兵此時還不知道，他們和英國同袍已經加入了一場競賽，要比史達林的紅軍更早進入柏林。

《《 **前因**

大西洋上的對決

戰爭一開始時就上演的大西洋控制權爭奪戰，在 1943 年春季達到最高潮，也來到了轉捩點。多年以來對盟國航運肆無忌憚的德軍 U 艇突然發現，自己不再是獵人，而是成了獵物。

戰爭剛開始時，U 艇部隊指揮官多尼茨想出了取得大西洋控制權的戰略。

攻擊英國航運

多尼茨估計，如果德軍每月能夠擊沉 75 萬噸的英國船隻，英國就會瀕臨斷

1942 年 6 月，德軍 U 艇共擊沉了 63 萬 7000 噸的英國船運——比之前或之後的任何月分都高。這樣的擊殺率代表每一艘出海的德國潛艇都擊沉了 359 噸。

糧，接著就會尋求和平。他算出，若要達成這個目標，需要 300 艘潛艇，但在戰爭的第一個冬天裡，他只有 27 艘可用。結果就是 U 艇喪失了第一個也是最好的一個切斷大西洋交通線的機會，當時正是英國還在孤軍對抗納粹德國、也是皇家海軍最弱的時候。

對決的場景

到了 1943 年，多尼茨已經擁有他所需要的全部 U 艇。1 月對同盟國來說不吉利的是，希特勒任命他出任德國海軍總司令。德軍 U 艇和英國運輸船團在北大西洋進行決定性交鋒的舞台已經布置完畢。

大西洋戰役是殘酷的海上貓捉老鼠遊戲。盟軍船團的目標就是要神不知鬼不覺地橫渡海洋，而 U 艇狼群的目標則是要盡可能擊沉愈多船隻愈好。雙方用來評估成敗的標準是一致的：以每個月為單位，出發後結果被擊沉的船隻噸位總數。

德國優勢

戰術上來說，德國有超過三年的時間占了上風。他們的海軍情報單位已經破解了英國商船隊的通訊密碼，因此對於運輸船團什麼時間會到什麼地方相當清楚。有了這些情資，潛艇就可以在航線附近來回偵巡。當其中任何一位艇長發現運輸船團後，他就會以無線電通知這個海域內所有其他 U 艇。組成狼群的 U 艇會在夜間成群結隊發動攻擊，溜過護航船隻的警戒線以後，再自行對載運貨物的船隻發射魚雷。等到護航船隻能夠做出反應

時，這些 U 艇通常已經揚長而去。

到了 1942 年 6 月，德軍 U 艇部隊——加上水面艦艇和水雷——對英國航運造成的損害已經達到歷史高點。損失率高到同盟國無法承受，邱吉爾為此在 1943 年初與羅斯福會面。這兩位領導人同意大西洋的作戰必定是當年的優先要務，所有其他戰爭目標都有賴於能夠把人員、物資和糧食透過海運從美國運到英國——以及從英國運往蘇聯。英美兩國的軍事專家和科學家奉命找出瓦解德軍優勢的辦

類似這款的深水炸彈發射器早在第一次世界大戰時期就已經服役。一個取代這種發射器的簡便替代辦法，就是直接把深水炸彈從艦尾推進海裡，就跟酒桶一樣。

深水炸彈由水壓控制。當它沉入預設的深度時，深水炸彈內部的起爆裝置就會引爆炸藥。

緩衝櫃

點火機構

炸藥在這個火藥室中爆炸，會迅速把氣體擠進較大的膨脹室裡，推動一組活塞，把深水炸彈猛力地拋向空中。

膨脹室兩側各安裝一組液壓攔阻器，可以防止托運板（固定住深水炸彈的管子）跟著深水炸彈一起飛出去。

膨脹室

Mark VII 深水炸彈
重 185 公斤，裡面的炸藥重達 179 公斤，每秒可下沉 3 公尺，最大作戰深度為 91 公尺。

高潮

U 艇在海面航行時的速度是在水下潛航時的兩倍，但在海面上時，它們更可能會因為被偵察到而遭受攻擊破壞。因此潛艇白天通常待在海平面以下。

深水炸彈是英軍反潛軍艦的主要武器。這種武器的一大優點就是發射器可以輕鬆安裝在幾乎任何船隻的甲板上。

法。經過一番努力，他們帶來一系列戰術革新和科技創新，能夠逐漸削弱德軍的優勢，讓戰爭的天平朝同盟國方向傾斜。

同盟國的新戰略

一個簡單但有效的步驟在研究船運損失數字的過程中浮現。一項在 1942 年下半年進行的研究揭露出一個驚人事實，就是狼群在每次攻擊當中，不論有多少個目標，擊沉的船隻數字都大致相同。因此最明確的反應就是設法讓運輸船團規模愈大愈好：犧牲六艘船讓其餘 100 艘存活，總比犧牲六艘船讓 50 艘船存活要好。

盟軍也明白，空中攻擊是一種有效的嚇阻手段。德軍潛艇艇長偏好在所謂的「空中缺口」──長程巡邏機航程以外的海域──作戰。盟軍立即採取各種行動，縮小空中缺口，從而限制 U 艇的作戰範圍。運輸船團的護航船隻也加入航空母艦，在船隻上空飛行的飛機可做為偵察機。海岸司令部（Coastal Command）也取得一些改裝的超長程（very long range, VLR）B-24 解放者式（Liberator）轟炸機。盟軍空中武力的提升還獲得一些巧妙發明協助增強，像是利式探照燈（Leigh Light）。這是一種機載雷達，可以和

強力探照燈連動，當飛機──例如解放者式或威靈頓式轟炸機──要開始攻擊時，就可以突然照亮目標 U 艇。利式探照燈的出現，代表夜裡 U 艇在海面上不再安全。盟軍聲納設備的改善也讓他們可以更容易發現水面下的敵人，確認潛航中的潛艇位置與深度。

此外，1943 年的盟軍飛機和船艦武器配備比過去更好。其中一款新武器是「刺蝟砲」，這是一款可以一口氣發射 24 發的迫擊砲，可從船首朝前方發射炸彈。若是其中一枚炸彈因衝擊而爆炸，就會引爆剩下 23 枚，從而提高成功獵殺的機率。這種致命的新裝置遠比早期大西洋戰役期間使用的深水炸彈有效。此時參加戰鬥的飛機會配備歸向魚雷，能找到躲藏在

72 1943 年 4 月和 5 月期間，皇家空軍海岸司令部為了削弱德軍 U 艇部隊而徵用的大約 40 架解放者式擊殺的 U 艇總數。

戲劇化的命運交替

這張表格顯示 1942-43 年間大西洋上英國商船和德國 U 艇的損失數字變化。從 1943 年開始，當英軍開始採用一系列新戰術以後，損失狀況完全逆轉過來。

深海衝擊

深水炸彈爆炸並沒有像看起來那麼致命，因為爆炸產生的衝擊力道大部分都在水中消散。更重要的是，爆炸引發的水中亂流會導致聲納失效，可長達 15 分鐘。

波浪下的 U 艇。也就是說，U 艇不再是看不到的，不論它們在哪裡，現在都可以找出來並加以摧毀。

逆轉戰局

這些科技上的創新在 1943 年春季開始發揮作用。一時間，雙方的命運突然逆轉過來：在 3 月時，盟國損失 82 艘商船，德國損失 12 艘 U 艇。4 月時盟國損失 39 艘商船，德國損失 15 艘 U 艇。然後到了 U 艇官兵口中的「黑色 5 月」，盟國在大西洋損失 34 艘商船，但德國卻損失 43 艘 U 艇──相當於整個潛艇艦隊的五分之一。從這時開始，盟國運輸船團和護航船艦不必再躲避潛艇，反而開始尋找潛艇，因為它們知道自己現在更強。至於多尼茨則認為自己已經被粗暴且無法改變的消耗戰術擊敗了，他無法承受如此的損失，因此把飽受痛擊的潛艇部隊從大西洋撤回。

刺蝟的針

刺蝟砲的杆式迫擊砲彈只要有一發命中，就可以擊沉一艘 U 艇。刺蝟砲會一次發射 24 發，而且只會在接觸目標時爆炸，而不是在預設的深度爆炸，因此只要有任何爆炸，就代表命中目標。

U 艇在 1943 年秋天返回大西洋，但再也無法恢復之前的優勢。

德軍損失更多

德軍擊沉的英國船隻從來沒有多到足以使英美兩國之間的海上交通線陷入險境。而且德軍因為喪失 U 艇和艇員所付出的代價，在 1944 年裡以有如通貨膨脹般的比率飆升。這有一部分是因為更

「烏賊」深水炸彈發射器

複雜的武器出現，例如擁有三根發射管的「烏賊」發射器，它能發射會在從聲納讀數得到的深度自動爆炸的深水炸彈。

盟軍的 D 日計畫

由於海上交通線變得相對安全，因此同盟國總算有可能在英國集結入侵部隊，可以認真準備展開 D 日的行動（參閱地 254-61 頁）。（值得一提的是，德軍 U 艇在整場戰爭期間都沒能擊沉任何一艘美軍運兵船）。

多尼茨上將希望德國更新的快速潛艇（XII 和 XIII 型）可以讓他再度取得海上作戰的優勢，但等到 1945 年它們開始服役的時候，時間已經太晚，無法帶來顯著成果。

多尼茨上將

戰敗的代價

1945 年戰爭結束時，共有 156 艘德國 U 艇向盟軍部隊投降。但有另外 221 位德軍艇長選擇鑿沉他們的潛艇，讓它們永眠於深海中，而不是彎下腰來，拱手把潛艇交給盟軍。

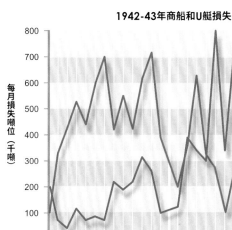

1942-43年商船和U艇損失

圖例
■ 每月商船損失
■ 每月U艇損失

每月損失噸位（千噸）

每月損失（U 艇數量）

年分

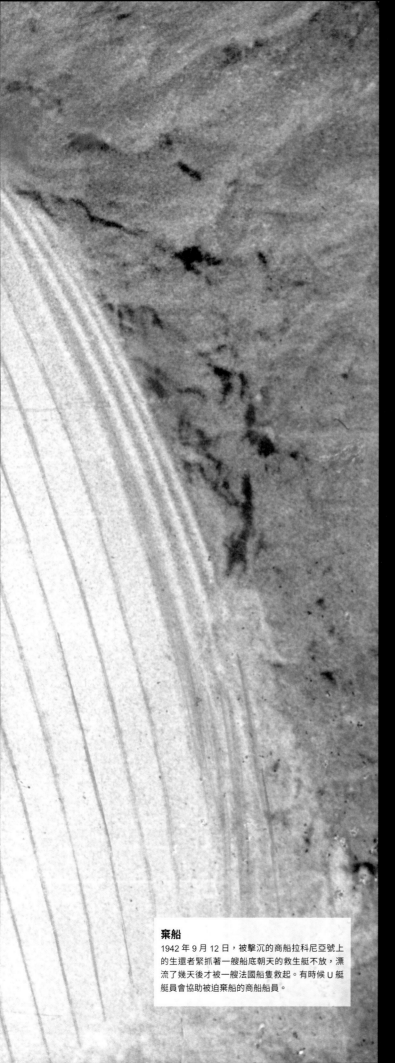

沉沒的商船

在整場戰爭裡，同盟國商船負責運輸糧食、燃料、武器、兵員和乘客。商船由平民船員操作，從豪華郵輪到油輪及不定期汽船，應有盡有。這些船隻在橫渡大西洋時，可能單獨行動，也可能編成運輸船團，很容易受到德軍U艇及德國空軍的襲擊。在戰爭期間，大約有3萬名商船船員淪為波臣。

「……當右舷首先傳來驚天動地的爆炸聲時，馬上又傳來另外一聲大爆炸。當時是大約9點左右，我已經要上床就寢，衣服也換到一半。我馬上跳下床，衝到艙房門旁，門板從我手裡甩出去，映入我眼簾裡的所有東西全都著火了，我開始往走道上跑。我看到實習船員……我們一起跑回我的艙房，啪的一聲把門關好，以防止大火竄入，鬆開舷窗的翼型螺絲，接著把舷窗打開……跑到艙樓甲板前端……此時整條船從艦橋到船尾陷入一片火海，天空被火焰照得紅通通……我看到右舷的救生體已經被炸飛砸進海裡，但左舷的救生艇還掛在吊艇柱上……當我們沿著前甲板奔向艦橋時，這艘救生艇也掉到海裡去了……我們得從遮蔽甲板跳到救生艇吊索上，大約六英尺，然後再抓住吊索滑下去。其他三個人奮不顧身地直接跳進救生艇裡……我……注意到在艉樓甲板跑來跑去的人身上已經著火，接著就跳進也在燃燒的海面……我們距離船身側面大約40英尺，這個時候三副沿著前甲板跑過來……縱身一躍從船舷跳進海中，我們就趕忙把他拉上來……當我們奮力避開燃燒的海面時，船在我們的面前緩緩地漂過來。我們聽到一些求救的喊叫聲，把救生艇划過去之後，又把一位嚴重燒傷的司爐從水裡拉上來……我們又聽到兩個人大聲求救，然後找到一位在水中載浮載沉的幹練水手……不久之後我們又救起一位泵匠……我們試著往船的方向靠過去，想要找生還者，但這是不可能的任務，因為救生艇裡的人都身負重傷，而且虛脫，只剩下三個人負責頂著風浪划船……三副和我負責照顧傷患，結果我們都被他們受傷的嚴重程度嚇到。看起來不管哪裡都沒有任何人生還的跡象，所以我們就揚起船帆，設定航向朝千里達（Trinidad）航行……」

大副芬奇（T. D. Finch），1942年8月9日被U艇擊沉的油輪聖埃米利亞諾號（San Emiliano）上六名倖存者之一

棄船

1942年9月12日，被擊沉的商船拉科尼亞號上的生還者緊抓著一艘船底朝天的救生艇不放，漂流了幾天後才被一艘法國船隻救起。有時候U艇艇員會協助被迫棄船的商船船員。

① 電話操作員徽章（德國）

② 戰術加密皮夾本（英國）

⑤ 92 式野戰電話（日本）

③ 野戰訊息簿（英國）

④ EE-8 野戰電話（美國）

通訊工具

第二次世界大戰期間，有效且安全的通訊可以決定戰鬥的成敗。高層級的戰略通訊會依照例行程序加密，而互相敵對的任何一方也會嘗試破解對方的各種密碼與加密通訊。

① **德軍電話操作員的徽章。**在德國武裝部隊中，這個職務通常由士官擔任。② **英軍戰術加密皮夾本。**這個東西可以讓能左右滑動的紙條依照指定但會經常更換的順序對齊，適合用來加密或解密地圖之類機密程度較低的資訊。③ **野戰訊息簿。**這個英軍使用的小冊子讓各級指揮官有留言本可使用，而如本圖所示，在封面的地方印有軍隊對於訊息撰寫的規定。④ **美軍的 EE-8 野戰電話**在戰爭期間廣泛用於戰場通訊聯絡，它的訊號傳遞距離約為 16-24 公里。⑤ **日軍 92 式野戰電話**適合用來進行地方通訊。圖中這具電話是盟軍在朝緬甸曼德勒（Mandalay）進軍的途中擄獲的。⑥ **英軍信鴿降落傘。**英軍在法國空投數千隻信鴿，目的是希望反納粹民眾可以

提供有用情資讓信鴿帶回。⑦ **Mark II 行李箱無線電機**，由奧魯夫・里德・奧森（Oluf Reed Olsen）使用，他是為英軍效力的挪威幹員，在被占領的挪威活動。在被占領的歐洲，無線電是解放運動的重要工具。⑧ **英軍 Type A Mark III 無線電**，是戰爭期間體積最小的無線電收發機，也是最好的。它可收到 800 公里遠外傳來的訊號。⑨ **德軍柯萊亞（Kryha）密碼機**是用來加密商業上的敏感訊息。它的密碼很容易就可以破解，但儘管如此還是被包括德國在內幾個國家的使節團採用。⑩ **美國轉換器（Converter）M-209 密碼機**，能夠裝在相當於便當盒大小的盒子中，安全性也夠高，可以在戰場上進行戰術通訊時使用。

⑥ 信鴿降落傘（英國）

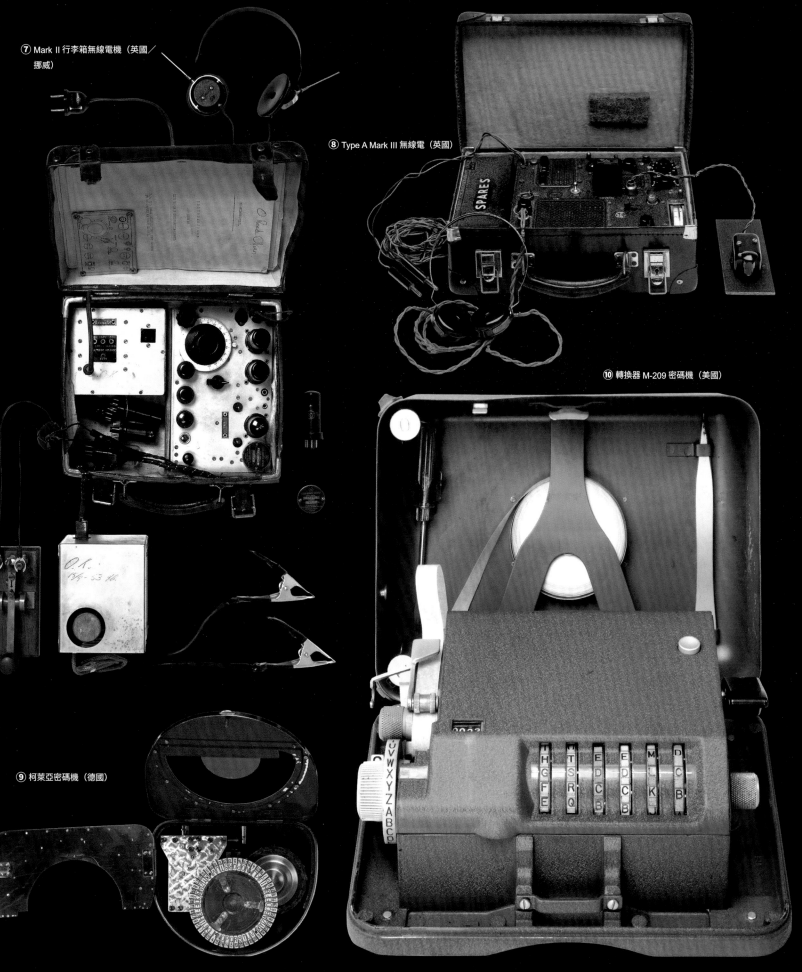

⑦ Mark II 行李箱無線電機（英國／挪威）

⑧ Type A Mark III 無線電（英國）

⑩ 轉換器 M-209 密碼機（美國）

⑨ 柯萊亞密碼機（德國）

入侵西西里島

同盟國領袖決定趁著北非戰勝的餘威，入侵西西里島和義大利本土。此舉成功迫使義大利退出戰爭，
但要從這次成功中獲得好處並不簡單。英國和美國對於接下來要怎麼看待地中海的戰事意見分歧。

盟軍在 1943 年 7 月入侵西西里島的行動代號為「哈士奇」（Operation Husky），是一場大規模航空及海上登陸行動，參與的部隊人數比次年的入侵諾曼第行動還要多。大約有 15 萬名部隊參與最初的登陸行動，另外還有超過 3000 艘船艦與登陸艇及大約 4000 架飛機。

登陸展開

這場雷霆萬鈞的行動給了準備不周的敵人一記痛擊。盟軍欺敵計畫使軸心國領導階層相信，希臘或薩丁尼亞比較可能會是入侵行動的目標。由於德義兩軍互不信任並厭惡對方，因此也妨礙了相關準備工作。墨索里尼限制了西西里島上軸心軍部隊的行動，並堅持由義軍將領阿爾弗雷多·古佐尼（Alfredo Guzzoni）指揮。

但盟軍指揮階層依然謹慎小心地

前因

1943 年春季，軸心軍在北非戰敗，盟軍因此得以入侵義大利的西西里島，為跨越地中海進攻打開了大門。

卡薩布蘭加會議

1943 年 1 月，邱吉爾和羅斯福在卡薩布蘭加會議碰面（參閱第 202-03 頁），商討未來的戰略。邱吉爾汲汲於穿越義大利進攻，打擊他所謂的「歐洲軟弱下腹」。美國則希望地中海方面的作戰要有所節制，以避免分散入侵法國北部所需的各項資源，但他們雙方都同意，北非獲勝之後接下來就是入侵西西里島。攻下這座島嶼，可以讓穿越地中海的海上交通線更安全，也有可能逼義大利退出戰爭。

兵敗沙漠

1943 年 5 月中旬，北非的軸心國部隊在被趕退到突尼西亞後宣布投降（參閱第 186-87 頁）。德義兩軍在北非損失多達 25 萬人，當中有許多都是希特勒為了挽救敗局才派遣到突尼西亞的，不但時間上太晚，而且絲毫沒有幫助，還拖累地中海區域其他軸心國占據的領土防禦能量，當中就包括西西里島。

義大利戰俘

1943 年 8 月 17 日盟軍攻占西西里島時，美西納的街道上擠滿一車又一車的義軍戰俘。義軍士氣低落，通常甘願投降，但他們的德國盟友反而是巧妙地頑抗到底。

執行這場行動。美軍第 7 軍團和英軍第 8 軍團奉命在西西里島東南部一段互相毗連的海灘上登陸，這個戰術可以確保他們在遭受攻擊時可以互相支援。這場作戰由艾森豪全權指揮，巴頓領導美軍地面部隊，蒙哥馬利控制英軍地面部隊。

7 月 9 日，盟軍在朝西西里前進的時候，遭遇強勁夏季風暴，整個作戰計畫幾乎要放棄。對登陸艇上的官兵來說，他們當中許多人都是第一次體驗到戰鬥、暈船，還要加上各種焦慮。惡劣天氣也為在戰爭期間執行盟軍首次空降作戰的美軍第 82 和英軍

100,000 儘管盟軍掌握海空優勢，1943 年 8 月德義兩軍部隊從西西里島成功疏散到義大利本土的人數。

第 1 空降師官兵帶來更多困難，這些傘兵在 7 月 9-10 日夜間跳傘，或搭乘滑翔機在灘頭後方著陸，分散在各個地方，許多滑翔機更是直接墜海。但是反常的天氣並不是完全對盟軍不利，分散的空降部隊在敵軍後方造成混亂，海岸守備部隊則放鬆戒備，他們相

信在如此惡劣的條件下不會有登陸行動。

盟軍在 7 月 10 日早晨開始登陸，只有輕微傷亡。當義軍和德軍裝甲部隊先後發動反擊時，狀況確實變得棘手，但盟軍使用擄獲的義軍反戰車砲，在海軍艦砲的支援下，還是把對方擊退。英軍接著在幾乎沒有遭

4.2 英吋口徑迫擊砲

在入侵西西里島和義大利期間，英軍和美軍步兵都會有 4.2 英吋口徑迫擊砲提供火力支援，圖中這門為英軍使用的版本。

砲管

瞄準器底座

英軍的迫擊砲砲管沒有膛線，但美軍的 M2 迫擊砲砲管也是。這兩款迫擊砲都是操作簡單、堅固耐用的武器，在戰鬥中效益相當高。

仰角調整把手

4.2 英吋口徑迫擊砲起源於一次大戰期間英軍使用的史托克斯（Stokes）迫擊砲。它原本是設計用來發射煙幕彈，但經過修改可發射高爆破片彈。

三腳架

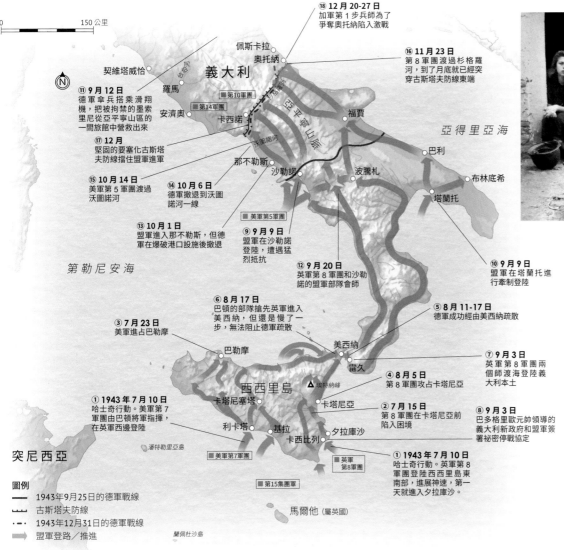

⑱ 12月20-27日
加軍第1步兵師為了爭奪奧托納陷入激戰

⑯ 11月23日
第8軍團渡過杉格羅河，到了月底就已經突穿古斯塔夫防線東端

⑪ 9月12日
德軍傘兵搭乘滑翔機，把被拘禁的墨索里尼從亞平寧山區的一間旅館中營救出來

契維塔威恰

義大利

佩斯卡拉
奧托納

羅馬
■第10軍團

安濟奧
■第14軍團
卡西諾

亞平寧山脈

福賈

亞得里亞海

⑫ 12月
堅固的要塞化古斯塔夫防線擋住盟軍進軍

那不勒斯
沙勒諾
巴利

⑮ 10月14日
美軍第5軍團渡過沃圖諾河

⑭ 10月6日
德軍撤退到沃圖諾河一線

沃圖諾河
波騰札

布林底希

塔蘭托

⑬ 10月1日
盟軍進入那不勒斯，但德軍在爆破港口設施後撤退

■美軍第5軍團

⑨ 9月9日
盟軍在沙勒諾登陸，遭遇猛烈抵抗

第勒尼安海

⑩ 9月9日
盟軍在塔蘭托進行牽制登陸

⑫ 9月20日
英軍第8軍團和沙勒諾的盟軍部隊會師

⑥ 8月17日
巴頓的部隊搶先英軍進入美西納，但還是慢了一步，無法阻止德軍疏散

⑤ 8月11-17日
德軍成功經由美西納疏散

③ 7月23日
美軍進占巴勒摩

美西納

⑦ 9月3日
英軍第8軍團兩個師渡海登陸義大利本土

巴勒摩

雷久

④ 8月5日
第8軍團攻占卡塔尼亞

▲埃特納峰

① 1943年7月10日
哈士奇行動。美軍第7軍團由巴頓將軍指揮，在英軍西邊登陸

西西里島
卡塔尼塞塔

卡塔尼亞

② 7月15日
第8軍團在卡塔尼亞前陷入困境

⑧ 9月3日
巴多格里歐元帥領導的義大利新政府和盟軍簽署祕密停戰協定

利卡塔
基拉
卡西比列
夕拉庫沙

■美軍第7軍團

① 1943年7月10日
哈士奇行動。英軍第8軍團登陸西西里島東南部，進展神速，第一天就進入夕拉庫沙

突尼西亞

■英軍第8軍團

■第15集團軍

馬爾他（屬英國）

潘特勒里亞島

蘭佩杜沙島

圖例
— 1943年9月25日的德軍戰線
‧‧‧ 古斯塔夫防線
-‧-‧ 1943年12月31日的德軍戰線
➡ 盟軍登陸/推進

工作中的美軍醫護兵
1943年8月，一名美軍傷兵在西西里島接受輸血，當地人在旁邊圍觀。輸血是一種嶄新的救命技術，由美軍率先在戰爭初期使用。

市和德軍的活動愈來愈不受歡迎等因素，全都加深了動盪不安。盟軍入侵西西里是對這位領袖搖搖欲墜威望的最後一擊，他已經喪失許多最親密伙伴的支持。7月24日，法西斯大委員會（Grand Council of Fascism）呼籲國王維克多‧伊曼紐罷黜他們的領袖。墨索里尼被捕，並被帶往阿布魯佐（Abruzzo），國王則指派佩特羅‧巴多格里歐元帥（Pietro Badoglio）組成新政府。義大利官方態度儘管是和德國並肩作戰，但其實經無心戀戰，因此這個政府就開始單獨和同盟國媾和——雙方最後在1943年9月3日簽署停戰協定。

移動時砲管會使用行軍鎖固定

1943年的西西里和義大利戰役
1943年7-8月，盟軍征服西西里島，並在9月入侵義大利本土。德軍展開頑強抵抗，把盟軍擋在羅馬南邊，直到1944年夏天。

遇抵抗的狀況下迅速奪取夕拉庫沙（Syracuse）。蒙哥馬利的任務是從西西里的東邊推進，而巴頓負責防守他的側翼——但他不會甘心於這種次要角色。

隨著德軍持續增援，蒙哥馬利朝北推進的行動受到阻礙，也把顯然無心作戰的義軍貶為次要。不久之後，巴頓將軍抓住一個機會，開始主動出擊，在西西里的西邊一路進展順利，直抵巴勒摩（Palermo）。當地的黑手黨分子因為瞧不起墨索里尼，也主動協助他的部隊推進，並視美軍為解放者。但德軍也井然有序地後撤到美西納（Messina）附近，並且成功地把當

地的將近4萬名部隊幾乎全數撤回了義大利本土，還有絕大部分裝備與大約6萬名義大利友軍。

墨索里尼被罷黜
巴頓因為他的部隊在17日早晨領先英軍好幾個小時率先進入美西納而享受著競爭勝利的快感，但對盟軍來說這個機會已經白白浪費掉。若是更大膽地發揮他們的制空和制海優勢，就可以困住關鍵的德軍部隊。盟軍之後在義大利本土之所以會陷入空前的苦戰，很大一部分要歸咎於此。

然而，入侵西西里的行動在義大利法西斯政權的心理衝擊這方面卻是巨大的成功。從當年春天開始，墨索里尼就已經面對愈來愈強的民間不滿聲浪，食物短缺、盟軍轟炸義大利城

後果

占領西西里島後，盟軍就登陸義大利本土（參閱第212-13頁）。1943年9月8日，義大利政府宣布投降，但德軍立即接管義大利，繼續防禦作戰。

墨索里尼的共和國
義大利政府宣布投降四天後，德軍傘兵把被關押的墨索里尼救出來。效忠他的義大利社會共和國（Italian Social Republic）部隊和德軍一起作戰到戰爭結束，墨索里尼本人則在1945年4月被游擊隊捕獲並處決（參閱第306-07頁）。

代價高昂的戰役
結果義大利沒有變成邱吉爾期望中的軟弱目標。由於天候惡劣、地形複雜加上德軍足智多謀且堅定果決的防禦作戰，每前進一步都特別艱難，代價高昂。盟軍一直要到1944年6月才進抵羅馬（參閱第252-53頁）。

英軍4.2英吋口徑迫擊砲的底座附有車輪，可以讓它移動更便利，但美軍的類似武器就沒有這種設計。

在古斯塔夫防線受阻

拿破崙曾經說過，因為義大利的形狀就像一隻靴子，要進入就要從上面。1943-44 年的盟軍一定了解到他這句話的涵義。崎嶇的地形、令人痛苦的天氣、加上德軍猛烈無比的抵抗，代表那些「在陽光明媚的義大利閃掉 D 日登陸的該死傢伙」面對的是這場戰爭中最殘酷的一些惡戰。

1943 年下半年的義大利戰役對盟軍來說充滿痛苦與失望。在 8 月，可以取得重大進展的局勢似乎已經成熟，巴多格里歐元帥領導的義大利的新政府已經在暗地裡求和，但表面上繼續和德國保證會投入作戰。盟軍指揮高層計畫，當義大利宣布投降的同時在義大利本土登陸，不過不論是政治還是軍事上採取動作

3,618 在義大利戰役期間，英軍工兵搭建的橋樑總數。盟軍部隊推進時，他們要不斷越過水流湍急的河流進攻。

的速度太慢，以至於無法讓德國措手不及。當盟軍還在編組入侵部隊時，德軍部隊已經控制義大利境內的關鍵要地，如此就可以在萬一義大利決定投降的狀況下接管義大利半島的防務。

那不勒斯人的歡迎
1943 年 10 月 1 日，那不勒斯的義大利平民蜂擁向前，熱烈歡迎進入市區的盟軍官兵。當地市民已經開始反抗德軍，迫使他們在盟軍抵達前撤離。

> 「整條義大利前線上的作戰
> 停滯不前，丟臉至極……」

1943 年 9 月 3 日，蒙哥馬利的第 8 軍團從西西里島橫渡美西納海峽，登陸卡拉布里亞（Calabria），沒有遭遇抵抗；同一天，義大利政府簽署停戰協議－實際上就是無條件投降，但這個消息一直要到 9 月 8 日才對外公開，宣布的時機是為了配合盟軍在沙勒諾灣海灘的第二波登陸。德方迅速回應，由庫特·司徒登將軍（Kurt Student）

指揮的德軍部隊迅速控制羅馬，不過沒能抓到巴多格里歐元帥和他的內閣官員，他們已經逃到布林底希（Brindisi）。

沙勒諾的作戰狀況不斷惡化。馬克·克拉克將軍指揮的第 5 軍團和蒙哥馬利指揮的第 8 軍團下轄各一個軍，在 9 月 9 日的清晨登陸，德軍方面由海因里希·馮·菲廷霍夫將軍（Heinrich von Vietinghoff）指揮，運用數量居劣勢部隊打了

前因

1943 年夏天，盟軍攻占西西里島、義大利法西斯政權垮台，讓盟軍有大好機會可以在義大利本土快速推進。

登陸西西里島
1943 年 7 月 10 日到 8 月 17 日，盟軍入侵並拿下西西里島（參閱第 210-11 頁）。

在 1943 年的義大利戰役中作戰的盟軍包括波蘭軍、印度軍、阿爾及利亞軍、摩洛哥軍、法軍、加拿大軍和紐西蘭軍，當然還有英軍和美軍。

但他們卻錯失包圍防守該島的德軍的機會，使他們連同裝備可以完好無缺地撤回義大利本土。英美兩國領導人已經對於西西里島作戰的計畫和目標有過爭論，隨著義大利戰役持續進行，類似的爭議還會繼續發生。

墨索里尼垮台
7 月 24 日，義大利法西斯領導人墨索里尼被罷黜。政府首腦的位置被巴多格里歐元帥取代，他反對義大利和納粹德國結盟。

登陸沙勒諾
1943 年 9 月沙勒諾登陸期間，美軍步兵涉水
上岸。第一批美軍部隊在接近灘頭時遭遇猛烈
砲火。

一場相當出色的防禦戰，經過整整四天之後盟軍部隊依然被困在狹窄的灘頭堡內——根據他們的計畫，這個時候應該已經要占領那不勒斯。由於德軍裝甲部隊已經深入到距離海灘不到一公里的地方，盟軍被迫大量增援，以挽救岌岌可危的登陸部隊。

德軍的新防線

到了 9 月 15 日，菲廷霍夫只能接受沒辦法把登陸的盟軍趕下海的事實，但他還是可以實施戰鬥撤退，前往更北邊的防禦陣地。盟軍最後在 10 月 1 日進入那不勒斯，而為了把德軍趕出去已經奮戰了三天的當地人民則把他們當成解放者熱烈歡迎。

義大利脫離軸心陣營製造出令人困惑的軍事和政治局面。成千上萬義軍部隊向之前的盟友投降，淪為戰俘並被送往德國，在戰爭中接下來的時間裡成為第三帝國的奴工。在希臘的塞法羅尼亞島（Cephalonia）上，義軍部隊抵抗德軍，結果 1600 名義軍在戰鬥中陣亡，另外還有 5000 人在淪為戰俘後遭冷血槍決。

義大利加入同盟國

10 月 13 日，巴多格里歐元帥領導的政府對德國宣戰，但此時墨索里尼已經被救出來，並且在義大利北部加爾達湖（Lake Garda）畔的薩羅建立義大利社會共和國。效忠巴多格里歐政府的義軍隨即和盟軍一起戰鬥，墨索里尼的支持者則繼續和德軍並肩作戰，而義大利游擊隊則同時攻擊墨索里尼的部隊和德國占領軍。在 1943 年

後 果

盟軍在更北邊的地方遭遇德軍更加頑強的抵抗，一直要到 1944 年 6 月才抵達羅馬。

卡西諾山的苦戰
從 1944 年的 1 月中到 5 月中，盟軍經歷四場慘烈會戰，才把德軍逐出卡西諾山的高地。

安濟奧登陸
1944 年 1 月 22 日，盟軍在古斯塔夫防線和羅馬之間的安濟奧（Anzio）登陸。結果事與願違，他們被卡在灘頭上直到 5 月。

羅馬的陷落
盟軍在 1944 年 6 月 4 日進入羅馬（參閱第 252-53 頁），德軍則撤往北方的哥德防線（Gothic line）以及佛羅倫斯（Florence）和波隆納（Bologna）之間的其他防禦陣地，並在接下來的冬季期間堅守當地。

德軍軍用摩托車
春達普（Zündapp）K800 是二次大戰期間德軍的標準軍用摩托車。盟軍在義大利據獲這款摩托車，可說是愛不釋手。

最後三個月裡，盟軍往北攻擊的進展格外差勁，被英軍將領哈洛德·亞歷山大（Harold Alexander）形容為「步履維艱地往上爬」。當地多山崎嶇的地形相當適合阿爾貝爾特·凱賽林元帥（Albert Kesselring）採行的防禦戰略，德軍後退到一連串的要塞化防線上，當中最可怕的就是古斯塔夫防線。它沿著加里利亞諾河（Garigliano）和杉格羅河（Sangro）橫亙義大利，其中卡西諾山（Monte Cassino）就是關鍵據點。到了 12 月，盟軍為了進攻這些要塞化陣地，陷入代價慘烈的苦戰，在短期內根本沒有任何突破的可能。

關鍵時刻

墨索里尼脫身

墨索里尼在 1943 年 7 月下台後被逮捕，接著就被囚禁在亞平寧山脈（Apennine）中大沙索山（Gran Sasso）的一間旅館裡。1943 年 9 月 12 日，一支德軍部隊由奧地利籍的武裝黨衛軍軍官奧圖·斯科森尼（Otto Skorzeny）指揮，搭乘滑翔機直接在山上著陸，並展開營救行動，讓墨索里尼得以搭乘小飛機順利逃脫。這場大膽的營救行動成為納粹絕佳的宣傳題材，並讓墨索里尼可以在義大利北部擔任傀儡，領導新成立的義大利社會共和國。

夜間轟炸德國

1943年，皇家空軍對德國發動三場互不連貫的作戰。首先是派遣轟炸機攻擊魯爾區的工業中心，接著是轟炸漢堡，使這座城市成為第一座經歷「火風暴」的城市。最後是在同一年把目標對準德國首都柏林，讓它也面對毀滅性打擊的洗禮。

儘管到處都有人在戰鬥，但皇家空軍轟炸機司令部的機組員卻把魯爾稱為「歡樂谷」。魯爾河四周的地帶都是汙染嚴重的城市，人口稠密，當中包括埃森（Essen）、多特蒙德（Dortmund）、杜易斯堡（Duisburg）和波鴻（Bochum），構成這個國家的工業引擎。基於它的重要性，魯爾一帶很容易淪為目標，尤其因為這個區域位於德國西部，就在轟炸機的航程範圍內。德國人當然也心知肚明這個地方非常容易遭到攻擊，因此從一開始就布署了大量高射砲和探照燈。

針對魯爾的轟炸作戰在1943年3月展開，並持續到7月。第一個目標是埃森，當地有許多基礎的鋼鐵廠和軍火工廠。擔任探路機的蚊式（Mosquito）機比轟炸機隊提早抵達，投下不同顏色的照明彈，標記出攻擊區域。跟在它們後方的是一

高高在上
蘭開斯特轟炸機備受駕駛過它的機組人員喜愛。它的外號叫「蘭基」（Lankie），最大飛行高度可達6000公尺，因此德軍戰機難以對付。

270萬 盟軍在歐洲投擲的炸彈總噸數，其中三分之二是在1944年6月6日D日之後投擲的。

波又一波的斯特林（Stirling）、威靈頓（Wellington）和蘭開斯特轟炸機，飛到埃森市中心上空投下炸彈，結果有大約60公頃的面積被夷為平地。

這種轟炸模式在魯爾區各地夜夜進行，甚至連慕尼黑（Munich）或司徒加特（Stuttgart）這麼遠的城市都被攻擊。這種變化有戰術上的必要性，因為要是每晚都回到同一地點轟炸的

話，德國空軍就可以把更多高射砲和戰鬥機集結到目標區域。事實上，高射砲火的密度有時甚至高到有一種形容：「你可以踩在上面走出去」。

但讓德軍猜測下一個目標在哪裡，對盟軍也有不好的地方。每一個獲得暫緩的夜晚都讓納粹有時間清理被炸毀的工廠，並迅速復工。要讓工廠永遠無法作業的唯一方法，就是不停地轟炸。

漢堡的火風暴
然而，皇家空軍就是沒有那麼多飛機可以不間斷地轟炸工廠。但英軍的轟

炸作戰能力快速提升。儘管飛機損失率高，但新的飛機也源源不絕送來，數量甚至更多。皇家空軍在任何一天可用的轟炸機數量，從2月的不到600架增加到8月時的超過800架。

7月24日，英軍轟炸機隊在漢堡上空展現無與倫比的威力。他們使用的戰術和之前相同：第一波轟炸會投擲高爆彈，把門窗炸破，接下來的轟炸會投擲燃燒彈，製造大量迅速蔓延的火勢。這場攻擊的規模史無前例，第一天在一個小時多一點的時間裡就投下2300噸炸彈——是倫敦遭受到最猛烈空襲的五倍。而皇家空軍點燃的大火在強風助長下迅速變旺，當地環境天乾物燥，更是讓火勢瞬間擴大，原本獨立的火災很快結合形成了火焰煉獄。三天後又再進行了一波空襲，這一次火焰形成了一股巨大的上升氣流，大量吸進空氣，形成炙熱的強風。這場「火風暴」造成4萬2000

> 「我們會付出 **500架轟炸機** 的代價，但德國會輸掉這場戰爭。」
>
> 亞瑟・「轟炸機」・哈里斯評論轟炸柏林行動，1943年11月

皇家空軍轟炸機司令部司令（1982-1984年）

亞瑟・「轟炸機」・哈里斯

亞瑟・哈里斯擔任轟炸機司令部司令，他深信光靠轟炸就可以讓德國屈服，從而沒有必要入侵歐洲。為了達到這個目的，哈里斯有系統地夷平德國的城市，但他認為這只是因果報應：「納粹加入這場戰爭，幼稚地妄想著要轟炸其他每一個人，然後不會有人去轟炸他們。在鹿特丹、在倫敦、在華沙，他們把理論付諸實施。他們掀起狂風，現在就讓他們被旋風反噬。」

水壩剋星空襲

1943 年 5 月 16 日，一個蘭開斯特轟炸機中隊對魯爾河谷中莫那河（Mohne）和埃得河（Eder）上的水壩發動大膽的攻擊行動。第 617 中隊用特殊設計的「彈跳炸彈」攻擊。這種炸彈在僅僅 18 公尺的超低空投下，接著會在水面上彈跳，然後沉到壩體旁並爆炸。攻擊的結果只造成電力供應短暫中斷，但大量洪水淹沒了附近大片農田。這場別出心裁的作戰獲得成功，對同盟國而言也在宣傳層面獲得巨大效果。

名平民喪生，並徹底夷平市中心。戈培爾在他的日記裡寫道：「這是一場災難，嚴重的程度根本難以想像。」而轟炸機司令部為這場作戰選擇的代號也極為貼切：蛾摩拉行動（Operation Gomorrah）。

附帶損害

一直到戰爭結束時，再也沒有一座德國城市再次遭到如此蹂躪。但成功空襲漢堡帶來的可怕結果沒有再度上演，並不是因為他們就此收手。隨著冬天降臨，轟炸機司令部司令亞瑟‧哈里斯（Arthur Harris）宣布他要攻擊敵國首都的目標。他告訴麾下機組員，要「把敵人的黑心燒得精光」。這是他能夠證明只透過空中轟炸就可以打垮納粹的最後一個機會。對柏林

的轟炸在 1943-44 年的整個冬天持續進行。轟炸機司令部損失慘重，但卻沒有打垮德國，只是柏林人也付出了慘重代價：有 1 萬 4000 名平民喪生或負傷，更多人無家可歸。

對哈里斯來說，這並不是令人遺憾的附帶損害，而是區域轟炸的正面

> 轟炸機司令部的非官方格言是「不顧一切往前衝」，這是轟炸機飛行員在每一場任務中的關鍵時刻都必須要做的事。他們會直直平平地飛進高射砲的彈幕中，朝向夜間目標而去。

結果——確實，任何可以消耗軸心國資源的東西都是。轟炸機哈里斯毫不留情，他在 1943 年告訴英國內閣：「應該要強調的是，摧毀房屋、公共設施、運輸和生命，製造史無前例的難民問題，讓本土和前線戰場的士氣因為害怕持久且猛烈的轟炸而崩潰，都是我們的轟炸政策既有且預定的目標。不只是企圖炸毀工廠的附帶損害而已。」

鬼城

1943 年 7 月 27 日半夜 12 點 55 分，漢堡的毀滅揭開序幕。在接下來大約一個小時裡，2326 公噸的炸彈落到這座城市裡，在接踵而來的火風暴中，溫度上升到攝氏 800 度，連街道上的瀝青都著火，造成全面性的毀滅。

盟軍在 1943 年發動大規模區域轟炸作戰。雖然沒有達成主要目標，不過英國也沒有罷手，繼續摧毀德國。

德國的恢復力

1943 年的區域轟炸作戰並沒有徹底破壞德國的戰爭工業。事實上，在阿爾貝爾特‧史佩爾精力充沛的領導下，德國戰鬥機產量顯著提升（參閱第 220-21 頁），而像漢堡這樣的大城市毀滅，也沒有動搖人民的戰鬥意志。德國人民證明，他們就和閃電空襲期間最慘烈的那段日子裡英國人民的表現一樣堅忍不拔。

德勒斯登的毀滅

盟軍的區域轟炸作戰超越了德國空軍對英國施加的任何打擊（參閱第 88-91 頁）。這個戰略的邏輯在 1945 年 2 月對德勒斯登（Dresden）的火風暴轟炸（參閱第 294-95 頁）中達到極致（但道德上有爭議）。盟軍在戰爭的最後幾個星期裡發動四波空襲，摧毀這座城市。諷刺的是，美國陸軍航空軍雖然從來不相信皇家空軍的戰時作法多有效，但美軍之後在越南和柬埔寨運用地毯式轟炸戰法，目標是造成大規模破壞，卻可以看成是區域轟炸針對叢林戰的改良版。

⑨ 1943 年 12 月 13 日
54 架野馬式戰鬥機護航
美軍轟炸機基地，在目標
上空防禦長達 40 分鐘

泰恩河畔紐卡索

英國

利物浦　里茲
曼徹斯特　赫爾
雪菲爾

伯明罕

牛津

加地夫
巴斯
諾里治

艾克希特
南安普敦　倫敦

普利茅斯　朴次茅斯

北海

丹麥

奧登堡

基爾

④ 1943 年 1 月 27 日
美國陸軍航空軍首度
發動空襲，轟炸威廉港

① 1942 年 3 月 28/29 日
234 架轟炸機摧毀歷史古城呂貝克。
為了報復，希特勒下令轟炸英國有大
教堂的城市，像是艾克希特、巴斯和
諾里治等地，也就是「貝德克空襲」
（Baedeker raids）

呂貝克
威廉港
羅斯托克
佩內明德

恩登
漢堡
不來梅

荷蘭
多特蒙德
波鴻
蓋森基爾亨
埃森
杜易斯堡
赫爾斯
蒙興格拉巴赫
亞琛

漢諾威
馬德堡
明斯特
伍珀塔爾

布藍茲維
馬格德堡
奧瑟斯列本
哈柏斯塔特

斯泰丁

柏林

⑥ 1943 年 7 月 24 日－8 月 3 日
蛾摩拉行動毀滅漢堡，4 萬人喪命

⑧ 1943 年 11 月 18 日－
1944 年 3 月 30 日
盟軍發動一系列對柏林及其
他大城市進行空襲

萊比錫

大　德　國

布魯塞爾

比利時

杜塞爾多夫
科隆
電母夏伊德
沃母斯

法蘭克福
什外恩福特
曼海母
紐倫堡
雷根斯堡
漢堡
司徒加特
奧格斯堡
慕尼黑

卡瑟爾

⑩ 1944 年 3 月 6 日
美國陸軍航空軍首度對
柏林進行大規模空襲

⑤ 1943 年 5 月 16/17 日
水壩剋星行動，目標是魯
那河、埃得河和索佩河
（Sorpe）上的水壩

布拉格

⑦ 1943 年 8 月 17 日
美國陸軍航空軍轟炸什外恩福特（滾珠
軸承工業中心）和雷根斯堡，也就是梅
塞希密特廠房所在地，結果蒙受慘重損
失，376 架轟炸機中損失 60 架

維也納
維也納新城

③ 1942 年 6 月 1/2 日
956 架轟炸機空襲埃
森，但魯爾區籠罩著薄
霧，戰果令人失望

② 1942 年 5 月 30/31
日
千禧行動（Operation
Millennium）。首次千
機大空襲，對科隆造成
嚴重破壞

被占領的法國

維琪
法國

瑞士

多瑙河

N

0　　　300 公里

圖例

⬡ 遭受大規模轟炸的德國城鎮
⬡ 其他盟軍空襲目標
◇ 皇家空軍主要轟炸基地
△ 美國陸軍航空軍主要轟炸基地
1943 年 5 月噴火式戰鬥機護航航程
1944 年 5 月野馬式 P-51D 戰鬥機護航航程
魯爾工業地帶

英吉利海峽

夜以繼日的空襲
美軍常常在英軍空襲過的早晨緊接
著攻擊德國城市，讓敵人在夜間空
襲過後沒有喘息時間。

> 「德國是一
> 座堡壘，
> 但卻是**沒**
> **有屋頂的**
> **堡壘。」**
>
> 美國總統羅斯福，1944 年

日間轟炸德國

自 1942 年下半年開始在英國駐防的美軍第 8 航空軍，採用對德國目標進行精準轟炸的戰略。這代表
美軍機組員必須在白天執行任務，才能辨識出特定的工廠和設施。但在光天化日之下，美軍轟炸機
自己也成了目標。

前因

**如果美軍可以透過優於英軍的
戰略解決納粹德國的關鍵「瓶
頸」，德國就無法繼續堅持作
戰。**

德國的「瓶頸」
美軍的轟炸概念是在戰前建立的，認為
德國的經濟依賴大約 150 處關鍵設施。
如果可以精準攻擊這些「瓶頸」的話，
就可以削弱德國繼續作戰的能力。

國家驕傲
有些美國戰略家也認為，精準轟炸和英
國的區域轟炸戰略（參閱第 214-15 頁）
相比，是道德上更加優越的轟炸手段。
一名美軍將領曾經表示，「對平民進行
戰爭不符合我們國家的理念」。美軍航
空部隊指揮階層相信，他們擁有技術和
專業，可以用更客觀、更人道的方式來
執行精準轟炸，也就是他們可以用銳利
的手術刀來完成皇家空軍用鈍的大棒子
顯然無法做到的任務。

美軍第 8 航空軍在 1942 年下
半年抵達英國，但在當年只
飛過幾趟任務而已，這幾趟
比較早進行的任務沒有一趟是針對德
國境內的目標，且參與任務的轟炸機
全都有皇家空軍
護航。一直要到
1943 年，他們才
在第三帝國的天
空中讓精準轟炸
實地接受考驗。

50,000 據估計美軍空
勤機組員在轟
炸歐洲的作戰期間陣亡或被俘的人
數——和皇家空軍司令部的損失比
率差不多。

美軍在這場針對德國的航空作戰
中扮演角色，是起源於 1943 年邱吉爾
和羅斯福在卡薩布蘭加舉行的會議。
這兩位領袖的聯合命令要求「要把握
每一個機會在日間攻擊德國，以摧毀
不適合在夜間攻擊的目標。」為了加
以配合，駐英國美軍轟炸機部隊指揮
官艾拉·伊克將軍（Ira Eaker）擬定
了一份德國境內的「精確」目標。在
他的清單上有滾珠軸承工廠、煉油
廠、飛機製造廠和 U 艇船廠等。美軍
的目標是個別的建築或工廠設施，而
不是整座城市。他們還擬定了兩套互

補但獨立的計畫——一套是美軍的日
間計畫，另一套是英軍的夜間計畫。
聯合轟炸機攻勢（Combined Bomber
Offensive）並不是一個聯盟，反而比
較像是一種競爭，看誰的辦法可以率
先擊垮德國。

克服問題
B-17 轟炸機開始投
入作戰後，當局馬
上發現，要在大白
天做到極精確的精準度相當困難。諾
登轟炸瞄準儀「可以把一枚炸彈從 3
萬英呎的高度投擲進醃漬桶裡」，但
只有透過它的光學鏡片可以看見
目標時才辦得到。一切全都取決
於瞄準的結果，但在歐洲灰濛濛
的天空通常不可能辦到。美軍
飛機在雲層中像瞎子一樣，因
此它們的炸彈經常錯失目標。

由於沒有戰鬥機能夠護航轟炸
機，這項事實又衍生出一個獨立問
題。為了自我防衛，B-17 會以所謂
的緊密「箱型」編隊飛行，這代表在

諾登轟炸瞄準儀

諾登轟炸瞄準儀是工程師卡爾·諾
登（Carl Norden）設計的，構造極
為複雜，是被列為最高機密的瞄準
裝備——類似某種飛行用機械計算
機。投彈手（轟炸瞄準員）會把空
速和高度等資料輸入，而諾登轟炸
瞄準儀就會根據這些資料計算出即
將投擲的炸彈彈道。在接近目標的
時候，諾登轟炸瞄準儀會發揮類似
自動導航的功用，讓航向保持筆直
和水平，並在適當時機投下炸彈。
在理想狀況下，諾登轟炸瞄準儀可
以讓從 6100 公尺高度投下的炸彈
落在距離目標 27 公尺以內的地方。

飛行堡壘
美軍 B-17 轟炸機外號「飛行堡壘」（Flying Fortress），配備十挺機槍和四名專職機槍手，火力比當時德軍或英軍服役的任何轟炸機都要更強大。

這個箱型編隊內的每一架飛機都可以掩護編隊內其他每一架飛機，不過為了避免碰撞，每一架飛機都要筆直向前飛，因此可以讓地面的高射砲手更容易瞄準。德軍飛行員馬上就學會如何破解「箱子」，而當第 8 航空軍力量還沒徹底集結的時候（美軍僅能一次集結超過 100 架飛機，但編隊若有 300 架飛機效果最好），德軍的工作相對輕鬆。

天上災難

集結 300 架飛機這個關鍵目標在 1943 年夏季達成，第 8 航空軍在 8 月攻擊什外恩福特。德國絕大多數滾珠軸承工廠都集中在那裡，而滾珠軸承是軍火硬體生產的重要零件。但這場空襲卻變成一場災難，德軍戰鬥機和高射砲讓美軍箱型編隊陷入嚴重混亂，許多 B-17 錯失目標，並損失了 36 架。

美軍轟炸機在 10 月再度襲擊什外恩福特，但受到惡劣天氣影響，維持編隊飛行相當困難。主力部隊較晚抵達目標區，卻發現德軍早已埋伏在那裡，結果參與行動的 291 架飛機當中有 60 架在「黑色星期四」被擊落，更慘的是空襲行動並無法破壞德國的滾珠軸承生產。

「黑色星期四」之後，在白天深入德國的日間空襲行動被暫時擱置。美軍尋求新辦法，好讓 B-17 可以承受空中圍攻並全身而退。

後果

隨著野馬式戰鬥機到來，美軍攻勢終於在 1944 年獲得回報。

空中之王

在 1944 年前半年裡，美軍的轟炸攻勢目標對準法國的鐵路調車場。這是入侵歐洲作戰（參閱第 258-59 頁）前的重要基本工作，而精準轟炸是不造成平民傷亡的最好辦法。

美軍還是繼續空襲德國。新的野馬式（Mustang）戰鬥機可以保護 B-17 轟炸機進行長程空襲，它可攜帶充足燃料，護航 B-17 前往最遠的目標，性能也可和德軍 Me 109 戰鬥機匹敵。德軍陷入困境：迎戰野馬式戰鬥機，不然就得後退。不論是哪一個，德軍都漸漸喪失進行空戰的能量。

野馬式戰鬥機

美國陸軍航空軍轟炸什外恩福特

在 1943 年 7 和 8 月，美軍第 8 航空軍的 B-17 飛行堡壘轟炸機和 B-24 解放者式轟炸機從位於東安格里亞（East Anglia）的基地起飛，連續空襲德國境內的工業目標。皇家空軍在夜間出擊，但美國陸軍航空軍（United States Army Air Force, USAAF）卻是在大白天進行空襲。轟炸機群不斷受到攻擊，損失相當嚴重，尤其是 1943 年 8 月對什外恩福特的襲擊。

「在簡報的時候，我們得知目標是一處聚集多座滾珠軸承工場的園區，如果我們徹底摧毀的話，戰爭可以提早六個月結束。P-47 雷霆式戰鬥機會護航我們到德國邊界……當我們抵達那裡時，他們搖了搖機翼向我們敬禮，然後就飛走了。過了不到幾分鐘我們就遭遇成群的敵軍戰鬥機攻擊。」

「除了恐怖的 109 和 FW 190 以外……Me 110 和 Ju 88 也加入攻擊我們的行列。德國佬把手上有的任何東西都朝我們招呼過來，一發 20 公釐口徑砲彈劃破我們的右翼，離油箱只有幾英吋而已，而投彈手則大喊二號引擎上的整流罩有看起來像 30 公釐砲彈的彈孔……」

「在最左邊和最右邊的箱型編隊看起來受到最多敵人關照，舉目所及到處都有飛行堡壘往下墜。當它們落單而脫離編隊的保護時，敵軍戰鬥機就一擁而上，準備加以擊落。當美軍機組員跳出燃燒中的 B-17 時，張開的降落傘就如灑胡椒般布滿天空，讓我更難受的是…..飛行堡壘直接在空中爆炸開來，機組員根本沒有逃生機會。」

「我們在 15 點 11 分轟炸了滾珠軸承工廠，並調頭飛回家。從火勢和濃煙看起來，轟炸機似乎有摧毀目標，之後 Me 109 和 FW 190 又再度猛撲過來。我們的飛機在回程途中沒有被打中，但其他編隊裡的 B-17 卻被打得很慘……更多 B-17 摔到地上或化為一團火球，美軍機組員的降落傘又布滿天空。」

「殘存的飛機──很多機上都有傷員──在大概 18 點左右回到基地降落……結果表明，在 194 架飛過敵人海岸的 B-17 當中，共有 36 架被擊落，我們失去 360 位機組員。第 8 航空軍『可接受的損失率』……是 5%，但什外恩福特的損失率是 20%。」

美國陸軍航空軍第 303 轟炸大隊隊員艾迪·狄爾菲爾德（Eddie Deerfield）描述一場轟炸位於巴伐利亞北部什外恩福特的滾珠軸承工廠的任務

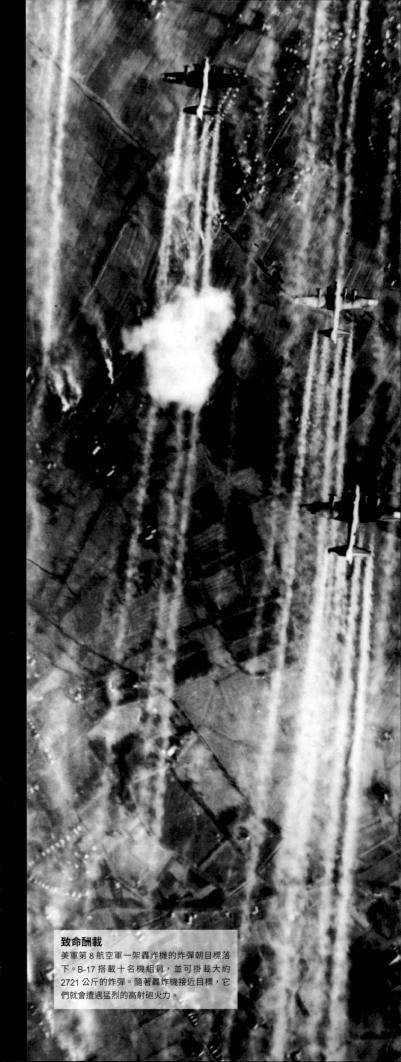

致命酬載

美軍第 8 航空軍一架轟炸機的炸彈朝目標落下。B-17 搭載十名機組員，並可掛載大約 2721 公斤的炸彈。隨著轟炸機接近目標，它們就會遭遇猛烈的高射砲火力。

德國的戰時工業

到了 1943 年，戰爭大局已經不利於德國。失敗已經取代勝利，需要更多人投入戰鬥，對軍火的需求也更迫切。整個國家終於動員，進入總體戰，在軍備部長阿爾貝爾特‧史佩爾的領導下，產量急遽提升。

地下工廠
這座地下飛機工廠被美軍發現，建於舍內貝克（Schönebeck）附近塔圖恩（Tarthun）的鹽礦中。大約 2400 名主要來自集中營的奴工每天可生產出六組機身。

前因

在戰爭開始前，德國已經花了幾年時間重新武裝，因此跟其他同盟國相比對戰爭有更好的準備。

德國的戰爭立足點
隨著希特勒在 1933 年上台（參閱第 24-25 頁），德國經濟就有了一個可有效因應戰爭的立足點。在納粹統治下，軍火產量大幅提升（參閱第 26-27 頁），到了 1939 年，德國已經擁有發展健全的工業，技巧熟練的勞工和大量煤炭、石油和橡膠儲備。在接下來

納粹旗幟

的兩年裡，德國迅速獲得勝利，對國家經濟沒有造成額外負擔，且從納粹占領的國家不斷輸入資源。
　　但德國沒有為長期作戰做好準備。尤其是東線上各種人力物力的消耗（參閱第 192-93 頁），使德國經濟嚴重緊繃。

1942 年為止，德國的經濟並沒有為了因應長期作戰而進行調整，大部分是因為希特勒相信閃電戰術和掠奪占領的領土可以供應戰爭所需，並讓戰爭迅速結束。不過到了 1942 年，狀況顯然不是如此。三分之二德國勞工依照戰時命令工作，但產出速度相當緩慢，且無法滿足總體戰的需求。其中一個問題在於，在納粹體制下，經濟運作不佳，且受到浪費、計畫不良和軍事干預的負面影響。

因此，希特勒在 1942 年指派他的首席建築師阿爾貝爾特‧史佩爾監督戰時生產事務，目標是要大幅提升德國的軍火產量。史佩爾立即實施幾項重大改革：他建立中央計畫委員會（Central Planning Board），直接和希特勒聯繫，並減少軍方干預，安排具備專業技術的實業家和工程師加入。因此，儘管盟軍轟炸工業中心、滾珠軸承工廠和各種兵工廠，軍火的生產量卻提高，光是飛機的產量就快要成長到四倍，從 1941 年的 1 萬 1000 架增長到 1944 年的 3 萬 9000 架。

外籍勞工

史佩爾所謂的經濟「奇蹟」並不僅僅依靠嚴格的計畫來達成，同時也是廣泛運用外籍勞工的結果。在 1939 到 1944 年之間，勞工當中的德國男性人數減少了超過 1000 萬人——從 1939 年的 2540 萬人到 1944 年的 1350 萬人，因為有愈來愈多人被送往前線戰鬥。為了彌補工廠和農地人力短缺，納粹當局動用被占領國的勢力來填補，因此到了 1944 年時，德國的勞工當中每五個人就有一個來自外國。在戰爭期間，有多達 1200 萬勞工來到德國，分別來自波蘭、法國、比利

時、捷克斯洛伐克、塞爾維亞、俄羅斯和烏克蘭等國，他們在軍需產業工作、負責修復轟炸造成的破壞、或是在農地工作。他們當中有些人是因為響應招募而自願前來，但有更多人是被強迫從原本的國家遣送過來。他們的待遇則視情況而定，來自東歐的人實際上是工業集團專用的奴工，像是克魯伯（Krupp）、西門子（Siemens）和法本公司（IG Farben）。

納粹也利用戰俘和死亡集中營的囚犯。他們許多人都在地下工廠裡工作，這類工廠是為了要承受空襲而興建，其中一座像是位於北豪森（Nordhausen）的 V-2 組裝廠，是由布亨瓦爾德（Buchenwald）的囚犯興建。他們當中有許多人因為不堪超重工作負荷而暴斃，或是活活餓死。

德國的生活

在戰爭的頭幾年裡，居住在德國的非猶太人平民生活並沒有太重大的轉變。當局實施燈火管制和配給，但勝利的消息和奢侈品以及其他商品從被占領區源源不絕輸入，使全體國民的心情都愉悅不已。德國的工業持續生

圖例
■ 飛機年產量
■ 戰車年產量

[折線圖：縱軸標示「年產量（以千為單位）」，刻度為 5、10、15、20、25、30、35、40；橫軸標示「年分」，刻度為 1940、1941、1942、1943、1944、1945]

戰時生產
從 1942-1944 年，軍需生產增長了超過三倍，軍火工業占所有工業的 30%。1944 年之後，生產就大幅衰退。

女性勞工
儘管納粹強調女性作為家庭主婦的角色，還是有成千上萬德國女性在軍火工廠和飛機製造廠工作，還有許多人從事國內的空防工作。

500萬
1944 年時在德國工作的外籍勞工人數
——其中絕大多數來自德國占領區。

產好幾種耐用的消費產品，而且跟許多其他交戰國家不同的是，女性一直要到 1941 年之後才被徵召進入軍火產業工作。根據希特勒以及納粹黨的觀點，女性屬於家庭，女性的主要角色就是成為一位好的妻子、好母親。事實上，由於高額的戰爭撫卹金和這些納粹觀點，職場上的女性勞工人數在這個時期下跌到大約 44 萬人左右。

總動員

由於接連在史達林格勒和北非戰敗，再加上日以繼夜的轟炸，全體國民的情緒變得更加絕望。開始可以明顯感受到物資短缺，糧食配給更加嚴格，有些平民也從大城市疏散，民眾死亡的人數也跟著提高。1943 年 2 月，宣傳部長約瑟夫‧戈培爾宣布實施總體戰措施，並呼籲平民百姓全體動員，為這場戰爭努力。所有年齡在 16-65 歲的男性都要登記從事作戰相關工作，或是加入國民突擊隊（Volkssturm，類似本土防衛隊）。女性主動應徵進入軍火工廠上班，希特勒青年團（Hitler Youth）和德意志少女聯盟（League of German Girls）的團員則要參與醫院、郵政、運輸和農業方面的工作。到了 1944 年，全國人口總算動員起來，但時間上已經太晚了。

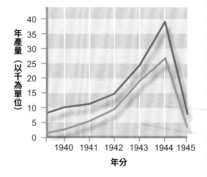

約瑟夫·戈培爾在全國各地大量運用像這樣的海報進行宣傳，強調工廠工人、農民、參與輔助單位的婦女和前線官兵要團結一致。這張海報寫著「總體戰是最迅速的戰爭」。

希特勒的建築師（1905-81年）

阿爾貝爾特·史佩爾

約瑟夫·戈培爾在 1932 年加入納粹黨，兩年後籌畫並組織了充滿戲劇性的紐倫堡黨代表大會（Nuremberg Rally）。在 1942 到 1945 年間，他負責監督並指導德國的經濟，推動許多重大改革，軍火產量因此顯著提升——他就靠著建築和經濟手腕成為希特勒的心腹之一。戰後，他在紐倫堡接受審判。他把自己和希特勒切割，但願意承擔戰爭罪刑的「共同責任」。他服 20 年徒刑，並在倫敦去世。史佩爾宣稱他只是一位建築師，對大屠殺一無所知，曾引發強烈爭議。

後果

德國平民的生活條件自 1944 年起起迅速下降，並持續惡化，直到戰爭結束。

無家可歸與饑荒
盟軍的轟炸摧毀了城市，包括科隆、漢堡和德勒斯登等地（參閱第 166-67 頁），造成數十萬人無家可歸。到了 1945 年，許多城市的居民只能到處找東西吃。配給量愈來愈苛刻。到了 1945 年 4 月，一位成人的每週肉品配給量已經從 1943 年 5 月的 437 公克下滑到 137 公克。

德國分裂
隨著戰爭結束，德國分裂成共產黨統治區以及後來的西德（參閱第 340-41 頁）。

前因

法國抵抗運動因戰敗而誕生。法國北部幾乎一被德軍占領，就有戰士自願展開暗中破壞的行動。

戴高樂點亮抵抗火焰

抵抗運動戰士，或是如同作家安德烈·馬爾羅（André Malraux）後來所稱呼的「暗夜士兵」，是和納粹占領軍戰鬥的法國平民。抵抗運動最早萌芽是由於戴高樂將軍（參閱第110-11頁）的鼓吹，他在1940年6月呼籲他的同胞：「希望一定會消失嗎？終究會戰敗嗎？錯！當我告訴你們法國沒有輸掉什麼，一定要相信我。不論發生什麼事，法國抵抗運動的火焰絕對不可熄滅，也絕對不會熄滅。」戴高樂希望在法國以外的地方組成一支專業軍隊，但許多法國平民對他的話深信不疑，並在自己所在的地方以個人身分開始和納粹戰鬥。

法國抵抗運動

有些法國人把反抗納粹占領當成自己的志業。剛開始是以被動抵抗為主，像是情報蒐集、反納粹宣傳和協助被擊落的盟軍空勤人員等等。但到了 1943 年，武裝抗暴、暗殺和游擊作戰成為主要活動類型。

法國抵抗運動不是由單一的組織進行，而是有各式各樣的獨立網絡，以共同的政治或社會觀點為基礎建立。在被占領的法國（相對於南邊的維琪法國），社會主義分子和工會形成北部解放（Libération-Nord）的骨幹，也就是主要抵抗網路。民族陣線（Front National）大部分由親蘇聯的共黨分子組成，而被稱為反抗（Résistance）的組織，絕大部分成員是羅馬天主教徒。在法國南部，有一個小派系稱為猶太軍（Armée Juive），由法國錫安會成員組成。他們藏匿逃離納粹的猶太同胞，並協助他們偷渡，翻越庇里牛斯山（Pyrenees）進入中立的西班牙。

在占領的第一階段，顛覆是抵抗的唯一手段。在法國和比利時，至少有多達 1000 份地下報紙和傳單在戰爭期間出刊，當中有些是手寫，其他則是用橡皮圖章或土製印刷機印刷。把任何拿到的報紙多印兩到三份拷貝，然後再發給別人，對當時的人來說是常見的作法。這種巧妙的散布手法——連鎖信——只要有一份拷貝品

> 特種作戰團發展出各式各樣特殊裝備供幹員使用，包括「威爾羅德」（Welrod）消音手槍、藏在日常用品內的燃燒彈，還有假裝成外套鈕扣的致命自殺藥丸，以便在萬一被俘時服用。

在地下流通，納粹就不可能加以杜絕。甚至連這些出版品的名稱都在呼籲全民武裝動員：《法國，解放自己》（France, libère-toi）、《在鐵蹄下》（Sous La Botte）、《非正規部隊》（Franc-Tireur）。

更加冒險的反擊辦法就是協助在法國和比利時上空被擊落的盟軍機組

女性戰士

最早的抵抗運動戰士藏身在法國鄉間的偏遠地帶，但隨著納粹對法國的控制力日益衰弱，城市居民不論男女都紛紛拿起武器，在街道上和納粹戰鬥。

倫敦呼叫

「馬基」盡一切可能讓行動可以配合盟軍作戰。6月5日，抵抗團體收到一則加密的無線電訊息「骰子已被擲下，骰子已被擲下」，警告他們入侵即將展開。

在 1943 年整個冬天裡襲擾德軍。D 日以後，他們和超過 1 萬名納粹部隊鏖戰了一個月，之後才因為據點遭遇

220,000 因為曾經身為抵抗運動一分子而接受戰後法國政府表揚的人數。但參加過抵抗運動的人數到底有多少，永遠不可能知道。

空降突擊而被徹底擊潰。戰鬥結束後，黨衛軍屠殺了韋科爾高原的所有村民──不只抵抗運動戰士，女人和小孩也不放過。

滅村慘案

像這樣的大屠殺是納粹政策之一，目的是嚇阻針對他們的攻擊。

黨衛軍經常槍決許多無辜百姓，以報復納粹被殺害或受傷，哪怕只有一個人。其中一起慘劇就是為了報復一名軍官被綁架，位於利木森（Limousin）地區的歐哈多（Oradour）被滅村。1944 年 7 月，這座村莊被封鎖，村民男女分開，結果男性被槍斃，女性和嬰兒被關進教堂內，接著就被縱火焚燒。歐哈多村被夷為平地，再也沒有重建。今日，這座村莊的遺跡令人蕭然起敬，提醒人法國為維持抵抗付出了什麼樣的代價。

員逃脫。有超過 2000 名盟軍機組員，不論是跳傘逃生或是幸運迫降，都透過這些所謂的「鼠輩路線」逃離這些國家，不過代價相當高──根據估計，每有一位盟軍機組員幸運躲過追捕並返回，就有一位抵抗人士付出性命。

要是沒有位於倫敦的英國軍事情報機構協助，這些逃亡路線絕對沒法暢通。逃脫是 MI9 這個部門的業務範圍，但法國內部的祕密行動則是由特種作戰團的「F 科」負責。特種作戰團在位於貝克街的總部內訓練人們從事祕密任務，並安排空投無線電、武器和製作炸彈的材料給被占領區域裡的抵抗戰士團體，同時盡最大努力協調抵抗運動內部的不同路線和分歧意見，使他們的行動可以與英

國戰時內閣的戰略相吻合。從 1941 年 5 月到 1944 年 8 月，共有超過 400 名幹員被派往法國，負責傳遞訊息並和抵抗團體接觸，或是訓練當地間諜進行破壞活動。

破壞分子的手段

最有能力和創意的破壞分子，當屬加入抵抗團體的法國鐵路工作人員，例如鐵路抵抗（Résistance-Fer）。德軍依賴法國的鐵路網，而在 1943 年夏季，一場針對德軍交通線的鐵路戰爭就此展開。納粹當局在運兵列車上加掛旅客車廂作為保護，但由於鐵路工作人員具備專業，他們有能力使炸彈在正確的時間點引爆，只會炸毀納粹的車廂，旅客車廂則毫髮無傷。

1943 年時，納粹開始徵召法國公民前往德國工作。許多人為了避免被徵召，便逃往法國各地的森林深處，或是難以抵達的深山內。他們在這裡逐漸壯大，形成打游擊的組織，稱為馬基（maquis），類似東線上的俄國游擊隊。這些團體規模龐大，一支擁有 4000 人的游擊隊在韋科爾（Vercors）的深山高原上活動，

勇氣的證明
1943 年，戴高樂授權制定一枚銅質獎章，以表揚抵抗戰士的勇氣。正面圖案是他們的象徵──洛林十字。

火車出軌
鐵路抵抗的成員是專業鐵路人員，專門破壞鐵路，他們的功勞在 D 日後獲得應有的榮譽。在入侵的第一個月後，他們切斷了 3000 條鐵路線，阻礙納粹當局派遣部隊增援灘頭。

法國抵抗運動在 1944 年獲得應有的肯定。在 D 日前夕，他們執行將近 1000 起破壞行動，並持續行動到解放為止。

擾亂納粹
1944 年 6 月 5 日時，被占領的法國境內已經有一支由 15 萬法國人組成的祕密軍團。他們受過訓練、有武裝，且隨時可以出擊。破壞分子開始擾亂德軍通訊，拖延德軍對大君主行動

韋科爾旗幟

的反應時間：電報線被切斷、鐵路被炸斷或被毀，機車頭也無法開動。黨衛軍第 2 裝甲師從位於多多涅（Dordogne）的基地出發，布署到諾曼第。結果抵抗戰士一路不斷襲擾，成功拖住了黨衛軍長達兩個星期。

4公斤 特種作戰團生產的一些祕密無線電設備連同電池的重量。這種設備可以裝進小公事包中，以方便幹員攜帶。

戰鬥到底
在 D 日接下來的幾個月裡，也就是德軍往東的漫長撤退和法國解放期間（參閱第 268-69 頁），「恐怖分子」的攻擊和其他游擊隊行動對德意志國防軍（Wehrmacht）的士氣造成嚴重打擊。由對游擊戰術和各種暗中破壞行動，他們根本束手無策。

抵抗運動戰士（1899-1943 年）

尚・慕蘭 Jean Moulin

尚・慕蘭已經成為法國人反抗納粹占領的象徵。他在抵抗運動中的角色是整合、或至少是協調許許多多反抗納粹的派系。1943 年 5 月，他召集各組織的領導人，召開一場高峰會議。這場會議在里昂舉行，但被納粹突襲查獲，慕蘭因此被捕。他遭到里昂的蓋世太保領導人克勞斯・巴比（Klaus Barbie）嚴刑拷打逼供，但拒不吐實，最後犧牲成仁。慕蘭最後被埋葬在巴黎的拉雪茲神父（Père Lachaise）公墓，並於 1964 年遷葬到萬神殿（Pantheon）。

歐洲的戰俘

《 前因

理論上來說，所有戰俘都應該符合日內瓦第三公約規定的待遇，但許多國家都因為戰俘數量太龐大而無法做好準備。

日內瓦第三公約

至少在理論上，1929 年的《日內瓦第三公約》規範了戰俘應獲得的待遇，所有之後參與戰爭的國家除了蘇聯以外全都簽署。這份公約重申 1899 和 1907 年的《海牙公約》（Hague Convention），當中規定需要體面對待放下武器的戰鬥員。

戰俘人數

在整場戰爭期間，軸心國俘虜了將近 900 萬名敵軍作戰人員，當中有三分之二是落入德軍手中的俄軍。同盟國則是從開戰時起到歐洲勝利日之間俘虜了將近 500 萬名戰俘。這些交戰國從來沒有處理數量如此龐大的戰俘的經驗，所以衝突雙方都對這項工作感到十分棘手。

戰俘的命運會因為被俘的時間、地點、階級、國籍而有天壤之別。對盟軍軍官來說，戰俘生活的最大挑戰就是一成不變的單調乏味。但對東線上的德軍或俄軍士兵來說，被俘時常代表會因為缺乏食物和刻意漠視而死亡。

在戰爭初期，德軍擄獲的戰俘數量比盟軍的還多。敦克爾克大撤退期間無法及時撤出的 5 萬英軍官兵在接下來整整五年裡，就在德軍各戰俘營中穿梭，而在這段期間，也發生過英國遠征軍官兵被德軍槍決的事件。在之後的戰爭裡，被擊落的盟軍轟炸機機組員中偶爾有幾位被德國暴民私刑處死。戰俘生活的第一或第二天——也就是投降和被載往戰俘營之間這段時間——是最危險的時候。

在大部分狀況下，納粹（尤其是德意志國防軍）在處置英軍和美軍戰俘時都會遵守日內瓦第三公約（Third Geneva Convention）。根據這份公約，

落入敵手

空勤人員尤其明白被俘虜的可能性。但對許多人來說，身為戰俘繼續活著，遠比被困住或是遭遇其他危險好得多。在英吉利海峽兩岸的戰俘營內，空勤機組員的比例都特別高。

戰俘須立即脫離戰場，若是受傷的話須給予醫療照顧，居住的地方以及伙食不得劣於俘虜他們的國家的衛戍部隊，而且他們有權拒絕透露除了姓名、軍階和服役編號以外的資訊。此外在被俘期間，他們有權和家人與朋友通信。如果被俘期間逃跑又被抓回的話，最多只能施予 30 天的單獨禁閉懲罰。公約也表示，戰俘營必需開放給國際紅十字會（International Red Cross）人員檢查。

德軍有兩種戰俘收容制度——「軍

避風港

許多德軍戰俘在 D 日之後來到英國。大多數人都慶幸脫離戰爭，並在第一次進入戰俘營時欣然接受丟臉的滅蝨手續。

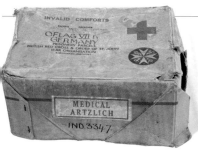

戰俘營的生命線

對戰俘來說，紅十字會的包裹可說是救命繩索。共有多達 2000 萬件小包裹從英國寄出，當中包括對戰俘來說相當珍貴的東西，像是果醬、可可、乾果、茶和蛋粉等。

官營」（Oflag）收容敵方軍官，而「俘虜營」（Stalag）則收容士官和士兵。關押在俘虜營的英軍和美軍戰俘必需在工廠或田地裡勞動。由於有規律的運動、新鮮空氣和充足食物，被指派從事農田耕作的士兵通常過得會比戰俘營的軍官好。有些人甚至發現有機會可以和德國女性發展關係（不論短期還是長期）。同樣的現象也發生在被關押在英國的義軍戰俘身上。他們幾乎所有的時間都和英國平民一起耕田種地。

而有些英軍和美軍軍官被關押的條件又不一樣，不能和當地人民有

1 成功逃脫返國的軸心軍戰俘人數。德國空軍飛行員法蘭茨·馮·維拉（Franz von Werra）從位於加拿大的戰俘營逃往美國，並在逃過追捕後經由墨西哥返回德國。

任何接觸。軍官營的俘虜是全天候看管，他們不會被要求工作，但生活條件就不太舒適，飲食也很粗糙。1944 年年底希姆來接手戰俘營的管理之前，戰俘的糧食還會有紅十字會提供的包裹補充。這些寶貴的禮物不但可以讓被關押的戰俘不致於挨餓和營養不良，他們也會允許戰俘用剩餘的物資來和守衛以物易物交換。這類祕密交易是可以讓戰俘找到逃脫機會的手段——各式各樣的便服、官方文件樣本、負責偽造、挖掘和開鎖的器材，像是印泥和抹刀等等。

逃離戰俘營

許多盟軍戰俘認為他們責無旁貸要選擇逃脫，因為他們把這件事視為此時他們唯一能為這場戰爭做出的貢獻。只要有一小群戰俘在德國的鄉間活動，就可以牽制數百名警察和後備軍人，因此就算逃脫的人被抓回來，逃

科爾迪次的點名時間
在科爾迪次，每天都會在中庭點名，那裡也是定時舉行禱拜活動的地方。這種活動是英軍戰俘為了消磨時間而發明的變種英式橄欖球，遊戲過程打打鬧鬧。

機會擬定逃脫計畫。戰俘甚至設法造出一架滑翔機，並藏在閣樓，但在有機會使用之前，美軍部隊就解放了這座城堡。

東線上的戰俘可就沒有這種機會去發明或消遣了。在這裡，日內瓦公約毫無效力。1941 年 6 月到 12 月，德意志國防軍首度朝莫斯科進攻時，

後　果

對不少戰俘來說，被監禁在國外久了，最後就變成了某種移民。有些人則在冷戰的第一個階段淪為人質。

外國的公民

有多達 2 萬 6000 名德軍戰俘欣賞英國的生活方式，因此在戰爭結束時選擇繼續留在英國，沒有回到德國。許多被送往美國戰俘營的德國戰俘都與美國女子結婚，快速成為過去敵國的公民（參閱第 334-35 頁）。

戰爭罪刑和人質

東線上的戰俘處境就差了許多。在史達林格勒戰役中生還的 9 萬德軍官兵，只有 6000 人在蘇聯戰俘營中活下來。營區內百病叢生，食物短缺，戰俘還要在惡劣的天氣中從事粗重勞動。倖存的人是大約 100 萬被視為戰犯的德軍戰俘的一部分。他們被迫協助重建被他們的祖國摧毀的俄國城市。因此這些人事實上成為冷戰第一階段的人質（參閱第 348-49 頁）。最後一批身心俱創、老態龍鐘的德軍戰俘要到 1956 年才得以返家。

俘虜了超過 300 萬名蘇軍戰俘。當中有 200 萬名在冬天結束時就已經死亡，不論是被槍斃，還是被迫行軍到死。蘇軍對待德軍戰俘的手段也如出一轍：蘇軍手中所有軸心軍戰俘在戰爭結束時全都被送往古拉格（Gulag）勞改營，他們在那裡和被遣返的蘇聯戰俘關在一起。這些蘇聯戰俘因為允許自己被德軍擄獲而被扣上了叛國的罪名。這種雙重關押的苦難——先是成為希特勒的俘虜，之後又成為史達林的俘虜——對許多人來說都是嚴峻折磨，只有少數人幸運逃過一劫。

> 「我們的責任就是要**逃出去**——並且在這個過程中盡可能**製造麻煩**。」
>
> 肯尼斯·洛克伍德上尉（Kenneth Lockwood），科爾迪次的盟軍逃脫委員會委員

脫失敗這件事也可以看成是已經對德國的整體戰爭作為做出傷害。但同樣重要的是，策畫逃脫可以讓盟軍軍官有事情做——不但更刺激，而且比起軍官營中隨時都有的業餘劇場、管絃樂隊和各種運動項目都來得有意義。

但確實有幸運的少數人從 IV-C 軍官營——也就是更多人聽過的科爾迪次（Colditz）——成功逃脫。這是位於薩克森（Saxony）的一座中世紀城堡，最不聽話的逃脫戰俘都會被送到這裡嚴加看管。這座建築本來就是用來防止人逃脫的，但它有許多祕密角落和通道，而且戰俘又可以在城堡內自由探索，因此就會有很多靈感和

英國軍人與政治人物（1916-1979 年）

艾瑞·尼夫 Airey Neave

艾瑞·尼夫隸屬英國皇家砲兵（Royal Artillery），他是第一位逃出科爾迪次的英軍軍官。1940 年時他在法國服役，結果受傷被俘。他在翌年多次嘗試脫逃，因此被送到戒備森嚴著稱的科爾迪次城堡。1942 年，他穿著自己縫製的德軍軍官制服，大搖大擺地帶著一群戰俘走出城堡。他們花了兩天時間搭火車抵達瑞士附近，並偷偷越過邊界。戰爭結束後，尼夫成為國會議員，並在 1979 年被愛爾蘭共和軍（IRA）暗殺。

前因

在 1942 年的嚴寒冬天裡,紅軍在史達林格勒擋住德軍;更重要的是,他們冒著大雪追擊軸心軍。

後退的戰線

蘇軍部隊的無情壓力迫使德軍在這場戰爭裡首度撤退(參閱第 192-193 頁)。等到 1943 年初天冰雪開始融化後,德軍戰線已經退縮到西邊很遠的地方。

堡壘行動

在東線戰場南端的庫斯克,戰線上有一塊由俄軍占有的巨大突出部,向德軍占據的領土內凸出,非常危險。德軍消滅庫斯克突出部的作戰代號是堡壘行動,是這場戰爭中最後一場閃電戰,也是第一場失敗的閃電戰。

害怕盟軍入侵

德方原本希望堡壘行動可以在夏季的東線戰場上帶來僵局,讓元首可以把精力和資源轉移到西線上某個地方,因為他確信盟軍入侵(參閱第 202-03 頁)遲早會發生。

理想的戰車運動地形

在俄羅斯廣闊的大地上,裝甲縱隊可以和大海中的艦隊一樣來去自如。但是在庫斯克,蘇軍逼迫德軍豹式和虎式戰車進入狹小的「擊殺區」,一輛接著一輛解決它們。

庫斯克會戰

1943 年 7 月在庫斯克周邊地區爆發的激戰,參與其中的有高達 6000 輛戰車、4000 架飛機和 200 萬名步兵。這是裝甲部隊的對決,世界以前從未見識過如此的衝突,並且對東線戰爭的結果具有決定性。

1943 年 3 月,蘇軍在庫斯克的戰線形成巨大的泡泡形狀,寬達 180 公里,突出到庫斯克以西的地方達 100 公里。希特勒明白庫斯克突出部是德軍防線中的弱點,俄軍可以從這裡發動夏季攻勢。他和麾下將領決定,需要從南北兩側透過迅速機動的鉗形攻勢來把這個突出部拿掉,而被困在這個突出部裡的蘇軍部隊就可以透過包圍戰(Kesselschlacht)有系統地加以消滅。

庫斯克本身是重要的鐵路節點,因此也是值得攻占的目標,但這只是期望中的一部分收穫。如果德軍的計畫生效,這個地段的蘇軍戰鬥力會被嚴重削弱,而同一時間德軍可以把蘇聯境內的戰線拉直並縮短,接著就可能把這條防線要塞化,使俄軍無法逼近,並迫使他們在德軍強化過的防線上消耗力量。

希特勒延後攻勢

希特勒心中所盤算的那種攻擊,在奇襲這個要素的配合下最能發揮威力,但俄軍方面知道對庫斯克的攻擊遲早會出現。希特勒麾下的指揮官馮·曼斯坦元帥希望可以在 3 月發動攻勢,但希特勒主張應等到俄國春季融冰結束以後,因為這段期間俄國大地一片泥濘,部隊幾乎不可能移動。到了

德軍元帥(1887-1973年)

埃里希·馮·曼斯坦

埃里希·馮·曼斯坦是一名作戰指揮官,他擬定德軍在 1940 年突破英法聯軍的計畫,但大部分時間在東線作戰。他在擔任第 11 軍團司令並攻占克里米亞(Crimea)與克赤半島(Kerch)後,接手指揮頓河集團軍。曼斯坦雖然曾支援庫斯克的進攻行動,但他認為延後太久了,最後他在 1944 年被希特勒免職。

「俄國人**利用**他們的**勝利**⋯⋯**東線上再也不會有平靜的日子了**。」

海因茨·古德林,1943 年

頂尖戰車
俄軍的 T-34 是庫斯克戰役中的決定性武器，經常被稱為是二次大戰中設計最好的戰車，在 1940 年到 1945 年間共生產 5 萬 7000 輛。

4 月，希特勒又再度把攻勢往後延，因為他決定再等到 6 月，那時就會有 300 輛全新豹式（Panther）戰車可投入作戰。但 6 月時最高統帥部接獲有關蘇軍在庫斯克的兵力警告，因此希特勒又決定再多等一個月，讓更多豹式戰車可以運抵前線。

延後的高昂代價

希特勒嚴重低估蘇軍防禦的強度和縱深。當他延後攻勢時，蘇軍挖出總長達 4800 公里的壕溝，沿著防線埋設

捍衛庫斯克
蘇軍為德軍攻擊庫斯克的行動做了十足的準備。這個突出部由五、六道同心圓的壕溝保護，東方還有六個儲備軍團待命。

大量地雷－隱藏在夏天剛長出來的草叢裡－並布署高達 2 萬門火砲；超過 100 萬部隊待命，而在戰線後方還有大量人員和裝甲車輛擔任預備隊。這些工作大部分都因為保密而沒有被德軍察覺，因此庫斯克不僅僅是一座堡壘，還是一個陷阱：7 月 5 日時，德軍兩個裝甲軍團就直直衝進去。甚至連希特勒都開始懷疑作戰進度，他表示「讓我的胃整個翻過來」，結果他是對的。

第 4 裝甲軍團在北方從哈爾可夫進攻，第 9 裝甲軍團則在南邊從奧瑞爾挺進，德軍攻勢迅速陷入麻煩。許多大家長久以來寄予厚望的豹式戰車紛紛拋錨，還有更多因為壓到地雷而失去行動力，而這種靜止不動的目標就是蘇軍反戰車單位的優先打擊對象，其作戰效率高得驚人：一名軍官會同時指揮十門砲瞄準同一輛戰車，接著再換下一輛。

不過許多成功突破第一道防線的戰車都裝備威力強大的 88 公釐口徑戰車砲，如此火力搭配厚重裝甲，幫助他們可以在開戰頭幾天裡攻占一些土地。不過這個時候還有其他問題，就是戰車經常開在步兵前方，接著就像蘇軍防禦網中的蒼蠅一般被困住。在成群的步兵面前，這些戰車的火力和厚重鋼質裝甲板通常沒辦法發揮太大功用。蘇軍發現，即使是最重型的戰車，只要在近距離用火焰發射器對準散熱器的網柵噴射，就會動彈不得。

蘇軍的勝利

堡壘行動開始一個星期之後，鉗形攻勢的北路就陷入僵局，而南路雖然穩

100萬 蘇軍沿著庫斯克戰線布署的反戰車和反人員地雷數量，相當於戰線上每公里超過 3000 枚。

定但緩慢地推進，但也只不過深入 20 公里而已；7 月 12 日，史達林布署他的預備隊主力－第 5 戰車軍團－對付南路德軍，結果這兩支裝甲部隊在普羅霍羅夫卡（Prokhorovka）爆發激

0 _____ 100 公里

③ **7 月 5 日清晨 5 點 30 分**
德軍第 9 軍團進攻，但遭遇蘇軍第 13 軍團猛烈抵抗

④ **7 月 7-8 日**
德軍遭遇激烈頑抗，在波尼里被擋下來，只前進 13 公里

奧瑞爾

第 2 裝甲軍團
第 9 軍團
第 48 軍團

中央集團軍

小阿爾漢格爾斯克

佩爾維耶日波尼里
波尼里車站
俄 羅 斯
奧利霍瓦特卡
第 2 戰車軍團
第 13 軍團
中央方面軍
第 65 軍團
庫斯克

① **1943 年 7 月 4 日**
蘇軍第 6 近衛軍團的砲兵在德軍發動主攻前率先開火

第 60 軍團
利戈夫
雷利斯克
第 6 近衛軍團
第 5 近衛戰車軍團

⑤ **7 月 12 日**
第 4 裝甲軍團朝普羅霍羅夫卡挺進，並在當地和蘇軍第 5 近衛戰車軍團交火，接著爆發二次大戰期間規模最宏大的戰車會戰，結果德軍停止前進

可芮諾沃
弗羅涅日方面軍
第 38 軍團
奧博揚
普羅霍羅夫卡

蘇梅
第 40 軍團
哥特尼雅車站
布托沃
托馬羅夫卡
貝哥羅
第 69 軍團
科羅查

② **7 月 5 日清晨 5 點**
德軍第 4 裝甲軍團以楔形編隊進攻，但遭遇蘇軍密集砲火

第 4 裝甲軍團
第 7 近衛軍團
第 57 軍團

南方集團軍

哈爾可夫

圖例
▨ 蘇軍主防線
▨ 蘇軍第二防線
▨ 蘇軍第三防線
— 7 月 12 日時德軍占領的土地
⟹ 德軍推進
⟹ 蘇軍部隊運動

烏 克 蘭

戰，考慮到此時正值這場戰役中的關鍵時刻，這場會戰經常被形容為有史以來規模最大的戰車會戰。也許這個稱號還有商榷餘地，但無疑是龐大的德軍虎式戰車和較輕、較靈敏的 T-34 戰車間的猛烈衝突，場面盛大壯觀。普羅霍羅夫卡上空的戰鬥就跟地面上一樣激烈，蘇軍飛行員戰技漸入佳境，逐步讓德軍失去他們原本習以為常的空中優勢。

從數量上來看，俄軍損失較重。俄軍戰車和飛機的損失數字都要比德軍來得高，但是蘇軍可以承受這些損失，德軍卻沒辦法。希特勒通常會堅持，部隊無論如何都要戰鬥到底，但是他這次卻喪失鬥志，在 7 月 17 日下令終止堡壘行動。他很可能因為盟軍在西西里島登陸而分心。不論怎樣，德國現在就是要兩面作戰，對所有尚未進行的會戰來說，這個信號相當明顯，歐洲的戰爭現在正步入最後階段。

後果

在庫斯克戰役後，蘇軍發現他們的戰力足以徹底控制東線戰場。在接下來的幾週裡，紅軍拿下哈爾可夫，並攻占關鍵城市奧瑞爾。

戰敗的國家
德軍裝甲部隊的傑出創建者海因茨·古德林將軍寫道：「由於堡壘行動失敗，我們慘遭決定性挫敗。我們花費一番努力，好不容易才重新編組並裝備的裝甲部隊，不論是人員還是物資都蒙受慘痛損失。」

撤退的國家
蘇聯這次的勝利實際上代表著，從庫斯克開始，德意志國防軍永遠都在打後衛作戰。蘇軍一路向西追擊，越過一片焦土的烏克蘭，在 11 月時解放基輔。
1944 年，紅軍的大攻勢（參閱第 270-71 頁）把德軍逼退到當初 1941 年發動巴巴羅莎入侵行動的發起線後方。

蘇聯元帥　1896年生，1974年卒

喬吉·朱可夫

「如果我們來到雷區，我們的**步兵還是會進攻**，就好像沒有地雷一樣。」

喬吉·朱可夫和艾森豪將軍的談話，1945年

喬吉·朱可夫是受勳無數的戰爭英雄和蘇聯愛國者。他是傑出的軍事指揮官，也是二次大戰期間俄軍對抗德國的戰鬥中的關鍵人物。他在莫斯科、史達林格勒和列寧格勒等地獲得輝煌勝利，並領導蘇軍對柏林的最後猛攻。朱可夫是蘇聯共產黨員，但他不但敢在軍事事務上挑戰史達林，甚至還是少數活得比史達林還久的布爾什維克分子。

在哈拉哈河策畫戰術
朱可夫在滿洲的哈拉哈河策畫了傑出的反擊戰，使日軍遭到致命打擊和傷亡，防止日軍在之後的戰爭裡對蘇聯發動攻擊。

朱可夫出生在赤貧農民家庭。他被徵召加入俄羅斯帝國陸軍，參加過第一次世界大戰，因為作戰英勇贏得兩枚獎章。1917年布爾什維克革命後，朱可夫跟著加入共產黨和紅衛兵，之後在俄國內戰中指揮一個騎兵師。他因為表現英勇且在必要時不擇手段，因此受到當時政府其中一員的史達林賞識；史達林鼓勵他學習軍事科學，他因此在俄國和德國進修。自此之後，這兩個人儘管有時不太處得來，但合作密切。

在史達林手下崛起
在接下來幾年裡，朱可夫在部隊裡穩定地往上爬，以紀律嚴格且堅毅果決而著稱。當此時已成為蘇聯領導人的史達林在1937和1938年對紅軍軍官發動大清洗時，朱可夫卻正好安穩地

蘇軍部隊領導人
朱可夫身為蘇軍指揮官，曾領導他們贏得這場戰爭中幾場最重大的勝利。雖然他在列寧格勒戰役期間是繼史達林之後的第二號人物，但卻在1950年代失寵。

待在遙遠的滿洲邊界上和日軍作戰。1939年，他在哈拉哈河戰役（Battle of Khalkhin Gol）領導成功的反擊作戰，對日軍造成重大死傷。朱可夫是裝甲部隊作戰的先驅，他靠著一絲不苟的計畫和有技巧運用戰車獲得成功。他應用典型的騎兵戰術──集結戰車衝向日軍打出一個缺口，然後發動鉗形攻勢粉碎日軍──此舉已經有頗多他日後戰略的特色。朱可夫因為這次的戰功而獲得蘇聯英雄（Hero of the Soviet Union）頭銜，並晉升至上將。

蘇聯英雄
朱可夫是蘇聯獲頒勳章最多的將領之一，曾榮獲蘇聯英雄勳章四次。

保衛蘇聯

1941年6月，德國入侵蘇聯。由於面對德軍的進攻卻毫無準備，史達林和朱可夫對戰略意見不合。朱可夫主張，因為基輔無險可守，部隊應該往

麾下共有88個步兵師和15個騎兵師，還有1500輛戰車，此外還得到俄國寒冬的幫助。他最後把德軍趕出莫斯科，造成德軍在東線上的第一場大敗仗。

東線的勝利

朱可夫此時又重新獲得史達林青睞，隨著戰爭進展，他開始聽進麾下將領的意見。朱可夫晉升到副總司令，實質上成為史達林的左右手，奉命計畫並協調整個東線的軍事戰略。朱可夫被派往史達林格勒指揮防禦作戰，在1943年1月，他一方面冷血無情──失敗或擅離職守就會被處死，另一方面又擬定傑出的軍事計畫，監督整個包圍並俘虜德軍第6軍團的行動。蘇軍部隊的傷亡十分慘重，西方評論家有時認為朱可夫過於凶殘，但蘇軍的作戰是以

驅逐德軍，穿越蘇聯並進入德國。朱可夫身為第1白俄羅斯方面軍司令，指揮蘇軍越過烏克蘭，穿越白俄羅斯，進入波蘭和捷克斯洛伐克，並攻向柏林。在朱可夫的指揮下，柏林先是被包圍，最後在1945年5月淪陷，直接導致德國最後的屈服和投降。1945年5月8日，他代表蘇聯大本營接受德軍投降。

失色的戰後歲月

戰爭結束後，朱可夫依然指揮蘇聯在德國的占領軍，並領導在莫斯科紅場上舉行的蘇軍勝利大閱兵，在現場校閱部隊、向史達林致敬。之後朱可夫帶著盟軍指揮官艾森豪將軍走訪蘇聯，艾森豪公開承認朱可夫的功勞，說如果沒有他，就不可能贏得勝利。

在俄國，朱可夫是民族英雄，不論在軍方內部還是民間都非常受歡迎。不令人意外，此時的史達林把朱可夫視為他權力的威脅。他把朱可夫調離柏林，並放逐到今日烏克蘭的

> 「如果他們直到冬天都不進攻的話……我們就會**進攻，而且會把他們撕成碎片！**」
>
> 朱可夫評論德軍

後撤退，但是史達林卻堅持防守。最後，德軍橫掃基輔，50萬蘇軍官兵淪為俘虜。身為總參謀長的朱可夫被免職，並被派往指揮莫斯科的防務。他

為盟軍舉杯
雖然俄國不信任同盟國（反之亦然），但朱可夫將軍（中）和艾森豪將軍（左二）彼此惺惺相惜，且這份敬意一直持續到戰後。

相當大的規模進行：對朱可夫而言，獲得最後勝利代表損失慘重理所當然，部隊也高度認可他。

1943年初，朱可夫指揮對列寧格勒德軍包圍圈的第一次突破，而在1943年7月的庫斯克戰役裡，他又指揮了戰爭中規模最大的戰車大會戰，並取得決定性勝利。

庫斯克戰役後，蘇軍轉守為攻，

和平條約
戰爭結束後，朱可夫繼續留在德國，擔任占領軍司令。圖為他簽署賦予盟軍對德國最高指揮權的條約。

敖德薩一個不起眼的職位，當地沒有多少部隊駐紮。1953年史達林去世後，朱可夫在第一書記尼基塔・赫魯雪夫（Nikita Khrushchev）主政下又回到檯面上，在1957年出任政治局（Politburo）成員。但他反對削減紅軍的規模和權力，所以又被解職。1964年，蘇聯的新領導人列昂尼德・布里茲涅夫（Leonid Brezhnev）又賞識朱可夫，但他再也沒有重返政治或軍事圈。朱可夫在晚年勤於撰寫有關蘇聯在二次大戰中作戰的相關著作，並在1974年去世。有100萬人前來瞻仰他的遺容，之後蘇聯當局就以全軍禮把他安葬在紅場克里姆林宮的城牆下。

朱可夫年表

- **1896年12月1日** 出生在莫斯科以東約100公里斯特爾科夫卡村（Strelkov-ka）的赤貧農民家庭中。
- **1915年** 被徵召加入俄羅斯帝國的騎兵部隊，在第一次世界大戰期間晉升中士，並且因為英勇作戰獲得獎勵。
- **1917年11月** 布爾什維克在俄國掌權後，他當選所屬騎兵隊的紅軍士兵委員會主席。
- **1918-21年** 以紅軍身分參加俄國內戰。在1919年加入共產黨。
- **1923年** 駐紮在白俄羅斯，負責指揮一個騎馬騎兵團。
- **1930年** 接掌列寧格勒第2騎兵師的指揮權。他撰寫軍事手冊，並提倡使用戰車和機動單位來進行攻勢作戰。

朱可夫與史達林

- **1939年** 他逃過史達林對陸軍軍官的大清洗，領導蘇軍和蒙古軍隊進行成功的防禦作戰，在哈拉哈河抵擋入侵的日軍，並首度獲頒蘇聯英雄這項榮譽頭銜。
- **1940年** 晉升到上將並擔任紅軍總參謀長一職。
- **1941年7月** 當德軍入侵時，他主張紅軍應該從基輔撤退，但史達林不同意，結果被免職。
- **1941年9-12月** 負責防禦列寧格勒。德軍雖然停止前進，但改打圍城戰。他又奉命保衛莫斯科，首度打敗德軍。
- **1942年8月** 成為蘇聯武裝部隊副總司令，僅次於史達林，負責擬定沿著整條東線的大規模反攻行動。
- **1943年1月** 突破德軍對列寧格勒的封鎖，打通通往這座城市的路上走廊。
- **1943年7月4-15日** 在庫斯克戰役中指揮這場戰爭以來規模最大的戰車會戰。
- **1944年** 指揮蘇軍反攻白俄羅斯的攻勢。
- **1945年3-4月** 隨著歐洲戰事逐漸進入尾聲，他會見史達林並計畫對柏林的最後突擊。
- **1945年5月8日** 代表蘇聯參加德國的正式投降儀式。
- **1946年** 以民族英雄之姿返回莫斯科。史達林把他看成威脅，因此被貶官到敖德薩。
- **1953年** 史達林死後被召回莫斯科，在1955年出任副國防部長。
- **1957年** 成為共產黨中央委員會的委員，但和第一書記赫魯雪夫意見不合，因此遭軟禁。
- **1964年** 赫魯雪夫被罷黜後，他重獲自由，接著把餘生花在寫作戰時回憶錄上。
- **1974年6月18日** 77歲時在莫斯科去世，活得比史達林和赫魯雪夫更久。

太平洋上的跳島作戰

1943 年間，美國海軍與陸戰隊開始越過太平洋反攻，發動一連串兩棲作戰，奪取日軍占領的島嶼。
但在占領這些蕞爾小島的軍事基地時，通常卻因為日本守軍瘋狂抵抗而付出高昂代價。

塔拉瓦島上的戰俘
淪為俘虜的日軍非常少，一部份是因為日軍軍官嚴格要求士兵戰鬥到死，另一部分也因為盟軍部隊不太願意允許他們憎恨的敵人投降。

前因

日軍的征服狂潮在 1942 年畫下休止符，但卻依然據守著廣大無際的國防圈。

索羅門戰役
1942 年 8 月，美軍部隊在太平洋上索羅門群島中的瓜達卡納島登陸，結果引來日軍海陸兩路的猛烈反撲。到了 1943 年 2 月，日軍被迫撤出瓜達卡納島，但仍守著其他島嶼（參閱第 164-65 頁）。

新幾內亞
1942 年下半年，盟軍（絕大部分是澳洲部隊）成功遏制日軍入侵巴布亞的行動（參閱第 166-67 頁）。日軍依然繼續掌控新幾內亞島和新不列顛島其他地方的陣地。

海軍平衡
在 1942 年間，美日兩國海軍打了一連串大規模海戰。儘管日本海軍航空母艦部隊在 6 月的中途島海戰（參閱第 162-63 頁）中被擊敗，但沒有任何一方能夠徹底掌握海權。

美國在太平洋戰爭中的下一步戰略是在 1943 年 5 月於華盛頓特區舉行的會議上決定的。由於無法決定要採取西南太平洋的道格拉斯·麥克阿瑟將軍（Douglas MacArthur）的提案，還是負責南太平洋與中太平洋的美國海軍領導人的提案，因此會議決定兩者並行。麥克阿瑟將可以沿著新幾內亞北海岸前進，並攻占日軍在新不列顛島上的基地臘包爾，同時海軍則要完成征服索羅門群島的任務，並深入中太平洋，首先把目標放在吉爾伯特群島及馬紹爾群島。

17 在塔拉瓦的激戰期間，日方 3000 名衛戍部隊和 1000 名建築工人當中幸運存活下來的人數。而在島上的 1200 名朝鮮籍奴工之中，也有 129 人在戰鬥中活了下來。

日軍依然對防禦太平洋上國防圈的能力深具信心，但他們的信心基礎並不充分。日軍的衛戍部隊和基地四處散布在廣袤的大洋上，很容易被一個接著一個拔掉。雙方力量的對比現在對他們極為不利。美國的工廠和造船廠已經為了因應戰時生產而大幅擴產，美軍的各訓練營也訓練出大批作戰部隊的新血；日軍依賴部隊官兵堅毅不撓的精神對美軍造成重大傷亡，但在消耗戰中，優勢很明顯是在盟軍這邊。

日軍指揮高層面對的問題因為美軍在訊號情報蒐集方面的優勢而惡

化。盟軍破解日軍的通訊，因此可以在 1943 年 3 月開始時，派遣陸基轟炸機去攔截一支從臘包爾出發航向新幾內亞的日軍部隊運輸船團，在俾斯麥海（Bismarck Sea）上把她們通通擊沉，而生還的日軍在海面上漂流時逐一遭機槍掃射死亡，這象徵著太平洋戰爭中痛苦不斷加深。在華盛頓的會議上構想出的第一場攻勢於 1943 年 6 月 30 日實施，代號側翻行動（Operation Cartwheel），主要內容是在新幾內亞北部和索羅門群島同時進擊，並在瓜達卡納島西北方的新喬治亞島（New Georgia）和連多瓦島登陸。這場作戰隨即遭遇難題。在新喬治亞島這座叢林四處密布的大島上，盟軍部隊面對超過 1 萬名駐守的日軍部隊堅決抵抗，艱苦奮戰，而在新幾內亞戰鬥進展也十分緩慢，且代價高昂。

到了 8 月，盟軍指揮高層調整戰略。盟軍不會再嘗試攻占防禦嚴密的日軍陣地，而是會繞過他們，把他們留在當地，用麥克阿瑟的話來說，就是「在藤蔓上枯萎」。因此根據這個原則，盟軍先在維拉拉維拉島（Vella

軍事科技

兩棲車輛

登陸艇必須在海岸線上卸下人員與裝備，但兩棲車輛卻可以載運他們到陸地上，因此在第二次世界大戰期間的盟軍登陸作戰裡，這些車輛理所當然扮演愈來愈吃重的角色。DUKW 水陸兩用車在 1943 年導入，是一款「可以游泳的卡車」，它有六個車輪，能夠載運 25 名士兵或 2.5 公噸的貨物上岸。其他重要的兩棲車輛包括履帶登陸車或兩棲曳引車（Amtrac）。履帶登陸車有裝甲，因此可作為兩棲突擊車使用，載運步兵冒著敵火射擊上岸，有些甚至加裝配備火砲的砲塔，成為兩棲戰車。

水陸兩用車

Lavella）登陸，接著 11 月時又在布干維爾島登陸，繞過重兵駐防的科隆邦加拉島（Kolombangara）。更重要的是，他們還放棄攻占臘包爾這個主要目標。臘包爾在 11 月時遭遇美國海軍飛機毀滅性的打擊後，隨著戰局逐漸往北進展，便成為毫無任何作用的廢墟，被拋棄在後方，就這麼一直留在日軍手上直到 1945 年 9 月投降。

新的資源

中太平洋的攻勢一直要到 1943 年 11 月才展開，這是因為美國要到這個時候才有足夠的航空母艦和兩棲能量同時供給西南太平洋、南太平洋和中太

布干維爾島上的美軍
索羅門群島的叢林地形對盟軍部隊帶來許多困難。雖然盟軍在 1943 年 11 月登陸布干維爾島，日軍依然在島上活動，直到戰爭結束。

馬金環礁

1943 年 11 月 20 日，美軍第 27 步兵師的士兵涉水登上馬金環礁。如同美國海軍陸戰隊在同一天突擊的塔拉瓦環礁一樣，珊瑚礁使得登陸艇無法直接停靠在灘頭上。

「慢到令人痛苦不堪，走在水裡⋯⋯我們還要走 **700 碼** 的距離，才能慢慢走進機槍的火網中⋯⋯」

戰爭特派員羅伯特・雪洛（Robert Sherrod）報導登陸塔拉瓦的實況

平洋的作戰使用。為了登陸吉爾伯特群島中的馬金和塔拉瓦島而集結的部隊，可說是擴充後的美國海軍戰力軍容壯盛的展示。海軍中將雷蒙・史普魯恩斯（Raymond Spruance）擁有 17 艘航空母艦可用，從最新的埃塞克斯級（Essex）快速航空母艦到小型護衛航空母艦應有盡有，相較之下美軍只在中途島海戰中投入三艘航空母艦，另外還有 20 艘運兵船載運海軍陸戰隊第 2 師 1 萬 8000 名官兵航向塔拉瓦島，以及第 27 步兵師的 7000 名官兵前往馬金島。

血戰塔拉瓦

這兩座蕞爾小島都是礁石圍繞的珊瑚環礁，其中塔拉瓦的大小就跟美國紐約的中央公園差不多。馬金島的守備相對不那麼嚴密，但塔拉瓦島的防務卻由日本海軍少將柴崎惠次指揮的 3000 名部隊大幅要塞化，他宣稱「需要 100 萬人花費 100 年」的時間才能占領這座島嶼。事實上美國海軍只花了四天，也就是 11 月 20 日到 24 日。但在這麼短的時間內，戰鬥的狂暴激烈程度只是預先告訴所有人，未來還有更大規模的惡戰。

儘管經過海空猛烈轟炸，美國海軍陸戰隊員上岸時依然遭遇猛烈敵火。搭乘履帶登陸車（Landing Vehicle, tracked, LVT）可以越過珊瑚礁登岸，但其餘的人就只能跳進海中，然後從珊瑚礁間涉水登上海灘。在第一天登陸的 5000 名海軍陸戰隊員中，就有高達三分之一傷亡，許多人還沒登上陸地就已經被擊中。

塔拉瓦防禦戰在日軍一連串的自殺萬歲衝鋒中畫下句點——他們被教導要戰鬥到死，因此他們會向盟軍發動衝鋒，不會投降，守軍只有 17 人存活。美國海軍陸戰隊共有超過 1000 人陣亡和超過 2000 人負傷。以跳島戰術越過太平洋攻向日本，絕不會是個輕鬆愉快的選擇。

後 果

1944 年，盟軍攻勢抵達馬里亞納群島和菲律賓。

馬紹爾群島和馬里亞納群島

中太平洋攻勢在 1944 年 2 月藉由對馬紹爾群島的登陸而繼續進行，緊接而來的是對馬里亞納群島（參閱第 238-39 頁）的突擊，1944 年 6 月在塞班島（Saipan）展開。

重返菲律賓

新幾內亞和索羅門群島的戰鬥一直進行到戰爭結束。盟軍主宰了海面和天空之後，終於能夠在 1944 年 10 月發動企盼已久的入侵菲律賓作戰（參閱第 240-41 頁）。

關鍵時刻

山本之死

1943 年 4 月 18 日，日本海軍聯合艦隊總司令山本五十六海軍大將計畫飛往布干維爾島視察前線基地。美國海軍情報單位破解了一條訊息，當中透露了山本的行程細節。美軍派出一個中隊共 18 架戰鬥機，裝上延伸航程用的外掛油箱，從瓜達卡納島起飛，前往攔截山本的座機。這些戰鬥機降低高度貼海飛行，以避免被敵軍雷達發現，最後山本在叢林上空被擊落陣亡。

7

壓倒性的軍力
1944年

蘇軍把德軍逐出蘇聯，並朝波蘭和巴爾幹半島進軍。盟軍的D日登陸開闢了第二戰場，解放法國與比利時，但隨後遭到德軍強力反擊。在太平洋上，日本海軍幾乎全軍覆沒。

壓倒性的軍力

盟軍入侵諾曼第。 超過 15 萬士兵在戰役開打第一天的 D 日就在法國五個海灘上登陸。

隨著蘇軍逼近華沙，波蘭本土軍（Polish Home Army）也開始起義抗暴，但因為蘇軍的援助沒有實現，起義在經過 63 天後被鎮壓。

蘇軍的攻勢大有斬獲，沿著北起波羅的海、南達巴爾幹半島的整條東線都有所進展，也結束德軍對克里米亞的占領。

歐洲

法羅群島（屬丹麥）
挪威
瑞典
芬蘭
北海
丹麥
愛沙尼亞
拉脫維亞
立陶宛
波羅的海
愛爾蘭自由邦
英國
荷蘭
比利時
盧森堡
德國
波蘭
蘇聯
法國
瑞士
斯洛伐克
匈牙利
羅馬尼亞
義大利
南斯拉夫
保加利亞
黑海
葡萄牙
西班牙
地中海
阿爾巴尼亞
希臘
土耳其
摩洛哥（屬法國）
突尼西亞（屬法國）
阿爾及利亞（屬法國）
利比亞
多德坎尼斯
敘利亞
賽普勒斯
巴勒斯坦
伊拉克
埃及

冰島
大西洋
英國
法國
德國
波蘭
蘇聯
西班牙
義大利
黑海
土耳其
敘利亞
巴勒斯坦
伊拉克
波斯
阿富汗
尼泊爾
印度
摩洛哥
阿爾及利亞
利比亞
埃及
外約旦普長國
內志（沙烏地）
阿曼
哈德拉毛
葉門
亞丁保護國
法屬索馬利蘭
英屬索馬利蘭
義屬索馬利蘭
里約奧羅
法屬西非
甘比亞
葡屬幾內亞
獅子山
賴比瑞亞
黃金海岸
奈及利亞
法屬赤道非洲
喀麥隆（英國託管地）
馬麥隆（法國託管地）
阿比西尼亞
肯亞
比屬剛果
坦干伊加（英國託管地）
尼亞薩蘭
北羅德西亞
安哥拉（屬葡萄牙）
南羅德西亞
西南非洲
貝專納蘭
莫三比克
馬達加斯加
史瓦濟蘭
南非聯邦
巴蘇托蘭
印度

巴黎被自由法軍部隊和抵抗運動人士解放後，夏爾·戴高樂獲得英雄式歡迎。這場戰役代表大君主行動結束，法國終於解放。

在義大利，盟軍在位於羅馬以南的海岸城市安濟奧登陸，最後終於攻占首都羅馬。但盟軍在義大利還是和德軍纏鬥到 1945 年。

在緬甸戰役中，英印部隊擊潰日軍越過緬甸邊界發動的攻擊，為勝利的反攻打下基礎。

在 1944 這一年裡，盟軍逐步進逼德國和日本本土。在東線上，俄軍解放了蘇聯剩下仍被占領的領土，並進入波蘭。由於預料紅軍即將抵達，波蘭人在華沙揭竿而起，反抗納粹占領軍，但俄軍卻在維斯杜拉河（River Vistula）畔停止前進，因此起義功虧一簣。在南歐，俄軍的推進迫使德軍從巴爾幹半島疏散。對西方盟國而言，這一年的首要工作就是已經準備了超過兩年的諾曼第登陸。法國和絕大部分比利時雖然在登陸之後順利解放，但是在 1944 年結束歐洲戰爭的希望，卻因為盟軍出現補給問題拖累前進速度，使得德軍能夠恢復一些元氣而逐漸破滅。他們確實在 12 月時發動一場大反攻，讓盟軍大吃一驚。這段期間

1944年

日軍在華中地區發動大規模攻勢，以反制美軍使用中國的空軍基地來轟炸日本的目標。

在華盛頓特區舉行的敦巴頓橡樹園會議（Dumbarton Oaks Conference）為日後的國際組織聯合國打下第一個基礎。出席者有來自美國、英國、蘇聯和中國的代表。

麥克阿瑟將軍實現了他要把菲律賓從日軍手中解放出來的承諾。

美軍從日軍手中奪取馬里亞納群島，島上的空軍基地隨即被美軍轟炸機用來攻擊日本本土。

1944年12月時的世界地圖
- 軸心國及其盟國
- 1944年12月時軸心國征服區域
- 1944年12月時日本控制區
- 同盟國
- 1944年12月時同盟國征服區域
- 中立國
- 1939年9月時的邊界

在義大利，盟軍經歷一番苦戰，才在 6 月進入羅馬。但德軍再度擋下盟軍，直到這一年結束。

在緬甸，日軍在 3 月初發動大規模攻勢，但遭盟軍擊退，然後盟軍也發動決定性的大反攻。日軍也在中國發動一連串攻勢，迫使美國撤出戰略轟炸機。道格拉斯・麥克阿瑟將軍在西南太平洋繼續執行跳島戰術，最終把新幾內亞島上的日軍主要基地臘包爾孤立起來。在中太平洋，切斯特・尼米茲海軍上將確保了馬紹爾群島，然後繼續奪占馬里亞納群島。此後，這兩股美軍進攻力量在登陸菲律賓的行動中會合，而在這些作戰的過程中，日本海軍形同被殲滅。

1944年時間軸

安濟奧登陸 ■ 緬甸的轉捩點 ■ 羅馬的陷落 ■ D日 ■ 從諾曼第突破 ■ 重返菲律賓 ■ 飛行炸彈 ■ 炸彈刺殺希特勒 ■ 法國的解放 ■ 紅軍大攻勢 ■ 華沙起義 ■ 市場花園行動 ■ 突出部之役

1月	2月	3月	4月	5月	6月
	2月4日 美軍占領馬紹爾群島中的瓜加林（Kwajalein） **2月8日** 經過修正的大君主行動（諾曼第登陸）計畫獲得批准。 《美軍登陸馬紹爾群島	**3月4日** 麥支隊（Merrill's Marauders）開始在緬甸作戰。	**4月4日** 戴高樂接掌指揮法國武裝部隊。 **4月12日** 在克里米亞，德軍撤往塞瓦斯托波爾（Sebastopol）的要塞，但只堅守到5月7日。		
1月16日 美國遠征軍（American Expeditionary Force, AEF）總司令艾森豪抵達英國。	**2月11日** 美軍登陸馬紹爾群島的恩尼維托克環礁（Eniwetok Atoll）	**3月7日** 日軍在緬甸發動大攻勢，目標是占領印度。		**5月15日** 匈牙利的猶太人開始被押送到奧許維茨。 **5月15日** 在義大利，德軍開始撤出古斯塔夫防線，前往已經準備好、更靠近羅馬的陣地。	❯ D日登陸 **6月4日** 羅馬陷落。 **6月6日** 盟軍在D日登陸諾曼第。到了當天結束時，盟軍在所有五處登陸地點都已經建立灘頭堡。
1月22日 盟軍在義大利德軍古斯塔夫防線後方的安濟奧登陸，但德軍堅強抵抗，使英美軍部隊直到5月都被困在狹小的灘頭堡。	**2月17日** 美軍轟炸日軍在加羅林群島（Caroline Islands）土魯克（Truk）的海軍基地，擊沉將近20萬噸船舶。	❯ 克里米亞的德軍逃避紅軍攻擊		**5月17日** 波軍部隊終於攻下卡西諾山。	
					❯ 麥克阿瑟將軍
	2月19日 「一週大轟炸」（Big Week）展開，這是針對德國飛機製造廠的轟炸行動。	**3月15日** 盟軍第三度進攻卡西諾山，陸空兩路大舉進擊。	**4月18日** 日軍在華中地區發動新一波大攻勢，美軍因此必須放棄幾座航空基地。	**5月27日** 美軍登陸比亞克島（Biak Island）。這場登陸是麥克阿瑟貫徹蛙跳戰略、避開新幾內亞日軍口袋的行動之一。 **5月31日** 蘇軍發動反攻，進入羅馬尼亞。	**6月13日** 德軍對英國發射第一批V-1。 **6月19日** 美軍登陸馬里亞納群島中的塞班島。 **6月19日** 菲律賓海海戰（Battle of the Philippine Sea），日軍航空母艦損失慘重。
		3月19日 希特勒下令德軍占領匈牙利。 **3月30日** 日軍圍攻印度東部的因普哈（Imphal）。	**4月28日** 盟軍在英格蘭西南部斯拉普頓沙灘（Slapton Sands）進行D日登陸的操演時，美軍登陸艦遭到德軍魚雷艇偷襲，總計有749名士兵和水手喪生。	❯ 蘇軍T-34戰車	

「只有**克服萬難**，並派上我們**最後的預備隊**，我們才能夠勉強應付東西兩線的**新戰場**。德國的天空愈來愈灰暗了。」

德國元帥艾爾文・隆美爾，1944 年秋天去世前不久的評論

7月	8月	9月	10月	11月	12月	»

9月15日
美軍抵達齊格飛防線（Siegfried Line）。

12月3日
英國本土防衛隊（Home Guard）解除警戒。

12月5日
美軍第3軍團進入德國。

⬆ 在華沙活動的波蘭地下軍成員

7月18日
美軍攻克聖羅（St Lô），為西側翼上的部隊機動爭取空間。

7月18日
東條英機辭去日本首相職務。

8月1日
華沙起義。

8月3日
盟軍奪取緬甸的密支那（Myitkyna）。

⬆ 蘇軍雅各夫列夫（Yakovlev）Yak-3戰鬥機

10月14日
隆美爾自盡。

10月16日
紅軍進入東普魯士的德國領土。

11月2日
加拿大部隊拿下哲布勒赫（Zeebrugge），這裡是比利時最後一塊被占領的地方。

11月7日
羅斯福當選第四任期。

12月16日
德軍在亞耳丁內斯發動強大反攻，突出部之役（Battle of the Bulge）展開。

⬇ 亞耳丁內斯的美軍增援部隊

7月18-20日
佳林行動（Operation Goodwood）。康城（Caen）陷落，結束德軍超過一個月的抵抗。

7月20日
以藏在公事包內的炸彈暗殺希特勒的陰謀失敗。

10月20日
美軍在雷伊泰島（Leyte）東海岸登陸，開始進攻菲律賓。

7月22日
巴格拉基昂行動（Operation Bagration）作戰展開。蘇軍巨大攻勢橫掃白俄羅斯、進入波蘭。

7月25日
盟軍發動眼鏡蛇行動（Operation Cobra），突破諾曼第。

8月15日
盟軍發動龍騎兵行動（Operation Dragoon），在法國南部登陸。

8月25日
巴黎解放。

⬇ 香榭麗舍大道上的巴黎解放大遊行

⬆ 盟軍從比利時打進荷蘭。

9月17日
盟軍發動市場花園行動，也就是奪取荷蘭南部橋梁的空降作戰。其中一座在安恆跨越萊茵河。

11月20日
由於蘇軍逐步進逼，希特勒離開位於東普魯士拉斯騰堡（Rastenburg）的總部（也就是「狼穴」Wolf's Lair），並返回柏林。

12月22日
德軍對因為穿越亞耳丁內斯地區而被圍困在巴斯托涅（Bastogne）的美軍發出要求投降的最後通牒。

8月15日

⬆ 日軍神風特攻隊飛行員

10月23-26日
雷伊泰灣海戰在菲律賓一帶的遼闊洋面上開打。日軍損失慘重，且首度有組織地投入神風特攻作戰。

11月23日
法軍解放斯特拉斯堡。

12月25日
麥克阿瑟宣布占領雷伊泰。

12月26日
巴頓將軍第3軍團解救在巴斯托涅被圍攻的美軍。

9月19日
俄國和芬蘭簽署休戰協定。

9月25日
英軍第1空降師的殘部奉命從安恆撤退，市場花園行動失敗。

馬里亞納海戰

到了 1944 年夏天，海軍上將尼米茲越過中太平洋一路進軍，進展相當快。他的跳島作戰下一個目標，就是馬紹爾群島以西 1600 公里的馬里亞納群島。日軍決心堅守這些島嶼，擬定了一份阻撓美軍的計畫。

◀◀ 前因

馬里亞納群島由 15 座島嶼組成，在中太平洋上大略呈弧形綿延約 685 公里。當中四座最大的島嶼，由北到南依序是塞班島、提尼安島、羅塔島（Rota）和關島，它們成為下一場衝突爆發的地點。

日本的前線

1944 年 2 月馬紹爾群島失守（參閱第 230-31 頁）後，馬里亞納群島成為日軍的前線。他們因此派遣原本駐守在滿洲的部隊增援，另外也布署約 1000 架飛機。

3萬1500
1944 年時駐守在塞班島的陸海軍官兵人數。

9000
1944 年時駐守在提尼安島的陸海軍官兵人數。

1萬9000
1944 年時駐守在關島的陸海軍官兵人數。

美國戰略

在盟軍陣營裡，他們曾經爭論過是否要在進攻馬里亞納群島之前先奪取日軍在加羅林群島土魯克的基地。不過在 1944 年 2 月中旬的時候，美軍派出艦載機對土魯克進行成功的打擊，共計摧毀 250 架飛機與數艘船隻，實際上癱瘓了這座基地。因此在 3 月 12 日時，尼米茲奉命把馬里亞納群島作為下一個攻擊目標。

海軍上將尼米茲在 1944 年 3 月 28 日下令突擊馬里亞納群島，攻擊部隊將會分成兩路：北部隊會有美國海軍陸戰隊兩個師，從夏威夷前來，負責奪占塞班島和提尼安島（Tinian）。南部隊有海軍陸戰隊一個師，會在關島（Guam）登陸，則是從索羅門群島中的瓜達卡納島出發。陸軍兩個師擔任預備隊。美軍在 6 月 15 日會先對塞班島展開攻擊，接著才是關島和提尼安島。

準備作戰

軟化馬里亞納群島日軍防務的行動早在 2 月 23 日就已經展開，此時海軍上將尼米茲還未收到批准攻擊的命令。航空母艦空襲四座位於最南端的島嶼，擊毀 170 架飛機和數艘船隻，美國海軍只損失六架飛機。他們在當月也對土魯克（Truk）進行成功的空襲，不過尼米茲依然相當關切日軍從加羅林群島干預的狀況。以索羅門群島和馬紹爾群島為基地的美軍飛機在 3 月中旬開始攻擊這座島嶼，航空母艦從 3 月底也開始加入打擊行列。這些空襲行動在 4 月底對土魯克的攻擊中達到最高峰，實際上可說是摧毀了日軍在此處的基地。

美軍正在執行這些攻擊的同時，日軍也在備戰。除了派遣援軍前往馬里亞納群島以外，他們也擬定了一套計畫，目標是消滅美軍太平洋艦隊。他們希望可以引誘美軍船艦前往西加羅林群島，然後他們會在一場決定性會戰中對決日本海軍聯合艦隊（Combined

日軍的榮耀
塞班島上一名陣亡的日軍士兵。日軍被灌輸投降是可恥行為的信念，因此在馬里亞納群島只有極少數人淪為戰俘。

Fleet）。日軍艦隊駐紮在婆羅洲和菲律賓之間，不打算太過遠離荷屬東印度群島（現在的印尼）的燃料補給範圍，日軍的計畫代表他們將會運用原本就已經駐防在馬里亞納群島的飛機來擊退任何攻擊，但不幸的是，到了 5 月底時，由於美軍的空襲，他們僅剩下 170 架飛機可以使用。

前往塞班島的突擊部隊在 5 月 26 日從夏威夷啟程，而美軍在兩週後展開突擊前轟炸，當航空母艦艦載機空襲島上的機場時，美軍水面艦艇則岸轟塞班

550
參與突擊馬里亞納群島的美軍登陸艇數量，這場行動因此成為當時太平洋上美軍最大規模的兩棲作戰。

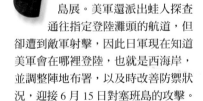

擲彈筒
日軍使用的 89 式擲彈筒（榴彈發射器）。它的砲管有膛線，口徑為 50 公釐，可發射多種砲彈。89 式擲彈筒是以跪姿發射，因此有「膝蓋迫擊砲」的外號。

島展。美軍還派出蛙人探查通往指定登陸灘頭的航道，但卻遭到敵軍射擊，因此日軍現在知道美軍會在哪裡登陸，也就是西海岸，並調整陣地布署，以及時改善防禦狀況，迎接 6 月 15 日對塞班島的攻擊。

戰鬥升溫

雖然日軍猛烈抵抗，但大約有 2 萬名美國海軍陸戰隊員登岸，守住了灘

頭堡，只是他們往內陸推進的速度相當慢。日軍官兵以不屈不撓的精神頑抗，美國陸軍一個師的部隊在 6 月 17 日登陸，結果並沒有差多少。6 月 19 日時，日軍航空母艦艦載機對美軍航空母艦發動四波空襲，不過這些打擊機群在半途就被美軍雷達偵測發現，

因此遭到攔截，大約有 219 架日軍飛機被擊落，而對日軍來說，同樣慘痛的損失還有兩艘航空母艦被潛艇擊沉。日軍指揮官深信，許多失蹤的飛機可能已經在關島降落，因此徹夜留在原本的海域，以便收回艦載機，結

塞班島上的美國海軍陸戰隊員
在塞班島上的掃蕩作戰期間，美軍部隊在戰車後方推進。日軍雖然也有少數幾輛戰車，但都迅速被盟軍部隊擊毀。

盟軍奪取馬里亞納群島，代表日軍此時面對的已是戰敗的最終命運。

對日本的新威脅
最顯而易見的結果，就是 B-29 轟炸機將會迅速布署到這些島嶼上，可以輕易對日本本土展開攻擊（參閱地 315-15 頁）。

麥克阿瑟的進展
在這段期間裡，道格拉斯‧麥克阿瑟將軍在西南太平洋戰區穩定推進。肅清索羅門群島後，他的部隊接著處理了俾斯麥群島（Bismarck Archipelago）上的日軍，最後孤立了新不列顛島上的日軍主要基地臘包爾，而不直接攻打。他同一時間也指揮部隊在新幾內亞北海岸進行一連串登陸。

美國的下一步
麥克阿瑟的進攻以及尼米茲在中太平洋的進擊即將會師。麥克阿瑟把菲律賓視為盟軍的下一個目標（參閱地 240-41 頁）。

軍事科技

海蜂
等到美軍攻下太平洋上曾經由日軍占領的各個島嶼時，島上的基礎設施早已被摧毀殆盡，需要修復。這個任務落到美國海軍工程營身上，他們有個更廣為人知的非正式稱呼，叫「海蜂」（Seabee，衍生自工程營縮寫 CB）。海蜂是在美國參戰後編成的，由民間工程領域的各類專業人員組成。美軍登陸並確保灘頭堡後，他們就會開始作業，首先是改善各項設施，以便更容易卸載補給和裝備。之後他們就修建飛機跑道、燃料儲存設施、道路、住宿營舍和醫院等等。多才多藝是海蜂的口號，他們也時時刻刻實踐他們的座右銘：「我們建築，我們戰鬥」（We Build, We Fight）。

果他的部隊就在第二天遭到美軍艦載機襲擊。他們擊沉一艘航空母艦，擊落另外 65 架飛機。日本海軍航空的骨幹在這場官方稱為菲律賓海海戰的戰役中被摧殘殆盡，但一般美國人比較常聽到的則是「馬里亞納獵火雞」。

美軍占領馬里亞納群島

此時塞班島上的戰況已有所改善。美軍在 6 月 25 日拿下塞班島的最高峰塔波查山（Mount Tapotchu），到了 7 月初時，島上的日軍幾乎被肅清。隨著戰敗近在眼前，日軍兩位高階將領在 7 月 6 日自盡，而殘餘的日軍在次日發動最後一波自殺攻擊，然後一切

美軍飛機空襲馬里亞納群島
美軍登陸提尼安島前，一架美國海軍格魯曼復仇者式（Grumman Avenger）魚雷轟炸機從上空飛過。

就結束了。在作戰期間，島上駐防日軍有 90% 陣亡，美軍付出的代價是 1 萬 6500 人傷亡。

控制塞班島後，美軍把注意力轉向關島和提尼安島。海軍在 7 月 14 日展開岸轟行動，一週後進行登陸。戰況又再度重演：美軍順地地登岸，但必須戰鬥才能擴大原本的灘頭堡，還得應付日軍猛烈的反撲。

美軍在 7 月 24 日突擊提尼安島，日軍依然奮勇抵抗，但結果依然不變。到了 8 月 1 日，美軍牢牢掌握了這座島嶼，九天後關島也落入美軍手中。雖然美軍還要再花上三個月的時間來徹底掃蕩殘敵，但他們已經打贏了馬里亞納這一仗。

1941-45 年間的美日海軍戰力對比
美國的造船能量從一開始就遠勝日本。自 1942 年起，美國的航空母艦建造速度就大幅提升。

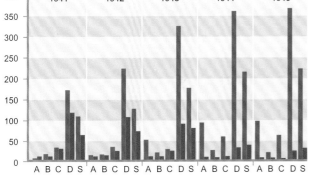

		圖例
		■ 美國
		■ 日本
		A 航空母艦（艦隊航艦與護航航艦）
		B 戰鬥艦
		C 巡洋艦
		D 驅逐艦
		S 潛艇

《《

前因

當麥克阿瑟將軍在 1942 年 3 月拋下菲律賓離開時，他向菲律賓人發誓一定會回來。

信守諾言

1944 年 3 月，美軍參謀首長聯席會議做出裁示，麥克阿瑟必須進攻菲律賓南部，然後再攻占最主要的呂宋島，而海軍上將尼米茲在此期間負責應付福爾摩沙（臺灣）。

然而，當年夏天中國境內壓力龐大，因此參謀首長聯席會議考慮直接入侵日本。但麥克阿瑟和尼米茲兩人都堅持，一定要先處理好菲律賓（參閱第 238-39 頁）。最後參謀首長聯席會議不再堅持，麥克阿瑟得以擬定相關計畫。

完成入侵計畫

麥克阿瑟的計畫是在 11 月中旬入侵最南邊的大島民答那峨島（Mindanao），一個月之後再登陸雷伊泰島。但由於中國的局勢迅速惡化，他修改了相關計畫內容，決定繞過民答那峨島，在 10 月中旬直接突擊雷伊泰島，並在 12 月登陸呂宋島。

重返菲律賓

美軍在 1944 年 10 月對菲律賓展開攻擊，代表中太平洋和西南太平洋的兩路攻勢終於匯合在一起。這也是太平洋上最後一場大規模海戰，並見證了日軍首度登場的新兵器——神風特攻隊，也就是自殺飛機。

在 10 月 12 日，海軍上將「公牛」哈爾西麾下的美國海軍第 3 艦隊對福爾摩沙（Formosa）和呂宋島（Luzon）發動空襲，以準備登陸雷伊泰。日方的計畫則是：若有敵軍在保護日本的內圈島嶼登陸，就會立即遭遇海空雙重打擊。日本海軍聯合艦隊總司令海軍大將豐田副武相信，福爾摩沙和呂宋是美軍的主要目標，因此對第 3 艦隊發起一連串空襲行動。日軍確實炸傷了一些船艦，但卻付出了大約 500 架飛機的代價。

五天後，美軍遊騎兵（Ranger）在雷伊泰灣口的蘇盧安島（Suluan Island）登陸。他們迅速壓制島上的日本守軍，但還是沒有來得及阻止日軍發出警告訊息。豐田副武現在得知美軍的真正目標，因此開始集結船艦，打算攻擊美軍入侵艦隊。美軍在 10 月 20 日依計畫開始登陸，日本守軍絕大部分是徵召加入部隊的新兵，因此剛開始的抵抗程度有所不同。到了次日，美軍部隊進入雷伊泰島的首府，日軍的戰鬥意志也變得更加堅定，而此時聯合艦隊也開始採取行動。豐田副武的構想是，先用他麾下殘存的四艘航空母艦做為誘餌，

> **100萬** 在戰爭期間遇害的菲律賓人數目，絕大多數是在最後一年裡犧牲的。這 100 萬人當中有四分之一是和日軍戰鬥的游擊隊員。

登陸雷伊泰
剛登陸上雷伊泰島的美軍採取掩蔽姿勢，防止日軍狙擊手襲擊。雖然登陸行動在剛開始時相當順利，但日軍抵抗隨即轉強，雙方爆發多場慘烈血戰。

麥克阿瑟涉水登岸
在雷伊泰島登陸的第一天，麥克阿瑟將軍和隨行人員一起涉水登岸。他在 1942 年 3 月對菲律賓人許下的諾言——他會回來——此時已經實踐了。

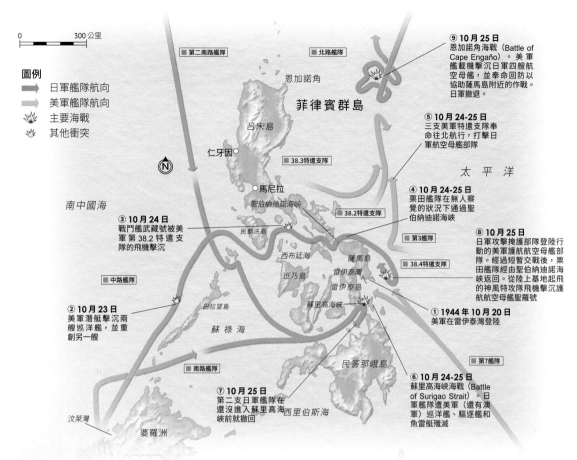

圖例

日軍艦隊航向

美軍艦隊航向

主要海戰

其他衝突

0　300公里

第二南路艦隊

北路艦隊

⑨ 10月25日
恩加諾角海戰（Battle of Cape Engaño）。美軍艦載機擊沉日軍四艘航空母艦，並奉命回防以協助薩馬島附近的作戰。日軍撤退。

恩加諾角

菲律賓群島

⑤ 10月24-25日
三支美軍特遣支隊奉命往北航行，打擊日軍航空母艦部隊

呂宋島

仁牙因

38.3特遣支隊

馬尼拉

太 平 洋

聖伯納迪諾海峽

38.2特遣支隊

④ 10月24-25日
栗田艦隊在無人察覺的狀況下通過聖伯納迪諾海峽

南 中 國 海

③ 10月24日
戰鬥艦武藏號被美軍第38.2特遣支隊的飛機擊沉

民都洛島

第3艦隊

⑧ 10月25日
日軍攻擊掩護部隊登陸行動的美軍護航航空母艦部隊。經過短暫交戰後，栗田艦隊經由聖伯納迪諾海峽返回。從陸上基地起飛的神風特攻隊飛機擊沉護航航空母艦聖羅號

西布延海

薩馬島

雷伊泰灣

38.4特遣支隊

中路艦隊

班乃島

雷伊泰島

② 10月23日
美軍潛艇擊沉兩艘巡洋艦，並重創另一艘

巴拉望島

蘇里高海峽

① 1944 年 10月20日
美軍在雷伊泰灣登陸

蘇 祿 海

南路艦隊

民答那峨島

第7艦隊

⑦ 10月25日
第二支日軍艦隊在還沒進入蘇里高海峽前就撤回

西里伯斯海

⑥ 10月24-25日
蘇里高海峽海戰（Battle of Surigao Strait）。日軍艦隊遭美軍（還有澳軍）巡洋艦、驅逐艦和魚雷艇殲滅

汶萊灣

婆羅洲

神風特攻隊飛行員
一名日軍飛行員準備執行神風特攻任務，在起飛前綁上有旭日圖案的頭帶。為國家和天皇而死是日本戰士的終極榮譽。

引誘美軍航空母艦北上追擊，遠離雷伊泰海域，而艦隊的其餘艦艇分成兩路，分別從雷伊泰南邊及北邊穿越菲律賓，殲滅支援登陸作戰的船隻，從而把登陸部隊孤立在灘頭上。剛開始時，豐田副武的計策確實生效，哈爾西被誘餌吸引，揮軍前往北方。

日軍計畫受挫

不過到了 10 月 23 日，美軍潛艇攔截日軍主力艦隊，擊沉兩艘巡洋艦，並重創第三艘，哈爾西於是率部隊南返。次日，他派出艦載機襲擊位於民都洛島（Mindoro）和呂宋島之間的日軍中路艦隊，擊沉戰鬥艦一艘，重創巡洋艦一艘，不過他手中也有一艘航空母艦被日軍從呂宋島起飛的飛機擊沉。

海軍中將金凱德（Kinkaid）指揮的美軍第 7 艦隊負責保護雷伊泰灣內的美軍船隻。他們和南路的日軍艦隊遭遇，並加以殲滅，但此舉使得兩棲運輸船隊暴露，隨時有遭受攻擊的危險，且日軍中路艦隊並沒有因為哈爾西剛開始的攻擊而卻步。他們迅速擊沉一艘美軍護航航空母艦和三艘驅逐艦，而再度轉向北方對付日軍航空母艦的哈爾西又立即調頭，留下自己的航空母艦對抗日軍的航空母艦。北路

雷伊泰灣海戰

日軍的主力打擊部隊是從婆羅洲海域的聯合艦隊基地出發，但得到來自日本本土的艦艇增援。艦隊中的北路部隊擔任吸引美軍航空母艦的誘餌角色。

的日軍艦隊因為害怕被切斷退路，因此匆忙撤退。豐田副武的四艘航空母艦都被擊沉。

日軍的新兵器

雷伊泰灣海戰是太平洋上最後一場雙方航空母艦對決的海戰。日軍聯合艦隊沒有一艘航空母艦存活下來，因此再也沒有任何立場挑戰美國海軍。不過一個令人感到不安的要素在這場海戰中出現。日軍陣營推出全新戰法——在飛機上安裝炸藥，並且透過直接衝撞甲板的方式來擊沉盟軍船艦。第一艘被神風特攻隊飛機擊沉的船艦是聖羅號，它於 10 月 25 日在薩馬島（Samar）海域被擊沉。在陸戰的進展方面，美軍又在雷伊泰島西北海岸

登陸後，終於在 12 月 25 日徹底占領這座島嶼。現在麥克阿瑟可以把重點放在呂宋島上，在 12 月中旬首度登陸民都洛島。1945 年 1 月 9 日，美軍對呂宋島的首波突擊行動在西岸的仁牙因灣（Lingayen Bay）進行，他們沒有遭遇強烈抵抗，因此登陸部隊就開始向南朝首都馬尼拉方向推進。三週後，更多美軍在巴丹半島（Bataan Peninsula）的底部登陸，接著則是在馬尼拉灣入口，但更多曠日廢時的持久戰鬥正等著迎接他們。

後果

一直要到戰爭結束，美軍才征服菲律賓。在新加坡和馬來亞的征服者山下奉文將軍的領導下，日軍激烈抵抗。

持續苦戰

馬尼拉街道上的戰況是最艱苦的。美軍經過長達兩週的慘烈巷戰後，才終於在 1945 年 3 月初攻克這座城市，此時它已經幾乎只剩一片瓦礫。更慘的是有 10 萬名市民不幸喪生，當中許多都是日軍暴行的受害者。此後，戰鬥轉移到地形崎嶇的內陸進行，而菲律賓較小的島嶼也被解放。

逼近日本

到了 1945 年 3 月，菲律賓的戰役漸漸不再是重點，就像在新幾內亞剿滅殘餘的日軍一樣。此時指揮棒被交到海軍上將尼米茲的手中，他奉命處理通往日本本土的最後兩顆絆腳石——硫磺島和沖繩島（參閱第 310-13 頁）。

> 「只願我們能如春天的櫻花般殞落——如此**純潔**而**光彩**！」
>
> 不知名神風特攻隊飛行員創作的詩句

登陸菲律賓

1944 年 10 月 20 日，道格拉斯·麥克阿瑟將軍和克盧格將軍（Kruger）指揮的第 6 軍團一起登陸雷伊泰島，從而實踐了他許下重返菲律賓的諾言。這是充滿歷史性的一刻。入侵的美軍艦隊是太平洋上規模最大的集結成果，把超過 20 萬人送上岸，還有各種物資與裝備。入侵部隊在剛開始時遭遇的抵抗微不足道，但日本海軍在 10 月 23 日發動大規模海上攻擊。

「……納士維號（Nashville），她的輪機讓我們腳下的鋼鐵龐然大物活了起來，如刀子劃過般駛近雷伊泰灣……天空不再一片黑暗，變成陰沉的灰色，但即使如此我們還是看到海岸的黑色輪廓……黑夜如斗篷般開始往後退。在船的兩弦都可看見許許多多的船朝著這座島嶼航行……我在艦橋上和艦長科尼（C.E. Coney）在一起，他透過清澈、銳利的眼神和冷靜、俐落的嗓音下達指令，讓巡洋艦左閃右躲，一下靠到左舷、一下偏向右舷，以迴避漂浮的水雷……接著，等到太陽升起到海平線上以後，這裡就是塔克洛班（Tacloban，雷伊泰島的首府）……過沒多久……我們抵達事先指定的離岸位置，艦長小心翼翼地把船排進隊伍並下錨。我們最初的參考點是距離灘頭兩英里處，但是我可以清楚地看見狹長的沙灘和不斷拍打的海浪……還有在城鎮後方叢林密布的起伏山丘……在原本應該波光粼粼的平靜蔚藍海面上，如黑點般密密麻麻的登陸艇蜂擁地朝海灘駛去。」

　　「從我所在的參考點可以清楚看見發生的一切。部隊在帕洛（Palo）附近的『紅灘』、聖荷西（San Jose）附近的『白灘』以及雷伊泰南端的迷你小島帕納翁島（Panaon Island）登陸……在『紅灘』，我們的部隊成功上岸，並開始朝內陸推進。我決定跟著第三波突擊舟波上岸……我帶著他們（菲律賓總統奧斯米納（Osmena）、瓦爾迪茲將軍（Valdez）和羅慕洛將軍（Romulo）登上我的登陸艇，然後就出發前往灘頭……當我們靠近的時候，可以聽到官兵下達和接受命令時的叫喊聲。舵手放下跳板……我們就開始涉水往前走。我只跨了 30 或 40 步，就踏上乾燥的陸地，但對我來說卻是我走過最有意義的一段路……」

道格拉斯·麥克阿瑟將軍登上菲律賓雷伊泰島

強大武力
龐大的登陸艦載運美軍部隊和各種補給航向雷伊泰島的灘頭。入侵部隊由超過 730 艘運輸與護航船艦組成，還有航空母艦和 100 艘各型軍艦增援。

美軍將領，1880年出生，1964年去世

道格拉斯·麥克阿瑟

「我告訴菲律賓的人民，我從那裡來，我一定會回去。」

麥克阿瑟抵達澳洲後發表公開談話，1942年3月30日

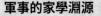

道格拉斯·麥克阿瑟為人浮誇又充滿爭議，是第二次世界大戰期間美軍最知名的將領之一。他在西南太平洋戰區指揮盟軍部隊，日本在戰後被美軍占領的時期，也是由他統治管理。

軍事的家學淵源

麥克阿瑟是在軍中出生的。他說過，他出生以來的第一個記憶就是軍號的聲音，而他的童年是和父親亞瑟·麥克阿瑟將軍（Arthur MacArthur）一起度過的。麥克阿瑟從西點軍校（West Point）以優異成績畢業後，加入美國陸軍工兵部隊（US Army Corps of Engineers）服役，在第一個役期便奉派前往菲律賓任官，是他和這座群島漫長關係的起點。之後他擔任美國總統提奧多·羅斯福的副官，並在第一次世界大戰期間擔任在法國作戰的第42師「彩虹師」的參謀長。他在1925年晉升少將，接著在1930年奉命出任美國陸軍參謀長，成為當

家喻戶曉的英雄

1941年，由於麥克阿瑟率領軍隊在巴丹半島英勇抗敵的事蹟傳遍世界各地，美國《時代雜誌》（Time）把這位將軍選為他們的「年度風雲人物」。

時擔任此一顯赫職位的最年輕的人。

但在1932年，麥克阿瑟動用武力鎮壓在首都華盛頓示威抗議的退伍軍人，名聲因而受到打擊。三年後，他應當時的菲律賓總統曼紐·奎松（Manuel Quezon）之邀，前往菲律賓擔任軍事顧問，負責組建菲律賓群島的防禦部隊，而他的其中一位屬下就是艾森豪。麥克阿瑟退出現役，但1941年7月，美國總統羅斯福指派他擔任遠東地區美軍部隊的司令官，他隨即恢復服役。麥克阿瑟把重點放在集結駐守菲律賓的部隊，但他的資源有限。

保衛巴丹

1941年12月7日，日軍偷襲珍珠港。菲律賓顯然就是下一個目標，但麥克阿瑟為什麼沒有採取似乎是應該的行動，一直都有爭議。結果等到日軍進攻菲律

銅牆鐵壁的總部

科雷希多島被日軍圍攻時，麥克阿瑟把總部設在島上的坑道裡。基於縝密的計畫，他最後逃了出來，但終究無法挽救這座島嶼。

太平洋戰場的指揮官

在 1942 年盟軍從巴丹半島撤退，到 1944 年光榮重返菲律賓之間，麥克阿瑟在太平洋其他地方指揮多場作戰行動，當中包括 1944 年 2 月的洛斯內格羅斯島戰役（Battle of Los Negros）。

賓的時候，他麾下的航空部隊有半數被殲滅。12 月 22 日，日軍部隊攻克馬尼拉。身為一個自主性極強的人，麥克阿瑟違背華盛頓方面的期望，下令部隊——還有他的私人記者團——撤往巴丹半島，在要塞島嶼科雷希多島（Corregidor）上設立總部。他在那裡指揮對抗日軍的作戰，並經常在媒體上曝光，因此成為國家英雄。但因為補給不足，防衛作戰成功的希望渺茫。美國總統羅斯福下令麥克阿瑟離開巴丹，但他一開始拒絕從命。由於考量到麥克阿瑟的高知名度會對軍事戰略產生有力的影響，因此羅斯福承

「我們的軍隊再次踏上菲律賓的土地。」

麥克阿瑟登陸雷伊泰島，1944 年 10 月 20 日

諾，會讓他在太平洋上有自己的一片戰場。1942 年 3 月，麥克阿瑟終於戲劇性地從海上脫逃。但他麾下的官兵依然在巴丹半島上奮戰不懈，最後在 1942 年 4 月投降，當中有許多人都在惡名昭彰的巴丹「死亡行軍」（Death March）中喪命。

太平洋跳島作戰

一抵達澳洲，麥克阿瑟就做出他那名垂青史的宣告，也就是總有一天會回到菲律賓——而在往後的兩年多時間裡，這就成為他的目標。他奉派擔任西南太平洋戰區最高司令，和美國海

麥克阿瑟將軍

麥克阿瑟最有名的形象就是嘴裡叼著他自己設計的玉米芯菸斗。他因為沉醉於自我宣傳和不尊重上級而飽受批評，但也因為大膽且充滿想像力的軍事戰略決策而備受讚揚。

軍總司令切斯特·尼米茲上將協同作業。這兩個人彼此看不順眼，尼米茲想經由中太平洋的島嶼進攻日本，麥克阿瑟則一心想解放菲律賓。參謀首長聯席會議採用後來稱為側翻行動的方案，也就是鉗形攻勢戰略，目標是孤立臘包爾的日軍大型基地。

當尼米茲越過索羅門群島推進時，麥克阿瑟則沿著新幾內亞東北海岸前進。他運用所謂的「跳島」策略，繞過日軍部隊的主要據點，並任由他們如他所說的那般「在藤蔓上枯萎」。

重返菲律賓

到了 1944 下半年，麥克阿瑟已經準備好要入侵菲律賓。儘管尼米茲或華盛頓方面都不認同，但他身為美國大眾的偶像，立場相當強勢，因此最後獲得批准。1944 年 10 月 19 日，在眾目睽睽之下，麥克阿瑟揮軍雷伊泰灣大舉登陸，並在接下來的幾個月裡多次違背華盛頓的意願，堅持解放菲律賓全境。收復這座群島花的時間比計畫中長，但 1945 盟軍總算攻占馬尼拉時，麥克阿瑟確實在場。

麥克阿瑟負責主持 1945 年 9 月 2 日在東京灣舉行的日本投降儀式。戰爭過後，他的職責是監督盟軍占領日本，還要重建經濟並讓軍隊復員。1950 年韓戰爆發後，他奉命出任聯合國軍總司令，但因為他公然批評美國總統杜魯門（Truman）想要打一場有限戰爭的想法，最後遭到撤換。麥克阿瑟此後在紐約過著可說是與世隔絕的生活，直到 1964 年 4 月 5 日去世。

盟軍部隊司令官

麥克阿瑟將軍在密蘇里號（USS Missouri）上接受日本的正式投降。戰爭結束後，他擔任駐日盟軍總司令，在重建日本的過程中扮演重要角色。

麥克阿瑟年表

- **1880年1月26日** 出生於阿肯色州（Arkansas）的小岩城（Little Rock），是陸軍軍官亞瑟·麥克阿瑟之子。
- **1903年** 從西點軍校以班上第一名成績畢業。
- **1904年** 在美國陸軍工兵部隊晉升到中尉，並跟隨父親一起在菲律賓服役。
- **1906-07年** 擔任美國總統提奧多·羅斯福的副官。
- **1914年** 分發到陸軍部（War Department），參與在墨西哥進行的維拉克魯茲遠征（Vera Cruz Expedition）。
- **1917-18年** 晉升為上校，在一次大戰期間指揮第84步兵旅，曾13度獲頒勳章，以英勇著稱。
- **1919年** 出任西點軍校校長。

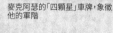

麥克阿瑟的「四顆星」車牌，象徵他的軍階。

- **1922年** 和社交名媛路易絲·克倫威爾·布魯克斯（Louise Cromwell Brooks）結婚；她在1929年以麥克阿瑟不支持她為由而離婚。
- **1922-30年** 在菲律賓服役。1925年45歲時晉升少將。
- **1930年** 出任美國陸軍參謀長，是當時美國陸軍任此職位者當中最年輕的一位。
- **1932年** 使用武力對付絕大多數由陸軍退伍軍人組成的「補助金大軍」（Bonus Army），引發爭議。
- **1935年** 奉羅斯福總統之命前往菲律賓，協助組建當地軍隊。
- **1937年** 和珍·費爾克蘿絲（Jean Faircloth）結婚。他們在馬尼拉生了一個兒子亞瑟，並繼續留在菲律賓擔任軍事顧問。
- **1941年6月** 在二次大戰期間受徵召恢復現役，擔任少將，並負責動員菲律賓陸軍。布署部隊保護呂宋和民答那峨島。
- **1941年12月** 因為沒有在日軍入侵菲律賓前把航空部隊撤往夏威夷而飽受責難。日軍入侵後，他下令部隊撤往巴丹半島。
- **1942年** 離開巴丹並前往澳洲，並且因為防衛菲律賓的戰功獲頒榮譽勳章（Medal of Honor）。出任西南太平洋戰區盟軍最高統帥，善用「跳島」戰術。
- **1944年10月** 在雷伊泰島登陸，展開光復菲律賓的作戰。
- **1945年1-3月** 盟軍部隊登陸呂宋島。麥克阿瑟和麾下部隊穿越中央平原，收復馬尼拉。
- **1945年9月2日** 在東京灣接受日本投降。
- **1945-51年** 擔任駐日盟軍總司令（Supreme Commander of the Allied Powers, SCAP），負責統帥占領日本的盟軍。組織審判戰犯法庭。
- **1950-51年** 在韓戰中擔任聯合國軍隊指揮官，但因為反對杜魯門總統的政策而被撤換。
- **1964年4月5日** 因為自身免疫疾病在華盛頓的華特里德陸軍醫院（Walter Reed Army Hospital）去世。

多災多難的中國

日軍發動一連串攻勢，中國承受的壓力日益增大。蔣中正的軍隊無法抵擋日軍，美軍因此被迫轉移已經開始執行對日本本土打擊任務的戰略轟炸機隊。

前因

中國從 1937 年開始就已經和日本作戰，但西方國家一直要到 1938 年底才提供援助。美國在那時貸款給中國購買軍火。

美國援助

美國在 1941 年初加大援助，中國和英國在那時成為租借法案的第一批援助對象（參閱第 96-97 頁）。當年稍晚，一群志願美國飛行員在克萊爾·陳納德上校的帶領下前往中國，駕駛寇帝斯（Curtiss）P-40 戰斧式（Tomahawk）戰鬥機助戰。他們被稱為飛虎隊，傑出的作戰成績讓日軍印象深刻，不敢輕忽。

寇帝斯 P-40 戰斧式戰鬥機

日軍 1944 年大攻勢

一小群日軍軍官從山頂上的觀測點觀察國軍陣地，以策畫下一步行動。國軍領導無方，不是日軍的對手。

在初期，美國對中國的援助是經由緬甸送達。但到了 1942 年 5 月時，日軍已經橫掃緬甸，切斷盟軍的補給線。所以從此之後，要提供給國軍的補給只能從印度透過空運送達。

1942 年 2 月，美國總統羅斯福指派約瑟夫·史迪威將軍率領美國軍事代表團前往中國。他在中國活動的經驗相當豐富，奉命要改善蔣中正麾下部隊的作戰效率，並監督租借法案物資運送給中國及使用的狀況。他現在接掌一支中國部隊的指揮權，這批人馬已經被派往支援英軍，以遏止日軍入侵緬甸，並指示他們徒步前往印度。

蔣中正的戰略

史迪威將軍在負責重新裝備與訓練國軍的同時，也持續建議並勸誘人在重慶的蔣中正，企圖說服這位領導人採取更多主動行動來對抗入侵的日軍。

蔣中正很高興能夠得到援助，但他一直深信自己可以撐得比日本人更久，日軍部隊最後一定會撤退，以便面對太平洋上不斷增長的美軍威脅。此外，他的終極敵人依舊是毛澤東和中共。雖然中共已經和他聯手對抗日軍，但蔣中正下定決心，日軍一離開就要粉碎他們。因此令史迪威愈來愈沮喪的是，蔣中正似乎更關切保留麾下部隊實力以達成這個目的，而不願意冒險讓他們被日軍大幅削弱。因為如此，國軍雖然兵力規模達到 600 萬人，但

裝備卻相對欠缺，訓練也不佳。地方上的貪汙腐敗和不斷惡化的通貨膨脹——這兩種狀況在國民黨統治的地區盛行——也加深了軍隊的困境。

中共並非租借法案的受惠者這點符合蔣中正的戰略，雖然中共在位於中國北方的控制區內承受了日軍的壓力，且比國民黨部隊更積極抗日。且由於蘇聯和日本在 1941 年 4 月簽署了互不侵犯協定，來自蘇聯的援助已經終止，因此中共的處境更加艱難。

> 「我軍越過太平洋前進的**速度相當快**。但除非您立即採取**強而有力行動**，否則這一切對中國來說都會變得**太遲**。」
>
> 羅斯福對蔣中正表示，1944 年 9 月

陳納德的機場
在陳納德上校（之後晉升將軍）的指示下，中國當局在東南部修築了多座機場。可用來施作這類工程的機器設備相當短缺，因此絕大部分機場都是當地農民徒手建造的。

日軍展開攻勢

史迪威也和陳納德不和。陳納德指揮的飛虎隊在 1942 年併入美國陸軍航空軍，他也因此在次年出任美軍派駐中國的第 14 航空軍指揮官。史迪威確信，中國士兵——只要有適當的裝備、訓練和領導——可以表現得和世界任何其他軍隊一樣出色。他根據華盛頓方面的簡報，努力編訓在印度和在中國境內的國軍，總共裝備並訓練30 個師。

另一方面，陳納德則堅定地認為空權至高無上、無所不能。他認為有效運用空權可以對中國戰場的日軍施加嚴重打擊，還可以徹底擾亂從資源豐富的東南亞通往日本本土的補給線。為了這個目標，1942 到 1943 年間，他在中國東南部規畫並開闢了多座機場，並要求租借法案提供更多物資給他。陳納德的戰略獲得蔣中正的賞識，因為此舉可以讓他保存地面部隊，但史迪威認為此舉只會導致日軍進攻這些機場。1944 年 4 月，史迪

中國難民
戰爭是中國持續動盪的原因。到了 1944 年 6 月底，大批中國人帶著家眷逃離家園，許多人在日軍進逼的當下選擇搭火車疏散。

威的擔憂成真。日軍動員大約 60 萬部隊發起巨大攻勢，目標是攻占中國東南部的盟軍機場，並建立陸上補給線，可以從印度支那一路通往朝鮮半島，以抵銷日本海上航運遭受美軍潛艇襲擊而產生的慘痛損失。日軍迅速攻下湖南省，接著繼續往南挺進。陳納德手下的飛機盡一切力量拖延日軍的攻勢，但在地面上作戰的國軍卻無法做出太多抵抗。

正當這些事件在中國進行時，美軍開始部署碩大無比的 B 29 超級堡壘式（Superfortress）轟炸機，這些轟炸

65萬 1942 年 7 月起由印度透過空運送往中國的補給物資總重量。由於飛行路線會經過稱為「駝峰」的險惡山區，飛行條件惡劣，因此許多飛機在途中失事墜毀。

機在 6 月時首度越洋轟炸日本本土。此時，日軍已經迫使美軍疏散中國南部的機場。蔣介石因此要求把史迪威正用在緬甸北部作戰以開闢印度至中國新的陸上走廊的部隊調回來。同一時間，他也拒絕羅斯福總統提出的要求，就是把包括中共部隊在內的所有部隊指揮權交給史迪威。在此期間，在中國北方作戰的共軍處境因為日軍攻勢而有所改善，因此壓力減輕許多，所以有餘力可重新編組部隊。國民黨部隊表現拙劣，導致美方對國民黨的幻想逐漸破滅，並增加對毛澤東的支援，因為他的部隊戰鬥表現總是更加積極——美方很慢才承認這一點。

命運好壞

到了 1944 年底，日軍已經達成目標。此時他們已經有了一條串連起來的陸上走廊，從馬來亞的南端開始一路北上，經由印度支那和中國，直抵滿洲國。這個時候的日軍在其他所有戰線上都一路潰敗，但在中國的攻勢卻大獲成功，形成極為強烈的反差。

另一方面，在日軍的攻勢中，蔣介石麾下部隊表現令人失望，致使西方盟國認為中國無法在擊敗日本的過程中承擔決定性任務。因此從那時起，中國就只被當成一個可以牽制100 萬日軍的手段。

後果 ▶▶

羅斯福在 1944 年秋季決定，從此時起必須把中國視為印度和緬甸以外的獨立戰區。

史迪威的遺贈
由於史迪威和蔣中正的關係已經降到冰點，因此羅斯福最後把他換掉，指派阿爾貝爾特・魏德邁（Albert Wedermeyer）接替他的職位。但他確實證明了國軍是可以打仗的。他在印度訓練的部隊此時正穿越緬甸北部推進，並一路修建新的雷多公路（Ledo Road）（參閱第 248-49 頁）。

美軍轟炸機重返戰場
至於被迫從中國疏散的美軍轟炸機，美軍在 1944 年 8 月奪下馬里亞納群島後，它們得以重新布署，認真展開轟炸日本的行動（參閱第 314-15 頁）。

蔣中正的命運
日軍投降後，蔣中正再度轉過頭來對付中共，但結果對他來說卻是一場災難（參閱第 346-47 頁）。

美軍將領（1883-1946 年）

約瑟夫・史迪威將軍

「醋酸喬」（Vinegar Joe）史迪威在兩次大戰期間曾三度奉派前往中國，且是中日戰爭第一階段時美國派駐當地的武官。日軍偷襲珍珠港時，他擔任軍長，並在 1942 年初被派往中國。他的首要任務是遏止日軍進入緬甸，也擔任蔣中正的參謀長。1943 年，他升任蒙巴頓勳爵的副手，之後他麾下的國軍部隊和美軍特種部隊開始在緬甸北部修築雷多公路。史迪威和中方及英方的關係都不和睦，因此在 1944 年時奉召返國。但他畢竟能力出眾，投閒置散沒有意義，因此在沖繩戰役期間指揮美軍第 10 軍團。他在1946 年因癌症去世。

緬甸的轉捩點

緬甸的局勢和命運在 1944 年大幅逆轉。3 月時，日軍發動一場大規模攻勢，目標是進入印度。
經過一番苦戰後，日軍遭擊退，而英軍第 14 軍團則發動決定性反攻。

日軍藤條刀

1943 年 10 月，路易斯·蒙巴頓勳爵（Louis Mountbatten）成為東南亞司令部（Southeast Asia Command）盟軍最高統帥。他帶來新的目標，而英軍第 14 軍團在威廉·斯林將軍（William Slim）帶領下，已經接受了叢林戰的嚴苛訓練。蒙巴頓打算運用兩棲作戰來削弱防守緬甸的日軍，但兩棲作業船隻由歐洲和太平洋戰區優先使用，實際上沒有多餘的可以提供給緬甸方面運用。

但即使如此，英軍已經再度朝緬甸的阿拉干（Arakan）海岸地區前進。而在緬甸北部，約瑟夫·史迪威將軍和麾下國軍部隊也已經從雷多出發前進，沿著所到之處修建公路，以連結位於臘戍（Lashio）的舊滇緬公路。蒙巴頓因此同意展開第二場欽迪特支隊（Chindits）遠征作戰，以牽制北方的日軍部隊，從而有利史迪威指揮部隊繼續深入。

日軍發動攻勢

但日軍也有計畫。他們企圖入侵印度，希望印度人可以受到影響揭竿而起，反抗殖民統治者。日軍主攻將會在緬甸中部進行，但他們也會在阿拉干區域發動牽制攻擊。日軍在 1944

年 2 月 6 日展開行動。不過和過去撤退的反應不同，此時英軍反而就地奮勇抵抗，雖然有些單位被包圍，但卻透過空運補給，直到援軍抵達，日軍則在三個星期後停止進攻。

在此期間，第一個欽迪特旅啟程，徒步前進，而另外兩個旅則在 3 月初搭乘飛機，在位於日軍後方的簡易跑道降落。日軍主攻在 3 月 7-8 的夜間展開。斯林將軍已經預料到日軍進攻，但沒想到這麼早，他的部隊朝位於因普哈的主要前進補給基地撤退，並在這裡抵抗日軍接連不斷的攻擊。在因普哈以北，有一場重要會戰正在科希馬（Kohima）進行，這座小山村守衛通往卸下補給用的主要鐵運末站第納浦（Dinapur）的公路。這場戰鬥絕大多數時間都是在近距離進行，雙方鏖戰持續兩個星

英軍二英吋口徑迫擊砲用照明彈

期，直到英軍衛戍部隊終於解圍。之後雙方持續交戰，而英軍逐漸把日軍逼退。於此同時，欽迪特支隊已經往北推進，和史迪威的部隊會師，而在這個過程中他們也經歷了多次激戰。

史迪威的進展也十分順利。5 月 11 日，美軍中等同於欽迪特支隊的麥支隊奪取了密支那的機場，但是駐守在城內的日軍太過強大，他們無法對抗；同一時間，從中國境內出發的國軍部隊也開始沿著舊滇緬公路推進。欽迪特支隊在 6 月底占領孟拱（Mogaung），不過他們連月以來都在日軍戰線後方活動，早已奄奄一息。

日軍採取守勢

日軍其實也已精疲力竭，補給耗罄，

> 1942-45 年間在緬甸與印度參與戰鬥的日軍有 **60%** 陣亡。盟軍的陣亡人數則是大約 **10%**，包括死於戰俘營的人。

叢林裝備

二英吋口徑迫擊砲是英軍步兵武器，在夜戰的時候可用來發射照明彈。部隊所有人都配備大砍刀或類似工具，才可在叢林中劈出一條路，或是在近距離戰鬥中砍殺敵人。類似廓爾喀刀之類的戰鬥刀械有時候是廓爾喀人使用的唯一武器。

因此在 7 月 11 日停止攻勢並開始撤退。斯林的部隊從後方追擊，一路直抵欽敦江。三週後，史迪威終於攻占密支那，但這時雨季已經開始，所有作戰行動都必須暫停。日軍現在被迫採取守勢，只能研擬新的計畫。在北邊，他們打算防止雷多公路接通原本的滇緬公路；在中部，他們打算沿著伊洛瓦底江（Irrawaddy River）阻擋英軍第 14 軍團，並要遏止任何敵軍在伊洛瓦底江以西朝向仰光推進。

空投補給

1944 年 12 月 10 日，一架隸屬美國陸軍第 10 航空軍的道格拉斯（Douglas）C-47 運輸機空投補給品。C-47 是同盟國空中運輸的主力機種，要是沒有它的話，盟軍就很難打贏緬甸的戰爭。

「困難的事我們會**馬上做**，不可能的事則需要**多一點時間**。」

緬甸英軍第 14 軍團順口溜

廓爾喀刀

英軍將領（1903-44 年）

歐德·溫格特

歐德·溫格特（Orde Wingate）是一名砲兵軍官，但他因為在戰前的巴勒斯坦組織猶太人「特別巡夜隊」（Special Night Squads），以及在阿比西尼亞領導游擊隊對抗義軍而展露頭角。他的熱情和怪癖讓他結交不少朋友，也樹立不少敵人，但魏菲爾在 1942 年 3 月命令他前往印度，他在當地發展出在日軍戰線後方作戰的欽迪特（這個名稱來自於緬甸神獸欽特獅〔Chinthe〕）長程滲透作戰概念。在第一次欽迪特遠征之後，溫格特受到邱吉爾的注意，他因此得以在 1943 年魁北克的會議上向同盟國領袖介紹他的理念。在返回印度的路途上，他獲得批准，可以把麾下部隊擴充到兩個師的規模。溫格特在 1944 年死於空難。

正當盟軍在緬甸北部持續推進時，斯林在 12 月初度過欽敦江展開攻勢，日軍極度缺乏補給，因此不願意離開伊洛瓦底江的主防禦陣地向前作戰。斯林的計畫是以密鐵拉（Meiktila）為基礎，把日軍困在伊洛瓦底江的河灣中，但由於日軍在欽敦江和伊洛瓦底江之間沒有抵抗，他因此修改計畫。此時他意圖讓日軍

> 在緬甸，雙方都深受熱帶疾病所苦，尤其是瘧疾和恙蟲病。有時候病患人數甚至多達戰鬥傷亡人數的十倍。但盟軍確實透過預防藥物降低了染病機率。

相信他的下一個目標是曼德勒，但實際上是關鍵交通中心密鐵拉，可以讓他能夠往南衝刺，直到仰光或毛淡棉（Moulmein）的港口。而當他實施的時候，在阿拉干地區向南推進的行動繼續進行，此外 1945 年 1 月還實施了幾場小規模兩棲作戰，目的是要迂迴日軍。

緬甸解放

到了 1 月中旬，斯林的部隊在曼德勒以北跨越伊洛瓦底江建立橋頭堡，

日軍部隊則在當月其餘的時間裡試圖殲滅他們，但一無所獲。在此同時，緬甸北部發生了一件重大事件，由史迪威將軍指揮沿著雷多公路推進的部隊，在 1 月 27 日和沿著舊滇緬公路

修築雷多公路

雷多公路全長 750 公里，從雷多通往舊滇緬公路，是工程的一個勝利。這條公路花費兩年時間修築，中途經過這個國家最荒涼的某些地域。

南下的國軍部隊會師。除了掃蕩作戰以外，緬甸北部現在已經解放了。2 月中旬，斯林的部隊橫渡密鐵拉對面的伊洛瓦底江，而密鐵拉也在 3 月初陷落，因為日軍已經如同斯林所希望的，認定曼德勒才是主要目標。日軍發現犯下錯誤後，便對這座城市發動一連串反攻，而曼德勒爭奪戰也在同一時間進行。日軍的抵抗相當激烈，但城中的最後一座堡壘杜弗林堡（Fort Dufferin）總算在 3 月 20 日被攻陷，一週後日軍停止進攻密鐵拉，並開始撤退。斯林現在把目標把放在南邊 480 公里遠的仰光。

朝仰光的進軍在 3 月 30 日展開，部隊沿著西湯河前進，一路排除日軍所有抵抗，不過最主要的問題在於雨季即將來臨。事實上，季風之前的芒果雨（Mango Rain）在 4 月 20 日到來，但斯林的部隊沒有停下腳步。

為了確保可以迅速收復仰光，傘兵部隊於 5 月 1 日在河口空降，次日印度部隊在當地進行兩棲登陸；他們在 5 月 3 日進入緬甸首都，但日軍已經在前一天疏散。三天後，這批部隊就和沿著西湯河南下的部隊會師。

後果

在短短 14 個月裡，緬甸的盟軍部隊擊退了日軍威脅印度的大規模攻勢，並解放這個國家的大部分地區。

日軍的困境
日軍的殘部現在分成兩股，西湯河以東的那一群退往位於泰國邊界上的撣邦高原（Shan Hills），而第 28 軍的殘餘部隊則在西湯河以西陷入重圍，兩支部隊的能力都不足以撤回馬來亞。

蒙巴頓窮追不捨
蒙巴頓沒有集中兵力對這些日軍殘兵進行最後的掃蕩作戰，而是準備發動兩棲突擊行動，目標是解放馬來亞與新加坡。原本他們預期會遭遇日軍一如以往的頑強戰鬥，但最後美軍在日本投下兩枚原子彈、以及日本隨後宣布投降（參閱第 322-27 頁），使得這些兩棲登陸作戰到頭來沒有實施。

緬甸的叢林戰

在 1944 年春季，英軍、廓爾喀部隊、國軍、東非和西非的部隊、印軍以及美軍都在印度和緬甸的叢林中和日軍交鋒。戰鬥相當激烈，而且在叢林裡戰鬥還會遇到其他危險，包括高溫、潮溼與各種熱帶疾病。但盟軍在因普哈和科希馬獲勝，為 1945 年解放緬甸開闢了道路。

「一定要從漫無目的四處生長的藤蔓、爬山虎和枝葉如海綿般濃密的灌木叢中劈出空間，才有辦法往前挪動一步。巨大的柚木樹矗立在茂密的矮樹叢裡，遮住了光線。我們的縱隊在茂盛厚重的綠色樹冠下，穿過從枝葉間灑下的黯淡微光，踏穩腳跟緩慢地前進，除了雨水的滴答聲以外，沒有聽到任何聲音打破周遭一片寂靜……天空不時下起暴雨。霧氣瀰漫在山谷間，也在高聳的山峰周圍盤繞，而在山谷的底部則是強勁湍急的溪流，洶湧翻騰，怒號的水聲即使在幾千英尺的高處都聽得到。」

約翰·許普斯特少校（John　Shipster），旁遮普2團7連，朝因普哈以東烏赫魯爾行軍

「雨不停地下。水深的地方看起來像帕斯尚爾（Passchendaele）——被炸個稀爛的樹、腳和扭曲的手從土裡伸出來，沾滿血跡的襯衫、彈匣、水淹半滿的散兵坑，每個坑裡都躲了兩個臉色蒼白、眼睛瞪大的男人，努力地不讓步槍淹沒在泥水中，還有到處都聞得到的沉重而甜蜜的死亡惡臭，從我們自己的身體和內臟散發出來……還有來自掛在電線上，或是卡在樹上死去腐爛的日本兵屍體。在夜晚，大雨在一片漆黑中稀哩嘩啦地下，雨水順著樹木四處溢流，除了破壞以外，叢林裡充滿了水珠滴下的清脆聲響……」

「機槍和迫擊砲開始猛烈射擊，戰鬥開打了。喀麥隆團和日軍第 53 師硬碰硬打了一整晚，我們的機槍從新的陣地掃射他們，日軍兩次用爆破筒（一種長條竹筒，末端裝有炸藥）強行殺進鐵刺網內，但我方的迫擊砲彈如雨下，把他們一掃而空。到了清晨 4 點，他們發動最後一波突擊，打算收回同袍的屍體，我們已經擊敗他們……」

第111欽迪特旅約翰·麥斯特斯少校（John Masters）

多國叢林戰部隊
英軍、美軍和當地克欽族（Kachin）戰士在緬甸北部的一條溪流中涉水前進。由於叢林裡幾乎沒有道路，溪流和河流通常是運輸人員、武器、補給和動物的唯一通道。

羅馬的陷落

雖然盟軍入侵義大利一開始頗成功,但來到可怕的古斯塔夫防線前,他們很快就遭遇挫折。

鵝卵石行動

1943 年 11 月初,地中海戰區的盟軍將領擬定出一套加快進攻羅馬的計畫。他們會在義大利首都南方距離約 50 公里遠的安濟奧進行兩棲登陸,不過因為盟軍未能盡早突破古斯塔夫防線(參閱第 212-13 頁),盟軍因此暫停代號為鵝卵石行動(Operation Shingle)的安濟奧登陸行動,並討論是否取消。最後盟軍同意在 1944 年 1 月實施。

安濟奧登陸
增援部隊湧上安濟奧的海灘。由於天氣惡劣,盟軍無法增援第一波登陸部隊,使得盧卡斯將軍決定延後向內陸推進。

1944 年頭幾個月裡,盟軍為了突破古斯塔夫防線吃了不少苦頭,一直到 5 月才逼迫德軍撤退。盟軍接著進入羅馬,然後繼續推進,直到在多山的義大利北部再度被擋下。

在1943 年最後幾個月裡,盟軍好不容易打贏沙勒諾的登陸戰以後,才得以繼續往北朝羅馬挺進。在義大利境內的德軍總司令阿爾貝爾特·凱賽林元帥企圖盡可能地守住,愈久愈好,讓盟軍一路都得戰鬥。義大利的地理環境大大有利他的做法。盟軍在北上的時候,必須要越過一連串發源於如同義大利半島中央脊梁亞平寧山脈的河流,這些河流流向兩側海岸,既深也湍急,而每座充滿爛泥的河谷旁都有高聳崎嶇的山地,由上往下看一覽無遺,是絕佳的防守地形。

盟軍方面,哈洛德·亞歷山大將軍的第 15 集團軍下轄沿著半島西側北上進攻的美軍第 5 軍團,還有沿著亞得里亞海那一側進攻的英軍第 8 軍團。這兩個軍團都是由多國部隊組成,並非如頭銜那樣只有英美兩國部隊。

相對於凱賽林資源充沛的防禦作戰,盟軍各指揮官在接下來大部分的戰鬥中並沒有相當完善地協調各部隊,而盟軍地面部隊和航空部隊之間的協同作戰也不是那麼順暢。

突破德軍主防線、也就是古斯塔

克拉克將軍進入羅馬
馬克·克拉克將軍凱旋入城,背後可是付出了代價。他沒依照大家同意的計畫行事,結果讓德軍可以毫髮無傷地撤退到羅馬以北地區。

卡西諾山的陷落

到了 1944 年 5 月,卡西諾山歷史悠久的本篤會修道院已經化為一堆瓦礫。根據王冠行動內容,攻占這座山的任務交給了波軍第 2 軍,但他們在 5 月 11 到 12 日夜間的第一次進攻卻失敗。德軍在山頭上廢墟四周布置的防禦工事(如本圖背景,位於城鎮後方)固若金湯。但在更往南的地方,法軍部隊在奧倫奇山(Aurunci Mountains)發現了一條德軍認為無法通過的路,因此找到可以俯瞰利里谷(Liri Valley)的地方,6 號高速公路就是穿越這座山谷通往羅馬。波軍在 5 月 17 日二度進攻卡西諾山,獲得一些進展,但因為法軍的行動,德軍部隊已經從整條古斯塔夫防線撤出。到了次日早晨,波蘭國旗就飄揚在修道院的廢墟上。

分頭進擊

亞平寧山脈就像是義大利半島的脊梁，把向北推進的盟軍分開，幫助德軍防守戰線。

夫防線的作戰，重點主要是在卡西諾山一帶的戰鬥，也就是拉皮多河（Rapido River）兩岸卡西諾鎮上的那座山峰。卡西諾山的山頂上有座古老的本篤會（Benedictine）修道院，這是一座富有歷史價值的瑰寶建築，但盟軍將領卻決定轟炸，引起爭議。

1944 年 1 月中旬，在有時被稱為第一次卡西諾會戰（First Battle of Cassino）的戰鬥裡，英軍、美軍和法軍部隊對卡西諾鎮周遭以及南北兩邊的古斯塔夫防線防禦工事發動一連串進攻，但收穫甚少。

盟軍部隊登陸安濟奧

為了協助友軍突破古斯塔夫防線，盟軍將領也計畫在西海岸更北邊、就在羅馬以南的安濟奧進行兩棲登陸。登陸行動在 1 月 22 日進行，讓德軍措手不及。但盟軍並沒有清楚的下一步

瓦礫堆中搭建出更加強固的防禦工事。德軍部隊防禦相當嚴密，不論是在 2 月的這場第二次卡西諾會戰、還是 3 月時同樣慘烈血腥的第三次會戰

> 「我本希望上岸的會是一隻**山貓**，結果卻是一條擱淺的**鯨魚**。」
>
> 溫斯頓・邱吉爾評論安濟奧登陸

計畫，而當地盟軍指揮官盧卡斯將軍也（Lucas）不夠大膽，只決定鞏固灘頭堡，之後才要深入內陸。凱賽林急急忙忙調派援軍，輕易就封鎖了推進的盟軍。結果安濟奧登陸並沒有像邱吉爾所希望的那樣，對德軍在義大利的整體態勢構成威脅，盟軍登陸部隊反而還被圍困。

德軍防禦固若金湯

從 2 月初開始，盟軍重新嘗試突破古斯塔夫防線。亞歷山大將軍從第 8 軍團調來紐西蘭和印度部隊，再度進攻卡西諾山。他首先下令轟炸修道院，因為他誤以為德軍在那邊設立觀測

1944 年，布署在義大利的盟軍由多國部隊組成，包括美國、英國、加拿大、法國、印度、紐西蘭、波蘭和南非。

站，不過令人感到詫異的是，在最初的空襲過後，隔了整整一天地面部隊才發動攻擊，德軍甚至在轟炸造成的

都相同。盟軍指揮高層研擬出一套新計畫，這次他們總算用上全部的資源，而不是只有一部分軍隊而已。第 8 軍團的主力部隊將負責攻略卡西諾山，而第 5 軍團會攻擊距離較近的海岸，而安濟奧的部隊會切斷古斯塔夫防線和羅馬之間的交通線。這場攻勢代號王冠行動（Operation Diadem），預計在春末發動。盟軍同時還會發動一場大規模空中攻勢，代號窒息行動（Operation Strangle），目標是更北邊的德軍補給線，但最後這場攻勢只獲得有限成果。

王冠行動在 5 月 10-11 日的夜

英軍 5.5 英吋榴彈砲
這款火砲能以高仰角姿態發射砲彈，因此在義大利山區作戰時是無價之寶。它能把 45 公斤的砲彈發射到 1 萬 4600 公尺的地方。

間展開。第 5 軍團裡的法軍部隊終於突破古斯塔夫防線的強大防禦陣地，在卡西諾以南深入了大約 20 公里遠；卡西諾山本身則是被第 8 軍團中的波蘭軍攻下。德軍開始撤退到羅馬和安濟奧之間的凱撒防線（Caesar Line），然後盟軍就開始朝羅馬進軍。5 月 23 日，被困在安濟奧灘頭堡的盟軍突破包圍，兩天後他們就和第 5 軍團主力會師。

失策的計畫更動

第 5 軍團接下來必須要切斷從卡西諾地區撤退的德軍，但軍團司令馬克・克拉克將軍（Mark Clark）卻決定直驅羅馬（他這麼決定的理由至今未明）。

等到第 5 軍團突破凱撒防線的時候，受到威脅的德軍卻已經逃脫。

6 月 5 日，克拉克率軍進入羅馬，

但就算獲得這場毫無意義的勝利，也隨即被第二天盟軍 D 日成功登陸法國的消息淹沒。盟軍在羅馬北方追趕德軍，但他們卻很有技巧地撤退到一條新造的堅固防線，也就是哥德防線（Gothic Line）。

7 月後半開始，盟軍的任務變得更加困難。許多法軍和美軍官兵都從義大利戰場撤出，參加法國南部的登陸作戰。自 1944 年秋天起直到 1945 年春天，盟軍的攻擊行動又再度出現協調不良的狀況，面對德軍愈來愈堅決的防守，他們的進展暨緩慢又艱辛。

後果

這款火砲能以高仰角姿態發射砲彈，因此在義大利山區作戰時是無價之寶。它能把 45 公斤的砲彈發射到 1 萬 4600 公尺的地方。

同盟國推進
英軍第 8 軍團突穿德軍防線，但前進速度卻因為更多的河流和秋雨而慢了下來。美軍第 5 軍團也穿透了哥德防線，但因為傷亡慘重而停止前進。到了年底，英軍也跟著停止前進。亞歷山大將軍決定等待春天來臨，再發動最後攻勢（參閱第 304-05 頁）。

英軍義大利之星獎章（Italy Star）

地圖

N

0　　　150 公里

圖例
- ·—·—· 1944年3月31日德軍戰線
- ······· 1944年6月5日德軍戰線
- - - - 1944年12月31日德軍戰線
- ▭▭ 哥德防線
- ▭ 盟軍登陸／推進

西南集團軍 / **第14軍團** / **第10軍團**

熱那亞
斯佩吉亞
波隆納
拉芬納
里米尼
佩沙洛

⑨ **10 月 27 日**
盟軍的推進在波隆納以南受阻

⑩ **12 月 5 日**
第 8 軍團進入拉芬納，德軍則撤到塞尼奧河

比薩
利弗諾
福利
弗羅倫斯
皮斯托亞
阿雷索

⑦ **8 月 3-4 日**
撤退中的德軍爆破弗羅倫斯除了老橋以外所有跨越亞諾河的橋樑

西埃納
格洛瑟托

美軍第5軍團

⑧ **8 月 25 日**
英軍第 8 軍團在東海岸恢復對哥德防線的攻勢

安科納

英軍第8軍團

⑥ **7 月 2 日**
德軍從西埃納撤離，次日法軍占領

維特波
契維塔威恰

第15集團軍

⑤ **6 月 5 日**
馬克・克拉克將軍凱旋進入羅馬

羅馬
安濟奧

美軍第6軍團

① **1944 年 1 月 22 日**
盟軍登陸安濟奧，但被釘死在狹小的灘頭堡內直到 5 月

美軍第5軍團

那不勒斯

③ **5 月 17 日**
經過連月戰鬥，德軍終於放棄卡西諾山

佩斯卡拉
奧托納

英軍第8軍團
第15集團軍

卡西諾
福賈

② **2 月 15 日**
卡西諾山上的修道院被美軍轟炸夷平

④ **5 月 25 日**
經美軍第 5 軍團戰線和安濟奧灘頭堡合併

義大利
南斯拉夫
亞得里亞海
第勒尼安海

253

為 D 日做準備

在歐洲大戰的背景下，同盟國把入侵西歐視為最大的挑戰。他們必須奇襲心態上早有預期的敵人、克服嚴密的防禦措施，還要掌握英吉利海峽令人難以捉摸的水文狀況。

1943 年 4 月，英軍將領佛瑞德里克·摩根（Frederick Morgan）被任命為 D 日入侵的最高盟軍統帥參謀長（Chief of Staff to the Supreme Allied Commander, COSSAC）。此時他的指揮官人選尚未敲定，但他接到的任務是帶領英美聯合參謀團擬定出突擊歐洲堡壘（Fortress Europe）的計畫藍圖。摩根接手了先前英方已經做過的所有工作，並全盤同意他們的結論。摩根在擬定計畫前，他需要知道登陸時會動用到那些部隊，不過這取決於兩棲船艦的數量。根據預估顯示，到時應該會有足夠的船隻來運輸三個師的部隊，執行盟軍最初的跨越海峽突擊作戰。摩根在 1943 年 7 月完成他的計畫。他認為帕斯加來（Pas de Calais）和康城（Caen）可能適合做為登陸區，但因為前者非常接近英格蘭南部，防禦非常嚴密，所以他選擇康城。

欺敵與發展

參與突擊的三個師會在康城和西邊葛唐丹半島（Cotentin peninsula）底部之間上岸，同時派出空降部隊保護他們的側翼。入侵部隊登岸之後，就要攻占位於葛唐丹半島北海岸的榭堡、肅清布列塔尼，並越過塞納河（River Seine）一路向南掃蕩。

奇襲是相當重要的元素。不只是要讓部隊可以上岸，也要能夠防止德軍迅速地從其他地方派遣大批援軍。為了這個目的，盟軍研擬了縝密的欺敵計畫，最重要的就是要讓德軍以為他們會在帕斯加來登陸。他們採取的措施包括在英格蘭東南部布署一支虛構的部隊，並由盟軍陣營最勇猛的將領巴頓將軍指揮。德軍也害怕盟軍入侵挪威，因此在當地維持大批駐軍。為了反過來玩弄這一點，盟軍也在蘇格蘭布署虛構的英軍第 4 軍團。

盟軍入侵部隊吸取先前在太平

雪曼雙重驅動戰車

雪曼雙重驅動戰車（Sherman Duplex Drive）是 D 日入侵的關鍵武器。這種戰車配備可折疊的帆布帳，並有推進器驅動，可以自行浮游上岸，為突擊部隊提供裝甲和火力支援，但它在波濤洶湧的海面非常不安全。

> 「除非天氣真的非常嚴重惡化，否則我們一定會行動。」
>
> 艾森豪將軍，1944 年 6 月 3 日

《《 前因

法國淪陷（參閱第 82-83 頁）後，同盟國認為，除非他們重新進入歐洲大陸，否則德國不可能被擊敗。

準備入侵法國
美國參戰時，美方同意應該準備越過英吉利海峽入侵歐洲的行動，且為了這個目的，要在英國集結美軍隊（參閱第 202-03 頁）。這場行動原本計畫要在 1943 年進行，但英國打算先確保北非（參閱第 182-87 頁），然後再把義大利打到退出戰爭（參閱第 210-11 頁）。越過英吉利海峽的入侵行動最早的代號是「圍捕」（Round Up），因此順勢延後，新的日期訂在 1944 年春季。

3萬7000
1942 年 6 月時駐防英國的美軍人數

26萬
1942 年 11 月時駐防英國的美軍人數

79萬
1943 年底時駐防英國的美軍人數

對的地點
英方已經開始蒐集歐洲西北海岸線的情報，並研究在哪些地方可以如何進行這樣的突擊作戰。他們的結論是，不管登陸區在哪裡，都必須在從英國起飛的戰鬥機掩護航程範圍內，並且需要在港口附近。但 1942 年 8 月損失慘無比的第厄普襲擊卻顯示，港口的防禦可能相當嚴密，而在諾曼第地區的康城一帶成功的可能性最大。

USN-702

洋和地中海的兩棲登陸經驗，引進了許多科技創新，應用到作戰上。因為榭堡的港口要恢復作業很可能會需要一段時間，所以他們開發了臨時用的人造「桑椹」（Mulberry）港口。為了輸送油料給在法國的部隊，也建造了一條輸油管，從懷特島出發穿越英吉利海峽。這項行動代號「冥王星」（Operation Pluto）——Pluto是「海底輸油管」（Pipe Line Under The Ocean）的縮寫。為了應付障礙物和據點，盟軍還設計了一系列特殊車輛，並以它們的指揮官佩爾西‧霍巴特少將（Percy Hobart）命名為「霍巴特馬戲團」（Hobart's Funnies）。「螃蟹」戰車攜帶可旋轉的連枷，能用來

引爆地雷，「鱷魚」戰車安裝了火焰噴射器，其他車輛則能發射超重型「垃圾桶」炸藥來爆破海堤。

摩根的計畫在1943年8月17日舉行的魁北克會議上獲得批准。但一直要等到同年的12月初，艾森豪才就任大君主行動、也就是本次入侵歐洲行動的盟軍最高統帥。

準備進攻

兩個星期後，蒙哥馬利奉派出任第21集團軍司令，也就是會在D日當天實際執行登陸行動的地面部隊。他和艾森豪都不太喜歡摩根的計畫，原因是作戰正面太小。他們因此把突擊諾曼

訓練中的海軍海蜂
海蜂是美國海軍工程營，負責建造道路和基地供軍方使用。他們的官兵除了基本軍事訓練以外，也要接受登陸戰術訓練。

戰鬥刀
這是英軍突擊隊的象徵——他們是菁英單位，任務是在夜間對被占領的歐洲發動突襲，以測試德軍防務強度。通過嚴苛訓練的人就會獲得這把短刀。

第的部隊從三個師增加到五個師。於此同時，在英吉利海峽的另一邊，德軍也沒有閒著。由於害怕盟軍從英國入侵，他們甚至自1940年起就已經沿著歐洲的海岸建構了錯綜複雜的防禦體系。

但到了1943年秋季，統稱為「大西洋長城」（Atlantic Wall）的德軍海岸防務修建狀況依然沒有起色。隆美爾奉命出任防區將成為盟軍入侵地段的B集團軍司令，努力工作改善防衛措施。海灘上以及滑翔機可能降落的區域全都布置了大量各式各樣致命的反登陸障礙物，海岸線也布滿了混凝

艾森豪對美軍士兵講話
1944年6月5日，也就是D日前夕，艾森豪探望正要登上飛機的美軍傘兵。此時艾森豪感到十分焦慮，因為成敗就在一線之間。

後果

D日入侵行動最後訂在1944年6月5日——部隊都已聽取簡報，船艦都做好準備。但有一個因素無法控制，那就是天氣。

大自然的干預
1944年5月底，英國的港口已經被各種船艦塞滿，而突擊部隊也全都移防到接近出發港口的不公開營區內。他們在那裡聽取簡報，以了解在入侵行動中要扮演什麼角色。

6月3日，艾森豪得知D日當天很可能會有暴風雨。次日他又獲知，天氣狀況會在接下來36小時內緩慢改善，因此他把入侵行動延後了一天。盟軍會在6月6日登陸。入侵艦隊在5日晚間出發，橫渡英吉利海峽。

軸心軍措手不及
同一時間，德軍相信天氣太差，不適合入侵行動，因此許多德軍重要將領都前往雷恩（Rennes）進行紙上兵棋推演。隆美爾則返回德國，請求投入更多部隊。他們全都即將大禍臨頭（參閱第258-59頁）。

土碉堡。但另一方面，隆美爾的上司、西線總司令蓋爾德‧馮‧倫德斯特卻主張，海岸防禦兵力只要能夠支撐到可以讓德方偵知盟軍主攻方向即可，之後再以裝甲預備隊加以打擊。

在英國，1944年的前幾個月盟軍都在進行嚴格訓練。負責擔任突擊任務的那幾個師都在與諾曼第類似的海灘進行兩棲登陸演練，但4月時卻發生一件令人恐慌的事，也就是德軍魚雷艇在得文（Devon）外海襲擊了參與操演的美軍運輸船隊。盟軍擔心計畫可能受到影響，因此不得不對這次事件保密。在此期間，盟軍航空部隊也展開行動，一方面打擊駐紮在法國的德國空軍單位，另一方面則切斷通往諾曼第的交通線。

軍事科技
桑椹港口

早在1942年，盟軍方面就已經認清，海岸上的入侵部隊會需要人造港口的支援，因此1943年間就已經生產出原型產品。它們由沉到水裡的封鎖船組成的不可動防波堤構成，外加一組浮動防波堤加以保護。浮動車道（如右圖）從混凝土碼頭一路延伸，讓車輛可以載運補給品上岸。盟軍建造了兩座桑椹港口，一座用來支援美軍，另一座支援英軍。所有的組件都得用船拖過英吉利海峽。

6,500 艘船艦參與D日入侵。

1萬1500 架盟軍飛機對戰德國空軍815架飛機。

19萬4000 盟軍對戰5萬7000名德軍。

美國將領和總統，1890年生，1969年卒

德懷特·艾森豪

「全世界都在注視著你們。熱愛
自由的人們的**希望**和**祈禱**……
與你們同在。」

艾森豪在 D 日對美軍部隊的演說，1944 年 6 月 6 日

德懷特·艾森豪是傑出的指揮官和軍事戰略家，是歐洲的盟軍最高統帥，在 1944 年成功地推動入侵法國行動，之後更成為第 34 任美國總統。

但在 1941 年以前，艾森豪根本不可能被選去擔任如此重要的角色。他沒有任何戰鬥經驗，在陸軍內的晉升速度緩慢，知名度也低，但他確實有優異的談判和計畫技巧。

艾森豪年輕時就從軍了。他在西點軍校畢業後擔任少尉，並在第一次世界大戰期間擔任一個戰車訓練中心的指揮官。但他還沒有機會被派往海外，戰爭就結束了。

五星上將
艾森豪就讀西點軍校，展開他的軍旅生涯。他雖然沒有野戰經驗，但卻在 1944 年晉升五星上將，這是美國陸軍的最高階級。

本土戰線宣傳
艾森豪獨樹一格的形象和其他將領的肖像被用在美國國內的海報和其他宣傳品上，鼓舞本土戰線上的全國民眾更加努力投入戰時生產工作。

他在承平時期繼續軍旅生涯，剛開始時在熱情的戰車作戰先驅喬治·巴頓麾下服役，之後出任福克斯·康納准將（Fox Connor）的參謀長，並被派往巴拿馬。艾森豪深受康納的薰陶，服役期間也廣泛研習各種軍事計畫與戰略。他也曾前往法國，在潘興將軍（Pershing）麾下工作，並撰寫一份有關一次大戰戰場的指南。其中提供的地理知識將會在之後證明受用無窮。

熟練的調解人
艾森豪是格外優異的行政人才。他奉命擔任道格拉斯·麥克阿瑟的參謀長，並和他一起在菲律賓服役，幫助他組織當地的軍隊。他不是特別喜愛這份差事，但一些歷史學家認為，有和麥克阿瑟這種飄忽不定的人共事的經驗，對他的日後生涯有加分作用。

1939 年德國入侵波蘭後不久，艾森豪返回美國，擔任第 3 軍團參謀長，並因為表現出計畫戰爭演習的純熟技巧，受到陸軍參謀長喬治·馬歇爾將軍（George Marshall）的賞識。馬歇爾對他印象深刻，因此美國在 1941 年參戰後，他就派艾森豪前往華盛頓特區的陸軍戰爭計畫處任職，艾森豪從此平步青雲。艾森豪讓馬歇爾格外印象深刻的，就是他應付麥克阿瑟的能力。之後艾森豪在 1942 年奉命擬定盟軍入侵北非的計畫。雖然他沒有擔任高階指揮官的經驗，但卻有可以把軍事戰略轉化為實際行動的傑

「艾克」將軍
德懷特·大衛·艾森豪將軍（Dwight David Eisenhower）被大家暱稱為「艾克」（Ike），這是他在學生時期得到的綽號。他備受尊崇，甚至到了「我愛艾克」（I Like Ike）這句口號被用在他的 1952 年總統選戰的程度。

鼓舞人心的領袖

艾森豪將軍於 D 日前夕在英格蘭對第 101 空降師的美國傘兵發表演說。惡劣的天氣導致行動延遲，但艾森豪在 1944 年 6 月 5 日下達展開行動的指令。

出能力，以及巧妙的外交溝通手腕。規畫火炬行動（盟軍的第一場大規模攻勢）的時候，會牽涉到許多難以應付的人物，例如爭執不斷的巴頓和蒙哥馬利，但艾森豪清楚展現了在他倆之間調停的能力。1943 年 2 月，他晉升為四星上將，並在突尼西亞、西西里島和義大利本土發動成功的攻擊行動。

最高統帥

1943 年 12 月，艾森豪被選為同盟國遠征軍（Allied Expeditionary Force）的最高統帥。他立即前往倫敦，準備入侵諾曼第的行動。他原本不是大家的第一選擇——羅斯福和邱吉爾心中都各有偏好的人選，但他的組織和協調技能使他成為最適當的人選。蒙哥馬利在他的回憶錄裡形容艾森豪是「軍事政治家」，並宣稱沒有其他任何人可以把盟軍部隊打造成如此驍勇善戰的戰鬥機器。入侵行動必須協調陸、海、空軍部隊，影響層面涵蓋有高達 100 萬戰鬥部隊和 200 萬後勤支援人員的區域，還要處理各式各樣對立的觀點、提案和人格。最後，就是艾森豪在 1944 年 6 月 5 日賭上惡劣天氣中的空檔，下令發動次日所謂的 D 日行動。

杜魯門總統卻安排他出任陸軍參謀長。他指導戰時軍隊的復員，之後退役並在哥倫比亞大學（Columbia University）任教。1950 年時他又回到國際舞台，因為杜魯門總統指派他擔任新成立的北約組織最高統帥。艾森豪在兩年後代表共和黨參選美國總統，並且因為高人氣而輕鬆贏得勝利，還在 1956 年連任成功。他在 1961 年卸下職務，退休並返回他在蓋茨堡農場（Gettysburg Farm）的老家，並在八年後去世。

D 日後人氣高漲

艾森豪的責任並沒有在 D 日入侵之後結束。他監督盟軍往巴黎推進以及突出部之役，並指導最終使德軍在 1945 年 5 月投降的各種事件。有些人批評他容許俄國人攻占柏林，但另一方面他的成就也為他贏得各國的推崇和敬意。

艾森豪在返回美國時被視為英雄，不論是軍隊還是百姓都同樣喜歡並極為尊敬他。他雖然打算在戰爭結束時退役，但

> 「歷史不會把自由長期託付給**弱者**或**膽小鬼**管照。」
>
> 艾森豪的首次總統就職演說，1953 年 1 月 20 日

消弭爭端

艾森豪的能力包括消弭部屬之間個性上的衝突，例如空軍上將泰德（Tedder）和蒙哥馬利元帥之間的爭執。

I LIKE IKE

1953年的總統選舉保險桿貼紙

D 日登陸

諾曼第登陸是盟軍努力不懈準備的極致展現，也是戰爭史上最大規模的兩棲作戰。雖然不是每一件事都按照計畫進行，但到了那天結束時，盟軍總算在灘頭站穩腳跟，解放西歐的工作於焉展開。

前因

儘管天氣不利行動，但艾森豪決定在 1944 年 6 月 6 日展開 D 日登陸，是相當大膽的決策（參閱第 254-55 頁）。他十分明白，如果失敗的話，盟軍要花好幾個月才能再試一次。

準備開始

6 月 5 日晚間 9 點，英國國家廣播公司對法國抵抗運動（參閱第 222-23 頁）播送加密訊息（他們的工作是要擾亂通往諾曼第的交通線），讓他們警覺到入侵即將展開。之後兩隊英國皇家空軍轟炸機就分頭前往布洛涅（Boulogne）和阿弗赫（Le Havre）。這些飛機投下大量錫箔條（代號「窗口」），混淆德軍雷達，讓他們以為入侵艦隊正駛往帕斯加來。傘兵部隊在此時抵達。兩個美軍空降師在葛唐丹半島底部空降，而一個英軍師則在奧恩河（River Orne）以東著陸——這兩支部隊都達成了確保盟軍側翼的目標。

美軍傘兵徽章

盟軍選擇在五座海灘登陸，每座海灘分配給一個突擊師。這些海灘都有代號，從東向西分別是寶劍（Sword，英軍）、朱諾（Juno，加軍）、黃金（Gold，英軍）、奧馬哈（Omaha，美軍）和猶他（Utah，美軍）。

在盟軍登陸前，一定要先壓制海岸砲台。為了這個目的，盟軍航空部隊投下 1760 公噸炸彈，接著再進行綿密的海軍岸轟砲擊。突擊部隊在距離海岸約 11-17 公里的地方從運輸船換乘到登陸艇。由於海面風浪相當大，有許多人暈船，有些人則是幾乎沒有闔眼，而天氣也相當陰沉，使情況更加艱難。

登陸會在低水位之後的漲潮時段進行，而基於當地條件，美軍會先登陸，因此可用於岸轟的時間較少。第一批登岸的部隊是在猶他海灘登陸的美軍第 4 步兵師，時間是早晨 6 點 30 分。潮水改變了他們登陸艇的航向，偏離了正確的海灘，因此必須在往南 1830 公尺的地方登陸，結果導致一些混亂的狀況。

部隊必須涉水長達 90 公尺的距離才能上岸，但那裡卻又正好是德軍防務的弱點所在，因此傷亡輕微。在已經上岸的雪曼雙重驅動戰車協

英軍阻塞氣球操作人員
海王星行動（Operation Neptune）是大君主行動中的海空突擊階段。如圖，隸屬皇家空軍的阻塞氣球操作人員在入侵當天下午拉著一組絞盤橫過黃金灘頭內的「國王」沙灘。

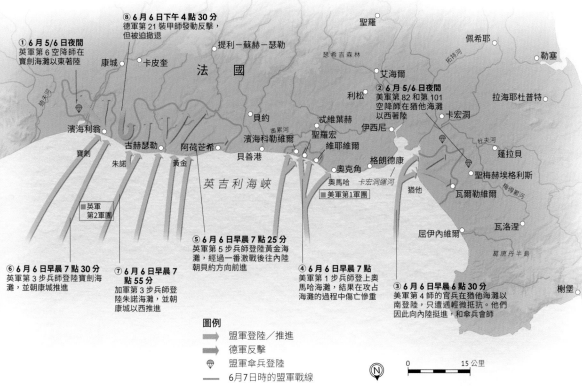

① 6月5/6日夜間
英軍第6空降師在寶劍海灘以東著陸

⑧ 6月6日下午4點30分，德軍第21裝甲師發動反擊，但被迫撤退

聖羅

提利－蘇赫－瑟勒

康城　卡皮奎

佩希耶　勒塞

法 國

艾海爾

利松

② 6月5/6日夜間
美軍第82和第101空降師在猶他海灘以西著陸

拉海耶杜普特

濱利翁

貝約

忒維葉赫
濱海科勒維爾
聖羅宏
維耶維爾
奧克角
奧馬哈
卡宏洞運河

卡宏洞

古赫瑟勒　阿荷芒希
寶劍　朱諾　黃金　貝善港
伊西尼
格朗德康

蓬拉貝
聖梅赫埃格利斯

英軍第2軍團

英 吉 利 海 峽

美軍第1軍團

猶他

瓦爾勒維爾

屈伊內維爾

瓦洛涅

⑤ 6月6日早晨7點25分
英軍第5步兵師登陸黃金海灘，經過一番激戰後往內陸朝貝約方向前進

⑥ 6月6日早晨7點30分
英軍第3步兵師登陸寶劍海灘，並朝康城推進

⑦ 6月6日早晨7點55分
加軍第3步兵師登陸朱諾海灘，並朝康城以西推進

④ 6月6日早晨7點
美軍第1步兵師登上奧馬哈海灘，結果在攻占海灘的過程中傷亡慘重

③ 6月6日早晨6點30分
美軍第4師的官兵在猶他海灘以南登陸，只遭遇輕微抵抗。他們因此向內陸挺進，和傘兵會師

樹堡

圖例

⟹ 盟軍登陸／推進
⟹ 德軍反擊
⬂ 盟軍傘兵登陸
— 6月7日時的盟軍戰線

0　　15公里

N

諾曼第登陸

德軍的反擊兵力確實有一部分抵達海岸，但因為害怕被15萬敵軍切斷，因此被迫撤退。

「你們即將展開偉大的**聖戰**。」

艾森豪對部隊講話，1944年6月5日

助下，登陸部隊總算和一些美軍傘兵會師。反之，奧馬哈灘頭才是麻煩所在。這片海灘地形主要由峭壁構成，且是防禦最嚴密的海灘，布滿各種水下障礙物。奧馬哈比猶他更受到天氣影響，但由於忌憚德軍海岸砲台的反擊火力，因此換乘作業在離岸17公里處進行。結果許多戰車沉入海中，登陸艇也因撞擊水面下的障礙物而毀損，或是被海水淹沒。有些人也登上錯誤的海灘。德軍發揮強大火力，那些登岸的官兵因此被釘死在海灘上，就算到了中午，僅有的立足點也依然岌岌可危。

德軍毫無警覺

在黃金海灘，岩石出現代表登陸正面相對狹窄。但即使如此，英軍第50師在中午就已經幾乎全部上岸，並開始朝內路挺進。只有位在右翼的勒阿梅爾村（Le Hamel）有明顯抵抗，但到了當天結束時，這個村子的防禦也已被削弱。朱諾海灘上的加軍第3師也必須面對大片礁岩，通往海灘的道路相當狹窄，導致登陸延遲了25分鐘。因此擔任預備隊的旅上岸時，海

援軍來到灘頭

美軍第1軍團轄下的美軍第5軍步兵在1944年6月7日從步兵登陸艇登陸上岸，連腳都沒有弄溼。到了6月11日，盟軍已經有30萬人和5萬4000輛車輛登陸。

灘就出現壅塞狀況。德軍唯一明顯的抵抗來自於中央，也就是說加軍剛開始時灘頭被一分為二，這個師之後朝卡皮奎（Carpiquet）的機場進軍。在康城北邊的寶劍灘頭，英軍第3師也順利登陸，不過猛烈的抵抗火力在部隊登上海灘那一刻就造成傷亡。和這個師一起登岸的突擊隊任務是和康城運河（Caen Canal）的傘兵會師，他們也成功達成。

在德軍這一邊，英國國家廣播公司（BBC）對法國抵抗運動者播送了一段格外冗長的訊息，使德軍提高了警覺。但在這個階段，德軍最關切的並不是諾曼第登陸本身，而是到處進行的破壞行動。在D日凌晨，敵軍傘兵著陸的報告使德軍提升到最高警戒，不在駐地的指揮官也匆忙趕回。防禦海灘的部隊實際上都是二線部隊，德軍只能把最大希望寄託在裝甲部隊身上，想出動它們反擊，把盟

（參閱第262-63頁）

後果

到了D日結束時，盟軍已經有15萬名官兵登陸。共有9000人傷亡，這個數目比一開始擔憂的要少很多。只有奧馬哈海灘問題比較大。

德軍目標

下一個任務是把所有灘頭連接起來，投入增援部隊並開始向內陸推進。在突破諾曼第（參閱第262-63頁）後，還有

奧馬哈海灘上的傷兵

好幾場硬仗要打，但對德軍來說，D日幾乎是一場災難。他們把盟軍趕下海的計畫失敗了，而且他們也不確定這場攻擊是否就是主攻，還是說帕斯加來會是下一個目標。此時的當務之急是布署裝甲預備隊。但因為盟軍的空中優勢，以及通往諾曼第的交通被干擾，這不會是個輕鬆的任務。

軍趕下海。但不幸的是，裝甲預備隊主力的調動權限掌握在希特勒手中。等到電話打進總部的時候，馮・倫德斯特的參謀居然被告知，元首已經入睡，不能打擾。一直等到下午，希特

提把
彈匣
照門
槍管拆卸把手
摺疊式雙腳架
槍托

布倫輕機槍

布倫（Bren）輕機槍是在捷克斯洛伐克設計的，在整場戰爭以及戰後的許多年裡都一直在英軍步兵部隊中服役。它的口徑是0.303英吋，射程達548公尺。

勒才同意釋出預備隊。戰區內唯一的裝甲師早已分散各處，需要時間集結。它先是攻擊英軍空降部隊，之後又奉命打擊康城以北的英軍，但那時一切都已經來不及了。

奧馬哈灘頭登陸

1944 年 6 月 6 日，盟軍部隊──美軍、英軍和加軍──在法國諾曼第葛唐丹半島的五個海灘登陸。其中傷亡最慘重的是奧馬哈海灘，美軍第 1 和第 29 師的部隊在兩個特戰營的支援下，試圖占領十公里長的海灘，但卻遭遇強硬抵抗，將近 3000 名美軍在登陸期間陣亡或負傷。

「我根本不知道水有多深，但我的身高有六英尺，海水淹到我的胸口，我花了一會兒才站穩⋯⋯我把手伸出去，抓住他（里德中士）的夾克，把他從跳板下面拉上來，不然他就會被登陸艇壓下去。我把里德從浪花裡拉出來，又拖著他走了大概 20 碼到海灘。然後我說：『好了，中士，我只能把你帶到這裡，我會想辦法找醫護兵過來幫你。我要和排上剩下的人一起往前走，完成我們的任務。』因此我只能把他丟在那裡，然後幾乎馬上就有一枚迫擊砲彈在我身後炸開。我的迫擊砲小隊所有人幾乎非死即傷，我也跟著摔個狗吃屎，我心裡只想著我一定是陣亡了。突然間有沙子噴到我臉上，我告訴自己：『啊，是德國佬，他正在對我射擊，他在測我的距離，這裡可不能待下去。』⋯⋯屍體一動也不動⋯⋯流出的鮮血染紅了沙子。有些負傷的同袍盡一切可能向前爬行，有些人飽受折磨且充滿驚懼的臉上露出了絕望和困惑的表情，還有些人想要再站起來，卻又被敵人的火力打中。」

西德尼・薩洛蒙中尉（Sidney Salomon），第2遊騎兵營C連，登陸奧馬哈海灘

艱辛的登陸
當美軍突擊部隊在奧馬哈海灘登陸時，兩棲車輛率先挺進。由於漲潮加上波濤洶湧，以及德軍狙擊手從可以俯瞰海灘的峭壁上射擊，突擊陸奧馬哈海灘的行動變得異常危險。

從諾曼第突破

雖然 D 日登陸大功告成，但盟軍還要經歷長達六個星期的苦戰，才能從諾曼第突破。到了此時，德軍部隊幾乎被殲滅，僥倖逃過一劫的只得迅速橫越法國北部撤退，只留下少數衛戍部隊堅守港口。

諾曼第的戰鬥
英軍把鏟子綁在背上，準備進攻一座村落。他們抵達目標後，就會開始掘壕固守，用以躲避砲火，並對抗德軍可能的逆襲。

登上諾曼第海岸（參閱第 258-59 頁）後，盟軍的優勢就比德軍大得多。空權能夠阻擋敵軍前進，法國抵抗運動也可以。

抵抗運動的角色
盟軍最關心的，就是防止德軍在諾曼第集結太多裝甲部隊發動大規模反攻。在讓德軍裝甲師和裝甲擲彈兵師放慢腳步

特種作戰團幹員使用的公事包

的過程中，空權扮演重要角色，而法國抵抗運動（參閱第 222-23 頁）也是。他們的行動透過受特殊訓練的特種作戰團幹員（參閱第 172-73 頁）協調，多個三人小組在 D 日後跳傘進入法國，工作是擾亂德軍交通路線並加以牽制。在諾曼第，盟軍施加無情壓力，這件事本身也代表這些部隊撐起了防線，防止德軍集結部隊發動反攻。

D 日剛過的那段時間裡，盟軍就成功把各座灘頭連接起來，並開始向內陸推進。不過東邊的英軍隨即遭遇狀況。康城原本是 D 日的首要目標，但蒙哥馬利的部隊沒能抵達當地，主要是因為海灘發生壅塞狀況，使得必要的裝甲部隊支援無法及時抵達。在接下來的一個星期裡，英軍想奪取康城，但徒勞無功。當地由剛趕到的黨衛軍第 12 裝甲師固守，這支部隊由狂熱的前希特勒青年團團員組成。在西邊，美軍進展較佳，到了 6 月 18 日就已經切斷葛唐丹半島和諾曼第的聯繫。前一天，倫德斯特和隆美爾在蘇瓦松（Soissons）和希特勒會面，詢問是否可以疏散半島上的部隊以縮短戰線。但希特勒拒絕，因此注定失去當地的德軍部隊。他也命令榭堡的部隊戰到最後一兵一卒，但美軍經過兩天激戰後，還是在 6 月 28 日攻下榭堡。但港口設備都已經被摧毀，還需要好幾個星期的時間

8	7月25日位於諾曼第的盟軍裝甲師數量。
23	7月25日位於諾曼第的盟軍步兵師數量。
1	7月25日位於諾曼第的盟軍空降師數量。

才能恢復運作。這對盟軍來說是個打擊，因為在前一週裡，英吉利海峽發生一場猛烈暴風雨，兩座桑椹港口都受到嚴重破壞。

盟軍受到阻礙
6 月底，英軍試圖在康城以西突破。他們成功推進了大約 9.5 公里，但接著側翼就遭黨衛軍裝甲部隊襲擊，因此被迫稍微後撤。但由於德軍的壓力與日俱增，難以繼續承受，因此倫德斯特和隆美爾再度前往阿爾卑斯山區的別墅面見希特勒，請求更多增援部隊，並希望獲准從諾曼第撤退。但希特勒依然拒絕，反而還要求他們肅清灘頭。倫德斯特認為除了和談之外已經別無他法，因此被免職，遺缺由君特·馮·克魯格（Günther von

Kluge）接任。

美軍此時開始向南朝聖羅前進，但發現相當棘手。一個主要的理由是諾曼第鄉間大部分地區的天然景觀，這種環境被稱為「籬牆」，主要是由樹林和小塊田地組成，中間由長滿濃密灌木叢的土堤分隔開來。這種環境非常容易讓攻擊方產生幽閉的恐懼感，對防守方極為有利，尤其是對裝甲車輛格外有影響。在此期間，英軍和加軍逐步向康成進逼，皇家空軍轟炸機司令部持續對康城的德軍防務進行地毯式轟炸，因此使地面部隊得以攻克市區北半部，但德軍的猛烈抵抗再度挫敗他們的進展。

> **「求和啊，笨蛋，你們還能幹嘛？」**
> 蓋爾德·馮·倫德斯特對希特勒的幕僚表示，1944 年 7 月 1 日

砲管長7.06公尺

勝利在望
到了 7 月 10 日，負責指揮作戰的蒙哥馬利下達了一項新指令：英軍第 2 軍團在康城東邊發動大規模攻勢，以減輕美軍第 1 軍團的壓力，如此它才能殺出重圍。一個星期後，德軍遭到沉重打擊，因為隆美爾遭盟軍戰鬥轟炸機襲擊，身負重傷。克魯格接手隆美爾的指揮權，但同時也繼續擔任原本的職務。7 月 18 日，英軍在康城東邊發動大規模攻勢，結果在達成目標前就喪失繼續推進的能力，但依然幫助美軍達成最後的突破。美軍開始有所進展，終於奪下公路節點聖羅。7 月 20 日，一場希特勒的暗殺行動失敗，但還是擾亂了德軍軍心。

美軍在 7 月 25 日展開突破作戰，阿夫杭士鎮（Avranches）是最初的目標。經過地毯式轟炸後，美軍花了兩天突破德軍防線，阿夫杭士在 7 月 31 日解放，後續的突圍行動隨即展開。一馬當先的是喬治·巴頓指揮的美軍第 3 軍

盟軍的空中力量
一架隸屬美軍第 9 航空軍的道格拉斯 A-20 浩劫式（Havoc）轟炸機（英軍稱為波士頓式）轟炸諾曼第的德軍補給堆放區。盟軍最後可以在諾曼第勝出，壓倒性的空中優勢功不可沒。

圖例

— 7月25日德軍戰線
‑‑‑ 8月14日德軍戰線
➡ 盟軍推進

從諾曼第突破

這張地圖顯示盟軍如何肅清布列塔尼的敵軍，然後向東方突破，追擊潰散的德軍。

團，他們在過去兩週內陸續抵達諾曼第。然而希特勒下定決心，要求克魯格繼續出擊，遏制盟軍行動。

勝利在望

巴頓在 8 月 1 日發起進攻，派遣一部分部隊猛攻布列塔尼（Brittany），其餘部隊分頭朝南方和東方前進。第 3 軍團僅花費一星期時間，就徹底橫掃布列塔尼，但希特勒卻宣布，所有港口都要成為堡壘要塞，絕對不可放棄，因此布勒斯特（Brest）、羅希安（Lorient）和聖納濟荷（St Nazaire）都立即遭遇盟軍圍攻。美軍第 1 軍團也向南推進，但德軍在 8 月 7/8 夜間出動四個裝甲師在摩坦（Mortain）一帶打擊美軍側翼。德軍在剛開始時因為低能見度而占上風，美軍無法發揮空權的

地圖標註

① 6 月 27 日
美軍攻陷榭堡

② 7 月
美軍在聖羅附近充滿灌木樹籬的鄉間進展遲緩

③ 7 月 7-9 日
英軍和加軍在大規模猛烈轟炸後占領康城北半部

④ 7 月 18-20 日
英軍的佳林行動成效甚低，但總算攻占康城

⑤ 7 月 18 日
美軍終於攻占聖羅

⑥ 7 月 25 日
眼鏡蛇行動展開。巴頓第 3 軍團緩緩出擊，終於成功往西和往南突破

⑦ 8 月 6 日
德軍在摩坦發動逆襲

⑧ 8 月 10 日
巴頓派遣部隊前往北邊包圍德軍

⑨ 8 月 19 日
法雷茲口袋封閉，包圍大約 5 萬德軍

地圖地名：英國、比利時、法國、英吉利海峽、榭堡、卡宏洞、阿天杭士、布勒斯特、布列塔尼、聖馬洛、盧德亞克、雷恩、羅希安、南特、安傑、聖納濟荷、貝約、聖羅、維城、法雷茲、摩坦、諾曼第、阿弗赫、第厄普、康城、阿戎坦、巴黎、夏特、曼斯、特華、艾內河、馬恩河、塞納河、羅亞爾河、英軍第 2 軍團、加軍第 1 軍團、美軍第 3 軍團、美軍第 1 軍團

0 100 公里

威力，因此喪失一些土地。但等到天空放晴後，德軍的進攻就注定失敗了。同時，在英軍側翼，加軍對準康城－法雷茲（Falaise）公路發動兩波籌畫已久的進攻，迫使德軍後退。到了 8 月中旬，德軍在諾曼第的部隊岌岌可危，隨時有被包圍的危險。美軍的前進方向已經轉向東邊，而英軍和加軍則從康城

94,000 1944 年 8 月 15 日，登陸法國蔚藍海岸（Riviera）的盟軍數量。入侵部隊由美軍第 7 軍團以及之後成為法軍第 1 軍團的部隊組成。

往南壓迫。巴頓開始指揮軍團的一部分部隊向北前進，以封閉包圍圈，但第 12 集團軍司令奧馬爾・布萊德雷（Omar Bradley）指示他在阿戎坦（Argentan）停止前進，以避免和英軍與加軍衝突。意識到這個危險後，克魯格下令部隊撤退。法雷茲口袋在 8 月 19 日封閉，諾曼第戰役畫下句點。

後果

盟軍突破後就可以開始解放法國其餘地區和低地國，第一個目標就是巴黎（參閱第 268-69 頁）。在此期間，俄軍也在東線發動大規模攻勢。

法雷茲之後

法雷茲口袋的最後戰鬥結束後，克魯格被希特勒免職——他懷疑克魯格涉入了

1萬 名德軍在法雷茲口袋的戰鬥中陣亡。

5萬 名德軍在法雷茲口袋的戰鬥中陣亡。

他的炸彈謀殺案（參閱第 266-67 頁）。克魯格被召回柏林自清，結果他在旅程中自殺，遺缺由政治上非常可靠的華爾特・摩德爾（Walter Model）接手。

俄軍攻勢

也有其他事件讓人相信，歐洲的戰事也許有可能在 1944 年結束之前落幕。俄軍在東線發動了一波大規模攻勢（參閱第 270-71 頁），而這就是德軍在諾曼第極度缺乏援軍的原因。他們奉命前往東方，企圖阻擋俄軍前進。

龍騎兵行動

盟軍在 8 月 15 日發動龍騎兵行動。在法國蔚藍海岸登陸的盟軍主要從義大利調派過來，他們只遭遇輕微抵抗。到了 9 月 11 日，他們只花了不到一個月的時間就和巴頓將軍的第 3 軍團在第戎（Dijon）附近會師。

一名美軍憲兵在翻閱法語片語手冊

砲膛結構在原本的 M1 版本中有問題，因此之後修改升級成 M2 版本，大約可承受每小時 40 發的射擊速率。

前車會在射擊時移開

砲架是對開式腿架設計。主車輪在火砲射擊時可以升起，從而使砲座成為相當堅固而穩定的射擊平台。

腿架

美軍 155 公釐口徑長腳湯姆（Long Tom）加農砲

在戰爭最後幾個月裡，這款重型 155 公釐口徑野戰砲是美軍遠程砲兵的骨幹。它可發射重 43 公斤的高爆彈，其他可用的彈藥包括煙幕彈、毒氣彈、照明彈甚至穿甲彈。

砲座的穩定度相當高，讓負責操作長腳湯姆的 14 人砲班即使在長達 2 萬 3500 公尺的最遠射程都可以打得非常準。

工具包裡的東西

戰鬥員除了武器以外，還需要各式各樣的物品來更有效率地戰鬥。這些東西很多都很小、很輕，可以隨身攜帶。當中的東西可以維持生命，但也可以維持士氣。

① 這組**俄國戰車修理工具包**可以讓乘組員在戰鬥空檔對車輛進行應急修理。② 這是英軍特種部隊使用的**防水手電筒**，裝上電池即可使用。③ **日軍軍用捲尺**。日本的長度單位分成里（四公里）、間（1.8公尺）和尺（30公分）。④ **英國的太陽羅盤**主要用途是在沙漠裡引導方向。它是根據日晷的原理運作，且與車輛的里程表結合使用。⑤ 這組**日本指南針**是導航的必備工具，尤其是在叢林裡。⑥ **英軍求生包**主要是配發給所有皇家空軍空勤人員，萬一他們棄機跳傘時可以使用。求生包裡面的東西包括高熱量甜食、氯基淨水片以及指南針等等。⑦ 這把**英軍萬用小刀**主要是給通訊兵鋪設及修復電纜時使用，有多種不同的刀片以及剪線器。⑧ 這組**英軍 24 小時口糧包**由駐東南亞的部隊使用，裡頭是一人份的食物。⑨ **入侵包**主要配發給英軍部隊，當中包括目的地的通用地圖、外國錢幣和片語手冊。⑩ **錫製便當盒和馬克杯**。

英軍士兵都會配發兩個錫製便當盒，可作為烹飪容器使用，以及一個搪瓷馬克杯。⑪ 派駐歐洲的加拿大部隊會配發**香菸**。在絕大多數武裝部隊裡，香菸都是野戰口糧配給的一部分。⑫ 這種**英國毒氣軟膏**可用來減緩芥子氣的傷害。⑬ 這塊**美軍「血幅」**發放給飛越俄軍控制區的美軍空勤機組員。血幅請發現它的人向駐莫斯科的美國軍事代表團提供機組員的詳細資訊。⑭ **英軍緊急口糧**中包含加工過的肉類，且沒有高階軍官允許的話不能食用。⑮ 配發給美軍的**袖珍版小說**。因為做得夠小，所以可以塞進胸前的口袋。⑯ 德國陸軍官兵使用的**經典桌遊西洋棋紙卡**，由薄紙板印刷而成，棋子和個人計分器必須自行剪下。⑰ **日本士兵的通行證**。上面寫著「第四拾壹號外出證，岡茅七○五三部隊」。⑱ 大量生產的**英軍刮鬍刀**和**附鏡子的刮鬍刀盒**，主要提供給英軍使用。

① 戰車修理工具包（蘇聯）

③ 捲尺（日本）

⑥ 配發給皇家空軍空勤人員的英軍求生包（下左與右）

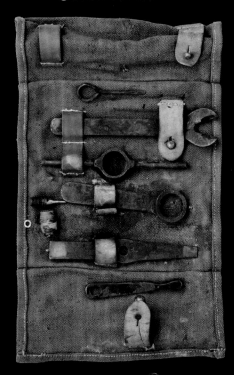

④ 太陽羅盤（英國）

⑦ 萬用小刀（英國）

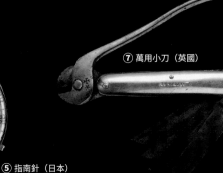

② 防水手電筒（英國）

⑤ 指南針（日本）

⑩ 錫製便當盒和馬克杯（英國）

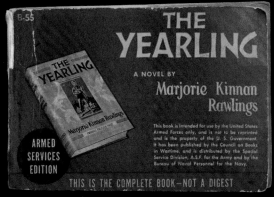

⑭ 兩個英軍緊急口糧罐頭（英國）

⑪ 配發給派駐歐洲的加拿大部隊的香菸（加拿大）

⑮ 袖珍小說（美國）

⑧ 24 小時口糧包（英國）

⑫ 毒氣軟膏（英國）

⑯ 紙卡桌遊（德國）

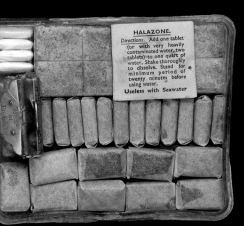

⑨ 抵達北非的人員使用的地圖和錢幣（英國）

⑬ 血幅（美國）

⑰ 木製通行證（日本）

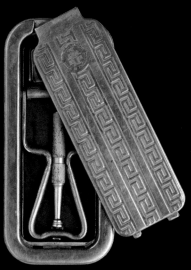

⑱ 盒裝刮鬍刀（英國）

刺殺希特勒

曾經有過好幾場刺殺希特勒然後與同盟國和談的陰謀，但 1944 年 7 月 20 日那場是最接近成功的一次。部隊在柏林和巴黎奪取了重要建築，但一切都還太早，因為希特勒雖然受到嚴重驚嚇，卻還活得好好的。

前因

反對希特勒的地下團體明白，在戰爭對德國來說進展順利的時候，他們不會得到太多大眾支持。

機會到來

然而，隨著德軍在史達林格勒崩潰（參閱第 192-95 頁），德國即將面臨毀滅的形勢愈來愈明顯。由於希特勒決心把這場戰爭打到底，反對團體開始相信，唯一能夠拯救祖國的辦法就是把他除掉。

高風險的任務

許多團體組成鬆散的聯盟，組成分子大多是中階軍官和外交部官員。他們策畫過幾場暗殺行動，也曾付諸實行，但都因為協調不良、能力不足和運氣不佳而失敗。

德軍參謀軍官（1907-44年）
克勞斯·馮·史陶芬堡

史陶芬堡出生於貴族軍人世家，他加入騎兵，之後取得任職參謀本部的資格。他在波蘭和法國戰役期間擔任參謀軍官，之後負責招募蘇軍戰俘。黨衛軍對待戰俘的行徑讓史陶芬堡感到噁心，他因此開始反對納粹政權，加入反希特勒的團體。1943 年 2 月，他奉派前往突尼西亞，但身負重傷，失去一隻眼睛、一隻手臂，腿部也受到重創，康復後被派往柏林的後備軍任職。史陶芬堡因為參與謀反，在 1944 年 7 月 21 日遭槍決處死。

謀反人士花了很多時間企圖拉攏一線戰地指揮官的支持。雖然這些人此時大多已對希特勒反感，但他們還是將繼續戰鬥視為職責所在，並且認為在努力抵抗外敵的時候，謀反只會分散力量。此外，打破誓言也違背了他們從小接受的教養，畢竟他們都曾親自宣誓效忠希特勒。正如埃里希·馮·曼斯坦所言，「普魯士元帥不會叛變」。謀反人士獲得較大成功的地方是滲透進德國的後備軍（Replacement Army）指揮系統，這支部隊負責管轄德國國內的部隊，總部位於柏林。

完美的陰謀

謀反行動的領導人之一是克勞斯·馮·史陶芬堡上校（Claus von Stauffenberg），他在 1944 年 7 月 1 日奉命出任後備軍參謀長，職責之一就是要出席希特勒參與的會議。他計畫攜帶裝有炸彈的公事包參加其中一場會議，希特勒一旦身亡，駐守在柏

> **第一起刺殺希特勒的陰謀發生在 1939 年 11 月。**希特勒當時在慕尼黑，慶祝 1923 年失敗的啤酒館政變週年紀念。一個名叫葛歐格·艾爾瑟（George Elser）的技工在希特勒演說的大廳中安置一枚炸彈，但炸彈卻在希特勒離開後才爆炸。

林的部隊就會奪取重要建築，接著宣布成立新政府。同樣的事情也會在巴黎發生，當地的指揮官也是謀反人士之一。經過兩次失敗的行動後，史陶芬堡和一名副官在 7 月 20 日飛往位於東普魯士拉斯騰堡的希特勒野戰總部，也就是所謂的「狼穴」。

抵達目的地後，史陶芬堡先出席簡報，然後就前往衣帽間。副官在那裡把裝有兩枚炸彈的公事包交給他，

但他的時間只夠準備好其中一枚。他把定時引信設在 15 分鐘內爆炸，隨後就前往希特勒正在主持會議的小屋，然後設法坐在靠近希特勒的地方。史陶芬堡把公事包擺在桌腳旁邊，然後藉口需要打一通緊急電話離開會議室。史陶芬堡離開狼穴的時候，傳出了巨大的爆炸聲。他相信希特勒已經身亡，因此立即搭飛機返回柏林。

爆炸消息傳開

在此期間，同樣身為謀反行動一員的拉斯騰堡通訊部門主管立即通知柏林，表示當地發生爆炸，但希特勒還活著。謀反人士不確定是否要立即啟動接下來的計畫。最後史陶芬堡返回柏林，表示希特勒已經喪命，但人在柏林的戈培爾已經得知希特勒依然健在的消息，他指示柏林的警衛營部隊找出並逮捕謀反人士。

巴黎的謀反人士已經逮捕目標人物，但當西線總司令克魯格得知希特勒生還後，就下令釋放他們。巴黎的軍事總督奉命前往柏林，他企圖在行程中自殺，但被搶救回來，之後遭到處決。

希特勒探視傷者

這場爆炸中共有 11 人受重傷，當中又有三人傷重不治。希特勒倒是很幸運，只有耳膜破裂。

後果

許多直接涉入這次謀反事件的人，包括史陶芬堡本人，都在炸彈爆炸後 24 小時內被槍決。

其他嫌疑人的命運

納粹當局在柏林舉行一系列公開審訊，所有被告都被判有罪，之後被懸吊在肉勾上的鋼絲吊死，其他人則被關進死亡集中營。被暗指涉案的隆美爾選擇自殺。

盟軍逼近

炸彈事件後，希特勒更加不信任麾下將領，事必躬親的程度也變得更加嚴重。在此同時，他還必須面對盟軍在東線和西線的快速推進（參閱第 268-71 頁）。

謀反人士的審判

一片狼籍的會議室

炸彈造成的破壞相當驚人，但希特勒因為堅固的會議桌腳吸收了大部分爆炸威力而撿回一命。就在爆炸當天下午，他還帶墨索里尼參觀被炸爛的會議室。

> 「既然將軍們至今什麼都**幹不了**，那麼就只好換**上校**們上了。」

克勞斯·馮·史陶芬堡上校，1944 年

解放法國和比利時

西方盟軍在 1944 年夏末解放了法國和大部分比利時。德軍看來岌岌可危，似乎沒有不能迅速抵達並渡過萊茵河的理由。但盟軍的補給速度無法跟上部隊迅速推進的腳步，他們因此慢了下來。

盟軍已經把諾曼第的德國陸軍部隊幾乎消滅殆盡，順利突圍並隨即以相對筆直的路線挺進。

盟軍推進

英軍和加軍部隊朝北突穿，靠近並沿著法國北部海岸前進。美軍則向南突穿，巴黎是最立即的目標。在更東南邊的地方，在法國南部登陸的美軍和法軍部隊沿著隆河（River Rhône）迅速朝北進軍（參閱第 262-63 頁）。

補給線的問題

法國港口榭堡已經被衛戍部隊破壞，但美國可以在海灘上卸下大部分後勤補給。盟軍朝諾曼第後方推進得愈遠，他們的交通線就變得愈長。從諾曼第到夏特（Chartres）的紅球快遞（Red Ball Express）運輸車隊工作表現儘管相當傑出，但卻不是真正的解方。

到 8 月 29 日為止，紅球快遞的卡車每天都載運 1 萬 2000 公噸的燃料從榭堡前往位於巴黎西南方的倉庫，但這些卡車本身每天就要消耗 100 萬公升燃料。

渡過塞納河以後，巴黎對美軍來說已經是伸手可及。8 月 19 日，也就是在他們渡河建立第一座橋頭堡的同一天，巴黎發生起義行動，由抵抗運動和法國內務部隊（French Forces of the Interior, FFI）組織。法國內務部隊是一支非正規部隊，大部分由法國抵抗分子組成。他們和德軍衛戍部隊爆發激戰，但是多虧瑞典總領事居中斡旋，雙方在 8 月 23 日達成暫時停火協議。同一天，希特勒卻下令軍事總督迪特里希·馮·侯提茲將軍（Dietrich von Choltitz）在巴黎市區縱火，打算徹底毀滅這座城市。

代價高昂的延誤

隨著盟軍愈來愈逼近法國首都，馮·

光復巴黎

1944 年 8 月 25 日，法軍第 2 裝甲師的車輛從凱旋門出發，沿著香榭麗舍大道遊行，象徵巴黎解放。此時德軍狙擊手依然在市區活動。

侯提茲決定拖延時間。盟軍原本打算包圍巴黎而不進入，以避免造成太多附帶傷害，但起義行動爆發使盟軍改變心意。喬治·巴頓將軍的美軍第 3 軍團奉命解放巴黎，他在 8 月 23 日派遣兩個師（美軍第 4 步兵師和法軍第 2 裝甲師）朝巴黎前進。

這幾乎變成一場比賽，但菲利普·勒克萊爾（Philippe Leclerc）的自由法軍搶先抵達巴黎。他們利用對當地大街小巷的的了解，在第二天稍晚時進入市區。有一些德軍拿起武器抵抗，但到了 8 月

布魯塞爾重獲自由

比利時首都由禁衛裝甲師（Guards Armoured Division）收復後，由英軍指揮的自由比利時旅（Free Belgian Brigade）官兵通過市區街道，受到熱烈歡迎。

地圖標註

0　150公里

N

英國
倫敦
南安普敦
朴次茅斯
多佛
敦克爾克
加來
奧斯坦德
根特
布洛涅
里耳
土奈
第厄普
阿弗赫
貝約
康城
聖馬洛
瑟堡

③ 9月3日
英軍解放布魯塞爾

荷蘭
鹿特丹
安恆
安特衛普
魯爾蒙
馬斯垂克
比利時
布魯塞爾
蒙斯
納木爾

⑧ 9月17-26日
市場花園行動失敗，盟軍未能突破戰局

杜塞爾多夫
科隆

⑨ 11月16日
美軍開始朝萊茵河進攻

德軍第1傘兵軍團
德軍第15軍團
德軍第6裝甲軍團
德軍第5裝甲軍團
德軍第7軍團

亞琛
列日
聖維特

⑨ 9月14日
美軍第1軍團抵達德國邊境

英吉利海峽

⑦ 9月19日
德軍在破壞布勒斯特的港口設施後投降

樹堡
⑤ 9月12日
加軍收復阿弗赫

加軍第1軍團
英軍第2軍團
諾曼第

聖納濟荷
南特
羅希安
布列塔尼
盧德亞克
雷恩
安傑

盧昂
巴黎
埃甫赫

① 8月25日
法國和美軍部隊進入巴黎

曼斯
奧爾良
夏特
秀蒙

美軍第9軍團
美軍第1軍團

亞眠
拉昂
色當

美軍第3軍團
漢斯
夏隆
特華

盧森堡
凡爾登
盧森堡

德國

⑩ 12月4日
美軍渡過薩爾河（Saar），建立橋頭堡
德軍第1軍團

梅茲
斯特拉斯堡
埃匹納

美軍第7軍團
德軍第19軍團

⑧ 8月30日
美軍第3軍團在解放漢斯後渡過馬士河

貝爾弗赫

法軍第1軍團
松貝爾農
第戎

④ 9月11日
北方和南方的盟軍在松貝爾農會師

巴塞爾
貝桑松

圖例
---- 8月26日的德軍戰線
···· 9月14日的德軍戰線
····· 12月15日的德軍戰線
⟹ 盟軍推進
盟軍空降突擊

盟軍的進擊
隨著盟軍深入歐洲，他們的前進速度變得緩慢。本圖顯示他們在 1944 年 12 月中旬所到之處。過沒多久德軍就發動令人吃驚的大反攻。

---

25 日，儘管麾下有些部隊可以戰鬥更久，但馮‧侯提茲決定向勒克萊爾投降。當天晚間，戴高樂以凱旋姿態進入巴黎，並迅速組成新政府，以防止共產黨趁機發動叛亂。由於巴黎只是計畫的其中一個變數，隨著德軍迅速橫越法國撤退，盟軍需要協調一致的戰略。

攻擊計畫
艾森豪在 8 月 21 日宣布，他會自 9 月 1 日開始接掌地面作戰的指揮。他的部隊會以廣正面方式前進，但蒙哥馬利反對此舉，主張應該集結盟軍部隊，經由比利時的安特衛普（Antwerp）往魯爾進軍。這個提議暗示蒙哥馬利會率領全軍前進，但艾森豪認為美國大眾不會接受讓英軍對美軍發號施令，因此堅持他的廣正面戰略。

在德軍這一邊，華爾特‧摩德爾已經同意從塞納河撤退，並企圖在索姆河和馬恩河（Marne）建立新防線。但有鑑於麾下部隊的狀況和盟軍推進速度，這個想法證明行不通。巴

頓將軍率軍迅速向東推進，前往巴黎南邊，並在 8 月 31 日抵達馬士河（Meuse）。北邊的英軍也在同一天渡過索姆河。儘管盟軍方面已經用卡車組成運輸車隊，沿著特定路線從諾曼第運送補給，但此時燃料供應已經成為嚴重問題。巴頓現在確實已經停下，因為艾森豪已經同意把燃料優先給北邊的部隊，以確保占領安特衛普。安特衛普在 9 月 4 日解放，但唯有連接安特衛普和大海的須耳德河（Scheldt）河口被肅清之後，這座城市才能發揮港口的功能。只是到 10 月什麼事情都不能做，因為蒙哥馬利掌握的絕大部分資源都被投入在荷蘭進行的市場花園行動。安特衛普港一直要到 11 月才恢復運作。

更多耽擱
德軍把巴黎視為最大威脅，因此集中兵力對抗他。他成功渡過了莫瑟爾河（Moselle），但由於德軍的阻力加上缺乏燃料，他的推進再度停頓。克爾

法國五法郎紙鈔
法國貨幣價值只相當於1939 年時的六分之一，而法國整體經濟在光復後處於百廢待舉的狀態。

後果

> 讓盟軍推進速度變慢、甚至停下來的因素，不是德軍抵抗，而是缺乏燃料。

看不到終點
德軍得以稍稍喘息，而在 1944 年年底擊敗德國的希望卻開始變得渺茫。

緩慢但穩當
好消息是，從法國南部出發的盟軍進展相當順利。到了 9 月中旬，他們已經將對抗他們的德軍幾乎趕回了德國。最後他們抵達弗日山脈（Vosges Mountains），並和巴頓會師。

大膽的行動
此時，蒙哥馬利元帥想出了一套大膽的計畫（參閱第 280-81 頁），有可能打破日益嚴重的僵局，並且可以在年底前做一個了斷。

特尼‧霍吉斯（Courtney Hodges）的美軍第 1 軍團位於巴頓的左翼，他們在 9 月 11 日派遣巡邏部隊越過德國邊界。但因為燃油短缺，他無法擴大戰果。隨著加軍部隊專心圍攻英吉利海峽上的各座港口，英軍第 2 軍團在 9 月 3 日光復布魯塞爾，但在抵達荷蘭邊界之前就喪失衝力。

自由法國領導人（1902-47年）

菲利普‧勒克萊爾

勒克萊爾是一名職業軍人，法國淪陷後在英國加入戴高樂的陣營。戴高樂派遣勒克萊爾去說服法國的非洲殖民地加入他這一邊，而勒克萊爾也順利達成任務。勒克萊爾之後領導一小批部隊橫越沙漠，1943 年初在的黎波里和英軍第 8 軍團會師。歐戰結束後，他指揮遠東的法軍，且傾向和共產黨的越盟談判，引發爭議。1947 年，他在阿爾及利亞墜機殞命，死後追晉為法蘭西元帥。

紅軍攻勢

1944年夏天，俄軍繼續在所有戰線上追擊德軍。在東線的兩端，芬蘭和羅馬尼亞被迫求和，至於在中央，巴格拉基昂行動則讓德軍中央集團軍幾乎全軍覆沒。

前因

德軍在 1943 年夏季對庫斯克發動攻擊卻失敗，代表紅軍已經強大到讓德軍無力對抗，只能持續採取守勢。

持續攻勢

俄軍展開一連串滾動式攻勢，只要一股攻勢失去衝力，他們就會在其他地方再發動攻勢。德軍因此沒有任何喘息空間，也無法有效地布署預備隊。

新的方向

1944年1月，列寧格勒在經過長達900天的圍攻後終於解圍（參閱第134-37頁），紅軍跟著進入愛沙尼亞。羅馬尼亞開始感受威脅，前進的俄軍在春天壓境。被包圍在克里米亞的德軍被迫於5月投降。俄軍此時已經計畫在中央地帶發動一場大規模攻勢，以配合英美聯軍跨越英吉利海峽的入侵行動（參閱第258-59頁）。

史達林在1944年5月1日宣布他的夏季計畫。當紅軍在中央的白俄羅斯進行主攻的時候，會同時在北邊發動佯攻，目標一方面是逼芬蘭退出戰爭，另一方面是防止德軍北方集團軍前往援助受到猛攻的中央集團軍。之後俄軍在南邊也會發動一場佯攻，目標是橫掃羅馬尼亞。這個計畫是在極度保密的狀態下擬定，且為了掩飾主攻的時間和位置，俄軍也採取了各種各樣經過縝密構思的欺敵策略。

在 1944 年，德國武裝部隊的整體戰力下降了將近 20%，當中大部分要歸咎於紅軍在東線上的慘烈損失。

德軍岌岌可危

中央集團軍當時駐防一段相當長的戰線，當中包括以奧爾沙（Orsha）為基礎相當大的突出部。隨著五月到來，集團軍司令恩斯特・布許元帥（Ernst Busch）愈來愈確信蘇軍打算給他一擊。他要求希特勒允許他縮短戰線，把部隊撤往有利防守的別列津納河（River Beresina），但希特勒卻相信俄軍主力會在南方活動，因此拒絕這個要求，中央集團軍因此備受威脅。

俄國1944年的夏季攻勢在6月10日展開，由進攻芬蘭的行動揭開序幕。芬軍立即被逼退，港口維普里（Viipuri）在6月20日淪陷。兩天後，代號巴格拉基昂行動的主要攻勢正式展開，第1波羅的海方面軍向南攻入突出部，並包圍維捷布斯克（Vitebsk），當這座城市失守時，德國失去整整一個軍的部隊。6月23日，第3白俄羅斯方面軍投入作戰，沿著通往明斯克的高速公路進攻，另外兩個白俄羅斯方面軍也加入戰局，迅速渡過別列津納河。至於布希的部隊方面，第

被解放的斯洛伐克人

1944年秋，斯洛伐克村民對解放他們的紅軍官兵致敬。從收復的領土面積來看，對在歐洲作戰的俄軍來說，這是成果豐碩的一年。

3裝甲軍團已經飽受痛擊，第9軍團被包圍，撤退中的第4軍團隨時有被切斷的危險。但雖然已經大禍臨頭，布希仍無法使希特勒相信戰線已遭撕裂，反而還被免職，由華爾特・摩德爾取代。但摩德爾也對這種土崩瓦解的局面無能為力，明斯克在7月4日落入俄軍手中。此時他們形成了另一個大型包圍圈，當中大約

> 「你們的老長官向他的舊部**致敬**。這種**愛莫能助**的感覺讓他**十分心痛**。」

德軍第4軍團司令馮・提佩爾斯基希（Von Tippelskirch）對被困在明斯克以東的麾下部隊講話，1944年7月5日

東線

在 1944 年 6 月到 12 月之間，東線的情勢已經變得面目全非，不只蘇聯全境都已經光復，東歐絕大部分地區也都擺脫了德國占領。

有 5 萬 7000 名德軍戰俘。事到如今，德軍已經損失相當於 28 個滿編師的兵力，中央集團軍僅剩兩翼的部隊尚且保持完整。

俄軍延續攻勢

但紅軍還是繼續進逼，進入立陶宛和波蘭。北方集團軍在拉脫維亞和愛沙尼亞也遭受空前壓力，因此沒辦法馳援摩德爾。為了增加德軍的痛苦，第 1 烏克蘭方面軍此時開始進攻中央集團軍的南面友軍，也就是北烏克蘭集團軍。

7 月 20 日，也就是希特勒位於拉斯騰堡的總部發生爆炸事件的那一天，第 1 白俄羅斯方面軍進抵布格河（River Bug），這是戰前波蘭和蘇聯的邊界，並在三天後進入盧布令（Lublin）。他們在那邊發現了邁達內克，也就是第一座被攻破的德國滅絕營。

在接下來三天內，第 1 白俄羅斯方面軍就會抵達華沙東南方距離大約 120 公里的維斯杜拉河。仍在首都的波蘭人預見此一發展，因此抓住機會揭竿而起，對抗德國占領軍。儘管希特勒命令北方集團軍和中央集團軍堅守到底，但沒有任何東西可以阻擋俄軍猛攻的狂潮。

地圖圖例與標示：
- ① 6 月 10 日 蘇軍進攻芬蘭，在 20 日奪占維普里
- ⑫ 10 月 15 日 俄軍攻占里加
- ⑩ 9 月 22 日 俄軍占領塔林
- ③ 7 月 3 日 收復明斯克，大批德軍在東邊被包圍
- ⑧ 8 月 1 日 波蘭人在華沙起義，對抗德國占領軍
- ⑨ 9 月 14 日 俄軍推進到華沙郊區
- ④ 7 月 23 日 邁達內克滅絕營被解放
- ② 6 月 23 日 蘇軍沿著 700 公里長的正面發動巴格拉基昂行動
- ⑪ 11 月 4 日 俄軍抵達布達佩斯外圍地區，並在 12 月 26 日開始攻城
- ⑮ 10 月 6 日 第 2 烏克蘭方面軍對匈牙利發起攻勢
- ⑤ 9 月 8 日 俄軍進入保加利亞，保加利亞對德國宣戰
- ⑥ 8 月 20 日 俄軍在多瑙河口登陸，並朝羅馬尼亞進軍
- ⑭ 11 月 4 日
- ⑬ 10 月 20 日 俄軍在經過一週的戰鬥後奪下貝爾格勒
- ⑦ 8 月 31 日 俄軍進入布加勒斯特

地名：芬蘭、維普里、赫爾辛基、芬蘭灣、列寧格勒、塔林、愛沙尼亞、普斯科夫、里加、拉脫維亞、美梅爾、科尼斯伯格、東普魯士、奧克斯圖、格羅德諾、比亞維斯托克、華沙、雪德爾策、盧布令、桑多米次、克拉考、普瓦密士、立陶宛、考納斯、維爾納、布里斯特-李托佛斯克、科韋爾、盧次克、利沃夫、塔爾諾波、奧波赤卡、德文斯克、波洛次克、維捷布斯克、奧爾沙、明斯克、莫吉雷夫、斯摩稜斯克、白俄羅斯、普里佩特沼澤、基輔、蘇聯、烏克蘭、維也納、布達佩斯、德布勒森、羅馬尼亞、貝爾格勒、南斯拉夫、匈牙利、提拉斯波爾、敖德薩、加拉奇、康士坦查、普洛什提、布加勒斯特、保加利亞、黑海

部隊番號：卡瑞利亞方面軍、列寧格勒方面軍、第 3 波羅的海方面軍、第 2 波羅的海方面軍、北方集團軍、第 1 波羅的海方面軍、中央集團軍、第 3 白俄羅斯方面軍、第 2 白俄羅斯方面軍、第 1 白俄羅斯方面軍、北烏克蘭集團軍、南烏克蘭集團軍、第 1 烏克蘭方面軍、第 4 烏克蘭方面軍、第 2 烏克蘭方面軍、第 3 烏克蘭方面軍、F 集團軍、E 集團軍、保加利亞陸軍

比例尺：0 — 200 公里

T-34 戰車使用的裝甲板最厚達到 110 公釐，它的設計特點是傾斜的裝甲板，面對反戰車武器會有更好的防護力。

圖例

- —— 6 月 22 日的德軍戰線
- —·— 7 月 25 日的德軍戰線
- – – 9 月 15 日的德軍戰線
- ···· 12 月 15 日的德軍戰線
- ⟹ 蘇軍／保加利亞軍推進

寬大的履帶讓 T-34/85 戰車比早期的 T-34/76 戰車更具優勢。它更能應付柔軟的地面，更不容易陷入東線常見的泥濘中。

俄軍 T-34/85 戰車

T-34 戰車表現優異，這款升級版在 1944 年初服役，主砲口徑從 76 公釐升級到 85 公釐，裝甲防護良好，速度可達每小時 48 公里。

後果 ▶▶▶

巴格拉基昂行動給德軍創造了一個重大的危機，並驗證了紅軍到底吸收了多少戰場教訓，進而搖身變成效率極高的戰鬥部隊。

羅馬尼亞陷落

在東線上的其他地方，傳聞已久的俄軍進攻羅馬尼亞行動在 8 月 20 日展開。許多羅馬尼亞部隊官兵因為早已厭倦戰爭，幾乎立即投降。三天後，國王卡羅爾（Carol）宣布結束敵對狀態。俄軍奪取了普洛什提（Ploesti）油田，並進入首都布加勒斯特，羅國境內大約 20 個師的德軍只能盡一切所能倉促逃離。

準備進行巴格拉基昂行動

保加利亞也匆忙決定換邊站。俄軍接著席捲匈牙利大部分領土和斯洛伐克。

芬蘭投降

芬蘭的狀況也差不多。8 月 25 日，芬蘭向莫斯科提出和談要求，並派遣代表團前往會商。雙方在 9 月 19 日簽署停戰

240萬
俄軍投入巴格拉基昂行動的部隊人數，此外還有 5200 輛戰車與 5300 架飛機。

協議，芬蘭境內的德軍開始撤往挪威。俄軍迅速征服波羅的海國家，並抵達東普魯士。紅軍不久之後就會進入第三帝國本土（參閱第 298-99 頁）。

參閱第 298-99 頁

軍事科技

YAK-3 戰鬥機

這架戰機是俄軍第二款被賦予 Yak-3 編號的飛機，第一款的發展進度從未超越原型機階段。

研發第二款 Yak-3 的想法是在 1941 年開始出現，目的是想要開發出一種戰鬥機，可以確保戰場上的空中優勢，主要是設計用來進行低空戰鬥。由於在研發期間遭遇問題，因此一直要到 1943 年夏季關鍵的庫斯克

戰役時才投入戰場，在 1946 年停產之前共交付大約 5000 架。Yak-3 戰鬥機裝備一門 20 公釐口徑機砲和兩挺 12.7 公釐口徑機槍，飛行速度最高可達每小時 590 公里。

華沙起義

隨著俄軍夏季攻勢迅速解放絕大部分波蘭領土，並逼近首都華沙，波蘭本土軍發動起義，對抗城內的德軍。不過紅軍卻在維斯杜拉河以東停止前進，挺身而出的波蘭人因此孤立無援。

前因

從 1939 到 1944 年，波蘭承受駭人的人命損失，剛開始是被德國和蘇聯瓜分，1941 年 6 月以後更是全國都被德國占領。

波蘭的抵抗

有些波蘭人成功逃出去，並聚集在瓦迪斯瓦夫·西科爾斯基將軍麾下。他先是流亡法國，後來又逃往英國（參閱第 110-11 頁），其他人則蘇聯被送進位於西伯利亞的勞改營。1941 年 6 月德軍入侵後，這些波蘭人被釋放，他們前往中東，並在義大利作戰（參閱第 252-53 頁）。至於在波蘭，抵抗分子成立地下組織，之後在 1942 年 2 月成為本土軍。

本土軍臂章

關鍵時刻

西科爾斯基之死

波蘭流亡政府總理瓦迪斯瓦夫·西科爾斯基同時也擔任自由波蘭軍（Free Polish Forces）總司令。他充滿魅力，沒有人像他一樣把波蘭的理想當成自己的終生志業，因此西方盟國都很尊敬他。1941 年時，他勸說俄國釋放被關押的大批波蘭俘虜，讓他們投入作戰。1943 年 6 月下旬，西科爾斯基前往伊拉克視察由這些俘虜構成的部隊，他們由安德斯將軍（Anders）指揮。7 月 4 日，他的 B-24 解放者式座機正要從直布羅陀飛往英國，結果起飛後沒多久就墜入海中。他的死對自由波蘭來說是個悲劇。

德軍部隊在華沙
起義的波蘭地下抵抗運動分子受到當地德軍無情鎮壓，過程中還出動了黨衛軍單位。這場分散德軍力量的行動造成約 1 萬 7000 名德軍死亡。

波蘭本土軍原本接受任何政治派系加入，且因為害怕德軍對平民報復，因此沒有攻擊德軍。這項方針在 1942 年改變，因為德國當局開始驅逐波蘭人，以便接納來自德國的殖民者。波蘭本土軍攻擊這些居民，迫使德國當局停止驅逐。

之後，由於受到紅軍進展的鼓舞，共產黨從波蘭本土軍中分離出來，並在 1943 年底、也就是俄軍再度進入波蘭領土前不久組成祖國民族議會（National Council for the Homeland）。其餘的本土軍人士則組成民族團結議會（Council of National Unity），而這兩個團體都宣稱代表波蘭民族。

蘇聯的敵意

1942 年時，西科爾斯基將軍已經指示過本土軍，俄軍抵達時應該做什麼事。他認為可以協助俄軍對付撤退中的德軍，但不能違反波蘭的獨立性。當俄軍在 1944 年 1 月進入波蘭後，這項策略運作成效相當好，但有些單位隨即只能選擇解散，或是加入俄軍建立的第 1 紅色波蘭軍團（Red Polish Army）。在俄國祕密警察內政人民委員會（NKVD）接管部隊的狀況下，本土軍的成員不是被處決，就是被送到蘇聯內陸深處的古拉格勞改營。

本土軍行動

1944 年 7 月下旬，隨著紅軍開始逐步接近維斯杜拉河，本土軍指揮官塔杜什·科莫羅夫斯基將軍（Tadeusz Komorowski）決定起義，對抗華沙城內的德軍。此舉有助俄軍越過維斯杜拉河，政治上也有助確保俄軍進城時，新的波蘭政府已經就位。他認為這點相當重要，因為在 7 月 22 日時，莫斯科電台已經公開播出波蘭解放委員會（Polish Committee for

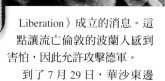

勇氣十字勳章
這枚波蘭的勳章在 1920 年制定頒發，並在二次大戰期間重新採用。

Liberation）成立的消息。這點讓流亡倫敦的波蘭人感到害怕，因此允許攻擊德軍。

到了 7 月 29 日，華沙東邊郊區的人已經可以聽見德軍在維斯杜拉河以東地區對第 1 白俄羅斯方面軍發動逆襲的交戰聲，兩天後紅軍改採守勢。在沒有察覺這個變化的狀況下，科莫羅夫斯基下達作戰命令，起義行動在 8 月 1 日下午 5 時展開。

德軍在華沙的兵力並不多，但足以守住重要建築物，防止被波蘭人奪取，但他們也確實迅速攻占市區內幾個地方。科莫羅夫斯基手上的軍火相當短缺，因此只能採取守勢

抵抗戰士投降
一群波蘭抵抗戰士向德軍投降，當中有些還穿著擄獲的制服。在起義行動期間，本土軍大約有 1 萬 5000 人陣亡，還有更多平民失去性命。

本土軍迫擊砲砲手
本土軍戰士操作一門迫擊砲。在起義剛開始時，大約只有 15% 的抵抗運動戰士持有武器，但後來擄獲的武器就彌補了短缺的狀況。

並等待救援。西方盟國要求史達林開放俄軍的機場給他們使用，如此就能空投補給品，但史達林一直拖延到 9 月中旬。隨著平民死傷暴增，局勢變得愈來愈絕望。最後科莫羅夫斯基接受他不可能得到盟軍援助的事實，因此在 10 月 1 日投降。

後果

大約有 25 萬波蘭人在起義期間喪生——這是當時華沙人口的四分之一。德軍下令疏散這座城市，並摧毀大部分市區。

俄國的優勢

對史達林來說，起義失敗再好不過。他究竟是特地命令紅軍不要去幫助波蘭人，還是如他所言，紅軍攻勢真的已經失去衝力，依然有待商榷。不過他拖延空投補給物資給本土軍的決定，顯示實情很有可能指向前者。

暫停解放

結果波蘭會繼續受難。一直要等到 1945 年 1 月紅軍展開龐大攻勢，使紅軍一鼓作氣推進到奧得河（River Oder）並逼近柏林（參閱第 298-99 頁）時，華沙才被解放。

逮捕共黨游擊隊
1944 年 12 月——也就是內戰展開的兩個月前
——的雅典戰鬥期間，被逮捕的疑似共黨游擊隊
戰士從英軍車輛旁步行通過。

希臘在 1941 年 4 月迅速被軸心軍征服，大部分領土被義軍占領。

抵抗的種子
國王喬治二世和他的政府逃往中東（參閱第 132-33 頁），新的傀儡政權在雅典成立。兩個主要抵抗運動團體在希臘成立，共產黨分子組成希臘人民解放軍，而較溫和的人士則組成希臘民族共和聯盟。這兩個團體都在希臘的山區活動，雖然他們有共通的目標，就是要讓國家擺脫被占領的狀態。且他們都不喜歡希臘的君主政體，但他們從一開始就互不信任。

占領期間發行的紙鈔

祕密軍隊
特種作戰團（參閱第 172-73 頁）受到 1941 年 4 月軸心軍入侵的奇襲，但還是成功讓幾組希臘工作人員帶著無線電留在希臘，以便把情資傳遞給位在開羅的中東總部。但有關希臘境內抵抗運動的情資卻不是很完整。

希臘的抵抗
與內戰

雖然特種作戰團盡最大努力從中協調雙方合作，但希臘對抗軸心國占領的戰鬥還是因為兩個主要抵抗團體之間不和而備受困擾。當解放來臨時，共產黨試圖奪權，激烈的內戰隨之爆發。

1942 年秋季，英國認定戈戈波塔莫斯大橋（Gorgopotamos）是重要目標，因為從薩羅尼加通往雅典的鐵路通過這座高架橋，若是能夠加以破壞，將可以嚴重擾亂軸心國穿越希臘、橫渡地中海並前往北非的補給線。一個破壞小組跳傘進入希臘，準備爆破這座大橋，並和希臘兩個主要抵抗團體接觸，也就是希臘人民解放軍（ELAS）和希臘民族共和聯盟（EDES）。他們在 11 月協助炸毀目標。

小組受到這件事鼓勵，因此繼續協調雙方。但情況很快表明，所謂的希臘人民解放軍——更精確地說是它的政治分支民族解放陣線（EAM）——已經決心要掌控所有的抵抗活動、強化自身地位，以便從事解放全國的工作。因此小組決定大力支援希臘民族共和聯盟，確保這個聯盟更受

英國當局的重視。

為了 1943 年 7 月的西西里島登陸作戰，盟軍實施的欺敵措施包括誤導德軍相信他們很可能對巴爾幹半島發動攻擊——這個策略之所以能成功，是因為他們在希臘進行大量破壞活動。由於共產黨的希臘人民解放軍握有主導權，特種作戰團明白，一定要和他們合作才能順利進行。因此特種作戰團協助建立一個聯合抵抗運動總部，賦予民族解放陣線／希臘人民解放軍重要角色。結果作戰相當順利，軸心國調派了兩個師去對抗他們。

英製斯登 Mark V 衝鋒槍和彈匣
這款衝鋒槍由英國提供給所有他們支持的抵抗團體，更常見的版本是裝上可折疊的骨架式槍托。

合作關係動搖

但這個抵抗團體之間的合作氣氛並沒有維持太久。1943 年 8 月，抵抗運動派出一個代表團前往開羅，由英國駐希臘軍事代表團團長隨行。由於民族解放陣線／希臘人民解放軍的代表占大多數，因此它要求在希臘舉行公民投票，以決定是否准許國王返回，並讓抵抗運動取得希臘政府裡的三個位子，但英國當局拒絕這兩項要求。代

表團對此相當不滿，因此返回希臘，並認定英國意圖透過武力強制重新實施君主制。希臘人民解放軍和希臘民族共和聯盟之間也爆發戰鬥，最後終於在 1944 年 2 月達成停火協議。之後希臘民族共和聯盟的活動區域就被限制在希臘西北部。

希臘的新總理

民族解放陣線在此時成立了一個民族解放政治委員會（Political Committee of National Liberation）來統治國內由他們控制的區域。然而，這個委員會是否應該在解放後成立的政府中有任何一席之地的問題，卻在駐紮在中東

> 在希臘內戰期間，英軍切斷希臘人民解放軍的軍火供應，但沒有造成太大影響，因為 1943 年 9 月義軍投降後，他們就從義大利占領軍那裡取得大量軍火。

的自由希臘部隊內部引發嘩變。這件事情讓流亡政府坐立難安，因為其指派反共的喬治・帕潘德里歐（George Papandreou）出任首相。1944 年 5 月，他在黎巴嫩召集所有黨派坐下來召開會議，想要透過這場會議來孤立共產黨；希臘共產黨拒絕成立民族團結政府的提案，並要求帕潘德里歐下台。

邱吉爾和史達林的密約

隨著紅軍看似即將進入東南歐，邱吉爾同意讓史達林在羅馬尼亞自由行動，而希臘則會是英國的勢力範

> ## 「要是德國人離開和希臘政府抵達中間的空檔拖延太久……民族解放陣線就會奪權。」
> 邱吉爾駐希臘代表哈洛德・麥克米蘭（Harold Macmillan），1944 年 10 月 18 日

圍。這也就是說，民族解放陣線／希臘人民解放軍不能再指望得到莫斯科的支援，所以民族解放陣線在 1944 年 8 月同意加入帕潘德里歐為首的政府，從而獲得一些較低階的職位。到了 1944 年 9 月，希臘境內的軸心軍開始面對被紅軍切斷退路的危險，原本的盟國保加利亞換邊站之後更是如此。他們開始從希臘南部撤退，英軍特種部隊則進行了幾次登陸行動。10 月 12 日，德軍從雅典疏散，帕潘德里歐則在四天後抵達希臘首都。他的優先要務是貨幣改革，解除所有抵抗團體的武裝，並編成一支新的希臘陸軍，並接受前希臘人民解放軍的人員加入，此舉使英方對他印象深刻。他也開始安排接收人道救援物資，援助此時正在挨餓的人民。

希臘當局採用新貨幣，還在 11 月 30 日公布新陸軍的計畫，這支部隊將會由曾在英國陸軍及抵抗運動部隊服役的人員混合編成。共產黨反對某些人加入，並拒絕解除武裝，他們派出的部長辭去政府職位，並發動罷工。

12 月 3 日，支持共產黨的示威者在雅典和警方爆發衝突，有人傷亡，希臘人民解放軍也開始朝首都進軍。邱吉爾下令英軍以武力擊敗希臘人民

成立新的希臘陸軍

英軍駐希臘指揮官斯科比將軍（Scobie）和希臘人民解放軍指揮官斯特凡諾斯・薩拉菲斯將軍（Stefanos Sarafis）以及希臘民族共和聯盟指揮官澤爾瓦斯將軍（Zervas）交換意見。

解放軍，衝突蔓延到國內其他地方，但史達林遵守他的諾言，並未介入。英方無法安排停火，邱吉爾本人則在聖誕節那天親自前來，出席一場號召所有黨派參加的會議，由備受尊敬的樞機主教達瑪斯基諾斯（Damaskinos）主持。他之後勸說希臘國王同意由樞機主教擔任攝政王。

到了新的一年，英軍已經重新控制雅典和港口皮雷埃夫斯。新的希臘政府則在 1 月 4 日成立，停火協議在八天後簽署，並透過一個月之後簽署的《瓦爾基扎和約》（Peace of Varkiza）確認。

> ## 「如果我們沒有介入的話，就會發生大屠殺。」
> 溫斯頓・邱吉爾對戰時內閣表示，1944 年 12 月 29 日

希臘人民解放軍同意釋放扣押的平民人質，解除武裝，並在新的國家陸軍架構下合作。所有人抱以希望的國家重建工作總算可以展開。

後果

由於英國提供軍事援助，希臘內戰時間並不長，但卻留下了未解的問題。

國家持續動盪

關於君主制度未來的問題仍有待決定。而為了恢復希臘的經濟，還有許多事情要做。

法律與秩序

此外，雖然當局宣布大赦，但卻不適用於軸心軍占領期間犯下刑事罪行的人。右翼自衛團體因此有理由和前希臘人民解放軍的成員算舊帳，有些人就在第二年被清算謀殺。此舉導致愈來愈多共產黨人再度回到山區，並發誓報復。

美國選舉觀察員徽章

不確定的未來

因此，未來發生第二輪內戰的可能性看似愈來愈無法避免，尤其是支持新政府的英軍撤走之後（參閱第 340-41 頁）。

總理對群眾發表演說
1944 年 10 月 18 日，走馬上任的希臘總理喬治・帕潘德里歐在返回首都雅典後對群眾發表演說，只是不是所有人都歡迎他回來。

《《　**前因**

軸心軍占領南斯拉夫，暴露出一個事實：這是一個由多元民族組成的人工國家。

蛇洞

塞爾維亞人占主體，他們人口最多，因此自認有權統治這個國家。第二大族群是克羅埃西亞人，他們主要是羅馬天主教徒，怨恨塞爾維亞人。斯洛維尼亞人尊重這個國家，但波士尼亞和赫塞哥維納的斯拉夫回教徒的忠誠度值得懷疑。馬其頓斯拉夫人傾向跟著保加利亞行事，而許多蒙特內哥羅人則夢想終有一天可以恢復獨立。

軸心國占領

德國和英國都想控制南斯拉夫，結果這個國家最後在 1941 年 4 月被軸心國的閃電戰打得一敗塗地（參閱第 132-33 頁）。國王彼得和政府官員逃往英國避難。

初期的抵抗

米哈伊洛維奇率領一群塞爾維亞保王黨分子，開始擴大抵抗規模。其他武裝團體也紛紛成立，但當中有一些更關切自身的利益，而不是對抗占領軍。

巴爾幹地區的龍爭虎鬥

軸心國占領期間，南斯拉夫的抵抗運動受到挫折，顯示南國內部各民族缺乏團結。最後，只有由狄托領導的共產黨進行有效的反抗，並在解放南斯拉夫的過程中扮演重要角色。

1941 年春季，德軍成功入侵南斯拉夫之後，英國自然是要支持保王黨的德拉查·米哈伊洛維奇和他領導的抵抗組織「切特尼克」，因為英國也庇護了南斯拉夫的國王彼得（Peter）。雖然國王的塞爾維亞王室立場並不受到大多數南斯拉夫人歡迎，但大家一開始時還是站在他那一邊。

許多支持者來自克羅埃西亞。德國當局已經允許他們獨立，成為傀儡國家，還併吞了波士尼亞與赫塞哥維納。德國當局會這麼做是因為受到克羅埃西亞民族主義分子的鼓勵，他們有許多人支持法西斯。這些克羅埃西亞民族主義分子稱為烏斯塔沙（Ustasa），當時在克羅埃西亞境內對塞爾維亞人展開一連串謀殺、驅逐和強迫改信教的暴行，造成許多人投奔到米哈伊洛維奇領導的陣營。

狄托與共產黨

隨著德軍入侵蘇聯，另一股打著共產黨招牌的勢力在狄托的領導下也加入戰局。1941 年 7 月，狄托呼籲全國人民武裝動員，而他手下原本默默無名的「游擊隊員」隨即闖出名號。他們在蒙特內哥羅俘虜大約 5000 名義軍，9 月時已經控制大部分塞爾維亞地區。

米哈伊洛維奇原本的政策很簡單，就是放低姿態，等待局勢改善。但他因為受到狄托呼籲的影響而改變心意，切特尼克因此加入對抗軸心軍的戰鬥。德軍的回應相當殘忍。他們表示只要有一名德軍士兵被害，就會槍斃 100 個南斯拉夫人，此舉導致米哈伊洛維奇再度改變心意，因為德軍的鎮壓手段使他相信，在這個階段進行武裝起義時機還不成熟。他因此譴責共黨分子正在做的事，甚至表示只要德軍願意提供軍火，他就願意對付共黨分子。

戰爭中人人平等
巴爾幹半島上的游擊隊有一小部分是女性，但她們的待遇就和男性一樣。最後他們幾乎都穿著英國提供的制服。

南斯拉夫革命領袖與總統 (1892-1980年)

狄托 (約瑟普‧布羅茲, Josip Broz)

約瑟普‧布羅茲出生在克羅埃西亞，早年就投身共產主義革命運動。他曾用過多個不同的化名，最後才決定永久使用「狄托」這個名字。1930年代，他在莫斯科待了相當久的時間，為共產國際 (Communist International, Comintern) 工作。之後他返回南斯拉夫，目標是整頓共產黨，並在1940年出任總書記。二次大戰後，狄托決心維持南斯拉夫的獨立。在他的領導下，南斯拉夫在冷戰期間保持中立，並實施跟其他地方比起來更溫和的共產主義制度。狄托去世後，他在這個國家塑造的團結就開始瓦解。

英國支持狄托

德國人因此可以專心對付狄托。從1941年9月起，軸心軍對游擊隊發動一連串清剿行動，迫使大部分人逃離塞爾維亞，並進入波士尼亞。游擊隊傷亡相當慘重，但他們的實力也不斷成長，到了1942年末期就已經有15萬人。

　　當年11月，狄托召開了南斯拉夫反法西斯人民解放委員會 (Anti-Fascist Council for the National Liberation of Yugoslavia)，想要取得全體南斯拉夫人民的支持，同時也是要求同盟國陣營能夠全力支持他。這

15 狄托在南斯拉夫成功牽制的德軍師級部隊數量。希特勒若能把這些部隊投入其他地方作戰，效果可能更好。

點相當重要，因為米哈伊洛維奇現在非常反對他；在1943年初德軍進一步的攻勢期間，游擊隊被趕進蒙特內哥羅，切特尼克和游擊隊爆發衝突，損失了大約1萬2000人。

　　到目前為止，英國當局仍然支持米哈伊洛維奇，尤其因為他依舊是彼得國王政府的部長之一。不過1943年5月，一名英軍軍官參訪了狄托的總部，對他所看到的一切讚賞不已。到了7月底，邱吉爾因此決定支持狄托，並派遣費茨羅伊‧麥克林准將

被俘虜的游擊隊員

狄托的游擊隊員控制了南斯拉夫大部分領土，德軍三番兩次發動掃蕩作戰，想要把他們趕走。如圖，1943年5月時，德軍士兵在山區看守一群被俘虜的游擊隊員。

(Fitzroy Maclean) 前往擔任他的聯絡官。但即使如此，盟國依然繼續支持米哈伊洛維奇，一直要到1944年5月才斷絕，這個事實一直讓狄托懷疑英國當局的真正意圖。義大利遭受盟軍入侵並投降後，狄托接收了義軍九個師的軍火，大幅提升實力，不過軸心軍的掃蕩作戰依然讓狄托的部隊必須四處躲藏。最嚴重的狀況發生在1944年5月，當時軸心軍對狄托的總部發動空降突擊。他在千鈞一髮之際僥倖逃出，並逃往一座游擊隊駐守的機場，從那裡搭機飛往義大利亞得里

貝瑞塔9公釐手槍
部分游擊隊員會配備擄獲的義軍武器，例如這把堅固耐用的貝瑞塔 (Beretta) 半自動手槍。

亞海岸上的巴利 (Bari)，負責替狄托協調支援的133部隊總部就設在那裡。在此期間，他同意英方在亞得里亞海的維斯島 (Vis) 上建立特種部隊基地。

　　之後他下令對一些德軍占領的島嶼發動襲擊，最終迫使德軍布署更多部隊到達爾馬提亞 (Dalmatian) 的海岸地帶，從而減輕本土游擊隊的壓力。狄托在維斯島上重新建立他的總部，之後指揮游擊隊和英軍部隊合作，聯手發動多次襲擊行動。

狄托與蘇聯

1944年8月，狄托和邱吉爾在那不勒斯首度面對面會談。狄托向這位英國首相保證，他絕對沒有在南斯拉夫建立共產政府的意圖，但他還是有其他的顧慮。隨著德軍開始撤出巴爾幹半島，紅軍征服了鄰近的羅馬尼亞，狄托必要和蘇聯達成某種協議。所以在沒有告知邱吉爾的狀況下，狄托在9月飛往莫斯科會見史達林。他們協調有關解放南斯拉夫的事宜，最後狄托的游擊隊和紅軍在1944年10月20日一起進入南斯拉夫首都貝爾格勒。

　　隨著巴爾幹半島擺脫德軍占領，狄托的當務之急就是重建南斯拉夫。這個國家在戰爭的過程中受到嚴重破壞，超過100萬南斯拉夫人喪生，

且絕大多數都是被其他南斯拉夫人殺害。但狄托繼續採取政治上走鋼索的策略，他依然亟需西方盟國的物資援助，但他們並不希望他在戰後加入共產主義陣營。另一方面，雖然他想在南斯拉夫建立一個理想的共產主義國家，但他卻不想因此而成為蘇聯的附庸國。

光復貝爾格勒
1944年10月20日，游擊隊員和蘇軍一起慶祝勝利。雖然他們曾經緊密合作，但戰後雙方關係就逐漸冷淡。

後果 ≫

狄托無疑帶領了戰爭期間最有效的抵抗運動，尤其是他們有能力在公開的戰鬥中對抗德軍。

共產國家

狄托在戰爭期間的努力結合了他身後國家內部的多種不同因素，這在南斯拉夫短暫的歷史上是前所未見的。和平一到來，他很快就可以在南斯拉夫建立共產國家。

狄托和他的盟友

歐戰結束後不久，狄托宣布義大利的的里雅斯特港應該成為南斯拉夫的領土，此舉幾乎釀成他和西方盟國間的衝突。同時，他依然十分關心莫斯科對南斯拉夫的政策 (參閱第340-41頁)。

米哈伊洛維奇的命運

米哈伊洛維奇再度現身，並試圖結合幾個反共產主義團體來重新改編成由他指揮的南斯拉夫部隊，這些團體大部分都和軸心國合作。1945年4月，他返回塞爾維亞，領導對抗狄托的叛亂。但他的部隊在途中遭到游擊隊攻擊，米哈伊洛維奇本人最後被俘，之後經過審判處決。

德軍的祕密武器

隨著德國的處境愈來愈艱困，希特勒宣布他即將運用各種新的「奇蹟」武器來扭轉不利局勢。這些武器當中最主要的是新式 U 艇、噴射機和復仇武器，但它們出現得太晚，無法改變戰爭走向。

德國的復仇武器（V-weapon）是在設於波羅的海海岸佩內明德（Peenemünde）的實驗設施裡開發的。V-1 飛行炸彈和 V-2 火箭是同時併行研發，由年輕的火箭科學家維爾納·馮·布勞恩（Wernher von Braun）統籌管理。

英國干預

英國情報機構在 1942 年底開始接收幹員傳回的情資，表示德國已經有某種形式的火箭計畫，尤其是在當年 10 月首度試射 V-2 以後。最後在 1943 年 8 月，皇家空軍轟炸機司令部對佩內明德的基地展開空襲，結果造成嚴重破壞，慘重到德軍被迫把整個研發工作轉移到別處。

復仇武器的生產工作轉移到哈次山脈（Harz Mountains）進行，並引進奴工協助生產。雖然研發工作依然在佩內明德進行，但試射工作改到波蘭。差不多就在這個時候，英方

開始注意到 V-1，它是從德國研發噴射引擎的工作衍生出來的產品。他們在 1943 年秋季變得更關切這款武器，因為他們發現德軍在法國北部建造它的發射設施，這些發射場看起來全都朝著倫敦的方向。結果在 12 月時，盟軍對這些發射場發動一場空

V-1 飛行炸彈

飛行中的 V-1 飛行炸彈。它的彈頭重達 850 公斤，速度可達每小時 675 公里，飛行距離則可達 200 公里。

補給儲藏處。

鎖定倫敦

1944 年 6 月 13 日，也就是 D 日僅僅過了一個星期之後，德軍對英格蘭發射第一批 V-1。他們總共發射十枚，但當中有四枚在發射坡道上爆炸，兩枚墜入海中，至於剩下的當中只有一枚造成傷亡，在東倫敦炸死六個人。德軍此時短暫停止發射作業，在這段時間內改善相關安排，之後 V-1 攻勢才真正展開，平均每天發射 100 枚。在那些確實有飛到英格蘭的飛彈當中，許多落在倫敦市的範圍內，使得超過 100 萬名倫敦市民從市區疏散。

V-2 火箭攻擊

一場致命的火箭攻擊後，生還者在現場的瓦礫堆中搜尋。人相當害怕這種攻擊，因為有 V-2 逼近時，根本不可能及早發出警告。

「（V-1 攻勢）能讓英國願意求和……」

希特勒對倫德斯特和隆美爾表示，1944 年 6 月 17 日

前因

早在 1942 年 11 月，希特勒就已經在公開場合提起過有新武器的存在，目的是為了提升德國人民的士氣。當時德國正在推動幾個各自獨立的研發計畫。

潛艇科技

其中一項計畫是新型 U 艇，德軍希望能靠它來確保在大西洋上的勝利（參閱第 204-05 頁）。華爾特式潛艇是要克服傳統潛艇緩慢的水下航速，並解決需要浮上水面才能為負責在潛艇潛航時提供動力的電池充電的問題。

火箭動力

德軍努力開發全新兵器，他們將這些武器稱為復仇武器（Vergeltungswaffen）。它們在剛開始包括一種飛行炸彈和一種火箭，德軍打算把它們的效益發揮到最大，以便反制 1943 年下半年盟軍最主要的攻擊行動，也就是轟炸德國（參閱第 214-17 頁）。德軍也忙著發展多款噴射和火箭動力飛機。

中攻勢，代號十字弓行動（Operation Crossbow）。到了 D 日登陸的時候，這些固定式發射場都被摧毀。

德軍了解這種大部分用混凝土建造的靜態發射坡道容易受到攻擊破壞，因此改採用新款預鑄式，能夠拆卸並移動。此外，他們把這些新款發射坡道設置在靠近法國村落的地方，使它們難以在不冒險傷及無辜平民百姓的狀況下加以轟炸，因此在 D 日的前幾個星期裡，盟軍改為攻擊飛彈的

海狸袖珍潛艇

海狸（Biber）袖珍潛艇的長度只有 9 公尺，是一款單人座潛艇，武裝是兩枚掛在下方的短程魚雷。它的潛航深度為 20 公尺，總共生產了 324 艘。

防禦 V-1 的主要武器就是高射砲。高射砲主要布署在倫敦以南的地方，但在建築物密集區域的上空擊落 V-1，結果會適得其反，因為當它們爆炸的時候依然會對地面造成嚴重破壞。因此英國當局把高射砲布署位置改到南部海岸，效果立即有所改善。戰鬥機也扮演了重要角色，尤其是皇家空軍第一款噴射機格洛斯特（Gloster）流星式（Meteor），它在 7 月 12 日進入部隊服役，

只比德軍第一款噴射戰鬥機梅塞希密特 Me262 晚了 12 天。

對英國的威脅升高

到了 9 月初，隨著盟軍解放法國北部，發射場紛紛被攻占，盟軍看起來打贏了這一仗。不過德軍此時已經導入空射的型號，能夠從漢克爾（Heinkel）He111 轟炸機上發射。在接下來的幾個月裡，德軍透過這種方式發射大約 750 枚，並且經常是在夜間進行。

53.3公分口徑魚雷

流線的艇身

在火箭和潛艇科技領域，德軍總是領先盟軍一步。

技術情報

歐戰才剛結束不久（參閱 338-39 頁），西方盟軍與蘇聯就取得大量德國的技術情報。他們都依照德國的領先技術開發出新一代的潛艇，有能力在水下維持較高的航速，並且有更流線的艇身和更強力的電池。

太空競賽

蘇聯和美國都雇用德國的科學家和技術人員來進行火箭計畫研發工作。這不只在冷戰期間（參閱第 348-49 頁）雙方的核武戰略中扮演關鍵角色，也導致太空競賽。從現代科技角度來看，V-1 是巡弋飛彈，V-2 則是彈道飛彈。如今每一個強國的軍武裝備中都有直接從這兩款武器衍生而來的東西。

化學武器

德國是第一個開發所謂神經毒氣的國家。因為生產這種武器的廠房位於東德（今日波蘭），蘇聯人從德國的研究當中取得絕大部分相關情資，不過英美兩國隨後也在冷戰中發展了類似武器。

1945 年，德軍又導入了一款增程型 V-1，能夠從荷蘭發射進行攻擊。在飛越英格蘭的這型飛彈當中，最後一枚是在 3 月時被擊落。

不過在這些日子裡，盟軍還得對抗另外一個威脅。從 1944 年夏季中間開始，他們已經獲得大量有關 V-2 的情資。由於它是一種自由飛行的火箭，飛行速度比 V-1 快非常多，因此不可能用高射砲擊落。此外，它攜帶的彈頭也更大。雖然盟軍知道德軍已經開始生產 V-2，但他們能夠做的就只有靜待德軍展開下一波攻勢。

復仇武器攻勢失敗

1944 年 9 月 9 日，一枚 V-2 火箭擊中巴黎郊區，第二枚擊中西倫敦的奇斯威克（Chiswick）。這兩枚火箭都是從荷蘭發射的，且事實上都是從機動發射架發射，而且從準備發射、發射火箭到離開現場只需要 30 分鐘，這代表幾乎不可能加以標定並摧毀，唯一的可行之道就是攻擊火箭的補給倉庫。最後，德軍這場攻勢一直持續到 1945 年 3 月，布魯塞爾和安特衛普都深受其害，倫敦也苦不堪言，只有徹底破壞德國的運輸系統，無法運來新的火箭，才使德軍的攻擊停止。要是德軍的復仇武器攻勢在 D 日登陸前幾週就展開的話，就很有可能成功地對入侵法國的作戰造成嚴重干擾，但要是諾曼第登陸順利實施，且盟軍開始感受到可以對德國取得最終勝利，那麼就可以忍受 V-1 和 V-2 的攻擊，因為它們無論如何沒辦法一直保持相同的強度，或是持續非常久的時間。

德國的噴射機和火箭飛機也是差不多的情況，至於 U 艇，華爾特式（Walter）潛艇花了太多時間改善缺點，因此同樣也太晚服役。

V-2 火箭

V-2 火箭的彈頭重達 980 公斤，最大射程 320 公里。它飛行時可達到大約 96 公里的高空，之後再以高達每小時 4000 公里的速度俯衝返回地球。

33,000 發射到英格蘭的 1 萬 500 枚 V-1 和 1115 枚 V-2 造成的傷亡人數。

火箭先驅（1912-77年）

維爾納・馮・布勞恩

馮・布勞恩在孩提時期就對火箭這種東西相當著迷。他在 1932 年參與德國陸軍的火箭研究計畫，並且成為推動 V-2 火箭背後的靈魂人物。在整場戰爭裡，他一直留在佩內明德，後期則致力於提高火箭的射程。1945 年 3 月，由於蘇軍進逼，他離開基地向美軍投降。戰爭結束後，馮・布勞恩前往美國，先參與飛彈研發計畫，之後加入美國國家航空暨太空總署（NASA），並開發出協助人類在 1969 年首度登上月球的火箭。

隨著盟軍的進展愈來愈慢，德軍開始恢復。在年底之前結束戰爭的希望迅速幻滅。

蒙哥馬利擬訂計畫

剛升任元帥的蒙哥馬利從來就不喜歡艾森豪的廣正面戰略（參閱第268-69頁），此時他認為他發現了一個可以側翼迂迴保護德國的主要防線西牆（West Wall）的辦法，能夠避免渡過萊茵河。

他的計畫是奪取位於荷蘭一座名叫安恆的城鎮上跨越下萊茵河的橋樑，

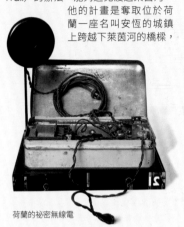

荷蘭的祕密無線電

而這個計畫需要盟軍奪占安恆以南其他水道上的橋樑。奇襲是這個計畫的關鍵要素，艾森豪批准蒙哥馬利動用盟軍空降第1軍團。這支部隊自從D日（參閱第258-59頁）之後就在英格蘭駐防，沒有投入作戰。

美軍傘兵部隊
美軍傘兵部隊接近目的地，等待指示準備離開飛機。除了主傘和副傘以外，每人都會有一個武器箱，用繩子綁在身上。

市場花園行動

到了1944年9月，由於補給線過度延伸，盟軍越過法國和低地國的進軍速度慢了下來，需要有某件事情來打破愈來愈嚴重的僵局。蒙哥馬利元帥的計畫——奪取荷蘭河流上的橋樑並突穿進入德國——是一場大膽行動的開端。

蒙哥馬利的計畫有兩大要素。「市場」指的是空降部隊，要求美軍第101空降師確保愛因荷芬（Eindhoven）當地運河上的各個渡口。第82空降師則要奪取流經格拉夫（Grave）的馬士河（Maas）和流經奈梅亨（Nijmegen）的瓦爾河（Waal）上的橋樑，另外英軍第1空降師將會在安恆空降，奪取當地橫跨下萊茵河的橋樑。「花園」則是指地面部隊，布萊恩·哈洛克斯將軍（Brian Horrocks）指揮的英軍第30軍會和著陸的空降部隊會師。

由於安特衛普港依然無法運作，艾森豪同意把可用的有限補給優先給蒙哥馬利。目前的狀況看起來，盟軍最高統帥已經接受蒙哥馬利先前主張的狹窄正面突穿策略。

安恆距離地面部隊攻擊發起線約95公里，很顯然是這套計畫的關鍵。在計畫期間，皇家空軍就已經表明他們不希望在太靠近安衡的地方投放傘兵，因為害怕會有太多運輸機被擊落，因此最後選擇距離市區約9公里的地方著陸。在此期間，荷蘭抵抗運動發出報告表示，武裝黨衛軍兩個裝甲師在諾曼第戰役之後來此處進行整補，但這份報告被計畫人員忽視。

不好的開始

盟軍的市場花園行動在1944年9月17日星期日展開。空降部隊出擊使德軍大吃一驚，但不是每件事都照著計畫走。第101空降師奪取了運河渡口，而第82空降師攻占了格拉夫的橋樑。但不是所有的橋梁都完整無損地落入盟軍手裡，德軍的逆襲也異常凶猛。在安恆，地面上的英軍傘兵花了四個小時抵推進到市區，但這個時候德軍

往奈梅亨的路上
一些英軍禁衛裝甲師的克倫威爾式（Cromwell）戰車正沿著通往荷蘭奈梅亨的公路前進，他們的目標是要在瓦爾河和美軍第82空降師會師。

已經開始做出反應。他們炸毀了下萊茵河上的鐵路橋，且英軍奪取公路橋的一端之後，就因為德軍的猛烈火力而無法攻占位於安恆的完整橋梁。

延誤的代價

行動的「花園」部分進度比計畫中慢，一個原因就是英軍第8和第12軍。他們應該要負責保護第30軍的側翼，但他們的行動卻太過謹慎。哈洛克斯麾下部隊在24小時內和第101空降師會師，但之後的行動就因為愛因荷芬以北威廉敏娜運河（Wilhelmina Canal）上的一座橋梁被破壞而延誤。

「我們已經**盡了全力**，而且會在剩下的時間裡繼續**使出全力**。」

安恆第1空降師的最後訊息，1944年9月25日

在安恆的結局

市場花園行動失敗後，數千名英軍傘兵淪為德軍戰俘。圖中，許多人正行軍進入戰俘營，且一直到最後，他們士氣都十分高昂。

他們被迫搭建一座預置設計的倍力橋（Bailey Bridge），行動進度因此落後原定計畫將近 36 小時。第 30 軍的問題還因為側翼防禦部隊進度落後而

16,500
在「市場」作戰的第一天布署的盟軍傘兵數量。

3,500
在作戰的第一天布署的盟軍滑翔機步兵數量。

更加惡化，且其只能沿著一條公路前進。當地鄉間地形地勢低窪且溼軟，更使得車輛難以通過。德軍利用這個狀況，從兩翼發動逆襲。不過儘管如此，他們還是在 9 月 19 日和第 82 空降師會師，次日英軍和美軍就聯手攻

占了在奈梅亨橫跨瓦爾河的橋樑。然而安恆的戰況開始惡化，兩個武裝黨衛軍裝甲師發動強勁逆襲，雙方在安恆郊區爆發殊死激戰。

德軍在這段時間裡確實進行了對抗空降突擊的訓練。英軍原本守住安恆大橋北端，但是情況岌岌可危，惡

劣的天氣也使得擔任第 1 空降師預備隊的波蘭傘兵旅抵達時間延誤；當這支部隊總算在 9 月 21 日前來後，他們在下萊茵河南邊空降，但卻沒辦法渡河和英軍傘兵會師。同一天，死守大橋北端的英軍在經過長達四天的異常艱辛的苦戰之後，再也無法支撐下去。

無可挽回的失敗

德軍持續對 30 軍展開反攻，且兩度成功切斷往北通往奈梅亨的公路。這個戰況加上德軍在安恆南邊的強硬抵抗，又造成盟軍方面行動再度被延誤。英軍傘兵儘管撐了下來，但是彈藥卻愈來愈少，因為大多數空投補給都掉落在錯誤的地

傘靴
這是美軍空降部隊的公發傘靴，作用是支撐腳踝，因為腳踝很容易在著陸的時候扭到。

安恆的最後解放

經過三天的激戰後，加拿大部隊終於在 1945 年 4 月 15 日解放安恆。加軍士兵抵達後，才發現當地居民在經過凜冽寒冬後，實際上已經沒有東西吃了。

> 雖然市場花園行動極具想像力，且過程中充滿勇氣和自我犧牲的故事，尤其是在安恆，但它的野心終究是太大了。

繼續前進

此時盟軍在荷蘭留下一個相當深的突出部，必須想辦法防守。不過這塊突出部到了次年 2 月將會成為一個絕佳的躍出位置，可提供封閉萊茵河以北區域（參閱第 298-99 頁）的作戰使用。

在此期間，艾森豪繼續實施他的廣正面戰略，當中遭遇一些激烈艱苦戰鬥，尤其是在德國、荷蘭和比利時邊界交會點東南方的賀特根森林（Hürtgen Forest）。最後，須耳德河兩岸的德軍也被肅清，之後經過掃雷作業，安特衛普港終於能在 11 月底再度開放使用。

突出部之役

在這段時間裡，德軍祕密準備他們的最後一場大規模攻勢，目標是扭轉他們在西線的命運（參閱第 284-85 頁）。

方，反而被德軍取得。另外還有一個問題是他們用來和飛機聯絡的無線電無法作用。

最後，哈洛克斯的第 30 軍終於抵達下萊茵河，並和波軍會師，但到了這個節骨眼，第 1 空降師已經只剩最後一口氣。

9 月 25 日，還能夠行動的傘兵從安恆市區撤到河畔，並在夜裡渡河。這個師大約只有五分之一的官兵得以返回，共有超過 6000 人被俘虜，當中將近有一半負傷。蒙哥馬利元帥的豪賭已經失敗，解放荷蘭安恆居民的泡影也跟著破滅。

降落傘

現代的降落傘在 18 世紀末就有人使用，但一直要到一次大戰時，降落傘才被用在戰爭中，一方面可以從被攻擊的飛機或氣球上跳傘，也可用來投放補給品。早期的降落傘附有繫繩，但到了 1920 年代初期導入開傘索，讓配備降落傘的人可以自行開傘。1920 年代末，義大利和俄國開始發展空降部隊，但二次大戰期間是德軍率先運用，而英軍和美軍隨後也立即仿效。

機槍與衝鋒槍

第二次世界大戰中的步兵使用的自動武器，從配備基本但堅固耐用、可以從肩膀或腰部發射的衝鋒槍，到可由一人攜帶、安裝射擊用雙腳架的輕型機槍，再到安裝在三腳架上的通用機槍、以及大口徑的中型和重型機槍等，應有盡有。

① 戈留諾夫 SG43 機槍（蘇聯）

③ PPSh-41（蘇聯）

④ 71 發裝彈鼓（蘇聯）

① 戈留諾夫（Goryunov）SG43 機槍（蘇聯），在 1943 年獲得採用，是一款便宜但相當有效的中型機槍，可安裝在三腳架上，或裝上車輪方便移動。② 彈鏈（蘇聯），戈留諾夫機槍使用這種供彈方式，射速可達每分鐘 700 發。③ PPSh-41（蘇聯）是一款簡單粗糙但相當有效的衝鋒槍，適合大量生產，在 1941 到 1945 年間共生產大約 600 萬支。④ 71 發裝彈鼓（蘇聯），這是供 PPSh-41 衝鋒槍使用的彈鼓，它發射 7.62 x 25 公釐的托卡瑞夫（Tokarev）手槍子彈。⑤ 湯普森（Thompson）衝鋒槍（美國），在 1920 年代因為成為黑道幫派分子愛用的槍械而聞名，被稱為湯米槍（Tommy gun），其使用條狀彈匣的版本 M1A1 在二次大戰早期階段被盟軍突擊隊和空降部隊廣泛使用。⑥ 白朗寧（Browning）M2 HB（美國）是一款反衝操作、彈鏈供彈的重型機槍，原

本是一次大戰時代的設計，在 1936 年導入重型槍管（heavy barrel, HB）版本。⑦ 0.5 英寸／12.7 公釐口徑 M2 子彈是設計用來給 M2 機槍使用的彈藥，威力驚人，用來對付輕型裝甲車輛和飛機也相當有效。⑧ 布倫（英國）是英國陸軍在整場二次大戰期間和戰後使用的輕型機槍，它發射 0.303 英吋口徑步槍子彈。⑨ MP40（德國）衝鋒槍配備手槍式握把和摺疊槍托，在 1940 年由德國傘兵部隊採用，是當時劃時代的武器。⑩ MG42（德國）在 1942 年獲得採用，是世界上性能最優異的通用機槍。⑪ 7.92 x 57 公釐毛瑟（Mauser）子彈（德國），MG42 機槍就是發射這種彈藥，射速高達每分鐘 1200 發。⑫ 96 式（日本）是一款輕機槍，射速達每分鐘 550 發。它的彈藥必須上油潤滑，因此經常會沾上灰塵或砂土，進而導致槍枝時常卡彈。

⑨ MP40 衝鋒槍（德國）

⑧ 布倫輕機槍（英國）

⑩ MG42 機槍（德國）

⑪ 7.92 x 57 公釐毛瑟子彈（德國）

② 彈鏈（蘇聯）

⑤ 湯普森衝鋒槍（美國）

⑦ 0.5 英寸／12.7 公釐口徑 M2 子彈

⑥ 白朗寧 M2 HB 重機槍（美國）

⑫ 96 式輕機槍（日本）

突出部之役

1944 年 12 月中旬，德軍出乎西方盟國意料，發動了一場規模空前的大攻勢。這場攻勢一開始讓盟軍陷入混亂，一直要到德軍損失的人員和裝備超過他們所能負擔的限度時，才遭到遏制並擊退。

這場攻勢預計在 1944 年 10 月初完成，代號是守望萊茵（Watch on the Rhine），由摩德爾元帥的 B 集團軍執行，總計投入三個軍團的兵力。新組建的第 6 裝甲軍團由瑟普・迪特里希（Sepp Dietrich）指揮，下轄武裝黨衛軍的裝甲師和步兵，負責擔任主攻角色，而由哈索・馮・曼托依菲爾（Hasso von Manteuffel）指揮的第 5 裝甲軍團則會朝南邊進攻；埃里希・布蘭登貝爾格（Erich Brandenberger）的第 7 軍團會負責保護曼托依菲爾的右翼。這場作戰的第一個目標就是要取得馬士河（River Meuse）上的渡口，之後朝安特衛普進攻。

一直要到當月下旬，摩德爾和他的上司、西線總司令蓋爾德・馮・倫德斯特才得知這個祕密。他們兩人十分震驚，認為這個計畫野心過了頭，為此他們擬定了一套比較謹慎的作戰計畫，意圖包圍亞琛（Aachen）周邊的美軍部隊。但希特勒對此毫無興趣，倫德斯特和摩德爾所能做的，就是設法把這波攻勢延後到 12 月中旬，以便爭取到一些寶貴的時間進行準備。

充滿希望的開始

由克爾特尼・霍吉斯指揮的美軍第 1 軍團防守愛非（Eifel）－亞耳丁內斯地段，公認是平靜的地方。德軍進攻時，這裡正由兩個剛經歷過北邊賀特根森林血戰而進行整補的兩個師防守，另一個師才剛從美國抵達，並且只有一個戰力薄弱的裝甲師可以支援他們。

有跡象顯示德軍即將發動攻擊，但盟軍情報單位卻加以忽視。他們認為德軍在先前六個月期間慘遭一連串痛擊，絕對沒有能力發動一場攻勢。不過 12 月 16 日，在黎明前短暫的砲擊之後，德軍真的進攻了，而濃霧更是加深了美軍的混亂。讓情況雪上加霜的是，有穿著美軍制服的德軍滲透

失神的美軍戰俘
德軍俘虜了大量美軍。當攻勢展開時，他們根本被打得措手不及。黨衛軍部隊在馬美地（Malmédy）無情地殺害了大約 80 名美軍戰俘。

> 「……一場最鋌而走
> 險的大膽作戰。」
>
> 作戰處長阿爾佛列德・約德爾將軍（Alfred Jodl）評論希特勒的反攻

« 前因

比利時南部森林密布的亞耳丁內斯地區，在 1940 年 5 月德軍展開西方戰役的時候，就已經上演過裝甲部隊奔襲的景象。

德軍計畫發動重複的攻勢
希特勒在 1944 年 9 月的一場會議上宣布他的構想。蘇軍的大規模夏季攻勢（參閱第 270-71 頁）已經在維斯杜拉

希特勒計畫攻擊行動。

河上停止，因此德軍在東線有喘息空間。如果他可以在此時大力擾亂西方盟國，就可以讓他們停止朝德國進軍。他決定安特衛普應該是終極目標，因為可以一舉把英軍和美軍切割開來。由於德軍得要儲備必需的作戰物資，加上盟軍具備壓倒性空中優勢，他們會需要冬天的濃霧來協助隱藏行動，因此這場作戰在 1944 年 11 月下旬之前都不會進行。

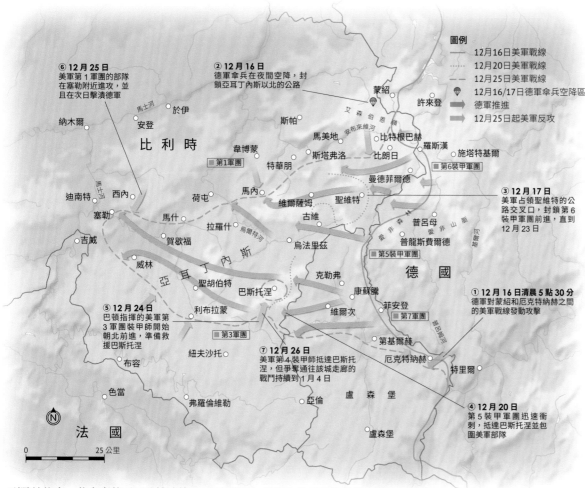

圖例
—— 12月16日美軍戰線
···· 12月20日美軍戰線
---- 12月25日美軍戰線
🎈 12月16/17日德軍傘兵空降區
➡ 德軍推進
➡ 12月25日起美軍反攻

⑥ 12月25日
美軍第1軍團的部隊在塞勒附近進攻，並且在次日擊潰德軍

② 12月16日
德軍傘兵在夜間空降，封鎖亞耳丁內斯以北的公路

■ 第1軍團

■ 第6裝甲軍團

③ 12月17日
美軍占領聖維特的公路交叉口，封鎖第6裝甲軍團前進，直到12月23日

■ 第5裝甲軍團

① 12月16日清晨5點30分
德軍對蒙紹和厄克特納赫之間的美軍戰線發動攻擊

⑤ 12月24日
巴頓指揮的美軍第3軍團裝甲師開始朝北進軍，準備救援巴斯托涅

■ 第7軍團

④ 12月20日
第5裝甲軍團迅速衝刺，抵達巴斯托涅並包圍美軍部隊

■ 第3軍團

⑦ 12月26日
美軍第4裝甲師抵達巴斯托涅，但爭奪通往該城走廊的戰鬥持續到1月4日

比利時
德國
法國
盧森堡

納木爾　於伊　安登　蒙紹　許來登
馬士河　斯帕　艾森伯恩嶺　馬美地　安布來維河　比特根巴赫　羅斯漢　施塔特基爾
韋博蒙　特華朋　斯塔弗洛　比朗日
迪南特　西內　荷屯　馬內　維爾薩姆　聖維特　普呂母　愛菲爾河　愛菲山脈　尻爾河
塞勒　馬什　拉羅什　烏爾特河　古維　烏法里茲　普龍斯費爾德
吉威　賀歇福　亞耳丁內斯　克勒弗　康蘇騰
威林　聖胡伯特　巴斯托涅　菲安登
利布拉蒙　維爾次
紐夫沙托　第基爾赫
布容　亞倫　厄克特納赫　特里爾
色當　弗羅倫維勒　盧森堡　盧森堡

N
0　　25公里

天寒地凍中的攻勢
希特勒選擇在冬季月分進攻，有相當好的理由：讓盟軍難以發揮空權的威力。不過，剛降下沒多久的雪使雙方的履帶車輛都難以順利行駛。

盟軍在1月底之前就收復了失去的土地，並繼續無情地朝萊茵河逼近。

東線再度出現威脅

對德軍來說更糟的是，他們在東線上要面對新的危機。紅軍展開越過維斯杜拉河的攻勢（參閱第298-99頁），而在巴拉頓湖（Lake Balaton）附近的匈牙利油田對德國進行戰爭的能力有舉足輕重的地位，此時也落入蘇軍手中。

900 1945年參與地板行動的德軍飛機數量。他們襲擊了27座盟軍機場，炸毀156架飛機，但自身卻損失300架。

德軍瀕臨戰敗

1945年初，情況已相當清楚：德軍屈服只是早晚的事，但希特勒壓根沒打算投降。他反而愈來愈相信西方盟國最後會想通，並加入他的行列，一起對付歐洲的真正威脅，也就是蘇聯共產黨。不過他誤會了。

到戰線後方。艾森豪甚至因此被迫待在位於凡爾賽（Versailles）的總部內，跟戰俘沒有兩樣。但即使如此，北邊只有迪特里希麾下的一個戰鬥群在起伏的丘陵森林地形中有比較大的進展。曼托依菲爾迅速在他的戰線南段突破敵軍，此時正全速朝盧森堡邊界附近的重要交通中心巴斯托涅衝刺。

三天後，迪特里希的攻擊實際上已經逐漸停止，其中有一部分是因為美軍工兵相當純熟地爆破橋梁，但另外一個重要因素是他的戰車燃料用光了。不過曼托依菲爾繼續進攻。至於在盟軍方面，艾森豪授權蒙哥馬利接管突出部的北半部，而布萊德雷負責指揮南邊。蒙哥馬利反應迅速，立即布署英軍部隊警戒馬士河的各個渡口，而布萊德雷則得依靠巴頓的第3軍團，它已經停止

守望萊茵行動
前進中的德軍部隊經過一輛被拋棄的美軍半履帶車。他們前進的時候經常吃美軍官兵的口糧，抽戰俘身上的香菸。

向東前進，並轉向北方前往救援。此時曼托依菲爾已經來到巴斯托涅，他打算攻占這座城鎮但失敗。

盟軍取得優勢
曼托依菲爾留下部隊圍攻巴斯托涅，並繼續朝西進軍。到了12月24日時，他的前鋒部隊已經來到迪南特（Dinant），就在馬士河附近了，但他最遠也只有到這裡。巴頓的部隊此時已經加入戰局，他們在12月26日已經解救了巴斯托涅，事實證明這個地方對德軍來說猶如無法拔出的肉中刺。

曼托依菲爾試圖擊退巴頓的部隊，但無法做到。此時天氣好轉，盟軍總算可以動用強大的空中武力來協助，一勞永逸地迫使德軍撤退。

在徹底的絕望中，德軍於1945年1月1日發動一場大規模空中打擊作戰，這場攻擊行動的代號是「地板」（Bodenplatte），目標是盡可能把盟軍的飛機炸毀在地面上，愈多愈好。但結果卻是一場災難：德軍損失大批

3萬 盟軍部隊陣亡或失蹤人數。4萬7000人受傷。
3萬3000 德軍部隊陣亡或失蹤人數。3萬4000人受傷。

德軍的推進
德軍在南邊的第5裝甲軍團戰果比北邊的第6裝甲軍團更好，但它的南側翼愈拉愈長，面對巴頓的反擊終於是門戶大開。

有經驗的飛行員，嚴重削弱他們防衛德國本土的能力。德軍也在更南邊的地方發動輔助攻擊，也就是在斯特拉斯堡的北邊。儘管盟軍確實放棄了一些土地，但盟軍收穫不如預期，反而還造成更多傷亡，偏偏此時他們已經承受不起傷亡。如同倫德斯特和摩德爾在10月時所憂心的，元首的亞耳丁內斯大反攻是場代價高昂的豪賭，結果就這樣失敗了。

軍事科技

軍事科技

美國生產的M4雪曼戰車是這場戰爭期間西方盟國方面最容易見到的戰車，在1942年服役，被英軍和美軍大量採用。它有五名乘組員，配備一門75公釐口徑主砲和三挺機槍。它的機械結構相當穩定可靠，行駛速度可達每小時38公里。M4雪曼戰車的一個主要缺點就是被擊中後容易起火燃燒，主要是因為一些彈藥會存放在砲塔內。

美軍將領　1885年生，1945年卒

喬治・巴頓

「軍隊就是一個團隊。全隊的人一起**生活**、**吃飯**、**睡覺**、**戰鬥**。」

喬治・巴頓在 D 日前對部隊演說，1944 年 6 月

充滿爭議的喬治・巴頓將軍（George S. Patton）是傑出的戰車指揮官，在北非及西西里戰役、1944 年入侵法國和 1945 年朝德國進軍的行動中都扮演關鍵角色。他紀律嚴明、自我犧牲和好戰的性格給他贏得了「血膽將軍」的稱號，而這些人格特質也使他成為盟軍將領中少數令德軍既尊敬又畏懼的人物。

巴頓來自歷史悠久的軍人世家，可以追溯到美國革命時期。他在 1909 年從西點軍校畢業，奉派出任騎兵軍官——在整個軍事生涯裡，他都一直扮演瀟灑的騎兵指揮官這個角色。1916 年，他參與在新墨西哥州追擊墨西哥革命分子潘喬・維拉（Pancho Villa）的行動，功績卓著，成為美國媒體的頭條新聞。

從騎兵到裝甲兵

巴頓是裝甲兵作戰的先驅，他認定戰車也可以實施如騎兵般迅速的機動作戰。第一次世界大戰期間，他在 1918 年 9 月的聖米耶勒會戰（Battle of Saint Mihiel）中指揮美軍新編成的美國戰車軍（US Tank Corps），在他運用戰車的過程中展現出強調攻擊的領導統御以及創新的思維。

血膽將軍

巴頓刻意培養出硬漢形象，以激勵他的屬下。他頭頂上拋光發亮的鋼盔加上整齊排列的將星，讓人一看就知道誰才是老大。

指揮北非作戰

1943 年 2 月，美軍在經歷凱塞林隘口的屈辱戰敗後，巴頓接掌美軍第 2 軍的指揮權，參與在突尼西亞擊敗軸心軍部隊的作戰。

在戰間期，巴頓勤於著述，撰寫有關戰車運用的文章，並請求華盛頓當局可以挹注資金繼續發展這種威力強大的新武器。儘管他十分熱心，但沒有爭取到任何經費。在這段期間裡，他遇見艾森豪，巴頓在二次大戰期間會在他麾下服役。

北非

當戰爭在 1939 年爆發時，巴頓正擔任維吉尼亞邁爾堡（Fort Myer）的指揮官。隨著德國陸軍橫掃歐洲大陸，美國國會終於承認需要裝甲師，巴頓因此在 1941 年 4 月晉升到少將，並出任第 2 裝甲師師長。珍珠港事件過後不久，他同時指揮第 1 和第 2 裝甲師，還要負責位於加州印第奧（Indio）的沙漠訓練中心（Desert

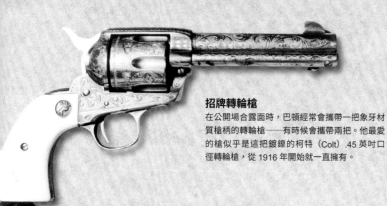

招牌轉輪槍

在公開場合露面時，巴頓經常會攜帶一把象牙材質槍柄的轉輪槍——有時候會攜帶兩把。他最愛的槍似乎是這把鍍鎳的柯特（Colt）.45 英吋口徑轉輪槍，從 1916 年開始就一直擁有。

公關形象

巴頓演說時的用語十分詼諧生動。圖為 1944 年在法國時，即使在跟戰爭特派員交談，他還是會像個士兵般咒罵。批評者認為巴頓滿口髒話，但他總是可以成功鼓舞麾下官兵的士氣。

Training Centre）。之後到了 1942 年，他和艾森豪合作，策畫火炬行動，也就是盟軍在北非的一連串登陸行動。

1942 年 11 月，巴頓和他的裝甲部隊在卡薩布蘭加附近的摩洛哥海岸登陸。他負責指揮士氣低落的美軍第

橫越法國北部

巴頓最輝煌的成就是在他擔任第 3 軍團指揮官時。他在諾曼第戰役期間率領盟軍突破，並一路長驅直入，直抵德國邊界。1944 年 8 月，他的軍團首先向西南方移動，攻占布列塔尼，之後迅速轉向東方，直驅在諾曼第抵

> 「你沒本錢當個該死的笨蛋，因為在戰鬥中，**笨蛋就是死人。**」
> 巴頓對麾下參謀演說，1944 年 3 月

2 軍，但是一直到 3 月都沒有經歷過大規模作戰。這場戰役是巴頓首次和英軍將領蒙哥馬利合作，以後他們兩人便會陷入嚴重對立，雙方關係水火不容。

在北非建功之後，巴頓出任 1943 年入侵西西里作戰中的第 7 軍團司令，任務是要在蒙哥馬利的第 8 軍團朝美西納推進時保護它的左翼。不過最後巴頓迅速拿下巴勒摩，之後搶在英軍前面抵達美西納，但還是太晚，無法阻止德軍撤回義大利本土。

這是巴頓典型的大膽行動，但他隨後不久就惹上麻煩。在比斯卡里（Biscari）發生戰俘屠殺事件後，一些被指控的人指責巴頓，聲稱是他指示他們不要手下留情。之後巴頓又在一間軍醫院指控受到創傷後壓力影響的士兵是懦夫，賞對方耳光並虐待他。結果消息被爆料之後，引發更多爭議，幾乎要斷送他的職業軍人生涯。不過當時擔任地中海戰區最高統帥的艾森豪親自干預並處理了這件事。他相信巴頓的價值，不認為應該為此失去這個人。因此他命令巴頓道歉，而巴頓也照辦了。艾森豪之後把巴頓派往英國，訓練他的部隊準備入侵諾曼第的行動，並在一套欺敵計畫中扮演主要角色，誤導德軍指揮高層對盟軍入侵計畫的認知。

抗盟軍前進的德軍主力部隊南邊。發現有機會包圍德軍後，奧馬爾·布萊德雷下令巴頓轉向北邊，在阿戎坦和法雷茲一帶包圍德軍部隊。巴頓迅速地讓他的裝甲部隊就位，準備實施包圍行動，但他卻在這個時候收到停止前進的命令，因此感到非常惱怒。當他率領部隊進入可以進攻巴黎的距離時，同樣的事情再度發生。但儘管如此，他還是能夠指揮裝甲部隊向東

方發動一連串快速且壯觀的突穿攻擊行動，拿下漢斯（Reims）與夏隆（Châlons），一直要到 11 月時在南錫（Nancy）和梅茲（Metz）碰上德軍的堅固防線後才停下來。在德軍的亞耳丁內斯冬季大反攻期間，巴頓服從艾森豪的指示，以不可思議的速度把部隊轉向北邊，突破包圍巴斯托涅的德軍，讓突出部之役得以告一段落。

到了 1945 年 1 月底，巴頓的部隊已經抵達德國邊界。他的部隊在 3 月於奧彭海姆（Oppenheim）渡過萊茵河，比蒙哥馬利動作更快。第 3 軍團之後朝德國的心臟地帶長驅直入，戰爭結束時已經抵達捷克斯洛伐克與奧地利。他在 6 月時晉升為四星上將。

戰爭結束時，巴頓擔任巴伐利亞的軍事總督，但他讓前納粹黨員擔任政府職位的提議實在太過分，因此被解除指揮權。他在 12 月發生車禍，不治身亡，葬在突出部之役陣亡官兵的墓園裡。

1945 年時的巴斯托涅

布萊德雷、艾森豪和巴頓將軍站在巴斯托涅的廢墟前。巴頓從巴斯托涅南邊出發，一路迅速挺進，解救了被包圍在這裡的美軍。

返鄉英雄巴頓將軍，1945 年 6 月

8
終局
1945年

戰爭的最後一年裡，德國被同盟國輾壓。在太平洋戰場，衝突持續進行，並在對日本投下原子彈時達到頂點，進而使這場戰爭告終。在戰後的安排上，同盟國把德國分成四個占領區。

終局

整體來說，德國人都相當樂於接受戰勝的美軍帶來的禮物。如圖，美軍第7軍團在沿著萊茵河朝曼海母（Mannheim）前進的途中分發食物給孩童。

卑爾根－貝爾森集中營在1945年4月解放。數千具沒有掩埋的遺體和瘦骨如柴的生還者的照片震撼全世界。

4月25日，美軍和蘇軍在易北河（Elbe）上的托爾高（Torgau）會師。德國廣播宣布希特勒的死訊，柏林的德軍部隊最後在5月2日向蘇軍投降。

歐洲

法羅群島（屬丹麥）
挪威
瑞典
芬蘭
北海
愛沙尼亞
拉脫維亞
立陶宛
蘇聯
丹麥
波羅的海
愛爾蘭自由邦
英國
荷蘭
比利時
盧森堡
德國
波蘭
法國
瑞士
奧地利
匈牙利
羅馬尼亞
南斯拉夫
義大利
保加利亞
黑海
葡萄牙
西班牙
地中海
阿爾巴尼亞
希臘
土耳其
摩洛哥（屬法國）
突尼西亞（屬法國）
阿爾及利亞（屬法國）
利比亞
多德坎尼斯
賽普勒斯
巴勒斯坦
敘利亞
伊拉克
埃及

大西洋
英國
德國
法國
波蘭
蘇聯
西班牙
義大利
黑海
土耳其
敘利亞
巴勒斯坦
伊拉克
波斯
阿富汗
里約奧羅
摩洛哥
阿爾及利亞
利比亞
埃及
外約旦首長國（沙烏地）
內志（沙烏地）
阿曼
印度
尼泊爾
甘比亞
葡屬幾內亞
法屬西非
埃及蘇丹
阿希爾
哈德拉毛
葉門
亞丁保護國
法屬索馬利蘭
英屬索馬利蘭
義屬索馬利蘭
獅子山
賴比瑞亞
黃金海岸
奈及利亞
法屬赤道非洲
塔簪蘭（英國託管地）
阿比西尼亞
肯亞
烏干達
比屬剛果
坦干伊加（英國託管地）
尼亞薩蘭
北羅德西亞
安哥拉（屬葡萄牙）
南羅德西亞
馬達加斯加
西南非洲
貝專納蘭
葡屬東非
史瓦濟蘭
巴蘇托蘭
南非聯邦
印度

萊茵河是盟軍的主要障礙，撤退中的德軍爆破每一座主要橋樑。如圖，在種族隔離狀況依然嚴重的陸軍裡，美軍黑人士兵正在操作高射砲。

墨索里尼和他的情婦克拉拉・貝塔奇企圖逃亡，結果一起被義大利游擊隊抓到。他們在梅澤格拉（Mezzegra）被處決，屍體被人用肉勾掛在米蘭的加油站示眾。

在 1945年初，歐洲的盟軍步步進逼，而太平洋戰區的激戰也持續進行。此時的德國只能堅定防守，具備壓倒性軍力的敵人在每一條戰線上都迅速推進，奪下德國之前征服的領土。英軍和美軍從西方和南方挺進，一心想復仇的紅軍則從東方進逼。而在這整個過程裡，盟軍還不斷把炸彈和燃燒彈如雨點般投擲在德國本土，目的就是要打到德國屈服為止。地獄般的烈焰席捲並吞沒了德勒斯登、來比錫、肯尼茲（Chemnitz）和其他城市。

從表面上看來，日本的局勢還比較樂觀——不過盟軍毫不留情的推進此時已經勢不可擋。在海島上孤注一擲且殘酷無情的近身肉搏戰中，人在濃密的原始叢林裡殺出一條血路，地獄般的戰火四處蔓延。神風特攻隊駕駛飛機衝撞美軍軍艦，在為國犧牲的大義名

1945年

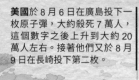

美國於 8 月 6 日在廣島投下一枚原子彈，大約殺死 7 萬人，這個數字之後上升到大約 20 萬人左右。接著他們又於 8 月 9 日在長崎投下第二枚。

9 月 2 日，日本在東京灣內的密蘇里號甲板上正式投降，由麥克阿瑟將軍代表美國政府簽字。

據信日軍從日本施放了 9000 枚氣球炸彈，目的是在美國城市製造浩劫，但當中大部分都沒有著陸。

硫磺島距離日本本土只有 1200 公里，日軍在島上頑強防守，持續激戰超過五個星期。

沖繩島距離日本本土只有 523 公里。美軍第 10 軍團在 4 月 1 日展開入侵行動，日軍則派出自殺性質的神風特攻隊攻擊盟軍船艦。

1945年12月時的世界地圖
- 德國及其盟國
- 1945年5月時的德國占領區
- 日本帝國
- 1945年8月時的日本占領區
- 1945年8月時的日本控制範圍
- 同盟國
- 1945年5月時在歐洲以及 1945年8月時在亞洲的同盟國征服區域
- 中立國
- 1939年9月時的邊界

分下把自己獻上戰爭的祭壇。但同一時間，他們確有成千上萬的同胞在席捲日本各主要城市的駭人火風暴中死去。然而最大的災難還在後面：厄運於 8 月 6 日降臨。史上第一枚原子彈（代號「小男孩」）在廣島引爆，第二枚（代號「大胖子」）則在三天後落在長崎。此時希特勒已經自盡，他的國家戰敗了。同盟國在波茨坦（Potsdam）的宮殿裡召開會議，決定戰後的各種安排。德國被切割成四塊占領區——美國、英國、法國和蘇聯。東部大部分地區都被併入波蘭領土，但此時這裡也已經如同捷克斯洛伐克、匈牙利、羅馬尼亞和保加利亞等國一樣，由蘇聯主宰。史達林已是東方的霸主。

1945年時間軸

入侵德國 ▪ 轟炸德勒斯登 ▪ 解放集中營 ▪ 東京火風暴 ▪ 沖繩戰役 ▪ 希特勒和墨索里尼之死 ▪ 柏林戰役 ▪ 歐戰勝利日 ▪ 轟炸廣島和長崎 ▪ 日本投降

1月	2月	3月	4月	5月	6月
		3月7日 美軍第9裝甲師在雷馬根奪取沒有被爆破的橋樑，在萊茵河東岸建立橋頭堡。 《 東線上的蘇軍戰車	**4月1日** 美軍登陸沖繩島。 **4月12日** 美國總統羅斯福去世，副總統哈利·杜魯門（Harry S. Truman）繼任。	**5月2日** 蘇軍在長達12天的激烈巷戰後攻占柏林。 》「在柏林舉起勝利的旗幟」	ВОДРУЗИМ НАД БЕРЛИНОМ ЗНАМЯ ПОБЕДЫ!
1月12日 蘇聯繼續在波蘭的攻勢。 **1月12日** 德軍接受亞耳丁內斯的冬季攻勢失敗的結果，開始撤退。	**2月4日** 史達林、羅斯福和邱吉爾在烏克蘭的雅爾達召開會議，一致同意占領德國。 ❯ 德勒斯登的街道上到處都是死去的市民	**3月9/10日** 美軍對東京進行大規模轟炸，隨後產生的火風暴燒毀大片市區，殺死10萬人。	《 美軍閱讀羅斯福去世的新聞		**6月6日** 同盟國把德國分割成四個占領區——蘇聯、美國、英國和法國。
1月17日 蘇軍解放波蘭首都華沙。		**3月20日** 哥特哈德·亨禮齊（Gotthard Heinrici）取代海因里希·希姆萊擔任維斯杜拉戰線上的德軍司令。 ❯ 帝國總理府的納粹之鷹雕像	**4月15日** 英軍和加軍解放卑爾根－貝爾森集中營。	**5月7日** 德軍對盟軍無條件投降。 **5月8日** 歐洲慶祝歐洲勝利日（Victory in Europe Day）	**6月21日** 美軍完全占領沖繩島。
1月22日 盟軍重新恢復位於中國南部運補國軍部隊的滇緬公路交通。		**3月26日** 硫磺島上日軍的最後抵抗被擊潰。	**4月28日** 墨索里尼遭義大利游擊隊殺害。 **4月30日** 俄軍逼近時，希特勒選擇自殺。 ❯ 美軍在硫磺島上和日軍戰鬥。	**5月23日** 英軍在夫連士堡（Flensburg）俘虜並逮捕德國總統卡爾·多尼茨和他的政府官員。	《 美軍在太平洋戰場上使用的火焰噴射器。
1月30日 蘇軍在奧得河上建立橋頭堡，離柏林只有65公里。	**2月13/14日** 盟軍轟炸德勒斯登。 **2月19日** 美軍登陸硫磺島。		**5月29日** 美軍繼續轟炸日本，緊接著登陸的是橫濱大空襲。在短短一個多小時之內，就有超過30%的市區被夷為平地，多達8000人喪生。		**6月26日** 來自50個國家的代表在舊金山集會，討論戰後世界的和平與安全議題，並簽署《聯合國憲章》（United Nations Charter）。

「今天，砲火已經平息，慘痛的悲劇已經結束，贏得了**重大的勝利**⋯⋯我們一定要邁步向前，用和平的方式維護我們**在戰爭中贏得的東西。**」

太平洋盟軍最高統帥道格拉斯・麥克阿瑟將軍，1945年9月2日

7月	8月	9月	10月	11月	12月

7月16日
「三位一體」（Trinity）——史上第一場核子武器科技測試——成功地在新墨西哥州阿拉摩哥多（Alamogordo）進行，證明在軍事上布署原子彈完全可行。

9月2日
日本在密蘇里號上正式投降。

≪ 保羅・提貝茲上校（Paul Tibbets）在他的B-29上揮手致意

11月13日
戴高樂成為法國臨時政府領導人。

12月6日
美國政府批准37.5億美金的貸款，協助復甦英國低迷不振的戰後經濟。這筆貸款最後在2006年還清。

8月6日
美軍在廣島投下原子彈，「核子時代」開始——但二次大戰也因此提早結束。

❯ 投擲在長崎的「大胖子」原子彈

9月27日
麥克阿瑟和裕仁天皇會面。他穿著軍常服現身，被認為是侮辱天皇，但美方其實暗地裡支持天皇，認為他會帶來穩定。

12月14日
美國總統杜魯門派遣喬治・馬歇爾將軍（George Marshall）前往調停國民黨和共產黨之間的內戰。

❯ 紐倫堡的納粹戰犯審判

10月9日
幣原喜重郎出任日本首相，領導立憲政府，致力追求和平的未來。

11月14日
紐倫堡大審開始，受審對象為納粹要人，包括赫曼・戈林和海軍元帥多尼茨。

12月16日
莫斯科會議（Moscow Conference）展開，美、蘇、英三國代表討論有關歐洲和遠東地區的戰後計畫，當中包括占領日本和朝鮮。

7月17日
戰勝的同盟國領袖在柏林附近召開波茨坦會議。

8月8日
蘇聯參與對日本的作戰，開始入侵滿洲，在接下來的幾天裡進攻中國和朝鮮境內的日軍。

10月15日
所謂的「治安維持法」——實際目的是壓制政治異議分子，維護古老的天皇體制——在日本正式廢止。

11月16日
日本進步黨成立，是在美國占領期間成立的眾多溫和政治團體之一。

❮ 艾德禮、杜魯門和史達林參加波茨坦會議

7月26日
工黨在選舉中大勝後，艾德禮（Attlee）取代邱吉爾擔任波茨坦會議的英國代表。

8月9日
美國發動第二次核武攻擊，這一次是對長崎。日本裕仁天皇在六天後宣布投降。

⋀ 日本正式對同盟國投降

10月24日
安理會五個常任理事國（法國、中華民國、蘇聯、美國和英國）批准《聯合國憲章》，聯合國組織正式成立。

❯ 因戰爭而成為孤兒的波蘭和俄國兒童

德國城市的毀滅

同盟國此時已經勝券在握：德國只能採取守勢，但此時並不是寬宏大量或手下留情的時候。反之，英美聯軍發動一系列毀滅性的空襲，目標是瓦解德國的軍事抵抗能力，並徹底打擊國民士氣。

德國瀕臨戰敗的景象只是讓敵人的決心變得更加堅定且毫不留情。他們不但沒有放鬆，反而還加倍進攻的力道。英軍和美軍的空襲行動不減反增——不論是在規模上、頻率上、地理涵蓋範圍上和強度上皆然。為了證明新年的決議，他們在 1 月 16 日對馬格德堡（Magdeburg）發動大規模空襲，結果造成三分之一的市區成為廢墟，還有 4000 人在緊接著出現的火風暴中喪生。這還不是全部。第二晚的空襲行動擾亂了德方的救援和救災作業，讓這座城市更加混亂——尤其是有些炸彈還安裝了延時引信。

馬格德堡稱不上是什麼主要的工業城市，但卻是重要的交通和運輸中心，在心理上也有重要性，因為它位於德國非常內陸的地方。雖然盟軍

從天而降的殺戮
美軍 B-17 飛行堡壘轟炸機在 1945 年 4 月又轟炸了德勒斯登，但此時下方的這座城市已經徹底毀滅了。

顯然意圖摧毀德國的戰時經濟和士氣——軍人的和平民的，但轟炸行動也是要讓德國人民明白繼續抵抗會付出什麼樣的代價。由於從任何機場起飛都可以飛到德國境內的任何一個角落，因此在接下來的幾個星期裡，各式盟軍飛機傾巢而出，鐵翼蔽空，沒有任何一座大城或小鎮是安全的。即使是小規模的空中攻擊帶來的驚駭程度也不成比例地放大，因為飽受驚嚇的平民會害怕此以為它們只是更大規模空襲的前奏。

較大規模的空襲沒有多久就接踵而至：超過 2000 架轟炸機在 2 月 21 日夷平了紐倫堡，兩個晚上後普弗茲海母（Pforzheim）成為下一個目標。只有 360 架英軍

轟炸機在經過長途飛行後，來到德國西南部的這個小角落，但它們製造出的火風暴卻殺死了這座城市 7 萬 9000 名居民當中的 1 萬 7000 人。3 月 3 日，美國陸軍航空軍在大白天對柏林發動空襲，結果在德國首都造成 3000 人喪生，10 萬人無家可歸。此外盟軍也轟炸多特蒙德、玉茲堡（Würzburg）、波茨坦和其他多座城市。

絕對空權優勢

盟軍飛機可以在德國的天空自由行動。德國的空防已經因為軍火、彈藥和人員嚴重短缺而大幅削弱，大部分戰鬥機——也就是那些還沒來得及被派往東線戰場力挽狂瀾的飛機——也因為缺乏燃料而無法起飛應戰。飽受轟炸的城市也許在德國的工業基礎設施體系中相對不那麼重要，但它們在德國的防禦作戰中依然有一定的地位，尤其是在東線戰場。紅軍的推進

« **前因**

從戰爭初期開始，盟軍就對德國人民和各項產業實施愈來愈強的轟炸。

齊心協力
從戰爭一開始起，戰略轟炸就是盟軍計畫的一環。盟軍在 1942 年空襲呂貝克（Lübeck）和羅斯托克（Rostock）的港口，使希特勒大發雷霆。他立即下令攻擊艾克希特（Exeter）、巴斯（Bath）、諾里治（Norwich）、約克（York）和坎特柏立（Canterbury）。根據一套知名的旅遊指南，這幾場對旅遊勝地的攻擊被稱為「貝德克空襲」。
在「轟炸機」哈里斯的領導下，英軍不斷加強努力，在 1942 年 5 月對科隆發動首場「千機大空襲」。1943 年中，漢堡市中心被轟炸產生的火風暴摧毀（參閱第 214-15 頁）。美軍的日間空襲（參閱第 216-17 頁）經常蒙受慘重損失，但之後到了 1944 年初，美軍的長程戰鬥機就嚴重削弱了德國空軍的戰鬥能力。此時的德國實際上已經毫無防禦能力了。

德軍防空瞭望哨使用的可旋轉雙筒望遠鏡

化為廢墟的德勒斯登
盟軍在 1945 年 2 月對德勒斯登的空襲，讓備受讚譽的城市美景化為一堆瓦礫。沒有倒塌的建築結構稜角分明，被燻得一片漆黑，對此時已形同死亡之城的德勒斯登來說，這骷髏般的天際線毫無違和感。

雖然看起來勢不可擋，但卻是付出可怕的人命代價才達成的。

德國空軍依然能夠發動一些有力的反擊，但通常隨之而來的卻是嚴重的損失。舉例來說，在 3 月 2 日，德國空軍戰鬥機部隊損失了 36 名飛行員，但美軍只被擊落不到十架戰鬥機與轟炸機。即使是由菁英飛行員組成的部隊，操作全新且更加先進的梅塞希密特 Me 262 噴射戰鬥機，戰果也好不到哪裡去。由於盟軍的戰鬥機數量非常多，它們可以在噴射戰鬥機駐防的機場上空待機，在它們起降的時候發動攻擊，因為它們在這個時候是最脆弱的。

德勒斯登毀滅

在這樣的時空背景下，在戰爭期間度過一大段相當平靜的日子後，德勒斯登突然發現它站到了第一線。這座位於德國東南部的城市主要是以其瓷器產業而聞名，到當時為止都幸運地逃過轟炸機群的注意力，但隨著俄軍愈來愈逼近德國的邊界，這座城市顯得重要了起來。

因此在 2 月 13-14 日，大約 1300 架英軍和美軍轟炸機分成幾波連續來襲，對德勒斯登投下燒夷彈和高爆彈，彈如雨下。對這座德國城市的居

身陷烈焰

在 2 月的轟炸中遇難的成千上萬死者讓德勒斯登又陷入另一個危機──也就是遺體的處理。如圖，死者的遺體排列在大街上，等待火葬。

民來說，這場空襲可說是禍不單行：逃過第一波英軍轟炸機投下的炸彈引發大火的居民，在易北河兩岸和公園內避難，結果就被第二波轟炸逮個正著。接著一團巨大的火風暴竄出，席捲了市中心和周圍地區，帶來的恐怖和毀滅吞沒了更大片的地方。一名深感震驚的目擊者回憶，德勒斯登「已經完全變成火海」。在這煉獄般的駭人景象底下，人們紛紛躲進地下室，希望可以安然躲過這場火風暴。但就算他們躲在這樣的藏身處，也不見得安全。幾個小時之後，巨大的爆炸震撼了建築物。一名生還者記得，當時還在裡面的人「就像布娃娃一樣」被拋來拋去。

等到美軍接著又發動兩波大規模日間空襲的時候，已經有將近 4000 公噸的炸彈落在這座城市。在德勒斯登可能有 2 萬 5000 人到 10 萬人死亡，使這場轟炸成為第二次世界大戰期間引發最多爭議的事件之一。

關鍵時刻

雅爾達會議

1945 年 2 月 4-11 日，羅斯福、史達林和邱吉爾以及他們的幕僚在克里米亞的雅爾達召開會議。跟之前的高峰會議不同的是，這場會議討論的主要內容跟盟軍為了贏得戰爭所需的戰略計畫無關，而是戰後的政治安排。

雖然三位領袖共同發表了《解放歐洲宣言》（Declaration on Liberated Europe），承諾會允許所有國家都可以舉行自由選舉，但史達林立即違背這項承諾，支持共產黨在羅馬尼亞奪權，這只是多次類似行動當中的第一次而已。雅爾達會議也接受讓蘇聯併吞大片波蘭東部領土的要求，此外還同意讓那些被視為盟軍武裝部隊逃兵的人員回到原本的國家。對許多開小差的前紅軍士兵來說，這就等於被送回去死。

「我們看到了**可怕的東西。**
被燒死的成人遺體萎縮
到跟小孩子差不多……」

羅塔爾・邁茨格（Lothar Metzger），德勒斯登，1945 年 2 月

後果

1945 年盟軍的空中攻勢使德國受到更加嚴重的創傷。平民士氣十分低落，戰時生產完全癱瘓，尤其是燃料。

德國的垂死掙扎

死硬派的納粹分子堅持，盟軍的空襲只會加強德國人民的抵抗決心。然而，當希特勒咆嘯著說絕不屈服時，人們對他的權威卻迅速失去信心，國家陷入士氣低迷的混亂之中。

秩序瓦解

黑市販子生意興隆，趁火打劫的人成天都在破壞和混亂中大肆搜刮。奴工也鼓起勇氣，設法從工廠開溜，使得工廠生產更加困難。而難民則把道路塞爆，多達數十萬人正在設法逃離挺進中的蘇軍（參閱第 298-99 頁）。就算到了這個時候，蓋世太保依然以十分殘酷的手段對待工人──甚至進行大規模處決，只是他們無法追蹤到每一個人。空襲行動讓德國徹底屈服。若想抵擋來自西方和東方的敵軍（參閱第 304-05 頁），就必須能夠進行經過協調的防禦作戰，但德國已經沒有這種能力了。

德勒斯登大轟炸

1945 年 2 月 13 日，773 架英國皇家空軍艾夫洛蘭開斯特轟炸機轟炸了德國城市德勒斯登。由於轟炸太過猛烈，產生了火風暴，侵襲整片市區，據估計死亡人數在 2 萬 5000 人到 10 萬人之間。接下來的兩天裡，美國陸軍航空軍派出超過 500 架重轟炸機，繼續空襲這座城市。即使是在當時，轟炸德勒斯登的行動也引發巨大爭議。

「防空警報在晚間 9 點 30 分左右響起。我們小孩子明白那是什麼聲音，所以馬上從床上爬起來，趕快把衣服穿好，接著馬上跑下樓，到我們當成防空洞的地下室裡。我的姊姊和我抱著還是嬰兒的雙胞胎妹妹，我的媽媽帶著一個小手提箱和瓶子，裡面裝著給寶寶的牛奶……」

「幾分鐘以後，我們聽到可怕的噪音──轟炸機來了。爆炸聲沒有停止過。火焰和濃煙灌進我們的地下室裡……雖然怕得要死，但我們還是奮力跑出地下室。媽媽和姊姊提著大籃子，我的雙胞胎妹妹就躺在裡面。我一隻手緊緊抓著大妹不放，另一隻手緊抓著媽媽的外套。」

「我們再也認不出我們住的那條街。不論我們往哪裡看，都只見到一片火海……街上到處都是燃燒的汽車和馬車，上面擠滿市民、難民和馬匹，他們全都因為害怕即將死去而嘶聲力竭地喊叫。我看見受傷的婦女、兒童、老人在瓦礫和火焰中急著找路逃出去。」

「我們逃進另一個地下室裡，裡面早就塞爆，擠滿受傷的男男女女，他們幾乎都要瘋掉，小孩子大聲尖叫、哭泣，還有的在禱告……突然之間第二波空襲開始了。這個防空洞也被擊中，所以我們就在一個又一個地下室避難……爆炸一陣接著一陣。這根本難以置信，比最黑暗的夢魘還要糟糕。很多人燒傷得非常嚴重，還受到其他傷害。呼吸變得愈來愈困難……我們驚慌失措到極點，全都想要離開這個防空洞，死人和即將死掉的人被踩在腳下……媽媽手裡原本提著蓋上溼布、裝著雙胞胎妹妹的籃子被搶走，我們被身後的人群擠上樓梯。我們看見陷入大火的街道，不斷掉落的瓦礫和可怕的火風暴……」

「我們看到可怕的東西。被燒死的成人遺體萎縮到跟小孩子差不多。手臂和腿的碎塊……全家人一起被燒死，全身著火的人來回奔跑 ……許多人都在呼喚並尋找他們的小孩和家人，到處都是火災……隨時都可以看到火風暴的炙熱強風把人們吹進他們努力想逃離的著火房屋裡。」

羅塔爾·邁茨格，德勒斯登遭到轟炸時年僅九歲

毀於烈焰
2 月 13 日，蘭開斯特轟炸機群分成兩波，對德勒斯登投下 2600 公噸的高爆彈和燃燒彈，僅僅一個晚上就徹底摧毀大約 13 平方公里的市區。

守護橋樑
1945 年，美國第九軍團的工程師在萊茵河上搭建一座橋，非裔美國武裝部隊則在附近操作一架高射砲。美國陸軍中的非裔美國人在種族隔離的單位裡服役。

《 前因

1944 年 12 月到 1945 年 3 月間，德國所處的困境日益艱難。他們的敵人如今已經威脅到納粹德國本土。

東線上的災難
1943 年夏季，德軍在庫斯克戰敗，讓希特勒主宰東線的最後希望破滅（參閱第 226-27 頁）。在發動巴格拉基昂行動後，俄軍徹底掌握戰場，不過還是繼續承受慘重的人員傷亡（參閱第 268-69 頁）。

德國哨兵穿著的麥草靴子

德國的威脅
盟軍在 1943 年入侵義大利，某種程度上算是可以符合史達林所提出的開闢第二戰場的要求（參閱第 210-11 頁）。西方盟軍已經在 1944 年投入 D 日登陸行動（參閱第 258-59 頁），馬上就要開始向東挺進。希特勒試圖透過亞耳丁內斯攻勢來重獲主動權，但在 1945 年 1 月被擊退（參閱第 282-83 頁）。

盟軍入侵第三帝國

最後結果已經不言而喻，但在徹底打敗德國之前，還有很多事情要做。當西方盟軍和蘇軍無情進逼時，被逼到牆角的敵人瘋狂地想要活下去。緊接而來的就是這場戰爭中最慘烈的一些戰鬥。

到了 1945 年，盟軍總算真的勝利在望。紅軍從東方快速逼近，德軍的抵抗土崩瓦解。到了 2 月，幾乎整個東普魯士都已經在蘇聯戰線的大後方。整體看來，整條東線上共有 600 萬蘇軍面對大約 200 萬德軍。

800 萬 在紅軍到來之前逃往德國的難民人數。到了 1945 年 2 月，已經有 5 萬人抵達柏林。

另外還有大約 19 萬軸心軍，但在維斯杜拉河和奧得河沿岸的關鍵中央地段上，德軍的數量更是屈居劣勢，火力也不如對方。納粹也非常明白，他們不必期待俄軍會手下留情。

在西方，德軍將領面前的景象幾乎沒有好到哪裡去。這裡也集結了一支令人望而生畏的雄師——150 萬美軍、40 萬英軍和 10 萬自由法軍部隊。擊退德軍在亞耳丁內斯的進攻後，艾森豪的大軍穩定朝萊茵河推進。對蘇軍來說，此時有一種令人陶醉的快感。德意志戰狼終於被困在牠的老巢裡。

一場野蠻殘忍的總清算行動開始了。但蘇軍對德軍的憤怒是可以理解的，而他們的復仇行動不但被共產黨上級容許，甚至還加以鼓勵。他們犯下令人髮指的暴行，許多難民被屠殺，成千上萬婦女被強姦。最後一直要到這些亂象威脅到部隊紀律，蘇聯的政委才出面制止。

持續屠殺
紅軍依然遭遇猛烈的抵抗。光是在東普魯士攻勢期間，蘇軍就蒙受 58 萬 4000 人傷亡。朝柏林推進的本能相當強烈，但鞏固的需求也愈來愈清楚。已經有跡象指出德軍正在波美拉尼亞

關鍵時刻

威廉・古斯特洛夫號

1945 年 1 月 30 日，威廉・古斯特洛夫號（Wilhelm Gustloff）客輪被蘇軍 S-13 潛艇發射三枚魚雷擊中，並在波羅的海沉沒，至少造成 5300 人喪生。這艘船從但澤附近的格地尼亞（Gdynia）港搭載疏散的德軍和平民，前往相對安全的德國基爾（Kiel），結果不到 45 分鐘就完全沉沒。

（Pomerania）重整旗鼓，但在此期間，儘管布達佩斯已經在 1 月時淪陷，匈牙利境內依然爆發激烈戰鬥。

被孤立與包圍

西方盟軍在 2 月越過德國邊界，並迅速朝萊茵河前進——剛開始時緩慢，但之後突然變得很快，快到讓德軍無法進行任何有效的抵抗。許多德軍已經調往東線，留在西線的則集結在

封閉包圍圈

從 1945 年 1 月起，德國武裝部隊就不斷戰敗。德軍在整條東線上都激烈抵抗，但到了 3 月，西線上的大部分德軍都已經準備要投降了。

橫渡萊茵河
在人工霧氣的掩護下，一輛 DUKW 兩棲登陸車開始橫渡萊茵河。它搭載美軍第 6 集團軍轄下第 7 軍團的部隊，準備投入進軍德國南部的行動。

魯爾一帶。盟軍隨即展開包圍，把他們困在那裡。蒙哥馬利麾下的英軍第 2 軍團擔任先鋒，從北邊進攻，在雷斯（Rees）和威瑟爾（Wesel）一帶渡過萊茵河，奧馬爾·布萊德雷的美軍第 12 集團軍則在南邊從雷馬根（Remagen）渡河。到了 4 月 3 日，德軍一整個集團軍已經被包圍在所謂的魯爾口袋（Ruhr pocket）內。

此時唯有英雄主義可以挽救德意志祖國，也就是以傳奇般的規模進行史詩級的奮戰——換句話說，就是神話與白日夢。除了誇張的幻想以外，還有什麼能解釋元首為何會相信他

在 1944 年 9 月下令組建的國民突擊隊（Volkssturm）具有戰鬥潛力？所有年齡在 16 和 60 歲之間的男性都必須加入，而且還得自己準備服裝、毛毯、背包和炊具。若是換一種情況，這也許還可以激勵人心，但到了此時，一般德國人已經看穿了他

法蘭克福前線
這張德國海報宣稱，奧得河畔法蘭克福（Frankfurt an der Oder）已經變成前線，德國人民將會如英雄般地守住這座城市。

們領導人的空頭承諾。他們準備接受戰敗，以憂鬱譏諷的態度忽視當局呼籲抵抗到底的浮誇辭令。但他們還是得上戰場——是被蓋世太保用槍指著集合起來的。因此國民突擊隊就這樣上了戰場。國民突擊隊從來就沒有適當的裝備、武器和訓練，但他們依然對某些最老練、最身經百戰的盟軍部隊採取軍事行動。國民突擊隊的士兵當中有超過 17 萬 5000 人陣亡。當局繼續發出召集令，而且隨著時間過去，還愈來愈瘋——開始召集年紀更小的男孩，最後甚至連女孩子都上場了。

圖例
— 1944年12月15日的德軍戰線
-- 1945年3月21日的德軍戰線
✿ 大規模空襲
➡ 盟軍推進
➡ 德軍反擊

⑤ **1 月 22 日** 德軍從美梅爾疏散
■ 北方集團軍（庫爾蘭）
拉脫維亞 里加
瑞典
■ 第2波羅的海方面軍
立陶宛
美梅爾
■ 第1波羅的海方面軍
⑯ **3 月 30 日** 蘇軍攻占但澤格地尼亞
■ 中央集團軍（北方）
科尼斯堡
但澤
東普魯士
■ 第3白俄羅斯方面軍
⑦ **2 月 8 日** 加軍和英軍發動十足行動（Operation Veritable）
丹麥
北海
科爾伯格
■ 維斯杜拉集團軍
漢堡
易北河
斯泰丁
波美拉尼亞
■ 第2白俄羅斯方面軍
1 月 13 日 蘇軍開始進入東普魯士
托倫
⑮ **3 月 23-24 日** 第 21 集團軍開始渡過萊茵河
荷蘭
阿姆斯特丹
奈梅亨
鹿特丹
安恆
柏林
庫斯特林
波茲南
維斯杜拉河
德國
■ 第1傘兵軍團
恩麥利希
威瑟爾
■ 加軍第1軍團
■ 英軍第2軍團
比利時
魯爾蒙
布魯塞爾
杜塞爾多夫
亞琛
科隆
波昂
■ 第15軍團
■ 第5軍團
華沙
1 月 17 日 蘇軍進占華沙
■ 第1白俄羅斯方面軍
羅茲
波蘭
⑩ **3 月 2 日** 美軍在杜塞爾多夫附近抵達萊茵河
③ **1 月 16 日** 英軍發動黑松雞行動（Operation Blackcock），肅清魯爾蒙三角地帶
■ 美軍第9軍團
■ 美軍第1軍團
■ 美軍第7軍團
盧森堡
雷馬根
科布連茲
法蘭克福
奧彭海姆
曼海姆
德勒斯登 ✿
西利西亞
布雷斯勞
1 月 12 日 1945 年 1 月 12 日 蘇軍在波蘭發動攻勢
■ 第1烏克蘭方面軍
巴拉諾
克拉考
⑭ **3 月 22 日** 巴頓第 3 軍團渡過萊茵河
⑫ **3 月 7 日** 美軍在雷馬根渡過萊茵河，到了 21 日就已建立寬達 19 公里的橋頭堡
■ A集團軍（中央）
布拉格
喀爾巴阡山
⑨ **2 月 13-14 日** 英軍和美軍轟炸德勒斯登
斯特拉斯堡
格麥斯海母
■ 第1軍團
■ 法軍第1軍團
⑰ **3 月 31 日** 法軍在格麥斯海母渡過萊茵河
⑪ **3 月 5 日** 德軍發動春醒（Spring Awakening）攻勢
維也納
■ 第4烏克蘭方面軍
■ 南方集團軍
■ 第2烏克蘭方面軍
⑧ **2 月 13 日** 蘇軍拿下布達佩斯
■ 第19軍團
科爾馬
巴塞爾
瑞士
⑥ **2 月 5 日** 盟軍肅清科爾馬（Colmar）口袋
法國
奧地利
■ E集團軍
布達佩斯
匈牙利
3 月 15 日 蘇軍發動反擊，春醒作戰停止
■ 第3烏克蘭方面軍
札格雷布
的里雅斯特
■ F集團軍
米蘭
阿爾卑斯山
義大利
熱那亞
波隆那
威尼斯
拉芬納
■ 第10軍團
貝爾格勒
南斯拉夫
■ 第14軍團
■ 美軍第5軍團
■ 英軍第8軍團
亞得里亞海

0 — 200 公里
Ⓝ

後果

可以確定德國即將戰敗——但在宣告勝利之前，還會損失更多人命。

德軍戰俘

除了可怕的傷亡外，有許多德軍官兵在戰爭的最後幾個月裡淪為戰俘。許多人在戰俘營裡待了好幾個月、甚至好幾年

30萬 德軍在「魯爾口袋」中被盟軍俘虜。

200萬 德國人在 1944-45 年蘇軍進攻期間被俘。

——有時候是關在德軍先前設立的集中營裡。至於被蘇軍俘虜的德軍，有好幾千人就這麼失蹤了（參閱第 334-35 頁）。

接受戰敗事實

儘管希特勒絕望地疾呼，敵軍的進展使德國人民相信，戰爭已經結束。他們不理會元首的瘋狂反抗，準備好面對戰敗的結果（參閱第 338-39 頁）。

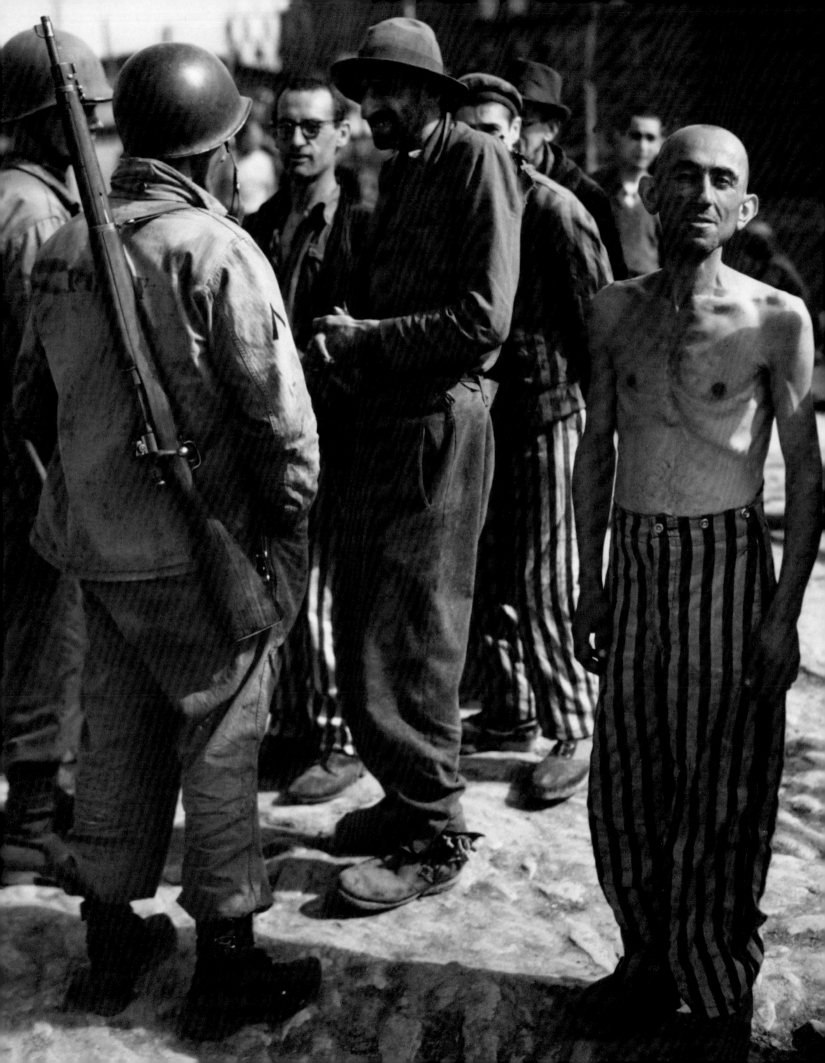

解放納粹死亡集中營

打開納粹集中營可說是第二次世界大戰中的決定性事件。那些親眼目睹當中慘況的人從此之後就變得不一樣了。但死亡之中，生活依然要繼續：德國必須被擊敗，希特勒和他的黨羽必須為他們的罪行付出代價。

1944 年 7 月，蘇軍在波蘭的邁達內克進入一處荒廢的設施，並發現希特勒「最終解決方案」的證據。他們所到之處，舉目所見都是屍體。德國人非常清楚自己的行徑有多麼卑劣：在被盟軍逼跑之前，他們就已經開始拆卸他們的毒氣室。

德國人為了隱匿他們做過的事，並防止囚犯落入盟軍手中，因此清空了在敵軍行進路線上的營區。這些囚犯的身體早已因為經年累月的虐待和

難以置信

1945 年 4 月 11 日布亨瓦爾德集中營被解放以後，美軍士兵和營中的囚犯交談。囚犯臉上的表情顯示，在經歷過人間煉獄之後，他們幾乎不敢相信最後真的得救了。

貝爾森集中營列車上的納粹鷹徽章

26-27 頁）。納粹政權的主要目標之一就是掃除全歐洲的猶太人以及其他「不受歡迎分子」，如此一來只有「優越的」亞利安民族可以延續下去。

希特勒的解答就是集中營，第一座在他上台執政沒多久就設立。早期的集中營以殘忍的手段對待囚犯，而且對納粹來說他們是生是死無關緊要。不過自 1941 年起，新建立的集中營只有一個目標，就是大規模屠殺（參閱第 176-77 頁）。

營養失調而羸弱不堪，卻被迫用雙腳展開猶如懲罰的旅程——另外還有成千上萬的人會在這種駭人聽聞的「死亡行軍」型態的暴行裡喪失性命。但到了 1945 年，德國戰爭機器也開始內爆，根本沒時間可以去有效遮掩他們的恐怖罪行。在奧許維茨，有超過

> ### 「他們的腿和手臂都像**牙籤**，連接著腫大的關節，腰上沾滿了自己的**排泄物**。」
> 紐約時報特派員佩爾西·諾斯（Percy Knauth）報導布亨瓦爾德的囚犯，1945 年 4 月。

2000 名囚犯遺留在現場，人們因此得以知曉到底發生了什麼事。而除了人以外，他們也留下幾間倉庫，裡面裝滿衣物、地毯、眼鏡、義肢等等，全都以各自的方式透露了這樁無法理解的罪行。

地獄景象

1945 年 4 月，美軍第 3 軍團士兵來到奧爾德魯夫（Ohrdruf），是布亨瓦爾德集中營的其中一座營區所在地。自從布亨瓦爾德在 1937 年開始運作以後，已經有超過 25 萬人在此地喪命——不只猶太人，還有羅姆人、共產黨員、男同性戀、身心障礙者和「反社會者」等等。大約有 2 萬名瘦骨如柴的囚犯仍留在現場。一名現場目擊者寫道：「他們看起來跟鬼沒兩樣」。在接下來的日子裡，有更多死亡集中營被解放，全都訴說著同樣的恐怖故事。

英軍第 11 裝甲師在卑爾根－貝

2,189 在奧許維茨獲救的人數。

836,255 在那裡發現的女用外套數量。

6 公噸的人類頭髮被人發現存放在倉庫裡。

爾森集中營發現 6 萬名瘦骨嶙峋的囚犯，他們被塞在依照設計只能容納不超過 2000 人的營地裡。根本沒有任何人提供足夠的食物給這些囚犯，因此他們全都因為飢餓而消瘦乾癟——有些人甚至為了要活下去而吃人肉。此外，也沒有任何衛生設施可言，囚犯都是直接在居住的小屋地板上便溺。在這樣的情況下，斑疹傷寒在營區內相當盛行，傳播迅速。一名英軍軍官寫道，貝爾森的囚犯幾乎都是「面孔憔悴發黃的行屍走肉」。許多人都在死亡邊緣，在接下來幾個星期裡，每天都要死 500 個人。這名軍官回憶：「鐵路兩側有成堆的男屍和女屍，其他人則漫無目標地緩慢遊走——他們飢腸轆轆的臉上毫無表情。」

可怕的差事

在卑爾根－貝爾森集中營，女性守衛把死者遺體堆放在萬人塚裡。被解放的集中營環境衛生極度惡劣，斑疹傷寒十分盛行，成千上萬「生還者」因此死去。

懲罰罪人

一直要到很久以後，這場「浩劫」才被聚焦成一個單一的歷史事件，也就是「大屠殺」（Holocaust）。但事實已經很明顯：有人大規模犯下了禽獸不如的罪行。它們將在紐倫堡大審中針對重要納粹分子的案件裡發揮重要作用（參閱第 338-39 頁）。許多集中營和滅絕

1945 年被處決之前的貝爾森集中營指揮官約瑟夫·克拉默（Josef Kramer，左）

營的守衛和指揮官都受到審判，並且被判有罪。但有很多重要的納粹黨人還是逃過了正義的制裁，有些人是逃往同情他們的國家，例如阿根廷，有些人則純粹是因為同盟國沒有拼盡全力去追緝。

新國家

最後，大屠殺產生無遠弗屆的影響，為猶太復國計畫帶來生氣勃勃且充滿幹勁的動能。自 19 世紀末起，猶太復國主義分子就已經大聲疾呼在巴勒斯坦建立屬於猶太人的國家，而英國當局透過 1917 年的《貝爾福宣言》，已經在某種程度上實現了這個願望。現在這個區域的變化已經擋不住了：以色列國在 1948 年宣布成立（參閱第 344-45 頁）。

發現貝爾森

1945 年 4 月 15 日，英軍第 11 裝甲師進入卑爾根－貝爾森集中營。他們不知道會發生什麼事，結果見到了令人毛骨悚然的景象——沒有掩埋的屍體、亂葬崗，還有將近 4 萬名「活骷髏」，也就是瘦到不成人形、幾乎快要餓死的男性、女性和兒童。集中營生還者之間爆發斑疹傷寒疫情，也沒有任何衛生措施。

「……在圍欄後面的是一陣陣被風得飛揚的塵土……隨著塵土一起飄來的，則是一股氣味，濃厚到讓人想吐，這是死亡和腐爛的味道……我穿過圍欄，發現我來到噩夢的世界裡。死屍……沿著道路和車輪痕跡的地方到處都是。道路兩旁是棕色的木造小屋，從窗戶可以望見裡面的人臉，是餓肚子的女人瘦骨嶙峋的臉。她們根本沒有力氣走到外面來……」

「過去五年裡，我已經看過很多可怕的景象，但沒有一個，絕對沒有一個比得上貝爾森這座小屋屋內的景象……死了和快要死掉的人擁擠地躺在一起，我在一具又一具的屍體之間想辦法往前走……直到我聽見一個不同於和緩起伏呻吟聲的聲音。我發現一個女孩，她就是個活骷髏，根本看不出來她幾歲，因為她的頭上根本沒有頭髮，她的臉就跟發黃的羊皮紙沒兩樣，眼睛看起來就像是兩個洞……在她身後……快要死掉的人不斷地抽搐，他們太過虛弱，沒辦法從地板上爬起來……」

「在一些樹的樹蔭底下，躺了非常多具屍體……也許有 150 具，被扔在地上，彼此疊在一起，全都沒有衣物，他們發黃的皮膚全都薄到就像骨頭上的橡皮一樣，閃閃發光。這些飢死的可憐人看起來一點都不真實，根本不成人形……」

「……一名焦慮到幾乎發瘋的女性整個人撲在一名英軍身上……她乞求士兵拿一點牛奶給她懷裡的小寶寶……她把寶寶塞進士兵的臂彎裡，然後哭著跑開……當士兵掀開那堆包著寶寶的破布時，才發現寶寶早已死了好幾天了……」

「……婦女全身上下一絲不掛，站在車轍旁邊，從英國陸軍的灑水車接了幾杯水，就開始洗澡，其他人則蹲在地上抓身上的蝨子……得了痢疾的人瞪大眼睛，無助地斜靠在小屋牆上，四周都是一群又一群有如行屍走肉的人到處遊蕩，太可怕了，既沒有人照料，也沒有人看著……」

英國國家廣播公司記者理察·丁布爾比（Richard Dimbleby），1945年4月17日在貝爾森的特別報導。一個經過大量編輯的版本在1945年4月19日播出。

震撼的影像
為了防止斑疹傷寒在貝爾森的生還者之間散播，英軍被迫把屍體集中埋在一起。類似這樣的影像傳遍世界各地，成了發生在集中營內的事情的鐵證。

歐洲的最後攻勢

前因

俄軍暫停朝柏林的輕率推進行動，西方盟軍也必須花點時間來確保側翼有掩護。

蘇軍前進

到了 3 月，維斯杜拉河－奧得河攻勢證明格外成功，使紅軍推進到能夠對柏林發起攻擊的距離內（參閱第 298-99 頁）。有些人主張繼續推進並攻占德國首都，不過史達林卻指示麾下部隊在前進路線的左右兩翼採取措施，肅清波美拉尼亞的德軍。

奧地利陷落

在更東南邊的地方，俄軍和美軍也都朝維也納聚集。最後這座城市在 3 月底時落入蘇軍手裡，震撼了整個第三帝國。自從 1938 年大受歡迎的「兼併」（參閱第 42-43 頁）以來，奧地利已經是德國的一部分。

德國國會宣布兼併通過

在易北河會師

1945 年 4 月 25 日，美軍第 1 軍團官兵和俄軍在易北河畔的托爾高會師。同盟國之間馬上會開始互相猜忌，但是至少在這一刻，在多年的奮戰後，他們有共同的信念和喜樂。

德軍就像被逼到角落的發狂野獸般戰鬥。驅使他們做出英雄般抵抗的，如果不是對納粹主義的狂熱或愛國情操，那麼就是絕望。但對入侵的盟軍來說，即使勝券在握，事情也沒有比較輕鬆。他們每一寸領土幾乎都要經過一番奮戰才能拿下。

渡過萊茵河後，西方盟軍已經準備好朝柏林進軍。蒙哥馬利元帥下令立即朝德國首都衝刺，不過盟軍最高統帥艾森豪卻有疑慮，因為此時流言四起，言之鑿鑿地表示納粹領導階層計畫退往巴伐利亞山區，因此德軍會從「阿爾卑斯堡壘」（Alpine Fortress）發動後衛作戰。根據艾森豪的命令，第 7 軍團向南出擊，穿越黑森林（Black Forest）進入巴伐利亞，布萊德雷指揮第 1 和第 3 軍團互相配合，在魯爾區以南突擊德國中部，而巴頓的第 3 軍團則向東朝捷克斯洛伐克開拔。

怨懟之感

同盟國之間有一種互相競爭的心態——更不用說指揮官之間互不信任，即使在戰況最危急的時候，因自負而發生的衝突依然持續。艾森豪根本不想滿足蒙哥馬利追求榮耀的渴望。他反而指示蒙哥馬利率麾下加拿大和英軍部隊橫越德國北部，保護美軍的側翼——從而打消俄軍進入丹麥的念

朝布蘭登堡門前進

「在柏林舉起勝利的紅旗！」維克多·伊凡諾夫（Viktor Ivanov）催生了這張宣傳海報。到了 1945 年 5 月初，他的同胞總算做到了。

頭，因為如果要說西方盟國之間有什麼猜疑的話，對蘇聯的戒慎恐懼是從來不曾完全消失。隨著戰爭此時幾乎篤定勝利，這種不信任感又重新席捲而來。

衝向柏林的競賽

俄軍已經花了幾個星期鞏固他們在東線上的地位。到了 4 月初，他們已經準備好重新發動對柏林的攻擊。步兵、戰車和火砲全都沿著柏林以東的一條弧線上集結，到了 4 月 14 日時，已經有 140 萬人和成千上萬的重武器就定位。第 1 白俄羅斯方面軍司令朱可夫元帥在 4 月 16 日從奧得河岸發動突

擊，但儘管他的部隊戰力有壓倒性優勢，作戰進度相當緩慢，過程十分痛苦－傷亡也高得嚇人。伊凡·柯涅夫（Ivan Konev）指揮的第 1 烏克蘭方面軍進度比較佳，他們渡過奈塞河（River Neisse），從南邊開始朝北和朝西深入，逼近德國首都。在史達林的挑撥下，俄軍將領之間的敵對競爭就跟他們的西方同僚一樣激烈：朱可夫和柯涅夫都不顧一切地想拿下柏林。

這種心態可能對他們安排攻擊的方式造成衝擊。雖然朱可夫小心翼翼地行動，但柯涅夫的推進實際上是在衝鋒。在剛開始的幾天裡突破激烈抵抗後，通往柏林之路已經在他面前展開。他的裝甲部隊在 4 月 19 和 20 日一天推進 48 公里，毫無占領所經之處的打算。匆忙之中，柯涅夫的部隊不得不停下來，因為他們和瓦西里·崔可夫中將（Vasily Chuikov）的戰車混在了一起，崔可夫曾是史達林格勒的保衛者，現任第 8 近衛軍團司令，奉朱可夫之命往南進入柏林郊區。

最後一搏

如果說俄軍的戰術十分古怪，但跟德國陸軍此時所展現出的徹底失序狀況相比，根本小巫見大巫。亨禮齊將軍連忙下令從奧得河迅速撤退，才拯救了集團軍。但即使如此，布瑟（Busse）和他的第 9 軍團已經在柏林市南方的森林裡被包圍，溫克（Wenck）的第 12 軍團早已經退到柏林以外的地方。

44 型突擊步槍

在二次大戰初期，士兵的主要個人武器就是步槍或衝鋒槍。步槍的射擊精度高，子彈威力大，射程又遠，但射速很低。衝鋒槍的射速較高，但準確度較低，射程又短。44 型突擊步槍（Sturmgewehr, StG）是全新的設計，結合兩者的優點，成為全新的「突擊用步槍」。它在全自動模式時，射擊速度可達每分鐘 600 發，若是在半自動模式下射擊，其 7.92 公釐口徑子彈的有效射程則可達 300 公尺。如此優異的性能表現幾乎可以在所有戰鬥狀況下發揮，特別是 1945 年的任何巷戰場合。之後的突擊步槍，像是卡拉希尼可夫（Kalashnikov）的 AK47，就是以 StG 44 為藍本開發而來。

戰火中的國會大廈
德國國會大廈的攻防戰可說是格外慘烈。等到俄軍總算在 4 月 30 日攻下時，總數 300 名的守軍當中已經有 200 人陣亡。

希特勒仍然寄望在敗亡前的最後一刻，會有英雄願意挺身而出，拯救德國。他環顧麾下將領，但他們早已無能為力，無法採取任何行動。

但這並不是說戰鬥已經結束了。納粹指揮高層早已無關緊要，但個別單位依然在為求生存而拚死作戰。由於已經無路可退，德軍退進柏林市區裡，在逼近的敵軍面前死守一塊又一塊的街區，小批部隊則藏匿在市區裡的公共建築以及重要據點附近。4 月

30 日，紅旗終於在德國國會大廈的頂樓升起。但一直要到 5 月 2 日，崔可夫才收到這座城市的正式投降。

10 估計有 36 萬蘇軍和波蘭盟軍在德國陣亡，其中死於柏林戰役的約占 10%。損失如此慘重的原因是他們急著搶在西方盟國之前攻克柏林。

目前……還是朋友
一個星期之前，也就是 4 月 25 日，有兩群人相遇，值得好好記上一筆，那就是美軍和蘇軍部隊在易北河畔的托爾高會師。這場相遇實際上根本沒有什麼軍事重要性，也許相較於在附近展開的波瀾壯闊的史詩故事，它只不過是個插曲而已。不過雙方的宣傳人員都立即把握這個機會做出總結，也就是這場會師展現了資本主義西方和共產主義東方的合作精神和同志情誼，擊敗了邪惡的納粹主義，並拯救了歐洲。

擊敗納粹德國
到了戰爭結束前的最後幾週裡，紅軍控制了中歐和東歐地帶。德軍依然勇猛地頑強抵抗，阻擋紅軍挺進，同時也不斷尋找可以向英美盟軍投降的機會。

圖例
— 4月1日的德軍戰線
- - 4月19日的德軍戰線
— 5月7日的西方盟軍戰線
— 5月7日的蘇軍戰線
➡ 盟軍推進
— 1939年9月的邊界

後果

在獲勝的那一刻，同盟國領袖就開始為可能爆發的衝突預作準備。

給勝者的戰利品
同盟國領導人在雅爾達已經同意要劃分各自的勢力範圍，但他們在戰場上的將領卻有獨一無二的機會，能夠重新定義歐洲的新疆界，並且盡全力占領愈多領土愈好。蘇聯技術人員像龍捲風一般橫掃德國東部各地，拆卸工廠設備、洗劫各種實驗室——並且綁架科學家，拿走每一樣可以讓他們在技術或工業領域占優勢的東西。

短命的和平
在易北河會師後的幾個星期裡，美國人和俄國人就化友為敵。史達林會在歐洲各地放下「鐵幕」（參閱第 340-41 頁），而東方和西方也會困在「冷戰」（參閱第 348-49 頁）的格局裡長達 40 年。

墨索里尼和希特勒讓他們的國家改頭換面，以人民對他們領導的崇拜為中心建立政治體系。

法西斯主義和納粹主義
這兩種意識形態都宣稱帶來秩序、國家復興和新的使命感，但法西斯主義從破壞的欲望中汲取了更深層的能量，納粹

65% 的義大利選民在1924年的義大利大選中投給墨索里尼的法西斯黨。

43% 的德國選民在1933年3月的德國大選中投給希特勒。

主義則是一種死亡哲學。墨索里尼令人留下深刻印象的選舉支持度，是奠基於暴力和恫嚇（參閱第20-21頁）。希特勒的政黨則誓言要進行種族清洗以及「淨化戰爭」（參閱第26-27頁）。這兩位獨裁者對於自己的承諾還真的是說到做到。他們把自己的國家、歐洲和世界其他更多地方捲入了一場長達五年的惡夢——直到此時才接近結束。

獨裁者之死

在戰爭的最後幾天裡，大獨裁者們終於惡有惡報。墨索里尼被義大利游擊隊抓到，立即就地正法；希特勒則選擇自殺，雖然讓他的敵人失去一個寶貴的戰利品，但他最後還是被迫面對自己一敗塗地的事實。

雖然已經接連幾個月都是壞消息，而且每天不斷惡化，但希特勒依然相信最後會獲得勝利。困獸之鬥的德國會找到新的儲備資源和勇氣，新的英雄會在最後關頭出手相救。當西方盟軍如潮水般湧過萊茵河時，他心裡卻安慰自己，一旦他的部隊解決東線上的困難，馬上就會回過頭來，給他們一頓痛擊。甚至到了蘇軍已經在柏林街頭大開殺戒的時候，他都還想是否有發動反攻的希望。

在此期間，希特勒的權位依然穩如泰山。他和最親近的心腹藏匿在帝國總理府的地下碉堡裡，也就是德國

這個國家的核心。在最後的日子裡，砲彈在他們的頭頂上不斷重擊，周邊街道充斥輕兵器的射擊聲，地下碉堡裡卻瀰漫著不尋常的平靜。但這樣的平靜不時被某個人變節或背叛的消息打破——其中最值得一提的是他信任的黨衛軍領導人海因里希·希姆萊，他已經祕密尋求和盟國談判。

交換誓言

但在大多數狀況下，希特勒都相當平靜。4月28日晚間11點30分左右，他和祕書特勞德·榮格（Traudl

希特勒的碉堡
兩名俄軍士兵在柏林帝國總理府的花園裡看著四周景象，這裡就是希特勒自殺後被毀屍滅跡的地方。汽油桶曾經裝著用來焚毀元首遺體的汽油。

1943 年 7 月 24 日，他已經經歷了被義大利國王維克多·伊曼紐罷黜的屈辱——多年來國王都只是這位獨裁者的可悲傀儡而已。墨索里尼被逮捕後，又被德國人救出，只能安於某種形式的事業第二春，擔任納粹主導的「義大利社會共和國」虛位領導人。

此時，由於義大利境內的軸心軍不斷後撤，墨索里尼試圖逃往安全的瑞士。他希望能從那裡飛往西班牙，接受他的老友兼盟友佛朗哥將軍的親切歡迎。不過 4 月 27 日時，他在科莫湖（Lake Como）附近被游擊隊抓獲，並被帶到梅澤格拉。他的情婦克拉拉·貝塔奇同樣也被抓到，也被送

20% 的納粹大區長官（Gauleiter）在 1945 年自殺。之後有 10% 的陸軍將領、14% 的空軍將領和將近 20% 的海軍將領仿效。

到當地和他關押在一起。4 月 28 日，他們遭到處決，兩人的屍體在第二

可恥的結局
在米蘭的一間加油站裡，墨索里尼和他的情婦克拉拉·貝塔奇以及其他幾位義大利法西斯黨領導人的屍體被用肉叉從腳倒吊起來，掛在遮陽棚下示眾。

Junge）一起坐下來，並開始口述他的遺言——還有一份非凡的「政治遺囑」。希特勒堅持，他是為了高貴的動機而犧牲。他一向主張和平，曾經帶領他的國家保護自己，而災難的根源就是猶太人。接著，在 4 月 29 日剛過午夜不久，希特勒和他的情婦伊娃·布勞恩在一位民政官員面前互許終生。

「要無情對抗世界各國人民的毒藥，也就是國際猶太人。」
希特勒的「政治遺囑」，1945 年 4 月 29 日

這個時候在義大利，墨索里尼的處境也沒好到哪裡去。在幾個月之前，領袖的權威已經瓦解，蕩然無存。

天和其他法西斯領導人的屍體一起被倒吊在米蘭街頭示眾。雖然墨索里尼死去的消息確實有傳到柏林，但人們並不清楚希特勒是否得知細節。但他相當明白，自己若是落入敵人手中會面臨怎樣的下場。4 月 30 日凌晨，希特勒終於承認他的理想已經幻滅。除了死亡之外，他現在更害怕的是公開羞辱和貶抑。

因此，希特勒要他的奴才們承諾，在他死後替他毀屍滅跡。然後這位納粹領導人就開始準備自殺。

當希特勒的侍從官在幾分鐘後去希特勒的房間查看時，他和妻子都已經死了。希特勒舉槍自盡，伊娃則是服毒

多尼茨掌權
元首死後，海軍元帥多尼茨統領了一個短命的德國政府。

自殺。宣傳部長約瑟夫·戈培爾和他的妻子瑪格達（Magda）也和已故的領導人一起待在地下碉堡內，他們在自殺之前已經先透過注射嗎啡殺死了他們的六個孩子。這是深愛孩子的母親此時所能做的，瑪格達寫道：「沒有元首和國家社會主義之後的世界不值得我們活下去，因此我必須把我的孩子們帶走。他們太寶貝了，沒

神鷹殞落
這個經過戰火洗禮的納粹標誌是在帝國總理府的斷垣殘壁中發現的。

辦法承受接下來會發生的事。」

此時，在逃命之前，希特勒的侍從官已經把元首和他的妻子的屍體抬到外面，並澆上汽油引火焚燒。這是非常粗糙的火化方式，但也非常有效：之後俄軍發現燒成焦炭的遺骸並驗屍時，他們根本無法辨識，只能憑著元首的牙醫記錄指認。

再無希望

儘管元首已死，但納粹德國至少在理論上還在繼續奮戰。依照希特勒的遺志，海軍元帥卡爾·多尼茨在 5 月 1 日出任德國總統。多尼茨對祖國的忠誠無庸置疑，由他領導的海軍即使失敗，也不像在戰爭末期的德國陸軍和空軍那樣明顯與慘烈。

事實上，多尼茨認為自己的角色是主持納粹的投降，並努力求得對一個顯然輸掉戰爭的國家來說最有利的條件。德軍在東線依然激烈

後果 ＞

納粹戰敗的興奮夾雜了一點點悲傷和憤怒——以及對太平洋戰場的憂心。

東方戰火依舊
如果說德國充滿絕望，那麼在歐洲其他地方和美國就充滿歡慶喜悅。但同一時間，所有人都很明白，對日本的戰爭還沒獲勝。沖繩島在經歷某些這場戰爭中最瘋狂的血戰之後，一直要到 6 月才失守（參閱第 312-13 頁），而且只有這樣之後才能緊緊掐死日本（參閱第 314-15 頁）。

未竟之功
此外，在德國戰敗的陶醉感中，還有一股令人不安的殘缺感——覺得正義並沒有徹底執行。入侵西歐、進攻英國、東線上的更多焦土戰役以及滅絕營等等，納粹這麼多明目張膽的暴行迫切需要嚴懲。戰勝國的重大優先事項之一就是建立一個可以執行正義的國際法庭（參閱第 338-39 頁）。

抵抗，但此時絕大部分德軍的目標都不再是打敗侵略者，而是找出可以突圍並前往西邊的路。他們的最後希望是，與其落在他們知道絕對不會饒過他們的俄軍手中，還不如試著向美軍或英軍投降。

在義大利和德國西部的德軍於 5 月的頭幾天裡陸續投降。5 月 7 日，多尼茨的代表在漢斯的艾森豪將軍總部簽署對盟軍無條件全面投降的降書。同樣的儀式次日在柏林朱可夫元帥的總部內再度上演，同盟國當局宣布「歐洲勝利」，所有同盟國都舉辦熱烈的慶祝活動。

快樂的人群
歐洲勝利日歡騰的慶祝活動在倫敦的皮卡迪利圓環（Piccadilly Circus）舉辦，這樣的慶祝場景在全英國大城小鎮、同盟國和美國各地反覆重現。不過在此時的柏林，氣氛就有如天壤之別了。

歐洲勝利日

1945 年 5 月 7 日，德國在美軍位於法國漢斯的前進總部裡向同盟國無條件投降，歐洲的戰爭正式結束。第二天就成了歐洲勝利日，巴黎、倫敦和歐洲各地都舉辦盛大的慶祝勝利活動。

「這就對了……這一次是歐洲勝利日……航空軍的飛機真的飛到市區上空，C-47 運輸機、戰鬥機甚至是空中堡壘以及其他轟炸機都來回飛行，整個城市都可以聽見它們嗡嗡作響。我們全都衝上陽台－那天天氣非常溫暖，法國人都會把窗戶全部打開。每個人都承認感覺有點沒辦法集中注意力……我昨天上午才知道……因為我們看到了來自同盟國遠征軍最高司令部（Supreme Headquarters Allied Expeditionary Force, SHAEF）的無線電訊息……不過這是保密的，我們就一邊走一邊咧嘴大笑，就像剛吞掉金絲雀的貓一樣……當我們搭地鐵在凱旋門下車的時候，就相信這個消息千真萬確了。人群湧向星芒廣場，在香榭麗舍大道上興奮地促擁著，當飛機投下照明彈時，他們也射煙火回應。我當時真的是興奮極了，我說我到 12 點一定還進不來……街上到處都有慶祝活動，在凱旋門頂樓的角落有人在唱歌，一直有人在放煙火……事實上，他們徹夜未眠，慶祝了一整晚，到了凌晨 3 點，多蘿西（Dorothy）在值守衛班，她說外面還是很吵，大約清晨 5 點我醒來之後，還是可以聽到街上有歡樂的聲音……」

駐防巴黎的第29交通管制組（Traffic Regulations Group）美軍貝提·奧爾森（Betty M. Olson）

「……美軍水兵和笑開懷的女孩在皮卡迪利的大街上排成長長的隊伍，跳起康加舞，當地倫敦市民也在蘭貝斯步行街（Lambeth Walk）上挽起了手臂。那天的白天和晚上沒有安排什麼行程，也沒有說要去哪裡玩。每群跳舞的人都各跳各的，唱著自己的歌，隨性地在街上走著……士兵爬道路燈上揮舞手臂，歡笑的人群把布告欄撕個稀爛……在每一條街上都可以看到年輕士兵和女人勾著手臂，他們成群結隊唱著歌，就算有少數幾輛車衝出來，大家都還是很開心……」

英國作家莫莉·潘特－唐斯（Mollie Panter-Downes）描述倫敦的歐洲勝利日景象－刊登在《紐約客》雜誌（New Yorker）上

慶祝勝利
1945 年 5 月 8 日，巴黎市民和盟軍士兵一起在巴黎的香榭麗舍大道上並肩遊行，慶祝歐洲勝利日。活動持續了整晚。

硫磺島戰役

1945 年 2 月和 3 月，硫磺島——位於東京東南方約 1220 公里的一座日本火山小島——成為地球上爭奪最激烈的地點。美國海軍陸戰隊要想方設法，要把堅決死守的日軍從他們深入這座島地底下開鑿出來的坑道和碉堡防禦網路中轟出來。

前因

硫磺島是太平洋上一座小小的荒島，面積只有 21 平方公里，受日本管轄到 1945 年 2 月。

次要目標

美軍在 1944 年夏天征服馬里亞納群島（參閱第 238-39 頁）後，沖繩就是下一個主要目標。硫磺島只是奪取沖繩島作戰的序曲。

日軍準備

美軍指揮高層嚴重低估了攻占硫磺島的困難度，認為戰鬥只會持續四天。但從 1944 年夏季起，日軍就已經開始把硫磺

23,000 據估計日本陸海軍部隊在硫磺島戰役中作戰陣亡或自殺的人數。島上所有平民都已疏散。

島改造成一座防衛據點，打算對美軍造成最慘重傷亡，並拖延他們攻向日本本土的進度。

1945 年 2 月 19 日上午 8 點 59 分，美國海軍陸戰隊的登陸艇開始在硫磺島的黑色火山砂上卸下人員。他們在海灘上散開後，卻發現敵人沒有任何抵抗，相當怪異。

海軍陸戰隊第 4 和第 5 師的官兵也許很想相信攻擊前的準備轟炸——長達兩個月的空襲，還有美國海軍軍艦連續三天的密集砲轟，以及當天凌晨 2 點起的額外岸轟行動——已經成功摧毀日軍防務，但是實情根本不是如此。日軍工兵已經在這座島的火山地形中挖了地道，形成綿密的地下網路，守軍可以在這裡安全地躲避砲擊和轟炸。栗林忠道中將已經決定要把

部隊和火砲藏在長時間精心布置的防禦陣地裡，等待最佳時刻再開火。

美國海軍陸戰隊試圖盡快離開海灘，但馬上就遇到麻煩。由哈利·許密特將軍（Harry Schmidt）指揮的突擊部隊有各式各樣功能齊備的兩棲車輛支援，但它們當中有許多都陷在海岸線上的火山灰中動彈不得。過了幾個小時後，海灘上就擠滿了人、車輛和裝備。當日軍砲兵、迫擊砲和機槍終於開火時，簡直是一場大屠殺。海軍陸戰隊員毫不懷疑地朝相當隱蔽的機槍陣地挺進，結果全都被打倒在地。灘頭旋即陷入一團混亂，到處都是燃燒的車輛和裝備，步兵只能在深

登陸灘頭

在作戰開始的第一天，美國海軍陸戰隊第 5 師士兵從硫磺島的海岸開始朝內陸緩慢爬行推進。在接近水際的地方，地形是有掩護的狹長空間，但接下來就沒有任何掩蔽了。

美軍火箭發射車作戰
3 月 23 日，美軍在硫磺島北端附近出動安裝在卡車上的火箭發射器，痛擊日軍在血腥谷（Bloody Gorge）的最後陣地。這是日軍最後一座被拿下的陣地。

度不足的散兵坑裡掩蔽。

登陸之後

然而儘管傷亡慘重——當天大約有 2500 人陣亡或負傷，但還是有 3 萬名海軍陸戰隊員在 2 月 19 日登上硫磺島。到了傍晚，他們已經打通一條路，穿過島上直抵西海岸。他們的下一個主要目標是島上最高的火山摺缽山（Mount Suribachi），日軍砲兵——布署在由厚重鋼板門保護的陣地裡——可從那裡由上而下轟擊美軍。

停泊在硫磺島海岸外的美軍艦隊也遭遇神風特攻隊的攻擊，他們在 2 月 21 日擊沉護航航空母艦俾斯麥海號

「……在硫磺島上，人人都有的美德就是超乎常人的勇氣。」

美國海軍五星上將尼米茲在硫磺島戰役後的評論

（USS Bismarck Sea），並破壞其他船艦，造成超過 500 人傷亡。美軍在 2 月 23 日攻占摺缽山，但雙方依然在島嶼北部爆發激戰。

繼續抵抗

海軍陸戰隊第 3 師此時加入戰局，讓投入戰場的陸戰隊兵力達到 7 萬人，但寡不敵眾的日軍卻又多奮戰了一個月，沒人指望會從戰場上生還。戰鬥以步兵白刃戰為主，非常艱辛。海軍陸戰隊必須以突擊方式拿下日軍每一座據點，穿過荒涼光禿的地形，沒有任何掩護。日軍鑿出的坑道網路讓他們常常可以重新占領海軍陸戰隊付出高昂代價才肅清的陣地，並在海軍陸戰隊推進的過程中反覆出現在兩翼和後方。日軍防禦陣地深入岩層，因此一名美軍軍官指出：「日軍不是在硫磺島上，而是在硫磺島裡」。

肅清地下陣地的關鍵武器是火焰

修正日軍位置

即使在標定日軍陣地之後，在毫無地形特徵的地方要把陣地位置夠精確地辨認出來，以便美軍砲兵可以準確地瞄準，並不總是一件簡單的事。

美軍 M2
這是美國海軍陸戰隊使用的人員背負式火焰噴射器。它的射程有 40 公尺，但比較笨重，有 31 公斤。

噴射器和手榴彈。但日軍最害怕的武器是「芝寶」（Zippo）戰車—也就是八輛經過改裝的雪曼戰車，可以發射燃燒液體噴流到 150 公尺遠的地方。

栗林忠道下令部屬要避免進行日軍在之前的作戰中運用的慘烈「萬歲衝鋒」自殺式攻擊。但隨著日本守軍被壓縮到愈來愈小的區域內，他們就會慢慢放棄堅守要塞化陣地的戰術，改為在夜間出沒，對敵軍發動鋌而走險的攻擊。最後一場這樣的攻擊發生在 3 月 25 到 26 日的夜間。日軍對一座美軍據守的機場發動攻擊，很可能是由栗林忠道親自率領。在經過這場失敗攻擊後，美軍指揮高層宣布占領硫磺島。

在硫磺島攻防戰期間，根據記錄只有 216 名日軍投降——絕大多數都

美國海軍陸戰隊在硫磺島上蒙受 2 萬 3573 人傷亡——當中有 5885 人陣亡。美國海軍的損失是 881 人陣亡和 2000 人受傷。

日軍生還者
戰鬥結束後，一些日軍士兵在坑道和洞穴中活了下來，並在夜間外出，蒐集食物維生。最後的兩個人在 1949 年放棄。美軍管制硫磺島直到 1968 年。

島上機場
進攻硫磺島的原因，有一部分是因為需要讓長航程的 P-51 野馬式戰鬥機可以從島上起飛，以便為在白天轟炸日本的 B-29

1945 年 7 月 9 日，美軍航空母艦艦載機前往轟炸東京地區。

轟炸機護航。不過當美國陸軍航空軍開始採取低空夜間轟炸（參閱第 314-15 頁）策略，並且沒有受到日軍強力抵抗後，此舉就變得不需要了。之後硫磺島的機場成為美軍轟炸機的緊急降落跑道。

是受了重傷的人，只能被俘虜。其他人則都英勇地戰鬥到死、自殺或是就這麼藏起來。至於在硫磺島上戰鬥的美國海軍陸戰隊，每三人當中就有一人戰死或受傷，而曾經參與過這場血戰的士兵當中，共有 27 人榮獲美軍最高級軍事勳獎榮譽勳章。

關鍵時刻

摺缽山上的勝利

美國海軍陸戰隊在 1945 年 2 月 23 日攻占日軍關鍵據點摺缽山。第一面在山頂豎起的美國星條旗因為太小，島上的其他部隊看不見，因此在當天稍晚的時候被換掉。豎起第二面星條旗的過程中，新聞攝影師喬·羅森索（Joe Rosenthal）拍下了照片，這張照片旋即成為太平洋戰爭中的經典影像——之後更被用來做為華盛頓特區的美國海軍陸戰隊戰爭紀念碑的模型。在豎起星條旗的六個人中，有三個人在硫磺島陣亡，其餘的人奉調返國，負責出席公共場合，以便為進行戰爭而募集資金。

沖繩島

美軍指揮高層決定攻占沖繩島，以作為盟軍入侵日本的前進基地，結果成為某些人所說的「最殘忍戰役」，或是對日軍來說所謂的「鋼鐵風暴」。沖繩島爭奪戰的戰鬥激烈程度超乎想像，即使是對太平洋戰爭身經百戰的老兵來說也是如此。

零式戰鬥機的機動力超群，讓敵軍戰鬥機在空中纏鬥中吃盡苦頭。但到了1943-45年，它再也沒辦法打得過速度更快、更加堅固且數量多出許多的盟軍飛機。

無線電天線

零式戰鬥機擁有封閉式座艙罩，跟之前日本海軍的戰鬥機不一樣。完整的無線電設備不只可以用來通訊，也可發揮長距離定向的功用。

T-7178 鋁合金機身

副翼

低機翼負載讓零式戰鬥機的失速速度可以低於60節，因此轉彎半徑非常小，所以它的機動力至少在戰爭的前半期裡贏過所有盟軍戰機。

> 「我將會**葬身**在沖繩的大海……
> 我不後悔、也不害怕……」
>
> 神風特攻隊飛行員山口輝夫少尉寫給父親的家書，1945年3月

«

前因

太平洋的戰爭變得對盟軍有利——但過程慢得令人痛苦，代價也極其可怕。日軍打死不退，所以他們只能寸土必爭。

盟軍戰俘使用的餐盒和湯匙

自殺攻擊
對盟軍來說，勝利似乎在望——唯一的問題在於他們是否能夠付出苦戰所會帶來的可怕代價。日軍準備好不擇一切手段贏得戰爭，可以從他們在1944年末菲律賓的爭奪戰期間開始採用神風自殺戰術得到證明。

沖　繩島是琉球群島的最大島，距離構成日本本土的島嶼中最南邊的九州只有550公里，因此將可作為對日本本土發動最後打擊的理想基地——但美軍得先把它拿下。

為了這個目的，他們發動太平洋戰爭中最大規模的兩棲突擊作戰。小賽門‧柏利瓦‧巴克納將軍（Simon Bolivar Buckner Jr.）率領麾下的第10軍團執行本次作戰－共有超過10萬名美國陸軍士兵和8萬名海軍陸戰隊員，在高達1600艘船艦組成的艦隊全力支援下登陸，當中至少有40艘美國海軍航空母艦提供空中支援，英國太平洋艦隊（British Pacific Fleet）也派出飛機增援。

毫無勝算
美軍面對數量龐大的人雜燴日本守軍：除了7萬名陸軍官兵外，還有9000名水兵，以及將近4萬名沖繩當

迎向死亡
神風特攻隊飛行員在行動前舉辦的儀式中鞠躬。一名飛行員寫道：「做為天皇陛下的盾牌而死是我們的光榮使命。盛開並飄落的櫻花格外美麗。」

地人，大部分是原住民。雖然他們不願意從軍，但依然被強迫加入部隊。此外還有超過2000名學生也被徵召，其中男同學成為「鐵血勤皇隊」的士兵，女學生則擔任姬百合學徒隊的護士。日本守軍指揮官是牛島滿將軍。

日軍意見分歧
日軍部隊處於困境中，火力和人數皆

不足，也因為牛島滿將軍麾下參謀之間對戰術運用有所爭議而受到束縛。其中一派打算採取攻勢作戰，另一派則偏好比較謹慎小心的策略：他們應該選擇適合的地點，盡可能挖深固守，面對美軍寸土不讓，後來日軍選擇這項戰略。他們在島上大部分地方不會有太多防禦布署，但會大幅加固南端和更北邊本部半島的防禦措施。

真的開打之後，日軍就展現出非常堅定的決心。在4月1日復活節星期日當天，美軍主力部隊大舉登陸，幾乎沒有受到任何抵抗。沖繩島北部三分之二的地方馬上就被占領，不過美軍經歷了長達幾天的激烈戰鬥，才徹底掃蕩本部半島上的日軍壕溝陣地。

但是，如果說北邊的戰鬥激烈的話，更往南的戰鬥就只能說是瘋狂了。日本守軍依託防禦工事打死不退，並且可以利用當地密集的天然洞穴來迴避並伏擊無法辨認方位的美軍士兵。有時候看起來似乎在每一塊大

三菱 A6M 零式戰鬥機
在太平洋戰爭期間,零式戰鬥機共擊落超過 1500 架盟軍的各式飛機。它的機身是用被列為最高機密的 T-7178 鋁合金打造,具備優異機動性的祕密之一就是輕量化的結構設計。

石頭後面,都藏了一座機槍陣地或詭雷陷阱。美軍士兵奮勇向前,但蒙受慘痛傷亡,不可避免地也損失大量人命:據估計,光是在拿下有戰略重要性的「仙人掌嶺」(Cactus Ridge)時就大約有 1500 名美軍捐驅,但據信有兩

倍的日軍也在這場戰鬥陣亡。成千上萬平民也連帶蒙受死傷:數百名被強迫擔任日軍軍伕的平民被當成戰鬥人員而遭擊斃,其他則死於砲擊或空襲轟炸,另外還有許多人選擇自殺。日軍宣傳警告他們,要是美國來的「野蠻人」獲得勝利的話,沖繩女性不分年齡都會被強姦,男性則都會被殺害。為了防止此一狀況成真,數千人先殺掉他們的孩子,然後再自殺,但常常可以很明顯地看得出來是被日軍部隊逼迫。

神風

自從 1944 年 10 月的雷伊泰灣海戰以來,神風自殺攻擊就成為日軍有計畫的戰術一環,但在此時發展到極致。「神風」的習俗根植於古代日本武士道傳統——以這種方式放棄生命的年輕人的空想激情,記錄在他們最後的書信中,十分令人震撼。但駕駛一架滿載炸彈的飛機或人炸彈衝撞敵軍船艦,此舉不但必死無疑,也是相當殘忍和醜惡的方式。

甚至是日軍碩果僅存的最大軍艦,也就是超級戰艦大和號,也投入最後的自殺作戰任務「天號行動」,率領一支海軍特遣艦隊從日本本土出發,攜帶僅夠單程航行使用的燃料,但這場行動所表現出的戲劇性姿態更勝於實質的介入效果。這支艦隊迅速(也不可避免地)被發現,立即遭受美軍潛艇和艦載機無情的輪番打擊。在經過魚雷和炸彈長達兩個小時的霹靂攻擊後,大和號終於沉沒。就像絕大部分神風攻擊一樣,它的損失沒有任何意義。

不過對超過 4000 名陣亡美軍和盟軍水兵的同袍和家人來說,不是所有的神風特攻都是看起來的那個樣子。盟軍共有超過 400 艘船艦沉沒或受創。

這些日軍發揮超乎常人的英雄氣概,但美軍也以不屈不撓的精神挺了下來。到了 6 月初,他們顯然占了上

日軍投降
一名身負重傷的日本海軍大尉在沖繩向美軍投降。如果有被俘的同袍先廣播,向他們保證自己受到良好待遇,日軍士兵通常會更願意投降。

火箭的閃閃紅光
一艘美軍步兵登陸火箭艇在接近沖繩島海岸期間齊射火箭。配備火箭的登陸艇可以投射毀滅性的集中火力到登陸區。

風。戰鬥進展相當緩慢,付出的傷亡代價也高得嚇人。但隨著日子一天天過去,日軍的處境也愈來愈無望。日軍已經有數萬人陣亡,當中有許多就被埋在他們作戰的洞穴裡。隨著他們一再被擊退,許多人選擇自殺以避免被俘虜。不過隨之而來的卻是在太平洋戰爭各場戰役中首度出現的宣傳戰。美軍承諾會善待和平放棄抵抗的人,因此有數百人選擇接受被俘虜的命運。6 月 18 日,巴克納將軍遭敵軍砲彈爆炸波及而陣亡,但又過了四天,他的部隊就贏得勝利了。

11萬 日軍部隊陣亡人數。
4萬5000 沖繩平民死亡人數(可能更多)。
1萬2500 美軍士兵和水兵陣亡人數。

日本四面楚歌

硫磺島和沖繩島讓美方對於席捲日本本土所要承受的代價再也沒有任何幻想。但日本不只被海洋保護——它也完全被海洋切斷。盟軍開始準備圍攻日本。

這個行動的代號相當開門見山：飢餓行動（Operation Starvation）。它要透過切斷日本對外所有必需品補給的方式來迫使日本屈服。這場行動在 1945 年 3 月展開，也能發揮防止日本對派駐海外部隊進行運補的功用。這場行動是海軍五星上將尼米茲的心血結晶，他現在不只是美國海軍太平洋艦隊的總司令，也是太平洋上盟軍部隊的指

揮官。這場行動看似一場海軍作戰，但尼米茲認為最好由空中力量進行，因此大部分工作就交由寇帝斯‧李梅少將（Curtis LeMay）和他麾下的飛行員執行。雖然潛艇布下許多水雷，但大部分都由 160 架經過特別改裝的 B-29 轟炸機投放。

這場行動平淡無奇、十分低調，也不可避免地被之後的事件搶去了鋒芒，但它卻是這場戰爭裡被埋沒的偉大成功行動之一。總計有 670 艘船艦被擊沉或受創，相當於超過 100 萬噸，且絕大部分主要航線的交通都停頓下來，日本各地港口也無法使用。

來自天空的怒火

到這時為止，行動的成功使得原本應該是李梅麾下航空部隊的主要任務相形失色：他希望可以透過轟炸來痛擊日本直到屈服。不過在此時，轟炸的戰果令人失望。以中國為基地的 B-29 轟炸機曾經進行過多次大規模空襲，但許多炸彈都落在錯誤的地方。由於天氣狀況和地面防空火力影響，轟炸

本土島嶼
大部分日本人都居住在本州島，首都東京就位在本州島的東海岸上。不過在南邊的九州島上也有重要中心和軍事設施。

日本在太平洋上的屬地陸續被西方盟軍拿下。此時盟軍已經擁有適合用來發動最後突擊的完美基地，也就是沖繩。

任務繁重
雖然勝利可能近在眼前，但盟軍卻沒有歡慶之情。他們正慢慢贏得勝利，但談何容易。英軍在緬甸的進軍（參閱第 248-49 頁）是在惡劣環境中的艱辛血戰，步履維艱，而美軍更是自 1943 年年底開始發動中太平洋攻勢（參閱第 230-31 頁）後，就要面對日軍無比的抵抗決心。

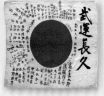

日軍的簽名日章旗

聖戰
此時日軍不只是為他們的性命而戰，還會為他們視為神聖的本土而戰。盟軍不可能指望他們會讓出任何一吋土地，因此他們的目標是在本土戰線製造各種干擾，使日軍無法維持戰場上的抵抗，所以在 1944 年下半年展開持久轟炸。

「沒有**無辜**的平民。」
寇帝斯‧李梅少將，1945 年

0 ___ 150 公里

圖例
- ☢ 原子彈轟炸
- ☀ 六次大規模燃燒彈空襲
- ✿ 燃燒彈空襲
- ⚓ 美軍飛機布雷區
- ➡ 美軍飛機空襲航線

東海

北海道
‧札幌
‧室蘭
‧函館

青森 ‧八戶
弘前
日本
‧釜石
酒田
佐渡島 仙台
新潟 福島
長岡
宇都宮
日立
前橋 水戶
高岡 伊勢崎 川口
富山 熊谷 東京
本州 八王子 千葉
甲府 橫濱 銚子
清水 平塚 川崎
福井 岐阜 濱松 藤澤
敦賀 一宮 沼津
大垣 名古屋 靜岡 伊豆群島
松江 桑名 岡崎
西宮 御影 京都 四日市
鳥取 姬路 大阪 豐橋
神戶 堺 伊勢
岡山 明石 津 伊勢
福山 和歌山
廣島 高松
吳 德島
下關 松山 今治 高知 安藝
八幡 四國
北九州 門司 宇和島
福岡
佐賀 大牟田 大分
佐世保 熊本
延岡
長崎
九州
鹿兒島

⑥ 5月23日
東京又遭受一次毀滅性打擊，美軍共投下 4500 公噸炸彈，超過 300 萬市民無家可歸

① 1945 年 3 月 9/10
美國陸軍航空軍發動一場大規模燃燒彈空襲，279 架 B-29 轟炸機直撲東京，火風暴徹底推毀 40 平方公里的市區，造成 8 萬 4000 人喪生

④ 3月16/17日
大阪市中心在燃燒彈轟炸中被徹底夷平

⑤ 4月15/16日
129 架 B-29 轟炸機轟炸川崎，另有 109 架襲擊東京

⑦ 5月29/30日
橫濱的商業區（大約占市區面積三分之一）遭 454 架 B-29 轟炸機空襲，燒成一片焦土

⑧ 8月6日
第一枚原子彈落在廣島，在地面上空 600 公尺處爆炸，毀滅這座城市並在瞬間殺死大約 7 萬人

② 3月11/12日
名古屋遭 258 架 B-29 轟炸機燃燒彈轟炸，接著又在 3 月 18/19 日遭遇第二度空襲

③ 3月13/14日
神戶遭 331 架 B-29 轟炸機燃燒彈轟炸

⑨ 8月9日
第二枚原子彈在長崎上空爆炸，摧毀超過 40% 的市區，殺死大約 5 萬人

← 來自馬里亞納

← 來自第 38 航空母艦特遣艦隊

太平洋

因為 8 月的事件以及第一枚原子彈引爆，日本戰役的最後幾個月被認為無足輕重。

道德轉變
但從塑造太平洋戰爭的結局這個方面來看，這段時期比人們想像的更重要。李梅的邏輯是，只要可以減少盟軍官兵犧牲的人數，就可以殺害平民——而他的上級也接受，這代表一項重要的道德轉變。如果轟炸平民是個禁忌的話，現在很明顯已經解除了。因此原子彈也可以名正言順地投擲在廣島和長崎（參閱第 320-23 頁）。

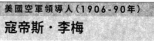

50% 的東京市區到戰爭結束時已經被大火摧毀。日本直到 2008 年還會發現未爆彈。

可能發生的狀況
飢餓行動效果奇佳。有論點認為，要是能夠早點實施的話，很可能光靠它就足以擊敗日本。但太平洋戰爭太過恐怖，很難想像這樣的解決方式可以讓日本的敵人覺得甘心。一定要先透過武力燒殺破壞，然後再強迫它屈服。

為敵人效力
一名被俘的日本軍官幫忙引導美軍轟炸他的同袍。被俘的官兵也會充當翻譯，協助確認日軍已經停火。

機群被迫提高飛行高度，最後使得轟炸過於分散而降低效果。大規模空襲在毀滅並擊敗納粹德國的過程中扮演非常舉足輕重的角色，但幾乎沒有人指望能對日本帝國達到同樣的效果。

但李梅卻很乾脆地做了一件非做不可的事，就是主張若使用燒夷彈而不是高爆彈的話，那就不太需要瞄準目標了。他承認這種辦法是直接針對國民士氣，也就是說，它針對的是平民百姓。日本崎嶇的內陸較少人居住，大部分人都擠在沿海人口稠密的都市中心。這些地方大部分都是木造建築，火災一直都是嚴重問題，所以何不以火災作為主要的打擊方式呢？

東京火風暴
第一場成功的燒夷彈空襲是在 1944 年 12 月時對日本占領的中國漢口市進行，接著是 1945 年 2 月時對東京郊區進行的小規模空襲。由於戰果相當好，李梅計畫在 3 月 9 到 10 日的夜間進行規模大上許多的攻擊。他沒

視察損害
1945 年 3 月東京火風暴過後，裕仁天皇視察被摧毀的市區。雖然嘴巴上講決心很容易，但要身體力行則困難得多。

有要求機組員瞄準特定的廠房或軍事設施，而是指定一塊大小超過 30 平方公里的目標區。總計有 334 架 B-29 轟炸機出擊，領先的機群先投擲凝固汽油彈照亮目標區，其餘跟在後面的機群則投下 M-69 集束鎂燒夷彈以及油基燃燒彈。整個目標區隨即陷入熊熊烈火之中，東京東部的大部分地區也是一樣的慘況。人們發現皮膚被燒焦，衣服也被灼熱的風點燃。法國記者羅伯特・基藍（Robert Guillain）寫道：「就算是地獄也沒這麼熱」。

河流和運河讓人無處可逃。人們不是溺死，就是肺部被超高溫的空氣灼燒。事後清理現場的救援人員甚至無法分辨他們在隅田川中發現的屍首性別。久保田重則醫師回憶：「你沒辦法分辨出浮在水面的物體到底是手臂、腿、還是燒焦的木頭」。就李梅而言，火風暴作戰是徹徹底底

無力回天
一些日軍施放的「氣球炸彈」確實抵達美國，造成騷動，但破壞微不足道。

的勝利，他現在下定決心，要在接下來的幾個星期裡遵循這個方式，對日本本土進行更多空襲。日本人愈快認清他們已經戰敗的事實，為了和他們戰鬥而犧牲的盟軍性命就會愈少。

334 1945 年 3 月 9/10 日參與空襲東京的 B-29 轟炸機架數。

9 萬 平民在空襲中喪生。

4 萬 平民在火風暴中喪命。

非常手段
事實似乎是，空襲行動嚇呆了日本人民——他們被嚇傻到甚至不知道到底發生了什麼事。但毫無疑問的是，在飢餓行動和燃燒彈轟炸之間，日本領導人能夠採許有效行動的機會已經大幅銳減。

然而，有跡象指出日軍大本營自 1944 年底就已經採取非常手段企圖反擊。他們從本州施放第一批「氣球炸彈」進入太平洋上空的噴射氣流。這種氣球炸彈是熱氣球，上面搭載人員殺傷和燃燒彈等裝置。此時日軍已施放超過 9000 枚氣球炸彈，但當中只有少數飛抵位於美國西北部的預訂目的地。這些東西對太平洋上的戰爭進程並沒有任何影響，只是證實了美國人當時的觀點：他們正在與邪惡狡猾的敵人作戰。

美國空軍領導人（1906-90 年）
寇帝斯・李梅

美國參戰時，李梅已經是第 305 轟炸大隊的隊長。他總是在第一線指揮，在德國和北非上空出過任務，之後才在 1944 年奉派前往遠東。李梅在中國和太平洋戰場指揮作戰相當成功，使得他（此時已晉升少將）得以負責規畫對付日本的空中作戰戰略。他在這裡監督從高空精準轟炸——對付德國相當有效、但對日本效果不彰——調整為低空夜間區域轟炸的戰略。

《《 前因

在加入第二次世界大戰時，日本就已經在滿洲和中國打了好幾年的仗。

帝國的建立

1930 年代，日本亟需天然資源以發展工業，因此開始在亞洲和太平洋區域打造帝國。1931 年，日本奪取滿洲，1937

330

自 1942 年起分配給日本每個人的稻米配給量（公克）。許多人因此選擇在黑市購買商品。

年更是和中國開戰（參閱第 40-41 頁）。日本在 1941 年參戰，並在緬甸、馬來亞、新加坡、荷屬東印度群島（參閱第 158-59 頁）還有菲律賓（參閱第 160-61 頁）迅速贏得勝利，立即控制東南亞。

　　當時的日本社會非常有組織。政府不斷宣傳，強調個人利益不如團體利益重要的思想。

轉捩點

隨著日軍在中途島和瓜達卡納島戰敗，盟軍在菲律賓（參閱第 240-41 頁）和緬甸（參閱第 248-49 頁）取勝，甚至占領硫磺島和沖繩島，到了 1945 年這個國家就已經預料到會被入侵。

日本天皇（1901-1989 年）

裕仁天皇

日本的裕仁天皇從 1926 年即位一直到駕崩為止，在人民眼中都是個神一般的存在。他雖是至高無上的統治者，卻沒有多少實質權力：他的作用其實是讓日本政府和軍方領導人的決策合法化。儘管他私底下不願意開戰，但也沒有公開採取任何行動來防止戰爭。但到了 1945 年，他卻下定決心，認為戰爭應該告一段落。隨著廣島和長崎遭到轟炸，他要求日本人接受不能接受的事，也就是投降。

天皇的臣民

在戰爭的最後幾個月裡，日本本土的人民生活相當淒慘。盟軍空襲對所有主要城市帶來死亡和毀滅。到了 1945 年夏季，日本瀕臨戰敗，但軍事領導階層和一些政府內部的強硬分子卻拒絕投降。

1941 年時，日本還沒有準備好要進行持久戰。日本和中國的衝突早已讓資源透支，因此極度需要外界供應物資。舉例來說，超過 20% 的稻米和超過 70% 的大豆都要進口，而石油、橡膠與鋁土等也都要靠進口。日本政府實施糧食配給，但供應狀況相當不穩定。到了 1944 年，美國海軍封鎖日本，使糧食和各種原物料無法進入日本。而戰略轟炸也擾亂了運輸和糧食供應，使情況更加艱苦的狀況發生。

饑荒與轟炸

到了 1945 年，日常生活所需的食品（例如魚）已經消失，稻米配給量相當少，每日的配給量只有一般人每日需求的三分之一左右，有些人已經瀕臨饑荒的邊緣。人們的平均卡路里消耗量遞減，從戰前的平均 2265 卡衰退到 1944 年的 1900 卡，再下跌到 1945 年的 1680 卡。他們因此被迫吃南瓜和蚱蜢來充飢，而城市居民經常前往鄉間，希望能用衣物和其他物品來交換水果和蔬菜。儘管政府嚴加控管，但鞋子之類物資的價格卻在黑市上漲到不可思議的地步。營養不良的

19萬7000

1945 年 3 月 9 到 10 日美軍夜間空襲東京後造成的日本平民死亡及失蹤人數。

狀況相當普遍，新生嬰兒的體重也下滑到令人擔憂的程度。由於所有能夠耕種的土地都已開墾，人們開始在沿著鐵路兩側的狹長土地上種植少量作物。

　　大規模轟炸徒增混亂，令社會開始瓦解。美軍自 1945 年 3 月起對日本各地城市進行密集轟炸行動。上千架 B-29 轟炸機——日本人稱為「B桑」——對大阪、神戶和東京等城市

操作車床的女學生

戰爭接近尾聲時，日本勞工人數短缺，嚴重到必須徵召女學生到工廠上班，以維持戰時生產。圖中，日本女中學生正在學習使用車床。

航運損失

日本參戰時，擁有大約 600 萬噸適合遠洋航行的金屬船身船舶，在戰爭期間又建造了 400 萬噸，不過船舶的損失卻相當慘重。到了 1945 年 8 月，幾乎沒有任何船隻能夠操作。

投下大量炸彈，成千上萬人死於非命，還有數十萬人無家可歸。當局實際上幾乎沒有興建任何防空洞，因此家家戶戶只能想辦法自己挖洞，有時候就只是花園裡的一條壕溝而已。以木材和紙張為材料修建的市區住宅根

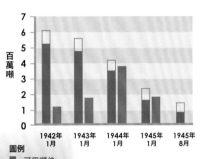

圖例
■ 可用噸位
□ 閒置噸位
■ 當年損失噸位

本沒有抵禦燃燒彈的能力。1945 年 3 月，東京遭遇致命火風暴襲擊，橫掃市區，造成悲慘損失，而到了 1945 年工業生產也已經崩潰。

在 1942 和 1944 年之間，工業生產有所增長，但日本遂行戰爭的努力卻因為計畫不周、陸海軍之間的對立和政府及大企業間欠缺合作而備受妨礙。由東條英機首相領導的政府成立了軍需省，但因為原物料無法輸入國內，生產量因此節節下滑，而當工人逃往鄉間以躲避轟炸時，曠工也成為問題。1943 年

2000 噸 燃燒彈在東京上空投下。

800-1000 萬 平民從住家疏散。

95 萬 日本平民在戰爭中喪生。

時，在打出類似「男人上戰場、女人上工廠」這樣的口號後，政府開始徵召女性。到了 1945 年，女性、朝鮮人、戰俘、老人和兒童全都被徵召，協助參與工廠生產、農田勞動或本土防衛工作。

最後階段

到了 1945 年春季，日本顯然必敗無疑。日本海軍幾近全軍覆沒，陸軍四散在亞洲各地，而各主要城市也幾乎被夷平。儘管失去沖繩，再加上美軍無與倫比的壓倒性軍事優勢，日本當局的宣傳依然強烈要求全民抵抗，政府也身陷死胡同中。

紀念亡者
日本國內的人民要對戰爭受難者致敬。國防婦人會的女會員排列整齊，對火車運回的死難者遺體致意。

「戰局未必**好轉**，世界大勢亦**不利我**。」

裕仁天皇宣布日本投降，1945 年 8 月 15 日

鈴木首相（1945 年 4 月上任）和其他領導人物不顧一切想要結束戰爭，因此打算透過蘇聯和美國談判和平條件，不過其他政府成員和持激進民族主義態度的陸軍則反對任何形式的投降，他們主張日本應該貫徹「一億總玉碎」的思想，就算配備竹矛也要組織民防部隊，以驅逐美軍任何入侵行動，因為其中一項難處是，美方堅持日本一定要無條件投降，並且不保證會維持天皇的地位。盟軍對廣島和長崎投下原子彈，而蘇聯也加入戰局，進攻日本，使局勢更加惡化。

最後在 1945 年 8 月，地位經常被視為高於政壇的裕仁天皇親自介入，並表示為了日本大局著想，戰爭必須要了結。8 月 15 日時，他在廣播中告知日本人民這個決定。儘管對許多日本人來說，投降這個想法簡直令人髮指，但對其他人而言，戰爭結束就是解脫。

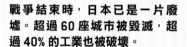
後果

戰爭結束時，日本已是一片廢墟。超過 60 座城市被毀滅，超過 40% 的工業也被破壞。

投降
日本在 1945 年 8 月 14 日正式投降（參閱第 324-25 頁），但許多部隊還是繼續戰鬥。一直要到 9 月，東南亞的日軍才承認戰敗。

被原子彈轟炸過後的長崎

婦女解放
在 1940 年到 1945 年之間，共有約 250 萬名女性投入職場勞動。但即使身為工人，日本女性仍被視為次等公民。不過在戰後美軍占領的歲月裡，日本女性獲得大幅度的解放。

戰後重建
戰後，美國占領軍致力於恢復日本的經濟（參閱第 342-43 頁），以做為對抗蘇聯擴張的堡壘。

波茨坦會議

德國已經戰敗，此時正是瓜分戰利品的時候——還要決定日本的命運。戰勝國領導人在波茨坦進行的談判對於重塑戰後世界這件事來說舉足輕重。

當會議在 7 月 17 日展開時，沒有任何一位領導人對於尋求共識的過程存有任何一帆風順的幻想。因為出於戰爭的需要，這種事已經嘗試過非常多次了。他們已經明白，當和平來臨時，每個人都會有不同的目標和優先事項，而且大家在這個時候也都有各自的內部壓力。

權力與先占

7 月 26 日，當會議進行到一半的時候，邱吉爾在大選中落敗的消息傳來，讓所有人都感慨萬千。他也許是國家的英雄，但他再也不是首相了。他的繼任者——工黨黨魁克萊曼·艾德禮（Clement Attlee）——立即取代他在談判桌上的位置。

史達林也有他的煩惱。他的情報頭子已經帶來有關美國新式炸彈的消

餵養飢民
德國在戰敗後只剩下毀滅和貧困。盟軍要面對的第一個任務就是設立廚房供應食物，例如這間位於曼海姆的廚房。

出來的話斷斷續續」。他「經常談吐幽默，從不冒犯別人，直接且毫不妥協……我覺得他的眼睛看起來很幽默，常常瞇到只剩一條縫，但他有一個把戲是在思考或說話的時候會往上看，看右邊的天花板，然後大部分時間都會抽俄國香菸。」在戰前的西方政治宣傳中，這位蘇聯領導人被描繪成血腥暴君——這不是無的放矢，因為即便在那個時候，他的各種罪行記錄就已經劣跡斑斑。西

> ## 「我可以應付史達林。他很**誠實**，但**精明**得要死。」
> 哈利·杜魯門的日記，1945 年 7 月 17 日

息，隨時變動中的局勢需要用最謹慎的態度去處理。至於對杜魯門來說，他必須盡可能堅定地處理與史達林的談判，以確保對美國和他們的西方盟國有最好的結果。同時還有一件重要的事，就是不能讓其他人太清楚他認為自己手上的牌有多強，以免他們太早就摸清楚美國到底在打什麼算盤。

個人關係

各國領導人的個人風格也大不相同。法律政策專員瓦爾特·蒙克頓（Walter Monckton）——他曾親身見證這些會談——記錄下他對參與其中的各國領導人印象。美國總統杜魯門總是言簡意賅，他說他「針對每個主題都會準備一份簡短、堅定的宣示性聲明，充分表達美國的政策。當他講完他想說的之後，在接下來的討論裡除了重申已經講過的東西以外，就很少再講其他東西了。」他發現溫斯頓·邱吉爾「只有某些地方好……也許太有所準備，而沉迷長篇大論中，顯然不對杜魯門的胃口。」至於約瑟夫·史達林，他寫道：「輕聲細語、簡單扼要，講

方人非常驚訝地發現，這個怪物居然還有點人模人樣，結果他們就這樣被這位和藹可親的「喬叔叔」（Uncle Joe）給迷住了。

收拾爛攤

在他們前往會議的路途上，各國領導人都有充分的機會看見德國當時的破敗狀態。主要城市已經損失高達 40% 的住宅，流離失所的人四處流浪，無家可歸的兒童成群結隊生活在廢墟中。德國的大部分工業基礎設施都被摧毀，絕大部分的人民沒有充足的食物。雖然所有人都同意德國必須接受處罰，但是有件事看起來相當重要，那就是應該優先進行重建工作。不過關於這點，眾人也意見不一：德軍進攻蘇聯時，掠奪了許多城市，廣大的地區就此荒廢。俄國人因此比較專注在拆遷任何他們能夠找到的工廠，並且向東運回國內，重新在蘇聯境內組裝，對於重建德國比較不熱衷。而西方各國

勝利者
自從「三巨頭」在雅爾達會面以後，杜魯門（中）繼羅斯福之後在會議召開前幾週接任總統。英國首相克萊曼·艾德禮（左）則半路取代溫斯頓·邱吉爾，「喬叔叔」則文風不動。

也承認，這個反應是可以理解的。

沒有任何人對解散納粹政權有異議，但這裡也隨即出現重大分歧。所有人都同意所謂的「4D」——去軍事化（demilitarization）、去納粹化（de-Nazification）、民主化（democratization）和非卡特爾化（decartelization），但對這幾個項目的意義卻沒有全盤共識。如果蘇聯人對「民主化」的理念與西方盟國不一致，那他們對「非卡特爾化」這個字

> 波茨坦在德國歷史上相當知名，因為這裡是腓特烈大帝最喜愛的地方——這位君王在 18 世紀時塑造出普魯士的尚武精神。

« 前因

盟軍在歐洲戰勝並不令人意外。自從美國參戰後，再加上德軍在史達林格勒、庫斯克和非洲戰敗，這就不再是「是否」的問題，而是「何時」的問題。

新歐洲
同盟國長期以來小心翼翼地擬定獲勝的計畫（參閱第 202-03 頁），但儘管史

被擄獲的德軍軍旗

達林和西方國家領袖先暫時擱置雙方分歧，這些東西似乎還是有可能干擾戰後的和平。德國在戰後實際上已經被分割成四塊，此時獲勝的盟國想讓這個百廢待舉的國家重新振作起來，以做為重建飽受重創的歐洲的初步準備。

波茨坦會議最迫切的討論事項就是重建德國——以及擊敗日本。

利益衝突

會議中的主角都著眼於未來，並尋求把戰後世界變得符合自身利益。談判拖得愈久，情況愈顯示各方無法達成共識——即使是最明顯沒有任何爭議的議題也一樣。隨著針對德國重建的爭辯持續進行，東方和西方陣營以自己的方式管理各自的占領區，導致的分裂（參閱第340-41頁）將會持續40年。

新的現實

儘管波茨坦會議氣氛熱烈，但東西方之間的冰霜卻顯而易見：冷戰（參閱第348-49頁）已經揭開序幕。蘇聯將會在接下來的半個世紀裡試圖在「軍備競賽」中超越美國，而全世界在這半個世紀裡也都將活在核戰可能隨時爆發的恐懼中。

盟軍最高將領在柏林

美國總統（1884-1972年）

哈利・杜魯門

杜魯門是來自密蘇里的農民之子，曾在第一次世界大戰期間擔任砲兵上尉，並在之後投身政壇。他在第一個任期面臨許多經濟問題，但在選戰中採取前往各地發表演說的策略而後來居上，在1948年贏得連任。不過杜魯門的第二個任期工作過於艱鉅，讓他無法負荷，因此他決定放棄在1952年爭取連任。

的解釋也不同。對西方資本家而言，這個字意味著拆分納粹時期由國家監督的大型企業卡特爾，並開放它們加入自由市場競爭。但對蘇聯人來說，這代表國家當局透過一套全盤國有化計畫來加強干預。

另一場戰爭

此時大家都心知肚明，戰火在遠東依然如火如荼。儘管彈如雨下，但日本依然桀驁不馴。飢餓行動已經把絞索套在日本的脖子上，並漸漸收緊，此時有些人已經有其他打算，甚至開始祕密試探，提議和條件，並把保留君主制作為交換條件。但就算美方同意這樣的交易，政府和軍隊中的狂熱分子卻是一點興趣都沒有。他們固執地認為這個國家必須繼續戰鬥。

當他們首度在波茨坦會面時，史達林對杜魯門強調，他現在會投入遠東的戰爭。這位美國總統有禮貌地感謝了他，但美方在對抗日本這件事上已經預期不再需要任何幫助——也不想為此感恩蘇聯人。但當東方的戰局依然混沌不明時，羅斯福幾個月前在雅爾達已經逼這位獨裁者做出承諾。在戰爭的這個階段，史達林非常樂意對日本發動作戰，因為只會有一種結果——蘇聯只要付出一點點代價，就可以在太平洋上取得重要的領土。

7月21日，也就是會議開始幾天後，杜魯門收到一封來自新墨西哥州沙漠的電報，確認美國已經成功試爆原子彈。7月24日，他把史達林拉到一旁，告訴他這個消息。但令西方代表團震驚的是，史達林對此似乎不感興趣，還認定史達林並沒有了解這種炸彈的重要性。但他其實一陣子前就已經知道了原子彈的發展計畫，而且已經採取步驟，建立自己的計畫。

然而軍備競賽是未來的事，各方在此時此刻都同意還有一場戰爭要打贏。8月2日會議結束當天，他們公開了《波茨坦宣言》（Potsdam Declaration），這份文件指出，日本可以在「無條件投降」與「立即和徹底的毀滅」之間做選擇。

31,000 在戰爭期間被摧毀的蘇聯工廠數目。史達林對此相當焦慮，以德國為代價急著展開重建。

勳章

在這場籠罩全球的衝突中，數不清的人造就了說不完的故事，不僅僅是異於常人的英雄行徑，還有不為人知的勇氣、專注一致的奉獻和自我犧牲。交戰各國都透過頒發獎章來承認這些貢獻，但由於各國的態度不盡相同，獎章代表的重要性也不一樣：舉例來說，只有 180 人得到英國的維多利亞十字勳章，但有將近 1500 萬人獲得蘇聯的戰爭獎章。

⑦ 陸軍榮譽勳章（美國）

① **法德之星**（France and Germany Star），頒發給在 D 日之後所有曾在法國、比利時、荷蘭、盧森堡和德國服役的英國和大英國協人員。② **非洲之星**（Africa Star），英國頒發給曾經參與北非戰役、或是在東非、馬爾他和敘利亞等地服役的大英國協部隊官兵。③ **敦克爾克戰役紀念章**（Commemorative Medal of the Battle of Dunkirk），英國當局在 1948 年頒發，以褒揚那些曾在 1940 年參與盟軍撤退的人。④ **緬甸之星**（Burma Star）是英國的獎章，頒發給所有在緬甸戰役期間服役的大英國協人員。⑤ **亞太戰役獎章**（Asiatic-Pacific Campaign Medal）是美國的獎章，頒發給所有曾在太平洋戰區服役過的人，第一枚頒發給麥克阿瑟將軍。⑥ **紫星勳章**（Purple Heart）是自 1917 年 4 月起美國加入第一次世界大戰時頒發給所有負傷或陣亡的美軍人員，勳章正面的圖案是喬治·華盛頓將軍（George Washington）。⑦ **陸軍榮譽勳章**，這是美國政府所頒發的最高等級勳獎，此外還有海軍版本及空軍版本。在二次大戰期間，榮譽勳章共頒發 464 次。⑧ **銀星勳章**（Silver Star）是美國的獎章，頒發在敵人面前表現出格外傑出勇氣的人。⑨ **二級鐵十字勳章**是德國的獎章，頒發給表現英勇的人，且須先獲頒此勳章，日後才有資格獲頒一級鐵十字勳章。⑩ **北非獎章**（North African Medal），這是德國和義大利獎章，用來紀念在北非的合作。義大利和同盟國簽署休戰協定後，希特勒就禁止麾下部隊

配戴此獎章。⑪ **附寶劍戰功十字勳章**（War Merit Cross）是德國頒發給在作戰中有優異服役紀錄的人，沒有寶劍的版本則用來頒發給對戰爭做出貢獻的平民。⑫ **英勇十字勳章**（Croix de guerre）是法國用來頒發給在戰鬥中有勇敢表現的人的勳章，而勳章的等級可以從緞帶上的不同飾物區分出來。⑬ **金級德國十字勳章**（German Cross），這是用來表彰英勇表現的勳章，位階在一級鐵十字勳章之上。銀級則是戰功十字勳章的延續，用來表揚傑出服役紀錄。⑭ **紅旗勳章**（Order of the Red Banner）是蘇聯軍方用來表揚卓越服役紀錄的勳章，紅旗上的文字寫著「全世界的工人團結起來！」⑮ **第七級旭日章**（Order of the Rising Sun）有三片桐葉裝飾，是用來頒發給對日本做出重要貢獻的人士。⑯ **史達林格勒保衛戰獎章**（Medal for the Defence of Stalingrad）是蘇聯當局用來頒發給在 1942 年 7 月到 11 月期間參與史達林格勒戰役的超過 75 萬名軍民的獎章。⑰ **列寧格勒保衛戰獎章**（Medal for the Defence of Leningrad）是蘇聯當局用來頒發給所有曾經協助保衛這座城市的人的獎章，共有超過 100 萬人獲得。⑱ **紅星勳章**（Order of the Red Star）頒發給在保衛蘇聯的過程中有「傑出服役」紀錄的人，但最後有超過 200 萬人獲得。⑲ **1941–45 年偉大愛國戰爭對德勝利獎章**（Medal for the Victory Over Germany in the Great Patriotic War, 1941–45），由蘇聯當局頒發給所有打過這場戰爭的人。

⑥ 紫星勳章（美國）

⑤ 亞太戰役獎章（美國）

① 法德之星（英國）

② 非洲之星（英國）

③ 敦克爾克戰役紀念章（英國）

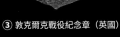

④ 緬甸之星（英國）

⑧ 銀星勳章（美國）

⑨ 二級鐵十字勳章（德國）

⑩ 北非獎章（德國／義大利）

⑪ 附寶劍戰功十字勳章（德國）

⑫ 英勇十字勳章（法國）

⑬ 金級德國十字勳章（德國）

⑭ 紅旗勳章（蘇聯）

⑮ 第七級旭日章（日本）

⑯ 史達林格勒保衛戰獎章（蘇聯）

⑰ 列寧格勒保衛戰獎章（蘇聯）

⑱ 紅星勳章（蘇聯）

⑲ 1941–45 年偉大愛國戰爭對德勝利獎章（蘇聯）

廣島與長崎

1945年8月，美軍投下「小男孩」和「大胖子」，是史無前例（至今也尚未再度發生）的核戰行動。對這個世界來說，這些歷史事件象徵核子時代的開始——但對日本及其人民來說，卻是毀天滅地的即時衝擊。

約翰‧莫伊尼漢少校（John E. Moynihan）在「小男孩」掛載到B-29機上前，在它龐大的彈體上寫下「不要給史蒂維白色十字架」。他希望這個最致命的武器最終能夠挽救性命，這樣的話年幼的兒子就不會因為收到父親陣亡的消息而受到創傷。之後，在8月6日的凌晨，這架飛機從太平洋提尼安島上的機場起飛。直到這個時候，保羅‧提貝茲上校才告訴他的機組員，此時此刻掛在彈艙中的東西到底是什麼樣的武器。

他們通過硫磺島上空時，另外兩架飛機加入他們。其中一架搭載用來蒐集爆炸相關數據的設備，另一架則負責攝影。當它們最後接近廣島並爬升到9500公尺的轟炸高度時，這兩架飛機就脫離編隊。

炸彈落下——然後在看似一片永

依諾拉‧蓋伊
飛行員保羅‧提貝茲上校從他的B-29駕駛艙中揮手致意。機身上寫的是他母親的名字「依諾拉‧蓋伊」（Enola Gay）。

恆之中，什麼都沒有發生。「小男孩」設定的引爆高度是在560公尺。然後就出現一道炫目的閃光。而當衝擊波擊中飛機時，機體也劇烈晃動了一下，之後則是第二股衝擊波。提貝茲上校說：「整座城市都被可怕的雲遮蔽。徹底沸騰、駭人的蕈狀雲，而且高得令人難以置信。」他的機尾砲手回憶：「一股煙柱迅速上升，有火一般的紅色核心，到處都有火焰冒出。」

廣島毀滅

在下面，廣島的市民正如常生活。守軍已經發現飛機，但判定它們只是執行偵察任務。首先出現的是閃光，然後就是驚天動地的巨大爆炸聲。一名倖存者回憶：「城市上方的天空裂開了」。在半徑1公里的範圍內，人體在將近攝氏3000度的高溫下融化。在更遠的地方，一股壓縮波破壞了他們的內臟。倖存者步履蹣跚，目瞪口呆，身上所有衣物都被炸飛，皮膚也因為爆炸的力量而剝落。而且還沒有人知道要擔心接下來會出現的輻射傷害。

面對戰敗

不管是出於頑抗，還是出於恍惚與不願面對現實，日本的領導階層都沒有採取任何行動來配合《波茨坦宣言》的要求。但這種等級的災難是無法漠視的。大約有7萬人死在廣島（當輻射造成的傷害在接下來幾年裡陸續出現後，這個數字增加了三倍），而在這段期間燃燒彈空襲依然持續進行，蘇聯也對日本開戰。

這是最後一根稻草。到目前為止，蘇聯一直沒有和日本交戰，但紅軍在8月9日凌晨大舉進攻，越過滿

> **「我依然可以想起他們的樣子——就像行屍走肉。」**
> 一名受到創傷的廣島雜貨店老闆，1945年

《 前因

多年來，科學家一直在探索把核分裂的爆炸力量運用在軍事用途的可能性。

美國領先群雄
包括德國在內的一些國家都進行初步研究。1943年，美國在新墨西哥州的洛色拉莫士（Los Alamos）興建被列為最高機密的國家實驗室，研發的腳步進而加快。在物理學家羅伯特‧歐本海默（J. Robert Oppenheimer）的統籌下，一批科學家狂熱地製造——並成功測試——原子彈，這是「曼哈頓計畫」的成果之一。第一枚原子彈（廣島）使用的鈾235是在田納西州的橡樹嶺（Oak Ridge）濃縮，第二枚原子彈（長崎）則是使用鈽。

曼哈頓計畫

「大胖子」
這枚投擲在長崎的鈽原子彈重達4630公斤，比投擲在廣島的「小男孩」重了600公斤左右。

B-29超級堡壘式（Superfortress）

B-29 轟炸機是對日作戰中被埋沒的功臣，在飢餓行動和對日本城市的轟炸中證明自己的價值。它是一款重型轟炸機，擁有四具螺旋槳，是設計用來進行高空日間轟炸行動。它以 1 萬 2000 公尺高度飛行，日軍戰鬥機難以接近，因此理論上它可以任意來回穿梭，不過現實是天氣狀況經常使得視野不足，因此很難進行有效的高空轟炸行動。B-29 轟炸機能夠攜帶多達 9 公噸的酬載，航程可達 6000 公里。之後當日軍的空防強度下降時，李梅下令撤掉機尾砲手，以提高航程，並要求改採低空飛行。B-29 在攻擊日本的過程中得以發揮高空飛行能力：「小男孩」是在 9500 公尺的高度投下，「大胖子」則是 8800 公尺。

時間停格

這位受害者的懷表指針停在 8 月 6 日早晨原子彈在廣島爆炸的那一瞬間。

洲邊界。日本毫無疑問，保證會在最短的時間內戰敗。天皇在當天破曉時表示，「有必要研究並決定如何終止這場戰爭。」

事實上，對天皇來說，除了同盟國要求的難堪投降以外，他根本沒有什麼東西可以研究、也沒有什麼餘地可以讓他「決定」任何事情。當美國把第二枚原子彈投到西南部的港口長崎後，日方在當天下午才深刻體會到所謂的「徹底毀滅」大概是什麼樣子。

二度轉向

由查爾斯・斯維尼少校（Charles W. Sweeney）駕駛的另一架 B 29 外號叫博克斯卡號（Bockscar）。「大胖子」明顯地比「小男孩」重了許多，裡面的主要材料是鈽，而非鈾 235。這枚炸彈殺死了 5 萬人（同樣地，這個數字在接下來的幾年裡劇增）。

因為這個時候戰爭幾乎已經結束，因此有論點指出這枚原子彈是出於科學研究的動機而投擲的——也就是可怕的活人試驗。或者也有可能是基於外交理由，也就是對蘇聯釋放警告。然而在廣島事件三天之後，並沒有任何跡象暗示日本會投降。

蕈狀雲

原子彈在長崎爆炸產生的蕈狀雲上升到超過 1 萬 8000 公尺的高空，已經成為現代的可怕象徵。

即使到了這個時候，投降的腳步逐漸逼近，裕仁天皇身邊的人雖然已經認清現實，試圖達成任何可能達成的協議，但軍方的狂熱派依然堅持繼續戰鬥，甚至試圖發動政變。8 月 14 日，裕仁天皇錄製廣播，在演說中呼籲日本人民放下武器。不過當他的訴求傳到人民耳中時，他們的反應一開始是根本不相信，接著就因為慢慢聽進去他的話而情緒崩潰。法國記者羅伯特・基藍寫道：「一個巨大的東西，也就是建立更偉大日本的傲人美夢，瞬間破滅」。

後果

日本曾經以殘忍手段建立帝國，並且願意犧牲性命加以保衛。現在他們所能做的就只有屈服於占領。

日本的命運

經過連月狂轟濫炸造成慘重傷亡之後，日本已經從「徹底毀滅」中被拯救出來。同盟國占領軍此時必須恢復秩序。在道格拉斯・麥克阿瑟將軍的指導下，盟軍建立占領軍政府，並且會在接下來的六年裡統治日本。

日本的重生

由日本徹底戰敗也許是最後成功復興的關鍵。當它重新改造自己時，首先是確立君主立憲體制，然後再定位成工業化國家。在一代人的努力下，經濟上的重生（參閱第 342-43 頁）將會讓日本成為世界上最重要的製造大國之一。

長崎原爆受害者

廣島

1945 年 8 月 6 日星期一早晨，一架稱為依諾拉・蓋伊號的美軍 B-29 轟炸機由保羅・提貝茲上校駕駛，在日本城市廣島上空投下一枚原子彈。市區絕大部分地方都被摧毀，超過 7 萬名居民在一瞬間被熱能、爆炸波和輻射殺死，之後還有成千上萬人因為燒傷和輻射疾病喪生。三天後，美軍對長崎投下第二枚原子彈，造成大約 5 萬人死亡，將近一半的市區被毀。

「當時我正在一間工廠裡從事學生動員工作，位置就在這裡的東邊 4 公里左右。上午 8 點 15 分時，我看到一陣強烈的閃光，並感到一股高溫灼熱……工廠的玻璃窗都被巨大的爆炸聲震碎，工廠裡的女人全都尖叫起來……在窗戶附近的人渾身是血，我認為那枚炸彈（應該）直接命中工廠……」

　　在西邊，一朵蕈狀雲在廣島上空成形，它是雪白色，迅速竄升到空中……當我們正在互相交談，認為已經發生了可怕的事……並討論我們接下來應該怎麼做，逃離市區的大批人群朝我們這個方向湧來……當我們看到這古怪的隊伍時，根本無言以對……這些人看起來身上穿著破布，但我們以為是破布的東西，實際上是他們剝落的皮膚。當他們踏著蹣跚的腳步行走時，血就從傷口滴出來，傷口又大又深，就好像有人把他們身上的肉刮下來……」

　　「我們動身進入市區救援生還者。廣島已經變成地獄。我試著救一位躺在地上的男性，他燒爛的皮膚剝落，黏在我的手上。我發現一位男性在倒塌的房屋下呻吟，但因為大火逼近，我沒辦法把他救出來。屍體燒到焦黑，躺在地上的死人就好像東西一樣，瀕臨死亡的極度痛苦或是早已死去……我在這座地獄裡待了好幾天，試圖多救幾個人。到了 9 月中，我突然罹患嚴重的原爆症，並開始發高燒、流血並掉髮……」

生還的廣島「被爆者」藤平典

被毀滅的城市
原子彈徹底摧毀廣島。在爆炸衝擊範圍 1.6 公里內的每一座建築都被摧毀，5 公里範圍內的所有建築物或結構都受到破壞。

« 前因

日本希望擴張他們在 1930 年代建立的帝國，因此開啟戰端，並成為大東亞共榮圈的領導者，以鞏固自己的權力。

意外畫下句點

但到了這個時候，經過長達四年的血戰，這個國家因為兩枚投擲在廣島和長崎的原子彈（參閱第 320-21 頁）而被迫無條件投降，讓戰爭在一片驚慌且茫然無措的意外中畫下句點。

在廣島被融化的瓶子

榮耀與死亡

日本一直在為戰敗做準備，但卻期望能繼續打下去。日本軍隊塑造出來的形象——在硫磺島、沖繩島、以及此時的日本本土——就是一種至死方休的愛國情操。這種形象最強而有力的表達方式，就是天號行動中的自殺勇氣以及神風特攻隊飛行員自我犧牲（參閱第 312-13 頁）。

日本的未來

日本人民需要找到一個新的論述來繼續活下去。唯一的問題是，目前為止還沒有人知道戰後的故事要如何寫下去。

日本投降

太平洋戰爭是一場種族戰爭，野蠻程度前所未見，但卻以慘絕人寰的大屠殺告終。真正的問題在於勝者和敗者之間是否能達成真正的和解，他們之間是否有可能和平共處。

在裕仁天皇的投降廣播之後是短暫的空檔：絕大部分人都關起大門，無精打采地坐著。在大批人群中等待的人在聽見「終戰詔書」之後，不發一語分頭離去。有人各自哭泣，有人呆立現場。絕大部分臣民在此之前都沒有聽過天皇的聲音：如今在這麼痛苦的情況下聽到他的聲音，更是讓他們感到更多的困惑和震驚。一股詭異的平靜降臨這個國家：人民要調整自己去適應新的心理狀態，且盟軍還在很遠的地方，一時還無法接管。日子一天天過去，還沒看到占領軍在任何地方出現，不過恢復抵抗的想法似乎沒有成真。那些曾一度以最強烈的態度堅持他們應該要戰鬥到死的人，此時卻在同一股愛國心的驅使下，毫無懸念地接受天皇的決定。

持續困獸之鬥

不過對在海外作戰的日軍來說，戰爭還沒結束。在如此遙遠的距離外，通訊相當困難，許多部隊都被地理障礙或敵軍徹底切斷。不是所有日軍軍官都想服從那道終究會到來的命令：打從戰爭一開始，軍方就是帝國霸業中最狂熱的分子，而到了最後，

美軍在天津的勝利閱兵

美軍解放中國的天津，這座城市自 1937 年起就被日軍占領。雖然接下來中國人即將迎來更多騷亂和痛苦，但此時他們可以慶祝脫離日本占領、獲得自由。

> 「朕堪所難堪、忍所難忍，欲以爲萬世開太平。」
> 裕仁天皇，《終戰詔書》，1945 年 8 月 15 日

麥克阿瑟簽署降書

正式的降書一直要到 9 月 2 日才在戰鬥艦密蘇里號上簽署。日本是無條件投降，但天皇作為主權象徵的地位會獲得尊重。

他們也是最排斥投降這個想法的人。在前線，他們有絕對的動機堅持奮戰。且即便他們想投降，當敵人渴望繼續戰鬥時，要抽身也沒那麼容易。蘇聯在 8 月 9 日入侵滿洲後並不想停止敵對行動，因為他們認為透過此舉可以獲得重要領土。8 月 18 日，隨著戰況穩定，蘇軍控制了薩哈林島（Sakhalin）和朝鮮半島北部後，就開始進攻具有戰略重要性的千島群島。

開始占領

太平洋區域的盟軍最高統帥道格拉斯·麥克阿瑟將軍在 8 月 28 日帶著麾下的占領軍來到日本，正式簽署「降伏文書」的儀式則安排在 9 月 2 日於戰鬥艦密蘇里號的甲板上舉行。麥克阿瑟代表同盟國接受日本投降，戰敗的日方則由外相重光葵代表簽署。

日本不再是一個主權國家。它的行政大權掌握在占領政府手裡，這個政府主要是由美軍軍官和民間公務員組成，不過還有來自英國、澳洲和紐西蘭的代表。日本的海外帝國徹底崩潰：美國管理太平洋上幾個有戰略價值的群島，也負責監督南韓政府。蘇聯持續征服滿洲、北韓和千島群島。中華民國接收台灣。同盟國還成立法庭，審判重要軍官和政治人物的戰爭罪行，就跟在歐洲戰勝的同盟國所同

意的一樣。

在此期間，麥克阿瑟和他的部隊帶來糧食補給。不論犯下哪些罪行，也不能就這樣讓日本人餓肚子。由於農業和運輸基礎建設被破壞殆盡，這是正在惡化的狀況。美軍把組織有效的糧食供應體系列為優先要務，不過還需要幾年的時間，饑荒才不再成為威脅。

君主立憲制

在西方世界，麥克阿瑟因為用「過度溫和」的態度對待日本天皇而飽受批評，因為他們認為這個統治者坐視國家逐漸墜入好戰軍國主義的深淵，絕非無辜的旁觀者。但即使麥克阿瑟解除軍隊的武裝並解散他們，他還是謹慎地支持皇室。他希望天皇能夠成為愛好和平的新日本的精神領袖。

後果 »

對日本人來說，投降這件事是個災難性的打擊，而且破壞了他們對自己的認知。

日本的重生

矛盾的是，這反而給了日本人一個重新來過的理想機會，就好像一張「良民證」，讓他們可以再次出發。日本對自身的改造非常徹底（參閱第 342-43 頁），因此在戰敗過後的幾十年間，就成為重要的經濟強國。不過此時此刻，一切在好轉之前會先變得更糟，因為輻射疾病和饑荒開始造成人命損失（參閱第 334-35 頁）。

遠東的對抗

雖然中國高興地擺脫了日本侵略者，但也很快就陷入長期內戰的慘況。最後由毛澤東領導的共產黨獲得最終勝利（參閱第 346-47 頁）。

新的世界超級強權美國和蘇聯已經開始在歐洲互相敵對，冷戰的第二戰場即將揭開序幕（參閱第 348-49 頁）。

投降儀式

不論場面再盛大、再隆重，都掩蓋不了日本屈辱的程度。這個國家已經花了好幾年在追求帝國霸業的目標，要他們卑躬屈膝根本是無法想像的。

9

浩劫餘波
1946-1951年

世界各國的國界在戰後重新劃定。蘇聯主宰東方，控制中歐和東歐，而德國分裂成兩國的狀況持續了數十年。美國此時是全世界最強盛的國家，蘇聯則展開一場全新的意識形態戰爭。

浩劫餘波

在法國，對和納粹合作的通敵分子的報復雖然短暫，但相當激烈。剛開始有些通敵者未經審判就遭處決，而許多和德軍睡過的女人都被剃光頭示眾。

柏林分割成英國、蘇聯、美國和法國區。1948年，蘇軍試圖封鎖柏林中屬於盟軍管轄的區域，但盟軍透過空運維持補給。

1947年聯合國提出分治計畫後，以色列在1948年5月由巴勒斯坦的猶太人建立。此舉受到周邊阿拉伯國家激烈反對，並立即揮兵入侵。

歐洲

赫曼・戈林是紐倫堡大審中身分最顯赫的納粹領導人物，於1946年10月因戰爭罪被判處死刑，但在絞刑前一晚自殺。

奧地利首都維也納也遭受和柏林相同的命運，由勝利的同盟國分區管轄。圖中，美軍行軍通過巨大的紅星裝飾，上頭有列寧和史達林的頭像。

印度和巴基斯坦在1947年脫離英國獨立，印度首都德里有大量群眾上街慶祝。

戰 後那些年裡，各國原本的邊界被粗暴地轉移，並重新劃定。德國從中間分割，而在1939年的莫洛托夫－李賓特洛普條約（Molotov-Ribbentrop Pact）中在地圖上消失的波蘭，則在戰爭結束時再度出現，往西邊移動了160公里。史達林在1941年德軍入侵俄國前攫取的領土，如芬蘭的卡瑞利亞、立陶宛、拉脫維亞、愛沙尼亞和摩爾達維亞，則被蘇聯併吞。日本帝國在亞洲的各個屬地也就此蒸發，例如傀儡政權滿洲國，原本是屬於中國的滿洲各省，此時回歸中國統治，並成為國民黨和共產黨之間主要的爭奪焦點。

歐洲的戰勝國也放棄了它們的海外帝國。英國、法國和荷蘭都撤出東南亞，他們離開之後，新的獨立

1946-1951年

韓戰期間（1950-53年），中國支持的共產北韓進攻由聯合國部隊（以美國為首）支撐的南韓。圖中，難民爭相逃離挺進的共黨部隊。

毛澤東領導的共產黨擊敗蔣介石領導的國民黨後，中華人民共和國在1949年宣布成立。

1949年，聯合國總部於紐約成立。總部最顯眼的部分就是高聳的祕書處大樓，位於國際領土上，不受美國管轄。

美軍在1944年從日軍手上奪取馬紹爾群島中的恩尼維托克環礁。戰爭過後，美國當局疏散環礁，並在當地進行核彈試爆。

阿拉斯加（屬美國）

加拿大

太平洋

美利堅合眾國

大西洋

古

北韓

南韓

日本

斯坦

臺灣

菲律賓

越南

屬北婆羅洲

汶萊

砂拉越

印

尼

葡屬帝汶

澳　洲

馬里亞納群島

關島

太平洋島嶼託管區

加羅林群島

馬紹爾群島

荷屬新幾內亞

新幾內亞領地（託管）

巴布亞

吉爾伯特群島

鳳凰群島

諾魯

索羅門群島

埃利斯群島

新蘇布里底群島

西薩摩亞（託管）

美屬薩摩亞

斐濟　東加

新喀里多尼亞

紐西蘭

聖誕島

庫克群島

法屬玻里尼西亞

墨西哥

夏威夷群島（屬美國）

英屬宏都拉斯

瓜地馬拉

薩爾瓦多

哥斯大黎加

多明尼加共和國

維京群島

海地

宏都拉斯

尼加拉瓜

巴拿馬

哥倫比亞

厄瓜多

背風群島

向風群島

巴貝多

千里達及托巴哥

委內瑞拉

英屬圭亞那

荷屬圭亞那

法屬圭亞那

巴　西

玻利維亞

烏拉圭

阿根廷

1946-1951年時的世界地圖
—— 1951年時的國界

國家就跟著誕生。印度在1947年贏得獨立，旋即成為世界上最大的民主國家；受到嚴重打擊的全球猶太人則實現了長久以來的民族家園夢想，以色列在1948年6月於聖經中提到的迦南（Canaan）立國。

然而最重大的轉變不是地圖上的，而是意識形態上的。新世界秩序被兩個國家和兩種哲學主宰，也就是由美國領導的自由西方民主，還有蘇聯主導的專制國家社會主義。前者陣營包括世界上所有英語國家和西歐國家，後者包含中國（有一段時間）、史達林的東歐附庸國，以及從瓦解的帝國中誕生的革命政體。戰後的歷史就是東西方的兩個地緣政治巨人危險又漫長的鬥爭故事。

1946-1951年時間軸

紐倫堡大審 ▪ 鐵幕 ▪ 聯合國 ▪ 柏林空運 ▪ 被占領的日本 ▪ 帝國的
損失 ▪ 兩個德國 ▪ 紅色中國 ▪ 冷戰 ▪ 核子武器 ▪ 韓戰 ▪ 緬懷戰爭

1946

1月1日
第一屆聯合國大會（UN General Assembly）在倫敦召開，共有51國代表與會。

3月5日
邱吉爾在密蘇里的福頓（Fulton）發表「鐵幕」演說。

ʌ 邱吉爾在福頓發表演說前留影

7月1日
負責在被占領的德國和奧地利維持治安的特殊部隊美國陸軍警察部隊（US Army Constabulary）開始運作。

ʌ 駐紮在德國的美國陸軍警察部隊肩章

7月4日
美國同意菲律賓獨立，但在境內保留大量軍事基地。

1月－6月
成千上萬非法猶太難民在上半年抵達巴勒斯坦。下半年英國當局採取措施，驅逐新移民，並把他們監禁在賽普勒斯。

ʌ 擠滿猶太難民的小船抵達海法

11月20日
越盟和法國殖民地部隊在越南爆發戰爭，最後在1954年結束，越南分裂成南越和北越。

1947

1947
在國共內戰中，共產黨開始勝過國民黨。

3月12日
美國總統杜魯門提出所謂的「杜魯門主義」（Truman Doctrine），這項政策的目的是要提供援助給受共產黨顛覆威脅的國家。他的首要任務是提供援助給希臘與土耳其。

5月3日
日本建立憲政民主體制。

8月15日
印度獨立。這個英國前自治領分割成印度和巴基斯坦。

6月5日
美國國務卿喬治‧馬歇爾宣布美國的援助計畫，目標是重建受創嚴重的歐洲經濟。馬歇爾計畫（Marshall Plan）成為美國對抗共產主義的重要利器。

1948

1月30日
甘地遭到暗殺。他對英國統治進行非暴力被動抵抗，為印度獨立做出重大貢獻。

2月25日
共產黨接管捷克斯洛伐克。

5月14日
以色列建國。次日，周邊阿拉伯鄰國的部隊便發動入侵。以色列最後贏得戰爭，75萬名巴勒斯坦人逃離原本的家園。

ʌ 聖雄甘地

11月2日
美國總統杜魯門連任成功，擔任第二個任期。

7月18日
英方捕獲滿載猶太移民前往巴勒斯坦的出埃及記號（Exodus）。4000名原本要成為移民的人被迫返回位於德國的難民營。

ʌ 1948年採用的新西德貨幣

6月23日
西柏林採用新貨幣。蘇聯在次日切斷所有柏林西半部的公路和鐵路交通，西方盟國立即展開大規模空運作業，補給燃料和食物。

12月23日
日本首相東條英機因戰爭罪被處以絞刑。

11月29日
聯合國大會通過一項決議案，呼籲阿拉伯人和猶太人在巴勒斯坦分治。

「美國必須把蘇聯視為**對手而不是伙伴。不能期待**社會主義世界和資本主義世界可以幸福共存。」

美國前駐莫斯科代表團副團長喬治·凱南（George F. Kennan），1947 年 7 月

1949		**1950**		**1951**	

1月25日
經濟互助委員會（Council for Mutual Economic Assistance, COMECON）成立。第一批成員國有蘇聯、保加利亞、波蘭、捷克斯洛伐克、匈牙利和羅馬尼亞。

❯ 西方媒體報導蘇聯試爆原子彈的新聞

8月1日
荷蘭為了防止印尼獨立，在經過四年的戰鬥後，終於同意停火。他們在 12 月時正式放棄所有在東南亞的前殖民地，荷屬新幾內亞除外。

8月29日
蘇聯首度試爆原子彈，讓冷戰增添了核武元素。

1950 年 1 月 13 日
蘇聯代表在聯合國抗議聯合國由國民黨領導的中國在安理會持續出席，而非由新的中華人民共和國代表。

▲ 法國海報宣傳共產黨對印度支那的威脅

1950 年 2 月
中華人民共和國和蘇聯簽訂友好同盟互助條約。

9月15日
以美國海軍陸戰隊為主的聯合國軍在仁川成功登陸，切斷在南方作戰的北韓部隊補給線。

1月4日
在韓國，中國派出的共軍部隊和北韓部隊奪回首爾。

1月16日
保衛東南亞殖民地的法軍在河內城外擊敗越盟。

7月10日
參與韓戰的雙方停戰並展開和平會談，並在沿著兩國原本邊界的北緯 38 度線地帶設立非軍事區，但戰鬥又繼續進行了兩年。

4月4日
美國、英國、法國、比利時、荷蘭、盧森堡、葡萄牙、義大利、挪威、丹麥、加拿大和冰島等國代表在華盛頓簽定《北大西洋公約》。

9月22日
聯合國軍進入首爾，經過數天激烈巷戰後才收復。

▲ 南北韓的國界是北緯38度線

2月11日
聯合國部隊越過北緯 38 度線，把戰鬥帶進北韓境內。

9月8日
49 個國家在舊金山簽署對日本的和平條約。蘇聯反對條約中的部分條款，因此沒有簽署。

10月1日
毛澤東宣布中華人民共和國成立。蔣介石率領被擊潰的國民黨部隊，在臺灣島延續中華民國的統治。

1950 年 6 月 25 日
北韓入侵南韓。聯合國譴責此為侵略行動，並要求成員國協助南韓。

3月18日
聯合國部隊再次光復首爾。

5月12日
美國在太平洋上的恩尼維托克環礁試爆第一枚氫彈。

5月
史達林下令解除對柏林的封鎖。

5月23日
德意志聯邦共和國（西德）成立。

10月7日
德意志民主共和國（東德）在德國的蘇聯占領區成立。

6月13日
聯合國部隊攻陷北韓首都平壤。

統計損失

有數千萬人在戰爭中喪命，而戰火平息後，又有數千萬生還者繼續受苦受難。由於被衝突浪潮帶走的人試圖返回家園，還有很多人淪為大規模驅逐行動的受害者，歐洲發生了一場規模難以想像的難民危機。

◀◀ 前因

不論從任何角度來看，第二次世界大戰無疑是人類至今代價最高昂、破壞程度最大的衝突。

戰爭的代價
交戰國的財政支出相當龐大。美國參與戰爭，共花費大約 3410 億美元。俄國歷史學家估計，蘇聯為了這場戰爭付出高達 30% 的國家財富。希特勒為了打造他的歐洲帝國而發動戰爭，為此豪擲了 2720 億美金（參閱第 220 頁）。

失去的瑰寶
數以千計的重要建築物和無可取代的藝術珍品因為砲彈而毀於一旦。這些失去的東西無法用價值衡量：德勒斯登的巴洛克風采、雷恩（Wren）興建的倫敦華麗教堂，還有列寧格勒的雄偉宮殿等等，此外還有更多。

人命損失
根據現代推算，總死亡人數從 5500 萬到超過 7000 萬不等。

離開瓦解的帝國
離鄉背井的人（在德國以及德軍占領區的外國奴工）在 1948 年離開慕尼黑前往法國。

「士兵必須**回家**……難民也必須**返國**。」
溫斯頓·邱吉爾《勝利與悲劇》，1954 年

各國付出的戰爭代價並不平均。波蘭損失了 16% 的人口，美國則只損失了 1% 的三分之一。同盟國公民的死亡人數是軸心國公民的四倍。在戰爭中被殺害的人有將近三分之二是非戰鬥人員。

中國的非戰鬥人員有多達 1600 萬人在戰爭中死亡，這個數據說明了同盟國方面的巨大死難數字，以及在戰爭中喪生的平民比在戰鬥中陣亡的軍人還多這個荒誕的事實。而這些數字還因為希特勒在戰時兩個獨立但又相關的面向而膨脹。第一個就是納粹針對蘇聯平民百姓的殺人政策——共

有超過 1200 萬蘇聯平民在德軍入侵和撤退的過程中遇害，此外還有 1000 萬男女戰鬥人員犧牲。

第二個造成平民高死亡率的因素，就是希特勒滅絕所有猶太人的政策，不論他們在哪裡落入納粹魔掌。希特勒崛起前，共有將近 800 萬猶太人居住在歐洲各地，他們呈現出充滿活力、豐富而古老的文化。

返回家園

衝突剛結束時，沒有人計算死難者人數。大家都能做到的就只有想辦法埋葬他們。1945 年春季，對獲勝的同盟國政府來說，生活是一個更加迫切的問題。在戰爭的最後幾個星期裡，德國西部充斥趕忙逃離紅軍的難民。德國投降後，這些流離失所的人又讓無家可歸的德國人民總數暴增——例如家園被毀的數十萬人，或是那些動身尋找失蹤親人的人。在最後的幾個月裡，許多德國的前戰俘和倖存的軍人返回家園，卻發現他們的家人已經死去，或是他們的妻子已經在他們不在身邊的時候和某個人展開了新生活。戰爭結束許多年後，這批居無定所的「被遣返者」（Heimkehrer）繼續在許多城市間遊蕩。1948 年的官方評估報告指出，這樣的人大約有將近 200 萬。

更悲慘的命運降臨在那些住在戰前德國邊界以外的地方、或是居住在戰爭結束時割讓給其他國家的東部

1億1000萬人
二次大戰期間在各參戰國家武裝部隊中服役的人數。另有 17 億人以某種方式參與。

領土的德國人。同盟國對這些人的政策是應該把他們從原本的家園驅逐出去，並安置在其他占領區。但是重畫國界並不只是製圖工作而已。這件事為數百萬人帶來巨大、有時甚至是致命的劇變，而在某些情況下，強迫遷移也有復仇的特徵。蘇台德區共有 300 萬名德國人，這個地區在大戰結束時重回捷克斯洛伐克的懷抱，因此他們只得在槍口和棍棒的威脅下，有如牲畜般成群被驅趕到邊界的另一邊。波蘭的邊界往西邊移動後，許多居住在東部的波蘭人發現自己身處蘇聯領土上，而許多德

戰敗軍人返鄉
許多德國軍人都生活在斷垣殘壁的街道——就像一群穿著制服的流浪漢。但他們算是幸運的了：至少他們在祖國，而且自由自在。

在戰後的數十年間，各國政府處理了一些人為獨斷造成的不公不義。

遺憾與補救

1952 年，西德政府同意支付超過 30 億馬克的金額給以色列，讓以色列作為那

耶路撒冷的以色列國旗

些沒有倖存家人的大屠殺受害者的繼承人。這筆款項協助以色列（參閱第 344 頁）在剛建國不久最脆弱的幾年裡得以生根。1995 年，日本成立一個基金，支付賠償金給依然健在的「慰安婦」，絕大部分是遭日本陸軍脅迫賣淫的韓國和中國婦女。每位被害人都收到一封日本首相署名的信件：「……本人再次向所有遭遇過無法衡量的痛苦經歷和無法療癒的身心創傷的女性致以最誠摯的歉意和自責。」

是受害者，不是叛徒

在 1980 年代的改革開放時期，落入德國人手中的俄國人遭遇的困境受到重新評價：此時他們不再被視為叛徒，而是兩個恐怖政體的受害者。對大部分遭遇如此不幸的人來說，他們早已離世，如今才獲得平反。

國人則發現自己所之處是波蘭西部。所有這些人接著就被「遣返」，城市也更改了名稱和拼字。例如波蘭城市利沃夫就變成蘇聯的烏克蘭城市利維夫（Lvov），布雷斯勞（Breslau）的德國人被驅逐後，波蘭人移居進來，改名為弗次瓦夫（Wroclaw）。

奴工和勞改營

也許遭遇最不幸、處境最悲慘的生還者，是 500 萬在戰爭期間被驅逐到德國的蘇聯公民。他們有些人其實是被挺進的德軍綁架的，送到西邊擔任奴工。有些人則是被自願替德意志國防軍戰鬥、不願在戰俘營中挨餓的俄軍士兵俘虜。根據《雅爾達協定》（Yalta Agreement）的條款，蘇聯公民不論

廢墟般的街道

1946 年的柏林全是瓦礫廢墟。大部分廢棄物都被傾倒在布蘭登堡（Brandenburg）的平原上，結果形成 80 公尺高的人造丘陵。

自身意願為何，一律要遣返回國。他們所有人都被送回俄國，結果一律被當成叛徒，並被迫前往勞改營。

因此，第二次世界大戰的結束本應是個快樂的日子，但實際上卻不是。對許多的個人、家庭、都市人口和種族群體來說，它是憂鬱、苦難和絕望的集合。戰爭的代價不只包含數不清的破壞和數千萬名死難者，還要加上無數失去親人的人所承受的創傷。無數人的未來毀於一旦而無法回到正軌，即使是到了現在，它帶來的痛苦仍沒有完全消失。

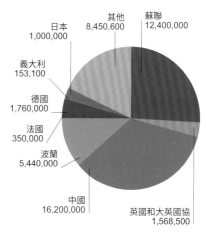

其他
1,422,500

日本
2,120,000

蘇聯
10,700,000

義大利
301,400

德國
5,533,000

法國
217,600

波蘭
160,000

中國
3,800,000

英國和大英國協
575,000

美國
416,800

二次大戰期間的軍人死亡人數

在對抗德國的戰爭中，紅軍首當其衝，因此蘇聯承受的軍人傷亡數字最高。

日本
1,000,000

其他
8,450,600

蘇聯
12,400,000

義大利
153,100

德國
1,760,000

法國
350,000

波蘭
5,440,000

中國
16,200,000

英國和大英國協
1,568,500

1937－1945 年間的平民死亡人數

在 1937－1945 年的對日抗戰期間，中國平民面對日軍侵略，死傷慘重。上圖中的數字包括大屠殺受難者。

戰後難民

戰爭結束時，上千萬名無依無靠、無家可歸的人在歐洲各地四處遊走。他們來自不同的國家，包括集中營生還者、戰俘和被強制運到納粹占領區的奴工等等。歐洲各地設立營區和收容中心，讓這些流離失所的人能夠暫時居住、填飽肚子，之後再繼續踏上旅程。

「你得透過冰塊看出去，才能對維爾德夫萊肯（Wildflecken）的第一個冬天有適當的看法……1 萬 2000 名波蘭人挨冷受凍，和 18 名聯合國善後救濟總署（United Nations Relief and Rehabilitation Administration, UNRRA）指派照顧他們的男女工作人員住在一起……一切的生活所需只能依靠補給線供應，一切從簡，能省則省。每個禮拜負責把食物和煤炭從（德國）玉茲堡的陸軍倉庫運過來的貨車會自動在我們的火車站出現……如果沒有危機或意外的話，所有時間都被團體拜訪占滿。我們的營區有大約 2800 個房間，波蘭人在這些房間裡以斯拉夫人的方式準備度過冬天。他們把窗戶釘上以保持關閉……把嬰兒象印第安人那樣包得緊緊的……掛起愈來愈沉重的曬衣繩……在任何一個房間裡都可以看到完整的人類生活狀況……有可能是空無一物的單身漢房間……或者……也可能一個房間裡有兩三個來自相同村莊的家庭……努力一起創造出……勉強有點像過去家園的樣子……通常這個房間會有好幾個由宿舍委員會根據人數多寡而塞進來的不同家庭……有些房間總是會讓人一陣心酸，因為它們又被分隔成好幾個家庭隔間。」

聯合國善後救濟總署維爾德夫萊肯難民營副主管凱瑟琳·宏姆（Kathryn Hulme）

「首先，我們在那裡（卑爾根－貝爾森）穿的衣服全都是病菌和蝨子。我們必須淋浴，然後撒上藥粉……他們給我們不一樣的衣服……然後被分配到一個房間裡，裡面有非常多人……在費爾達芬（Feldafing）營地的人來自歐洲各地，不是只有波蘭而已。我們營地這裡有匈牙利猶太人、羅馬尼亞猶太人、捷克猶太人和希臘猶太人。這裡每一個人就只是到處走來走去，試著認識其他人並找出某個人（親戚）……但沒有人成功。美國人還成立美術學校，他們帶電影進來放映，他們……把我們組織起來，還有來自其他營地身為音樂家的生還者……但問題在於，在那裡看不到未來，我們還有什麼地方可以去？」

卑爾根－貝爾森生還者費拉·瓦紹（Fela Waschau），描述慕尼黑附近第一個全猶太人難民營費爾達芬難民營的狀況

流離失所的歐洲難民
在 1945 到 1947 年間，聯合國善後救濟總署在歐洲各地設立超過 700 座難民營，讓無家可歸的難民在被遣返或是繼續前往其他地方展開新生活之前有地方可棲身，並供應食物和醫療。

前因 «

戰爭結束後，同盟國把德國分割成四塊占領區，每一區都由一個戰勝國管轄：蘇聯、美國、英國和法國。日本則由美國全權控制。

新政權

蘇聯占領區位於東德，由俄軍推進時占領的領土組成（參閱第305頁），是四塊占領區中面積最大的，其包含舊普魯士國的全部領土。俄國人把這塊土地視為歷史上德意志軍國主義的搖籃，而從地理上看來，納粹侵略行動也是從這裡出發。史達林格外高興德國的這個部分可以由他支配。在西邊，美國控制德國南部，英國管理北部，法軍部隊則占領了與瑞士和法國接壤的地帶。在此同時，日本則由道格拉斯・麥克阿瑟指揮的美軍占領（參閱第244-45頁），有長達六年的時間，他都以軍事統治者的身分管理著被嚇壞的日本人民。德國和日本都一點一滴地被重新塑造成和他們的占領相同的樣子。

戰敗國的命運

戰勝國的軍隊占領德國和日本，他們發現當地有非常多的人無家可歸、沒東西吃。毀滅不但是肉體上的，也是心靈上的：德國和日本作為獨立國家的地位已經不復存在——就像它們備受摧殘的城市一樣，必須一磚一瓦地重建。

1943年，同盟國針對無條件投降政策達成協議，明白他們的戰爭目標不只是在軍事上擊敗軸心國，還要剷除日本和德國的政治體制與侵略性民族主義哲學。

沒有人知道要怎麼達成這個目標。德國是否還有機會再次被允許成為一個獨立國家，這一點尚不清楚。史達林似乎想要把這個國家分割成許多各別獨立且沒有權力的小國，法國也有類似的方案。萊茵蘭和薩爾蘭將成為受到巴黎管制的衛星國，工業發達的魯爾區將成為國際管轄區，德國其餘部分則成為有如拼圖般的邦聯，而非主權國家。至於美國的觀點，根

據國務卿亨利・摩根索的說法，會要求剝奪德國所有的現代化工業，讓他們退化到有如中世紀的農牧狀態。但隨著冷戰迅速展開，德國的工業基地就成了寶貴的資源，這個計畫也悄悄地無疾而終。

面對飢餓

對德國人民來說，每天的現實——對日本人民來說也一樣——早已和這類地緣政治利害沒有

什麼關係了。在這兩個國家，絕大部分人都只是為了生存而掙扎。德國糧食短缺的狀況十分嚴重，許多生活在遭受轟炸又被盟軍入侵的地區的人同時要忍受飢餓且營養不良的痛苦，而首當其衝且最普遍的受害者，當然就是兒童與嬰兒。

在日本，饑荒也相當常見，黑市無所不在。有一個案例是，一名東京法官拒絕以非法管道購買食物，只吃他的官

美國陸軍警察部隊徽章

這支部隊之所以成立，是為了在被占領的德國和奧地利（1946-52年）維持治安。

領國的價值觀，並使他們不再忠於舊政體。在德國，所有四個戰勝國全都嚴厲實施「去納粹化」，像是各級學校不論什麼科目都禁止繼續使用希特勒時代的教科書；在納粹統治時期，即使是教授數學和化學，都被種族意識形態滲透。在此期間，前納粹黨幹部都被迫離開地方政府職位，禁止出任公職。不過這項政策之後無疾而終，原因是少了這些前納粹官僚的專業知識和訣竅，行政管理工作便無法順利推展。

對曾經投入 V-2 火箭開發工作的物理學家和工程師來說，專門知識就是他們的救贖。前進的美軍展開一項特殊作戰，搶在蘇軍之前把這些人

力發動的戰爭」。

1946 年，裕仁天皇公開承認他不具備神的地位。他相當幸運，沒有被當成戰犯審判。麥克阿瑟認為這麼做會引發日本全民的憤怒和驚駭，使治理他們的這項任務永遠不可能完成。

刑，其中最首要的就是戰時首相東條英機。他曾在 1945 年企圖自殺，以避免被美軍俘虜，但沒有成功，只有受傷而已。他在 1948 年和他的外務大臣及陸軍大臣一起被處絞刑，也因此「有幸」成為唯一一位因為戰爭罪而被處決的政府首腦。

紐倫堡大審
起初因為戰爭罪被起訴受審的 24 名納粹領導人中，共有 21 名在 1945 年 11 月 20 日進入被告席。坐在前排最左邊的是赫曼‧戈林，坐在他旁邊的則是魯道夫‧赫斯（Rudolf Hess）。

「我們的目標是**永遠消除**它在歐洲中央發揮單一國家作用的能力。」

約瑟夫‧史達林對戰後德國的計畫，1943 年 11 月

網羅過來，當中最大的收穫就是維爾納‧馮‧布勞恩。他的專業知識對軍方極富價值，因此美國人選擇忽視他曾在火箭製造廠中雇用來自集中營的奴工的事實。他和許多團隊同僚之後又在美國陸軍及美國國家航空暨太空總署工作了相當長的時間。

這個時候在日本，大約有 20 萬人因為被認為要為以各種形式領導日本進行作戰負責，所以應美方要求被迫離開政府和商業的職務。日本武裝部隊徹底解散，並且在 1947 年的憲法中寫入有關否定軍國主義的內容，其中第九條言明「永遠放棄以國家權

但兩個政權中的許多領導人物都確實受到了審判。

戰犯法庭

在德國，位於紐倫堡的納粹領導人法庭不僅僅是一項司法工作，同時也以戲劇性的方式向德國人民證實這個他們曾經生活於其中並熱心支持的政權的真實本質。對許多德國人來說，在法庭上播出的影片證據讓他們首度瞥見集中營的恐怖真相。24 名希特勒的主要左右手在紐倫堡被起訴，當中 12 名被判死刑，其中包括希特勒的外交部長約阿辛‧馮‧李賓特洛普、被

| **5,700** | 被指控犯下戰爭罪的日本軍人人數。 |
| **475** | 被判死刑且執行的人數。 |

占領波蘭的總督漢斯‧法蘭克（Hans Frank），他獲得了「波蘭屠夫」的稱號，還沾沾自喜。赫曼‧戈林是在紐倫堡被判有罪的人當中地位最高的，他在處刑前一晚自殺。日本也有自己的紐倫堡──也就是遠東國際軍事法庭，當中共有 28 名軍方及政界領導人接受審判。16 名前閣員、將領和大使被判處終生監禁，七人被判處死

1961 年阿道夫‧艾希曼在以色列受審

方配給，最後活活餓死。在這兩個國家，占領軍都向平民供應緊急配給糧食。食物供應同時具備政治和人道目的：此舉使廣大一般民眾更加認同占

關鍵時刻
柏林分割

柏林全部位於蘇聯占領區內，但在雅爾達會議上，同盟國領袖已經決定，應該把德國首都跟德國本土一樣分成四塊占領區──蘇聯、美國、英國和法國。此舉的用意是要彰顯戰勝國通力合作，才能擊敗納粹德國。1945 年 7 月，俄國當局允許三個西方同盟國占領一部分的柏林。但蘇聯和其他同盟國的關係變壞之後，柏林的分割就成為爭議的焦點──之後更是成為冷戰雙方鬥法的象徵。

« 前因

史達林和邱吉爾這兩位領導人在 1944 年的一場會議上開始討論戰後歐洲勢力範圍劃分的問題。

劃分巴爾幹半島

1944 年 10 月，邱吉爾和史達林會晤。他在一張紙上潦草寫下巴爾幹半島各國的國名及一些比例：羅馬尼亞應有 90% 屬於俄國勢力範圍，反之希臘則應有 90% 屬於英國勢力範圍，保加利亞應有 75% 屬於俄國勢力範圍，南斯拉夫和匈牙利則應為 50 比 50。史達林瀏覽了邱吉爾的紙條後，在上面打了一個大大的勾，但邱吉爾立即覺得不妥。他說：「如果我們用看起來這麼漫不經心的方式處理了這些對數百萬人來說如此重大的議題，難道不會被視為自私自利嗎？我們把這張紙條燒了吧。」史達林回答：「不，你留著。」到了最後，邱吉爾的方案並沒有實施，但卻立下了一條原則：戰後全歐洲都會分配給戰勝國。當然史達林

1億1100萬

1950 年時東歐在共產主義統治下的總人口數。這是戰爭造成的直接結果。

在最後獲得的勢力範圍，遠比邱吉爾在 1944 年一時興起的算計中準備讓予的大上許多。

柏林空運

西柏林人看著一架分機載運燃料和其他基本物資朝他們的城市飛來。在空運行動的高峰，每三分鐘就有一架運輸機在柏林著陸。

鐵幕

戰後政治解決方案憑空創造出一條橫貫歐洲中央的意識形態斷層線，而且這條線還穿越德國的心臟地帶。在這條線的東邊，出現了所謂的「鐵幕」，親蘇聯的共產主義政權在這裡成立。至於在西邊，大致上親美的民主政權則占優勢。

「冷戰」這個詞是邱吉爾在戰爭結束的那個星期創造出來的。他在 1945 年 5 月 12 日一張寫給美國總統杜魯門的便條上使用這個詞，其中他提到「一道鐵幕沿著〔紅軍的〕前線拉下，我們不知道後面發生了什麼事」。

邱吉爾的判斷也許相當精確，但美軍和俄軍戰友愉快會師的畫面在人們心目中依然栩栩如生。此外，杜魯門還需要結束對日本的戰爭——他還沒有準備好要去思考邱吉爾對歐洲的憂慮。但邱吉爾對史達林意圖的悲觀看法卻日漸堅定。1946 年 3 月，當邱吉爾到美國密蘇里州福頓的西敏學院

（Westminster College）發表演說時，他寫給杜魯門的備忘錄中的那個響亮詞彙依然在他腦海裡揮之不去。他表示「從波羅的海的斯泰丁（Stettin）到亞得里亞海的的里雅斯特，一道鐵幕已經在歐洲大陸上落下。所有中歐

封閉邊界

1950 年代，東方集團和西歐之間的鐵幕有一個漏洞：人們依然可以在東西柏林之間穿梭。但隨著柏林圍牆在 1961 年建立，這個漏洞也被堵死。

和東歐古老國家的首都全都在這條線後面，華沙、柏林、布拉格、維也納、布達佩斯、貝爾格來德、布加勒斯特和索菲亞，所有這些知名城市和它們四周的人都在我必須稱之為蘇聯勢力的範圍內，全都以某一種或另一種方式，不僅屈服於蘇聯的影響之下，也屈服於來自莫斯科的非常強勁、且在許多方面都愈來愈強勁的控制之下。」

> 「……一道**鐵幕**已經在歐洲大陸上落下。」
>
> 溫斯頓·邱吉爾在密蘇里州福頓的演說，1946 年 3 月

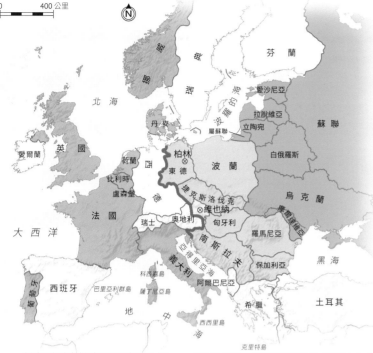

圖例

蘇聯

1948年時蘇聯掌控的共產國家

1944-55年時的蘇聯占領區

1949年時的北約成員國

1948年時的鐵幕

⊗ 被分割成占領區的城市

戰後歐洲的分割

1949 年時，鐵幕以西的許多國家加入美國陣營，成立北約組織，是一個追求集體防衛的軍事聯盟。蘇聯和其衛星國家為了抗衡北約，在 1955 年簽署《華沙公約》（Warsaw Pact）。

邱吉爾再度做出了正確的分析，但時間不對。美國和歐洲的絕大多數人依然希望獲勝的同盟國能夠像戰爭期間一樣繼續合作，維持和平，進而建立更加完善的世界秩序。史達林被許多天真的英國人暱稱為「喬叔叔」，他在當地被視為喜愛、甚至是欽佩的對象。而當邱吉爾演說時，美國總統杜魯門人就在福頓的講台上。他稍後私下表示，這場演說讓他在政治上十分難堪。

接受新現實

但邱吉爾的悲觀預測並不孤單。在他的演講一或兩個星期前，一份被稱為「長電報」（Long Telegram）的文件開始在美國國務院內部流傳。這份文件由駐莫斯科大使館的高階官員撰寫，主要內容是分析蘇聯對西方的態度。這份文件形容蘇聯共產主義是「一股政治力量，狂熱地堅信針對美國不會有永久的權宜之計……如果想要確保蘇維埃的政權，打破我方的國際權威就會是可取且必需的。」

長電報開始對美國外交政策產生深刻的影響。1947 年 3 月，當史達林對土耳其做出領土威脅，並支持希臘境內的共黨游擊隊時，杜魯門便採取強硬許多的立場。他宣布美國會採取行動，以支援「抵抗武裝少數和外部壓力而不屈服的自由人民」。他沒有直接點名蘇聯，但顯然他已經畫出紅線，也就是在福頓演說的一年之後，他已經開始認同邱吉爾對蘇聯擴張的看法。

柏林封鎖

對新的「杜魯門主義」的第一個重大考驗在 1948 年出現。6 月時，同盟國方面開始採用改革過的貨幣，在美國、英國和法國占領區中發行，深入蘇聯控制區當中的西柏林當然也不例外。俄國人因為看到西方在柏林進行干預而感到憤怒，以他們的觀點來看，這些盟國「只不過是客人而已」。他們做出反應，切斷從西德通往西柏林的鐵公路交通，還對市區斷電。史達林大張旗鼓地降下鐵幕向西方示威，西柏林實際上可說是陷入圍城狀態。

現在輪到西方國家來決定如何回應。其中一個建議是認為史達林此舉只不過是虛張聲勢，因此可以派遣一支裝甲縱隊，從西德一路前往西柏

105 提出動議譴責「鐵幕」演說是「有害世界和平大業」的英國國會議員人數。

1956年失敗的匈牙利革命

東方集團

歐洲的冷戰（參閱第 348-49 頁）戰線在 1950 年成形。史達林的共產黨已經在捷克斯洛伐克、波蘭、匈牙利、羅馬尼亞和保加利亞奪權。1949 年時，德國的蘇聯占領區也成為共產主義國家——德意志民主共和國。在其他地方，南斯拉夫仍繼續實施共產主義，由狄托統治，但卻不在莫斯科的勢力範圍內。至於奧地利則在占領國於 1955 年撤離後，幸運地免於落入蘇聯社會主義手中。

當然也有人試圖解開甚至擺脫極權主義的枷鎖——尤其是 1956 年的匈牙利和 1968 年的捷克斯洛伐克，但都被蘇軍部隊強力鎮壓。所有這些鐵幕之內的國家都一直是蘇聯的衛星國，直到 1980 年代末蘇聯崩潰，鐵幕自動瓦解為止。

林，但這個建議因為有關當局偏好對抗成分較低的戰術而被否決，也就是人道空運。英國和美國開始用飛機把煤炭和其他基本物資運進西柏林。史達林明白自己不能冒全面開戰的風險擊落美軍飛機，但判斷盟國也無法以這種方式長時間運補柏林，所以遲早必須把這座城市拱手讓給他。但是史達林失算了。這場空運行動持續了 15 個月，且毫無疑問能夠繼續進行下去。因此他在 1949 年 5 月打退堂鼓，下令解除封鎖。

民主國家贏得針對蘇聯的第一場重大對抗行動，重要的是一彈未發。不過在此期間，東西方關係也陷入急凍狀態。鐵幕不再只是國家之間的實體邊界，此時也成為人類之間的意識形態界線，以及對維繫和平來說危險且幾乎無法克服的障礙。

邱吉爾的「鐵幕」演說，1946年

許多歷史學家——尤其是俄國歷史學家——都把邱吉爾的知名「鐵幕」演說視為冷戰的開端。史達林對這場演說十分生氣，甚至氣到把邱吉爾拿來和他們沒多久前擊敗的敵人相提並論：「邱吉爾先生和他的黨羽與希特勒及其親信有極為驚人的相似之處。邱吉爾透過宣告一種種族理論來發動戰爭，也就是只有說英語的國家才有資格決定世界的命運。」

日本和西德的重生

在戰後那些年裡，新的日本和新的德國從戰敗的灰燼中重生。日本成為君主立憲國家，德國——至少西半部——則成為歐洲民主的楷模。有了美國的幫助，這兩國都各自成為所在地區最強大的經濟體。

所有的同盟國都同意，德國應該要賠償被他們攻打過的國家，且德國應該負擔占領的成本，但這點應如何達成卻沒有太多共識。在雅爾達會議上，史達林曾經表達他的觀點，認為德國應該支付 200 億美金的賠償，其中有一半應該由蘇聯獲得。邱吉爾對於這種苛刻的賠償相當警惕，並指出就是在第一次世界大戰結束時實施這樣的政策，才造成讓希特勒掌權的政治和經濟大環境。美國方面則認為，德國的經濟應該要先站穩腳跟，才有可能從平衡的預算中支付賠款。

更好的馬克
德國馬克取代帝國馬克後，西德就開始踏上經濟復甦之路。

剝奪資產

最後，每個同盟國都以自己的方式實施賠償政策。其中俄國人要求的賠償顯然是最嚴苛的，他們把數百萬噸的物資和設備從東德搬運到蘇聯。第一波侵略部隊已經恣意洗劫了德國人民的財產，像是手錶、珠寶、衣物這類東西，而緊跟其後的是受過特別訓練的紅軍部隊，專門搜尋「戰利品」——這個詞代表藝術品和博物館展示品、各種車輛和機械、國家檔案館內的各種檔案、各式武器軍火、原物料和糧食。許多工廠內的全部機具都由專業人員迅速拆解，化整為零運往俄國，就如同 1941 年時俄國的工廠機具也被拆卸，向東運往西伯利亞，以避免落入德軍手中。

俄國不是唯一一個剝奪敵方資產的國家。法國宣稱他們有權運用占領區中的薩爾蘭煤礦，從而以犧牲德國經濟為代價來強化法國的經濟。英國和美國反對俄國全面奪取德國資產的作法，但他們也涉及所謂「拆除」被歸類為「多餘」設施的計畫，目的是要降低德國的工業產出，直到遠低於戰爭爆發前的水準。

拆解戰爭機器

在日本，麥克阿瑟將軍則著手進行一場非常不同的解構行動。日本的戰爭經濟是由被稱為「財閥」的巨大企業集團驅動，美方發起了一項「裂解財閥」的計畫，內容是強迫持股公司把股分出售給一般大眾，並把單一大財

200億 這個以美金計價的數目是在波茨坦會議上做出的決定，也就是德國應以機械和工廠償付給同盟國的戰爭賠償金額。

閥拆分成數十個或數百個組成集團的小公司。當局還會取締卡特爾和壟斷行為，並鼓勵成立各種工會。

所有這些措施——在德國和日本——實施時都有一個意圖，就是要讓戰敗國在財政上無力再發動戰爭。但到了 1947 年年底，情況卻愈來愈明顯：同盟國的政策在這兩國造成就政

前因

占領德國和日本的戰勝國面對經濟難題，這是一個需要好幾年時間反覆試誤並經歷許多分歧才能解決的問題。

重建的問題
同盟國明白，戰敗國家的凋敝經濟需要加以復甦。德國和日本人民必須回到工作崗位上，但占領國也積極想要防止先前的敵人重建有可能再度作為戰爭引擎的工業。他們在雅爾達會議（參閱第295頁）討論這些問題，但沒有擬定任何清晰或統一的政策。

意見分歧
在日本，重建的問題只需要考慮一個人的意見：美國的意見。說得更精確一點，是麥克阿瑟將軍的意見。然而在德國，每個同盟國都有一塊占領區，德國要如何重建、如何最好地讓德國為罪行付出代價，都有各種不同的想法。

不辭辛勞
日本之所以能夠快速復甦，有一部分要歸功於像這張照片裡的這些絲綢工人，他們懷抱想要幫助經濟重建的渴望。

治面來說相當危險的情勢。在德國，大批民眾深陷赤貧狀態，美國人開始擔心飢餓和窮困會讓他們容易接受共產主義宣傳。此外，由於美國對共產主義的恐懼愈來愈深，人們對「裂解財閥」的計畫也有了另一種解讀：它已經開始顯得像是一種國家強制實施的社會主義，明顯地「不美國」。

因此美國和英國開始扭轉對前敵國的政策。在日本，拆解大型財閥企業集團的行動規模大幅縮水，至於在

自 1960 年代開始，日本和西德都脫離了經濟復甦期，並度過相當長久的經濟繁榮期。

日本的創業精神

在日本，經濟發展能夠達到高峰，有一部分要歸因於重新建構原本美國想要摧毀的財閥。但美國對去中心化做出的努力並沒有白費。他們創造出經濟上的空間，讓小型企業可以發展茁壯，其中包括未來會變成家喻戶曉的名字，像是豐田、本田和索尼等。

德國的奇蹟

1960 年代的西德經濟奇蹟（Wirtschaftswunder）因為戰時德國基礎設施被毀而得到助力。計畫部門和行政管理當局可以從零開始，有機會以現代化世界為目標而大興土木，而他們也確實盡可能妥善運用了這個機會。

索尼隨身聽

見效。從更長遠的角度來看，這些措施為真正自給自足的經濟復甦打下了基礎。

日本擁抱民主

日本也迅速變化。麥克阿瑟曾說過，他希望日本可以變成「亞洲的瑞士」，而廣島和長崎的可怕教訓也許加速了和平主義世界觀的形成。但前景的改變更不止於此——它上綱到民族精神的轉型。日本人愈來愈熱烈地投向「民主化」的懷抱，有時甚至讓美國長官都感到吃驚。此外在全國各地都掀起一股廣泛的國民反省和開誠布公討論的狂潮，這樣的景象一直要到蘇聯改革開放時期才會再度出現。美國原本以為會留在日本幾十年——甚至是一個世紀，但根據 1951 年的《舊金山條約》（Treaty of San Francisco），美國自 1952 年起就退出日本，日本也因此重新恢復主權。

國民的汽車

國民車原本是設計做為典型納粹家庭使用的廉價乘用車，在戰後恢復生產。它被視為設計經典，同時也是德國汽車工藝的勝利。

德國，英美兩國減少「拆除」計畫，並把兩國的占領區合併成經濟上統一的「雙區」。此外，1948 年的歐洲復興計畫（European Recovery Plan，更常見的名稱是馬歇爾計畫）更把範圍延伸到的德國西部的占領區。美國在接下來的幾年裡投入大約 35 億美元的資金給德國，希望能夠振興經濟，讓德國人民能填飽肚子、安居樂業，如此才不會受到蘇聯社會主義的吸引。

這項計畫的重要部分就是德國貨幣改革：在美國鑄造的新德國馬克（Deutschmark）於 1948 年 6 月 20 日取代幾乎一文不值的帝國馬克（Reichsmark），每個人在第一天都可以用 40 舊馬克換到 40 新馬克（之後匯率變成 15 比 1）。同一天，德國當局也廢止了製造品和多種食品的價格管制措施。這些措施是殘忍的通貨緊縮——它們讓私人好不容易攢下的任何積蓄都變得一文不值——但對於扼殺黑市和讓官方經濟自由化卻立即

> 「日本人從戰爭時期開始已經經歷了現代歷史上**最偉大的改革**。」
>
> 道格拉斯‧麥克阿瑟將軍對美國國會的告別演說，1951 年 4 月 19 日

前因

歐洲強權遼闊海外帝國的最後死亡，是從第二次世界大戰災難連連的前幾年開始的。

越南革命家胡志明

失去威望

1940年，世界各地的殖民地人民對於法國迅速屈服（參閱第82-83頁）以及英國拋盔棄甲狼狽撤退（參閱第78-79頁）都感到十分震驚。兩年後，馬來亞、印度支那和印尼人民也發現他們的歐洲長官根本無力抵擋日軍入侵（參閱第158-59頁）。

自由戰士

在東南亞，抵抗日軍侵略的重責大任就落在當地游擊團體身上──通常由民族主義分子或共黨分子領導。在為了解放自己的國家奮戰過後，他們當然不可能把土地或權力交還給以前的殖民地主人。

印度領導人（1869-1948年）

聖雄甘地

甘地因為投入非暴力運動以及為了印度獨立而奮鬥，獲得了印度人民的尊敬。二次大戰爆發時，甘地堅持只有自由的印度才能有效支援英國。因為沒有立即獲得任何讓步，他領導一系列阻礙英軍動員作戰的行動，因此遭到監禁。戰爭結束後，他讚揚准予印度獨立的決定是「英國最高貴的行為」。甘地在祖國獲得解放幾個月後，遭到狂熱印度教徒暗殺身亡。

帝國的終結

戰爭的效應之一就是削弱歐洲國家對殖民地的控制。在亞洲和非洲，解放運動開始要求國家地位與獨立。戰爭結束後，這些要求變得不可能忽視，接著舊帝國秩序就以快得驚人的速度土崩瓦解。

早在第二次世界大戰之前很長的一段時間裡，歐洲帝國就已經開始慢慢解體。自從失去美洲殖民地以來，英國政府就已經傾向於一種觀點：海外屬地一旦政治發展成熟，就應該讓它們走自己的路。對「白人」自治領──加拿大、澳洲、紐西蘭、南非──來說，時機在第一次世界大戰後到來。到了1939年，他們全都計畫成為完全獨立的國家。

大英帝國的掙扎

但戰爭所造成的變化莫測且具破壞性的局勢讓全球的地緣政治更有可能變動，變動速度也更快。1941年，羅斯福和邱吉爾簽署《大西洋憲章》，當中聲明「各國人民有權選擇將來要統治他們的政府形式」，並要求「把主權還給那些被強制剝奪主權的人」。這項聲明給了全世界的民族主義分子希望，邱吉爾馬上就澆熄了這些人的企盼。他說：「我們已經擁有的，就會留著。」

然而到了戰爭結束時，英國顯然已經耗竭。武裝部隊太過分散，沒辦法控制或壓制殖民地的民族主義運動。此外，美國──毫無爭議是世界上最強盛的國家──深信各國人民有權選擇各自的政府。羅斯福和之後的杜魯門都不願意阻礙各小國成就他們的國家在1776年時就已經達成的目標。

分割印度

印度的政治領導人物對於英國總督在

> 「我成為陛下的**首相**，不是來監督大英帝國**解散**的。」
>
> 溫斯頓・邱吉爾的演說，1942年11月

法蘭西帝國
這張法國海報宣稱「帝國需要印度支那」。但是印度支那並不覺得自己需要法國,因此獨立運動在戰爭過後風起雲湧。

向德國宣戰時沒有事先諮詢他們而感到怨不可遏。當戰爭在歐洲打得難分難解時,他們和孤注一擲的英國政府達成一項交易:英國可以自由運用印度的原物料和戰鬥人員,條件是在戰後承認自治。

印度在 1947 年按時獨立,但卻付出了可怕的代價。穆斯林和印度教徒之間的暴力衝突導致各方都同意,次大陸將以分成兩個國家的方式迎來自由:穆斯林組成的巴基斯坦與印度教的印度。邊界劃定得十分倉促,因

後衛行動
1954 年,法軍傘兵在奠邊府被發動革命的共黨和越盟民族主義分子部隊圍攻。越南人打敗殖民地部隊,導致法國從這個區域撤出,越南因此獨立。

越過邊界
1947 年印巴分治後,成百上千萬絕望的難民從巴基斯坦逃往信奉印度教的印度,或是從印度逃往信奉伊斯蘭教的巴基斯坦。這場規模龐大的雙向移民是歷史上規模最大的人口移動。

此許多人事後才發現他們身在錯誤的國家。數百萬人越過新的邊界逃難,一路上還被不久之前還是好鄰居的人襲擊騷擾。

> **1945 年時,大英國協和大英帝國掌握全世界大約 20% 的陸地,並擁有約全世界四分之一的人口。**

以色列建國
另一個新國家在次年誕生,過程也是充滿暴力衝突。大屠殺的滔天暴行使聯合國相信,必須准予猶太人在交由英國託管的「巴勒斯坦託管地」內建立他們的民族家園。數十年來已經有許多猶太人移居到那裡——戰爭期間更有超過 10 萬人違法偷渡到當地。以色列在 1948 年 5 月建國,但那個地區的阿拉伯人如何都不願容忍他們當中出現一個猶太人國家。由阿拉伯國家組成的聯盟在以色列宣布獨立當下就立即發動攻擊,戰火持續到 1949 年,最後由以色列獲得全面勝利。但痛苦並沒有隨著停火而結束,猶太人和阿拉伯人之間的戰爭和經常衝突成為中東日常。

從殖民主義到共產主義
在世界的其他地方,爭取民族自決的艱苦之路轉變成公開戰爭。戰爭一結束,印尼就宣布獨立,但接下來的四年就陷入和荷蘭部隊的零星衝突。類似的場景也發生在印度支那。法國捲入對抗越盟的戰爭,這是由共產黨和

民族主義分子部隊組成的聯盟,由胡志明領導。這場戰爭在 1954 年結束,法軍撤出這個區域,越南則劃分成兩個國家,也就是由共產黨統治的北越和反共的南越。

類似越南這樣的局勢發展給美國帶來了難題。一名美國參議員抱怨:

> **1960 年代,歐洲去殖民化的主要中心從亞洲移動到非洲。**

改變之風
阿爾及利亞是法國在北非的主要殖民地,它在邁向獨立的路上曾經歷過一段暴力混亂時期。但英國的非洲帝國解體過程倒是明顯更快且更平和。這段過程起始於迦納(先前的黃金海岸)在 1957 年獨立,並且可以說在 1968 年於史瓦濟蘭結束(羅德西亞是個特例,花了更久時間才由當地人當家作主)。在非洲和其他地方,大部分曾經被倫敦統治過的國家此時都會加入比較鬆散的大英國協,而定義嚴格的「大英國協」一詞在 1940 年代晚期就不再使用了。

1989年11月柏林圍牆倒下

蘇聯瓦解
蘇聯在 1980 年代末解體,可以被視為殖民化趨勢的最終章。所有東歐國家都把俄國影響力的終結視為解放,而「蘇維埃社會主義共和國」也同樣成為主權獨立的國家。在 20 世紀末,帝國的想法似乎已經成為歷史灰燼。

「當殖民主義被掃地出門,共產主義就取而代之。」許多從歐洲帝國的斷垣殘壁中誕生的國家都希望蘇聯能提供物質援助和政治引導。美國和蘇聯在任何地方都想方設法尋求擴大影

「我們的**勝利**一定要帶來所有人的**解放**。」
美國副國務卿薩姆納·威爾斯(Sumner Welles),1942 年 5 月 30 日

響力,從這個角度來看,去殖民化就成為冷戰的一部分。有些後殖民國家設法維持「不結盟」地位,但大部分都會被吸引加入某一陣營,某種程度上看起來就像古老的帝國強權被兩個新的取代——美利堅帝國和蘇維埃帝國。

« 前因

由蔣介石領導的中國國民黨政府在 1937 年與日本爆發戰爭之前，就已經和毛澤東領導的共產黨交戰了長達 10 年。

分裂的戰線

日軍入侵時，有人建議蔣介石與毛澤東聯手，這樣中國就會有更強大的勢力來抵抗日本入侵。但國民黨和共產黨之間的停火協議基礎薄弱，時常惡化成武裝衝突。在整場戰爭期間，雙方為了勝過對方所消耗的資源和精力幾乎和用來對抗日軍的一樣多。

擊敗共同敵人

由於美軍對廣島和長崎投擲原子彈（參閱第 320 頁），在中國作戰的日軍突然投降，讓中國的兩股競爭勢力大吃一驚。幾乎就在同一時間，國民黨和共產黨在對抗共同敵人期間從未完全放下的各種恩怨也立即重新引發戰火。中國沒有時間慶祝這場最後的總勝利，因為他們已經又陷入一場新的內戰中。

共產黨領導人（1893-1976年）

毛澤東

1921 年，毛澤東加入在當年成立的中國共產黨。他剛開始是正統的馬列主義信徒，但在 1920 年代中期卻開始構想出非馬克思的思想路線，也就是社會主義革命的先鋒應該由廣大的農民而非都市中的無產階級組成。這種為了符合中國國情而對馬克斯思想做出的修正就是毛澤東主義的核心。但這不只是理論而已。在和國民黨及日軍鬥爭的年代，農村的中國人為共產黨部隊提供庇護及人力，農民是中國戰爭中的主要力量，也是讓毛澤東得以登上大位的關鍵。

紅色力量的勝利
1947 年 7 月，共產黨戰士擄獲國民黨部隊戰俘。許多被俘的國民黨官兵都加入人民解放軍的行列，幫助毛澤東在 1949 年取得勝利。

紅色中國

第二次世界大戰結束並沒有為中國人民帶來和平。日本投降後，國民黨和共產黨之間的內戰幾乎是無縫接軌地登場。這場內戰延續了五年，並導致新的共產主義國家誕生：中華人民共和國。

1945 年 8 月的中國是一個非常奇怪的分裂國家。蔣介石領導的國民黨政府控制了華南全境以及國內絕大部分的城市。由毛澤東領導的共產黨游擊隊則控制了北方陝西和山東省的大部分鄉間地區。在各地的軍營裡，日軍靜靜等待某一方前來接受他們投降。8 月初時，蘇聯對日本宣戰，俄軍越過邊界推進，進入滿洲的重要工業地帶，此地從 1931 年開始就被日軍占領。俄軍開始拆卸現代化工廠設備並運回國內，日軍衛

種警察的角色。此外也很重要的是，他希望中國該採取親美立場，因此美國政府支持蔣介石。杜魯門試圖調停雙方，派遣特使喬治·馬歇爾前往中國，想說服雙方組成聯合政府（但美國同時也向蔣介石供應軍火和資金）。

人民戰爭

馬歇爾在中國一待就超過一年，但因為最後沒辦法達成任何協議。於是這位特使對當時局勢失去耐性，在 1947

們，包括蘇聯在內，而且他們依然繼續接收美援。他們擁有規模龐大的軍隊、強大的砲兵，而且還有共產黨無法享有的空中優勢。不過共產黨部隊的組織較佳，而且更專注於事業理

想。他們很快就逆轉了國民黨部隊在初期獲得的戰果，且經過一段時間之後，毛澤東麾下的人民解放軍就變得勢不可擋。他們在 1949 年 1 月攻下北京，4 月拿下南京，接下來的 5 月則占領上海。國民黨部隊此時正全面撤退，到了秋天就放棄大陸，撤往福爾摩沙（現在的臺灣），還帶著全國的儲備黃金隨行。

1949 年 10 月 1 日，毛澤東在北京宣布中華人民共和國成立，由他擔任領導人。

毛澤東的輝煌時刻
經過連年征戰後，中華人民共和國看起來就像一個全新開始。這張 1949 年的海報就宣告「新中國繁花盛開」。

> 「軍隊須和民眾**打成一片**，使軍隊在民眾眼睛中看成是自己的軍隊，這個軍隊便**無敵**於天下。」

出自 1964 年首度出版的毛澤東《毛語錄》

成部隊則在一旁冷眼旁觀。

絕不妥協

滿洲的問題點燃了國共內戰的烽火。那裡的工業資源和儲備原物料是相當寶貴的資產，中國戰後的重建或現代化要是沒有這些，就絕對不可能成功。共產黨部隊迅速從鄉間據點開進滿洲，接著破壞鐵路、封鎖港口，阻斷進入這個地區的交通路線。而當國民黨部隊被困在外地的時候，已身在當地的俄軍就讓大批日軍軍火與物資流入共產黨部隊手中。

因此 1945 年中國各地的政治情勢變化相當迅速。到了當年年底，盤據在北邊的共產黨和南邊的國民黨已經劍拔弩張，大戰一觸即發。但是中國境內爆發戰爭的話，會傷害到美國總統杜魯門的利益。他希望能有一個強大而統一的中國在東亞區域扮演某

年 1 月離開，而內戰就接踵而來。國民黨絕對有理由期待迅速取得勝利，因為全世界所有主要強權都承認他

中國共產黨戰勝蔣介石的國民黨，對世界其他地方造成巨大的衝擊。

通往朝鮮之路

美國當局已經習慣在亞洲的心臟地帶有一個親美政府，因此「失去中國」便是

美軍部隊開抵朝鮮

重大打擊，馬克思政權此時已經掌控歐亞大陸上的大部分區域。美國政府拒絕承認中華人民共和國，而把在臺灣前途茫茫的國民黨政府視為代表中國的合法政府，蔣介石是流亡領袖。這個立場深深冒犯了毛澤東，且塑造了未來好幾年間中國的外交政策。這個新的中國政權一直懷疑美國會支持反攻大陸的行動。而在 1950 年，韓戰爆發，美軍將領飛往臺灣討論反攻大陸的可能性。毛澤東為了回應，派遣人民解放軍進入北韓。

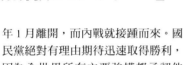

社會主義加速前進

共產黨部隊在國共內戰期間時常破壞鐵路線，但內戰結束後，同一批軍隊卻努力修復鐵路線，把全國各地連接起來。

《 前因

戰爭的結果顯著改變了全世界的地緣政治形貌，此外還伴隨著舊帝國的衰落和新全球強權的崛起。

核子時代開始

轟炸廣島和長崎（參閱第 320-21 頁）等於是昭告天下，擁有無與倫比毀滅破壞力的武器已經降臨人間。這類武器的擴散會造成一種相當駭人的可能性，也就是下一場世界大戰有可能殺死全人類。

原子彈轟炸長崎

兩極政治

戰後的美國經濟繁榮且充滿自信。蘇聯儘管損失無數，卻占有廣大領土，可以把它的影響力延伸到歐洲的心臟地帶（參閱第 320-21 頁）。這兩個國家在世界各地都獲得無上的威望，也都想要運用它們的地位來宣揚各自的國家世界觀。

冷戰

美國和蘇聯之間的關係在大戰結束後迅速惡化，有時候甚至瀕臨公然開戰。但這場戰爭隨即「降溫」——也就是透過不流血的顛覆、外交爭論、累積軍火、宣傳和諜報等手段來進行。

在充滿希望的 1945 年春，世界各地許許多多飽經戰亂的人都希望戰勝國可以通力合作，帶領世界邁向和平。一個新的世界性組織——聯合國——幾乎在戰火還沒徹底平息之前就已經為了這個目的而正式成立。蘇聯、美國和其他國家在 1945 年 6 月簽署的憲章，開宗明義就說它的目的是要「維護國際和平和安全，採行有效的集體措施，防止並消除對和平的威脅，制止侵略行為……」。

但新的和平黎明並沒有以人們希望的方式到來。西方國家和布爾什維克之間的過往敵意，也就是 1917 年俄國革命以來國際政治的其中一項特色，隨著共同敵人的潰敗而迅速捲土重來。邱吉爾對於蘇聯占領區中蘇軍的龐大規模十分驚恐，甚至在和平剛到來不久就考慮一項代號「不可思議」（Unthinkable）的計畫，目的是對歐陸的俄軍發動先制打擊。但參謀長聯席會議否決這項計畫，斥為無稽之談。

俄國的保護主義

至於在俄國這方面，他們認為他們有絕佳的道德和政治權利可以留在東歐，而且這些權利是用數百萬同胞的鮮血換來的。德國侵略者從西方入侵，這種事情在一個世代裡就發生了兩次。俄國人想要控制這條危險的走廊，在自己的邊界和任何來自那個方向的威脅之間——德國、甚至是美國——創造出一個緩衝區。蘇聯之所以占領東歐，與其說是為了要擴散共產

俄國和美國的核武

現在的核子武器威力是當年投擲在日本的數十倍之多。雖然美俄兩國在 1968 年簽署不擴散條約，但還是需要花費一些時間才能讓核彈頭數量減少。

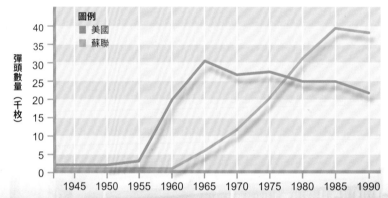

圖例
　美國
　蘇聯

彈頭數量（千枚）

40
35
30
25
20
15
10
5
0

1945　1950　1955　1960　1965　1970　1975　1980　1985　1990

武力展示
在冷戰期間，蘇聯在每個十月革命的週年紀念日都會在莫斯科的紅場上舉行閱兵，向全世界展現他們的力量。

主義（大部分西方人在整場冷戰期間都如此相信），還不如說是為了要保護祖國俄羅斯。

因此從俄國的觀點來看，西方把他們在歐洲的存在視為威脅是相當邪惡的。如同史達林在 1946 年所問的：「任何有判斷力的人怎麼還會把蘇聯的這些和平願望描述成擴張主義傾向呢？」不過在實務上，史達林的和平願望代表把史達林式獨裁統治強加在所有東歐國家身上。潛在的敵人，例如反共分子、神職人員和知識分子，都遭到殘忍無情的清洗，就好像他們身處在 1920 和 30 年代的俄國一樣。

核武軍備競賽

從 1940 年代末到 1950 年代初，美國和俄國之間的對抗陷入某種僵局——與其說是和平，不如說是令人坐立難安的武裝停火。美國和西歐國家組成軍事聯盟「北大西洋公約組織」，而蘇聯也做出回應，建立「華沙公約組織」，把社會主義集團國家的武裝部隊打造成一支能夠相互支持的武裝力量。從 1940 年代進入到 1950 年代後，兩支規模龐大無比的多國軍團就這樣集結部署在東西德邊界的兩側，雙方加起來可說是全世界規模最巨大的部隊集結。

蘇聯陸軍顯然是這兩支軍隊中人數比較多的，但美國在初期握有一張王牌，就是核子武器。在 1948 年的柏林僵局中，有能力搭載核子彈的轟炸機從美國移防到位於英國的基地，進入能夠打擊俄國城市的距離。1949 年，蘇聯手上也有了原子彈，此後兩個超級強權在核武庫的數量和技術品質上相互競爭，意圖超越對方，進而取得戰術優勢。

準備反擊

這架 B-52 同溫層堡壘（Stratofortress）是冷戰時期誕生的轟炸機，能夠掛載核彈，在雙方緊張的時候會在接近蘇聯空域的地方巡弋。

「國內外都有我們的敵人。」

美國金融家及政治顧問伯納德·巴魯克（Bernard Baruch），1947 年 4 月 16 日

冷戰也有它的淡旺季。通常在一段特別令人心寒的時期之後，雙方關係會有週期性的解凍。

古巴飛彈危機

1962 年，蘇聯開始暗地裡在斐代爾·卡斯楚（Fidel Castro）統治的新興共產主義國家古巴境內布署核彈頭。美國情報單位發現這個狀況，總統甘迺迪（Kennedy）要求蘇聯撤離核彈頭，但被蘇聯領導人尼基塔·赫魯雪夫（Nikita Khrushchev）拒絕。因此在接下來幾天裡，核武對抗的威脅步步進逼，即將成真。但就如同 1948 年時的柏林一樣，蘇聯最後退堂鼓。在廣島及蘇聯瓦解的 45 年間，這是唯一一個核子武器幾乎就要派上用場的時刻。

赫魯雪夫在聯合國演說

冷戰的結束

古巴飛彈危機的解決導致東西方關係在一段期間內回溫，但政治氣氛在 1980 年代美國總統雷根（Reagan）的任期內再度急凍。當時美國展開所謂的戰略防禦計畫（Strategic Defense Initiative），而根據這份計畫，美國會布署能夠把飛行中的蘇聯飛彈擊毀的衛星。蘇聯對美國準備好展開太空軍事化感到驚奇，但真正的問題是蘇聯在技術領域再也無法競爭。當蘇聯在 1991 年解體時，它已經輸掉軍備競賽，而隨著這場災難性事件，冷戰才算真正結束。

俄國核彈

TRUMAN SAYS RUSSIA SET OFF ATOM BLAST

New York World-Telegram

EXPLOSION TOOK E IN RECENT WEEKS

ATOMIC BLAST IN RUSSIA

EXTRA!

Tells Cabinet Of Test in Russia

Truman Makes Vital Disclosure

TRUMAN SAYS REDS HAVE EXPLODED ATOM!

在戰爭結束後的四年裡，美國是世界上唯一的核武強權。但蘇聯也在這段期間裡投入巨大的人力和物力，生產自己的核彈，因此得以和美國平起平坐，擁有相同的戰術立足點。蘇聯的第一枚核彈編號是 RDS-1，是用 1945 年入侵德國期間沒收自納粹核武計畫的鈾製成的，設計細節則是依靠許多潛伏在美國的蘇聯幹員竊取的計畫。這枚原子彈在 1949 年 8 月 28 日於哈薩克試爆成功，可視為核武軍備競賽的起跑信號槍響。

紐約的報紙頭條報導蘇聯的第一次核彈試爆

銘記大屠殺
彼得‧埃森曼（Peter Eisenman）的紀念碑目的是要展示有秩序的納粹體系在成長的過程中失控，斷開與人類理性間的連結。

《《 前因

第一次世界大戰結束後，罌粟花成為緬懷戰爭陣亡者的象徵。

在法蘭德斯的原野上
罌粟花的想法來自於一名加拿大軍官約翰‧麥克雷（John McCrae）創作的詩。自 1921 年起，人們開始在 11 月 11 日、也就是結束第一次世界大戰的停火協定簽字週年紀念日之前的幾天配戴紙做的罌粟花，結果一個傳統就此誕生。1945 年之後，這項每年都會進行的紀念行為擴及到緬懷更近期戰爭的死難者。

緬懷的罌粟花

銘記戰爭

在戰爭爆發之後的歲月裡，有許多紀念碑和雕像、回憶錄和小說、典禮和儀式、電影和紀錄片誕生。所有這些紀念物都是為了要讓所有人更加了解這場世紀劇變，並且可以讓這場大戰在參戰國各自的故事裡都有適當的一席之地。

隨著時間過去，戰爭中的種種事件都轉化為各參戰國國家意識的一部分，並且在這個過程中緩慢地質變成神話或迷思。這並不是說人們知道並相信的各種版本從歷史角度來看是不精確的，倒不如說這些故事的重點在於國家如何看待自己。敦克爾克不論從軍事上的任何角度來看都是一場慘敗，但卻被視為英國人民如何透過齊心協力的方式，在最悲慘的局勢下獲得勝利的一堂課。不列顛之役成為「少數人」的故事，一小群戰鬥機飛行員英勇地迎戰所向披靡的德國空軍並獲勝，是斯巴達三百壯士在塞摩匹來抵擋波斯數十萬大軍的古老傳說的現代版本。

戰爭的宣傳
在英國和美國，動作片是戰後世代形塑他們對戰爭意義的看法的主要管道。在作戰期間，有數十部戰爭電影為了宣傳目的誕生，而在 1950 和 1960 年代又有數百部電影為了娛樂大眾而產出，它們大致上都是走類似的愛國主義路線，當中不乏賣座巨片，像是《第三集中營》（The Great Escape）、《六壯士》（The Guns of Navarone）、《最長的一日》（The

「**在我們偉大的歷史上……如此勝利的次日是一個輝煌燦爛的時刻。**」
溫斯頓‧邱吉爾對國會演說，1945 年 8 月

Longest Day)、《決死突擊隊》（The Dirty Dozen）和《血染雪山堡》（Where Eagles Dare）等等。它們全都是寓意簡明的寓言——盟軍的動機、理想是正義的，良善最後透過英雄主義和足智多謀戰勝了邪惡。

在蘇聯，人們以完全不同且更加灰暗的角度來看待這場戰爭，把它視為巨大的民族犧牲，認為是俄國人民面對納粹的侵略首當其衝，從而拯救了文明。官方戰爭史透過學校教科書、電視節目和每一座大城市中豐富的博物館展覽品和紀念碑來宣揚，它強調社會主義國家在戰爭過程中扮演的領導角色，尤其是共產黨的卓越表現，因此這場戰爭呈現的方式等於是認可在 1917 年上台的布爾什維克政權。這種對戰爭意義的闡釋包含了關鍵性的弦外之音，且從未公開表明，那就是在 1940 年代對納粹主義的勝利，證明了史達林在 1930 年代施加在蘇聯人民身上且從未公開的恐怖折磨是正當的。

在德國，人們一開始是為戰爭蒙上了一層羞恥的沉默面紗。西德和奧地利訂定法律，宣告展示納粹圖像（例如 字符號）為非法行為。而在這兩國，言論自由權有一個特殊的例外：否認大屠殺是會被定罪的。人們會透過出版品來討論戰爭，但通常充滿痛苦和煩惱。1950 年代中期，最後一批德軍戰俘從蘇聯返國後，出現了許多德國對東線戰場的記錄和報導，當中絕大部分都特意著重在戰場上的恐怖，而非戰爭的榮耀。到了 1980 年代，德國的小說家終於有可能透過同情的觀點，把德軍戰鬥人員描繪成希特勒體制下不願意、或至少是內心充滿衝突的參與者。電影《從海底出擊》（Das Boot）是虛構的作品，內容描述一艘 U 艇的艇員在出海巡邏時發生的

祖國母親的召喚
這座石材打造的大理石雕像矗立在馬馬耶夫山崗的山頂上，紀念在史達林格勒捐軀的俄軍官兵。

故事，堪稱是這方面的里程碑。2004 年備受讚譽的德國紀錄片式劇情片《帝國毀滅》（Der Untergang）對希特勒做了相當仔細描繪，就算不是抱持同情的態度，也至少是把他看成了人類而非怪物。

重說這場戰爭
同盟國製作的戰爭電影特別著重犧牲和英雄主義。但德國的戰爭電影通常更加帶有道歉的意味，主角內心也充滿矛盾。

亡者之墓
比所有關於戰爭的書籍和電影更長久、也更讓人心酸的，就是在埋葬亡者的地方豎立的各種紀念碑。人們幾乎在全球各地每個角落都可以找到埋葬戰爭犧牲者的墓園，當中有些只不過是教堂墓地裡某個角落的幾塊墓碑，另外一些則包括龐大的紀念設施，成千上萬名亡者的遺骸一起埋葬在萬人塚裡。許多軍人公墓位於當初這些官兵陣亡的戰場上，如此一來使得它們格外觸動人心。不論是諾曼第奧馬哈灘頭峭壁上整齊密集排列的石製十字架，還是站

559 大英國協軍人公墓委員會（Commonwealth War Graves Commission，CWGC）為了紀念在第二次世界大戰期間捐軀的人而設立的墓園數量。

在史達林格勒戰役煉獄核心的馬馬耶夫山崗風勢強勁的山頂上，相信沒有人不會為之動容。

同樣地，要是有任何人在德國達豪（Dachau）集中營這樣的地方待上一個下午，相信他一定會變得判若兩人。在路上，遊客會經過一面空白的灰色牆壁，牆上用希伯來文、法文、英文、德文和俄文寫著：「絕不重蹈覆轍」。

後 果 »

第二次世界大戰已經結束了超過 70 年，但我們依然生活在它的陰影中。

老兵
曾經在二次大戰期間拿起武器上陣殺敵的人正迅速凋零。在世界各地，由退伍軍人組成的各種協會團體逐漸停止運作，因為成員不是太少就是太虛弱。一個世代之內，將不會再有任何人擁有空襲、大規模疏散、穿制服的軍人從街上通過之類的兒時記憶。二次大戰不再是栩栩如生的回憶，而是成為被記錄下來的歷史。

驀然回首
但就算已經沒有人還能記得 1939 到 1945 年發生的事件，這場戰爭的存在感依然十分強烈。許多個人和國家將會繼續關注各場戰役和勝利的紀念日，因為他們覺得各種紀念儀式是對戰爭世代的虧欠，而這也是應該的。英國詩人魯德亞德．吉卜林（Rudyard Kipling）曾在 1897 年如預言般地寫下：「喧囂與吶喊平息，將帥和君王離去。上帝萬軍之神，與我們同在，惟恐我們忘記，惟恐我們忘記」。

俄國二戰老兵

異國土地
不論在世界哪個地方，軍人公墓都有其自身的神聖性和重要性。其中一處的紀念碑上這樣寫道：「當你回家時，請告訴他們我們的故事，並且說，為了你們的明日，我們已經奉獻出我們的今日。」

北美

雖然美國和加拿大的國土上沒有真正爆發過戰鬥，但美國在 1939 到 1945 年間還是犧牲了超過 40 萬名官兵，而加拿大也犧牲超過 4 萬 5000 人。在這兩個國家境內，一些紀念這些英勇犧牲的紀念碑和博物館在國際間備受尊崇。

加拿大
加拿大戰爭博物館（Canadian War Museum）

位置：1 Vimy Place, Ottawa, Ontario K1A 0M8

特色：二次大戰畫廊、車輛與飛機、檔案館和圖書館

參觀資訊：

電話：(819)776-7000 或 1-800-555-5621.

網站：www.warmuseum.ca/

這座大型博物館的第 3 展廳展示加拿大在二次大戰中的軍事歷史，回顧加拿大對歐洲陸上戰役做出的貢獻，以及在大西洋戰役中扮演的角色。其展示品包括噴火式戰鬥機、雪曼戰車、個人文物以及希特勒用來做為閱兵用車的黑色梅賽德斯賓士（Mercedes-Benz）轎車。這間博物館是歷史研究重鎮，喬治·梅特卡夫檔案收藏館（George Metcalf Archival Collection）和哈特蘭·莫爾森圖書收藏館（Hartland Molson Library Collection）提供了相當豐富的館藏資源。

異乎尋常的勇氣
維吉尼亞州阿林頓的美國海軍陸戰隊戰爭紀念碑是一座描述士兵豎起美國國旗的雕像，參考了在二次期間拍攝的知名戰地照片。

美國
國家二戰紀念碑（National WWII Memorial）

位置：華盛頓特區第 17 街，憲法大道和獨立大道間，國家廣場倒影池東端

特色：紀念廣場

參觀資訊：全時段開放；

電話：+1 (202) 426-6841；

網站：www.nps.gov/nwwm/index.htm

令人印象深刻國家二戰紀念碑位於華盛頓特區中央，在 2004 年揭幕。這座寧靜平和的廣場上有排列整齊的銘牌及雕塑，緬懷所有在二次大戰期間服役及陣亡的美軍人員。這座廣場位於華盛頓紀念碑和林肯紀念堂之間。

美國海軍陸戰隊戰爭紀念碑（USMC War Memorial）

位置：Marshal Drive, Arlington VA

特色：美國海軍陸戰隊戰爭紀念碑

參觀資訊：全時段開放；

網站：www.nps.gov/gwmp/historyculture/ usmcwarmemorial.htm

美國首都和其周邊地區有許多在國際上相當受到重視的戰爭紀念碑，當中就包括位於維吉尼亞州阿林頓（Arlington）的美國海軍陸戰隊戰爭紀念碑。這座巨大的雕像於 1954 年 11 月 10 日正式落成，以高達 10 公尺的人物雕塑描繪出喬·羅森索拍攝的知名照片，也就是 1945 年美國海軍陸戰隊在硫磺島豎立國旗的場景。它是華盛頓最負盛名的地標之一。

美國大屠殺紀念博物館（United States Holocaust Memorial Museum）

位置：100 Raoul Wallenberg Place, SW Washington, DC 20024-2126

特色：博物館、檔案館、語音視覺展示

參觀資訊：每天含週末上午 10 點－下午 5 點 30 分，贖罪日和聖誕節休館。

電話：+1 (202) 488-0400；

網站：www.ushmm.org.

美國大屠殺紀念博物館位於距離國家二戰紀念碑不遠的地方。這座博物館致力於對大屠殺的研究及文獻保存，也是美國為紀念被納粹殺害的數百萬猶太人和其他人而設立的紀念碑。這間博物館內傳達的體驗無疑令人感到痛苦，展示品包括照片、從毒氣室蒐集而來成堆的受害者鞋子、在螢幕上播放的第一手報導等，但有非常寶貴的教育價值。

國家二戰博物館（National World War II Museum）

位置：945 Magazine Street, New Orleans, LA 70130
特色：博物館、D 日展示、紀錄片劇場
參觀資訊：每天上午 9 點－下午 5 點；感恩節、聖誕夜、聖誕節、懺悔星期二休館；電話：+1 (504) 528-1944；電子郵件：info@nationalww2museum.org 網站：www.nationalww2museum.org

國家二戰博物館原本是國家 D 日博物館，在 2000 年時落成，不過經國會表決通過升格，成為美國官方的第二次世界大戰中心。這間博物館原本的目的是反映出其有關諾曼第登陸和解放歐洲的廣泛收藏，但實際展出的項目涵蓋了所有戰區和衝突的各個時期。它的常設展區中有很大的區域展示太平洋戰爭，以及美國本土戰線的文物。馬爾肯·福布斯劇院（Malcolm S. Forbes Theater）則會每日播放紀錄片。

戰艦灣（Battleship Cove）

位置：Battleship Cove, Five Water Street, PO Box 111, Fall River, MA 02722-0111
特色：多艘開放大眾登艦參觀的軍艦、二次大戰及戰後海軍博物館
參觀資訊：電話：+1 (800)533-3194 (New England only)；+1(508) 678-1100；電子郵件：battleship@battleshipcover.org 網站：www.battleshipcove.org

戰艦灣的核心是一些令人讚嘆的二次大戰展示，當中包括戰鬥艦麻薩諸塞號（USS Massachusetts）、潛艇蓑鮋號（Lionfish）、幾艘魚雷艇和一艘日軍攻擊艇。絕大部分船艦都開放參觀。館方也握有大量這些船艦當年船員的口述檔案，團體遊客經過安排甚至可以在某些艦上過夜，這是「航海之夜」（Nautical Nights）教育計畫的一環。

太平洋戰爭國家博物館（National Museum of the Pacific War）

位置：340 East Main Street, Fredericksburg, Texas 78624
特色：太平洋戰爭文戶和歷史展史、總統廣場、紀念庭園、日本和平公園
參觀資訊：每天上午 9 點－下午 5 點；感恩節、聖誕節休館；
電話：+1 (830) 997-8600；
網站：www.pacificwarmuseum.org/

太平洋戰爭國家博物館原本稱維尼米茲海軍上將博物館，致力於有關太平洋戰區的教育推廣。這間博物館有許多趣味展示，當中包括一個稱為「太平洋戰鬥區」的展覽空間，其特色是一層機庫甲板，裡面有 PBM 復仇者式、一艘巡邏艇，還有一座入侵灘頭模型。喬治·布希畫廊（George Bush gallery）透過立體模型和個人物品收藏把這場衝突非常生動地復原出來，而總統廣場則緬懷十位曾經在二次大戰期間服役的總統的貢獻。其他特色館藏包括海軍上將尼米茲的常設博物館，一座紀念庭園和日本和平公園。

西歐

從 1940 年德軍的閃電戰及占領行動，到 1944 年 6 月的解放作戰，西歐各地都留下了大量豐富的實體遺跡。法國諾曼第的 D 日登陸灘頭理所當然會吸引大批觀光客，但在其他國家和地區也有非常多值得一看的東西。

英國
帝國戰爭博物館（Imperial War Museum）

位置：Lambeth Road, London SE1 6HZ
特色：大量二次大戰展覽及相關檔案
參觀資訊：每天上午 10 點－下午 6 點（12 月 24, 25, 26 日除外）；
電話：+44 (0)20 7416 5000；
電子郵件：mail@iwm.org.uk.
網站：www.iwm.org.uk/

這間博物館的二次大戰常設展覽能夠讓參觀者了解英國從 1939 到 1945 年參與世界大戰的全貌，其展出內容包括「閃電空襲體驗」，可以讓人們一窺德軍空襲期間的日常居家生活細節，並以真實街景和聲光效果來豐富內容。它展示了數千件武器，包括一枚德軍 V-2 火箭、各種制服、地圖和個人文物，此外也保管了大量照片、影片和官方紀錄等等。

國家陸軍博物館（National Army Museum）

位置：Royal Hospital Road, Chelsea, London SW3 4HT
特色：二次大戰期間有關英國陸軍的展示；相關檔案
參觀資訊：每天上午 10 點－下午 5 點 30 分，12 月 24－26 日、1 月 1 日、聖週五、五月初假日期休館；
電話：+44 (0)207730 0717；
電子郵件：info@nationalarmymuseum.ac.uk 網站：www.nam.ac.uk/

國家陸軍博物館把重點放在英國陸軍，有大量二次大戰典藏，其特色是一門六磅反戰車砲和一輛通用載具（Universal Carrier）。國家陸軍博物館一個非常有用的地方，就是可以讓參觀者看到英國陸軍在整場戰爭期間的裝備服制發展，其研究圖書館包含跟這場戰爭有關的團級單位歷史和服役紀錄。博物館網站則會有各種主題的線上展覽。

皇家空軍博物館（RAF Museum）

位置：Grahame Park Way, London, NW9 5LL
特色：二次大戰飛機與彈藥
參觀資訊：開放時間：每天上午 10 點－下午 6 點，但有些特展開放時間有限（詳情請參考官方網站）；
電話：+44 (0)208205 2266；
電子郵件：london@rafmuseum.org
網站：www.rafmuseum.org.uk/london/

在英國人的二次大戰記憶裡，空戰占有重要地位。位於倫敦亨敦（Hendon）的皇家空軍博物館擁有超過 100 架飛機，當中有許多都是二次大戰時期的產品。轟炸機廳和不列顛之役展覽廳格外有意義。這間博物館也設有勳章和制服展覽廳、武器展覽廳、圖書館及大型檔案館。

布萊奇利園博物館（Bletchley Park Museum）

位置：The Mansion, Bletchley Park, Sherwood Drive, Bletchley, Milton Keynes, MK3 6EB
特色：戰時解碼計算機、奇謎密碼機、盟軍密碼科技展覽
參觀資訊：開放時間請參閱網站。
電話：+44 (0)1908 640404。
電子郵件請參考網站。
網站：www.bletchleypark.org.uk

布萊奇利園是二次大戰期間英國密碼破譯專家工作的中心，其破解德國奇謎密碼的成就最廣為人知，不過這只是在這裡進行的解碼和情報工作的其中一環。這裡的許多展覽解釋了密碼破譯的過程，參觀者也可以看到情報科技的里程碑，像是奇謎密碼機還有炸彈密碼分析機的複製品，此外館方也正著手重建一部巨像計算機。這裡還有許許多多個人文物和文件，說明在這處極機密的戰時設施中的生活。

法國
D 日灘頭

位置：翁夫勒（Honfleur）和榭堡之間的諾曼第海岸線
特色：防禦陣地、戰場遺址、盟軍和德軍墓園、博物館
參觀資訊：灘頭幾乎每日開放，但部分戰場遺址屬於私人所有。

D 日灘頭的正是代號分別為黃金、朱諾、寶劍、猶他和奧馬哈，涵蓋了諾曼第海岸線地帶的廣大範圍。奧馬哈灘頭遺址擁有混凝土砲台和碉堡的遺跡，奧克角（Pointe-du-Hoc）突擊行動的區域格外值得一看。猶他灘頭也有許多值得參觀的地方，特別是克里斯貝克（Crisbecq）和阿澤維爾（Azeville）的砲台以及附設的博物館（僅在夏季開放）。在這裡可以看到許多紀念碑和紀念館，包括 1944 年 6 月 6 日在聖梅赫埃格利斯（St Mère Eglise）著陸的美軍傘兵紀念碑。在英軍和大英國協部隊的灘頭部分，寶劍灘頭因為日後發展而喪失了許多戰時特色，不過依然留下一些強化掩體遺跡，當中包括雄偉的 17 公尺高德軍射控指揮站。在內陸英軍空降部隊的著陸地點附近還有更多東西，包括飛馬橋（Pegasus Bridge）以及貢德瑞咖啡館（Café Gondrée，法國境內第一幢被解放的房屋）。位於朗維爾（Ranville）的大英國協軍人公墓當中埋有許多陣亡英軍的遺骸。黃金和朱諾灘頭有一些碉堡和指揮所，而在古赫瑟勒（Courseulles）的港口有一輛加軍戰車和一門德軍 50 公釐口徑反戰車砲。在阿荷芒希（Arromanches）則有其中一座桑椹港口的生鏽殘骸，而附近的拉康伯（La Cambes）則有德軍軍人公墓，埋有超過 2 萬具陣亡德軍遺骸。

諾曼第美軍公墓和紀念碑

位置：俯瞰奧馬哈灘頭，濱海聖羅宏（St Laurent-sur-Mer）以東及濱海科勒維爾（Colleville-sur-Mer）的貝約（Bayeux）西北邊
特色：美國戰場紀念碑委員會軍人公墓
參觀資訊：開放時間：每天上午 9 點－下午 5 點，12 月 25 日及 1 月 1 日除外。網站：www.abmc.gov/cemeteries-memorials/europe/normandy-american-cemetery

這座墓園由美軍第 1 軍團在 1944 年 6 月 8 日在聖羅宏（St Laurent）建立，埋有 9387 名美軍陣亡官兵遺骸，面積超過 69 公頃。他們絕大多數都是在 D 日以及之後諾曼第的戰鬥中陣亡，此外在一座紀念花園中的失蹤官兵紀念牆上則刻有另外 1557 人的姓名。在花園中央有一座六公尺高的年輕人雕像，稱為美國年輕人的精神（Spirit of American Youth）。由於有俯瞰奧馬哈灘頭的美景，這座墓園雖然不是當地最大的，但無疑是最撼動人心的。

歐哈多蘇赫格朗（Oradour-sur-Glane）

位置：Haute-Vienne, Department 87，利摩日（Limoges）以西約 19 公里，N141（E603）公路接 D9 公路
特色：紀念遺跡、紀念中心
參觀資訊：開放時間：每天上午 9 點－下午 5/6 點，12 月及 1 月關閉時間會延後，可參考網站了解詳情。電話：+33 (0)555 43 04 30。網站：www.oradour.org

1944 年 6 月 10 日，上維恩（Haute-Vienne）的歐哈多蘇赫格朗村遭到黨衛軍第 2 裝甲師「帝國」（Das Reich）屠村，在過程中共有 642 名男女老幼遇害。這座村莊的遺跡被保留至今，當中還包括從許多從被焚毀的房舍中發掘出的文物，以做為對死者永誌不忘的紀念。紀念中心裡有這座村莊及大屠殺的完整故事，並有相關檔案文獻可供研究人員或有興趣了解的人參考。

全國抵抗博物館（Museum of National Resistance）

位置：Parc Vercors, 88 Avenue Marx Dormoy, 94 500 Champigny-sur-Marne
特色：抵抗運動歷史博物館、數千件與抵抗運動相關的文物。
參觀資訊：電話：+33 (0)1 48 81 00 80。電子郵件：請參考網站。網站：www.musee-resistance.com

全國抵抗博物館詳實地展現了 1940 年德軍入侵到 1944 年解放這段期間內法國抵抗運動的各種活動。這間博物館總計保存了超過 50 萬件和抵抗運動有關的文物和文件，從報紙到各種武器應有盡有。這間博物館的展示是依照時間先後順序去安排，因此參觀者可以完整探索抵抗運動的演進歷史。

敦克爾克

位置：法國北部敦克爾克周遭
特色：敦克爾克紀念碑、敦克爾克公墓大英國協軍人公墓區；多處其他墓園和紀念碑
參觀資訊：加來東北 A16 公路

敦克爾克紀念碑位於敦克爾克公墓大英國協軍人公墓區附近，目的是紀念沒有已知墳塚的英國遠征軍陣亡官兵。敦克爾克軍人公墓內有 793 座墳墓，其中 213 座是無主孤墳。大英國協軍人公墓區當中包括捷克、挪威和波蘭陣亡官兵的墳墓。

時光凍結
自從法國歐哈多蘇赫格朗村的村民被黨衛軍部隊屠殺後，那裡的建築廢墟和被燒毀的汽車殘骸就原封不動地保留在當地。

比利時

亞耳丁內斯地區的戰場

位置：比利時東部亞耳丁內斯巴斯托涅及其周邊地帶

特色：戰場遺址、物館、紀念碑和軍人公墓

參觀資訊：探索亞耳丁內斯地區最好的出發點就是巴斯托涅。若要了解當地旅遊資訊，可致電巴斯托涅旅遊局 +32 (0)61/21 27 11 或前往 www.trabel.com/bastogne/bastogne.htm，內有多處戰場遺跡相關資訊

亞耳丁內斯地區是軍事歷史旅遊愛好者的主要目的地，特別是那些想要多加深入探索有關亞耳丁內斯攻勢的人。在這個地方到處都可以見到裝甲車輛的紀念碑，包括巴斯托涅主廣場上的雪曼戰車紀念碑，塞勒村（Celles）的豹式戰車，拉格萊茲（La Gleize）的虎王戰車，還有拉羅什（Laroche）的一輛M10阿奇里斯；更多景點還包括在荷屯村（Hotton）的荷屯軍人公墓（Hotton War Cemetery），當中有將近 700 名盟軍陣亡官兵遺骸（大多數是英軍），還有位於努維勒翁貢拓（Neuville-en-Condroz）的遼闊的亞耳丁內斯美軍公墓（Ardennes American Cemetery）和紀念碑，那裡有超過 5000 座美軍官兵墳墓。

埃本艾美爾要塞

位置：Rue du Fort 40, BE4690 Eben-Emael，馬斯垂克附近

特色：要塞堡壘設施和相關展覽

參觀資訊：電話：+32 (0)42862 861。電子郵件：info@fortissimus.be。網站：www.fort-eben-emael.be

埃本艾美爾是讓人留下深刻印象的鋼筋混凝土要塞堡壘建築群，是 1940 年 5 月德軍大膽且成功的空降突擊行動的目標。這座要塞的旅遊行程會帶領觀光客探訪地下醫院、廚房、生活區和彈藥庫，以及地面上的各種防禦工事，讓人們親眼見證從 1940 年 5 月留存至今的德軍突擊的證明。

荷蘭

安妮‧法蘭克博物館（Anne Frank Museum）

位置：Prinsengracht 267, Amsterdam

特色：安妮‧法蘭克的博物館，包括她的日記和相關檔案文獻

參觀資訊：開放時間請參考網站。電話：+31 (0)20-5567100。網站：www.annefrank.org

這座頗受歡迎的博物館位於阿姆斯特丹（Amsterdam）的王子運河（Prinsengracht）上，這裡就是年輕的日記作者、猶太人安妮‧法蘭克和她的家人以及其他四位猶太人在 1942 到 1944 年為躲避納粹追捕的藏匿處。他們居住以及隨後被查獲的這幢後屋（安妮死於德國卑爾根－貝爾森集中營時年僅 15 歲）是這座博物館的焦點，但其收藏也讓人們能夠對在戰時荷蘭求生存的猶太人有通盤了解。帶給後世重大影響的安妮的日記就在這裡展出。

自由公園（Liberty Park）

位置：Liberty Park, Museumpark 1, 5825 AM Overloon

特色：國家戰爭和抵抗博物館、馬歇爾博物館

參觀資訊：開放時間：9-6 月：上午 10 點－下午 5 點，7-8 月：10 點－下午 6 點。電話：+31 478-641250。電子郵件：info@oorlogsmuseum.nl。網站：http://www.oorlogsmuseum.nl/

自由公園面積廣達 6 公頃，融合了兩座大型博物館，其中國家戰爭和抵抗博物館（National War and Resistance Museum）可以讓參觀者了解第二次世界大戰的歷史以及荷蘭解放的過程，馬歇爾博物館（Marshall Museum）則展示150 件戰時車輛、船隻和飛機展品。這兩座博物館都相當值得一看，也可以徜徉在主要園區中，這裡曾經是 1944 年一場大規模戰車會戰的戰場。

安恆－奈梅亨戰場

位置：荷蘭安恆－奈梅亨地區

特色：戰場遺跡、博物館、紀念碑、墓園

參觀資訊：安恆市本身就是非常適合做為探訪戰場遺跡的基地。若要了解旅遊、博物館和紀念碑相關資訊，請參考 http://www.arnhemnijmegenregion.com/arnhem

安恆－奈梅亨舊戰場遺址區充滿各種博物館、軍人公墓和紀念碑，參觀者最好能夠拿到一本指南書，以探索該地區所能提供的一切觀光資源。參觀者可以用步行或駕車的方式，遊覽安恆和奈梅亨一帶多個重要戰場，包括奧斯特貝克教堂（Oosterbeck Church）、哈騰史坦飯店（Hartenstein Hotel，現在的空降博物館 Airborne Museum）、安恆大橋以及在格拉夫和奈梅亨跨越瓦爾河的橋樑，此外當地還有眾多公共場所，都是當時知名的交戰地點。安恆的奧斯特貝克軍人公墓（Oosterbeck Military Cemetery）內埋葬了 1679 名英軍和大英國協陣亡官兵，他們都是在 1944 年盟軍部隊試圖奪取荷蘭境內幾座具有戰略重要性橋梁的市場花園行動中陣亡；加拿大軍人公墓（Canadian War Cemetery）內埋有 2300 名 1945 年十足作戰的加軍陣亡官兵，它就位在出色的赫魯斯貝克（Groesbeek）國家解放博物館（National Liberation Museum）旁。

丹麥

丹麥抵抗博物館（Museum of Danish Resistance）

位置：Churchillparken 1, 1263 Copenhagen

特色：1941–45 年丹麥抵抗歷史的展覽、空襲避難所、圖書館、檔案館

參觀資訊：開放時間請參考網站。網站：https://en.natmus.dk/museums-and-palaces/the-museum-of-danish-resistance/

丹麥抵抗博物館是哥本哈根的國家博物館一部分，於 1957 年開幕，館內以時間先後順序來記錄從 1940 年被占領開始、直到 1945 年解放之間的丹麥抵抗活動歷史。在博物館附近還有一座真正的空襲避難所對外展出，以及一輛臨時改裝的裝甲車，它是在抵抗運動的最後激烈階段用來對抗丹麥黨衛軍，此外還有一座圖書館和文件／照片檔案館可供研究人員運用。這座博物館還講述了扣人心弦的故事，也就是丹麥抵抗運動分子如何透過用船偷渡到中立國瑞典的方式，拯救了當時國內 8000 名猶太人中的 7500 人。

挪威
洛弗坦二次大戰紀念博物館（Lofoten World War II Memorial Museum）

位置：這座博物館位於洛弗坦的斯沃爾韋爾（Svolvær）鎮中心沿岸客輪碼頭旁的舊郵局中。

特色：大批制服和文物收藏、戰時文件、圖書館

參觀資訊：開放時間：夏季每日開放，其餘時間須先預約。電話：+47 91 73 03 28。電子郵件：williah@online.no。網站：http://www.lofotenkrigmus.no/

這間博物館擁有大批館藏，可讓參觀者探索挪威在 1940 到 1945 年二次大戰期間的經驗。它的館藏重點不是只有挪威軍隊和人民的抵抗活動，也囊括了有關德軍部隊部署（包括當地蓋世太保作業）、英軍突擊隊襲擊洛弗坦以及關押在挪威的戰俘（包括有關俄國戰俘的特展）等多種深度內容。

挪威抵抗博物館（Norway's Resistance Museum）

位置：Bygning 21, Akershus Festning, 0015 Oslo

特色：有關挪威在二次大戰期間經驗的廣泛展覽

參觀資訊：開放時間請參閱網站。電話：+47 23 09 31 38。電子郵件：post.nhm@gmail.com。網站：www.forsvaretsmuseer.no/Hjemmefrontmuseet

這座包羅萬象的博物館在 1966 年開幕，把重點放在挪威的戰時抵抗運動。它的展出是以時間先後順序安排，每個部分都有和特定主題相關的文物，當中包括威塞演習行動（Operation Weserübung，德軍入侵挪威的行動）、地下媒體的成長、挪威納粹黨、挪威海岸外的海戰還有抵抗運動作戰等。這座博物館位於阿克斯胡斯城堡（Akershus Castle）的附屬建築內，且旁邊有一座紀念碑，紀念的是在紀念碑所在位置被德軍處決的挪威抵抗運動分子。

德國
國會大廈

位置：Deutscher Bundestag, Platz der Republik 1, D-11011 Berlin

特色：國會大廈導覽

參觀資訊：電話：+4930/227-32152。網站：www.bundestag.de/htdocs_e/visits/

今日的國會大廈建築看起來已經跟戰爭結束時搖搖欲墜的廢墟大不相同。儘管這座建築經過大規模改裝修復工程，並且成為現代德國政府的所在地，其中包括在樓頂露臺增建了一座玻璃穹頂，但考慮到它在第三帝國殞落時具備的代表性，依然值得一遊。導覽活動會介紹這座建築在戰時的歷史，還有一面蘇軍在 1945 年留下的塗鴉牆壁。

猶太博物館（Jewish Museum）

位置：Lindenstrasse 9–14, 10969 Berlin

特色：數千件展品、流亡花園

參觀資訊：每天自上午 10 點起開放，閉館時間請參考網站。電話：+49 (0)30 259 93 300。網站：www.jmberlin.de/

這間博物館在 2001 年開幕，是德國最多人參觀的博物館，展出內容涵蓋長達 2000 年德國猶太人的歷史，取代了原本在 1938 年被納粹下令關閉的猶太博物館。它的展出內容包括許多在納粹體制下生活的猶太人文物，包括學校和福利救助網路，還有大屠殺相關資料，如信件、照片和文件等等。

德意志國防軍軍事歷史博物館（Militärhistorisches Museum der Bundeswehr）

位置：Olbrichtplatz 2, D-01099 Dresden (Neustadt)

特色：大批二次大戰館藏，涵蓋所有軍種及兵種

參觀資訊：每天自上午 10 點起開放，星期三除外。閉館時間請參考網站。電話：+49 (0)351 8 23 28 03。電子郵件：contact form on website。網站：www.mhmbw.de/

德勒斯登的德意志國防軍軍事歷史博物館詳細展出了德國所有武裝部隊從中世紀時代直到現代的發展歷程，把二次大戰展覽放入背景脈絡中。這個部分的展示包括歷史文物、車輛、一艘德軍水螈（Molch）袖珍潛艇和各種軍服等。它堪稱是歐洲最大的軍事博物館之一。

猶太博物館
從法國柏林猶太博物館空照圖（從左邊開始）：流亡花園（Garden of Exile）、現代化的里伯斯金館（Libeskind Building），以及有玻璃帷幕中庭的舊司法大樓。

東歐

包括原蘇聯領土的東歐，戰時經驗可說是格外痛苦悲慘。由於這個區域政治複雜，所以不是當地每一個國家都願意去面對戰時的過往，但卻格外吸引觀光客，包括波蘭的奧許維茨－比克瑙集中營。

烏克蘭
1941-1945 年偉大愛國戰爭國家歷史博物館（National Museum of the History of the Great Patriotic War of 1941–45）

位置：Ivan Mazepa Str. 44, Kiev

特色：各種車輛、武器和文物、複合式紀念園區

參觀資訊：參考網址：www.warmuseum.kiev.ua/

這座大型博物館就聳立在塞爾維亞雕刻家葉夫根尼・武切季奇（Yevgeny Vuchetich）創作的 62 公尺高「祖國母親」（Motherland）雕像下方，他也是伏爾加格勒「祖國母親的呼喚」（Motherland Calls）雕像的設計師。這座雕像俯瞰著聶伯河，是面積廣達 10 公頃的複合式紀念園區核心裝飾品。這座博物館共藏有約 30 萬件文物，當中包括輕兵器、飛機、裝甲車輛、火砲和個人物品等。在室外，複合式紀念園區有更多武器系統及車輛展示，還有社會主義寫實主義風格的雕塑，從多方面描述對抗德軍入侵者的艱苦奮鬥歷程。

庫斯克戰場

位置：庫斯克附近的普羅霍羅夫卡

特色：戰爭遺址、紀念設施、博物館、位於貝哥羅（Belgorod）的立體模型

參觀資訊：庫斯克市是最好的出發點，旅遊行程通常會參觀普羅霍羅夫卡

普羅霍羅夫卡只是庫斯克戰場的其中一個地方，但卻是 1943 年歷史上最大規模戰車會戰的地點，當時共有超過 6000 輛戰車參戰，武裝黨衛軍第 2 軍遭到重創。當地有壯觀的鐘塔勝利紀念碑，還有普羅霍羅夫卡戰車會戰博物館，當中展出有關庫斯克戰役的展示，包括制服、武器和勳章，以及保留下來的 T-34 和德國虎式戰車、卡秋莎火箭發射器和戰機等（庫斯克也是一場激烈空戰的發生地）。在附近的城市貝哥羅，當地也以頗具創意的方式呈現普羅霍羅夫卡的會戰，在貝哥羅立體模型展示館（Belgorod Diorama）中，展出了描述這場戰役各個階段的巨型壁畫。當地的旅行團會安排遊客沿著德軍第 4 裝甲軍團的「死亡進軍」進行深入探訪，還包括徒步穿越波尼里（Ponyri）和普羅霍羅夫卡的戰場－庫斯克北邊和南邊的突出部－飽覽保留下來的壕溝和火砲掩體。

匈牙利
戰爭歷史博物館（War History Museum）

位置：I. Tóth árpád sétány 40, Budapest

特色：二次大戰常設展、車輛展示

參觀資訊：開放時間：週二－週六上午 10 點－下午 5 點，週日 10 點－下午 6 點。網站：www.militaria.hu

布達佩斯的戰爭歷史博物館擁有大批軍事收藏及紀念品，來自匈牙利血腥歷史的各個時期。館內有二次大戰常設展，其內容包括匈牙利、德國和蘇聯的文物展示，還有一座附屬的車輛園區，當中有補給車輛和裝甲車輛。這座博物館還展出多種制服和旗幟，以及藝術品。

捷克共和國
軍事歷史研究所（Military History Institute）

位置：布拉格附近地區

特色：軍事博物館收藏級圖書館

參觀資訊：可參考軍事歷史研究所入口網站：www.vhu.cz/englishsummary/

軍事歷史研究所由捷克共和國武裝部隊參謀總部直接營運管理，下轄多個位於布拉格的主要歷史和研究機構，其中包括位於崔茨科夫（Žižkov）的陸軍博物館，位於科貝里（Kbely）的航空博物館、位於雷夏尼（Lešany）的軍事技術博物館（館內收藏超過 350 輛歷史上的軍用車輛），還有館藏豐富的軍事歷史研究所圖書館可供研究者使用。所有這些博物館都有和二次大戰有關的展出，陸軍博物館也展示了有關蘇台德區危機和加速邁向戰爭的內容。這些博物館不須門票即可參觀。

波蘭
奧許維茨－比克瑙

位置：奧斯威辛（Oswiecim）附近，詳細旅遊行程可參考網站

特色：奧許維茨一營和奧許維茨二營－比克瑙死亡集中營、教育中心

參觀資訊：全年開放時間次不同，若想了解相關參觀資訊可前往官方網站：www.auschwitz.org.pl/

奧許維茨－比克瑙在 1940 到 1945 年間至少有 110 萬人死亡，當中 90% 都是因為希特勒的「最終解決方案」而遭謀殺的猶太人。身為德軍占領的歐洲境內規模最大的集中營，此地在戰後被保存下來，以作為大屠殺的證據，並在 1979 年被聯合國教科文組織（UNESCO）列為世界遺產（World Heritage Site）。

參觀奧許維茨一營和奧許維茨二營－比克瑙兩座大型集中營遺址是非常嚴肅且令人不安的體驗。駭人聽聞的囚犯營房、行政辦公室、營地警戒設施以

及現在已經成為廢墟的毒氣室位置，依然是大屠殺曾經發生過的證明。集中營鐵路線的猶太人站台（Judenrampe）展示了當初被驅逐的猶太人下車、並根據他們需要勞動或直接滅絕的處置加以分類的地方。展出的個人文物包括成堆的人類頭髮、眼鏡和鞋子等。教育中心、檔案館、圖書館、前囚犯資訊辦公室、典藏部門和研究部門的工作，則是要讓一般大眾對於奧許維茨和大屠殺能夠有更全盤的了解。

愛沙尼亞
納瓦前線戰場

位置：從芬蘭灣延伸到派普斯湖之間的地區

特色：軍事陣地和文物、戰爭紀念碑、軍人公墓

參觀資訊：若要探訪此地，納瓦是最好的出發點。若想了解更多有關納瓦的旅遊資訊，請參考 tourism.narva.ee/

愛沙尼亞納瓦（Narva）前線的戰場是 1944 年整年德蘇兩軍部隊爆發大規模慘烈作戰的地方。由於許多戰場遺跡自戰爭結束後依然沒有經過人為開發，因此是軍事歷史研究者和文物尋寶家眼中的聖地。人們依然可以在當地不為人知的地方發現在原地鏽蝕的碉堡、火砲陣地、車輛和反戰車武器，而長長的壕溝在森林中就好像刻出一道深深的疤痕。一般來說可以在這裡找到的東西包括頭盔、軍用品和德蘇兩軍官兵的個人物品，不過要注意的是當地可能還有實彈，並且要遵守有關蒐集歷史文物的相關法律規定。這個區域的地理景觀充滿沼澤和森林，可說是格外危險，因此在這裡探險時最好是有組織的團體行動。在納瓦附近有一座德軍公墓，內有大約 1 萬座陣亡官兵墳墓，此外在市區內還有幾座戰爭紀念碑（其中有一座是蘇軍 T-34 戰車）。

芬蘭
軍事博物館

位置：Maurinkatu 1, 00170 Helsinki

特色：大量戰時文物收藏

參觀資訊：開放時間：星期二到星期四上午 11 點－下午 5 點，星期五到星期日上午 11 點－下午 4 點，星期一休館。電話：+358 (0)95841 1700。電子郵件：sotamuseo@mil.fi。網站：www.mpkk.fi/en/museum/

赫爾辛基的軍事博物館是芬蘭國防學院（Finnish National Defence College）下的一個機構。這座博物館在 1929 年建館，陳列芬蘭軍事歷史的文物及各種展示品，並有關於二次大戰的優質展出和資訊。它展出的內容包括兵器、裝備、制服、勳章、旗幟和藝術品，

偉大愛國戰爭
位於基輔的偉大愛國戰爭國家博物館內的紀念園區有眾多雕塑，緬懷當年參與戰鬥的人。

此外還有文件及照片檔案,可以讓參觀者了解展出內容的背景脈絡。

薩耳帕防線(Salpa Line)

位置:從芬蘭灣一路延伸到芬蘭北部的佩察摩

特色:原封不動保留下來的防禦工事、位於米耶希凱萊的博物館

參觀資訊:請洽薩耳帕中心。電話:+35840 585 0166。網站:www.salpakeskus.fi

薩耳帕防線是規模巨大的防衛要塞系統,從芬蘭灣的海岸一路延伸到佩察摩(Petsamo)的海岸邊。它們從未經歷過戰火,也因為這個理由而得以完整保存下來,這座防線有數百座碉堡、反戰車障礙、步兵掩體和通訊站,綿長的壕溝依然保存至今,各種說明牌可以讓參觀者了解1941到1944年之間在這種地方的生活方式。位於米耶希凱萊(Miehikkälä)的薩耳帕防線博物館非常適合做為沿著防線探險及健行的出發點。

俄國

列寧格勒的英雄保衛者紀念碑(Monument to the Heroic Defender of Leningrad)

位置:地鐵莫斯科站附近的勝利廣場上

特色:紀念碑及地下展覽館

參觀資訊:可參考網站:www.saint-petersburg.com/museums/monument-to-heroic-defenders.asp

這座紀念碑位於聖彼得堡的勝利廣場(Ploschad Pobedy),是這座城市對於二次大戰期間該市市民忍受德軍圍攻長達900天的英勇不屈表現所做出的重要緬懷象徵。紀念碑如高塔般聳立,它的陰影會投射在外觀如戒指般的紀念廣場上。牆上雕刻著描述圍城戰役的內容,燃燒的火炬則緬懷那些不幸死難的人。位於地下的紀念館展示圍城戰役的歷史,且現場隨時會有說英語的導覽員。

偉大愛國戰爭博物館(Museum of the Great Patriotic War)

位置:121170, Moscow, 3, Victory square

特色:大量二次大戰館藏和歷史資訊、「勝利」紀念碑和雕塑、大批軍用車輛和武器典藏、圖書館

參觀資訊:電話:+7 (499)142-41-85。網站:www.poklonnayagora.ru/

偉大愛國戰爭博物館位於俯首山(Poklonnaya Gora)的複合式紀念園區,是俄國有關東線戰爭的中央級國家資料庫及展覽館。這座博物館位於高達142公尺的「勝利」紀念碑下方,收藏超過11萬件戰時文物,從制服到軍用車輛應有盡有。博物館的主要部分是關於戰爭歷史的解說,此外還有展出裝甲車輛和火砲,更大的展品,像是卡秋莎火箭發射器(史達林管風琴)則在露天展區展出。

馬馬耶夫山崗

位置:伏爾加格勒馬馬耶夫山

特色:紀念雕塑與浮雕、「俄國母親」紀念碑、戰士榮耀堂、軍人紀念公墓

參觀資訊:搭乘大眾運輸或計程車前往馬馬耶夫山的山腳。網站:http://www.stalingrad-battle.ru/

這座紀念園區位於伏爾加格勒,

母親的紀念碑

這座雕像稱為「母親的悲傷」(A Mother's Sorrow),表現出史達林格勒圍城戰期間造成的慘痛犧牲與帶來的巨大失落感。

緬懷1942-43年冬季史達林格勒的戰鬥期間蘇聯軍隊和平民做出的慘痛犧牲。從悲傷廣場(Square of Sorrow)上的肅穆人像,到戰士榮耀堂(Hall of the Warrior Glory)中高舉燃燒永恆之焰火炬的那隻手,園區內到處充滿強而有力的社會主義寫實主義風格的紀念雕塑。不過園區最重要的特色,就是如史詩般壯麗的「祖國母親的呼喚」,這是一座巨大的女性塑像,高52公尺,她手中高舉的寶劍以不鏽鋼打造,長33公尺,重14公噸。她矗立在馬馬耶夫山(Mamayev Hill)的山頂上,成為當地特有的壯觀奇景。

巴爾幹半島、義大利與地中海

南歐和北非的戰場就跟其他戰區一樣，曾經歷過兩軍激烈的交火競逐。今日，位於巴爾幹半島和義大利的戰區交通較便利，容易前往，而利比亞和埃及的則需要比較詳盡的計畫，參觀者也要更注意當地宗教信仰和風俗民情。

義大利
佛羅倫斯美軍公墓

位置：大約在佛羅倫斯南邊 12 公里處，卡西亞道（Via Cassia）的西側

特色：美國戰場紀念碑委員會軍人公墓

參觀資訊：開放時間：每天上午 9 點－下午 5 點，12 月 25 日及 1 月 1 日除外。網站：www.abmc.gov/cemeteries-memorials/europe/florenceamerican-cemetery

在美國戰地紀念碑委員會（American Battlefield Monuments Commission, ABMC）的細心維護下，美軍在義大利作戰蒙受的慘重損失顯然可以從這座漂亮的墓園中看出來。這座墓園占地 28 公頃，共有 4402 座墳墓，當中絕大部份是在 1944 年 6 月攻占羅馬後的激烈戰鬥，以及之後直到 1945 年 5 月的期間在亞平寧山區戰鬥中犧牲的美軍第 5 軍團官兵。在紀念園區中還有失蹤官兵紀念牆，上面有另外 1409 人的姓名。而在紀念區的其中一處中庭內還有小禮拜堂和大理石材質的作戰地圖。

卡西諾

位置：夫羅西諾內省（Frosinone）南拉吉歐（Lazio）

特色：戰場、修道院、軍人公墓

參觀資訊：卡西諾山網站：montecassinoabbey.org/

要遊覽卡西諾山附近地區，體能要有一定水準，但這裡值得一看的東西相當多。卡西諾山上的修道院儘管曾經過重建，但還是值得參訪，不但是因為那裡的視野相當壯闊，也是因為可以更加了解當初為了這些制高點而進行的戰鬥本質。卡西諾軍人公墓和凱洛山（Mount Cairo）上的紀念碑共有 4266 座盟軍官兵墳墓，當中超過 1000 人是波軍官兵。

馬爾他
國家戰爭博物館（National War Museum）

位置：Fort St Elmo, Valletta VLT 02

特色：二次大戰展出，包括飛機和高射砲

參觀資訊：網站：heritagemalta.org/museums-sites/national-war-museum/

這座博物館所在的位置原本是座彈藥庫，把展出重點集中在 1940 到 1943 年間這座島嶼對抗德國空軍的史詩戰役，以及這座島嶼在地中海戰區扮演的角色。它展出的照片描述了島民在連續不斷的空襲中表現堅忍，以及地下防空洞惡劣的生活條件。博物館主廳的展出包括一架格洛斯特（Gloster）格鬥士（Gladiator）雙翼機，一門波佛斯（Bofors）反戰車砲、一艘義大利 E 艇、噴火式戰鬥機與 Bf 109 戰鬥機的零件。馬爾他島獲頒的喬治十字勳章也有展出，此外還有一本緬懷名冊，上面記錄了在該島的保衛戰期間不幸犧牲的平民和官兵姓名，附錄的部分則呈現了皇家海軍的角色、章記和制服，以及拯救馬爾他島的運輸船團。航空廳則陳列有關德軍空襲的文物。

克里特島
蘇達灣軍人公墓（Suda Bay War Cemetery）

位置：蘇達灣（Suda Bay）西北角，哈尼亞（Chania）以東 5 公里

特色：大英國協軍人公墓委員會公墓

參觀資訊：網站：www.cwgc.org

1941 年德軍入侵克里特島期間，共有 2000 名大英國協軍陣亡。原本德軍把他們埋葬在島上的四個地方（哈尼亞、伊拉克利翁（Iraklion）、雷西姆農（Rethymnon）和加拉塔（Galata）），但到了戰後，這些遺骸就被遷移到現在這座位於蘇達灣的墓園。這座美麗的公墓現在共有 1502 名陣亡官兵，但由於當初的埋葬方式相當混亂，其中共有 778 名身分尚未辨識出來。

德軍公墓

位置：克里特島西北邊馬勒美附近

特色：德軍公墓、遊客中心

參觀資訊：現場提供

相對於蘇達灣的大英國協軍人公墓委員會公墓，馬勒美附近的德軍公墓則證明德軍攻占該島所付出的慘重代價，環境氣氛也十分肅穆。共有超過 4400 名官兵埋葬在那裡，所有墓碑都是平置在地面上，上面刻有兩位陣亡官兵的姓名。

利比亞
托布魯克軍人公墓（Tobruk War Cemetery）

位置：托布魯克內陸 11 公里處，通往亞歷山卓的主要公路上

特色：大英國協軍人公墓委員會公墓

參觀資訊：開放時間：每天上午 8 點－下午 5 點。網站：www.cwgc.org

托布魯克是北非戰役當中相當重要的補給港口，曾幾度經歷激戰之後易手或遭到圍攻。托布魯克軍人公墓是由大英國協軍人公墓委員會管理的墓園和紀念園，當地埋葬 2282 名大英國協陣亡官兵。建議外國旅客向政府相關單位查詢前往利比亞旅遊的條件及規定。另外在利比亞的班加西、阿可爾瑪（Acroma）和的黎波里也有大型軍人公墓。

阿來曼戰場遺址

位置：阿來曼附近，大約在亞歷山卓以西 130 公里處通往梅爾莎馬特魯（Mersa Matruh）的公路上

特色：多處軍人公墓漢紀念碑、博物館

參觀資訊：所有可參觀的地點都能從阿來曼村和馬里納遊客村（Marina Tourist Village）前往

真正的阿來曼沙漠戰場因為地形條件、以及考慮到當地仍有大批實彈，而有旅行限制，因此相對較難前往。不過阿來曼村附近阿來曼山（Tell al-Alemein）上有許多戰爭紀念碑和公墓，當中包括希軍紀念碑和南非軍紀念碑。當地主要景點是大英國協軍人公墓委員會的阿來曼軍人公墓（El Alamein War

Cemetery），共有 7240 名大英國協陣亡官兵埋葬在那裡，此外還有紀念銘板，緬懷成千上萬在北非戰役中捐軀的其他服役人員。在阿來曼以西約 3 公里處有一座紀念碑，標示出軸心軍部隊當時前推到的最東邊端點，再往西不遠處就是位於阿卜杜勒．加瓦德母親山（Gebel Alam Abd al-Gawad）的德軍戰爭紀念堂。這座八角形的建築物是 4280 名在北非戰役陣亡的德軍官兵忠靈塔；在距離德軍戰爭紀念堂大約 5 公里處則是義軍紀念堂，是一座美麗的大型複合式紀念園區，內有小禮拜堂、清真寺和博物館。在阿來曼村附近還有一座戰爭博物館，館內展出該地區戰爭的完整歷史，並詳細解說每個主要參戰國家。

以色列
以色列猶太大屠殺紀念館（Yad Vashem Holocaust History Museum）

位置：The Holocaust Martyrs' and Heroes' Remembrance Authority, P.O.B. 3477, Jerusalem 91034

特色：大屠殺歷史博物館、紀念檔案館、圖書館、遇難者紀念堂、大量檔案和圖書資源、展覽

參觀資訊：開放細節因部門而異，可參考網站：www.yadvashem.org/

　　以色列猶太大屠殺紀念館是世界上規模最大致力於大屠殺研究的機構。它占地 18 公頃，擁有大屠殺歷史博物館、多不勝數的檔案及圖書館藏（包括大屠殺受害者姓名中央資料庫），還有震撼人心的遇難者紀念堂，後者是一處精心

遇難者紀念堂

以色列耶路撒冷的以色列猶太大屠殺紀念館是緬懷大屠殺遇難者的紀念機構。遇難者紀念堂四周的牆上（右）存放了在大屠殺期間不幸遇難人士的簡短傳記，而上方的圓頂（上）則由相關照片和證詞覆蓋。

設計的緬懷場所，不但天花板由 600 張照片和許多證詞覆蓋，在大廳周圍的資料架上還存放 200 萬則大屠殺受害者的簡短傳記。以色列猶太大屠殺紀念館是相當活躍的研究機後，若要徹底了解相關展示詳情，建議瀏覽他們的網站。

東亞、東南亞和太平洋

部分東亞和東南亞國家政治局勢動盪，因此並不建議前往多處偏遠的叢林戰場遺址旅遊。在太平洋上，許多戰場遺址因為地理隔閡巨大且過於孤立而無法抵達。儘管如此，當地還是有幾處格外值得一遊的戰場遺址與博物館，以及某些世界最佳的潛水勝地。

泰國
緬甸鐵路遺址

位置：絕大部分可前往的景點都在泰國北碧府附近

特色：博物館、軍人公墓、紀念碑、部分原始鐵路路段

參觀資訊：絕大部分遊客都從北碧府出發探訪鐵路遺址。若要參考有關軍人公墓的資訊，請瀏覽網站 www.cwgc.org

由日軍興建、從泰國曼谷通往緬甸仰光的緬甸鐵路長 415 公里，興建過程中造成超過 10 萬名奴工不幸身亡，當中包括 16000 名盟軍戰俘。旅行的目的地最好僅限於泰國境內，北碧府有一座大英國協軍人公墓委員會公墓，裡面埋葬了 6982 名盟軍戰俘，另一座位於勿開（Chungkai）城外的公墓則有 1750 座墳墓。北碧府有兩座和修築鐵路有關的博物館，一座是泰國緬甸鐵路博物館（Thailand Burma Railway Museum），另一座是日英澳美泰荷戰爭博物館（JEATH War Museum）。惡名昭彰的桂河大橋（Kwai River bridge）距離北碧府約 5 公里，只是原始的大橋遺跡所剩並不多，那裡也有一座博物館。地獄火通道（Hellfire Pass）路塹遺跡和附屬的博物館也是探訪鐵路歷史的觀光客的另一個主要目的地。

新加坡
克蘭芝戰爭紀念碑（Kranji War Memorial）

位置：9 Woodlands Road, Kranji, Singapore

特色：紀念碑和軍人公墓

參觀資訊：開放時間：每天上午 7 點－6 點。若要參考公墓相關資訊請瀏覽網站 www.cwgc.org

克蘭芝戰爭紀念碑位於新加坡北邊的克蘭芝。這裡原本是一座日軍基地，之後成為戰俘營和醫院。紀念碑共有 12 根圓柱，上面刻了 2 萬 4000 名在馬來亞、東亞和連接太平洋的海域的戰鬥中陣亡、但遺體從未被發現的盟軍官兵姓名（包括海空軍人員）。紀念碑附屬的軍人公墓內共埋葬了 4458 名盟軍人員，其中 850 人尚未識別出身分，此外還有一座墳墓，內有 400 名在 1942 年時的新加坡戰役中喪命、但尚未辨認出身分的平民遺骸。

中國
中國人民革命軍事博物館

位置：北京市海澱區復興路 9 號

特色：二次大戰常設展

參觀資訊：開放時間：上午 8 點 30 分－下午 4 點。電話：+86 10-66817161。網站：www.jb.mil.cn/

這座大型博物館的主題是中國軍隊的歷史，但它的二樓特別把展覽重點放在 1937-45 年中國軍隊抵抗日軍的過程。雖然它描述的歷史充滿政治宣傳意味，但館內展示的數千件文物依然值得一看。

夏威夷
亞利桑那號紀念館（USS Arizona Memorial）

位置：珍珠港亞利桑那號紀念館

特色：日軍偷襲珍珠港陣亡官兵紀念館

參觀資訊：開放時間：上午 7 點 30 分－下午 5 點，感恩節、12 月 25 日和 1 月 1 日休館。網站：www.nps.gov/valr/index.htm

亞利桑那號紀念館在 1962 年落成啟用，紀念所有在 1941 年 12 月 7 日日軍襲擊珍珠港時喪生的官兵。它的位置相當特別，就在部分沒入水中的亞利桑那號殘骸上方，大約在船舯段的附近。紀念館設有入口和集會廳、禮堂和紀念堂，大理石牆上刻有亞利桑那號陣亡官兵的姓名。

關島
太平洋戰爭國家歷史公園（War in the Pacific National Historical Park）

位置：從夏威夷檀香山或日本東京搭機前往

特色：紀念館、眾多原地保留下來的掩體和陣地、遊客中心

參觀資訊：在計畫旅遊行程前可先參考官方網站：www.nps.gov/wapa/

關島的國家歷史公園由幾個不同的地方組成，島上有非常多相關景點可供遊客拜訪。當地有超過 100 座軍事陣地原地保留下來，包括碉堡、洞穴防禦工事、掩體、壕溝和一座日軍通訊中心，此外在多個不同地點還有日軍海岸防禦工事和高射砲。在阿聖灣展望台（Asan Bay Overlook）有一面紀念牆，上面刻著 1 萬 6142 名在關島戰役中陣亡的美國人和查莫羅人（Chamorro）官兵姓名，而解放者紀念碑（Liberator's Memorial）則是紀念那些參與 1944 年的登陸作戰，從日軍手中奪回關島的人。遊客中心提供歷史資訊，並展示戰爭相關文物。

日本
沖繩戰場遺址

位置：日本沖繩縣各地戰場遺址

特色：戰爭紀念碑、戰場遺址、碉堡和掩體、洞穴工事、萬人塚

參觀資訊：可參考官方旅遊資訊網站：www.pref.okinawa.jp/tour-e.html

由於沖繩是整場戰爭裡發生過最激烈戰鬥的地方之一，因此當地到處都可以看到數量眾多的戰時遺跡。這裡有幾間博物館專門或部分展出 1945 年的戰役，包括沖繩戰役博物館（位於海軍陸戰隊金瑟營基地）、姬百合之塔與博物館、平和祈念資料館和沖繩縣立博物館。許多這場作戰最重要的戰鬥地點都能參觀，例如那霸以北的美軍登陸灘頭、鋼鋸嶺（Hacksaw Ridge），以及散布在島上各地的碉堡和洞穴防禦工事。這些景點中規模最大的最適合導覽旅遊團，例如獨立混成第 44 旅團洞穴。這類景點有一些格外陰森，例如喜屋武

和平博物館
廣島和平紀念博物館內展出廣島受到原子彈轟炸後發現的部分受損文物。

朝德之碑，它的所在地就是數十名平民跳崖自殺的地點，還有魂魄之塔萬人塚，那裡埋葬了大約 3 萬 5000 名死者。

廣島和平紀念公園

位　置：1-2 Nakajimama-cho, Naka-ku, Hiroshima City 730-0811

特色：展示 1945 年 8 月 6 日的原子彈轟炸各個面向的大型紀念園區

參觀資訊：電話：+81 82-241-4004。電子郵件：hpcf@pcf.city.hiroshima.jp。網站：www.pcf.city.hiroshima.jp/

廣島市內占地廣大的廣島和平紀念公園是一個既引人入勝又讓人觸景傷情的地方。它讓參觀者深入探討廣島原子彈轟炸的可怕效應，並對核子戰爭的危險提出強烈警告。這座公園內充滿各種紀念碑、紀念物、資訊中心、展覽和追思堂，主體則是一座三層樓的大型博物館。園區內到處都是令人不安的告示，提醒參觀者 1945 年 8 月 6 日時，一枚原子彈在和平紀念公園所在的區域正上方爆炸。前身是產業獎勵館的原爆圓頂館斷垣殘壁仍矗立在現場，而原爆供養塔則埋葬了大約 7 萬名死難者的骨灰。

澳洲
澳洲戰爭紀念館（Australian War Memorial）

位　置：Treloar Crescent (top of ANZAC Parade), Campbell ACT 2612, Canberra

特色：紀念碑、緬懷公園、有豐富二次大戰館藏的博物館、雕塑花園、研究中心

參觀資訊：開放時間、展覽詳情和電子郵件聯絡表格請前往網站：www.awm.gov.au/。電話：(02) 6243 4211

位於坎培拉的澳洲戰爭紀念館是澳洲對其所有戰爭死難者的國家級紀念機構。雖然它是在第一次世界大戰後建立，剛開始時只是為了要紀念那場衝突，但到了今天它緬懷在所有的衝突中犧牲的澳軍人員。澳洲戰爭紀念館的主要區域包括紀念園（當中包括紀念廳）、澳紐兵團大道（ANZAC Parade）、雕塑花園、飛機展示廳（重點放在太平洋的戰事）以及澳紐兵團廳（廳內也展示了蘭開斯特轟炸機和梅塞希密特 Bf 109 戰鬥機）。它的二次大戰大型展覽館共分成五區，以時間先後順序呈現出這場戰爭。整座建築位於占地遼闊且經過細心維護的公園用地內。

索引

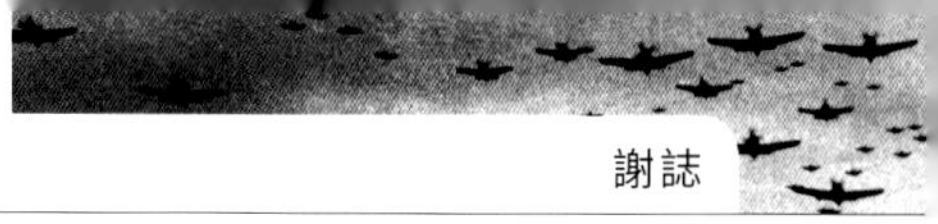

謝誌

出版社感謝華盛頓特區史密森企業的下列人士：
Kealy Wilson, Product Development Manager
Ellen Nanney, Licensing Manager
Brigid Ferraro, Vice President, Consumer Products and Education
Carol LeBlanc, Senior Vice President, Consumer Products and Education
Chris Liedel, President

出版社感謝下列人士慷慨提供照片：

Key
a-above; b-below/bottom; c-centre; f-far; l-left; r-right; t-top
IWM – Imperial War Museum
LMA – Lebrecht Music and Arts
MEPL – Mary Evans Picture Library
US NARA – US National Archives and Records Administration

2-3 LMA: Rue des Archives/Tal. **4 DK Images:** Jamie Marshall (tc). **Getty Images:** Heinrich Hoffmann/Time & Life Pictures (br). **5 Library Of Congress, Washington, D.C.:** (cl). **Shutterstock:** Stephen Mulcahey (tr). **6 Conseil Régional de Basse-Normandie / National Archives USA:** (tl) (tc). **Corbis: Bettmann (bl). Dreamstime.com:** J Klune (cr). **US Department of Defense:** Department of the Army. Office of the Deputy Chief of Staff for Operations. (br). **7 Corbis:** Hulton-Deutsch Collection (br). **iStockphoto.com:** ilbusca (c). **Shutterstock:** krechet (tr). **US NARA:** US Government (bl). **8-9 Getty Images:** Time & Life Pictures/US Coast Guard. **10-11 Getty Images:** Photographers Choice/Kevin Summers. **12 akg-images:** (bc). **The Art Archive:** Marc Charmet (tr). **Corbis:** Bettmann (tc). **Getty Images:** Hulton Archive (br); Popperfoto (bl). **LMA:** Rue des Archives/Tal (tl); Private Collection/Roger-Viollet, Paris (c). **13 The Bridgeman Art Library:** Private Collection (bl). **Corbis:** Bettmann (bc). **Getty Images:** Keystone (tl). **LMA :** Rue des Archives/Tal (cl). **MEPL:** (tr). **14 akg-images:** (tr). **Getty Images:** Roger Viollet Collection (bl); Three Lions (br). **LMA:** Rue des Archives/ Tal (tl). **MEPL:** (bc). **15 The Art Archive:** John Meek (c). **Getty Images:** Fox Photos (br); Hugo Jaeger/Timepix/Time & Life Pictures (bc). **IWM:** (bl). **LMA:** Interfoto/ Hermann Historica Gmbh (tl). **TopFoto.co.uk:** Ullstein Bild (tr) (cl). **16 The Art Archive:** Marc Charmet (bl). **DK Images:** Collection of Jean-Pierre Verney (cl). **16-17 LMA:** Rue des Archives/ Tal (t). **17 Getty Images:** Roger Viollet Collection (br). **18 Getty Images:** General Photographic Agency. **19 The Bridgeman Art Library:** Private Collection/Roger-Viollet, Paris (tl). **Corbis:** Bettmann (tr). **Getty Images:** Hulton Archive (bc). **MEPL:** (cr). **www.historicalimagebank.com:** Don Troiani (cl). **20 akg-images:** (bl). **Getty Images:** Keystone (br). **Photolibrary:** De Agostini Picture Library (tr). **www.historicalimagebank.com:** Don Troiani (c). **21 Getty Images:** Three Lions (b). **LMA:** Interfoto/ Hermann Historica Gmbh (t).
22 Alamy Images: MEPL (cr); The London Art Archive/Visual Arts Library (l). **23 akg-images:** (ca) (bc) (cr). **Getty Images:** Keystone (tr). **24 The Art Archive:** John Meek (tr). **TopFoto.co.uk:** Ullstein Bild (b). **25 Corbis:** Bettmann (bc). **Getty Images:** Keystone (tr). **26 www.historicalimagebank.com:** Don Troiani (tr). **26-27 Getty Images:** Hugo Jaeger/Timepix/Time & Life Pictures (bc). **27 Corbis:** Bettmann (br). **28-29 Corbis:** Bettmann.
30 The Art Archive: British Library (br). **Getty Images:** Topical Press Agency (t). **31 The Bridgeman Art Library:** Private Collection (bc). **Cody Images:** (tr). **32 Corbis:** Bettmann (bc). **32-33 LMA:** Rue des Archives/FIA (t). **33 Getty Images:** Popperfoto (br); Time & Life Pictures/ Time Magazine (tr). **IWM:** (c). **34 akg-images:** (tr). **Getty Images:** Hulton Archive (bc). **35 Getty Images:** Popperfoto. **36 Corbis:** David J. & Janice L. Frent Collection (bc). **Getty Images:** Popperfoto (cl) (t). **37 Corbis:** Bettmann (br). **Library Of Congress, Washington, D.C.:** Albert M Bender (tc). **38 Corbis:** Bettmann (bl). **Getty Images:** General Photographic Agency (tl); Popperfoto (r). **39 AISA - Archivo Iconográfico S. A., Barcelona:** Library of Montserrat Abbey (tr). **akg-images:** Private Collection (bc). **LMA:** Interfoto/Hermann Historica Gmbh (tl).
40 MEPL: (bc). **41 Corbis:** Bettmann (b). **TopFoto.co.uk:** Ullstein Bild (tc). **42 akg-images:** (bc). **Corbis:** Bettmann (tr). **43 akg-images:** Private Collection (bl). **Corbis:** Hulton-Deutsch Collection (br). **Getty Images:** Fox Photos (tc). **IWM:** (tr). **46 Corbis:** Hulton-Deutsch Collection (tr) (clb). **Getty Images:** Popperfoto (cb). **MEPL:** (tl). **TopFoto.co.uk:** Ullstein Bild (tc). **47 The Art Archive:** Dagli Orti (A) (c). **Corbis:** Bettmann (cb); Hulton-Deutsch Collection (tl). **Getty Images:** March Of Time/Time & Life Pictures (tr). **48 akg-images:** (bl) (br). **Corbis:** Bettmann (tc); Hulton-Deutsch Collection (tr). **Getty Images:** Keystone (bc). **TopFoto.co.uk:** Jewish Chronicle Archive/HIP (tl). **49 Corbis:** Bettmann/ Underwood & Underwood (tr); Hulton-Deutsch Collection (tl). **DK Images:** Eden Camp Museum, Yorkshire (cl); Ministry Of Defence, Pattern Room, Nottingham (br). **LMA :** Interfoto (cb). **TopFoto.co.uk:** Ullstein Bild (bl). **50 TopFoto.co.uk:** From the Jewish Chronicle Archive/HIP (cra). **50-51 Corbis:** Bettmann. **51 MEPL:** (cra). **52 DK Images:** IWM, Duxford (c); Royal Artillery Historical Trust (cb). **52-53 DK Images:** IWM, London (r). **53 Corbis:** Hulton-Deutsch Collection (r). **TopFoto.co.uk:** Ullstein Bild (cla). **55 The Bridgeman Art Library:** Private Collection/Peter Newark Military Pictures (br). **Corbis:** Hulton-Deutsch Collection (tr). **TopFoto.co.uk:** Ullstein Bild (bl). **56 akg-images:** (l). **Corbis:** Marcus Fþhrer/dpa (cr). **57 Getty Images:** Hulton Archive (tr); Keystone (tl). **MEPL:** (cb); Rue des Archives/Tallandier (bc). **58 Corbis:** Bettmann (cra). **LMA :** Interfoto (bl). **59 akg-images:** (bl). **The Art Archive:** Private Collection/Marc Charmet (tl). **60 Corbis:** Hulton-Deutsch Collection (ca). **IWM:** (bl). **60-61 DK Images:** Eden Camp Museum, Yorkshire. **61 Getty Images:** Hulton Archive (ca) (br). **62 akg-images:** RIA Novosti (br). **TopFoto.co.uk:** Ullstein Bild (bl). **63 Corbis:** Underwood & Underwood. **Getty Images:** Keystone (cra). **64 TopFoto.co.uk:** (t); AP (br). **65 DK Images:** Ministry of Defence Pattern Room, Nottingham (bl). **Getty Images:** Fox Photos (tc). **IWM:** (cra). **66 Corbis:** Bettmann (r); Hulton-Deutsch Collection (bl). **67 akg-images:** (tc). **Corbis:** Hulton-Deutsch Collection (bc). **DK Images:** IWM, London (c). **Getty Images:** Keystone (tr). **70 akg-images:** (tc). **Corbis:** Bettmann (tl) (br). **Getty Images:** Hulton Archive (tr); Popperfoto/ Bob Thomas (bc). **LMA :** Rue des Archives/Tal (bl). **71 Corbis:** Bettmann (tl) (bc). **Getty Images:** Fox Photos (cra); Keystone (bl). **72 Corbis:** Bettmann (tr). **Getty Images:** Keystone/ Horace Abrahams (bc); New York Times Co. (cr). **MEPL:** (tc). **TopFoto.co.uk:** (bl). **73 The Bridgeman Art Library:** Private Collection/Peter Newark Historical Pictures (tc). **Corbis:** Skyscan (tl). **Getty Images:** Keystone (cr) (br). **IWM:** (bl). **Mirrorpix:** (c). **74 Getty Images:** Hulton Archive (cra). **74-75 MEPL. 74-99 Library Of Congress, Washington, D.C.:** (t). **75 Getty Images:** Popperfoto (cb). **TopFoto.co.uk:** Ullstein Bild (crb). **76 Corbis:** Bettmann. **77 akg-images:** (ca). **LMA :** RA (cr). **TopFoto.co.uk:** Ullstein Bild (br). **78-79 Corbis:** Hulton-Deutsch Collection. **79 akg-images:** (cra). **80-81 LMA :** Rue des Archives. **82 Corbis:** Michael Nicholson (cr). **US NARA:** (b).
83 akg-images: (tc). **DK Images:** IWM, London (cl) (cr). **LMA :** RA (b). **84 IWM:** (cl). **84-85 Getty Images:** Popperfoto. **85 Corbis:** Bettmann (tr). **Mirrorpix:** (b). **86 Getty Images:** Keystone/ Horace Abrahams (r); Topical Press Agency/A. R. Coster (bl). **87 Alamy Images:** Pictorial Press Ltd (tl). **Getty Images:** Keystone (bc). **IWM. Science & Society Picture Library:** Science Museum (tr). **88 akg-images:** (tl). **DK Images:** IWM, London (tr). **89 The Bridgeman Art Library:** Private Collection/Peter Newark Historical Pictures (cra). **Getty Images:** Fox Photos (crb). **Mirrorpix:** (l). **90-91 Corbis:** Bettmann. **92 Getty Images:** Fox Photos (br); Popperfoto (t). **IWM:** (bl). **93 TopFoto.co.uk:** Stapleton Historical Collection/ HIP. **94 Birmingham Museum And Art Gallery:** (cr). **DK Images:** IWM, London (tr). **www.historicalimagebank.com:** Don Troiani (tl). **94-95 IWM:** (b).
95 akg-images: (crb). **DK Images:** IWM, London (tl) (bc) (cra) (fcrb); Judith Miller / Huxtins (ftr). **IWM:** (fclb) (bl) (cla) (clb) (tc). **LMA:** RA (clb/ coupon) (br). **96 Getty Images:** AFP (bl). **IWM:** (tl). **97 Getty Images:** Keystone. **98 Getty Images:** Bob Thomas/Popperfoto (cla). **98-99 Getty Images:** New York Times Co.. **99 IWM:** (tl). **102 akg-images:** (tl) (bl); Time & Life Pictures (tr). **Getty Images:** Time & Life Pictures/ James Jarche (br). **MEPL:** (bc). **TopFoto.co.uk:** Ullstein Bild (tc). **103 Alamy Images:** INTERFOTO Pressebildagentur (bl). **The Art Archive:** Culver Pictures (tr). **Corbis:** Bettmann (cb). **US Department of Defense:** Department of the Army. Office of the Deputy Chief of Staff for Operations. (tl). **104 akg-images:** Ullstein Bild (br). **Corbis:** Bettmann (c). **DK Images:** IWM, London (tr). **Getty Images:** Heinrich Hoffmann/ Time & Life Pictures (bl); Keystone (tl). **104-105 LMA :** Interfoto/Sammlung Rauch (c). **105 akg-images:** Ullstein Bild (cl). **Getty Images:** Keystone (bl). **The Granger Collection, New York:** (bc). **TopFoto.co.uk:** Ullstein Bild (br). **US NARA:** (tr). **106 DK Images:** Jewish Historical Museum, Amsterdam (cb). **LMA :** RA (cla). **106-107 TopFoto.co.uk:** Ullstein Bild (t). **106-149 Shutterstock:** Stephen Mulcahey (t). **107 akg-images:** (br). **108-109 Corbis:** Bettmann. **110 LMA :** RA (cra). **110-111 LMA :** RA (b). **111 Corbis:** Bettmann (tl). **Getty Images:** Popperfoto (cra). **112 iStockphoto.com:** Duncan Walker (cl). **LMA :** Rue des Archives/Tal (r). **113 IWM:** Gunn (Sgt) (bc); Rue des Archives /Collection Gregoire (br). **LMA :** Rue des Archives/Tal (tl) (tr). **114 akg-images:** (tc). **The Art Archive:** National Archives Washington DC (fcl). **The Bridgeman Art Library:** Private Collection/DaTo Images (tl). **Corbis:** Swim Ink 2, LLC (cl). **Courtesy of The Museum of World War II, Natick, Massachusetts:** (cr). **Photolibrary:** De Agostini Picture Library (tr) (fcr). **114-115 Getty Images:** Laski Diffusion (bc). **115 akg-images:** (br). **The Art Archive:** Bundesarchiv Koblenz (fbr); IWM/ Eileen Tweedy (tl); Eileen Tweedy (cl) (c). **DK Images:** IWM, London (bc). **Photolibrary:** De Agostini Picture Library (cr). **116 DK Images:** Queen's Printer (bl). **TopFoto.co.uk:** Ullstein Bild (c). **116-117 DK Images:** IWM, London. **117 Corbis:** Bettmann (br). **Getty Images:** Time & Life Pictures (cra). **Courtesy of the National Security Agency:** (bc). **Science & Society Picture Library:** Bletchley Park Trust (t). **118 IWM:** (cra). **TopFoto.co.uk:** (bl). **118-119 The Art Archive. 119 DK Images:** Queen's Printer (tc). **LMA:** Interfoto (crb). **120-121 MEPL:** Illustrated London News Ltd. **122 IWM:** Coote, R G G (Lt) (ca). **LMA :** Interfoto (clb). **122-123 akg-images:** Ullstein Bild. **123 akg-images:** Ullstein Bild (tr). **IWM:** (cr). **124 Getty Images:** Keystone (bc). **124-125 LMA :** Rue des Archives (c). **125 Getty Images:** Time & Life Pictures (tr). **126 Alamy Images:** Chris Howes/Wild Places Photography (tl). **IWM:** (c). **www.historicalimagebank.com:** Don Troiani (fcl) (cl). **127 IWM:** (br). **128 Getty Images:** Heinrich Hoffmann/Time & Life Pictures (l); Hulton Archive (tr). **MEPL:** Explorer Archives/ Desmarteau (tc). **129 Corbis:** Bettmann (b). **MEPL:** (c). **www.historicalimagebank.com:** Don Troiani (cl). **130 TopFoto.co.uk:** Ullstein Bild (cla). **130-131 Getty Images:** Margaret Bourke-White/Time & Life Pictures. **132 LMA :** Leemage (cl). **132-133 akg-images. 133 The Art Archive:** (bc). **LMA :** Interfoto (cra). **134 Getty Images:** Keystone (bl). **LMA:** Interfoto (tr). **135 Getty Images:** Laski Diffusion (br). **136-137 akg-images. 138 akg-images:** Ullstein Bild (br). **Magnum Photos:** Soviet Group (bl). **www.historicalimagebank.com:** Don Troiani (tl). **139 Corbis:** Bettmann. **140 akg-images:** RIA Novosti (tr). **DK Images:** IWM, London (c). **TopFoto.co.uk:** (bl). **140-141 Getty Images:** Time & Life Pictures/Pictures Inc.. **141 TopFoto.co.uk:** Ullstein Bild (tl). **www.historicalimagebank.com:** Don Troiani (tr). **142 Getty Images:** Time & Life Pictures (tr). **TopFoto.co.uk:** (bl). **142-143 US NARA. 143 Getty Images:** Charles E. Steinheimer/Time & Life Pictures (tl). **144 Corbis:** Bettmann (bl); Oscar White (r). **145 The Art Archive:** Culver Pictures (tl). **The Bridgeman Art Library:** Private Collection/Peter Newark American Pictures (c). **Getty Images:** Keystone (bc); Time & Life Pictures (br). **146 Hoover Institution:** (bl). **TopFoto.co.uk:** Ullstein Bild (bc). **147 Corbis:** Bettmann (br). **TopFoto.co.uk:** (tr); Roger-Viollet (l). **148 Getty Images:** Time & Life Pictures (bl). **148-149 US NARA:** (b). **149 akg-images:** (br). **Corbis:** Bettmann (tl). **US NARA:** (tr). **150-151 TopFoto.co.uk. 152-153 Alamy Images:** Tony Watson. **154 akg-images:** (tr). **Getty Images:** Scott Barbour (tl); Picture Post/Hulton Archive (cb); Popperfoto (crb). **LMA:** RA (clb). **155 The Art Archive:** National Archives Washington DC (tr) (c). **Corbis:** Bettmann (clb) (cb). **Getty Images:** Time & Life Pictures/US Navy (tl). **156 Corbis:** Bettmann (br). **DK Images:** IWM, London (crb). **Getty Images:** Keystone (bl); Time & Life Pictures (tc). **The Granger Collection, New York:** (tr). **IWM:** JE Russell (Lt) / Royal Navy official photographer (c). **157 The Art Archive:** (cla). **DK Images:** IWM, London (tc) (cr). **Getty Images:** Georgi Zelma/Hulton Archive (br). **IWM:** (tr). **TopFoto.co.uk:** (bl). **158 akg-images:** (tl). **Alamy Images:** INTERFOTO Pressebildagentur (b). **Getty Images:** Keystone (tr). **158-193 Conseil Régional de Basse-Normandie / National Archives USA:** (t). **160 Getty Images:** Time & Life Pictures. **161 akg-images:** Ullstein Bild (tc). **Corbis:** Bettmann (cr); Hulton-Deutsch Collection (br). **IWM:** Palmer (Lt) (bl). **162 Corbis:** Bettmann (cla) (bl). **Getty Images:** Time & Life Pictures/US Navy (cra). **162-163 DK Images:** IWM, London. **163 The Granger Collection, New York:** (tr). **164 The Art Archive:** National Archives Washington DC (cra). **164-165 MEPL:** (b). **165 Getty Images:** Frank Scherschel/Time Life Pictures (b). **166 Corbis:** Bettmann (cr). **Newspix Archive/ Nationwide News:** News Ltd (bl). **166-167 DK Images:** IWM, London (t). **167 Newspix Archive/ Nationwide News:** News Ltd. **168 The Art Archive:** National Archives Washington DC (bc). **169 Corbis:** Bettmann (cl); Robert Sloan/Swim Ink 2, LLC (br). **170-171 Getty Images:** MPI. **172 The Art Archive:** Eileen Tweedy (cl). **DK Images:** H Keith Melton Collection (bl). **172-173 Getty Images:** Keystone. **173 DK Images:** H Keith Melton Collection (br); Ministry of Defence, Pattern Room, Nottingham (tl). **The Kobal Collection:** Central Office of Information (tc). **Rex Features:** (cr). **174 DK Images:** Courtesy of the late Charles Fraser-Smith (fbl); IWM, London (cl); H Keith Melton Collection (fcl) (bc) (fbr); RAF Museum, Hendon (cr). **175 DK Images:** IWM, London (cla) (cl) (fbl); H Keith Melton Collection (tl) (bl) (br) (clb) (cr) (tc) (tr). **176 akg-images:** RIA Novosti (tr). **Corbis:** Bettmann (cl). **176-177 Getty Images:** Scott Barbour. **177 akg-images:** Michael Teller (cr). **178-179 akg-images. 180 LMA :** RA (ca). **National Maritime Museum, London:** (cb). **180-181 IWM:** (t); JE Russell (Lt) / Royal Navy official photographer. **181 Corbis:** Bettmann (tr). **DK Images:** IWM, London (bc). **Shutterstock:** Marinko Tarlac (cb). **182 akg-images:** Ullstein Bild (ca). **182-183 Getty Images:** Popperfoto. **183 The Art Archive:** (cr). **DK Images:** IWM, London (cla). **TopFoto.co.uk:** Topham Picturepoint (tc). **184 TopFoto.co.uk:** (r). **185 Corbis:** Bettmann (tr) (bc). **DK Images:** IWM, London (tc). **Getty Images:** Hulton Archive (cra). **186 DK Images:** Royal Artillery Historical Trust (bc). **IWM:** (tc). **187 Corbis:** Bettmann (cl). **LMA :** (tr). **188 Getty Images:** Picture Post/Hulton Archive. **189 akg-images:** (ca) (br). **IWM:** (crb). **Shutterstock:** Marinko Tarlac (crb/background). **190 akg-images:** (t). **190-191 DK Images:** IWM, London. **191 Shutterstock:** Marinko Tarlac (tl). **TopFoto.co.uk:** RIA Novosti (tc). **192 akg-images:** (tr). **192-183 Getty Images:** Georgi Zelma/Hulton Archive. **193 Getty Images:** G. Lipskerov/Hulton Archive (ca). **Shutterstock:** Marinko Tarlac (tc). **194-195 The Art Archive. 196-197 Getty Images:** Laski Diffusion. **198 Getty Images:** Hulton Archive (tr) (bl) (br); Keystone (bc). **TopFoto.co.uk:** Keystone (tl); Ullstein Bild (tc). **199 Cody Images:** (tl). **Corbis:** Bettmann (tr) (b). **Getty Images:** Hulton Archive (c). **200 The Art Archive:** National Archives Washington DC (br). **aviation-**

images.com: P Jarrett (tr). **Corbis:** Bettmann (c). **DK Images:** Royal Artillery Historical Trust (bc). **Getty Images:** G. Lipskerov/Slava Katamidze Collection (bl); Time & Life Pictures (tl). **201 Bovington Tank Museum:** Roland Groom (cra). **Getty Images:** Keystone (bl). **TopFoto.co.uk:** Ullstein Bild (tl). **US NARA:** (br). **202 Getty Images:** Hulton Archive (tl). **202-203 Alamy Images:** Fenris Oswin. **202-230 Conseil Régional de Basse-Normandie / National Archives USA. 203 Alamy Images:** Mediacolor's (cr). **IWM:** (tl). **Shutterstock:** Marinko Tarlac (tr). **US NARA:** (bc). **204 DK Images:** Explosion! The Museum of Naval Firepower (bc). **TopFoto.co.uk:** Ullstein Bild (clb). **205 DK Images:** Explosion! The Museum of Naval Firepower (cra) (br). **Getty Images:** Heinrich Hoffmann/Time & Life Pictures (crb). **IWM:** HW Tomlin (Lt) / Royal Navy official photographer (tc). **206-207 Getty Images:** Central Press. **208 DK Images:** IWM, London (c); Royal Signals Museum, Blandford Camp, Dorset (br). **IWM:** (cr). **209 DK Images:** IWM, London (tl) (br); H Keith Melton Collection (bl); Royal Signals Museum, Blandford Camp, Dorset (tr). **210 Getty Images:** Keystone (tc). **211 US NARA:** (tr). **212 IWM:** (t); Gladstone (Sgt) / No 2 Army Film & Photographic Unit (tc). **212-213 Getty Images:** Time & Life Pictures (b). **213 DK Images:** IWM, Duxford (cr). **Shutterstock:** Marinko Tarlac (crb). **TopFoto.co.uk:** Alinari (br). **214 aviation-images.com:** P Jarrett (ca). **Getty Images:** M. McNeill/Hulton Archive (bc). **214-215 Getty Images:** Hulton Archive. **215 Shutterstock:** Marinko Tarlac (tl). **TopFoto.co.uk:** Keystone (ca). **216 DK Images:** IWM, London (br). **217 DK Images:** IWM, London (br). **Getty Images:** Popperfoto (cl). **218-219 Getty Images:** Hulton Archive. **220 Corbis:** Bettmann (cla). **TopFoto.co.uk:** Ullstein Bild (tr). **221 akg-images:** (cl). **Getty Images:** Hulton Archive (r); Norman Smith/Hulton Archive (cr). **222 Getty Images:** AFP (tr). **222-223 LMA :** Colonel Jean Louis Mondage. **223 LMA :** Marcel Bernard/RA (br); RA (tl) (cra). **224 Corbis:** Hulton-Deutsch Collection (tc). **Getty Images:** Popperfoto (b). **225 The Airey Neave Trust :** (br). **IWM:** (tc). **226 TopFoto.co.uk:** Topham Picturepoint (cr). **226-227 TopFoto.co.uk:** Ullstein Bild (b). **227 akg-images:** Ullstein Bild (tl). **228 akg-images:** RIA Novosti (cra). **Getty Images:** Hulton Archive (l). **229 Corbis:** Bettmann (bl); The Dmitri Baltermants Collection (cra). **Getty Images:** Time & Life Pictures/British War Department/National Archives (cb). **TopFoto.co.uk:** RIA Novosti (tl). **230 Bovington Tank Museum:** Roland Groom (cr). **Corbis:** Bettmann (bc). **Shutterstock:** Marinko Tarlac (tr). **TopFoto.co.uk:** Topham/AP (cla). **230-231 US NARA. 231 Shutterstock:** Marinko Tarlac (clb). **TopFoto.co.uk:** Topham Picturepoint (bl). **232-233 Alamy Images:** Chris Howes/Wild Places Photography. **234 akg-images:** (tr); Ullstein Bild (tc). **Getty Images:** Keystone (bc) (br); Wall/MPI (tl). **LMA:** Rue des Archives (bl). **235 akg-images:** (b). **Getty Images:** Time & Life Pictures (tr). **TopFoto.co.uk:** Ullstein Bild (tl). **US NARA:** (c). **236 Conseil Régional de Basse-Normandie / National Archives USA:** (tr). **Corbis:** Bettmann (tl) (cr). **DK Images:** Royal Artillery Historical Trust (cb). **Getty Images:** Hulton Archive (ca); Popperfoto (bl). **237 akg-images:** (bl). **DK Images:** Musee de l'Air et de l'Espace / Le Bourget (tr). **IWM:** (cl). **LMA:** RA (cb); Rue des Archives (cr). **TopFoto.co.uk:** Roger-Viollet (tl). **238 akg-images:** (bl). **Getty Images:** Peter Stackpole/Time & Life Pictures (tc). **238-239 Getty Images:** Hulton Archive (t). **238-287 Dreamstime.com:** J Klune. **239 Getty Images:** J. R. Eyerman/Time & Life Pictures (br). **240 TopFoto.co.uk:** (tr). **240-241 US NARA. 241 LMA :** RA (tr). **242-243 Getty Images:** Popperfoto/Paul Popper. **244 Corbis:** Bettmann (r). **Getty Images:** MPI (bl); Time & Life Pictures (cla). **245 Getty Images:** Time & Life Pictures/C. F. Wheeler/US Navy/National Archives (bc). **Courtesy of The Museum of World War II, Natick, Massachusetts:** (cra). **Naval Historical Foundation, Washington, D.C.. 246 TopFoto.co.uk:** Ullstein Bild (b). **US NARA:** (cl). **247 Corbis:** Bettmann (tl). **Getty Images:** William Vandivert/Time & Life Pictures (br). **TopFoto.co.uk:** Topham Picturepoint (bc). **248 Getty Images:** William Vandivert/Time & Life Pictures (bc). **249 Getty Images:** William Vandivert/Time & Life Pictures (cr). **TopFoto.co.uk:** Topham Picturepoint (cb). **250-251 Getty Images:** Keystone. **252 Getty Images:** Keystone (r); Popperfoto (cl). **Shutterstock:** Marinko Tarlac (clb). **US NARA:** (bc). **253 DK Images:** Royal Artillery Historical Trust (bc). **254 IWM:** (tr). **255 IWM:** (bl). **Shutterstock:** Marinko Tarlac (crb). **US NARA:** (cr). **256 Corbis:** Bettmann (r). **Eisenhower National Historic Site:** National Park Service, Museum Management Program, photograph by Carol M. Highsmith (cl). **US NARA:** (bl). **257 Alamy Images:** Michael Ventura (tc). **Cody Images:** (bc). **Corbis:** Bettmann (cr). **258 IWM:** Goodchild A (F/O) (cl). **258-259 TopFoto.co.uk:** Ullstein Bild. **259 DK Images:** Royal Artillery Historical Trust (crb). **US NARA:** (cra). **260-261 Getty Images:** Wall/MPI. **262 DK Images:** IWM, London (clb). **LMA:** (cla) (cra). **Shutterstock:** Marinko Tarlac (tr). **US NARA:** (br). **262-263 DK Images:** Royal Artillery Historical Trust (b). **263 US NARA:** (crb). **264 DK Images:** IWM, London (bl) (cb); RAF Museum, Hendon (cr) (br). **264-265 DK Images:** IWM, London (tc). **265 DK Images:** IWM, London (bc); RAF Museum, Hendon (cl). **IWM:** (crb). **266 Getty Images:** Heinrich Hoffmann/Time & Life Pictures. **267 akg-images:** (br). **Getty Images:** AFP (bl). **TopFoto.co.uk:** Ullstein Bild (cra). **268 Getty Images:** Keystone (cra). **268-269 akg-images. 269 LMA :** Rue des Archives (br). **270 akg-images:** (cra). **270-271 akg-images:** (b). **271 DK Images:** Musee de l'Air et de l'Espace / Le Bourget (br). **TopFoto.co.uk:** Topham Picturepoint (cr). **272 TopFoto.co.uk:** Ullstein Bild. **273 DK Images:** IWM, London (cla). **Getty Images:** Popperfoto (bl). **Shutterstock:** Marinko Tarlac (cl). **Roland Smithies:** (c). **TopFoto.co.uk:** Roger-Viollet (cra); Ullstein Bild (bc). **274 DK Images:** IWM, London (crb). **Getty Images:** AFP (t). **275 Corbis:** Hulton-Deutsch Collection (tl). **IWM:** Tanner (Capt) (br). **www.historicalimagebank.com:** Don Troiani (tr). **276 Corbis:** Bettmann (b). **277 Corbis:** Bettmann (tl). **Getty Images:** Popperfoto (bc). **TopFoto.co.uk:** Art Media/HIP (cra). **278 akg-images:** (ca). **DK Images:** IWM, London (bc). **278-279 TopFoto.co.uk:** Topham Picturepoint. **279 DK Images:** IWM, London (c). **TopFoto.co.uk:** Roger-Viollet (bl). **280 DK Images:** IWM, London (cla). **IWM:** (ca). **LMA:** (clb). **280-281 TopFoto.co.uk:** AP. **281 Getty Images:** The Frank S. Errigo Archive/Hulton Archive (br). **IWM:** (tc). **Shutterstock:** Marinko Tarlac (crb). **283 DK Images:** Royal Artillery Historical Trust (cra). **284 Getty Images:** Heinrich Hoffmann/Time & Life Pictures (clb). **IWM:** (br). **TopFoto.co.uk:** (tr). **285 LMA:** (tr). **US Army:** (b). **286 akg-images:** (r). **Cody Images:** (l). **287 Corbis:** Bettmann (bc). **Getty Images:** Sonnee Gottlieb/Keystone (tr); Martha Holmes (br). **The Patton Museum:** (tl). **290 akg-images:** (tc). **Getty Images:** Hulton Archive (crb); Allan Jackson/Hulton Archive (tr). **LMA:** (clb). **TopFoto.co.uk:** Ullstein Bild (tl). **291 Getty Images:** J. R. Eyerman/Time & Life Pictures (bc). **LMA:** (cla). **US NARA:** (c). **US Army:** (tr) (tl). **292 akg-images:** (clb). **Corbis:** Bettmann (ca); The Dmitri Baltermants Collection (tl). **DK Images:** IWM, London (cb). **Getty Images:** Keystone (bc). **Courtesy of The Museum of World War II, Natick, Massachusetts:** (crb). **TopFoto.co.uk:** RIA Novosti (tr). **293 Alamy Images:** MEPL (cra). **Corbis:** Bettmann (cb). **Getty Images:** Keystone (br). **LMA:** Rue des Archives (clb). **US NARA:** (cla). **294 DK Images:** IWM, London (bl). **LMA:** (ca). **294-295 akg-images. 294-326 iStockphoto.com:** ilbusca. **295 akg-images:** (tc). **Getty Images:** Time & Life Pictures (cr). **296-297 Alamy Images:** INTERFOTO Pressebildagentur. **298 akg-images:** (br). **IWM:** (clb). **LMA:** (t). **Shutterstock:** Marinko Tarlac (crb). **299 akg-images:** (cra). **LMA:** (tc). **300 akg-images. 301 Getty Images:** Bentley Archive/Popperfoto (cr); George Rodger/Time & Life Pictures (br). **302-303 Getty Images:** George Rodger/Time & Life Pictures. **304 Getty Images:** Allan Jackson/Hulton Archive (bl). **Shutterstock:** Marinko Tarlac (crb). **TopFoto.co.uk:** RIA Novosti (ca). **US NARA:** (cl). **305 akg-images:** (tl). **306 Getty Images:** Hulton Archive (t). **TopFoto.co.uk:** Topham Picturepoint (br). **307 DK Images:** IWM, London (c). **TopFoto.co.uk:** Ullstein Bild (tc). **US NARA:** (br). **308-309 Corbis:** US Army/Handout/CNP. **310 US NARA:** (cra). **310-311 US NARA. 311 DK Images:** Felix deWeldon (br). **Getty Images:** Keystone (tc). **LMA:** RA (cr). **Courtesy of The Museum of World War II, Natick, Massachusetts:** (c). **312 DK Images:** IWM, Duxford (clb). **Getty Images:** Keystone (br); MPI/Hulton Archive (cb). **312-313 Corbis:** Museum of Flight. **313 Corbis:** Hulton-Deutsch Collection (tc). **Royal Air Force Museum, Hendon:** (bl). **315 akg-images:** (bc). **Corbis:** Bettmann (br). **LMA:** RA (tc). **US Army:** (c). **316 Getty Images:** AFP (bl). **316-317 Getty Images:** Keystone. **317 akg-images:** (br). **Corbis:** Hulton-Deutsch Collection (tc). **318 TopFoto.co.uk:** Gurariya/RIA Novosti (bl). **318-319 LMA:** Rue des Archives. **319 Corbis:** Bettmann (cr). **Getty Images:** Eileen Darby/Time & Life Pictures (br). **320 DK Images:** Spink and Son Ltd, London (tr); IWM, London (cr). **321 DK Images:** IWM, Duxford (fbl); Spink and Son Ltd, London (br). **www.historicalimagebank.com:** Don Troiani (cl). **322 DK Images:** Bradbury Science Museum, Los Alamos (bc). **Getty Images:** Los Alamos National Laboratory/Time & Life Pictures (bl). **US NARA:** (ca). **322-323 Getty Images:** George Silk/Time & Life Pictures. **322-333 US NARA. 323 aviation-images.com:** Mark Wagner (tl). **Corbis:** Karen Kasmauski (cr). **Getty Images:** U.S. Marine Corps/Hulton Archive (br). **Shutterstock:** Marinko Tarlac (tr). **324-325 Getty Images:** George Silk/Time & Life Pictures. **326 DK Images:** IWM, London (cla). **LMA:** RA (bl); Rue des Archives (tl). **327 Corbis:** Dave Davis/Bettmann. **330 Corbis:** Bettmann (tl) (cb) (clb) (crb). **Getty Images:** Keystone (tc); David Silverman (tr). **331 Alamy Images:** Bill Bachmann (tr). **The Art Archive:** William Sewell (cla). **Corbis:** Bettmann (cb). **Getty Images:** Joseph Scherschel/Time & Life Pictures (tl). **332 akg-images:** (cr). **Alamy Images:** INTERFOTO Pressebildagentur (tr). **Cody Images:** (tc). **Getty Images:** Hulton Archive (tl) (bl); Time & Life Pictures (br). **www.historicalimagebank.com:** Don Troiani (cl). **333 akg-images:** (bc). **The Art Archive:** Musée des 2 Guerres Mondiales Paris/Gianni Dagli Orti (tc). **Corbis:** Roger Ressmeyer (bl). **Getty Images:** AFP (cr) (c); Keystone (cl); Time & Life Pictures (br). **334 akg-images:** (tc). **TopFoto.co.uk:** Ullstein Bild (bl). **334-351 Shutterstock:** krechet. **335 The Art Archive:** (tl). **Getty Images:** David Silverman (tr). **336-337 Getty Images:** Keystone. **338 www.historicalimagebank.com:** Don Troiani (br). **338-339 Alamy Images:** MEPL. **339 Corbis:** Bettmann (tc). **Getty Images:** Central Press (br); Keystone (bc). **340 akg-images:** Gert Schütz (ca). **340-341 Getty Images:** Walter Sanders/Life Magazine/Time & Life Pictures. **341 Getty Images:** Fox Photos (bc). **TopFoto.co.uk:** Ullstein Bild (cl). **342 akg-images:** (ca). **Corbis:** Horace Bristol (bc). **343 Alamy Images:** shinypix (cra). **Corbis:** Bettmann (tl). **344 Alamy Images:** INTERFOTO Pressebildagentur (bl). **Getty Images:** AFP (tl). **344-345 Corbis:** Bettmann (tc). **345 The Art Archive:** Musée des 2 Guerres Mondiales Paris/Gianni Dagli Orti (bl). **Getty Images:** AFP (fbl); Tom Stodda/Hulton Archive (cr). **346 Cody Images:** (r). **Corbis:** Bettmann (bl). **347 akg-images:** (br). **The Art Archive:** William Sewell (tr). **China Tourism Photo Library:** (bc). **348 Getty Images:** Hulton Archive (tl). **348-349 Corbis:** Bettmann (b). **349 Corbis:** Bettmann (tc). **Getty Images:** Ralph Crane/Time & Life Pictures (cr); Keystone (bc). **350 Alamy Images:** Avatra Images (t). **Getty Images:** Scott Barbour (bl). **351 Alamy Images:** Andrew Gransden (bl); Tommaso Sparnacci (br). **Corbis:** Reuters (crb). **The Kobal Collection:** Mirisch/United Artists (ca). **352-353 Dreamstime.com:** Brandon Bourdages (b). **355 Alamy Images:** M-dash. **356-357 Jewish Museum Berlin. 358 Robert Harding Picture Library:** Graham Lawrence (bl). **359 Alamy Images:** Kubeš Tomáš / isifa Image Service s.r.o. (t).
360-361 Dreamstime.com: Evan Spiler (t). **361 Corbis:** Alison Wright (br). **362-363 Photoshot:** (b) **364-372 US Department of Defense**

All other images © Dorling Kindersley

For further information see: www.dkimages.com

Every effort has been made to gain permission from the relevant copyright holders to reproduce the extracts that appear in this book:

28 The Manchester Guardian correspondent E.A. Montague describing the opening of the Olympic Games. The Manchester Guardian 3 August 1936. Printed in *The Guardian Century Part Four 1930–1939*.
81 *The Evacuation at Dunkirk, 1940.* Eyewitness to History, www.eyewitnesstohistory.com (2008).
120 *Iron Coffins: A U-Boat Commander's War 1939–1945*, Herbert A. Werner. Reprinted by permission of Henry Holt and Company, LLC.
137 *Leningrad Under Siege: First-Hand Accounts of the Ordeal*, Pen & Sword Books Ltd, 2007.
150 *Attack At Pearl Harbor, 1941 – the Japanese View* Eyewitness to History, www.eyewitnesstohistory.com (2001).
290 *Bombing of Dresden* Permission granted by www.timewitnesses.org
309 *A WAC's War: reminiscences, 1965*, Betty M. Olson, Minnesota Historical Society
309 *London Celebrates VE Day, 1945.* Eyewitness to History, www.eyewitnesstohistory.com (2007)
336 Fela Waschau testimony is used with the permissionof the U.S. Holocaust Memorial Museum, Washington, DC.

DK would like to thank the following people for their assistance on the book:

The Wardrobe: The Rifles (Berkshire and Wiltshire) Museum and staff
The Army Medical Services Museum and staff

Gary Ombler for additional photography

Helen Peters for the index; Manisha Thakkar for editorial assistance; Roland Smithies, Martin Copeland, Karen VanRoss, Jenny Baskaya for picture research assistance and Richard Horsford for design assistance

譯者簡介

于倉和

從事過多種工作，包括自由譯者、大陸台幹、專案經理等等，但因為童年時的因緣際會，與軍事戰史結下了不解之緣。翻譯過多本二次大戰戰史書籍，也曾任職於軍事題材大型多人線上遊戲《戰車世界》、《戰艦世界》臺灣辦公室，出國旅遊時也喜歡探訪各類軍事遺跡，致力於把寓教於樂的軍事歷史內容傳遞分享給更多有興趣的人。

感謝所有提供二次大戰參戰者照片的人士，很遺憾無法把照片背後的故事也一併收錄。封面內頁還有更多曾經參與戰爭的男男女女的照片。

第一排： Chief Petty Officer Charles Shaddick (1900–1975), UK; Captain Thomas Edward Corcoran M.D. (1914–1986), US National Guard; Alejandro Acosta (1917–1998), US Army; Corporal Emanuel Broutman (1920–1973), US Army; Coxswain Jeffery Simpson (b.1922, US Navy; Walter Saroka (1916–1999), US Military Police; Leading Seaman Gordon Trotter Savage (1921–2007), Canadian Navy. **第二排：** Metalsmith 2nd Class Francis Mundy McQuade (1921–1986), US Navy; Sergeant Douglas MacPherson (b.1924), Canada; Corporal Walter Gordon Spencer (1912–1971), RAF; Private 1st Class Philip J. McArdle (1913–1999), US Army; Unknown, US; Airman Jack F. Garland (1921–2003), RAF; Chief Teletypewriter Operator Maurice E. Brockman (1922–2007), US Army. **第三排：** Flight Engineer Jack Thomas Pottle (1924–2007), USAAF; Master Sergeant Kenneth W. Rock (1909–2008), US Army; Major Robert H. Krumlauf (1917–2007), USAAF; Private William Pettifer, British Army; Private Simon Bergen (1921–1944), Canadian Army; Colonel Frank Segars (b.1925), USAAF; Officer Frank Hampton Bennett (1906–1966), RAF. **第四排：** Commander Harry "Steve" Stevens (1912–1938), US; Private Hyman Bloom (1924–1944), US Army; Sargent Alfred Mistrangelo (1917–1986), US Army; Warrant Officer 1st Class Hugh Bone (1920–1978), UK Army; Driver/Mechanic Stanley H. Delcanho (1920–2007), Canadian Army; Petty Officer 1st Class Joseph Carney (b.1922), US Navy; Staff Sergeant Clarence Ryal (b.1915), US; Private 1st class Chester A. Kocham (b.1925), US. **第五排：** Private 1st Class Albert William Guidone (1918–2013), US Army; Able Seaman Albert Edward Wait (1925–1988), British Navy; Sergeant Richard A. Mansfield (1919–1990), US; Lieutenant Colonel Nathaniel "Nat" Ramsey Hoskot (1911–2004), US Army; Sergeant Samuel George Woolfe (1906–1953), UK; NCO Aldo Mistrangelo (1920–1987), US Marine Corps; John Irving (b.1924), USAAF. **第六排：** Gunner's Mate 1st Class Elisha Duke Jr (1911–2006), US Navy; Private Alfred Smith (1921–1985), US Army; Boatswain's Mate 2nd Class Ehmond "Jinks" Reutebuch (1919–1982), US Navy; (l-r) Sergeant John Fancourt (1913–2003), Ralph Fancourt, British Army; Lieutenant Thurston "Ted" Quincy Garrett Jr. (1914–1996), US Army; Corporal Joseph Kerestan (1922–2013), US Army; Sergeant Harold C. Weir (1922–2008), US Army.